河南省南水北调

年鉴2017

《河南省南水北调年鉴》编纂委员会 编著

黄河水利出版社

图书在版编目（CIP）数据

河南省南水北调年鉴. 2017 /《河南省南水北调年鉴》
编纂委员会编著. — 郑州：黄河水利出版社，2017. 11
ISBN 978 – 7 – 5509 – 1902 – 0

Ⅰ.①河… Ⅱ.①河… Ⅲ. ①南水北调–水利工程–
河南–2017–年鉴 Ⅳ.①TV68–54

中国版本图书馆CIP数据核字（2017）第292698号

出 版 社：黄河水利出版社
　　　　　地址：河南省郑州市顺河路黄委会综合楼14层　邮政编码：450003
发行单位：黄河水利出版社
　　　　　发行部电话：0371-66026940、66020550、66028024、66022620（传真）
　　　　　E-mail：hhslcbs@126.com
承印单位：河南瑞之光印刷股份有限公司
开本：787 mm×1 092 mm　1/16
印张：35.25　　　　　　　　　　插页：16
字数：907千字　　　　　　　　　印数：1–1000
版次：2017年11月第1版　　　　　印次：2017年11月第1次印刷

定价：268.00元

《河南省南水北调年鉴》
编纂委员会

主任委员：刘正才

副主任委员：贺国营　李　颖　杨继成　李国胜

委　　员：申来宾　卢新广　刘亚琪　冯光亮　王家永

　　　　　雷淮平　张兆刚　邹志恦　单松波　田自红

　　　　　吕秀荣　禹建庄　蒋勇杰　陈新忠　尹延飞

　　　　　靳铁拴　曹宝柱　李洪汉　徐克伟　张小保

　　　　　李　峰　段承欣　吴玉岭　邵长征　张作斌

　　　　　杜长明　马荣洲　陈志超　李耀忠　秦鸿飞

　　　　　徐庆河　胡国领　余　洋　耿万东

《河南省南水北调年鉴》
编纂委员会办公室

主　　任：王家永

副主任：蒋勇杰

《河南省南水北调年鉴》
编　辑　部

主　编：耿新建

编　辑：（按姓氏笔画排序）

马　建	王　振	王　璞	王双双	王秋彬
王海峰	王留伟	王淑芬	王跃宇	王道明
付黎歌	宁俊杰	石帅帅	任　辉	刘亚琪
刘晓英	刘素娟	刘富伟	吕书广	吕秀荣
孙卫东	孙军民	庄春波	朱　震	朱子奇
余培松	吴　燕	张　进	张伟伟	张志清
张沛沛	张　攀	李　克	李申亭	李华光
李志伟	李沛炜	杜军民	杨宏哲	陈　晨
周　璇	周天贵	周郎中	岳玉民	罗志恒
范毅君	郑　军	郑乐芳	郑国印	姚林海
赵　杰	赵　南	赵　彬	骆　州	徐振国
秦福林	耿万东	聂新良	郭　强	高　翔
崔　堃	梁晓东	盛一博	黄红亮	龚莉丽
温端湖	程晓亚	葛　爽	鲁　肃	雷应国
靳文娟	蔡舒平	樊国亮	薛雅琳	

2016年3月，国务院南水北调办公室主任鄂竟平观看南水北调中线工程新郑段突发水污染事件应急演练。

（余培松 摄）

2016年3月，国务院南水北调办公室副主任张野到新乡市检查南水北调中线工程防汛工作。

（吴 燕 摄）

2016年5月，国务院南水北调办公室副主任蒋旭光调研焦作市南水北调城区段工作。

（张沛沛 摄）

2016年10月，河南省省长陈润儿调研南水北调中线穿黄工程。

（余培松 摄）

2016年10月，驻豫全国政协委员视察团视察南水北调中线工程水质保护工作。

（薛雅琳 摄）

2016年9月，河南省政协视察团视察南水北调中线工程生态带建设。 （张 攀摄）

2016年7月19日，河南省南水北调办公室主任刘正才现场指挥辉县段峪河暗渠抗洪抢险。

（吕书广 摄）

2016年7月，河南省南水北调办公室主任刘正才调研定点扶贫村并察看援建的肖庄小学。

（薛雅琳 摄）

2016年3月，河南省南水北调办公室副主任贺国营到新乡市检查干渠绿化工作。

（吴　燕摄）

2016年2月，河南省南水北调办公室副主任李颖调研许昌禹州市泵站。

（程晓亚　摄）

2016年4月,河南省南水北调办公室副主任杨继成调研鹤壁市南水北调配套工程36号分水口门泵站运行管理情况。

（刘贯坤 摄）

2016年7月，南水北调中线建管局局长张忠义检查辉县段防汛情况。 （吕书广 摄）

2016年5月，河南分局局长陈新忠指导干渠焦作管理处规范化建设工作。 （吕书广 摄）

2016年5月，渠首分局副局长尹延飞检查运行调度值班情况。 （王 蒙 摄）

2016年7月，南阳市委书记穆为民调研南水北调防洪工作。　　　　　　　（朱　震　摄）

2016年7月，安阳市市长王新伟检查南水北调防汛工作。　　　　　　　（任　辉　摄）

2016年4月，全国南水北调宣传工作会议在安阳举行。　　　　　　　　（任　辉　摄）

2016年1月，全省南水北调工作会议在郑州召开。　　　　　　　　（余培松　摄）

2016年6月，河南省南水北调办公室召开巡视整改工作动员会。 （余培松 摄）

2016年4月，河南省南水北调办公室召开"两学一做"学习教育工作会议。（余培松 摄）

2016年6月，河南省南水北调办公室主任刘正才为全体党员讲党课。　　　　（余培松　摄）

　　2016年9月，南水北调中线建管局副局长李长春和河南省南水北调办公室副主任杨继成分别代表双方签署河南境内委托建管项目工程实体移交接管书。　　　　（吕书广 摄）

2016年10月，河南省法学会南水北调政策法律研究会成立大会在郑州举行。

（余培松 摄）

2016年12月，河南省南水北调水政监察执法业务培训。

（薛雅琳 摄）

2016年8月，河南省南水北调办公室与河南省社科院联合举办南水北调精神研讨会。

（余培松 摄）

2016年5月，河南省南水北调办公室召开《河南省水利志·南水北调篇》编纂座谈会。

（薛雅琳 摄）

2016年12月，南水北调中线建管局召开运行管理规范化建设考核会。　　（徐振国　摄）

2016年3月，河南省京豫对口协作产业技术需求对接洽谈会在栾川县召开。　　（李甲彦　摄）

2016年2月，渠首分局2016年工作会议参会人员合影。 　　　　　　　　　　　　　　（王　蒙摄）

2016年5月，安阳市召开南水北调在建配套工程防汛工作会议。 　　　　　　　　（任　辉摄）

2016年3月，南水北调中线工程突发水污染事件应急演练在新郑段举行。 （余培松 摄）

2016年4月，南水北调干渠南阳方城县生态带建设。 （余培松 摄）

2016年5月，许昌市南水北调干渠生态带建设。 （余培松 摄）

2016年7月，南水北调中线工程新乡辉县段峪河倒虹吸抢险。 （余培松 摄）

2016年7月，河南省南水北调办公室慰问参加抗洪抢险的71697部队。　　（吴　燕摄）

2016年8月，安阳市南水北调水政监察大队成立揭牌仪式。　　（任　辉摄）

2016年7月，南水北调中线工程与鹤壁市淇河交汇处刘庄村东南渠道。　　　（李国庆 摄）

2016年12月，新乡卫辉市南水北调水厂接水。　　　（余培松 摄）

2016年12月，南水北调配套工程滑县第三水厂通水仪式。　　　　　　（杨守涛 摄）

2016年6月，新乡市南水北调配套工程运管人员岗前培训。　　　　　　（吴 燕 摄）

2016年7月，鹤壁市南水北调办公室开展南水北调工程水源保护和节约用水宣传活动。

（姚林海 摄）

2016年1月，渠首分局工作人员巡视液压启闭机运行状况。 （王 蒙 摄）

2016年3月，干渠邓州管理处开展南水北调干渠两侧生态林种植活动。　　　　（张　进摄）

2016年6月，栾川县京豫合作项目三川镇栗蘑示范基地。　　　　（刘　童摄）

2016年5月，邓州市名优特产品北京推介会签约仪式。 （石帅帅 摄）

2016年9月，豫鄂陕南水北调工程水源区群众代表在北京市考察。 （余培松 摄）

2016年10月，邓州市南水北调办公室乔迁新址。　　　　　　　　（石帅帅 摄）

2016年8月，河南省南水北调办公室体育代表队参加省直第六届运动会。　　（余培松 摄）

编 辑 说 明

一、《河南省南水北调年鉴》记载河南南水北调年度工作信息，既是面向社会公开出版发行的连续性工具书，也是展示河南南水北调工作的窗口。年鉴由河南省南水北调办公室（河南省南水北调建管局）主办、年鉴编纂委员会承办、河南南水北调有关单位供稿。

二、年鉴内容的选择以南水北调供水、运行管理、生态带建设、配套工程建设和组织机构建设的信息以及社会关注事项为基本原则，以存史价值和现实意义为基本标准。

三、年鉴供稿单位设组稿主管领导、撰稿负责人和撰稿联系人，负责本单位年鉴供稿工作。年鉴内容全部经供稿单位审核。

四、年鉴2017卷力求全面、客观、翔实反映2016年度工作。记述党务工作重要信息；记述政务和业务工作重要事项、重要节点和成效；描述年度工作特点和特色。

五、年鉴内容按照南水北调中线工程从南向北记述。

六、年鉴设置篇目、栏目、（类目）、条目，根据每一卷内容的主题和信息量划分。

七、年鉴规范遵循国家出版有关规定和约定俗成。

八、年鉴从2007卷编辑出版，2016卷开始公开出版发行。

《河南省南水北调年鉴》
供稿单位名单

省南水北调办综合处、投资计划处、经济与财务处、环境与移民处、建设管理处、监督处、审计监察室、机关党委、质量监督站、南阳建管处、平顶山建管处、郑州建管处、新乡建管处、安阳建管处，省政府移民办综合处，省文物局南水北调办，中线建管局渠首分局、河南分局，淮委陶岔渠首建管局，南阳市南水北调办，南阳市移民局，平顶山市南水北调办，漯河市南水北调办，漯河市移民局，周口市南水北调办，许昌市南水北调办，郑州市南水北调办，焦作市南水北调办，焦作市南水北调城区办，新乡市南水北调办，濮阳市南水北调办，鹤壁市南水北调办，安阳市南水北调办，邓州市南水北调办，滑县南水北调办，栾川县南水北调办。

目　录

贰　规章制度·重要文件

叁 综 合 管 理

肆 中线工程运行管理

伍 河南省委托段建设管理

陆 配套工程运行管理

柒 配套工程建设

捌 水 质 保 护

玖 移 民 征 迁

拾　政　府　信　息

拾壹　传　媒　信　息

拾贰 组织机构

拾叁　统　计　资　料

拾肆 大 事 记

壹 要事纪实

重 要 讲 话

河南省委书记谢伏瞻在全面深化京豫战略合作座谈会上讲话摘要

2016年8月22日

谢伏瞻代表河南省委、省政府向北京市委、市政府长期以来给予河南发展的大力支持表示感谢。他说，近年来，以南水北调中线工程为纽带，河南与北京交流更加密切、合作不断深化，对河南经济社会持续健康发展起到了重要的推动作用。此次来北京考察，目的就是学习借鉴北京推动改革发展的好做法好经验，推动京豫合作向全方位、多领域、高层次迈进。

谢伏瞻说，2014年5月，习近平总书记到河南调研指导工作时指出，实现"两个一百年"奋斗目标、实现中华民族伟大复兴中国梦，需要中原更加出彩。当前和今后一个时期，摆在河南干部群众面前的重大历史任务，就是决胜全面小康、让中原更加出彩。我们迫切需要向北京等先进地区学习经验，扩大合作交流。河南与北京之间交通便捷、合作基础较好，具有承接北京非首都功能疏解的诸多有利条件和现实需要。我们要抓住难得的历史机遇，以承接北京非首都功能疏解为重点来推进双方战略合作持续深化，为河南决胜全面小康、让中原更加出彩提供有力支撑，为北京调整经济结构和空间结构、走出一条内涵集约发展的新路子作出贡献。

谢伏瞻就进一步深化京豫战略合作提出，一是围绕创新发展深化合作。加强科技合作，开展多渠道、多形式的科技交流合作，加强以高校和企业为主体的协同创新，支持中关村国家自主创新示范区和郑洛新国家自主创新示范区加强合作。深化教育合作，积极承接北京向外转移的高校和职业院校，支持和帮助河南培养创新型人才。推进人才交流合作，为北京高层次人才到豫交流服务和投资创业提供平台。二是围绕绿色发展深化合作。共同加强南水北调水质保护，建立定期交流磋商制度，开展水质保护技术交流合作，推动水源保护项目建设及重点生态功能区生态保护和修复，加快构建南水北调中线生态走廊，确保一渠清水永续北送。共同开展大气污染联防联治，共同应对区域突发性生态环境问题。三是围绕开放发展深化合作。深化信息技术产业合作，吸引一批有影响力的信息技术企业和项目落户河南。深化装备制造产业合作，深化商贸物流产业合作，深化金融后台产业合作，深化文化旅游合作，深化高效生态农业合作，推动河南产业结构调整和经济发展。四是围绕共享发展深化合作，在医疗卫生、人力资源、扶贫攻坚等领域加强合作，深化双方在民生领域的合作，不断提高河南公共服务水平和保障能力。

（来源：《河南日报》）

河南省省长陈润儿在全国人大北京代表团专题调研组座谈会上的讲话

2016年7月8日

尊敬的杜德印主任，各位代表、同志们：

共饮一江水，京豫一家亲。南水北调中线工程把北京与河南紧紧联系在一起。为实现南水北调工程早日通水，河南人民做出了巨大贡献和牺牲，北京市给予我省及时有力的协助与支持。可以说，北京、河南两地人民通过南水北调这条"生命运河"和"情感纽带"结下了深厚友谊，我们心手相连，共同拼搏，实现了中线工程如期通水、平稳供水的目标。今天，杜德印主任一行莅豫专题调研南水北调工程，相信将会进一步加深双方友谊，促进对口协作；将会进一步厚植协作优势，实现多赢发展。河南将会一如既往地加强水质保护，强化运行管理，确保一渠清水永续北送，造福沿线人民群众。下面，根据调研安排，我简要汇报两个方面的情况，并提几点建议。

一、河南省南水北调工程基本情况

（一）河南段工程的特点。河南既是南水北调中线工程的核心水源地，又是受水区，既有干线主体工程、移民工程，又有配套输水管线工程、水源保护工程，地位十分特殊，任务十分艰巨，突出体现在以下六个方面：一是渠道最长。南水北调中线工程在我省境内全长731公里，占中线总长的57%。此外，我省还有总长1000公里的配套输水管线工程。二是投资量最大。中线河南段干线工程概算总投资1160多亿元，占中线概算总投资的一半以上；我省配套工程总投资超过150亿元。三是移民征迁任务最重。我省搬迁安置丹江口库区移民16.54万人，加上总干渠沿线5.5万征迁群众，共计22万人，是中线工程移民征迁群众数量最多的省份。总干渠、库区淹没及移民新村建设总占地面积超过61万亩，相当于一个中等县的耕地面积。四是施工任务最重、难度最大、工期最紧。河南段工程累计完成工程量7.4亿立方米，各种交叉建筑密集，布置渠首大坝、大型隧洞、渡槽、桥梁、倒虹吸等1254座，平均每公里1.7座；高填方、高地下水位、煤矿采空区、膨胀土等渠段相互交织，实施难度极大。我省境内黄河以南大部分渠段2011年才破土动工，比最早开工的石家庄至北京段晚了整整7年，工期十分紧张。五是计划用水量最大。

我省年分配用水量37.69亿立方米，约占中线年输水总量95亿立方米的40%，扣除引丹灌区分水量6亿立方米和总干渠输水损失，至分水口门水量为29.92亿立方米。这些分配水量通过39个分水口门向11个省辖市、36个县市的85座水厂供水，全部达效后受益人口2000多万人。六是水质保护任务最重。我们不仅有7815平方公里的库区及上游水源保护区（其中划定饮用水水源保护区1596平方公里），还有3054平方公里的总干渠水源保护区，覆盖面广，水质保护工作任务极其艰巨。

（二）南水北调工作推进情况。

1.凝心聚力，克难攻坚，干线工程如期通水。在党中央国务院的坚强领导下，省委、省政府把南水北调工程建设作为全省"一号工程"，全力推进，一抓到底。我们成立了由省长任组长、四位副省长任副组长、省直有关厅局和有关省辖市政府主要负责同志为成员的领导小组，并设立了日常办事机构南水北调办。工程建设期，我省严格督导奖惩，创新机制优势，转变工作作风，服务工程建设。各有关部门和地方政府围绕工程需要，各司其职，各尽其能，上下联动，全力推进工程建设。各参建单位倒排工期，科学施工，克难攻坚，攻克了膨胀土处理等复杂难题，创造了穿黄工程、沙河渡槽、湍河渡槽等多个工程奇迹。2014年12月12日，南水北调中线一期工程正式通水。习近平总书记、李克强总理、张高丽副总理分别作出重要指示、批示，充分肯定了南水北调工程的重大意义和取得的成绩，高度评价了移民征迁群众的牺牲奉献和工程建设者的顽强拼搏精神，并对南水北调后续工作提出了殷切希望。

2.超前谋划，精心实施，配套工程同步达效。按照配套工程与干线工程同步建成、同步通水、同步发挥效益的要求，我省积极探索建管机制，认真做好规划设计，多方筹集建设资金，全面展开工程建设。在工程建设管理中，采取效能监察、考核奖惩、协调督导等一系列措施，突出解决了管道铺设、穿越工程、城区段征迁等难题。我省南水北调配套工程于2014年12月15日正式通水，实现了配套工程与干线工程同步通水、同步达效的目标。

3.立体监督，高压管控，工程质量始终良好。质量是南水北调工程的生命。工程建设中，我们始终坚持以高压管控质量，加强源头和过程控制，深入开展质量集中整治活动，实行"稽察、巡查、飞行检测"三位一体质量监管，严格责任追究，用严格的制度和监管手段织就了一张坚实的质量防护网，10万建设者用一腔责任浇筑出了南水北调工程的质量奇迹。经国务院南水北调建委会专家委质量评估，河南段工程质量全部合格。通水一年多来，我省总干渠及配套工程运行正常，工程质量稳定可靠。

4.以人为本，扎实推进，移民征迁和谐稳定。按照规划，我省淅川县库区16.54万人分别搬迁安置到本省南阳、平顶山、漯河、许昌、郑州、新乡6个省辖市的25个县市的208个移民新村，规划要求4年完成搬迁任务。面对这次规模、强度、难度都史无前例的大搬迁，省委、省政府深入调研，顺应民意，果断决策，提出"四年任务、两年完成"的目标，倾全省之力，坚决打赢移民迁安这场硬仗。我们组织25个省直厅局分包25个移民安置县，明确责任，限期完成；各级各有关部门和社会各界万众一心、众志成城，合力推进移民工作，广大移民干部呕心沥血，无怨无悔，日夜奔波在移民工作一线，先后有13位移民干部牺牲在工作岗位上，他们用大爱报国书写了一段可歌可泣的移民史，我省南水北调移民安置被誉为中国乃至世界水利移民史的奇迹和典范。移民搬迁完成后，我们加强对移民的后期帮扶，移民逐渐融入当地社会，收入稳步提高。2015年，移民人均年纯收入达到8400元，初步实现了"搬得出、稳得住、能发展、可致富"的目标。

5.多措并举，标本兼治，水源水质稳定达标。我省是南水北调核心水源地，为保护一渠清水永续北送，拿出了壮士断腕的勇气，不计代价治污染、保水质。自2003年以来，累计关停并转污染企业1000多家，率先取缔了黄姜种植和加工产业；在水源区县城和乡镇建设了污水处理厂和垃圾处理场；各县市积极调整产业结构，大力发展环保产业和生态农业，加强水土保持和生态建设，走出了绿色发展之路，呈现了天蓝、山绿、水清的美丽画卷。去年，我们划定了丹江口水库（河南辖区）饮用水水源保护区，为保护水质增加了一道安全屏障。为保护总干渠水质，我们严格总干渠河南段两侧水源保护区监管，对新建、改扩建项目严格审核，存在污染隐患的企业一律予以否决。同时，科学规划，以点带线，迅速推进南水北调中线干渠两侧生态带建设，目前已完成生态带绿化面积17.5万亩。通过一系列卓有成效的工作，水质保护取得了可喜成效。在国务院组织的《丹江口库区及上游水污染防治和水土保持"十二五"规划》实施考核中，我省连续3年位居第一。通水以来，我省供水水质均符合或优于Ⅱ类水质标准，其中符合Ⅰ类水质标准的天数超过五成，水质稳定达标。

6.精心管护，科学运行，供水效益逐步扩大。中线工程通水以来，我们及时将工作重心由建设管理向运行管理转变，建立联络协调机制和应急保障机制，签订供水协议，加强供用水管理，落实水量调度计划，实现运行管理规范化。截至6月24日，全省累计有31个口门及3个退水闸开闸分水，累计供水15.35亿立方米，其中本调度年度累计供水7.98亿立方米。供水目标涵盖南阳、漯河、平顶山、许昌、郑州、焦作、新乡、鹤壁、濮阳、安阳10个省辖市及省直管邓州市，1600万城镇居民喝上了甘甜的丹江水。

（三）京豫对口协作开展情况。几年来，

按照国务院的统一安排，京豫两地对口协作取得了丰硕成果：

1.建立了高效运转的工作机制。我们成立了由常务副省长担任组长、有关副省长担任副组长，省直有关部门和有关省辖市政府主要负责同志为成员的京豫对口协作领导小组，水源地市县也都分别成立了相应机构，明确了工作责任，建立了上下联动、协作配合、务实高效的工作机制。2011年9月22日，河南省政府与北京市政府签署了战略合作框架协议。两地本着优势互补，合作共赢的原则，在生态环保、生态农业、旅游、教科文卫、人力资源等领域开展合作。

2.编制了对口协作规划。京豫两省市有关部门共同编制了对口协作规划，选定了涉及工业、农业、生态、环保、科技、教育、医疗、人才交流等八大领域的对口协作项目59个，总投资33.65亿元。根据规划，北京市每年向我省水源区县市投入资金2.5亿元，用于推动两省市之间的对口协作工作。

3.推动了区域合作协作。北京市6区与我省水源区6县（市）建立了"一对一"结对协作关系。北京市西城区、顺义区、朝阳区、怀柔区、延庆县、昌平区领导先后带领有关部门和企业赴我省结对县（市）调研对接，引导北京市优势企业来我省水源地投资兴业，初步形成了市场主导、互惠互利的协作模式。水源地6县（市）积极加强与结对区县交流互访，形成了良性互动的协作格局。如淅川县在京举行30余场移民精神巡回报告会，宣传"南水北调移民精神"；西峡县与顺义区进行了5轮互访对接洽谈，签订了工业、教育、卫生等5项合作协议，并引进投资10亿元的石墨生产项目等。几年来，北京市有关区县累计向我省水源区各县市捐款、捐助折合人民币4000余万元。

4.开展了干部人才交流培训。北京市和我省水源地6县（市）及有关地级市每年选派30多名干部交流挂职，在培养干部的同时，

在不同行业和层面加强了直接联系。北京市充分利用技术、管理、教育等方面优势，每年免费为水源地县（市）培养水利、农业、工业、旅游、医疗、科技、教育、生态环保、社会管理等领域的专业技术人才300多名，为水源地地区经济社会发展提供了有力的人才支援和智力支持。

二、下步工作打算

（一）加强供水运行管理。抓紧组建我省南水北调工程运行管理机构，使工程管理纳入规范化管理轨道；建立精干、专业、高效的运管队伍，健全联络协调机制和应急保障机制；加强工程管养维护，推行规范化管理，配置检测车、机器人等现代化维护装备，排查隐患，消除供水风险；加强制度建设，规范运行操作行为；加强供水调度管理，保证供水安全；进一步加快沿线水厂建设，力争让受水区群众早日用上南水北调水；根据各地需求，结合南水北调工程实际，努力增加供水目标，扩大供水范围，提高供水效益。

（二）继续抓好水质保护。继续加强水源区和总干渠水质保护，对总干渠水源保护区内新上项目继续实行环评专项审核；提升总干渠两侧生态带建设水平；加强环境监测能力建设，加大环境执法力度，严肃查处环境违法行为。按照国家批复的"十三五"规划，加快有关水污染防治和水土保持项目建设；及早编制环境突发事件应急预案，一旦发生突发环境事件，确保得到及时妥善处置。

（三）抓好移民后期帮扶。认真贯彻落实国家关于移民的后期扶持政策，坚持产业为基、就业为本、生计为先的原则，大力实施"强村富民"战略，围绕"一村一品"，优化产业结构，拉长产业链条，促进移民增收致富。认真落实移民后期帮扶措施，在政策、资金等方面向移民村倾斜，支持帮助移民群众解难题、办实事、促发展，切实打通服务

移民"最后一公里"。全力做好征地移民维稳工作，建立完善信访稳定工作长效机制，搞好源头预防，及时发现解决倾向性、苗头性问题，把不稳定因素解决在一线，消除在萌芽状态，保持移民群众和社会大局稳定。

（四）深入开展京豫对口协作。以南水北调中线工程为纽带，全面深化河南省和北京市战略合作，抓好已有协议的落实；继续开展水质保护和中线工程运行管理技术交流；支持北京市企业投资南水北调中线工程沿线和水源地环保基础设施，参与污水垃圾处理设施的运行管理，有效解决农村区域性突出环境问题，消除南水北调水污染风险；全面贯彻落实《丹江口库区及上游地区对口协作工作方案》，加强与北京市有关单位对接，研究提出加强水源地水质保护与深化对口协作的重点任务，推进对口协作项目进展，推动结对区县在产业转移、生态旅游、人才交流等领域交流合作，力争实现产业转移一批、企业嫁接一批、平台搭建一批、产品进京一批、人员培训一批、帮扶结对一批。

三、存在问题及建议

尽管我省南水北调工作进展顺利，但也面临一些实际困难，有些仅靠自身力量解决难度较大，需要国家给予继续支持。

（一）建议国家对南水北调中线生态走廊建设及水源地水质保护工作予以重点支持。

一是地方配套资金压力大。我省《丹江口库区及上游水污染防治和水土保持"十二五"规划》项目国家批复投资24.37亿元，实际总投资约为36.52亿元。建议国家加大对水源区的生态转移支付力度，以缓解地方财政压力。

二是水源地市县污水管网收集能力不足，严重制约污水处理效果。由于乡镇污水管网基础较差，不少乡镇没有污水管网。据初步测算，水源地县（市）乡镇污水处理厂尚需建设500公里污水管网，投资约需9亿元。建议国家在《丹江口库区及上游水污染防治和水土保持"十三五"规划》中给予考虑。

三是水源地水产养殖和畜禽养殖整治任务艰巨。我省库区网箱养殖主要涉及淅川县，共有网箱41729箱。水源地和干渠沿线有畜禽养殖企业和养殖户近万家。为确保水质安全，南阳等市大力开展了网箱及畜禽养殖的取缔工作。截至目前，共取缔关闭畜禽养殖企业1443家，拆除养殖网箱38000箱。取缔水产养殖和畜禽养殖补偿费用较大，仅淅川县取缔网箱养殖就需支付渔民直接补偿款3.5亿元，再加上扶持渔民转产和对渔民进行就业培训，保障渔民基本生活等，约需资金6亿元。建议国家考虑制定取缔网箱养殖和畜禽养殖后的补偿政策，以确保社会大局和谐稳定。

四是总干渠水源保护区配套政策不完善。我省总干渠水源保护区面积较大，达3054.43平方公里，共有工业企业247家，其中，一级保护区内17家，二级保护区内230家。由于总干渠两侧水源保护区的划定，将已有正常生产的达标排放企业划入了饮用水水源保护区的范围内，提出了新的更加严格的环保排放标准。如不关闭或转产，将对南水北调总干渠的水质安全构成威胁；如果关停，则缺乏资金和补偿政策。近年来，我省在这些企业的环保治理方面也做了大量工作，但由于财力限制，仍不能从根本上解决水源保护区内现有企业的污染问题。为确保南水北调总干渠水质长期稳定达标，建议尽快出台总干渠保护区内已有涉污企业的退出补偿政策。

五是南水北调中线生态带建设任务艰巨。总干渠沿线生态带建设以地方投入为主，国家结合防护林体系建设、农村环境治理、农田基础设施建设等现有资金渠道给予补助，但补助比例不足3%。很大程度上制约了生态带建设；同时，干渠两侧生态带规划区内涉及一部分基本农田，国家尚未制定变更基本农田用途的土地政策，规划区内失地农民保障措施、拆迁补偿和占地补偿标准都没有明确。建议国家尽快完善南水北调中线工程生态带建设配套政策，加大国家层面投资力度，明确规划区内失地农民保障政策、拆迁补偿标准。

（二）尽早建设调蓄工程。目前，南水北调中线干线和配套工程尚无调蓄工程，难以有效调节供水量，特别是检修期或者遇到突发事件时，将影响工程正常供水。经认真研究，多方论证，我省针对调蓄工程建设编制了《河南省南水北调"十三五"专项规划》，建议国家尽早研究规划建设调蓄工程，确保沿线各受水城市用水安全，提高供水保证率。

（三）加大移民后期帮扶力度。这是一项长期艰巨任务，尽管我省已多方筹措扶持资金，但难以解决根本问题，移民村要在2020年与全国一道全面建成小康社会任务繁重。建议国家参照三峡做法，尽快研究制定丹江口库区移民后续工作扶持政策，或从大中型水库移民后期扶持结余资金中计列专项资金，帮助库区移民发展生产。

（四）深化京豫对口协作。建议京豫两地建立定期信息交流、领导互访磋商制度和人才培训交流制度。在生态补偿机制、水权交易探索、生态文明建设、水质监测与预警以及对口协作规划、产业投资、南水北调文化旅游等方面深度合作，创新协作，不断将京豫对口协作引向深入，推进京豫两地共同发展。

河南省副省长王铁在防汛检查汇报会上的讲话

2016年3月18日

尊敬的张野副主任，同志们：

2016年是十三五规划的开局之年，也是南水北调中线工程建成并进行通水运行的第二年，防汛安全是南水北调中线工程安全运行和向京津冀豫调水的重要保障，责任重大，必须做到万无一失。张野副主任深入到我省南水北调工程沿线检查防汛工作，刚才作了重要讲话，充分体现了对我省南水北调工程防汛工作的高度重视，也是对我省南水北调工程防汛工作的鞭策和鼓舞。就贯彻落实好张野副主任讲话精神，做好我省南水北调工程防汛工作，我讲几点意见：

一、要统一思想，提高认识

南水北调工程从南到北贯穿我省多个地区，跨越江、淮、黄、海四大流域，731公里的总干渠切断了诸多东西走向的河流，改变了局部地形、地貌，打破了部分区域原有防洪体系。加之近年来气候异常，工程所经区域降雨多呈现时空分布不均、暴雨形式较多的特点，极易在较短时间内形成洪水灾害，给中线工程及周边人民群众带来重大影响。可以说，南水北调工程防汛工作既涉及总干渠工程自身的度汛安全，又涉及与局部区域的防汛配合调度，既要实现工程安全度汛，又要确保沿线群众的生命财产安全，防汛任务繁重，协调工作量大，工程防汛形势不容乐观。

防汛工作关系国计民生，事关重大，各有关单位的主要领导要切实履行第一责任人的职责，高度重视，切实担起防汛指挥的重任，立足于防大汛、抢大险，切实强化水患意识，克服麻痹侥幸心理，增强责任感、紧迫感，千方百计解决防汛工作中存在的问题和薄弱环节，切实做好今年南水北调工程防汛工作。

二、要强化责任，落实措施

根据国家防洪法对防汛区域职责划分，地方政府负责确保南水北调工程永久征地红线外防汛安全，运行管理单位负责保证南水北调工程永久征地红线内工程、人员及设备安全。一是严格责任制落实。要把南水北调防汛工作纳入全省防汛工作大格局，省南水北调办和省防办要加强防汛工作监管，跟踪落实各项防汛措施落实情况、责任人到位情况；总干渠沿线各省辖市防汛第一责任人要按照工作职责组织好辖区内防汛组织工作，重点部位防汛责任要逐级落实到工程运管单位和地方市、县、乡、村，并明确责任领导和人员，确保一级抓一级，级级到位。二是进一步加快防洪影响处理工程建设进度。在平顶山、许昌市部分标段开工建设基础上，省水利厅和省南水北调办公室要加大督导力度，本月内争取实现已招标项目全部开工建设，力争汛前建成并发挥作用。三是总干渠运行管理单位要认真排查、梳理总干渠防汛重点部位，并建立"一对一"的防汛责任机制，落实专人负责，不断完善、落实度汛方案和超标准洪水应急预案，确保工程及上、下游区域安全度汛。四是密切配合协作。现场运管单位要服从当地防汛指挥部门的统一指挥，有汛情和险情要及时处置外，还要及时向当地防汛部门报告，并加强与地方防汛、气象、水文、水库等单位及市、县、乡、村联系人的沟通，实现信息共享。各地防汛部门要加强雨情、汛情的预报工作，及时向工程运管单位通报情况，将南水北调工程防汛纳入地方防汛工作体系，及时检查指导，必要时调配地方力量或协调部队参与工程抗洪抢险。

三、要加强督查，狠抓落实

省南水北调办和省防办负责对全省南水北调工程防汛安全度汛工作进行督查落实。省南水北调办会同中线建管局负责对运行管理单位的检查落实，省防办总体负责对地方防汛部门的检查落实；市县两级南水北调和防汛部门除落实自身责任外，还要负责对本辖区督察责任的落实；省南水北调办、省防办要联合组成督察组，定期和不定期地采取明察、暗访方式督促各级防汛责任和度汛措施的落实，督察情况要在全省范围内通报，并充分发挥新闻媒体、网络的优势，加强监督。要切实加大督办督察力度，督促相关单位建立纵向到底、横向到边的责任保障体系，确保南水北调工程安全度汛。

同志们，防汛工作无小事，希望各防汛责任单位要认真贯彻落实国务院南水北调办、河南省委省政府关于南水北调工程防汛工作的一系列决策部署，以张野副主任此次检查为契机，充分发挥水利系统、南水北调系统和各级地方政府在防汛工作中的优势，加强协调，分工合作，共同努力，确保工程度汛安全，保证工程沿线人民群众生命财产安全。

谢谢！

河南省南水北调办公室主任刘正才在全省南水北调工作会议上的讲话

2016年1月6日

在辞旧迎新之际，我们在这里召开全省南水北调工作会议，主要任务是传达贯彻省委九届十一次全会精神和省委经济工作会议精神，回顾总结2015年工作，分析当前面临的形势，安排部署2016年工作。刚才，省南水北调办与各有关省辖市、直管县市南水北调办签订了2016年度供水合同，与机关各处室、各项目建管处签订了2016年党风廉政建设责任书和目标责任书，许昌、郑州、南阳市南水北调办和平顶山建管处做了很好的发言。希望大家互相学习，互相借鉴，认真谋划好2016年各项工作。下面，我讲三点意见：

一、要肯定成绩，坚定做好南水北调工作的信心

2015年是我省南水北调工程由建设管理转入运行管理的第一年。在河南省委、省政府的坚强领导下，在国务院南水北调办的精心指导和大力支持下，全省南水北调系统创新思路，多措并举，坚持一手抓工程建设，一手抓运行管理，建立完善规章制度，制订操作规程，积极推进各项工作，建设任务基本完成，工程运行安全平稳，供水效益日益扩大，取得了可喜成绩。

（一）加强运行管理，努力扩大供水效益

1.加强科学调度，确保供水安全平稳。按照张高丽副总理在南水北调工程建设管理座谈会上的重要讲话要求，全省南水北调系统及时将工作重心由建设管理向运行管理转变。在过渡期，依靠现有机构和管理模式，组织开展运行管理人员岗前培训，建立联络协调机制和应急保障机制，落实配套工程水量调度计划，编制供水调度运行方案，实行配套工程运行管理月例会制度，上下联动，强化监管，加强供用水管理、安全巡查、维修养护，确保供水安全平稳。根据2015年9月27日谢伏瞻省长批示精神："要抓住关键，加大压采地下水力度，理顺水价，加快受水能力建设，科学用水，合理用水，充分发挥南水北调工程的经济和社会效益。对建设落后的地区，要加强督导，严肃问责。"省南水北调办会同省住建厅、省水利厅进一步加大对城市受水水厂建设的督导力度，切实加快水厂建设，努力扩大供水范围和用水量，充分发挥南水北调工程效益。截至今年1月5日，已建成水厂48座，全省累计有31个口门及3个退水闸开闸分水，累计供水9.57亿立方米。供水目标涵盖南阳、漯河、平顶山、许昌、郑州、焦作、新乡、鹤壁、濮阳、安阳10个省辖市及省直管邓州市，供水水厂达到41个，日供水能力达到330万立方米，受益人口达1400余万人。其中，去年四季度以来，新增供水水厂9座，分别是南阳市的镇平规划水厂、独山水厂、唐河县水厂，漯河市的临颍县一水厂、漯河市第二水厂、第四水厂，焦作市的武陟水厂，鹤壁市的浚县水厂，安阳市的汤阴一水厂，新增日供水能力16万立

方米，新增供水680万立方米。同时，积极与南水北调中线局协调沟通，通过退水闸成功向郑州市的西流湖、鹤壁市的淇河和许昌市的颍河进行生态补水，产生了较好的生态效益和社会效益。积极探索水权交易，利用市场机制优化配置南水北调水，平顶山市和郑州市新密市达成了每年不超过2200万立方米的水量交易意向，为推进形成水市场、盘活水资源存量提供了有益探索。

2.建立规章制度，确保运行管理规范。把制度建设作为运行管理规范化的重要抓手，广泛宣传贯彻落实《南水北调工程供用水管理条例》，及早颁布《河南省南水北调配套工程供用水管理办法》；制订了《关于加强南水北调配套工程供用水管理的意见》《河南省南水北调受水区供水配套工程供水调度暂行规定》《南水北调配套工程运行管理费使用管理与会计核算暂行办法》等规章制度；与省水利厅、省发改委、省财政厅、省住房城乡建设厅联合制订了《河南省南水北调受水区地下水压采实施方案（城区2015～2020年）》；与省水利厅、省发改委、省财政厅制订了《河南省南水北调水量交易管理办法（试行）》，并完善运行管理技术规程，严格规范管理行为、操作行为、调度行为、维护行为，运行管理逐步走向制度化、规范化轨道。

3.核定水价水量，确保水费征缴有据。省南水北调办配合省发改委、省财政厅、省水利厅认真做好我省南水北调工程水价测算、研究及核定工作，报经省政府批准，2015年5月1日，与省发展改革委、省财政厅、省水利厅联合印发了《关于我省南水北调工程供水价格的通知》（豫发改价管〔2015〕438号），核定了我省南水北调配套工程水价。受省政府委托，省南水北调办分别与南水北调中线建管局、受水区各省辖市（直管县市）南水北调办签订了2014～2015年度供水补充协议，约定了供水水量、供水水质、供水价格、水费缴纳时间和方式等。加强配套工程水量计

量管理，在配套工程流量计未完全启用、中线局口门流量计未率定的情况下，提前启动水量计量确认工作，南水北调中线建管局三级管理处和各省辖市（直管县市）南水北调办以及受水水厂每月1号定期开展水量计量观测，签字确认水量计量数据，保障水量计量科学、规范。在此基础上，省南水北调办和各省辖市、直管县市南水北调办上下联动、积极协调，全面启动了水费征缴工作。目前，许昌、郑州、濮阳、安阳、南阳、平顶山、邓州等市南水北调水费已经上缴，走在了全省的前面。

（二）严格督促检查，加快剩余尾工建设

一是建立台账。年初对尾工和新增项目进行全面排查梳理，对存在问题登记造册，建立台账，逐一提出了解决办法、实施方案和计划安排，制订保证措施，细化任务，责任到人。二是积极协调。在调整实施方案和设计概算尚未批复的情况下，协调设计单位先期提供新增项目施工图纸；协调地方征迁部门先期提供施工道路等临时用地，征迁资金和用地手续随后补办。三是加强督导。督促施工单位加大人力、物资、机械设备等资源投入，明确切实可行的时间节点，落实相应保证措施，细分作业面，24小时不间断施工，确保按期完工。四是严肃问责。对剩余工程现场施工情况进行经常性地抽查和暗访，对进度滞后的，会同省政府移民办派督导组进驻现场，分解目标、落实责任，限时解决存在的问题。现场督察实行日报告制度，督促工程尽快完成，对未按要求完成任务的，对责任单位和相关人员进行问责。目前，干线工程除个别新增项目外，收尾工作基本结束，配套工程建设基本完成。五是严控质量安全。对干线和配套尾工项目持续开展质量飞检、巡查和稽察，加强对工程实体质量的监管，发现问题及时处理；加强尾工项目安全生产管理，建立了重大危险源监控机制和重大安全隐患治理机制，全面排查安

全隐患，加大安全生产督察力度，定期进行安全生产大检查，确保了工程质量安全。

同时，根据年初制订的工程验收工作计划，加快合同项目完成验收。明确了验收工作目标和参建各方的责任，督促施工标段限期整改历次分部工程、单位工程验收发现的遗留问题，以及历次飞检、稽察发现的质量缺陷；派专家深入现场督促、指导各参建单位工程资料的组卷、归档工作，并组织进行了档案预验收，省南水北调办定期考核，严格奖惩，对完成验收工作计划目标的进行表扬，否则，给予通报批评，确保了合同项目完成验收工作顺利开展。干线委托段所有分部工程和单位工程验收工作已于去年上半年全部完成，渠道土建标合同项目完成验收2015年底前已全部完成。

（三）采取得力措施，促进跨渠桥梁移交

省委、省政府对跨渠桥梁移交工作高度重视，王铁副省长主持召开省长办公会，专门听取跨渠桥梁移交工作汇报，对跨渠桥梁移交工作做出安排部署、提出明确要求。省南水北调办会同省交通运输厅、南水北调中线建管局成立了河南省南水北调跨渠公路桥梁验收工作协调领导小组，及时研究决定重大事项，协调解决重大问题，组织协调各有关部门、各参建单位做好跨渠桥梁验收和管养移交各项工作，并切实加大督察督办及问责力度，为我省跨渠桥梁验收移交工作的顺利进行奠定了坚实基础。省南水北调办积极协调，省交通运输厅大力支持，及时下发了《河南省交通运输厅关于做好我省南水北调中线干线工程跨渠公路桥梁验收管理工作的通知》，明确了质量检测鉴定、验收移交和管理养护等相关事宜。针对地方交通部门提出的管养费、健康检测费、检测设备、项目划分等问题，提出了初步处理意见，为加快验收移交工作创造了条件。各有关省辖市党委、政府把跨渠桥梁移交工作作为一项重要任务，主要领导亲自过问，分管领导召集有关

部门专题研究，组织召开桥梁验收移交专题协调会，各有关省辖市、直管县市南水北调办明确专人具体负责，落实责任和措施，千方百计加快移交进度。交通、公路部门和现场建管单位加强对接，按照国务院南水北调办及交通运输部文件精神，积极做好沟通、解释和宣传工作，确保了跨渠桥梁验收移交工作顺利进行。目前，南水北调中线干线工程河南境内745座跨渠桥梁已完成管养移交739座，占99.2%。

（四）加强防范教育，确保工程和群众安全

积极协调省防办将我省南水北调工程防汛纳入全省防汛工作总体格局，完善防汛组织机构，统一安排部署。汛前，对防汛重点部位及时进行排查梳理，划分风险等级，编制了I级风险点专项度汛方案和应急预案，严格落实责任人和防范措施。联合省防办和河南直管局对所有防汛重点项目进行了检查，对发现的问题督促责任单位限期整改。根据防汛需要，沿线布设了8支防汛抢险队伍，设置了6个防汛物资仓库，储备了编织袋、铁丝笼、土工布等防汛物资，开展防汛演练，落实各项防汛措施，确保度汛安全。加强总干渠安全保卫和巡查工作，完善安全保卫管理制度和实施方案。深入开展防溺水宣传教育，制订了《南水北调总干渠沿线防溺水宣传方案》，组织3个流动宣传小组和宣传车，紧紧抓住暑假前夕这个重要时间节点，于2015年5月下旬至6月上旬分赴总干渠沿线各个村庄学校，入村入户入校入班开展防溺水宣传，张贴公告1.5万份，发放宣传页16万份，各地方媒体采取播放公益广告、电视滚动字幕、刊登防溺水警示等方式广泛宣传，达到家喻户晓、人人皆知，起到了很好的宣传效果，杜绝了溺水事件发生。

（五）加强水质保护，确保一渠清水北送

始终高度重视水源地和总干渠沿线水质保护及生态带建设，主动作为，协调有关部门于2015年4月划定了丹江口水库（河南辖区）饮用水水源保护区1596平方公里；积极推进《丹江口库区及上游水污染防治和水土保持"十二五"规划》实施，181个项目全部完工，在国务院南水北调办组织的《规划》项目实施情况考核中，我省名列三省第一；对总干渠水源保护区内100多家新改扩建项目进行专项审核，严格把关，存在污染风险的项目全部被否决；配合有关部门严格执法检查，工业点源和农业面源污染治理成效显著；加强总干渠沿线生态带建设，全省共完成总干渠两侧生态走廊绿化320余公里，完成造林面积9.1万余亩，占计划任务的50%，南水北调生态走廊已初具规模；加强水源地和总干渠水质监测，我省供水水质均符合或优于Ⅱ类水质标准，其中符合Ⅰ类水质标准的天数超过五成，水质稳定达标。

（六）加强统筹规划，切实防控断水风险

为防控断水风险，切实加强我省南水北调工程应急管理能力建设，省南水北调办、各省辖市（直管县市）南水北调办和工程管理单位分别制订了突发事件应急预案，建立健全了三级应急预案体系。按照国务院南水北调办的部署，建立了备用水源切换应急机制，明确了各地可切换的备用水源、切换备用水源最短时限要求、启动程序、工作流程、供水流量、供水持续时长等，并以省会郑州为示范，开展了断水应急模拟演练。

同时，认真落实鄂竟平主任2015年4月30日在我省调研时的指示精神，扎实推进干线应急调蓄工程前期工作。王铁副省长要求做到科学规划，统筹做好勘测设计、工程规划、移民征迁等工作，确保应急调蓄工程前期工作顺利推进。省南水北调办成立了前期工作领导小组，积极协调勘测、设计单位和省辖市有关部门深入开展选址及规划研究论证，完成了地形测量、地质测绘、物探及选址等工作，开展了技术经济分析，为科学规划提供了可靠依据，并将干线与配套工程应急调蓄工程纳入我省南水北调"十三五"专项规划。

（七）加强资金监管，确保资金安全高效

2015年干线工程到位资金21.5亿元，配套工程到位资金32.7亿元。我们始终高度重视资金风险防控，建立完善各项规章制度和监督控制体系，以审计整改为抓手，切实加强资金财务管理，确保各项资金安全高效使用。一是完善制度规范。在认真贯彻执行国家有关法律、法规以及各项财务制度的基础上，建立完善了财务资金安全控制体系，用制度规范各项资金使用。二是狠抓审计整改。积极配合审计署、省审计厅审计及国务院南水北调办内部审计，认真落实审计整改工作，按照审计报告，分解整改任务，明确整改责任，限定整改时间，逐条认真整改，做到事事有结果、件件有落实。以审计整改工作为契机，举一反三、防微杜渐，建立完善科学规范的长效管理机制，进一步提高了工程建设管理和资金管理水平。历次审计、检查中，未出现违规违纪问题。三是加强内部审计。坚持每季度对财务管理工作开展一次内部审计，建立长效机制，实行票前审核与票后内部审计相结合，仔细花好每一分钱，充分发挥资金使用效益。四是保障资金到位。适时催拨建设资金，做到既保障资金供应、满足工程建设需要，又没有过多资金沉淀、有效降低筹融资成本；积极协调省发改委、省财政厅、省农发行、省水投公司筹措配套工程建设资金，满足配套工程建设需要。五是加强资金监管。借助银行资金监管平台，对施工单位的工程预付款、工程进度款使用实施有效监管，规范和控制施工单位大额现金的提取和使用，避免虚假支付、套取工程资金，有效防止施工单位资金挪用或违规使用，确保资金安全。

（八）开展专题教育，践行"三严三实"

按照中央和省委的统一部署，扎实开展"三严三实"专题教育和"三查三保"活动。

一是积极动员。认真制定方案，召开动员大会对"三严三实"专题教育和"三查三保"活动进行专题部署，多次召开全办副处级以上干部和全体党员参加的集体学习。二是领导带头。突出抓好"关键少数"，领导班子成员带头开展调研，带头讲党课，带头搞好自学，带头查摆"不严不实"问题，带头撰写发言提纲，带头开展批评与自我批评，为党员干部做出了示范。三是突出特点。各支部严格按照"三严三实"专题教育方案和"三查三保"活动方案，紧密结合我省南水北调工程由建设管理向运行管理转型的实际，突出重点，创新学习方式方法，规定动作不走样，自选动作有创新。四是深入查摆。深挖问题的思想根源，深化整改落实，坚持个性问题即知即改、立行立改，共性问题上下联动、专项整治，对自我查摆的问题进行认真梳理，建立个人台账、落实整改措施，明确整改时限，跟踪问效。五是立规执纪。建立健全制度体系，出台了9项制度，用制度管权管事管人，确保党员干部践行"三严三实"制度化、常态化、长效化。

2015年4月，省南水北调办被省委、省政府作为2014年度全省经济社会发展十大突出贡献单位予以嘉奖；2015年7月，被省委、省政府表彰为全省平安建设工作先进单位；2015年5月，被省政府表彰为全省南水北调工作先进单位；2015年11月，顺利通过省级文明单位复查；我省南水北调工作多次受到国务院南水北调办表彰。

取得这些成绩，得益于省委、省政府的坚强领导，得益于国务院南水北调办的精心指导，得益于全省南水北调系统广大干部职工和全体建设者的顽强拼搏。在此，我代表省南水北调办向各级领导和同志们表示衷心的感谢！

二、要认清形势，切实增强紧迫感和责任感

我省南水北调工作正处于工程建设管理

向运行管理转型的过渡期，运行管理是个全新的领域，各种各样的新挑战同时存在，各种各样的新问题随时都会发生，有些是我们可以预计到的，有些是突发的。我们经过深入思考和梳理，认为当前面临的挑战和问题主要有以下几个方面：一是运行管理体制不明确。目前我省南水北调工程运行管理仍沿用建设期的管理体制和架构，工程运行管理涉及利益主体众多，还有很多我们不熟悉的领域需要探索，存在很多不确定的因素，加上运行管理人员不足，尤其缺乏专业人员，承担1000公里长的供水线路运行、调度、检修、维护、安保等管理任务，工程运行管理面临诸多困难和压力。现有的管理模式越来越不适应运行管理工作的需要，运行管理体制亟待明确，运行管理机构、机制、制度等需要进一步完善。二是运行管理难度大。南水北调工程是一项全新的特大型、远距离、跨流域调水工程，规模巨大，工程管理涉及国家、省、市、县各个层级，机构庞大，人员众多，还需要协调多个部门，如何实现上下联动、左右协同，没有成熟的经验可以借鉴，管理体制、机制、方式、规范、规程等都需要探索和创新。三是存在断水风险。中线工程水源存在丰枯年份水量不均的问题，南水北调中线工程线路长而且是总干渠单线输水，沿线没有调蓄工程，在总干渠停水检修及遇到突发事件等工况下，工程存在断水风险，应急保障能力和措施不足。四是自动化调度系统建设滞后。各市县管理处所现地管理房建设滞后，自动化调度设备还未安装到位，在一定程度上影响了自动化调度系统建设，造成进度滞后。五是防洪影响处理工程还存在遗留问题。《河南省南水北调中线防洪影响处理工程技术设计报告》已经批复，工程总投资7.52亿元，与可研批复投资5.92亿元相比，仍有1.6亿元的资金缺口；还有167处左岸防洪影响处理工程处理不到位或未列入处理范围，对南水北调总干渠安全和沿线群众生命财产安全仍存在隐患和威胁。六是生态补偿机制不完善。为保护总干渠水质，2010年，我省按照国家要求在总干渠两侧划定水源保护区，总面积3054平方公里，涉及8个省辖市34个县（市、区）。划定水源保护区虽有利于总干渠水质安全，但对保护区内经济社会发展限制很大，国家目前尚未出台有关补偿政策。

这些问题，我们必须清醒认识、正确面对，切实增强紧迫感和责任感，务实创新，真抓实干，扎实推进各项工作。

三、要强化措施，圆满完成各项工作目标任务

2016年是"十三五"规划实施的开局之年，是向运行管理转型的关键之年。今年我省南水北调工作总的要求是：认真贯彻党的十八大和十八届三中、四中、五中全会精神，全面落实省委九届十一次全会、省委经济工作会议和省委扶贫工作会议部署，牢固树立创新、协调、绿色、开放、共享的发展理念，着力强化运行管理，着力扩大供水效益，着力深化水质保护，着力加强风险防控，着力锤炼干部队伍，全面推动南水北调各项工作取得新成效、实现新突破。

做好今年的工作，关键要明确目标，突出重点，狠抓落实。本年度计划供水10.69亿立方米，在"十三五"期间计划每年递增30%左右，逐步达到足额用水目标。2016年要重点落实好"五个必须""五个保障"。

（一）必须有序推进工程验收。要按照国务院南水北调办制订的计划，明确责任，细化节点目标，认真做好干线工程设计单元项目完工验收及各类专项验收相关工作。投资计划处和各项目建管处要进一步加快变更、索赔审批进程，尽快具备项目完工决算编制条件；建设管理处要加强与国务院南水北调办和中线建管局有关部门的沟通，明确设计单元完工验收和铁路、电力等对外委托建设工程验收的程序和步骤，提前做好各项验收准备工作；机关有关处和各项目建管处要按照职责分工，做好档案、水土保持、环境保护等专项验收准备工作；要配合有关部门完成跨渠桥梁竣工验收；要做好干线工程及桥梁、电力线路等资产移交工作。各省辖市配套工程建管局要细化配套工程验收计划，上半年完成配套工程（新增项目除外）所有分部工程和单位工程验收，同时开展合同项目完成验收和设计单元完工验收试点，下半年全面展开，除焦作和濮阳市新增项目外，争取2016年底前全面完成。对于已经试通水、尚未开展通水验收的配套工程线路，有关省辖市南水北调办要按照《河南省南水北调配套工程验收工作导则》规定，尽快组织开展通水验收工作，避免发生配套工程未验先用现象。

（二）必须加强水质保护及生态建设。要积极配合发改委等部门完成《丹江口库区及上游水污染防治和水土保持"十三五"规划》编制及年度实施工作，坚持定期检查，强化督导，明确项目完成节点，强力推进"十三五"规划项目实施。要按照国务院南水北调办部署，切实做好水源区"十三五"规划项目实施考核工作。要严格执行《南水北调中线工程总干渠两侧水源保护区划定方案》，严把新建项目专项环保审批关，对不符合环保要求的新上项目，坚决否决。要积极配合有关部门切实加大水源地和总干渠沿线水污染防治执法力度，坚决打击危害水质安全的各种违法行为。要积极配合林业部门加强总干渠两侧生态带建设，力争今冬明春完成建设任务，为总干渠水质安全提供生态保障。要积极争取国家加大丹江口水源区生态补偿力度，配合省发改委切实抓好丹江口水源区对口协作工作。争取国家研究出台总干渠两侧水源保护区生态补偿政策，实现经济社会发展与水质保护双赢。

（三）必须确保供水运行安全。要进一步加大对各级运管人员的系列培训力度，各省辖市、直管县市南水北调办要建立精干、专业、高效的运管队伍，满足运行管理需要。要加强沟通协调，健全与干线工程管理单位、受水区用水单位联络协调机制和应急保障机制。要坚持供水运行领导带班制度，落实运管人员、安全巡查两到位。要加强制度建设，规范运行操作管理行为。要加强工程保护和穿越邻接工程管理，扎实做好工程维修养护工作，对影响供水安全的隐患或问题及时处理。要落实应急预案，开展断水应急演练，提高突发事件应急管理水平，确保工程运行安全、供水安全。要督促协调加快总干渠防洪影响处理工程实施进度，争取解决后续问题，确保工程度汛安全。

（四）必须建立完善运管体制。省南水北调办及早谋划，研究提出了运行管理体制建议方案，构建两级三层的运行管理体制。两级即省级和省辖市级，三层即省设南水北调工程管理局、省辖市设南水北调工程运行管理处、省辖市在有关县派驻运行管理所。省级管理机构将河南省南水北调中线工程建设管理局更名为河南省南水北调工程管理局，负责我省南水北调工程运行管理，领导职数、编制不变；并将南阳、平顶山、郑州、新乡、安阳等5个建设管理处整体转为河南省南水北调工程管理局下设的调度管理中心、水费结算中心、防汛抢险物资仓储中心、工程维护中心、水质保护中心。各中心处级领导职数为1正2副，处级领导职数、编制不变。市级管理机构参照省南水北调办运行管理建议方案，将省辖市南水北调配套工程建设管理局整体更名为省辖市南水北调工程管理处；县级工程管理所为省辖市南水北调工程管理处派出机构。实行省南水北调工程管理局统一调度、统一管理与省辖市南水北调管理处日常管理、分级负责相结合的管理体制。我们积极向省委、省政府领导汇报，与省编办协调沟通，争取尽快明确我省南水北调工程管理体制，努力实现建设管理向运行管理顺利转型。各省辖市、直管县市南水北调办要积极争取党委政府支持，建立完善运行管理机构，明确职能，充实人员，真正建立完善两层三级的运行管理体制。

（五）必须加强党的建设和意识形态工作。要牢固树立"抓好党建是本职，不抓党建是失职，抓不好党建是不称职"和"抓好党建就是最大政绩"的理念，牢牢掌握意识形态工作的领导权和主动权，进一步落实党建工作责任制，深入贯彻执行"4+2"四项基础制度和两项机制建设，抓紧建立我办党建方面6项配套制度，坚持把党的建设和意识形态工作与中心工作一起谋划、一起部署、一起考核。要进一步贯彻执行民主集中制制度，坚持党的集体领导，健全完善决策机制，确保决策落实到位。要坚持党要管党，从严治党，严肃党的政治纪律和政治规矩。要以党的建设促进干部队伍建设，大力弘扬"负责、务实、求精、创新"的南水北调精神，增强干部队伍的凝聚力、战斗力、创造力。

面对繁重的任务，我们要把建立完善"两个机制、三个体系"作为工作保障，坚持深化改革，创新驱动，促进南水北调事业健康发展。

一要建立完善水费征缴机制。要认真做好水量计量确认工作，各省辖市、直管县市南水北调办要建立与受水用水单位、中线局三级管理处水量计量确认协商协调机制，准确计量，让各方认可，为水费征缴提供依据。要按照"先易后难、重点突破、积极引导、带动全局"的思路，建立便捷高效的水费征缴机制。要加强调研指导，因地制宜，采取不同方式方法，落实基本水费支出渠道和来源。基本水费能列入当地财政预算的，尽量列入财政预算解决；不能列入财政预算的，有条件的地方可从水价顺价中解决，尚不具备条件的，要努力增加供水量，创造顺价解决水费征缴问题的条件。计量水费原则上从供水水费中解决，不足部分，可暂时采取财政补贴或水价顺价的方式解决。各省辖

市、直管县市南水北调办要按照供水协议的要求，积极争取当地党委政府支持，制订水费征缴政策，积极协调当地财政部门，落实水费征缴措施，形成合力，推进水费征缴工作，确保完成2016年度水费征缴任务。

二要建立完善风险防控机制。风险防控既包括防控风险发生，也包括一旦发生风险如何处置。既有工程风险，也有污染风险。首先，加强工程管养维护，加快推行工程规范化运行管理，配置检测车、机器人等现代化的工程维护装备，排查安全隐患，消除供水风险。其次，加快调蓄工程前期工作步伐，尽快启动调蓄工程建设。根据《河南省南水北调"十三五"专项规划》（初稿），在我省主要建设包括总干渠与现有水库的连通工程、新建调蓄水库。通过实施总干渠与鸭河口、燕山、白沙、盘石头、孤石滩、昭平台等现有大型水库的连通工程，实现水库与总干渠互联互通；在许昌、郑州、新乡、安阳等地分别建设沙陀湖、观音寺、薄壁、洪洲湖、石佛寺和宝莲湖等6座调蓄工程；依据省政府批复的《河南省南水北调受水区供水配套工程规划》，研究建设调蓄池工程，合理配置水资源，实现南水北调水、当地地表水和地下水联合调度，在总干渠及配套工程正常检修维护或发生突发事件时，保障受水城市供水安全。有关省辖市、直管县市南水北调办要积极协调配合，加快前期工作进度。目前，南水北调调蓄工程已经纳入《中共河南省委关于制定河南省国民经济和社会发展第十三个五年规划的建议》。第三，要建立完善各项应急预案，使预案落地落实，真正发挥预案的作用，一旦发生风险，确保在尽可能短的时间内解决造成断水的根本问题，尽快恢复供水。这里我特别强调两个预案，一是建立完善污染防控应急预案，一旦发生污染事故，要立即启动预案，按照程序及时报告，确保信息畅通，做到快速处置，避免事态扩大。这次卢氏县50吨硫酸泄露到水源地

支流事件，给我们敲响了警钟。二是进一步完善水源切换应急预案，要进行必要的现场实战演练，包括泵站启动、输水管道充水、水厂处理工艺切换等具体环节，都要精心准备，落实到具体人，具体岗位，做到细而又细，实而又实，确保预案启动后迅速高效运转，确保备用水源及时切换，确保正常供水，同时要做好居民群众的思想工作，确保社会稳定。第四，要加强技术创新，深入开展有关课题研究，研究配套工程供水管线基础信息管理系统，利用 GIS 空间数据分析能力，使管网维护、应急响应更加科学，对风险提前预警、提前研判、提前应对，使基础信息管理工作进入信息化、数字化、可视化阶段；开展输水管道安全运行关键技术研究，利用输水管道渗漏主动监控识别技术、非开挖修复技术和装备，对 PCCP 管道非开挖应急处理提出处理对策和方法；研究解决配套工程供水流量计量率定核准方法，进一步实现精准计量，科学管理。

三要建立完善制度框架体系。制度建设带有根本性、长远性、基础性，制度的生命力在于执行。着力研究探索保证制度落实、执行、持久的方法措施。坚持用制度规范运行管理，在现有制度和规程规范的基础上，注重制度设计，建立完善适应当前运行管理工作需要的制度框架体系。尽快颁布实施《河南省南水北调配套工程供用水管理办法》。第二层制度，就是进一步完善运行管理制度，主要包括河南省南水北调受水区供水配套工程机电物资管理办法、河南省南水北调工程供水调度应急预案、工程安全事故专项应急预案、水污染事件专项应急预案，建立完善包括水费征缴和使用在内的财务管理制度，以及规范权力运行、机关运转、党的建设等各个层面的规章制度。第三层制度，就是建立完善操作规程，主要有河南省南水北调受水区供水配套工程管理规程和泵站、阀件、机电操作手册等。第四层制度，就是

建立完善现场管理处所的岗位职责、值班记录等方面制度。各单位要按照职责分工和制度框架图，认真研究，抓紧出台，使制度覆盖无死角、无空白，真正形成完备的制度体系。要发挥制度的刚性约束作用，强化行政执法和监督检查，对违反制度的行为严格追责，把制度作为戒尺，把权力和行为关进制度的笼子里。

四要建立完善自动化调度体系。我省南水北调配套工程自动化调度系统包括网络通信系统、安防监控系统、数据存储与安全管理系统、视频会议系统、网上综合移动办公系统等。要加快建设进度，尽早建成投用，实现对闸门开启和流量的自动控制、信息数据的自动采集传输、对主要节点的实时监控、召开视频会议和网上办公等功能，并加强自动化系统的运行维护，不断提升工作水平。研究增设水质自动监测系统，为领导决策提供可靠依据。要进一步加大督促检查力度，抓住关键、突出重点，首先在已通水的管线和管理房已建成的处所抓紧建设，逐步全面铺开。要加强与中线局的沟通协调，实现与干线工程自动化调度的互联互通，信息共享。各省辖市南水北调办要把自动化调度系统建设作为一项重要任务，快速推进征迁工作，加快现地管理房建设，为自动化系统建设创造条件，力争2016年上半年基本具备运行条件。

五要建立完善干部队伍支撑体系。成就事业，关键在人。打造一支作风硬、素质高、能力强的干部队伍至关重要。为此，要勤于学习，认真学习十八届三中、四中、五中全会精神和习近平总书记系列重要讲话精神，认真学习省委九届十次、十一次全会精神，以政治理论武装党员干部头脑，同时还要注重学习业务知识、法律知识、经济知识，提升能力和素质，建设学习型机关。要增强忠诚意识，对党忠诚、对国家忠诚、对人民忠诚、对事业忠诚。要增强党章意识，坚持党要管党、从严治党，开展好争先创优

活动,发挥好党组织的战斗堡垒作用和党员的先锋模范作用。要巩固好群众路线教育实践活动和"三严三实"专题教育成果,强化为人民服务的宗旨意识,切实解决不严不实问题。各级党员干部要注重行业文化建设,要培养高尚情操,形成植根于心的修养,无需提醒的自觉,以约束为前提的自由,为别人着想的情怀,树立正确的世界观、人生观、价值观。要切实转变作风,敢抓敢管,敢于负责,勇于担当,雷厉风行,务实苦干,把干好工作作为自己分内的职责,形成一种自觉、一种追求,严肃治理懒政怠政,坚决杜绝不作为和衙门作风,构建服务型机关。要严格遵守工作纪律,工作期间不迟到早退,不干与工作无关的事,不上网聊天、玩游戏等。审监室、综合处、机关党委要加强明察暗访,一经发现,要进行通报,严肃处理。要廉洁自律,认真落实两个责任,严抓严管,严以用权,严以律己,加强警示教育,筑牢思想防线,杜绝贪腐邪念,不碰高压线。要抓好班子,带好队伍,为做好各项工作提供组织保证。

同志们,我们肩负的责任重大,使命光荣。我们一定要在省委、省政府的坚强领导下,在国务院南水北调办的大力支持和精心指导下,恪尽职守,团结拼搏,开拓创新,扎实做好2016年各项工作,努力开创我省南水北调运行管理工作新局面。

河南省南水北调办公室主任刘正才在南水北调中线干线河南段委托建管项目工程实体移交工作会上的讲话

2016年9月29日

尊敬的张忠义局长,同志们:

今天,我们在这里举行南水北调中线干线河南段委托建管项目工程实体移交工作会议,正式将委托我省建设管理项目的工程实体移交给南水北调中线干线工程建管局。刚才,李长春副局长、杨继成副主任代表双方签署了工程实体接管书,张忠义局长作了重要讲话。各单位要按照张忠义局长的要求,认真抓好落实。对做好工程实体移交后的工作,我再讲几点意见:

一、南水北调中线河南段工程建设回顾

按照国务院南水北调办公室关于南水北调中线工程河南段委托管理项目建设管理的批复意见和南水北调工程委托项目管理办法(试行),省南水北调建管局与中线建管局分别于2006年4月、2008年7月、2009年9月签订了中线干线工程黄河北至漳河南段、南阳膨胀土试验段、黄河南段建设管理委托合同。从2005年9月安阳段"三通一平"工程开工到2014年通水,之后又经历了两年的建设期运行管理,我省中线工程建设历经12个年头。河南省委、省政府始终把南水北调工程作为1号工程,举全省之力推进河南段南水北调工程建设进度,多措并举推进配套工程和城市受水水厂建设,上下联动推进总干渠生态带建设,千方百计保证南水北调工程水质和供水安全。为做好河南委托段建设管理工作,省南水北调建管局在从全省水利系统抽调人员基础上,中线建管局又专门招聘技术人员支持委托段的建管工作,使现场建管队伍得到充实和强化,陆续组建了安阳、新乡、焦作、郑州、许昌、平顶山、南阳共7个项目建管处,不断适应工程建设对管理人才的要求。在国务院南水北调办、中线建管局悉心指导下,在地方各级党委政府及有关部门大力支持下,全体参建人员时刻保持"敢为人先、争创一流"的拼搏精神,严抓质量,狠抓安全、进度管理,破解了一道道难题,打赢了一场场硬仗,取得了一个个胜利,圆满完成了各阶段性目标任务。2009年黄河以北实现了全部开工;2011年4月黄河以

南全面开工建设；2013年12月25日，渠道衬砌全部完成，干线主体工程胜利完工；2014年5月底，与通水有关的尾工项目全部完成；9月29日，国务院南水北调建委会专家委评估通过全线通水验收，中线工程具备了通水条件，2014年12月12日，干线工程正式通水。12月15日，省委、省政府和国务院南水北调办在郑州举行河南省受水区通水仪式，从此南水北调水润泽中原大地，中线工程开始发挥巨大的经济效益、社会效益和生态效益。

回顾南水北调工程的建设历程，我们着重抓了以下几个方面的工作：

一是狠抓工程质量不留遗憾。河南省南水北调办公室（建管局）始终把质量管理工作作为工程建设的核心任务来抓，严格执行技术标准、技术规范与操作规程，切实加强过程控制和监管，从源头上消除质量隐患；建立举报制度，成立飞检大队，加强检测检查，发现问题，认真整改；开展质量信用评价，建立完善了质量评价警示机制和质量管理信用档案；实行严格的质量责任制和终身追究制。通过高压、高压再高压，对不合格或有质量隐患的在建工程，实行果断的返工，避免了质量事故，工程质量始终受控。

二是狠抓安全管理不留死角。工程开工建设以来，我省南水北调中线工程陆续开工，由点到线，由线到面，呈现点多、线长、面广的局面，工程建设投入的人员、设备、物资等资源数量庞大，安全生产管理工作千头万绪，形势十分严峻。河南省南水北调办公室（建管局）认真贯彻落实国家和省有关南水北调工程安全生产及安全运行的法律法规和工作部署，全面加强安全管理，努力消除安全隐患，确保了工程生产安全、运行安全和度汛安全。工程建设未发生一起较大以上级别的安全事故，实现了安全生产管理目标。

三是狠抓进度保建设目标实现。国务院南水北调工程建设委员会第三次全体会议确定了中线工程"2013年主体工程完成，2014年汛后通水"的总体建设目标，针对河南委托段项目开工晚、工程量大、建设环境复杂的现实，河南省南水北调办公室（建管局）紧紧围绕目标，创新工作机制，采取办领导联系现场建设管理处工作制度，加强督察指导，破解难题，突出关键节点、难点和重点，大力开展进度目标劳动竞赛和专项劳动竞赛，建立各类进度协调机制，千方百计推进工程进度，确保了南水北调工程建设目标的实现。

四是狠抓投资控制保资金安全。省南水北调办（建管局）始终高度重视资金风险防控，严格变更索赔审批程序，完善资金使用和监管制度，加强资金使用全过程管理，堵塞管理漏洞，确保资金安全；严肃财经纪律，加大审计和查处力度，以审计整改为抓手，切实加强资金财务管理，确保各项资金安全高效使用。

五是狠抓征迁营造一流建设环境。南水北调中线河南段工程开工晚、战线长，村镇人口稠密，工扰民、民扰工现象突出。为营造无障碍施工环境，省南水北调办、省政府移民办决策征迁先行，在黄河南段工程开工前，先行将工程施工用地征用到位，并层层建立南水北调工程建设环境联席会议制度和阻工问题快速反应处理机制，定期研究处理涉及建设环境方面的问题。对征迁工作不力的领导干部严肃问责。采取高压态势，严厉打击非法阻工人员。同时，组织各参建单位对影响群众正常生产生活的爆破、强夯、施工降排水等问题，及时优化施工方案，尽量减少因施工对群众正常生产生活造成的影响，形成了建设单位和周围群众相互尊重、相互体谅、和谐共建的良性施工环境，为河南段南水北调工程顺利推进奠定了坚实基础。

我省南水北调工程自2014年12月正式通水以来，已安全平稳运行近两年时间，截至9

月25日，全省累计有31个口门及3个退水闸开闸分水，累计供水19.3亿立方米，供水目标涵盖南阳、漯河、平顶山、许昌、郑州、焦作、新乡、鹤壁、安阳、濮阳10个省辖市及省直管邓州市，供水水厂达到43个，日供水能力达到450万立方米，受益人口达1600余万人，供水水质一直保持在Ⅱ类以上，受到沿线群众的一致好评，取得了良好的社会效果。目前，南水北调水正逐步成为我省最重要的供水水源，省会郑州市区南水北调日均供水量94万立方米，占市区总供水量的85%。南水北调工程通水后，沿线受水区自备井逐步关闭，地下水位逐步抬升，生态环境得到改善，我省南水北调工程已经并继续发挥重要的社会效益、生态效益和经济效益。

中线工程通水后，习近平总书记、李克强总理分别作出重要指示、批示，高度评价了南水北调的重要价值，充分肯定了移民征迁群众的牺牲奉献和工程建设者的顽强拼搏精神。在此，我代表省南水北调办对所有河南省南水北调工程建设的组织者和参与者致以崇高的敬意！一是感谢国务院南水北调办和中线建管局多年来对河南省南水北调工程建设的悉心指导和大力支持。二是感谢各参建单位的广大建设者，你们发扬"五加二""白加黑"的拼搏精神，夜以继日，加班加点，恪守着对工程的责任，用心血和汗水浇铸起河南段南水北调工程的钢筋铁骨。三是感谢全省南水北调系统广大干部职工。十年来，省、市南水北调办事机构和建管局的全体干部职工始终以饱满的精神和高昂的斗志，全力以赴投入到南水北调工作当中，积极协调，克难攻坚。南水北调工作的每一份成绩都凝聚着大家的心血和汗水，你们的业绩将会载入功劳簿，在南水北调工程建设的史册上留下光辉的一页。

二、面临的挑战和问题

在肯定成绩的同时，也要清醒认识到，我们正处于工程建设管理向运行管理转型的过渡期，还存在不少这样或那样的问题：

一是工程管理难度大。我省的南水北调干线工程有731公里，配套工程有1000公里，管理战线很长，和铁路、公路、河流交叉众多，风险点多；同时，河南段总干渠地处上游，作为线性工程，干渠上任何一个点出问题都将影响全线通水，安全运行管理责任非常重。我省配套工程运行管理人员不足，尤其缺乏专业人员，配套工程运行管理也面临诸多的困难和压力。

二是防洪安全压力大。河南段总干渠和99条河流、273条沟道交叉，南水北调河渠交叉建筑物的修建改变了原河道的泄洪条件，尤其是个别河段受挖沙、造地和行洪滩地建设等影响，对总干渠和当地防洪安全带来了新的挑战；左岸排水工程修建，使部分建筑物上游沟道合并坡面流变为了集中出流，加大了下游沟道的流量和流速，对下游耕地、房屋、公共设施的安全造成一定的影响。同时，部分沟道行洪不畅又会对总干渠安全造成严重威胁。防洪影响处理工程目前有55条沟道正在建设，还有50条沟道治理项目尚未开工建设，建设进度较为缓慢。还有多处左岸防洪影响处理工程处理不到位或未列入处理范围，对南水北调总干渠安全和沿线群众生命财产安全仍存在隐患和威胁。因此总干渠防洪工作责任重、压力大。

三是工程安保任务重。南水北调中线工程作为供水工程，同时又是世纪工程、政治工程，肩负了安全输水及输送优质水的历史任务。在国际、国内形势异常复杂的今天，不能排除极个别别有用心的人利用破坏总干渠和配套工程来制造事端。而我省南水北调中线干线工程有各类交叉建筑物1348座，平均500米左右就有一处交叉点，配套工程管道阀井数量更多，一些突发交通、污染事件等对工程输水安全存在较大隐患，工程安保任务非常繁重。一方面要防范个别蓄意破坏行为和突发危及工程安全的事件；另一方面，还要加大宣传，防止周边群众在工程保护区域取土、建房等行为对工程的潜在威胁；第三方面，还要防范附近儿童、学生及其他人员非法进入总干渠造成的溺水事件，保护附近群众的生命安全。

四是存在断水风险。中线工程水源存在丰枯年份水量不均的问题，南水北调中线工程线路长而且是总干渠单线输水，沿线没有调蓄工程，在总干渠停水检修及遇到突发事件等工况下，工程存在断水风险，目前尚缺乏快速高效的应急保障能力和防范措施。

五是水质保护任重道远。为保护总干渠水质，2010年，我省按照国家要求在总干渠两侧划定水源保护区，总面积3054平方公里，涉及8个省辖市34个县（市、区）。目前，在南水北调中线工程河南段沿线，排查出分布有105处水污染风险点，经过各级各部门的共同努力，有55处污染风险点已经得到彻底整治，可以销号，但其余50处还需采取必要的工程措施予以解决。

这些问题，我们必须清醒认识、正确面对，切实增强紧迫感和责任感，务实创新，真抓实干，扎实推进各项工作。

三、齐心协力，确保一渠清水永续北送

南水北调工程实体虽然移交了，我们承担的任务并没有减轻，必须用更高的标准、更严格的要求做好后续工作，我们全省南水北调系统将一如既往，齐心协力，营造良好的工程运行环境，为河南段南水北调工程良性运行保驾护航，确保充分发挥南水北调中线工程的供水效益、社会效益。

一是继续加强协调配合，确保南水北调工程运行安全。在南水北调工程建设期和运行初期，我省沿线各级南水北调部门从干线征迁、配套工程建设、施工环境营造等方面做了大量卓有成效的工作，确保了我省南水北调中线工程顺利建成通水，确保了运行初期总干渠安全。在今年汛期中，尽管遭遇了

"7·9"和"7·19"两场超历史极值的暴雨，但经过我省南水北调系统和运管单位的共同努力，河南段南水北调工程实现了安全度汛。下一步，尽管干线工程移交了，但干渠工程运行安全环境的保障、抢险应急、水源地和沿线水质保护区等各项工作的落实仍是我们地方义不容辞的责任，各省辖市、省直管县（市）南水北调办要切实认清责任，做好工程运行环境保障工作，确保南水北调工程运行和度汛安全。

二是切实加强生态环境保护。陈润儿省长在审议《河南省南水北调配套工程供用水和设施保护管理办法》（以下简称《配套工程管理办法》）时强调，要重视和加强南水北调工程资源保护和环境保护力度，确保南水北调工程水质。省南水北调办和各市南水北调办将严格执行《南水北调中线工程总干渠两侧水源保护区划定方案》，严把新建项目专项环保审批关，对不符合环保要求的新上项目，坚决否决，并积极协调配合地方环保部门做好水污染风险点督导检查，争取纳入农村环境综合整治项目予以消除污染风险；协调配合地方林业部门，加大对生态带建设及管理维护的督导检查，推进生态带建设步伐。

三是做好配套工程建设和运行管理工作。省办机关相关处室和各省辖市南水北调办公室要督促配套工程尾工建设进度，实现配套工程完美收官。对于运行的供水线路要进一步健全运行管理规章制度，规范运行管理行为。同时，建立健全应急处置机制，完善应急预案，切实防控断水风险。

四是继续做好防溺水宣传教育工作。在通水初期，省办及各市南水北调办采取在沿线村庄、学校散发总干渠安全常识传单、举办安全讲座等多种方式做好总干渠防溺水安全宣传工作，有效减少了总干渠附近群众溺水现象。随着通水时间的延续，尽管总干渠溺水事件发生呈减少趋势，但我们仍要积极做好防溺水宣传教育工作，防止溺水事件发

生反弹。

五是加强南水北调安全执法。《配套工程管理办法》已经省政府常务会议审议通过，近期将颁布实施。各级南水北调办事机构要按照《南水北调工程供用水管理条例》和《配套工程管理办法》的要求，做好工程设施安全保护有关工作，对红线外、南水北调工程保护范围内，影响工程运行、危害工程安全和供水安全的行为，及早防范，并积极协调水行政执法、公安等部门，严格执法，责令停止违法行为。也请河南分局、渠首分局及各运管单位主动加强与当地南水北调办事机构、有关执法部门的日常联系和沟通，对发现的违法违规行为，及时协调处理解决，确实解决不了的，按程序上报。

六要全力做好水费征缴。省办财务处和各市南水北调办要按照"先易后难、重点突破、积极引导、带动全局"的思路，建立便捷高效的水费征缴机制，落实基本水费支出渠道和来源。受水区省辖市、直管县市基本水费能列入当地财政预算的，尽量列入财政预算解决；不能列入财政预算的，有条件的地方可从水价顺价中解决；尚不具备条件的要努力增加供水量，创造顺价解决水费征缴问题的条件，确保完成水费征缴任务。

七要全力推进中线干线尾工建设和验收工作。目前，总干渠还有峪河暗渠防护等新增项目未实施完成。建设处及各项目建管处要对制约工程建设进度的关键问题，明确责任单位、责任人，加大协调力度，限期解决存在的问题。要认真做好干线工程设计单元项目完工验收及各类专项验收相关准备、配合工作，确保设计单元完工验收工作顺利推进。工程档案要加快完成法人验收，尽快归档。投资计划处和各项目建管处要进一步加快变更、索赔审批进程，尽快具备项目完工决算编制条件。要按干线工程的批复概算，严格控制变更索赔，全面梳理投资概算完成情况，抓紧完成资金清查工作，摸清底数，

严格把关，做好投资控制工作。

南水北调中线干线河南段工程建成、通水、移交，标志着我们的工作画了一个分号，但绝不是句号，是一个新的起点，各项工作迈向新的阶段。后续保运行、保安全、保水质的任务依然十分艰巨。在后续工作中，我们一定要继续发扬在建设期凝聚形成的十分宝贵的南水北调精神，扎实推进各项工作，确保河南段南水北调工程平稳运行，发挥最大效益，为中原崛起、河南振兴提供强有力的水资源支撑！

谢谢大家。

河南省南水北调办公室主任刘正才在许昌市南水北调工程断水应急实战演练时的讲话

2016年3月29日

尊敬的王树山书记，同志们：

今天，许昌市成功举行了南水北调工程断水应急实战演练。这是继郑州市南水北调工程断水应急预案推演之后，我省举办的第二次应急演练，也是第一次断水应急实战演练。许昌市委、市政府对这次断水应急实战演练高度重视，市南水北调办编制了应急实战演练方案，并积极协调衔接各有关单位做了细致周密的准备工作。这次实战演练目的明确，组织得力，方案具体，操作性强，相关各方配合默契，协调有序，环环相扣，过程真实，是一次实实在在的练兵，达到了应急演练的预期目的，为各地应对断水风险积累了实战经验。刚才，大家一起观摩了演练实况，省南水北调办有关负责同志进行了点评。下面，我讲三点意见：

一、提高认识，防范断水风险

我省南水北调工程自2014年12月15日正

式通水以来，工程运行平稳，供水效益显著。截至2016年3月24日，全省累计有31个口门及3个退水闸开闸分水，累计向引丹灌区、42个水厂、禹州市颍河供水、3个水库充库及郑州市西流湖、鹤壁市淇河生态补水，累计供水12.29亿立方米，供水目标涵盖南阳、漯河、平顶山、许昌、郑州、焦作、新乡、鹤壁、濮阳、安阳10个省辖市及省直管邓州市，南水北调水已经成为一些地方的主要供水水源，也得到了沿线居民群众的普遍欢迎和好评。但是，由于南水北调中线工程是单一水源，而且沿线没有调蓄工程，加上南水北调中线工程战线长，沿线跨渠桥梁和铁路交叉工程多，突发事件、自然灾害、工程维修及养护等造成的断水风险始终存在。随着我省南水北调供水范围的逐步扩大，受水区对南水北调水的依赖度越来越高，一旦发生断水，对居民生活和社会稳定造成的影响也越来越大。确保工程运行安全和正常供水，责任重大。因此，我们必须切实增强风险意识，把可能发生的风险考虑得充分一些、周全一些、细致一些，决不能掉以轻心。古人云：凡事预则立不预则废，要居安思危，要虑事周全。要警钟长鸣，未雨绸缪，超前谋划，随时做好应对各种风险的准备。

二、强化措施，做好应急管理工作

（一）纳入政府应急管理体系

南水北调工程断水应急处置工作关系受水区民生，直接影响到千家万户的生活，由于涉及多部门联动，需要协调方方面面。各省辖市、省直管县（市）南水北调办要借鉴许昌市经验，积极向市、县主要领导汇报，将南水北调工程断水应急处置工作纳入政府应急管理体系，建立完善应急协调机制，明确职责，落实责任，并加强与相关部门及受水水厂沟通协调，确保南水北调工程断水事件突发时，在当地政府领导下，统一指挥，上下联动，应急指令畅通，预案得到顺利执行，断水处置及时、快速，保障受水区正常

供水。要做好沿线居民的思想工作，第一时间向新闻媒体发布新闻，向居民公布限水措施，避免因停水造成社会恐慌，加强社会管理工作。

（二）认真编写应急预案

按照分级负责的原则，建立完善省级、市级和南水北调工程管理单位三级应急预案体系。各市县要借鉴本次演练经验，完善应急预案，必要时开展演练，以加强应急工作。各市、县政府要组织相关单位，摸清情况，明确当地备用水源，对南水北调工程断水后备用水源的切换，包括应急机制、启动程序、工作流程、切换时间、供水流量、供水持续时长、泵站启动、输水管道充水、水厂处理工艺切换等具体环节，认真编写辖区内南水北调工程断水应急预案，针对管理及操作责任，落实到具体人、具体岗位，细化应急工作方案和流程，提高应急预案的可操作性，并适时开展应急演练，通过演练，查找不足，堵塞可能出现的漏洞，真正使预案落地落实，发挥预案的作用。

（三）做好应急保障工作

南水北调工程突发事件发生后，对可能造成断水的风险或隐患要密切监控，做好应急保障工作。一是要保证备用水源，备用水源维护的好坏，直接关系到南水北调断水后千家万户的基本生活保障，各级政府要加强管理，做好水质保护和备用水源引水设施及供水设备的日常维护工作；二是要加强应急队伍建设，建设一支招之即来、来之能战的应急处置队伍；三是要备足备齐应急抢险物资；四是要制定抢险预案；确保一旦发生风险，保障预案启动后迅速高效运转，及时切换备用水源，在尽可能短的时间内解决造成断水的问题，尽快恢复南水北调工程供水。

（四）妥善处理善后工作

南水北调工程断水突发事件处置工作涉及受水区千家万户，影响面广，做好善后工作也体现着我省各级受水区政府和相关单位

执政为民的情怀。妥善处理善后工作主要包括三个方面：一是要加快抢险进度，尽快恢复南水北调供水，并及时发布相关信息，正确引导公众舆情，最大限度减少负面影响；二是要加大宣传力度，耐心做好沿线居民的思想工作，确保社会稳定；三是要总结经验和教训，并以此为契机，进一步加强应急能力建设，提升应急管理水平。

三、规范管理，确保工程运行安全

（一）完善工程管理体制

目前我省南水北调配套工程管理体制为"两级三层"，各省辖市、省直管县（市）辖区内配套工程由省局委托地方管理，各省辖市、省直管县（市）南水北调办要积极向市、县党委、政府主要领导汇报，并与有关部门沟通，争取支持，早日明确并完善辖区内配套工程管理体制，顺利实现由建设管理向运行管理的转变，充分利用自身人力、技术等资源，建立精干、专业、高效的运管队伍，满足运行管理需要。

（二）健全运行管理制度

各省辖市、省直管县（市）南水北调办要根据配套工程管理实际，进一步健全运行管理制度，尤其是要有针对性地编制实践性强的操作手册和工作流程，确保市级管理制度健全，现地站点操作手册实用，各项工作

有章可依，流程清晰，逐步使运行管理走上制度化、规范化轨道。

（三）严格落实工作程序

在南水北调运行管理工作中，各级运行管理机构要严格落实各项制度、规程，无论是调度、运行、维护、安全巡查及工程保护监管，还是断水突发事件处置，都要按照既定的工作程序，分级负责，一丝不苟，以"抓铁留痕"的精神，逐级落实，扎实推进各项工作。

（四）强化工程运行监管

各省辖市、省直管县（市）南水北调办要加强管理，一方面要加强对工程运行设施的监测、检查、巡查、维修和养护，禁止在配套工程保护范围内实施影响工程运行、危害工程安全和供水安全的行为；另一方面要加强排查，对可能危及工程安全和影响供水运行的隐患或问题，做到早发现、早研判、早预警、早响应，及时处理，并依法处置破坏供水的违法行为，尽最大可能消除安全隐患和供水风险。省南水北调办要加强督导，督促各市、县南水北调办履职尽责，提高运行管理水平；对危害工程安全和供水安全的违法行为，加大执法检查力度，确保我省南水北调工程运行安全、供水安全，造福受水区人民群众。

谢谢大家！

重 要 事 件

全省南水北调工作会议在郑州召开

2016年1月6日，全省南水北调工作会议在郑州召开，省南水北调办主任刘正才作重要讲话，强调要凝心聚力，砥砺奋进，全面推动南水北调各项工作取得新成效、实现新突破。副主任贺国营、杨继成分别传达省委九届十一次全会、省委经济工作会议、省

委扶贫工作会议和国务院南水北调办主任鄂竟平在听取河南省南水北调工作汇报时的讲话精神。省南水北调办副主任李颖主持会议。

会上，省南水北调办与各有关省辖市、直管县市南水北调办签订2016年度供水合同，与机关各处室、各项目建管处签订2016年党风廉政建设责任书和目标责任书，许昌、郑州、南阳市南水北调办和平顶山建管

处发言。

刘正才指出，2015年是河南省南水北调工程由建设管理转入运行管理的第一年。在省委、省政府的坚强领导下，在国务院南水北调办的精心指导和大力支持下，全省南水北调系统创新思路，多措并举，坚持一手抓工程建设，一手抓运行管理，建立完善规章制度，制定操作规程，推进各项工作，建设任务基本完成，工程运行安全平稳，供水效益日益扩大，取得可喜成绩。

刘正才强调，2016年是"十三五"规划实施的开局之年，是向运行管理转型的关键之年。2015～2016年度计划供水10.69亿 m³，在"十三五"期间计划每年递增30%，逐步达到足额用水目标。2016年要重点落实"五个必须"。一是必须有序推进工程验收，二是必须加强水质保护及生态建设，三是必须确保供水运行安全，四是必须建立完善运管体制，五是必须加强党的建设和意识形态工作。

刘正才要求，要把建立完善"两个机制、三个体系"作为工作保障，坚持深化改革，创新驱动，促进南水北调事业健康发展。一要建立完善水费征缴机制，二要建立完善风险防控机制，三要建立完善制度框架体系，四要建立完善自动化调度体系，五要建立完善干部队伍支撑体系。

河南省南水北调办公室召开 2016年机关党建工作会议

2016年1月6日，省南水北调办召开2016年机关党建工作会议。省水利厅党组副书记、省南水北调办主任刘正才出席会议并讲话；省水利厅党组成员、省南水北调办副主任李颖回顾总结2015年机关党建工作，安排部署2016年机关党建和精神文明建设工作。省水利厅党组成员、省南水北调办副主任贺国营、省水利厅党组成员、省南水北调办副

主任杨继成出席会议。通过党员大会和办机关委员会委员选举，李颖同志被增补为省南水北调办机关党委委员、机关党委书记。

全省南水北调宣传工作会议在郑州召开

2016年2月2日，全省南水北调宣传工作会议在郑州召开。省南水北调办副主任李颖出席会议并作重要讲话。省南水北调办机关各处室、各项目建管处、各省辖市（直管县市）南水北调办有关负责人、宣传工作（志书编写）人员参加会议。

李颖在讲话中对2016年宣传工作提出明确要求。一是常规宣传要持续加强。要继续加强与中央驻豫媒体和省、市级主流媒体的沟通与联系，及时通报阶段性工作计划、重大事件安排等，及时向媒体记者提供新闻线索，为媒体记者采访报道提供便利条件。二是新媒体宣传要跟上。在办好"河南省南水北调"网站的同时，要利用"两微一端"（微博、微信、客户端）开展宣传，跟上舆论宣传的新潮流，掌握舆论引导的主动权。三是专题宣传策划要出特色。围绕河南省生态带建设、水源地生态保护、配套工程新增通水项目及运行管理工作、南水北调配套工程效益发挥等重点工作，组织媒体记者进行实地采访报道，聚焦河南省南水北调工作亮点，放大宣传效应，树立河南南水北调行业形象。四是舆情监测应对要及时高效。加强监测收集和舆情分析，及时澄清事实，正面引导舆论。五是南水北调文化研究要多出成果。要组织人员对南水北调史料进行收集整理，加强南水北调文化和精神的研究，开展南水北调文艺采风和文艺创作，要创作出一批有影响力的文艺作品。加强《河南省南水北调年鉴2016》的组稿和编审工作，及时出版发行；按时高标准完成《河南省水利志·南水北调篇》的编纂工作；继续配合省政协文

史办进行南水北调工程文史资料的收集工作。六是宣传队伍建设要进一步加强。各单位要明确一名领导成员负责宣传工作，明确一名专职宣传工作人员，加强宣传信息编发与上报。要根据不同阶段宣传重点，适时组织新闻、公文写作和摄影技巧等培训。建立有利于好新闻产出的良性机制，开展好新闻评选。

省史志协会会长霍宪章就《河南省水利志·南水北调篇》的编写规范要求、篇目设计、条目要素及叙述语言进行讲解培训。会议还学习传达了国务院南水北调办召开的2016年度南水北调工作会议、全省南水北调工作会议精神。

河南省南水北调办公室筹划河南省"十三五"期间南水北调工作

2016年2月3日，省南水北调办召开主任办公扩大会议，传达学习两会精神，筹划河南省"十三五"期间南水北调各项工作。省南水北调办主任刘正才作重要讲话，副主任贺国营、李颖、杨继成出席会议。机关副处级以上干部、各项目建管处主要负责人参加会议。

刘正才指出，省人大第十二届五次会议和省政协第十一届四次会议闭幕，要深入学习河南省"十三五"规划纲要，把握要义、提升认识，把思想和行动统一到"两会"精神上。

刘正才强调，河南省南水北调工程通水一年来，在受水区逐步成为重要水源，南水北调水由于水质好，受到受水区居民的欢迎和认可。由于南水北调工程为干渠单线输水，遇到突发事件或检修等情况，存在断水风险，水质保护任重道远。为确保南水北调工程正常安全供水，水质稳定达标，省南水北调办编制《河南省南水北调"十三五"专项规划》，规划中的干渠与现有水库的连通工

程、新建调蓄水库、水质保护和生态带建设等项目，已经纳入河南省"十三五"规划纲要。要加强与省发展改革委等有关部门的协调沟通对接，开展前期工作，力争早日开工建设，早日发挥效益。要创新思路、创新理念、创新方法，加强工程运行管理，提升应急处置能力，消除断水风险，提高供水保障程度，确保供水安全。要加强生态建设和水质保护，确保一渠清水永续北送。

河南省南水北调办公室部署2016年党风廉政建设工作

2016年2月3日，省南水北调办召开主任办公扩大会议，传达学习九届省纪委六次全会精神，安排部署党风廉政建设工作。省南水北调办主任刘正才作重要讲话，副主任贺国营、李颖、杨继成出席会议。机关副处级以上干部、各项目建管处主要负责人参加会议。

刘正才指出，省第九届纪律检查委员会第六次全体会议，明确提出当前和今后一个时期河南省党风廉政建设和反腐败工作的总体要求和主要任务，要把思想和行动统一到九届省纪委六次全会精神上，促进南水北调各项工作取得新成效。

刘正才要求，要严肃政治纪律和政治规矩，自觉遵守党纪国法，学好用好党章。要深入学习贯彻《中国共产党廉洁自律准则》和《中国共产党纪律处分条例》，落实"一岗双责"，纪检监察部门要落实监督责任。要推进作风建设，紧盯"四风"不放，改进思想作风、学风、工作作风。要落实"4+2"制度，建立完善党风廉政规章制度，用制度管事、管人、管权，构建廉政风险防控体系。要践行"三严三实"，解决不严不实问题，做到忠诚、干净、担当。要加强廉政警示教育，警钟长鸣，筑牢思想防线，不碰高压线。要按照规定报告个人有关事项，自觉接受组织监督、群众

监督和社会监督。特别是春节期间，要坚决遏制腐败问题易发高发现象，确保全体干部职工度过一个欢乐祥和、文明节俭的春节。

河南省南水北调办公室主任刘正才调研许昌市南阳市配套工程运行管理工作

2016年2月23～24日，省南水北调办主任刘正才到许昌市、南阳市调研配套工程运行管理工作，并在南阳召开座谈会。省南水北调办副主任杨继成参加调研。

刘正才一行先后实地查看禹州市二水厂、配套工程16号口门线路任坡泵站、干渠两侧生态带建设和南阳市四水厂，听取相关工作情况汇报，了解相关供水流程，询问供水量、覆盖范围、受益人口、水质监测等情况，并查阅运行管理、值班记录。

座谈会上，刘正才强调，2016年是"十三五"规划的开局之年，也是向运行管理转型的关键之年，下一阶段要做好以下几项工作。一要抓工程运行管理。河南省南水北调配套工程是庞大的系统工程，要对运行管理中设备、调度、运行维护等各个环节高度重视，要建立完善各项运管制度，加强学习、严格执行，切实做好工程运行管理工作。二要抓水源水质保护。南阳是南水北调中线工程重要的水源地，水质保护是重中之重，要协调环保部门开展执法检查，以"保水质、护运行"活动为契机，细化方案，开展水源地水质保护工作；要协调加强对口协作；要加快生态带建设。三要抓供水效益扩大。南水北调中线工程运行一年来取得的成绩来之不易，下一阶段要逐步增加供水量，扩大供水效益。各级地方政府要高度重视，加大对水务、供水、水利、城建等相关部门的协调力度，压采限采地下水，加快水厂建设，完善供水管网，加强政策调控，多措并举，促使供水效益逐步扩大。四要抓干部队伍建设。要落实中央从严治党要求和省委制定的"4+4+2"党建制度体系，要结合开展学党章党规及习近平总书记系列讲话、争做合格党员的"两学一做"教育活动，把思想上建党和制度上治党结合起来，加强队伍建设，打造政治过硬、作风过硬、业务过硬的干部队伍，为南水北调各项工作提供组织保证，确保工程安全良好运行，充分发挥效益。

河南省南水北调办公室召开省委第八巡视组专项巡视工作动员会

2016年2月28日，省委第八巡视组专项巡视省省南水北调办工作动员会召开。正厅级巡视专员、省委第八巡视组组长王尚胜作动员讲话，省纪委巡视员贾英豪就配合开展巡视工作提出具体要求；省水利厅党组书记、厅长李柳身作表态讲话，省水利厅党组副书记、省南水北调办主任刘正才主持会议。

省委第八巡视组全体成员，省南水北调办领导成员出席会议；省南水北调办机关各处室及各项目建管处副处级以上干部列席会议。

王尚胜在讲话中指出，巡视是党章赋予的重要职责，是全面从严治党的重要手段，是加强党内监督的战略性制度安排。要站在推进"四个全面"战略布局、推进全面从严治党、加强党风廉政建设和反腐败斗争的高度，进一步统一思想，开展各项工作，完成巡视任务。

王尚胜强调，在监督重点上，主要是重点人、重点事和重点问题。巡视监督的对象主要是被巡视单位党组织及领导成员；重点事就是在资金管理、资产处置、资源配置、资本运作和工程项目等方面存在的滥用职权、以权谋私等反映突出的具体问题；重点问题就是行政审批权、行政执法权、干部人事权、资金分配权、国有资产处置权等方面的违纪违规问题。在监督内容上，坚持政治巡视，进一步聚焦坚持党的领导，加强党的建设，突出党风廉政建设和反腐败斗争这个中心，围绕"六项纪律"，深化"四个着力"，坚持用纪律的尺子衡量被巡视党组织和党员干部的行为，坚持问题导向，把全面从严治党落到实处。

李柳身表示，坚决拥护省委的决定，自觉主动地接受巡视组的监督检查，坚决支持配合省委巡视组的工作，确保巡视工作圆满完成。

动员会上，省委第八巡视组进行反向问卷调查。省委第八巡视组于2月28日~4月26日对省南水北调办开展专项巡视，时间为两个月。

国务院南水北调办副主任张野到河南省检查南水北调工程防汛工作

2016年3月16~18日，国务院南水北调办副主任张野带领建设管理司、投资计划司、中线建管局负责人到河南省检查南水北调中线工程防汛工作，副省长王铁会见张野一行。3月18日在郑州召开的交流会上，张野作重要讲话，省政府副秘书长胡向阳出席会议并讲话，会议听取省南水北调办、省水利厅及沿线省辖市政府关于南水北调防汛工作汇报。省南水北调办主任刘正才、副主任杨继成，省水利厅副厅长杨大勇，以及新乡、焦作、郑州、许昌、平顶山市党政负责人陪同检查。

张野带领检查组先后到新乡沧河防洪加固工程、杨庄沟排水渡槽、焦作李河退水闸、穿城区高填方渠段、郑州水泉沟排水渡槽、中州大道跨渠桥梁、许昌禹州采空区、平顶山赵庄东北沟左排倒虹吸工程现场督导检查。

张野强调，随着南水北调中线工程供水效益的持续发挥，其重要性越来越突显。确保安全度汛，保证工程安全、供水安全，事关沿线群众生命财产安全的"生命线"和受水区经济发展以及人民群众生产生活的"供给线"。通过这次检查，我们能够感受到河南省对防汛工作高度重视，各级党委政府、省南水北调办、防汛部门早动员、早部署、早安排，进行大量卓有成效的工作，为安全度汛创造条件。同时，要清醒认识2016年防汛工作面临的严峻形势，要突出重点，增强针对性，把各项防汛措施落到实处。

省政府副秘书长胡向阳要求，防汛工作关系国计民生，责任重大，必须做到万无一失。要进一步认清形势、明确任务，落实措施。要强化水患意识，严格防汛责任制落实；要进一步加快防洪影响处理工程建设进度，不断完善、落实度汛方案和超标准洪水应急预案，确保南水北调工程安全度汛。

省南水北调办主任刘正才在汇报中表示，南水北调中线工程安全运行是向京津冀豫调水的重要保障，省南水北调系统将进一步明确责任，近期公布各地南水北调工程防汛工作行政责任人，强化责任监督；进一步加强沟通协调，协调地方政府、水行政主管部门、运管单位，市、县、乡、村四级统筹做好防汛度汛各项工作；进一步严格防汛值班制度落实，在时间、地点、人员上全面落实到位，保证汛情及时畅通；进一步加强汛前、汛期督导工作，联合省防办重点对防汛责任、抢险物资、应急预案、汛情畅通等各项工作措施落实进行全面督导检查；进一步协调加快防洪影响处理工程建设进度，并于4月底前完成应急预案的优化和应急设施准备工作。

南水北调中线干线工程首次开展突发水污染应急演练

2016年3月24日上午，南水北调中线干线工程首次突发水污染事件应急演练在新郑段举行。这次演练检验中线工程应急管理和应急处置能力，为应对突发事件积累经验。国务院南水北调办主任鄂竟平、副主任张野，河南省副省长王铁等观摩应急演练。国务院应急办、环保部有关工作人员应邀参加演练活动。下午，张野主持召开点评会。北京市、天津市、河北省、河南省南水北调办主要负责人参加会议。

这次演练模拟一辆载有5吨危险化学品硫酸的运输车因司机疲劳驾驶，通过新郑段十里铺东南公路桥时，失控撞破隔离网，跌至一级马道。交通事故造成运输车油箱破裂，柴油和车上的1罐硫酸大约有1吨进入渠道。

模拟水污染事故发生后，应急预案随即启动。事发地点上、下游闸门紧急关闭，将污染源封闭在干渠内，防止扩散。同时调运应急物资、应急队伍，打捞事故车辆。在下游2处地点对硫酸进行化学中和处置，设置2道围油栏收集吸附柴油。受污染水体经现场处置，达到生态水水质标准后，通过退水闸退出干渠，在退水渠还设置石灰石坝、活性炭坝对水体进行进一步处理，保障退水水质无害达标，不造成二次污染，又要尽快恢复下游正常供水。

演练结束后，鄂竟平指出，这次应急演练目的明确，筹划比较周密，程序规范，场景逼真，指令协调统一，模拟真实、动作真实、设备真实，是一次实实在在的练兵，为南水北调中线应对突发事件应急处置积累实战经验。

鄂竟平强调，南水北调中线干线工程线路长，交叉建筑物多，无调蓄水库，突发事件、自然灾害等造成的风险始终存在。要尽全力消除风险、规避风险、处置风险。要利用这次演练成果，总结完善应急预案，不断细化和完善应急工作方案和流程，提高可操作性。要加强应急队伍建

设，强化人员培训，落实岗位责任，对突发事件做到早发现、早研判、早预警、早响应，把断水风险和持续时间降到最低。要建设调蓄水库，一旦发生风险，启动水库应急供水。

张野在点评会上指出，这次应急演练组织得力，协调有序，针对性强，达到预期目的。要警钟长鸣，有备无患，通过演练找差距。要总结演练成果，吸收专家建议，加强与地方政府的沟通衔接，并结合实际，不断完善应急预案，有效处置各种风险，确保安全供水。

《河南省国民经济和社会发展第十三个五年规划纲要》涉及南水北调有关内容7项

2016年3月28日，河南省政府印发《河南省国民经济和社会发展第十三个五年规划纲要》，涉及南水北调有关内容7项：

1.推进南水北调中线调蓄工程及连通工程。

2.制定实施丹江口库区及上游水污染防治规划。

3.加强南水北调中线水源地和总干渠水源地环境保护，保障一渠清水北送。

4.以保障水质安全为核心，加强南水北调中线工程环库区及干渠沿线生态综合防治和宽防护林带、高标准农田林网建设，建成中线工程渠首水源地高效经济示范区，建成集景观、经济、生态和社会效益于一体的生态保护带。

5.启动以丹江口水库周边为重点区域的石漠化综合治理。

6.支持南水北调受水区城市通过富余水源置换，增加城市河道生态用水补给。

7.支持南水北调丹江口库区移民后期发展。

许昌市举行南水北调工程断水应急演练

2016年3月29日，许昌市举行南水北调工程断水应急演练。许昌市委书记王树山宣布演练开始。省南水北调办主任刘正才在演练结束时作重要讲话。省南水北调办副主任贺国营、李颖、杨继成、许昌市委常委、副市长王堃出席演练活动。省南水北调办机关各处室、各省辖市南水北调办、许昌市有关部门主要负责人观摩演练。

这次演练模拟周庄水厂南水北调配套工程17号分水口门供水管道发生故障，南水北调供水中断，许昌市启动断水应急预案，切换北汝河应急备用水源。切换水源期间，周庄水厂、董庄水厂和二水厂联合调度，市区实行限压供水。许昌市南水北调办编制应急实战演练方案，并协调各有关单位进行准备工作。应急演练达到预期目的，为各地应对断水风险积累经验。

刘正才指出，由于南水北调中线工程是单一水源，沿线没有调蓄工程，突发事件、自然灾害、工程维修及养护等造成的断水风险始终存在。随着河南省南水北调供水范围逐步扩大，受水区对南水北调水的依赖度越来越高，一旦发生断水，对居民生活和社会稳定造成的影响也越来越大。因此需要进行应对各种风险的准备，防范断水风险。

刘正才强调，一要纳入政府应急管理体系，建立完善应急协调机制，落实责任，并加强与相关部门及受水水厂沟通协调，确保统一指挥，上下联动，应急指令畅通，断水处置及时、快速，保障正常供水。二要编制应急预案。要建立完善省级、市级和南水北调工程管理单位三级应急预案体系。编写辖区内断水应急预案，要细化到应急机制、启动程序、工作流程、切换时间、供水流量、供水持续时长、泵站启动、输水管道充水、水厂处理工艺切换等具体环节，提高应急预案的可操作性。三要开展应急保障工作。要加强水质保护和备用水源引水设施及供水设备的日常维护工作，加强应急队伍建设，备足备齐应急抢险物资，制定抢险预案。四要妥善处理善后工作。要加快抢险进度，尽快恢复南水北调供水；要第一时间向新闻媒体发布相关信息，向居民公布限水措施。

河南省南水北调办公室召开"两学一做"学习教育工作会议

2016年4月19日，省南水北调办组织全体党员召开"两学一做"学习教育工作会议，传达学习习近平总书记对开展"两学一做"学习教育工作的重要指示、刘云山在"两学一做"学习教育座谈会上的讲话精神和全省"两学一做"学习教育工作会议精神，对"两学一做"学习教育工作进行安排部署。省水利厅党组副书记、省南水北调办主任刘正才出席会议作重要讲话；省水利厅党组成员、省南水北调办副主任贺国营、李颖、杨继成出席会议。全体党员参加会议。

刘正才对开展"两学一做"学习教育提出三点要求：一要深刻认识"两学一做"学习教育的重要意义。切实把思想和行动统一到习近平总书记的重要指示精神上来，统一到党中央和省委的决策部署上来，凝聚干事创业、推动南水北调各项工作的强大力量。二要聚焦学做改促，推进"两学一做"学习教育。要把"学"作为基础，学习党章党规、学习习近平总书记系列重要讲话。在学习党章方面，全体党员要通读、熟读党章和廉洁自律准则、纪律处分条例等，守住共产党员为人民服务的基准和底线。处级以上领导干部要重点学习与履职尽责密切相关的内容，着力提高政治素养和政策水平。在学习系列讲话方面，要把握"三个基本"，坚持读原著、学原文、悟原理，领会讲话内涵和核心要义。要以"做"作为关键，以学促做，知行合一，做合格党员。在思想上、政治上、行动上要坚定不移地向党中央看齐，向习近平总书记看齐，向党的理论、路线、方针看齐，自觉护党为党，敬业修德，履职尽责、奉献社会。要以"改"作为核心，坚持问题导向，强化问题意识，针对问题整改到位，持续改进作风，更好地服务群众，更好地推动南水北调各项工作。要以"促"作为目的，坚持围绕南水北调工作中心，强化运行管理，深化水质保护，加强风险防控，确保水质安全，确保供水水质，确保供水效益，全面推动南水北调各项工作取得新成效、实现新突破。三要加强"两学一做"学习教育的组织领导，务求实效。要把学习教育作为一项重大政治任务，各支部主要负责同志要自觉承担起第一责任人职责，党员领导干部要率先垂范。要加强谋划和指导，把每个关键动作设计好、分解好、实施好。要强化宣传引导，努力为学习教育营造良好的舆论氛围。

国务院南水北调办组织观摩团到河南省开展干渠生态带检查和观摩交流

2016年5月18～20日，国务院南水北调办、国家林业局组织南水北调中线工程沿线北京、天津、河北、湖北省（市）南水北调、发改、林业等部门及中线建管局、水源公司相关单位对河南省南北水调中线工程干渠生态带建设进行现场检查和观摩交流。

观摩团先后观摩许昌钧台办城市阳台绿化建设工程、梁北镇观景平台绿色生态廊道建设工程，南阳市卧龙区七里园乡大庄村、赵庄村干渠生态带及淅川县九重镇仁和康源集团石榴基地、陶岔渠首枢纽工程围景造林示范工程等建设情况。

在南阳市召开的座谈会上，观摩团成员听取河南省在南水北调中线干渠沿线生态建设方面的有关情况介绍，各单位分别汇报学习观摩体会，对河南省南水北调中线工程干渠生态带建设给予高度评价。

国务院南水北调办副主任蒋旭光调研中线河南段干线征迁和工程运行有关工作

2016年5月19～20日，国务院南水北调办副主任蒋旭光一行到河南省调研干线征迁和工程运行有关工作，现场查看焦作城区段征迁，检查闫河倒虹吸、索河渡槽、穿黄工程进口闸等工程运管现场，并在郑州召开座谈会，对阶段重点工作进行部署。

在焦作市城区段渠道和闫河倒虹吸现场，蒋旭光听取焦作市城区办征迁工作汇报和中线建管局运行管理汇报，对焦作城区段征迁工作给予肯定。蒋旭光指出，在工程建设期间，焦作市开展攻坚协调工作，与项目法人建立良好的协商会制度，定期会商解决问题，保障工程建设和运行管理的需要；下一步要继续开拓，推动遗留问题妥善解决，促进渠道两侧绿化带建设。

在中线穿黄工程进口闸、索河渡槽现场，蒋旭光一行查看自动化控制设备、闸门机械状况，询问无人值守闸室运行情况、紧急情况处置等工作。蒋旭光强调，工程运行安全是重中之重，现场工作人员要具备高度的岗位责任心，规范操作，不放过任何一个异常现象，把险情及时消除在初始阶段。

在郑州召开的座谈会上，蒋旭光听取河南省南水北调办、河南省政府移民办重点工作汇报，对河南省南水北调工程建设和干线征迁及库区移民工作给予肯定。蒋旭光指出，河南省在完成水量消纳、配套建设、水费征收、水质保护、生态带建设各方面取得良好势头和效果；征地移民方面，丹江口库区移民帮扶发展、移民村社会管理创新、信访稳定，干线临时用地复垦、用地手续办理、遗留问题解决和验收准备都取得显著成效。蒋旭光要求，验收的各项前置工作必须加紧推进，各方要在思路和方法上全力配合，形成合力，面对现实，破解难题。国务院南水北调办征地移民司、监督司、监管中心、中线建管局，河南省南水北调办、河南省政府移民办有关负责人参加调研和座谈。

国务院南水北调办副主任张野调研河南省南水北调工程运行管理情况

2016年5月30日～6月1日，国务院南水北调办副主任张野一行调研河南省南水北调工程运行管理情况，并召开座谈会。国务院南水北调办设计司司长于合群、建管司副司长井书光、中线建管局副局长鞠连义参加调研。省委农村工作领导小组副组长赵顷霖、省南水北调办副主任杨继成陪同调研。

张野一行先后到焦作2段、辉县段东河暗渠、小官庄排水渡槽、杨庄沟左岸排水渡槽以及大官庄北公路桥等地，现场查看工程相关情况，听取焦作管理处、辉县管理处现场情况汇报，询问工程防汛、自动化管理及用地征迁等方面的情况，叮嘱各单位要加强与地方政府及相关单位的联系沟通，用智慧和决心克服困难，确保工程运行平稳顺利。

张野分别在焦作管理处、辉县管理处召开座谈会。他强调，2016年厄尔尼诺现象严重，防汛工作是重中之重，运行管理单位要确保防汛物资充足、人员到位。要遵照《防洪法》，加强与地方政府的联系，制定防汛应急预案，组织应急演练，开展防汛工作各项准备；要加强指导、完善制度，有针对性地开展培训，推进运行管理

规范化工作；要规范程序，加强过程监管，提高干部廉政意识，做好工程维护和物资采购招标工作。

河南省南水北调办公室主任刘正才到确山县调研定点扶贫工作

2016年7月9日，河南省水利厅党组副书记、省南水北调办主任刘正才带领办综合处、厅水土保持处主要负责人到确山县肖庄村调研定点扶贫工作。驻马店市副市长冯玉梅，市水利局、扶贫办，确山县政府主要负责人陪同调研。

刘正才一行到确山县竹沟镇肖庄村查看生产生活现状及各项扶贫政策落实等情况，询问贫困户的生活情况和实际困难，鼓励他们坚定信心，在党和政府的政策帮扶引导下，克服困难，摆脱贫困，创造美好未来。刘正才查看省南水北调办援建的肖庄村小学教职工宿舍项目进展情况，并在村委会召开座谈会，听取确山县、竹沟镇、肖庄村有关情况的工作汇报。

座谈会上，刘正才对前一阶段省南水北调办定点帮扶和驻村第一书记工作开展情况给予肯定。他指出，前一阶段肖庄村集中精力开展基础设施建设，道路、学校和旅游开发有序推进，成效显著。下一步要谋划好精准扶贫措施，重点解决53户贫困户精准脱贫和发展问题。要"精准到户"，结合"种"、"养"、"加"产业引导、技能培训，开展农产品销售、电子商务、劳务输出，联系实际解决发展问题和就业问题。

刘正才要求，一要认识再提高。深刻认识精准扶贫工作的重要性和丰富内涵，强化政治意识和责任感、使命感。二要措施再细化。统筹各级各部门扶贫项目、扶贫资金使用，细化分解措施，分步落实，一抓到底。三要项目再落实。项目要落地、资金要落

实，需要做耐心细致的工作，要在落实上下功夫，确保兑现承诺。四要领导再加强。第一书记要当好代表，要发挥前线指挥作用，及时汇报和沟通。各支部要加强结对帮扶，在对贫困户"输血"的同时，要更加注重提高"造血"功能，增强脱贫内生动力，确保如期完成脱贫任务，给贫困户、给省委省政府交上满意的答卷。

南水北调辉县峪河暗渠
遭遇强降雨　险情得到控制

2016年7月18～19日，辉县市遇特大暴雨，境内最大点雨量467mm，同时，峪河上游山西省暴雨引发洪水，造成辉县宝泉水库泄水量急剧增加，19日19时下泄流量达到2030m³/s，水库下游6km处南水北调辉县峪河暗渠出口裹头出现重大险情，下游护坡冲毁，洪水冲刷防护堤，堤防部分坍塌并出现管涌，严重危及南水北调干渠安全。

险情发生后，19日19时30分，省南水北调办请求省防办紧急支援抢险人员物资和机械设备，省南水北调办主任刘正才、副主任杨继成现场指挥防汛工作，新乡市市长王登喜赶赴现场指导。地方防汛部门、驻豫部队、工程管理单位投入抢险。21时，驻豫部队300名官兵到达现场，随后防汛设备、物资陆续到达。首先在峪河暗渠裹头上游建设导流围堰将洪水导离遇险堤防，然后用砂卵石回填损毁堤防附近河床，用预制四面体、铅丝笼回填冲毁的暗渠段河床护砌工程。

经过紧急抢险，险情得到初步控制，南水北调干渠供水正常。

河南省南水北调办公室
慰问辉县段抗洪抢险解放军指战员

2016年7月29日，受省南水北调办主任刘正才委托，副主任杨继成一行到辉县市慰问参加"7·9""7·19"南水北调工程辉县段抗洪抢险的解放军指战员，新乡市南水北调办主任邵长征、辉县市副市长王炳岳等参加慰问。

2016年入汛以来，辉县市连续遭遇暴雨洪水侵袭，特别是7月9日、7月19日，暴雨之大、洪水之猛、范围之广、破坏性之强，历史罕见。在南水北调工程辉县段安全受到严重威胁的关键时刻，驻豫中国人民解放军某部，迅即行动，星夜驰援，连续奋战，及时化解险情，保护南水北调工程安全，为抗洪抢险的胜利作出重大贡献。座谈会上，杨继成代表省防指、省南水北调办，向参加防汛抢险的全体官兵致以诚挚的感谢！在八一建军节到来之际，对广大指战员表达节日的问候！同时希望部队官兵继续关心支持南水北调各项工作，共同维护南水北调工程安全及沿线群众生命财产安全！

部队首长对省南水北调办的慰问表示感谢！同时表示将继续对南水北调工程给予支持，发扬战时能胜、险时能上的大无畏精神，发挥人民子弟兵的优良作风和顽强战斗力，冲锋在前，不怕牺牲，军民协同抗洪抢险，确保南水北调这项民生工程安全运行！

全面深化京豫战略合作座谈会在京举行

2016年8月22日，全面深化京豫战略合作座谈会在北京举行。中共中央政治局委员、北京市委书记郭金龙，北京市委副书记、市长王安顺，北京市人大常委会主任杜德印，河南省委书记、省人大常委会主任谢伏瞻，河南省委副书记、省长陈润儿等出席座谈会。

郭金龙代表全市人民向河南广大干部群众致以衷心感谢和崇高敬意。他说，南水北调把两地人民紧紧地连在一起。河南人民不仅全力以赴确保干线工程如期通水，而且围绕平稳供水、清水永续，在库区生态环境保护、沿线流域治理等方面付出极大努力，作出巨大牺牲。河南人民这种讲政治、顾大局的精神让我们备受感动。河南历史悠久、文化厚重，是经济大省、新兴工业大省和农业大省，也是人口大省，在国家发展全局中有重要的地位和作用。近年来，河南省委、省政府带领全省人民，主动适应经济发展新常态，深入实施四大国家战略规划，着力打造"四个河南"，干成一批打基础利长远的大事，正在为落实习近平总书记"让中原更加出彩"的重要指示努力奋斗，中原大地呈现生机勃勃的发展态势。

中线通水以来，北京市已经受水超过15亿 m³，有效缓解水资源压力。郭金龙说，这里面浸透着河南人民对首都人民的深厚情谊。深化两地战略合作、加强南水北调对口协作，是我们报答水源地人民的重大责任。北京要怀着感恩之心，动真情、用实招、求实效，推动京豫两地合作发展迈入新阶段，让水源地人民有实实在在的获得感。京豫两地资源互补性强，合作基础良好，要把对口协作与精准扶贫、精准脱贫工作结合起来，发挥北京教育、医疗等资源优势，支持水源地提高公共服务水平；加强环境建设合作，继续推进重大生态治理和重要环保项目合作；拓展创新合作发展，支持北京创新资源向河南省辐射转移，推动科技成果在当地转化，在创新发展中实现优势互补、互利共赢；强化工作信息沟通、完善长效合作机制，在政策制定、发展规划、产业承接等方面进一步找准最大"公约数"，强化重大项目的协调，推动两地对口协作和区域合作。

谢伏瞻代表河南省委、省政府向北京市委、市政府长期以来给予河南发展的大力支持表示感谢。他说，近年来，以南水北调中

线工程为纽带，河南与北京交流更加密切、合作不断深化，对河南经济社会持续健康发展起到重要的推动作用。此次来北京考察，目的就是学习借鉴北京推动改革发展的好做法好经验，推动京豫合作向全方位、多领域、高层次迈进。

谢伏瞻说，2014年5月，习近平总书记到河南调研指导工作时指出，实现"两个一百年"奋斗目标、实现中华民族伟大复兴中国梦，需要中原更加出彩。

谢伏瞻就进一步深化京豫战略合作提出，一是围绕创新发展深化合作。加强科技合作，开展多渠道、多形式的科技交流合作，加强以高校和企业为主体的协同创新，支持中关村国家自主创新示范区和郑洛新国家自主创新示范区加强合作。深化教育合作，积极承接北京向外转移的高校和职业院校，支持和帮助河南培养创新型人才。推进人才交流合作，为北京高层次人才到豫交流服务和投资创业提供平台。二是围绕绿色发展深化合作。共同加强南水北调水质保护，建立定期交流磋商制度，开展水质保护技术交流合作，推动水源保护项目建设及重点生态功能区生态保护和修复，加快构建南水北调中线生态走廊，确保一渠清水永续北送。共同开展大气污染联防联治，共同应对区域突发性生态环境问题。三是围绕开放发展深化合作。深化信息技术产业合作，吸引一批有影响力的信息技术企业和项目落户河南。深化装备制造产业合作，深化商贸物流产业合作，深化金融后台产业合作，深化文化旅游合作，深化高效生态农业合作，推动河南产业结构调整和经济发展。四是围绕共享发展深化合作，在医疗卫生、人力资源、扶贫攻坚等领域加强合作，深化双方在民生领域的合作，不断提高河南公共服务水平和保障能力。

王安顺介绍北京市经济社会发展和京豫对口协作情况，陈润儿介绍河南省经济社会

发展和京豫对口协作情况，并分别代表北京市政府、河南省政府共同签署两省市《全面深化京豫战略合作协议》。随后，北京市、河南省相关部门还签订教育、科技、人社、商务、旅游、南水北调等部门间合作协议。

根据协议，双方将在南水北调对口协作、绿色发展、创新发展、开放发展、产业发展、基础设施、教育卫生文化体育、人才交流等方面深化合作，明确双方合作机制，建立双方高层领导互访、部门间协商推进、落实双方战略合作联系单位等机制，继续深化两地交流合作。

郭金龙、王安顺、谢伏瞻、陈润儿等一同先后到北京市轨道交通指挥中心、奥林匹克塔、中关村国家自主创新示范区展示中心考察，了解北京市轨道交通建设运行管理、城市规划建设、科技创新发展等情况。

北京市委常委、常务副市长李士祥，北京市委常委、秘书长、副市长张工，北京市政府党组成员夏占义，河南省委常委、省委秘书长李文慧，河南省委常委、郑州市委书记马懿和河南省直有关部门、部分省辖市负责人参加上述活动。

河南省南水北调办公室与河南省社科院共同举办南水北调精神研讨会

2016年8月23日，由河南省南水北调办公室、河南省社会科学院共同举办的南水北调精神研讨会在郑州召开。会议由省南水北调办副主任贺国营主持。

省社科院党委书记魏一明在报告中认为，伟大的精神支撑伟大的事业，伟大的事业孕育伟大的精神，伟大的事业和伟大的精神共同支撑伟大的国家建设。南水北调工程建成通水，并发挥巨大的供水效益和生态效益，党和国家领导人给予高度评价。按照省委组织部要求，南水北调精神教育基地正加

快建设。总结和提升南水北调精神具有很强的现实意义和深远的历史意义。

省南水北调办总工程师申来宾代表省南水北调办作《弘扬南水北调精神、助推中原崛起进程》的主题报告。省南水北调办副主任李颖在发言中认为，总结提炼南水北调精神意义深远，责任重大。南阳市南水北调精神教育基地主任孙富国说，教育基地将贯彻省委组织部要求，在开展基础建设的同时，加快推进南水北调精神教材编写。省社科院原副院长刘道兴在总结讲话中指出南水北调精神完全应该也完全可能提升为新时期国家精神、民族精神、河南精神，成为激励人们前行的宝贵精神动力。

省水利厅、省政府移民办、河南分局、渠首分局等单位有关负责人，省南水北调办机关各处室，各项目建管处，各省辖市（直管县市）南水北调办以及有关施工、设计单位负责人，省社科院《南水北调精神教育教材》课题组全体成员、华北水利水电大学南水北调精神课题组有关人员、南阳师范学院南水北调水安全创新中心负责人等100余人参加会议。

豫鄂陕水源区群众代表赴京津考察南水北调中线工程

2016年9月6～9日，"同饮一江水——水源地豫鄂陕三省群众代表考察南水北调中线工程"活动在天津、北京举办。来自水源区河南、湖北、陕西三省的30多名群众代表到南水北调中线干线天津、北京段及配套工程实地考察，在居民家中与天津、北京用水市民面对面交流，了解南水北调工程供水情况和居民用水感受。9月9日上午，国务院南水北调办在北京召开座谈会，与群众代表就考察工程的感受、南水北调工程效益、水源区保护等展开座谈，国务院南水北调办主任鄂竟平出席会议作重要讲话。河南省南水北调办

公室主任刘正才向与会代表介绍河南有关情况，河南省水源地及工程沿线的9位群众代表参加座谈会并发言。

河南省政协主席叶冬松带领省政协常委视察团视察南水北调生态带建设

2016年9月19～22日，河南省政协主席叶冬松、副主席靳绥东、李英杰带领省政协常委视察团一行40余人到许昌、南阳视察河南省南水北调中线工程生态带建设。省政协委员、省南水北调办主任刘正才参加视察。

视察团一行察看许昌、南阳南水北调中线工程生态带建设、城市水系建设情况，了解禹州市生态带建设和鄢陵花木产业发展情况，到淅川县南水北调中线工程渠首和万亩有机软籽石榴扶贫产业基地，听取渠首及其沿线绿化情况汇报。南水北调干渠两侧绿树成荫，鲜花点缀其间，视察团成员感受到南水北调生态带建设取得的明显成效。

在南阳召开的座谈会上，视察团成员谈体会、提建议，为南水北调工程水源地及干渠两侧生态带建设建言献策。大家认为，生态兴则文明兴，各地围绕生态文明和水质保护抓改革、调结构、促转型，推进南水北调干渠生态带和环库区生态隔离带建设，高标准定规划、见行动、抓管理，建设一批集生态、旅游、休闲、健身于一体的多功能生态廊道，既保护水质，改善人居环境，也为城市发展构筑生态屏障。要继续深入实施生态发展战略，强化南水北调水源保护，加大生态带建设力度，为确保一渠清水永续北送、建设美丽河南作出更大贡献。

视察团强调，一要提高思想认识，坚持绿色发展，增强做好生态带建设工作的责任感和使命感；二要注重科学规划，提升绿化效果，努力建设集景观效益、生态效益和生活效益于一体的生态廊道；三要创新经营机制，保障资金投入，合理确定产权、投入、种植、管理模式，提升持续发展水平；要加强林木管护，落实奖惩机制，提高各方面的积极性和主动性；四要加强组织领导，强化检查监督，层层压实责任，形成生态带建设的强大合力。

河南省南水北调办公室主任刘正才检查邓州配套工程建设及运行管理工作

2016年9月22日，省南水北调办主任刘正才到邓州市检查配套工程建设及运行管理工作，邓州市委市政府、南阳市南水北调办主要负责人先后陪同。

刘正才一行实地察看邓州二支线工程和末端现场管理所建设工地，听取供水情况、水厂建设及运行管理情况汇报，询问供水水量、覆盖范围、受益人口、水质监测等情况，检查运行管理值班记录，并对配套工程管理处所设施配套建设提出指导性意见。

刘正才指出，邓州市作为重要水源地和受水区，要一如既往地抓好南水北调工作。一是努力扩大供水效益。抓好部门协调，加快一水厂建设进度。加强政策调控，压采限采地下水，用好南水北调水。二是加强工程巡查和值守。要提高巡查频次，加强工程管护，规范填写值班日志，严格执行操作流程，避免因操作不当造成停水或设备损坏，做好运行管理日常工作。三是尽快启用运行管理处所。运行管理处所已基本建成，要加快配套设施建设，尽早投入使用，进一步提升运行管理能力和水平。

南水北调中线干线河南段委托建管项目工程实体移交大会在郑州召开

2016年9月29日，南水北调中线干线河南段委托建管项目工程实体移交大会在郑州召开。中线建管局局长张忠义、河南省南水北调办主任刘正才出席大会并讲话。省南水北调办副主任李颖主持会议，中线建管局副局长李长春、省南水北调办副主任杨继成分别代表双方签署工程实体移交协议和干渠河南段跨渠桥梁管养费用协议。中线建管局副局长刘宪亮，中线建管局有关部门、河南分局、渠首分局及中线干线三级运管处主要负责人，省南水北调办三总师，各处室和各项目建管处主要负责人，总干渠沿线各省辖市、直管县（市）南水北调办主要负责人，省南水北调办机关副处级以上干部，共80余人参加大会。

张忠义强调，河南省南水北调委托建管项目是南水北调中线干线工程重要组成部分，2013年底实现主体完工，这是河南省各级党委、政府，各有关部门正确领导和共同努力的结果，是河南省南水北调办公室、河南省南水北调建管局和各级南水北调机构多年耕耘的硕果，也是智慧和勇气的体现。河南省南水北调委托建管项目工程实体完成移交工作，是委托建管项目的重要阶段成果，也是各级政府、调水部门共同奋斗的结果，具有里程碑的意义。工程实体移交完成后，河南省南水北调建管局要继续按照委托合同的约定，做好尾工处理、合同变更与索赔处理、通水验收遗留问题处理、专项验收、设计单元完工验收、竣工验收，以及桥梁竣工验收等后续建设收尾工作。中线建管局河南分局、渠首分局以及沿线各三级管理处要做好工程实体移交后的运行管理工作，按照中线建管局出台的相关办法、标准开展工程维护、水质保护和安全管理等工作。同时，希望河南省南水北调办公室、河南省政府移民办及各省辖市南水北调办能够继续大力支持南水北调中线干线工程各项工作的开展，共同为南水北调中线工程平稳运行保驾护航。

刘正才在讲话中深情回顾南水北调中线工程河南段建设历程。刘正才强调，河南省中线工程建设历经12个年头，河南省委、省政府始终把南水北调工程作为1号工程，举全省之力推进河南段南水北调工程建设，多措并举推进配套工程和城市受水水厂建设，上下联动推进干渠生态带建设，千方百计保证南水北调工程水质和供水安全。工程建设过程中，省南水北调办狠抓工程质量、狠抓安全管理、狠抓工程进度、狠抓投资控制、狠抓工程征迁等几方面工作，为河南段南水北调工程推进奠定坚实基础。2014年12月12日，干线工程正式通水。中线工程通水后，习近平总书记、李克强总理分别作出重要指示、批示，高度评价南水北调的重要价值，充分肯定移民征迁群众的牺牲奉献和工程建设者的顽强拼搏精神。

刘正才指出，这些成绩的取得离不开国务院南水北调办和中线建管局多年来对河南省南水北调工程建设的悉心指导和大力支持；离不开各参建单位的广大建设者，恪守对工程的责任，用心血和汗水浇铸河南段南水北调工程的钢筋铁骨；离不开全省南水北调系统广大干部职工始终以饱满的精神和高昂的斗志，全力以赴投入南水北调工作当中，积极协调，克难攻坚。在肯定成绩的同时，也要清醒认识到河南省南水北调工作处于工程建设管理向运行管理转型的过渡期，面临工程管理难度大、防洪安全压力大、工程安保任务重以及保护水质等挑战。在今后的工作中，全省南水北调系统要一如既往地营造良好的工程运行环境，确保充分发挥南水北调中线工程的供水效益、社会效益。一是继续加强协调配合，确保南水北调工程运行安全。工程移交后，干线工程运行安全环境的保障、抢险应急、水源地和沿线水质保护区落实仍是河南省各级政府的责任，各省辖市、省直管县（市）南水北调办要认清形势、明确责任，做好工程运行环境保障工作，确保南水北调工程运行和度汛安全。二是加强生态环境保护。省南水北调办和各市南水北调办要严格执行《南水北调中线工程总干渠两侧水源保护区划定方案》，严把新建项目专项环保审批关，协调配合地方环保部门做好水污染风险点督导检查，协调配合地方林业部门，加大对生态带建设及管理维护的督导检查，推进生态带建设。三是做好配套工程建设和运行管理工作。要进一步健全配套工程运行管理规章制度，建立健全应急处置机制，完善应急预案，切实防控断水风险。省南水北调办机关相关处室和各省辖市、直管县（市）南水北调办要督促配套工程尾工建设进度，实现配套工程完美收官。四是继续做好防溺水宣传教育工作。各有关单位要未雨绸缪，做好防溺水宣传教育工作。五是加强南水北调行政执法。《河南省南水北调配套工程供用水和设施保护管理办法》已经省政府常务会议审议通过，将于近期颁布实施。各级南水北调办事机构要按照《南水北调工程供用水管理条例》和《河南省南水北调配套工程供用水和设施保护管理办法》的要求，做好工程设施安全保护有关工作。六是全力做好水费征缴。各有关单位要按照"先易后难、重点突破、积极引导、带动全局"的思路，建立便捷高效的水费征缴机制，落实基本水费支出渠道和来源，根据不同情况采取相应措施，确保完成水费征缴任务。七是全力推进中线干线尾工建设和验收工作。要做好干线工程、工程档案等各类验收相关工作及变更、索赔审批工作，对制约工程建设进度的关键问题，明确责任单位、责任人，加大协调力度，限期解决存在的问题。要继续发扬在建设期凝聚形成的十分宝贵的"负责、务实、求精、创新"南水北调精神，推进各项工作，确保河南段南水北调工程平稳运行，发挥最大效益，为中原

崛起、河南振兴提供强有力的水资源支撑。

河南省省长陈润儿
考察南水北调中线穿黄工程

2016年10月1日，河南省省长陈润儿带领黄委会、省直有关厅局和郑州市负责人，到南水北调中线工程穿黄隧洞南岸进口考察。陈润儿一行听取中线建管局河南分局负责人情况介绍，询问南水北调穿黄工程的规划、设计、施工、运行管理情况并对下一步管理工作提出明确要求。

一是规范运行管理，确保工程运行安全。南水北调中线工程是重大战略性基础设施工程，事关国计民生。工程建设是基础，运行管理是发挥效益的关键，各级南水北调管理部门要增强责任感和使命感，强化培训、完善各项规章制度，规范管理，做好供水调度、渠道清淤、工程维护、日常运管等各项工作，确保工程运行安全，让党中央、国务院和沿线人民群众放心。

二是强化环境保护，确保供水水质安全。南水北调工程作为重要饮用水源，成败在水质。全省各级环保、水利、南水北调等有关部门要高度重视水质保护工作，加大宣传力度，提高水源区和干渠沿线群众的水质保护意识和自觉性，下大力气关停污染企业，调整农业种植结构改善水源区及干渠沿线生态环境，制定水污染事件应急预案并加强落实，确保一渠清水永续北送。

三是加快工程沿线生态带建设，促进水质保护和生态旅游业健康发展。水源区和干渠沿线各级党委、政府要按照中央和河南省有关规划要求，加快南水北调工程沿线生态带建设，两年内务必完成建设任务。生态带建设要与当地旅游规划相结合，要高标准、严要求，力争做到"绿化、美化、亮化、彩化"，要四季常青，三季有花。要通过生态

带建设，打造一批生态旅游景观，实现水质保护和生态建设的有机结合，努力将南水北调工程建设成生态廊道、绿色长廊、清水走廊。

四是加快受水区水厂及配套管网建设，充分发挥工程效益。受水区沿线各级党委、政府要积极筹措资金，加快城市水厂和配套管网建设步伐，尽快建成通水，使工程效益充分发挥。

省政府秘书长郭洪昌，以及黄委会、省水利厅、环保厅、林业厅、南水北调办和郑州市政府主要负责人陪同调研。

驻豫全国政协委员视察河南省南水北调中线工程水质保护工作

2016年10月17~18日，河南省政协副主席史济春、龚立群、梁静带领部分驻豫全国政协委员一行27人，到郑州、焦作、新乡等地，就南水北调中线沿线水质保护工作展开视察。省政协委员、省南水北调办主任刘正才参加视察。

史济春主持召开情况介绍会，刘正才就河南省南水北调中线水质保护工作进行专题汇报，并向驻豫全国政协委员介绍河南省南水北调工程建设及运行管理有关情况。

视察团一行先后到郑州市中原西路南水北调生态廊道示范段、南水北调中原西路23号泵站、穿黄工程、焦作市南水北调穿沁工程、瓮涧河倒虹吸工程、闫河倒虹吸工程、新乡市南水北调工程苏门山段、河南分局辉县管理处等地查看。

视察团在新乡召开座谈会，听取郑州、焦作、新乡市政府关于南水北调中线沿线水质保护工作汇报，并进行座谈交流。各位委员对河南省在南水北调中线沿线水质保护工作方面取得的成绩表示肯定，并对下一步落实国家和省南水北调中线工程水质保护、生态建设的各项要求和

任务，建立水质保护长效机制，确保南水北调中线水质安全，推进区域协调发展提出意见和建议。

史济春指出，南水北调中线工程是事关国家和民族长远利益的富民利民工程，自工程通水以来，受到国内外的高度关注，也得到受水区人民群众和全社会的充分肯定和赞扬。加强水质保护工作，是南水北调工程通水后的关键，也是省政协2016年视察工作的重要内容和2017年全国两会省政协提案的重要课题。经过两天的沿渠视察，各位委员提出建议，各级各部门要结合各位委员的意见建议，进一步把握关键点、找准切入点，抓住结合点，统筹使用各方面的政策、项目、资金力量，把群众期盼落实到位，把工程效益发挥到位，把水质安全保障到位，确保一渠清水永续北送。

史济春强调，水源地和干渠的保护是一项动态性、常态性和持久性工作。各级政协委员要继续关注水质保护中存在的问题，想办法、提建议、聚共识，为确保优质丹江水永续北送作出自己应有的贡献。一要发挥智库作用，持续建言献策。二要发挥监督作用，促进有关政策实施。三要发挥自身优势，广泛汇聚合力。四是落实成果，协同推进水质保护工作。

梁静指出，这次省政协开展驻豫全国政协委员视察活动，事实证明，效果很好、收获很大。河南既是受水区也是水源区，要进一步开展多种渠道、多种形式的调研，掌握第一手情况，倾听群众呼声，提出合理建议。

河南省南水北调办公室召开机关党委换届暨第一届机关纪委选举大会

2016年10月25日，省南水北调办召开

机关党委换届选举大会暨第一届机关纪律检查委员会选举大会。大会通过民主投票的方式选举产生中共河南省南水北调办公室第二届机关委员会委员7名，选举产生中共河南省南水北调办公室第一届机关纪律检查委员会委员5名。省水利厅党组副书记、省南水北调办主任刘正才出席会议并作重要讲话。省水利厅党组成员、省南水北调办副主任贺国营、李颖、杨继成出席大会，省南水北调办全体党员参加大会。上届机关党委委员、机关党委专职副书记刘亚琪主持大会。

李颖代表上届机关党委作题为"全面提高机关党组织建设科学化水平　为推进我省南水北调事业发展提供坚强保证"的工作报告。报告从六个方面回顾总结四年来的工作，同时对新一届机关党委工作提出建议，一要坚定理想信念，二要增强党组织凝聚力，三要密切党群关系，四要健全工作规范，五要坚持反腐倡廉。

刘正才指出，在省委省直工委和省水利厅党组的正确领导下，在厅机关党委的关心支持下，省南水北调办机关党委围绕业务抓党建、抓好党建促业务，围绕加强党的思想建设、组织建设、作风建设、制度建设和党风廉政建设，发挥基层党组织战斗堡垒和党员的先锋模范带头作用，促进和推动中央、省委决策部署的贯彻落实，确保南水北调各项工作任务完成。

刘正才要求，一是以服务中心任务为根本，实现南水北调新跨越。围绕中心、服务大局是衡量和检验机关党建工作的根本标准。河南省南水北调工作步入转型期，要把党建工作放在南水北调事业发展大局中思考谋划，与中心工作形成两互动、同发展、双促进的工作格局。动员全体党员及干部职工，持续发扬"负责、务实、求精、创新"的南水北调精神，为河南振兴提供水资源保障。二是以深化学习教育为重点，提升思想建党新境界。要结合"两学一做"学习教育，坚持抓在日常、严在经常，通过集中学习，交流研讨、党课辅导等形式，确保学习教育常态化。要坚持以学促做，学做结合，提升党员干部服务大局、服务群众的责任意识和能力。三是以严格党内生活为基础，营造政治生态新气象。开展严肃认真的党内政治生活是提高党的创造力、凝聚力和战斗力的力量源泉。要严肃开展批评与自我批评，严格执行民主集中制，严明党的各项纪律、认真执行党内政治生活各项制度。同时，坚持与时俱进，创新党内政治生活形态和方式方法，提高党内政治生活开放性和共享性，加强团结，提升干部队伍的凝聚力和战斗力。四是以完善制度机制为保障，激发干事创业新活力。党员干部是党的事业骨干，要围绕当前党员干部存在的思想问题，定期开展调研，全面掌握真实思想状况，建立完善思想动态分析机制、完善党员关怀帮扶机制以及容错纠错机制，坚持严格管理和热情关心相结合，解决思想问题与解决实际问题相结合，使党员干部干事创业的活力得到充分激发。五是以加强作风建设为抓手，树立干部队伍新形象。要树立好学之风、为民之风、务实之风和清廉之风，严格执行中央八项规定和省委20条意见，树立为民、务实、清廉、忠诚、干净、担当的共产党员形象，在南水北调事业发展新阶段作出新的更大贡献。

河南省法学会南水北调政策法律研究会正式成立

2016年10月27日，河南省法学会南水北调政策法律研究会在郑州成立。省法学会党组成员、副会长贾世民到会祝贺，省南水北调办主任刘正才出席会议并作重要讲话，省南水北调办副主任李颖主持会议，104位理事候选人参加会议。

会议宣读河南省法学会关于成立南水北调政策法律研究会的批复，审查表决通过研究会章程和选举办法。选举省南水北调办副主任李颖为第一届理事会会长，选举李政新、燕国铭、李国胜、郭贵明、吴喜梅、汪伦焰、吴海峰、姚伦广为副会长，选举田自红为秘书长，选举金军瑞等25人为常务理事。

贾世民祝贺南水北调政策法律研究会成立，要求整合各种政策法律研究人才资源，选准课题，开展各类研究活动，加快研究成果的转化，促进南水北调事业的发展。

刘正才指出，南水北调政策法律研究会的成立，顺应南水北调工作发展的时代要求，对南水北调工程运行管理纳入法制化、规范化轨道具有重要意义，研究会要弘扬中国法治理念，坚持鲜明的政治导向，按照章程确定的研究范围，围绕运行管理、水质保护、水费征缴等工作问题精选研究课题，组织得力人员，多方调研，深入研究，早出成果，并做好研究成果的转化。要利用多种形式，做好南水北调工程现有法律法规的宣传解读工作，营造良好的法治环境，依法保护和管理南水北调工程设施，促进南水北调工作开展。

《河南省南水北调配套工程供用水和设施保护管理办法》公布实施

2016年11月22日，河南省政府法制办、省水利厅、省南水北调办共同召开《河南省南水北调配套工程供用水和设施保护管理办法》新闻通气会，省南水北调办副主任杨继成主持会议，省政府法制办副主任司九龙介绍出台的背景，省水利厅副厅长杨大勇对宣传贯彻落实提出具体要求。与会领导还回答了有关媒体记者的提问。

10月11日，河南省省长陈润儿签署省政府第176号令，公布《河南省南水北调配套工程供用水和设施保护管理办法》自2016年12月1日起施行。这是继国务院颁布《南水北调工程供用水管理条例》之后河南省又一部南水北调工程运行管理方面的政府规章，将为河南省南水北调工程的安全、高效运行，提供法律依据和制度保障。

河南省南水北调办公室主任刘正才到周口漯河许昌濮阳焦作5市调研配套工程运行管理工作

2016年12月6～9日，河南省南水北调办公室主任刘正才、副主任杨继成到周口、漯河、许昌、濮阳、焦作检查配套工程运行管理工作，建设处、监督处以及省水利设计公司主要负责人参加调研。周口、漯河、许昌、濮阳、焦作市政府负责人，市南水北调办、水利局负责人陪同。

6～7日，刘正才一行先后实地察看商水县水厂、商水县南水北调管理所、周口市东区水厂、周口市南水北调管理处、漯河市八水厂、五水厂，听取供水情况、水厂建设及运行管理情况汇报，询问供水水量、覆盖范围、受益人口、水质监测等情况，检查调流阀等工程设施，查阅运行管理值班记录，对配套工程管理处(所)建设现场指导解决问题，并在周口、漯河分别召开座谈会。

在座谈会上，刘正才指出，2016年以来，河南省新增通水水厂15座，12月周口、漯河两地又将迎来3座水厂正式通水，配套工程受水能力逐步提高，供水效益持续扩大。南水北调工程建设难度很大，建成通水来之不易，深受人民群众热切期盼，一定要倍加珍惜。刘正才要求，一是加快城市水厂建设，充分发挥工程效益。二是加强《河南省南水北调配套工程供用水及设施保护管理办法》宣传，做到依法管理工程。三是加大地下水压采力度，足额征收水资源费，保证关停自备井。四是抓好配套工程验收，确保管理处所建成。五是依法征收供水水费，履行法定职责，确保工程良性运行。

7～9日，刘正才一行到鄢陵、清丰、博爱检查新增配套项目工程建设管理工作，察看鄢陵县中心水厂、鄢陵配套工程穿越兰南高速节点工程、濮阳市西水坡调蓄工程、濮阳市第三水厂、濮阳市配套工程管理处、清丰县输水管线工程、焦作博爱供水项目穿越总干渠节点工程、武陟水厂等工地现场，听取有关单位汇报，检查施工质量、安全和进度，询问配套水厂建设及运行管理情况，查阅运行管理值班记录，询问巡线值班人员的工作和生活状况，并分别召开座谈会。

在座谈会上，刘正才指出，一要加快城市水厂及配套管线建设进度。深入贯彻落实2015年9月27日河南省委书记谢伏瞻的批示精神，加快城市水厂建设。加快受水能力建设和配套管线铺设，推进穿越总干渠等重要节点工程。二要认真宣传贯彻《河南省南水北调配套工程供用水及设施保护管理办法》，严格执法检查。各地要召开专题会议，召集水利、环保、林业、公安等相关部门开展学习和宣传工作。三要加大地下水压采力度，省政府近期正在开展地下水压采和自备井关闭专项督查，要提高思想认识，顺应人民群众期盼，为尽早使用优质的南水北调水创造良好条件。四要加大水费征缴力度。增强依法征收水费意识，督促用水单位依法履行水费交纳义务。近期省政府将对征缴水费不力的省辖市进行重点督查。五要规范工程供水运行管理，确保冬季供水安全、施工安全，进一步加强工程设施保护，确保工程安全平稳运行。

周口市南水北调配套工程正式供水 河南省规划受水区域全部通水

2016年12月14日上午10时，周口市南水北调配套工程正式通水，标志河南省规划南水北调受水区域全部实现通水供水。

周口市南水北调配套工程由位于叶县辛庄的总干渠10号分水口门分水，沿途经平顶山、漯河到达周口，全部采用管道输水方式，周口境内管道长51.85km。输水管道穿越沙河，施工难度较大，所采取的500m、管径1m的定向钻施工技术在河南省水利施工中尚属首次；管道穿越高速公路、中州大道、八一路、周项路等顶管施工也克服诸多困难和挑战，完成施工任务。自9月起，周口市南水北调配套工程建管局开始对所有输水管道进行静水压试验，建立和完善运行管理制度和规程，培训运行管理人员，加强工程设施的安全保护，使整个配套工程于11月底具备通水供水条件。

周口市规划建设水厂3座，其中主城区2座（东区水厂和西区水厂），设计日供水25万m³，商水县1座，规划日供水3万m³。

南水北调

贰 规章制度·重要文件

规 章 制 度

河南省南水北调配套工程供用水和设施保护管理办法

河南省人民政府令

第 176 号

《河南省南水北调配套工程供用水和设施保护管理办法》已经 2016 年 9 月 22 日省政府第 102 次常务会议通过，现予公布，自 2016 年 12 月 1 日起施行。

省长　陈润儿

2016 年 10 月 11 日

河南省南水北调配套工程供用水和设施保护管理办法

第一章　总　则

第一条　为加强南水北调配套工程供用水和设施保护管理，充分发挥南水北调配套工程的经济效益、社会效益和生态效益，根据国务院《南水北调工程供用水管理条例》和有关法律、法规规定，结合本省实际，制定本办法。

第二条　本省行政区域内南水北调配套工程的水量调度、用水管理和工程设施保护，适用本办法。

本办法所称南水北调配套工程指南水北调中线工程河南省段分水口门以下，输送、配置、调度南水北调分配水量的供水工程。

第三条　南水北调配套工程供用水和设施保护管理应当坚持统筹兼顾、科学调度、权责明晰、严格保护的原则，确保调度合理、水质合格、用水节约、设施安全。

第四条　省水行政主管部门负责南水北调配套工程的水量调度、运行管理工作，并对南水北调配套工程供用水和设施保护工作进行监督、指导。省环境保护行政主管部门负责南水北调配套工程的水污染防治工作。省人民政府其他有关部门在各自职责范围内，负责南水北调配套工程供用水和设施保护管理的有关工作。

第五条　南水北调配套工程沿线区域、受水区县级以上人民政府具体负责本行政区域内南水北调配套工程供用水及设施保护管理的有关工作。

第六条　南水北调配套工程管理单位具体负责南水北调配套工程的运行、设施保护以及与中线工程管理单位的对接工作。

南水北调配套工程管理单位可以接受水行政主管部门的委托开展配套工程管理的有关行政执法工作。

第二章　水量调度

第七条　南水北调配套工程水量调度遵循节水为先、适度从紧的原则，统筹当地水与外调水，统筹可调水量、输水能力与用水需求，保障城镇用水，兼顾生态用水。

第八条　省南水北调工程水量分配方案由省水行政主管部门会同配套工程管理单位根据国家批复的南水北调工程总体规划制定，报省人民政府批准。

南水北调配套工程水量调度以国务院水行政主管部门下达的年度水量调度计划和受水区省辖市的水量分配指标为基本依据。

第九条　南水北调配套工程水量调度年度为每年 11 月 1 日至次年 10 月 31 日。

每年 10 月 15 日前，受水区省辖市水行政主管部门根据省南水北调工程水量分配方案，以及本地用水需求提出年度用水计划建议，报省水行政主管部门。

省水行政主管部门根据国务院水行政主管部门确定的中线工程年度可调水量以及受水区省辖市上报的年度用水计划建议，提出省年度用水计划建议，于每年10月20日前报送国务院水行政主管部门，并抄送有关流域管理机构、中线工程管理单位和配套工程管理单位。

年度用水计划建议应当包括年度引水总量建议和月引水量建议。

第十条　省水行政主管部门按照国务院水行政主管部门下达的年度水量调度计划，综合平衡受水区省辖市上报的年度用水计划建议，制订河南省南水北调配套工程年度水量调度计划，在水量调度年度开始前下达有关省辖市人民政府和配套工程管理单位。

第十一条　南水北调配套工程管理单位根据年度水量调度计划制定月水量调度方案，水量细化到分水口、水厂；雨情、水情出现重大变化，月水量调度方案无法实施的，应当及时进行调整并报告省水行政主管部门。

第十二条　南水北调配套工程供水实行由基本水价和计量水价构成的两部制水价，具体供水价格由省政府价格主管部门会同省政府有关部门确定。

水费应当及时、足额缴纳，专项用于上缴干线水费、南水北调配套工程运行维护和偿还贷款。

第十三条　受水区省辖市人民政府授权的部门或者单位应当与配套工程管理单位签订供水合同。供水合同应当包括年度供水量、供水水质、交水断面、交水方式、水价、水费缴纳主体、时间和方式、违约责任等。

第十四条　水量调度年度内受水区省辖市用水需求出现重大变化，需要转让年度水量调度计划分配水量的，在工程许可的条件下，由有关省辖市人民政府授权的部门或者单位协商签订转让协议，确定转让价格，并将转让协议报送省水行政主管部门，抄送配套工程管理单位；省水行政主管部门和配套工程管理单位应当相应调整年度水量调度计划和月水量调度方案。

第十五条　省水行政主管部门应当会同省有关部门和受水区省辖市人民政府以及配套工程管理单位编制省南水北调配套工程水量调度应急预案，报省人民政府批准。

受水区省辖市人民政府应当组织有关部门和单位根据省南水北调配套工程水量调度应急预案，制定相应的应急预案。

第十六条　南水北调配套工程水量调度应急预案应当针对重大洪涝灾害、干旱灾害、生态破坏事故、水污染事故、工程安全事故等突发事件，规定应急管理工作的组织指挥体系与职责、预防与预警机制、处置程序、应急保障措施以及事后恢复与重建措施等内容。

省人民政府或者省人民政府授权的部门宣布启动水量调度应急预案后，可以依法采取下列应急处置措施：

（一）临时限制取水、用水、排水；

（二）统一调度有关河道的水工程；

（三）征用治污、供水等所需设施。

第三章　用水管理

第十七条　南水北调工程水源地、调水沿线区域、受水区县级以上人民政府应当加强工业、城镇、农业和农村、船舶等水污染防治，建设防护林等生态隔离保护带，确保供水安全。

严禁任何单位和个人侵占、损害输水渠道两侧绿化生态带和生态林网。

第十八条　南水北调配套工程水质保障实行县级以上人民政府目标责任制和考核评价制度。调水沿线区域、受水区县级以上人民政府应当将水质保障情况纳入对有关部门和下级人民政府的考核内容，作为考核评价的重要依据。

第十九条　受水区省辖市环境保护行政主管部门应当按照职责组织对配套工程的水质进行监测。

调蓄工程汇水区域和分水口门应当设置自动水质监测设施。

第二十条　受水区县级以上人民政府应当统筹配置配套工程供水和当地水资源，以配套工程供水替代不适合作为饮用水水源的当地水源，逐步替代超采的地下水，并逐步退还因缺水挤占的农业用水和生态环境用水。

第二十一条　受水区县级以上人民政府应当按照省人民政府批准的地下水压采总体方案确定的地下水开采总量控制指标和地下水压采目标，组织编制本行政区域的地下水限制开采方案和年度压采计划，报省水行政主管部门、国土资源行政主管部门备案。

第二十二条　受水区地下水超采区禁止新增地下水取用水量。具备水源替代条件的地下水超采区应当划定为地下水禁止开采区，禁止取用地下水。

受水区禁止新增开采深层承压水。

第二十三条　受水区县级以上人民政府应当统筹考虑配套工程供水价格与当地地表水、地下水等各种水源的水资源费和供水价格，鼓励充分利用配套工程供水，促进水资源合理配置。

第四章　工程设施保护

第二十四条　调水沿线区域、受水区县级以上人民政府应当做好南水北调配套工程设施安全保护工作，防范和制止危害南水北调配套工程设施安全的行为。

第二十五条　对南水北调配套工程应当依法划定管理范围和保护范围。

南水北调配套工程的管理范围和保护范围，由省水行政主管部门商沿线区域、受水区省辖市人民政府以及相关部门组织划定。

第二十六条　南水北调配套工程管理范围按照批准的工程设计文件划定。

配套工程管理单位应当在工程管理范围边界和地下工程位置上方地面设立界桩、界碑等保护标志，并设立必要的安全隔离设施对工程进行保护；未经配套工程管理单位同意，任何人不得进入设置安全隔离设施的区域。

配套工程管理范围内的土地不得转作其他用途，任何单位和个人不得侵占；管理范围内禁止擅自从事与工程管理无关的活动。

第二十七条　南水北调配套工程保护范围按照下列原则划定：

（一）河道、渠道、水库保护范围按照《河南省水利工程管理条例》的规定划定；

（二）管道、暗涵等地下输水工程为工程设施上方地面以及从其边线向外延伸至30米以内的区域，其中穿越城（镇）区的为工程设施上方地面以及从其边线向外延伸至15米以内的区域；

（三）穿越河流的交叉工程为从管理范围边线向交叉河道上游延伸至500米、下游延伸至1000米以内的区域；

（四）泵站、水闸、管理站、取水口等其他工程设施为从管理范围边线向外延伸至50米以内的区域。

禁止在配套工程保护范围内实施影响工程运行、危害工程安全和供水安全的爆破、打井、采矿、取土、采石、采砂、钻探、建房、建坟、挖塘、挖沟等行为。

第二十八条　在南水北调配套工程管理和保护范围内建设桥梁、公路、铁路、地铁、管道、缆线、取水、排水等工程设施，按照国家规定的基本建设程序报请审批、核准时，审批、核准单位应当征求配套工程管理单位对拟建工程设施建设方案的意见。

前款规定的建设项目在施工、维护、检修前，应当通报配套工程管理单位，施工、维护、检修过程中不得影响配套工程设施安全和正常运行。

第二十九条 禁止下列危害南水北调配套工程设施的行为:

(一)擅自开启、关闭闸(阀)门或者私开口门,拦截抢占水资源;

(二)擅自移动、切割、打孔、砸撬、拆卸输水管涵;

(三)侵占、损毁或者擅自使用、操作专用输电线路、专用通信线路等设施;

(四)移动、覆盖、涂改、损毁标志物;

(五)侵占、损毁交通、通信、水文水质监测等其他设施。

第三十条 配套工程管理单位应当按照国家相关规定建立健全安全生产责任制和工程巡查养护制度,加强对南水北调配套工程设施的监测、检查、巡查、维修和养护,确保工程安全运行;应当在配套工程沿线村庄、工程与道路交叉口等地段设置安全警示标志,采取相应的工程防范措施。

第三十一条 配套工程管理单位应当按照批准的水量调度应急预案制定配套工程安全应急预案,定期进行应急演练。

第三十二条 在紧急情况下,配套工程管理单位因工程抢修需要临时取土占地或者使用有关设施的,应当及时告知土地或者设施的所有权人或者使用权人,有关单位和个人应当予以配合。配套工程管理单位应当于事后恢复原状;造成损失的,应当依法予以补偿。

第三十三条 水行政主管部门及其委托的执法单位执法人员履行本办法规定的监督检查职责时,有权采取下列措施:

(一)进入现场调查取证,询问、了解有关情况;

(二)检查有关文件、证照等资料,并有权复制;

(三)责令停止违反本办法的行为、履行法定义务。

执法人员在履行监督检查职责时,应当出示执法证件;有关单位或者个人应当给予配合,不得拒绝或者阻碍。

第五章 法律责任

第三十四条 违反本办法有关规定的行为,其他法律、法规已有法律责任规定的,从其规定。

第三十五条 有关人民政府以及水利、环境保护等相关部门及其工作人员违反本办法规定,有下列行为之一的,由主管机关或者监察机关责令改正;情节严重的,对直接负责的主管人员和其他直接责任人员依法给予处分;直接负责的主管人员和其他直接责任人员构成犯罪的,依法追究刑事责任:

(一)不及时制定下达或者不执行年度水量调度计划的;

(二)不编制或者不执行水量调度应急预案的;

(三)不编制或者不执行南水北调配套工程受水区地下水限制开采方案的;

(四)不履行水量、水质监测职责的;

(五)不履行本办法规定的其他职责的。

第三十六条 配套工程管理单位及其工作人员有下列行为之一的,由主管机关或者监察机关责令改正;情节严重的,对直接负责的主管人员和其他直接责任人员依法给予处分;直接负责的主管人员和其他直接责任人员构成犯罪的,依法追究刑事责任:

(一)未依照本办法规定建立安全生产责任制和工程巡查养护制度,或者对工程设施疏于监测、检查、巡查、维修、养护,影响工程安全、供水安全的;

(二)未依照本办法规定在配套工程管理范围以及其他有关位置设置保护标志、安全警示标志的;

(三)未制定本单位配套工程安全应急预案,或者制定而不落实,造成不良后果的;

(四)虚假填报或者篡改工程运行情况等

资料的；

（五）不执行年度水量调度计划或者水量调度应急预案的；

（六）不及时制定或者不执行月水量调度方案的；

（七）不履行本办法规定的其他职责的。

第三十七条 违反本办法规定，有下列行为之一的，由县级以上水行政主管部门责令其停止违法行为，限期恢复原状或者采取补救措施；造成损失的，依法承担赔偿责任。逾期不恢复原状或者未采取补救措施的，给予处罚：

（一）擅自开启、关闭闸（阀）门或者私开口门，拦截抢占水资源的，处1000元以上5000元以下的罚款；

（二）擅自移动、切割、打孔、砸撬、拆卸输水管涵的，处2000元以上2万元以下的罚款；

（三）侵占、损毁或者擅自使用、操作专用输电线路、专用通信线路等设施的，处5000元以上3万元以下的罚款；

（四）移动、覆盖、涂改、损毁标志物的，处1000元以上2万元以下的罚款；

（五）侵占、损毁交通、通信、水文水质监测等其他设施的，处5000元以上3万元以下的罚款。

第六章　附　则

第三十八条 本办法自2016年12月1日起施行。

河南省南水北调办公室关于对领导干部进行廉政约谈的实施办法

2016年1月12日

（豫调办〔2016〕4号）

第一条 为认真贯彻党要管党、从严治

党方针，落实"两个责任"，进一步加强我办的党风廉政建设和反腐败工作，加大对领导干部的廉政教育和党内监督力度，增强党员领导干部廉洁自律的自觉性和廉洁从政能力，根据新修订的《中国共产党廉洁自律准则》和《中国共产党纪律处分条例》，按照中共河南省委办公厅、河南省人民政府办公厅印发《关于完善县级以上机关反腐倡廉制度的若干规定（暂行）》的通知、《中共河南省委办公厅关于印发〈河南省党风廉政建设主体责任和监督责任监督检查与责任追究办法（试行）〉的通知》（豫办〔2014〕32号）、《中共河南省委办公厅关于印发〈全面从严治党监督检查问责机制暂行办法〉的通知》（豫办〔2015〕29号）和《中共河南省委关于改进干部选拔任用工作的若干意见》（豫发〔2015〕5号）的要求，结合我办的实际情况，制定本办法。

第二条 实行廉政谈话制度，是党组织、党政领导干部和纪律检查机关按照《中国共产党章程》要求，对党员领导干部实施严格教育、严格管理、严格监督的重要措施，其目的是为了增强党员领导干部廉洁自律、依法办事的意识，筑牢思想道德防线，教育、挽救和保护干部。

第三条 廉政谈话按照干部管理权限和领导分工，由各级党政领导干部或审计监察室分别组织实施，逐级负责。

第四条 本办法所指的领导干部，是指办机关处级、科级和办属二级单位处级、科级领导干部。

第五条 廉政谈话主要分为任职廉政谈话、诫勉约谈、警示约谈三种。

第六条 廉政谈话的对象：

（一）提拔任职的办机关处级、科级和办属二级单位的处级、科级领导干部；

（二）有违纪行为但情节较轻的干部；

（三）其他需要进行廉政约谈的重要岗位的干部。

第七条 廉政谈话的主要内容。

（一）任职廉政谈话，是指与提拔任职的领导干部的谈话。谈话重点：一是提出遵守政治纪律和政治规矩方面的要求。严格遵守和维护党的政治纪律、组织纪律和宣传纪律，自觉在思想上、政治上、行动上同党中央保持高度一致，认真贯彻中央的重大决策部署，坚决维护中央权威。二是提出落实"两个责任"方面的要求。认真落实党风廉政建设责任，特别是主体责任，做到"一岗双责"，把从严治党、从严治社的要求落实到具体业务工作中。要求新任职监察员落实监督责任，深化"三转"，突出主责主业，不断提高监督执纪问责水平。三是提出加强作风建设方面的要求。严格遵守中央八项规定精神，防止和纠正"四风"，切实加强自身作风建设。四是提出廉洁自律方面的要求。严格遵守《廉政准则》，过好权力关、金钱关和亲情友情关，管好自己的配偶、子女等亲属和身边工作人员。严格执行领导干部个人有关事项报告制度。五是提出落实民主集中制方面的要求。严格执行民主集中制有关规定，凡属重大决策、重要干部任免、重大项目安排和大额度资金的使用，必须由领导班子集体讨论决定。六是结合新任职领导干部的岗位职责和工作性质，有针对性地提出其他廉政勤政要求。

（二）诫勉约谈，是指与有违纪行为，但情节较轻尚不构成纪律处分的领导干部的谈话。谈话时应讲清群众反映或举报的主要问题，说明其违反党纪政纪规定的程度、后果及危害，并提出处理和纠正的具体意见。

（三）警示约谈，是指在一个时期出现的苗头性、倾向性问题的领导班子及领导干部的谈话。谈话时要在认真客观评价分析的基础上，指出存在的问题及严重性和危害性，并对今后的工作重点或方向提出具体建议、希望和要求。

第八条 廉政谈话人。

（一）与提拔任职的处级干部的任职廉政谈话，由省南水北调办主任负责，审计监察室负责人参加；与提拔任职的科级干部的任职廉政谈话，由省南水北调办分管副主任负责，所在单位（处室）主要负责人、审计监察室负责人参加。

（二）与处级干部进行诫勉约谈，由省南水北调办主任负责，审计监察室负责人参加；与科级干部进行诫勉约谈，由省南水北调办分管副主任负责，所在单位（处室）主要负责人、审计监察室负责人参加。

（三）与处级干部进行警示约谈，由省南水北调办主任负责，审计监察室负责人参加；与科级干部进行警示约谈，由省南水北调办分管副主任负责，所在单位（处室）主要负责人、审计监察室负责人参加。

以上谈话如涉及有关离退休干部，机关党委专职副书记参加。

第九条 廉政谈话的组织实施。

（一）廉政谈话工作在省水利厅党组及省南水北调办的领导下，根据具体职责和分工分别组织进行。

（二）任职廉政谈话，可按照《中共中央关于党政领导干部选拔任用工作条例》的规定，与提拔任职谈话一并进行，具体由省南水北调办审计监察室负责组织实施。谈话方式可视情况而定，采取集体谈话或个别谈话的方式。

（三）诫勉约谈，应在对群众反映或举报的问题进行调查核实、弄清情况后进行，具体由省南水北调办审计监察室负责组织实施。约谈应以个别谈话方式进行。

（四）警示约谈，要在初步了解情况后及时进行，具体由省南水北调办审计监察室负责组织实施。谈话可采取集体谈话与个别谈话相结合的方式进行。

（五）诫勉约谈和警示约谈结束后，承办单位参加人员要认真填写《廉政谈话登记表》，并及时报送省南水北调办领导班子。此表不入个人档案，只作为纪律检查机关掌握情况和统计使用，应妥善保管。

第十条 廉政谈话的要求。

（一）廉政谈话要坚持实事求是、客观公正、坦诚相待的原则。谈话时要坚持以人为本的思想，采取既严格要求、又与人为善的态度和同志式的平等方式进行。

（二）谈话前要认真作出计划安排，严格履行必要的审批程序。任职廉政谈话，按照《中共中央关于党政领导干部选拔任用工作条例》的要求，谈话前经省南水北调办主任同意后即可进行。诚勉约谈和警示约谈，先由省南水北调办审计监察室提出建议，并报分管副主任批准后方可组织实施。重要谈话须报省南水北调办主任批准。

（三）进行谈话时，要注意方式方法。谈话人既要向谈话对象提出有关建议、希望和要求，又要认真倾听谈话对象的解释、说明和意见。谈话对象应正确对待组织谈话，实事求是地回答或说明问题。

（四）谈话结束后，承办单位应及时向省南水北调办领导班子通报谈话情况。诚勉约谈和警示约谈的谈话对象要针对自身存在的问题，写出书面整改报告，报送省南水北调办领导班子和审计监察室。

第十一条 各基层党组织和审计监察室，要切实加强对廉政谈话工作的领导，既要充分发挥谈话提醒的警示和预防作用，又要慎重使用谈话这种形式。要把廉政谈话工作列入重要议事日程，纳入全年党风廉政建设和反腐败工作总体部署之中，抓好落实。

第十二条 审计监察室要加强对廉政谈话效果的监督检查，对谈话中发现的问题、形成的意见，要及时转交有关部门处理和落实；涉及重要问题或人员的谈话，承办部门要加强整改措施和落实情况的督办；同时，要及时收集信息，总结经验，不断完善廉政约谈制度。

第十三条 本办法自印发之日起施行。

河南省南水北调受水区供水配套工程泵站代运行管理办法（试行）

2016年2月2日

（豫调办〔2016〕14号）

第一条 为加强对实行代运行模式管理的河南省南水北调受水区供水配套工程（以下简称配套工程）泵站委托项目的管理，规范运行管理行为，确保工程安全运行，根据《关于加强南水北调配套工程供用水管理的意见》等有关规定，结合配套工程泵站的特点，制定本办法。

第二条 本办法所称代运行模式，是指在配套工程运行初期，配套工程管理单位通过招标方式择优选择具备泵站项目运行及日常维护能力，具有独立法人资格的项目运行管理机构或具有独立签订合同权利的其他组织（即项目代运行单位），承担配套工程中一个或若干个泵站项目运行及日常维护管理活动的委托管理模式。

泵站代运行委托范围：工程所有建（构）筑物与机电、金属结构和自动化调度系统设备等的运行、巡视检查和日常维修养护工作，其中，运行工作主要包括调度指令的接受与执行、设备设施值守、设备操作、巡视检查、运行数据的采集与分析、故障分析与处置、防汛抢险以及安全管理等工作；日常维修养护主要工作包括对工程进行经常、持续性的保养、防护和维修，维持、恢复或局部改善原有工程面貌，保持工程完整及其设计功能，满足工程安全与正常运行（含岁修）。项目代运行委托期限一般为1～3年。

第三条 本办法适用于配套工程泵站项目运行及日常维护。

第四条 项目代运行单位依据国家、河南省及省南水北调办（建管局）有关规定以及与配套工程管理单位签署的委托合同，独立进行泵站项目运行及日常维护管理并承担相应责任，同时接受依法进行的行政监督及合同约定范围内配套工程管理单位的检查。

第五条 受省南水北调建管局委托，各有关省辖市配套工程建管局通过招标方式择优选择泵站项目代运行单位。

第六条 各有关省辖市配套工程建管局在招标选择泵站项目代运行单位时，按本办法规定的基本条件在招标文件中明确资格条件要求，并对有投标意向的项目代运行单位进行资格条件审查。

第七条 本办法所称资格条件审查，是指省辖市配套工程建管局对项目代运行单位的人员素质及构成、技术装备配置和管理经验等综合项目管理能力进行审查确认。

只有通过配套工程泵站运行维护管理资格条件审查的项目代运行单位，才可以承担相应泵站项目的委托管理。

第八条 泵站项目代运行单位必须具备以下基本条件：

（一）具有独立法人资格或具有独立签订合同权利的其他组织，包括运行管理、设计、监理、咨询以及水利水电工程施工等单位，一般应具有类似工程项目的运行维护管理业绩（或承担过水电工程运行维护工作）；

（二）通过ISO9001质量管理体系或等同的质量管理体系认证；

（三）派驻项目现场的负责人应当主持过或参与主持过类似工程项目管理（或具有水电工程运行维护经历）；

（四）组织机构完善，人员结构合理，在技术、经济、财务、档案管理等方面有较完善的管理制度，能够满足本项目运行管理的需要；

（五）财务状况能满足本项目实施需要；

（六）在册运行管理、维护人员不少于30人，其中具有高级专业技术职称或相应执业资格的人员不少于总人数的20%，具有中级专业技术职称或相应执业资格的人员不少于总人数的30%，具有各类专业技术职称或相应执业资格的人员不少于总人数的70%；

（七）技术装备齐备，能满足工程运行管理的需要；

（八）具有承担本工程项目运行维护管理相应责任的能力。

第九条 泵站代运行项目分标遵循既能够促进市场竞争，又能够吸引实力强业绩优的项目代运行单位参与，同时有利于委托项目管理的原则，原则上以各省辖市配套工程管理单位负责的行政区域内所有泵站为单位进行分标。泵站代运行项目分标方案必须在招标公告发布前20日报经省南水北调办核准。分标方案主要应包括项目概况、标段划分原则、标段划分理由、分标情况（含标段内容、计划服务期、最高投标限价或招标控制价等）、必要的图纸等内容。

第十条 泵站代运行项目招标采用最高投标限价或招标控制价的，招标人应按照有利于工程运行管理和水费核算控制的原则，根据批准的年度运行维护费用预算，依据有关规定，结合市场供求状况，综合考虑各方面的因素合理确定。

最高投标限价或招标控制价必须控制在批准的泵站运行维护费用预算内。最高投标限价或招标控制价确需超出批准的泵站运行维护费用预算，招标人应在招标前报省南水北调办审查同意。

第十一条 泵站代运行项目评标委员会由招标人组建，评标委员会的人数为5人以上（含5人）单数，其中技术、经济等方面的专家不得少于成员总数的三分之二，开标前从河南省综合评标专家库中随机抽取。招标人在抽取评标专家前确定抽取评标专家的人数、专业分布。

第十二条 泵站代运行项目招标应执行《河南省南水北调配套工程招标投标管理规定（修订）》《关于进一步规范南水北调配套工程招标投标活动的通知》等相关规定，与本办法冲突的执行本办法。招标文件、资格条件审查通过单位名单、中标候选人及委托合同需报省南水北调建管局备案。

第十三条 各有关省辖市配套工程建管局与项目代运行单位的有关职责划分应当遵循有利于泵站运行维护管理，提高管理效率和责权利统一的原则。项目代运行单位在合同约定范围内就泵站项目运行及日常维护对各有关省辖市配套工程建管局负责，各有关省辖市配套工程建管局应当为项目代运行单位实施项目管理创造良好的条件。项目代运行单位的具体职责范围、工作内容、权限及奖惩等，应在委托合同中约定。

第十四条 项目代运行单位应当为所承担管理的泵站项目派出驻现场项目部。驻现场项目部的机构设置、人员和设备配置应满足泵站运行维护管理的需要。项目代运行维护单位派驻现场的人员应与投标承诺的人员结构、数量、资格相一致，派驻人员的调整需经有关省辖市配套工程建管局批准同意。

第十五条 项目代运行费用的核定程序为项目代运行单位申报，各有关省辖市配套工程建管局根据项目代运行单位履约情况（包括人员考勤、值班、巡视检查及日常维护等）审定，报省南水北调建管局备案。

第十六条 项目代运行费用的支付流程为省南水北调建管局拨款到各有关省辖市配套工程建管局，由各有关省辖市配套工程建管局依据合同支付给项目代运行单位。

第十七条 各有关省辖市配套工程建管局与项目代运行单位签订的委托合同（协议、责任书）应当体现奖优罚劣的原则。各有关省辖市配套工程建管局对在配套工程泵站运行及日常维护中做出突出成绩的项目代运行单位及有关人员进行奖励，对违反委托合同（协议、责任书）或由于管理不善给工程造成影响及损失的，根据合同进行处罚。

第十八条 在泵站运行及日常维护中，项目代运行单位和有关人员因人为失误给工程运行造成重大负面影响和损失以及严重违反国家有关法律、法规和规章的，依据有关规定给予处罚；构成犯罪的，依法追究法律责任。

第十九条 本办法由省南水北调办负责解释。

第二十条 本办法自印发之日起施行。

职工带薪年休假实施办法

2016年2月15日

（豫调办〔2016〕15号）

第一条 为了保障职工休息休假的权利，规范职工休假管理，根据《劳动法》、《公务员法》和《职工带薪休假条例》等规定，制定本实施办法。

第二条 职工累计工作1年以上的，享受带薪年休假（以下简称年休假）。

第三条 职工累计工作已满1年不满10年的，年休假5天；已满10年不满20年的，年休假10天；已满20年的，年休假15天。

第四条 职工在本单位或者原来单位工作期间，以及依照法律、行政法规或者国务院规定的视同工作期间，应当计为累计工作时间。

第五条 职工依法享受的婚丧假、产假等国家规定的假期以及因公伤停工留薪期间不计入年休假假期。

第六条 职工有下列情形之一的，不享受当年的年休假：

（一）职工请事假累计20天以上且单位按照规定不扣工资的；

（二）累计工作满1年不满10年的职工，请病假累计2个月以上的；

（三）累计工作满10年不满20年的职工，请病假累计3个月以上的；

（四）累计工作满20年以上的职工，请病

假累计4个月以上的。

第七条 职工已享受当年的年休假，年度内又出现本办法中第六条规定情形之一的，不享受下一年度的年休假。

第八条 各处室根据工作的具体情况，并考虑职工本人意愿，统筹安排职工年休假。

年休假在1个年度内可以集中安排，也可以分段安排，一般不跨年度安排。各处室因工作特点确有必要跨年度安排职工年休假的，可以跨1个年度安排，但应当报主管领导批准并报审计监察室备案。

第九条 职工须在休年休假前按单位规定例行休假审批手续，并应办妥与其他同事的工作交接。

第十条 各处室的职工（含副处级人员）休年休假由所在处室处长审批，四总及各处室负责人休年休假由主管领导审批，副主任休年休假由主任审批，主任休年休假按程序报批，所有休年假请假单需报审计监察室备案。

第十一条 本办法自2016年1月起施行。

河南省南水北调受水区供水配套工程运行监管实施办法（试行）

2016年6月28日

（豫调办〔2016〕69号）

第一章 总 则

第一条 为规范河南省南水北调受水区供水配套工程（以下简称"配套工程"）运行管理工作，确保工程运行安全，根据《南水北调工程供用水管理条例》（国务院令第647号）及有关法律法规、规程规范、技术标准和河南省南水北调办有关工程运行管理的规章制度，制定本办法。

第二条 本办法适用于配套工程输水管线、泵站、沿线构筑物（含设备）、自动化系统及供电设施等运行管理工作的监督检查活动。

第三条 河南省南水北调办的运行管理监督检查是规范运行管理、保障工程安全运行的重要手段，不代替各级工程管理单位的运行管理工作。

第二章 运行管理职责

第四条 河南省南水北调办负责配套工程运行管理的监督管理工作，组织配套工程运行管理工作的监督检查、考核及奖惩；省南水北调办组建飞检大队、巡查大队、稽察组，具体实施监督检查工作。有关省辖市（省直管县）南水北调办负责辖区内的配套工程运行管理监督检查，并配合省南水北调办做好监督检查工作。

第五条 配套工程各级管理单位是运行管理的责任单位，按各自职责做好运行管理工作，对监督检查发现的问题进行整改。配套工程各级管理单位的主要负责人是运行管理工作的第一责任人；运行管理单位的部门负责人对本部门的运行管理负责，承担运行管理责任；有关人员根据各自的职责承担具体工作责任。

第六条 工程管理单位对委托运行管理的泵站等工程承担管理责任，并应加强对被委托单位的运行管理工作。

第七条 飞检大队、巡查大队、稽察组要按照工程运行管理有关规程规定及要求，认真履行监督检查职责，对工程运行管理单位的管理行为进行监督检查。

第八条 监督检查人员要认真负责，按照有关要求进行检查，对发现的问题及时印发检查通知（报告），并督促整改。

第九条 监督检查人员开展工作时，要认真填写检查记录，留存问题图片。发现问题后，要及时通知有关责任单位，提出整改要求；发现重大问题要在第一时间上报河南省南水北调办，并同时通知有关责任单位，要求立即进行整改。

第十条 对发现的问题，需通过检测进一步查明工程运行状况时，应及时调集检测设备或委托专业试验检测单位开展工作，尽快完成试验检测并出具结果。

第十一条 为提高监督检查工作质量或满足专业检查需要，可聘请专家参与检查工作。

第十二条 监督检查工作的各种检查表格、通知、报告等要及时收集整理，装订成册，归档保存。

第三章 监督管理方式

第十三条 河南省南水北调办监督检查配套工程各级运行管理单位的运行管理违规行为、工程养护缺陷和实体质量，对监督检查发现的可能影响工程运行安全的问题实施责任追究。

第十四条 河南省南水北调办监督检查采用抽检方式，主要为飞检、巡查、稽察等。

飞检、巡查是以突击检查方式对工程管理单位的运行管理工作情况实施检查。

稽察是对工程管理单位运行管理的整体情况或影响运行安全的专项问题开展的稽察活动。

第十五条 配套工程各级管理单位应对工程运行管理问题组织自查自纠，建立问题台账，制订整改措施，及时进行整改。

工程运行管理自查自纠问题汇总表见附件1。

第十六条 河南省南水北调办的飞检、巡查、稽察采取定期或不定期的检查方式，就检查发现问题与被检查单位交换意见，印发整改通知或稽察报告。

被检查单位在自查自纠中已发现并制订整改措施或已按程序向上级报告的问题，在提供相关证明材料后，河南省南水北调办飞检、巡查、稽察时对相关问题不重复计列。

工程运行管理检查问题汇总表见附件2。

第四章 运行管理问题分类

第十七条 配套工程运行管理问题包括工程运行管理违规行为、工程养护缺陷和工程实体质量等。存在的问题主要分为运行管理规章制度、运行管理资料、人员到位及培训、工程巡查、工程养护、工程实体质量、泵站运行、运行调度、自动化系统、安全保卫、应急管理、水质保护等类别。

第十八条 工程运行管理违规行为是指运行管理人员在工作中违反工程运行管理规程规范、规章制度的行为。

工程养护缺陷是指因维修养护缺失或运行管理不当造成工程设施、设备损坏，导致工程平稳运行存在隐患的问题。

工程实体质量问题是指在运行管理中发现的渗（漏）水、爆管、沉降变形、设备无法正常工作等。

第十九条 根据对工程运行的影响程度不同，工程运行管理违规行为、工程养护缺陷、工程实体质量问题分为一般、较重、严重三个等级。

工程运行管理违规行为分类表见附件3。

工程养护缺陷和实体质量问题分类表见附件4。

第五章 责任追究

第二十条 河南省南水北调办对工程运行管理监督检查发现的问题组织会商，依据问题的性质和影响程度实行责任追究。

第二十一条 责任追究对象分为责任单位和相关责任人，追究形式包括约谈、通报批评、留用察看、责成责任追究等。

第二十二条 河南省南水北调办对发现重大问题的责任单位和责任人实施责任追究；其他问题，责成省辖市（省直管县）南水北调办对有关责任单位和责任人实施责任追究，追究结果应于20个工作日内报河南省南水北调办备案。

第二十三条 对工程运行事故，按照国家有关法律法规及河南省相关规定进行处理。

第六章 附 则

第二十四条 本办法由河南省南水北调办负责解释。

第二十五条 本办法自2016年7月15日起施行。

附件：

1. 工程运行管理自查自纠问题汇总表（略）

2. 工程运行管理检查问题汇总表（略）

3. 工程运行管理违规行为分类表

4. 工程养护缺陷和实体质量问题分类表

附件3

工程运行管理违规行为分类表

问题序号	检查项目	具体问题	问题等级		
			一般	较重	严重
（一）安全体系及管理					
1	安全管理	未明确运行安全岗位责任制、未制定安全管理实施细则			✓
2		未定期召开运行安全会议或无运行安全会议纪要		✓	
3		运行安全检查发现的问题整改落实不到位		✓	
4	安全隐患	未及时审批下级工程管理单位上报的安全隐患处理方案或未组织编制重大安全隐患处理方案			✓
5		未发现安全隐患或发现安全隐患未按规定报告		未发现	未报告
6		巡查发现的安全隐患未及时采取措施		一般安全隐患	重大安全隐患
7		对安全隐患采取的处理措施不当		✓	
8		未按规定对隐患处理结果进行检查、验收		✓	
9		未配备运行安全管理人员	✓		
10		未按规定建立安全隐患台账	✓		
11	安全防护	安全防护设施损坏后未及时发现并采取措施处理		✓	
12		安全防护设备设施损毁或丢失未及时恢复		✓	
13		设施设备摆放不当影响工程正常运行管理（含临时设施）		✓	
14		安全防护措施不到位	✓		
15		工程现场未按照相关规定配备安全防护器材	✓		
16	人员管理	特种作业操作人员无证上岗			✓
17		特种作业人员未按规定进行安全培训		✓	
18		员工上岗前未进行岗前培训		✓	
19		安全运行管理人员未按规定进行安全培训	✓		
（二）运行管理					
20	工程调度	未制定运行调度方案			✓

续表

问题序号	检查项目	具体问题	问题等级		
			一般	较重	严重
21	工程调度	未执行输水调度运行标准、规程规范、规章制度等			✓
22		未将操作过程中存在的问题记录、建档、反馈相关部门			✓
23		电话指令记录、阀门调整记录、运行日志、交接班记录、水位水尺观测记录、阀门开度记录、流量记录、设备维护记录等填写内容不真实或无记录			✓
24		未按规定要求签收或记录调度指令		✓	
25		收到指令后未对指令进行核实，发现问题未及时反馈		✓	
26		操作完毕后未按要求及时反馈指令执行结果	✓		
27		电话指令记录、阀门调整记录、运行日志、交接班记录、水位水尺观测记录、阀门开度记录、流量记录、设备维护记录、值班记录等填写内容不完整、事项记录不完整		✓	
28	应急调度	未制定应急调度预案			✓
29		发现险情后未按规定报告			✓
30		发现险情后未及时启动应急预案			✓
31	调水计量	未向上级报告水量计量方面存在问题		✓	
32	运管值班	未制订值班制度或值班计划		✓	
33		擅自调整值班计划		✓	
34		带班领导、值班人员脱岗			✓
35		填写虚假值班记录			✓
36		值班期间从事与工作无关事项		✓	
37		无值班记录		✓	
38		值班记录不全、未执行交接班制度	✓		

（三）工程巡查与安全监测

问题序号	检查项目	具体问题	一般	较重	严重
39	工程巡查	未制定巡查工作方案（应包括巡查范围、路线、频次、巡查重点、安全保障及组织措施等）			✓
40		未组织工程巡查			✓
41		巡查记录造假			✓
42		对影响通水运行安全的严重问题未按规定上报			✓
43		未按方案确定的巡查范围、路线、频次进行巡查		✓	
44		机电、金结、自动化设备未定期检查、维护和保养		✓	
45		无巡查记录或记录不全	✓		
46	安全监测	发现问题后未按规定报告			✓
47		安全监测报告不符合规范规定或合同要求		✓	
48		未按规定开展安全监测工作或未对委托单位的安全监测工作进行检查		✓	
49		未督促委托的安全监测单位对监测结果及时进行整理分析、上报		✓	
50		安全监测设施未保护或保护不到位		✓	

（四）工程维修养护

问题序号	检查项目	具体问题	一般	较重	严重
51	工程维修	未编制、落实工程维修养护方案或计划		✓	

续表

问题序号	检查项目	具体问题	问题等级		
			一般	较重	严重
52	工程维修	签证不满足标准要求的维修施工项目			✓
53		未按规定对维修施工项目进行检查		✓	
54		供电线路不畅通、事故性断电未及时按规定报告		✓	
55		未按规定对维修完成的项目进行验收		✓	
56		工程维修养护资料不完整，不符合有关规定要求	✓		
57	工程养护	未按规定的标准和频次进行工程养护		✓	
58		工程养护缺陷的处理不满足要求		✓	
59		养护台账不完整	✓		
60	工程环境	征地红线内的工程永久用地、设施等被侵占未制止			✓
61		地下建筑物或管道回填控制区域违规堆土、堆物、建房、种植深根植物等影响工程运行安全的占压未制止	✓		
62		工程保护范围内存在违规取土、采石、采砂、挖塘、挖沟等作业未制止			✓
63		工程保护范围内违规钓鱼、游泳、私自取水、盗水等未及时制止	✓		
64	穿越工程	对工程管理范围内的穿越、邻接工程未审批即允许施工			✓
65		未开展穿越、邻接工程检查		✓	
66		发现穿越、邻接工程出现安全隐患未及时报告			✓
（五）金结机电					
67	设备操作	未明确各类机电设备操作规程及细则		✓	
68		未按操作规程规定的程序进行操作			✓
69		设备出现故障未按规定及时处置		✓	
70		无操作记录或操作记录不规范		✓	
71	设备维修与养护	签证不满足要求的维修养护项目			✓
72		填报虚假设备检查记录			✓
73		未按规定对设备进行巡查		✓	
74		未落实设备检修维护方案		✓	
75		发现故障未及时报告		✓	
76		对维护或检修后的设备需要试运行而未进行试运行即投入正常运行		✓	
77		无维护检修记录或记录不全		✓	
（六）泵站运行					
78	泵站运行	未制定操作规程、运行工作规章制度			✓
79		未按操作规程规定的程序进行操作			✓
80		设备出现故障未按规定及时处理和报告		✓	
81		无操作记录或操作记录不完整		✓	
82		运行期间，值班人员未规定巡查		✓	
83		运行现场无主接线模拟图（或线路图）、无巡查设备线路图	✓		
84		设施设备存在灰尘、蜘蛛网、油渍等污垢未及时清理	✓		
85	泵站维护与检修	检修完成后未按规定程序及质量要求进行验收		✓	
86		填报虚假设备检查记录			✓

续表

问题序号	检查项目	具体问题	问题等级		
			一般	较重	严重
87	泵站维护与检修	未执行设备维修保养方案		✓	
88		未按设备的维护周期进行检修和维护		✓	
89		发现设备故障未及时报告		✓	
90		维护或检修后的设备未进行试运行即投入使用		✓	
91		无维护检修记录或记录不全		✓	
92		未填写开机维护记录、总结或记录、总结不完整	✓		
93	仪器设备送检	未按期送检需要检定或标定的仪器设备	✓		

（七）调流调压阀

问题序号	检查项目	具体问题	一般	较重	严重
94	设备操作及维修保养	未制定操作规程及相应规章制度			✓
95		未按规定的开启方式及时间节点而进行人工快速操作			✓
96		未按指令要求调节阀门开度或随意更改程序、设定值			✓
97		出流量未与（水厂）需求流量进行率定		✓	
98		自动调节系统出现故障未及时维修		✓	
99		未发现控制柜设置值、流量信号异常		✓	
100		故障原因未查明，强力启闭造成设备损坏			✓
101		阀门刻度不变时，未发现出流量已明显变化		✓	
102		未按规定检查、更换传动机构的润滑剂	✓		
103		未按规定周期进行全开—全关循环启闭、清理清污孔	✓		
104	其他参照"泵站运行"				

（八）自动化系统

问题序号	检查项目	具体问题	一般	较重	严重
105	系统操作	未按操作规程进行操作			✓
106		设备出现故障未按规定及时处置		✓	
107		未按要求填写有关操作记录或记录不规范		✓	
108	系统维修与保养	未落实设备维修保养方案		✓	
109		发现故障未及时报告		✓	
110		对维护或检修后的设备需试运行而未进行试运行即投入使用		✓	
111		未按设备的维护周期进行维护	✓		
112		未按规定的时间或周期对设备进行检修	✓		
113		无维护检修记录或记录不全	✓		

（九）水质监测、保护

问题序号	检查项目	具体问题	一般	较重	严重
114	水质监测	未制定水质监测方案			✓
115		监测样本不符合规定			✓
116		监测频次或项目不满足规定要求		✓	
117		未按规定对自动水质检测设备进行检查或检查无记录	✓		
118	水质保护	发现水质隐患未及时处理			✓
119		水质隐患处理不当			✓

问题序号	检查项目	具体问题	问题等级		
			一般	较重	严重
120	水质保护	工程管理范围内水体中有杂草、垃圾、腐烂物质等漂浮物未及时清理	✓		
121	水质应急管理	未制定水质保障应急预案		✓	
122		水质保障应急物资储备种类不齐全、数量不足，存放不符合要求		✓	
123		发生水质突发事件后未按规定报告，未及时采取处理措施或启动应急预案			✓
124		未按规定进行应急演练		✓	
（十）防汛度汛					
125	度汛方案	未编制度汛方案及应急预案			✓
126		工程维修养护不满足度汛要求		✓	
127	汛期检查与巡查	未制定汛期检查方案		✓	
128		未按规定进行度汛、防汛检查		✓	
129		未按巡查方案确定的范围、路线、频次和度汛要求进行巡查		✓	
130		无巡查记录或巡查记录不全		✓	
131	防汛物资	未制定防汛物资管理办法		✓	
132		未按已批复的物资储备方案储备物资		✓	
133	度汛应急管理	未制定突发事件应急处置方案或应急预案			✓
134		发生突发事件后未按规定报告，未及时采取抢险措施或启动应急预案			✓
135		未按规定进行应急演练		✓	
（十一）运行安全事故处理					
136	运行安全事故处理	发现险情后未按规定报告			✓
137		发现险情后未及时启动应急预案			✓
138		未配备预警设备或设备不能正常启动		✓	
139		配备的备用电源不能正常启动		✓	
140		未配备对外通信与应急通信设备		✓	
（十二）突发事件应急处理					
141	应急处理	未制定突发事件应急预案			✓
142		未建立突发事件应急管理培训制度		✓	
143		未按规定登记危险源、危险区			✓
144		未定期检查本单位各项安全防范措施的落实情况			✓
145		未定期对负有处置突发事件职责的工作人员进行培训			✓
146		发生突发事件后未立即采取措施控制事态发展			✓
147		未按规定及时报告			✓
148		未落实保障突发事件应对工作所需物资、经费			✓
149		不服从上级部门对突发事件应急处置工作的统一领导、指挥和协调			✓

续表

问题序号	检查项目	具体问题	问题等级		
			一般	较重	严重
150	应急处理	未开展有关突发事件应急知识的宣传普及活动		✓	
151		未开展必要的应急演练		✓	
（十三）消防及安全保卫					
152	消防安全	易燃易爆物品未按规定存放			✓
153		消防器材和设施未按规定时间进行校验		✓	
154		未按规定配备或更换消防器材		✓	
155		消防器材的放置位置和标识不满足要求	✓		
156	安全保卫	人员擅自脱岗			✓
157		未制定安全保卫制度		✓	
158		未及时对损坏的安全设施进行恢复		✓	
159		现场工作人员未配备安全防护、应急救护用品	✓		
（十四）问题整改					
160	问题整改	对检查发现的问题拒不整改			✓
161		问题整改不彻底、整改资料不完善		✓	
162		无问题整改台账	✓		

附件4

工程养护缺陷和实体质量问题分类表

问题序号	检查项目	具体问题	问题等级		
			一般	较重	严重
（一）进水池					
1	进水池	整体结构有不均匀沉陷		✓	
2		混凝土结构裂缝	缝长不大于400cm且缝深小于保护层	建筑物缝长大于400cm且缝深大于保护层	建筑物结构贯穿性裂缝
3		进水池有渗漏		✓	
4		运行道路沉陷、开裂、碾压破坏	5cm≤沉陷深度≤10cm，未出现裂缝，破坏面积<20m²	沉陷深度<10cm，未出现裂缝，破坏面≥20m²	沉陷深度10cm，并伴有裂缝
5		埋件未保护好，发生移位或破坏		✓	
6		重要部位有碰损掉角现象		✓	
7		结构缝（伸缩缝、施工缝和接缝）有错动迹象，填缝材料流失或老化变质		✓	
8		排水沟或截流沟淤堵、破损、排水不畅	<20m	≥20m	
9		拦污栅有损坏		✓	
10		螺栓孔封堵不严，出现渗水现象	✓		
11		表面局部碰伤或腐蚀性液体污染损伤	✓		
12		雨水、污水进入进水池内		✓	
（二）阀井					
13	阀　井	井壁渗水		✓	

续表

问题序号	检查项目	具体问题	问题等级		
			一般	较重	严重
14	阀井	阀井不均匀沉降、位移		5cm≤沉降、位移<10cm且止水带未破损	沉降、位移≥10cm或止水带破损
15		阀井回填土沉陷	深度<10cm	深度≥10cm	
16		进人孔盖板损坏		✓	
17		爬梯损坏	✓		
18		排空井出口淤积，影响排水		✓	
19		穿墙套管处渗水		✓	
20		微量排气阀丢失、损坏		✓	
21		阀件开关丢失、损坏		✓	
22		混凝土裂缝、剥蚀	✓		
23		阀件有锈蚀	✓		
24		螺栓有锈蚀	✓		
25		盖板与井壁处渗水	✓		
26		阀井内积水未及时抽排、清理		✓	
27		井盖丢失或破损		✓	
28		未按规定对地面标识物（标志牌、标志桩等）进行修复、增补或更新		✓	

（三）穿越建筑物（顶管、定向钻、暗涵、穿总干渠倒虹吸）

问题序号	检查项目	具体问题	一般	较重	严重
29	穿越建筑物	建筑物发生较大沉降或位移			✓
30		结构缝漏水			✓
31		支座损坏			✓
32		管身贯穿性裂缝，管顶横向裂缝			✓
33		管身局部渗漏			✓
34		进出口回填土出现大面积塌陷			✓
35		混凝土裂缝		0.2mm≤缝宽<0.3mm，缝深≥结构厚度的1/4,无扩大趋势	缝宽≥0.3mm，缝深≥结构厚度的2/3，且仍有发展，有渗水
36		混凝土非贯穿性裂缝，纵向非贯穿性裂缝	缝深<保护层	缝深≥保护层	
37		混凝土表面剥落、破损	0.1m²≤面积<1m²，深度<保护层	面积≥1m²或钢筋外露	
38		进人孔盖板损坏		✓	
39		爬梯损坏	✓		
40		相邻管节移动错位，错位距离小于允许值，且变化趋势不明显，未渗水		✓	
41		进出口回填土出现潮湿，局部出现小面积塌陷		✓	
42		阀件有锈蚀	✓		

续表

问题序号	检查项目	具体问题	问题等级		
			一般	较重	严重
43	穿越建筑物	螺栓有锈蚀	✓		
44		管顶防护设施局部沉陷、损坏	✓		
45		进出口平台沉陷、开裂	✓		
（四）管理房及调流阀室					
46	建筑与结构	屋面有渗漏、积水现象		✓	
47		基础不均匀沉降、错台、裂缝	沉降量<5cm	5cm≤沉降量<10cm	沉降量>10cm
48		变形缝、雨水管安装不牢固，排水不畅，有渗漏		✓	
49		雨罩、台阶、坡道、散水等有裂纹、脱皮、麻面和起砂现象		✓	
50		室内墙面有起皮、掉粉现象	✓		
51		室外墙面有掉粉、起皮现象	✓		
52		室内地面有脱皮、麻面、起砂	✓		
53		楼梯、踏步、护栏有松动、开裂	✓		
54		门窗安装不牢固，开关不灵活、关闭不严密，有倒翘	✓		
55		室内顶棚轻微漏涂、起皮、掉粉	✓		
56		墙体裂缝、漏雨等		✓	
57	建筑给排水	卫生器具、支架、阀门等的接口渗漏，支架不牢固，阀门启闭不灵活、接口有渗漏	✓		
58		管道接口、坡度、支架等有变形，渗漏	✓		
59		检查口、扫除口、地漏有积水现象	✓		
60	建筑电气	防雷、接地、防火等设施松动、开裂，油漆防腐层开裂		✓	
61		配电箱、盘、板、接线盒等内外有杂物、掉漆，箱盖开闭不灵活，箱内接线杂乱	✓		
62		设备器具、开关、插座有松动，灯具内外有较多灰尘、污垢，开关插座与墙面四周有缝隙	✓		
63		室内电气装置安装配电柜排列杂乱，箱体内部接线杂乱无章，箱门开闭不灵活，电缆线摆放不平顺	✓		
64		室外电气装置安装，油漆防腐有起皮、掉粉，箱体开闭不灵活，箱内接线不整齐	✓		

续表

问题序号	检查项目	具体问题	问题等级		
			一般	较重	严重
65	控制室	机房设备安装及布局存在仪器安装运转较差，各种配线形式规格与设计规定不相符，扭绞、打圈接头，受外力挤压损伤		✓	
66		设备安装螺栓不牢靠、松动	✓		
67	金结及机电	吊装及附属设备油漆脱皮、起皱，行走不顺畅		✓	
68		金结及设备油漆防腐脱落、锈蚀，螺丝锈蚀	✓		
69		机电及附属设备表面有较多灰尘、污垢，油漆脱落、锈蚀	✓		
70		计量、监测及通信设备有较多灰尘、污物，油漆脱落、锈蚀	✓		
71	室外工程	防护围栏破损、锈蚀、松动		✓	
72		室外道路、硬化及排水等存在路面不平整，有较多附着物及垃圾；排水不畅通	✓		
73		围墙、大门等附属建筑表面有污物及附着物，油漆防腐局部脱落、腐蚀现象	✓		
74		室外绿化存在植物分布不均匀，有较多空白	✓		
75		排水井盖丢失或破损	✓		
（五）泵站					
76	泵站设施	相邻配电室间隔墙处电缆沟内未放置阻火包，未形成防火隔层		✓	
77		电缆沟、井积水		✓	
78		测温系统、冷却系统或通风系统出现故障		✓	
79		电缆、电线及其连接部位有发热、破损、松动现象		✓	
80		接地装置不满足要求		✓	
81		设备运行有异常声响或异常震动		✓	
82		油泵油色、油位不正常		✓	
83		高压低压配电室、通信室、变压器室未安装防鼠板	✓		
84		高压低压配电室、通信室、变压器室控制柜周边未安装绝缘橡胶垫	✓		
85		扶梯、栏杆、盖板等附属设施存在破损	✓		
86		配套管道、阀门、法兰密封不严，出现漏水	✓		
87		设备外壳存在锈蚀、脱漆	✓		
88	泵站机组	各个电动蝶阀不能正常开启、关闭			✓
89		排水泵启动后不出水或出水不足		✓	
90		水泵电机运行有故障		✓	

续表

问题序号	检查项目	具体问题	问题等级		
			一般	较重	严重
91	泵站机组	供水泵吸入口存在堵塞或叶轮卡涩现象，出力不足		✓	
92		供水泵密封处漏水		✓	
93		供油管路渗油	✓		
94		供水泵管路固定不牢固	✓		
95		供水泵地脚螺栓未紧固，松动	✓		
96	变压器	套管、瓷瓶有裂纹或破损，有放电现象			✓
97		电缆有破损、腐蚀现象		✓	
98		各引线接头有过热变色现象		✓	
99		温度控制器显示屏黑屏或三相温度显示异常		✓	
100		运行时声音异常	✓		
101		变压器外箱有较多灰尘、污垢	✓		
102	其他附属设备	避雷设施接地不符合要求			✓
103		防雷装置引下线连接松动，有烧伤痕迹和断股现象			✓
104		室外设备漏油、漏液		✓	
105		避雷器套管有破损、裂缝，有放电痕迹		✓	
106		发电机组如配备铅酸蓄电池，电解液液位低于下表线		✓	

（六）安全监测

问题序号	检查项目	具体问题	问题等级		
107	安全监测设备	安全监测设施损坏、失效			✓
108		安全监测线缆断损			✓
109		安全监测保护设施缺失、损坏		✓	

（七）其他

问题序号	检查项目	具体问题	问题等级		
110	警示、标示	未按规定设置警示、标识设施		✓	
111		未按要求对警示、标识设施进行修复、增补或更新	✓		

河南省南水北调配套工程建设档案专项验收暂行办法

2016年8月10日
（豫调办综〔2016〕19号）

第一章 总 则

第一条 工程建设档案专项验收是工程项目竣工验收的组成部分。根据《南水北调东中线第一期工程档案管理规定》（国调办综〔2007〕7号）、《重大建设项目档案验收办法》（档发〔2006〕2号）、《河南省南水北调配套工程验收工作导则》相关规定，为河南省南水北调配套工程建设档案专项验收（以下简称"档案专项验收"）工作有效开展，统一验收标准、规范验收流程、确保验收质量，特制定本办法。

第二条 档案专项验收原则上以设计单元工程为单位进行。如果一个设计单元工程由多个建设管理单位分段负责建设，应根据工程实际分别对各建管单位所承担的部分进行档案专项验收。

第三条 档案专项验收依据《河南省南水北调配套工程档案管理暂行办法》（豫调建〔2013〕24号）对工程档案管理及档案质量进行整体评价，形成验收意见。验收结果分为合格与不合格两个等级。

第四条 未经档案专项验收或档案专项验收不合格的项目，不得进行工程项目的竣工验收。档案专项验收应在设计单元工程完工验收前完成。

第二章 验收组织

第五条 档案专项验收由河南省南水北调办公室主持或委托各省辖市、直管县（市）南水北调办公室主持。

第六条 档案验收组一般由省南水北调办、省南水北调建管局、档案行政管理部门等单位、有关人员组成，必要时可邀请有关专业人员参加。

第七条 档案验收组人数为不少于5人的单数，组长由主持验收单位人员担任。

第三章 验收申请

第八条 在工程合同项目完成验收前，建管单位应根据本规定和档案工作的相关要求，对各参建单位工程档案收集、整理、归档情况进行自查。自查情况报送省南水北调建管局备案（见附件4）。

第九条 申请档案专项验收应具备下列条件：

（一）工程项目主体工程和辅助设施已全部按设计要求建成，能满足设计和生产运行要求；

（二）完成了设计单元中所有合同项目完成验收，且档案自查情况合格；

（三）完成了通水验收且泵站机组试运行正常；

（四）完成了项目建设全过程文件材料的收集与归档；

（五）基本完成了工程档案的分类、组卷、编目等整理工作。

第十条 建管单位在确认设计单元工程档案的内容与质量符合要求后，向档案专项验收组织单位报送档案管理与自检工作报告（见附件2、附件3），提出工程档案验收申请，并填报《河南省南水北调配套工程建设档案专项验收申请表》（见附件1）。

第四章 专项验收前预验收

第十一条 档案专项验收组织单位在收到申请后，将组织档案部门会同有关处室对工程档案进行专项验收前的预验收。

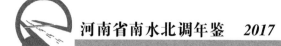

第十二条　预验收原则上以设计单元工程为单位进行，也可按照分水口门分别进行。预验收检查组对工程档案整编情况进行检查并提出修改建议。预验收通过后，各参建单位档案可进行组卷装订。

第十三条　对已通过档案预验收且具备验收条件的项目，验收组织单位成立档案专项验收组，启动专项验收工作。

第五章　专项验收程序

第十四条　档案专项验收以验收组织单位召开验收会议的形式进行。验收组全体成员参加会议，工程建设有关单位（设计、施工、监理、建管、质检）的人员列席会议。

第十五条　档案专项验收工作步骤、方法与内容：

（一）验收组宣读验收工作大纲；

（二）项目法人或有关责任单位汇报工程建设概况和工程档案管理工作情况；

（三）监理单位汇报工程档案质量的审核情况；

（四）验收组针对报告或工程有关情况进行质询；

（五）验收组抽查档案案卷。抽查数量不少于总案卷数量的50%；

（六）验收组记录并现场交流档案案卷相关问题；

（七）验收组内部对工程档案质量进行综合评价；

（八）验收组形成并宣布工程档案验收意见；

（九）验收整改完毕后，以文件形式正式印发工程档案专项验收意见。

第十六条　工程档案验收意见应包括以下内容：

（一）工程项目建设概况；

（二）工程档案管理情况；

（三）文件收集、整理情况；工程档案数量、种类、质量；

（四）竣工图编制情况；

（五）工程档案完整性、准确性、系统性与安全性评价；

（六）存在问题及整改建议；

（七）验收结论；

（八）工程档案专项验收组成员签字表。

第十七条　档案专项验收结果分为合格与不合格。档案专项验收组一半以上成员同意通过验收的为合格。档案验收合格的项目，由档案专项验收组出具工程档案验收意见；档案专项验收不合格的工程项目，档案专项验收组提出整改意见，要求工程建设管理单位（项目法人）对存在的问题进行限期整改，并进行复查。复查后仍不合格的，不得进行竣工验收，并按规定追究相关责任人的责任。

第六章　附　则

第十八条　本办法由省南水北调办公室负责解释。

第十九条　本办法自印发之日起施行。

附件（略）1.河南省南水北调配套工程建设档案专项验收申请表

2.工程档案专项验收档案管理与自检工作报告格式

3.工程档案专项验收档案专项审核报告格式

4.河南省配套工程档案自检情况备案登记表

河南省南水北调受水区供水配套工程运行安全事故应急预案（试行）

2016年9月23日
（豫调办建〔2016〕57号）

目　录

第一章　总　则

第一条　为规范河南省南水北调受水区供水配套工程（以下简称配套工程）运行安全事故的应急管理和应急响应程序，及时有效地实施应急救援和处置工作，最大程度地减少人员伤亡和财产损失，保证工程供水安全，编制本应急预案。

第二条　本应急预案依据《中华人民共和国安全生产法》、《中华人民共和国突发事件应对法》、《国家突发公共事件总体应急预案》、《南水北调工程供用水管理条例》、《河南省生产安全事故应急预案》等法律、法规和《河南省南水北调工程突发事件应急预案》编制。

第三条　本预案适用于配套工程供水运行期间发生的各类工程安全事故的预防和应急处置工作。

第四条　工作原则

（一）以人为本，安全第一。配套工程供水运行期间，把保障人民群众的生命安全和身体健康、最大程度地预防和减少人员伤亡作为首要任务。做好工程运行及应急救援人员的安全防护工作，充分发挥专业救援力量的骨干作用和专家的参与作用。

（二）统一领导，属地为主。在省南水北调办统一领导下，各省辖市、省直管县（市）南水北调办负责辖区内配套工程运行安全事故的应急处置工作，实行单位一把手负责制。工程供水运行安全事故应急处置由事发地省辖市、省直管县（市）南水北调办负责，事发地省辖市、省直管县（市）南水北调办不能有效处置的，报事发地政府组织处置。各省辖市、省直管县（市）南水北调办要履行安全生产主体责任，根据辖区内配套工程供水运行可能存在的风险因素，编制现场处置方案及事故应急预案，并与所在地政府应急预案相衔接。

（三）先行处置，科学应对。采用先进技术，发挥专家和专业人员的作用，逐步建立工程运行风险评估体系，科学合理决策。加强应急处置和救援队伍建设，建立统一指挥、反应灵敏、协调有序、运转高效的应急管理机制。运用先进的监测监控和救援装备，提高应急处置能力和救援技术水平。当发生配套工程供水运行安全事故时，工程所在地省辖市（省直管县）南水北调办在及时上报情况的同时，快速反应，开展先期处置和应急救援工作，控制事态，减轻后果。

（四）预防为主，平战结合。贯彻落实"安全第一、预防为主、综合治理"方针，坚持应急处置与事故预防相结合。以常态下的风险评估、物资储备、队伍建设、装备配备、预案编制、应急培训和应急演练等工作为重点，做好预防、预测、预警工作。

第二章 风险分析与事故分级

第五条 我省配套工程由南水北调中线干线工程总干渠分水口门引水,分别向受水区南阳、平顶山、漯河、周口、许昌、郑州、焦作、新乡、鹤壁、濮阳和安阳等11个省辖市市区、36个县(市)城的85座水厂供水。配套工程输水线路长,输水型式分为渠道输水、涵洞输水、利用河道输水和管道输水四种,管道输水长度占线路总长的98%以上,管材选择有PCCP管、PCP管、玻璃夹砂管和钢管或球墨铸铁管;建提水泵站20座,与河渠交叉采用倒虹吸套管和混凝土包封穿越、或直埋管道穿越、或架空管穿越等形式,与铁路、省道以上或交通繁忙的道路交叉均采用顶管施工。管道附属设施包括调节水池、阀门井、仪表井、进气排气阀井、泄水阀井、检查井、管道分水口、镇墩等构筑物,管道附件包括控制、检修阀门、泄水阀、进气排气阀、调流阀、流量计、压力表、伸缩器、消锤器等管道和计量仪表。配套工程危险源众多且分散,管理难度大,超标准洪水、地震、人为破坏、不良地质条件、其他穿越邻接工程施工影响等因素均可能引发配套工程供水运行安全事故,根据不同的工程特性,需要分别对管道工程、输水涵洞及交叉穿(跨)越构筑物、机电设备进行风险分析。

第六条 管道工程风险分析

配套工程管道为有压输水管道,管材选用PCCP管、PCP管、玻璃夹砂管、钢管或球墨铸铁管,通常在较高内水压力条件下运行。供水运行期间可能发生的工程安全事件主要有:管道爆裂和接头发生严重渗漏。引发安全事件的原因是多方面的,主要包括:

1. 管道存在质量问题;

2. 管道上方超负荷加载;

3. 由于地基渗漏或其他原因导致管道、阀井、镇墩地基失稳;

4. 由于其他原因导致管道发生地基沉降变形;

5. 接头止水失效;

6. 运行调度不当,导致内水压超过设计允许值;

7. 在强降水暴雨期间,可能引发泥石流,破坏管道。

管道爆裂和接头严重渗漏事件发生的后果主要包括:中断供水,高压射水危及邻近建筑物安全和邻近人群的生命财产安全,造成局部区域地面沉降变形等。

第七条 输水涵洞及交叉穿(跨)越构筑物风险

配套工程改造河渠和暗涵3.11km,输水管线与河渠交叉177处,对于穿越较大河流或水深较深的河道均采用河底穿越,即倒虹吸套管和混凝土包封穿越;对于中小型河道采用开挖河道直接铺设管道;对于地势比较复杂、沟道较深、非城市段小跨度沟道采用架空管穿越;穿越南水北调总干渠9处,穿越采用渠底倒虹吸套管形式。倒虹吸采用有压箱涵穿越,暗涵则采用无压箱涵或涵洞输水。

(一)倒虹吸或暗涵等输水构筑物可能出现的险情主要有箱涵地基失稳破坏、止水失效导致集中渗漏、穿越河道的倒虹吸或暗渠可能因洪水冲刷等导致箱涵失稳破坏。

1. 箱涵地基失稳破坏

倒虹吸或暗涵等输水构筑物可能因地质原因、地基处理达不到要求等引起箱涵地基失稳破坏,箱涵漏水,可能进一步导致岸坡滑塌和地面塌陷。构筑物地基失稳或结构发生过大变形引发的安全事件主要有:

(1)构筑物主体结构破坏,供水外泄或中断供水;

(2)构筑物防渗体系破坏,继发结构外侧土体失稳或地基渗漏破坏。

2. 止水失效导致渗漏破坏

倒虹吸或暗涵等输水构筑物结构体永久缝之间均设有止水,当止水施工存在质量问题或地基不均匀沉降等原因导致构筑物发生过大的位移时，均有可能导致结构缝渗漏，渗漏严重且构筑物外围填土或天然地基不满足排水反滤要求时，可能引发以下几方面事件：

（1）地基土软化，导致构筑物过大变形；

（2）构筑物地基渗漏破坏导致地基失稳；

（3）构筑物外侧填筑体边坡失稳；

（4）构筑物地基扬压力升高，继发抗浮或抗滑失稳。

3. 河道冲刷导致箱涵失稳破坏

倒虹吸或暗涵等输水构筑物穿越河沟，在汛期更易受洪水冲刷。当局部河岸防护设施损坏、河道附近的水流条件发生较大变化、发生超标准洪水时，可能导致箱涵局部冲刷较大或冲刷出露等情况，进一步导致箱涵失稳破坏。

4. 输水涵管淤塞

（二）穿越南水北调总干渠倒虹吸可能出现的险情有以下几类：管身结构破坏、箱涵淤塞、管涵外侧回填体发生严重变形、建筑物与围土接合部发生渗漏破坏、建筑物进出口挡土墙坍塌、进出口河道防护破坏等。

穿渠构筑物涵管埋于渠道下方，承受上覆渠道填土压力和水体重量，涵管结构设计不当、涵管混凝土施工质量问题、涵管两侧回填土侧向土压力严重不足、涵管周围外水压力与设计值差别较大、涵管一定区域范围内发生沉降或不均匀沉降变形、渠道水位大幅度升高超过设计允许水位等方面原因均有可能导致穿渠构筑物涵管破坏、坍塌或严重开裂导致过大变形。

第八条 机电设备运行风险分析

配套工程机电设备种类较多，包括高低压电气设备、水泵、阀件、提升、运输设备、监测、监控、通讯仪器与装备、电缆等，运行风险主要体现在故障率高、操控难度大、维护成本多等方面，包括设备正常运行时，人员误动作而造成的伤害；设备发生故障，对人身可能造成的伤害；长期超负荷运转，维护及检修不到位，设备老化严重等，均有可能引发供水运行安全事故。

第九条 配套工程供水运行安全事故指与工程结构损坏、破坏相关的安全事故。配套工程安全事故按照其性质、可控性、严重程度和影响范围等因素，分为4个级别：Ⅰ级、Ⅱ级、Ⅲ级和Ⅳ级（由重到轻）。

（一）Ⅰ级

凡符合下列情形之一的，为Ⅰ级。

1. 工程发生结构破坏并造成供水中断；

2. 造成或可能造成3人及以上死亡，或者10人及以上重伤的事故；

3. 造成或可能造成1000万元及以上直接经济损失的事故。

（二）Ⅱ级

凡符合下列情形之一的，为Ⅱ级。

1. 工程发生结构破坏，供水安全受到影响；

2. 造成或可能造成3人以下死亡，或者10人以下重伤的事故；

3. 造成或可能造成1000万元以下直接经济损失且影响较大的事故。

（三）Ⅲ级

当工程发生结构破坏，尚未影响正常供水，但进一步发展可能导致更大险情，为Ⅲ级。

（四）Ⅳ级

当工程发生局部破坏或即将破坏，且在发展中，为Ⅳ级。

以上工程安全事故等级划分表述中，"以上"含本数，"以下"不含本数。

第三章 组织机构与职责

第十条 组织指挥机构

省南水北调办设立工程安全事故应急处置指挥部，工程安全事故应急处置指挥部在河南省南水北调工程突发事件应急处理指挥部领导下，统一指挥配套工程安全事故应急处置工作。指挥长由省南水北调办分管运行的副主任担任，副指挥长由省南水北调办总工程师担任，成员由省南水北调运行管理部门负责人以及各省辖市、省直管县（市）南水北调办负责人组成。根据需要，工程安全事故应急处置指挥部可设专家组，为应急处置提供专业支援和技术支撑。省南水北调办建设管理处负责工程安全事故应急处置指挥部办公室的日常工作，以及专家组的建立和联系。

各省辖市、省直管县（市）南水北调办应成立工程安全事故应急处置小组，分管运行安全的副主任任负责人，明确各级运行操作、抢险救援岗位责任人及联络方式，负责应急处置具体工作，并服从工程安全事故应急处置指挥部、地方政府现场应急指挥机构的领导。

第十一条　职责

（一）工程安全事故应急处置指挥部

1. 负责根据河南省南水北调工程突发事件应急处理指挥部决策，指挥权限范围内的工程安全事故应急处置有关工作；

2. 协调建立干线工程与配套工程安全事故应急联动机制，指导、检查和监督省辖市（省直管县市）南水北调办的工程安全事故应急处置工作；

3. 及时了解掌握工程安全事故应急处置情况，根据需要，向上级报告应急处置情况。

（二）工程安全事故应急处置指挥部办公室

1. 负责工程安全事故应急处置指挥部的日常事务；

2. 传达工程安全事故应急处置指挥部的各项指令，汇总工程安全事件信息并报告（通报）应急处置情况；

3. 组织编制应急处置方案，检查督促工程安全事故应急处置指挥部布置工作的落实情况；

4. 承办工程安全事故应急处置指挥部交办的其他事项。

（三）工程安全事故应急处置专家组

负责为工程安全事故应急处置指挥部办公室编制应急处置方案提供专业支援和技术支

撑，为工程安全事故应急处置指挥部提供决策依据和技术支持。

（四）各省辖市、省直管县（市）南水北调办

各省辖市、省直管县（市）南水北调办在工程安全事故应急处置指挥部领导下，负责组织所辖范围内配套工程安全事故应急处置工作，主要职责如下：

1. 负责组织编制所辖区域的配套工程安全事故应急预案和应急处置方案，并报省南水北调办核备；

2. 服从工程安全事故应急处置指挥部、地方政府现场应急指挥机构统一指挥管理，按照应急处置指令，组织辖区内配套工程安全事故应急处置具体实施工作，并及时报告（通报）事件及应急处置信息；

3. 协调建立辖区内配套工程与受水区供水目标之间工程安全事故应急联动机制；

4. 完成工程安全事故应急处置指挥部交办的其他工作。

第四章　预防与预警

第十二条　预警信息

建立以预防为主的监测预报预警体系，针对配套工程水文、地质、工程布置和社会环境等情况，确定工程安全监测的主要预防预警信息。构建工程安全信息管理系统，对工程的安全状态、运行、维护情况进行监控，并联通地方的气象监测网络、地震监测网络、防汛监测网络、应急抢险部门，及时获取信息。

各省辖市、省直管县（市）南水北调办负责收集整理与工程安全预防预警有关的数据资料和相关信息，评价所辖范围内的工程安全情况，并及时向工程安全事故应急处置指挥部汇报可能出现的工程安全风险；省南水北调办负责建立工程安全监测、预报、预警等资料数据库，实现各部门、各单位之间信息的共享。

各省辖市、省直管县（市）南水北调办应

定期组织对辖区内重要工程（包括其他行业穿越邻接工程）及部位进行工程的安全评价。工程安全评价工作以运行调度记录、工程安全监测资料和巡查记录为基础，根据相关规范规程要求，对工程安全进行评价，并提出可能影响工程安全有关问题的处置措施和建议。

第十三条 根据预报成果，对工程安全事故进行预警评估，预估工程安全事故级别，描述工程安全事故属性，做出排除处理或发布预警的决定。

第十四条 工程安全事故预警行动流程

（一）各有关省辖市、省直管县（市）南水北调办根据工程安全事故预报情况，以及巡查发现的异常情况，若发现可能引起工程安全事故，必须30分钟内电话向工程安全事故应急处置指挥部办公室报告初步情况，2小时内书面报告详情。

（二）工程安全事故应急处置指挥部办公室在接到预警事件报告的第一时间，应对预警事件进行初步判断，若判断为工程安全事故时，应及时向工程安全事故应急处置指挥部指挥长口头报告。预警评估的内容包括：

1. 可能发生工程安全事故的类别、级别评估及预警级别。预警级别按照Ⅰ级、Ⅱ级、Ⅲ级、Ⅳ级工程安全事故分别设红色预警、橙色预警、黄色预警、蓝色预警四级；

2. 预警范围和预警期；

3. 工程安全事故的监控点、监控方式、监控频次、监控信息分析与评估；

4. 预警评估与动态管理，包括预警发布、预警调整（持续或升级）、预警取消。

（三）向工程安全事故应急处置指挥部指挥长提交预警评估报告，报告内容包括预警评估结果及预警事件处理意见。

（四）按照预警级别，处理方式如下：

1. 若可能发生的工程安全事故属于Ⅰ级或Ⅱ级，由工程安全事故应急处置指挥部发布Ⅰ级或Ⅱ级工程安全事故预警，并通报事件所属地方政府；

2. 若可能发生的工程安全事故属于Ⅲ级，由工程安全事故应急处置指挥部发布Ⅲ级工程安全事故预警；

3. 若可能发生的工程安全事故属于Ⅳ级，由事件所属省辖市或省直管县（市）南水北调办工程安全事故应急处置小组发布Ⅳ级工程安全事故预警，并报工程安全事故应急处置指挥部办公室备案；

4. 若可能发生的工程安全事故可以排除，由事件所属省辖市或省直管县（市）南水北调办工程安全事故应急处置小组按照突发故障处理。

（五）工程安全事故预警发布后，由工程安全事故应急处置指挥部进行应急响应等级确定。

第十五条 在预警发出后，应加密巡查频次，持续跟踪监控，并根据预警的工程安全事故级别延长跟踪时间，至少不少于预警取消后10天。

第五章 应急响应

第十六条 信息报送

实行工程安全事故信息报送制度。各省辖市、省直管县（市）南水北调办必须30分钟内电话向工程安全事故应急处置指挥部办公室报告工程安全事故初步情况，2小时内书面报告详情。

工程安全事故信息书面报告应包括：事故发生的时间、地点、影响范围、工程运行情况、原因初步分析、采取的应急措施、对供水影响程度和预计影响时间等。工程安全事故信息报告应简明扼要，对于当前无法作出分析或判断的内容可不写入报告。工程安全事故应急处置过程，应严格执行日报制度。

工程安全事故报告基本内容及格式见附件1。

第十七条 Ⅰ、Ⅱ级应急响应程序

（一）接到工程安全事故报告后，工程安

全事故应急处置指挥部立即启动本应急预案，同时报河南省南水北调工程突发事件应急处理指挥部。工程安全事故事发地省辖市（省直管县）南水北调办进入Ⅰ、Ⅱ级应急响应状态。

若事故需要属地应急救援时，应向上级应急机构报告，并根据需要提出工程联动抢险救援请求。

（二）工程安全事故应急处置指挥部指挥长组织会商，研究确定应急调度决策及应急处置方案。

（三）按照应急处置方案，需要对配套工程应急调度的，根据河南省南水北调工程突发事件应急处理指挥部决策，启动突发事件应急调度预案；事发地省辖市或省直管县（市）南水北调办工程安全事故应急处置小组按照工程安全事故应急处置指挥部的指示，进一步做好先期处置工作。

（四）按照应急处置方案和指挥长指示，工程安全事故应急处置指挥部办公室组织开展综合协调、现场抢险、技术保障、物资设备保障和调配、信息报送和后勤保障工作。事发地省辖市或省直管县（市）南水北调办工程安全事故应急处置小组立即赶赴现场，组织资源进行抢险，并服从工程安全事故应急处置指挥部、地方政府现场应急指挥机构的统一指挥。

（五）事故处理结束后，由省南水北调办向上级单位报告。

第十八条 Ⅲ级应急响应程序

（一）接到工程安全事故报告后，工程安全事故应急处置指挥部立即启动本应急预案，同时报河南省南水北调工程突发事件应急处理指挥部。工程安全事故事发地省辖市、省直管县（市）南水北调办进入Ⅲ级应急响应状态。

（二）工程安全事故应急处置指挥部指挥长组织会商，研究确定应急调度决策及应急处置方案。

（三）按照应急处置方案，需要对配套工程应急调度的，根据河南省南水北调工程突发事件应急处理指挥部决策，启动突发事件应急

调度预案；事发地省辖市或省直管县（市）南水北调办工程安全事故应急处置小组按照工程安全事故应急处置指挥部的指示，进一步做好先期处置工作。若事故需要属地应急响应时，事发地省辖市或省直管县（市）南水北调办根据需要向有关市（县）级应急机构提出工程联动抢险救援请求。

（四）按照应急处置方案和指挥长指示，工程安全事故应急处置指挥部办公室组织开展综合协调、现场抢险、技术保障、物资设备保障和调配、信息报送和后勤保障工作。事发地省辖市或省直管县（市）南水北调办工程安全事故应急处置小组立即赶赴现场，组织资源进行抢险，并服从工程安全事故应急处置指挥部、地方政府现场应急指挥机构的统一指挥。

（五）事故处理结束后，由省南水北调办向上级单位报告。

第十九条 Ⅳ级应急响应程序

（一）接到工程安全事故报告后，工程安全事故事发地省辖市、省直管县（市）南水北调办立即启动Ⅳ级应急预案，同时上报工程安全事故应急处置指挥部。事发地省辖市或省直管县（市）南水北调办工程安全事故应急处置小组进入Ⅳ级应急响应状态。

（二）事发地省辖市或省直管县（市）南水北调办工程安全事故应急处置小组组长组织会商，研究确定应急处置方案，并报告工程安全事故应急处置指挥部办公室。若事故需要属地应急响应时，事发地省辖市或省直管县（市）南水北调办根据需要向有关市（县）级应急机构提出工程联动抢险救援请求。

（三）按照应急处置方案和工程安全事故应急处置指挥部的指示，省辖市或省直管县（市）南水北调办工程安全事故应急处置小组根据需要组成现场抢险组，立即赶赴现场组织资源进行抢险，并进一步做好先期处置工作。

（四）事故超出本级应急救援处置能力时，责任单位应及时报请省南水北调办启动上一级应急预案。

（五）事故处理结束后，由事发地省辖市或省直管县（市）南水北调办工程安全事故应急处置小组将事故处理结果报省南水北调办备案。

工程安全事故应急响应处置程序流程图见附件2。

第二十条　发生工程安全事故后，根据灾害的严重程度，报经当地人民政府批准，对重点区域和重点部位实施紧急控制，防止事态进一步扩大。

第二十一条　工程安全事故应急抢险与救援活动完成并确认危害因素消除后，按照"谁启动、谁结束"的原则，由启动应急预案的工程安全事故应急指挥部指挥长宣布应急结束，并通知运行管理单位。应急响应级别变化后，原级别的响应自行终止。

工程安全事故应急响应需要向社会公布的，按程序报批后，由省南水北调办向社会发布公告。

第六章　应急处置

第二十二条　现场应急处置的总原则为减少人员伤亡、控制险情发展，具体要求如下：

（一）所辖范围内突发工程安全事故后，若需属地应急救援时，省辖市或省直管县（市）南水北调办应向本级政府和相关市（县）级应急指挥机构报告，根据需要提出工程联动抢险救援请求。

（二）按照调度要求，对事故管线段进行应急调度，不间断监视险情变化。

（三）事态发展可能对周边环境和居民造成影响时，应协调地方政府对受影响的居民进行疏散。

（四）根据工程安全事故严重程度和现场配置的人员、物资设备情况，在确保人员安全的情况下采取应急处置措施，控制险情的发展。

第二十三条　各省辖市、省直管县（市）南水北调办应根据所辖配套工程特点，制定应急抢险手册，发生工程安全事故后，按照应急抢险手册，并结合具体情况，迅速确定应急处置措施，组织人员开展现场先期处置工作，控制险情的发展。

第二十四条　工程安全事故应急处置指挥部或事发地省辖市或省直管县（市）南水北调办工程安全事故应急处置小组结合先期处置成果，组织现场查勘、专家会商，制定进一步处置方案。

第七章　附　则

第二十五条　配套工程安全事故应急处置相关机构及联络方式见附件3。

第二十六条　本预案由省南水北调办制定并负责解释，省南水北调办根据实际情况的变化，及时修订、更新本预案。

第二十七条　本预案自发布之日起实施。

附件1

工程安全事故报告基本内容及格式

报告单位		报告人			
报告时间	年	月	日	时	分

基本情况：

事件类型：　　　　　　　　　　初步原因：

事件地点：　　　　　　　　　　输水运行情况：

伤亡情况：　　　　　　　　　　抢险情况：

救护情况：　　　　　　　　　　财产损失：

已脱险和受险人群：

现场指挥部及联系人、联系方式：

预计事件事态发展情况（包括对供水影响程度及预计影响时间）：

需要支援项目：

接收信息部门：

下次报告时间	年	月	日	时	分

附件2

工程安全事故应急响应处置流程图

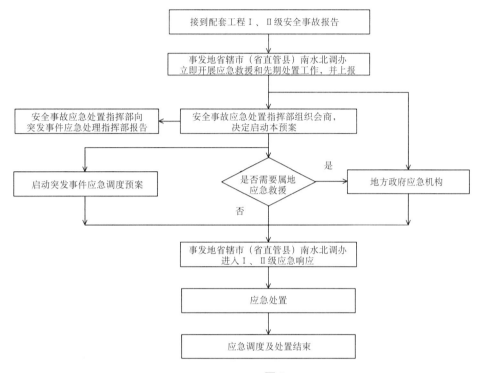

图1

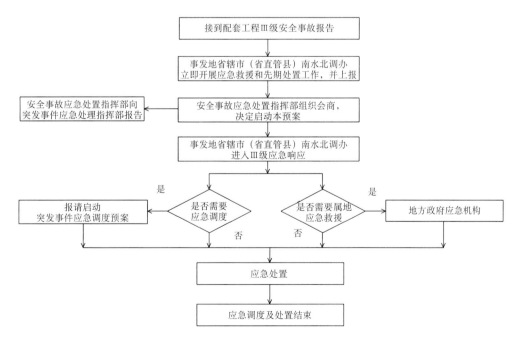

图2

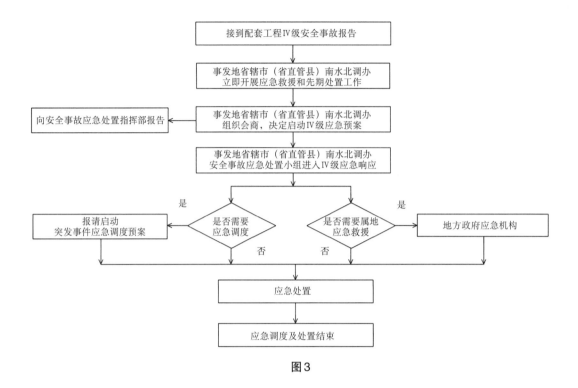

图3

附件3

配套工程安全事故应急处置相关机构及联络方式

序号	单位名称	值班联系电话
1	河南省应急办	0371-65571584
2	省南水北调办	0371-69156605/86563618/传真69156605
3	中线建管局	010-88657428/010-88657525 010-88657230/传真010-88657450
4	中线局河南分局	0371-55931800/传真68701622
5	中线局渠首分局	0377-61998123/传真61998125
6	南阳市南水北调办	0377-60230376/60230370（应急）/传真60230365
7	漯河市南水北调办	0395-5612028/5612025
8	周口市南水北调办	0394-8238308
9	平顶山市南水北调办	0375-8986650/传真8980202
10	许昌市南水北调办	0374-2961086
11	郑州市南水北调办	0371-67787877/67787908
12	焦作市南水北调办	0391-3569856/传真3569960
13	新乡市南水北调办	0373-3061326/3061960
14	鹤壁市南水北调办	0392-3258336/传真3266610
15	濮阳市南水北调办	0393-6117599/传真6665926
16	安阳市南水北调办	0372-3696510/传真3696510
17	邓州市南水北调办	0377-60909399
18	滑县南水北调办	0372-6270661/传真6270661

河南省南水北调办公室党支部工作细则

2016年2月2日

（豫调办党〔2016〕4号）

第一章 总 则

第一条 为进一步提高省南水北调办党支部政治建设、思想建设、组织建设、作风建设、纪律建设水平，逐步实现党支部工作制度化、规范化、科学化，把党支部建设成为坚强的组织者、推动者和实践者，依据《中国共产党章程》和《中国共产党党和国家机关基层组织工作条例》的有关规定，结合我办党支部工作实际和特点，制定本细则。

第二条 党支部要以十八大和十八届三中、四中、五中全会精神、"四个全面"战略布局、习近平总书记系列重要讲话精神和社会主义核心价值观为指导，紧紧围绕我省南水北调中心工作、服务我省南水北调工作大局，结合党支部的工作任务和特点，不断开创我省南水北调事业的新局面。

第三条 党支部要支持和协助本处室（单位）行政负责人完成任务，改进工作，对本处室（单位）的每个党员进行监督。

第四条 党支部在办机关党委的领导下开展工作。

第二章 党支部的设置

第五条 正式党员3人以上，不足50人的处室（单位），成立党的支部。

第六条 党员7人以上的党支部，设立支部委员会（以下简称支委会）。一般情况下，支委会由3至5人组成，可设书记、副书记和组织、宣传、纪检等委员。委员较少的党支部，一名委员可兼管多项工作。

支委会应由坚决拥护党的路线、方针、政策，党性观念强，廉洁奉公，热爱党的工作，密切联系群众，善于做思想政治工作的正式党员组成。党支部书记一般应推选党员主要行政负责人担任。

党员不足7人的党支部，不设支委会，只设书记1人，必要时可增设副书记1人。

第七条 支委会由党支部党员大会选举产生；党支部书记、副书记由支委会（不设支委会的由党员大会）选举产生。选举前，支委候选人和党支部书记、副书记拟任人选应征得办机关党委同意，选举后报办机关党委批准。

支委会每届任期2年或3年。在任期内，委员出现缺额时，应召开党员大会进行补选或增选。

办机关党委认为有必要时，可以指派党支部书记和副书记。

第八条 党员人数较多的党支部，可设若干党小组。

第三章 党支部的基本任务

第九条 党支部是党的最基层组织形式，是贯彻落实党中央路线、方针、政策的组织者、推动者和实践者。党支部党员大会和由其所选出的支委会是党支部的领导机关。党支部党员大会决定党支部的重大问题。支委会在党支部党员大会闭会期间，负责处理党支部的日常工作，向党支部党员大会和办机关党委负责并报告工作，接受监督和检查。

第十条 党支部的基本任务

（一）宣传和执行党的路线、方针、政策和决定、决议，充分发挥党支部的战斗堡垒作用和党员的先锋模范作用，团结、组织党内外的干部和群众，努力完成本处室（单位）所担负的任务。

（二）组织党员认真学习马列主义、毛泽东思想、邓小平理论、"三个代表"重要思想、科学发展观和习近平总书记系列重要讲话精神；学习国家法律法规，学习党的历史和社会主义核心价值观体系；学习中国特色社会主义现代化建设所需要的经济、社会、文化、科技等各方面知识，建设学习型党支部。

（三）对党员进行教育、管理、监督和服务，提高党员素质，增强党性，严格党的组织生活，开展批评和自我批评，维护和执行党的纪律，监督党员履行义务，保障党员权利，加强和改进流动党员管理。

（四）制订和实施发展党员工作计划，对要求入党的积极分子进行教育和培养，坚持标准，保证质量，做好经常性的党员发展工作。

（五）做好党员的日常管理工作，按规定收缴党费，接转组织关系，提供党员政审和鉴定材料。

（六）经常分析党内外群众的思想状况，准确把握思想脉搏，做好思想政治工作。

（七）组织民主评议党员工作。

（八）配合办机关党委对党支部工作进行检查考核。

第四章　支委会成员的主要职责

第十一条　党支部书记在办机关党委和支委会集体领导下，负责主持党支部日常工作。其主要职责是：

（一）主持召开支委会和党员大会；紧密结合本处室（单位）的实际，认真贯彻党的路线、方针、政策和决议、指示；安排党支部日常工作，将重大问题提交支委会和党员大会讨论决定。

（二）检查督促党支部工作计划、决议的贯彻实施，代表支委会按时向党员大会和办机关党委报告工作。

（三）经常了解、及时掌握党员和群众的思想、工作和学习情况，认真做好思想政治工作。

（四）贯彻从严治党的方针，组织和监督各项制度的落实。

（五）抓好支委会的自身建设，发挥支委会的集体领导和战斗堡垒作用，发挥每个委员的积极性。

（六）协调本处室（单位）内行政工作和党的组织工作的关系，调动各方面的积极性，保证本处室（单位）业务工作的完成。

副书记协助书记工作；书记不在时，代行书记的职责。

第十二条　组织委员的职责：掌握党支部的组织建设情况和党员的思想状况；提出组织工作计划和建议；协助党支部领导做好组织生活会和民主评议党员工作；对党员参加组织生活的情况进行检查、督促；管理党员发展工作，拟订党员发展计划，组织对入党积极分子和发展对象进行培养和考察，具体办理接收新党员和预备党员转正的手续；收集和整理党员的模范事迹，提出表彰建议；负责党员鉴定、登记和党内统计工作；接转党员组织关系；收缴党费，向党员公布党费收缴情况；负责支委会和党员大会的记录。

第十三条　宣传委员的职责：了解掌握党员和群众的思想状况，有针对性地提出加强思想政治建设的意见，拟订党员教育和宣传工作计划与措施；组织开展经常性的思想政治工作和精神文明创建活动；负责管理有关党内文件；适应新形势和任务的需要，倡导开展群众性的学习科学、文化、法律和业务知识的活动；围绕党的工作重点和本处室（单位）的中心工作，组织开展形式多样的宣传活动。

第十四条　纪律检查委员的职责：了解掌握党员遵守党纪的情况，提出进行党风党纪教育的意见，并负责组织实施；经常对党员进行纪律监督，检查党员遵守党的纪律的情况，发现有违纪苗头及时提醒并进行批评教育；受理党员和群众的来信来访、党的申诉和控告，及时向党支部和上级纪检部门汇报；协助办机关党委和审计监察部门查处党员违纪案件，提出处理意见和建议；根据办机关党委或党支部的决定办理对党员处分的具体工作，考察了解受处分党员改正错误的情况，对其进行教育帮助。

第五章　党支部的基本制度

第十五条　支委会实行集体领导下的委员分工负责制度，重大问题必须由支委会集体讨论决定；支部委员根据集体的决定和分工，履行自己的职责。对少数人的不同意见，应当认真考虑并允许保留，经集体作出的决定，个人必须无条件执行。

第十六条　党员"三会一课"制度

党员大会。党员大会是党支部的最高领导机关，在党支部范围内享有最高决策权和监督权。党员大会每半年至少应召开1次。会议议题依实际情况确定。

支委会。支委会是在党员大会闭会期间负责处理党支部经常性工作的领导机关。支委会对党员大会负责，并接受党员大会的监督。支委会根据需要召开，全年应不少于4次。会议议题依实际情况确定。

党小组会。一般每季度召开1次。会议议题依实际情况确定。

党课制度。除参加办机关党委统一安排的党课外，党支部每年至少应结合本支部党员的思想实际组织上2次党课。坚持这一制度，要注意质量，避免流于形式，要做到制度化。

第十七条　党员组织生活会制度

党员组织生活会一般是每季度召开1次，可以采取党支部大会的形式，也可以采取党小组会的形式。

第十八条　支委会组织生活制度

党支部委员作为党员，除了参加所在党小组的组织生活外，还应参加所在支委会的组织生活会。支委会的组织生活会由党支部书记或副书记召集或主持，召集人或主持人要带头开展批评与自我批评，会后要向办机关党委汇报。支委会的组织生活，可以根据会议内容扩大到党小组长。列席会议的人员可以发言，可以对党支部委员提出批评和建议。党支部委员

必须自觉参加组织生活会，因故不能参加者，要提前向会议主持人请假。

第十九条　厅级党员领导干部参加双重组织生活制度

厅级党员领导干部参加双重组织生活是指党员领导干部既要参加所在党小组、党支部的组织生活，又要参加省水利厅党组定期召开的民主生活会。党员领导干部无论职务高低，都要以普通党员身份参加党的组织生活，自觉接受党组织和党内外群众的监督。厅级党员领导干部要按时参加所在党小组、党支部的活动，如确因特殊情况不能参加，要主动向党小组或党支部请假。厅级党员领导干部所在的党小组和党支部要尽可能选择厅级党员领导干部能够参加的时间召开组织生活会，并提前通知到厅级党员领导干部，保证他们按时参加组织生活会。厅级党员领导干部还要参加省水利厅党组单独召开的民主生活会。

第二十条　民主评议党员制度

党支部每年组织1次党员民主评议，一般结合年终工作总结进行，也可由办机关党委统一作出安排。

第二十一条　报告工作制度

支委会每年年终或换届改选时，要向党员大会报告工作；党员定期向党小组或党支部汇报自己的思想、工作情况，党员汇报的形式有三种：一是在党的组织生活会上集体汇报，二是个别向党支部书记、支部委员或党小组长口头汇报；三是外出时间较长的党员向党小组或党支部提交书面汇报。

第二十二条　党支部学习制度

（一）党支部每年要制定年度学习计划，做到学习、教育有计划、有安排、有特色、有成效。学习教育要有记录、有考勤。学习形式采取集中学习和自学相结合的方法，以党员个人自学为主，集中学习时间每月至少4次，党员参与率95%以上，合格率100%。

（二）党员要根据党支部学习计划，制定出个人学习计划，认真抓好自学。学习时要认

真做好笔记，讨论时发言要踊跃，在提高自身素质上下功夫。坚持党员每周二、五下午的学习制度。

（三）学习教育活动要采取辅导讲座、参观学习、讨论交流、经验介绍、竞赛活动等多种形式进行，努力完成办机关党委部署的学习教育任务。

（四）办机关党委要对党支部开展党员学习教育培训情况进行督查指导，并纳入年终民主评议党支部考核内容；党支部对党员学习情况定期检查，检查情况作为民主评议党员的依据之一。

第六章　党小组

第二十三条　党小组的划分。1个党小组不应少于3名党员（其中至少要有1名正式党员）。党员人数少且便于开展活动的党支部，可不划分党小组，党员的组织生活、学习等活动，由党支部书记直接组织。

第二十四条　党小组一般设小组长1人，由本小组党员推选产生或由党支部指定。

第二十五条　党小组的主要任务

（一）党小组在党支部直接领导下，具体负责组织党员学习，参加党的活动，保证党支部决议的执行和各项任务的完成。

（二）定期召开党小组生活会，组织党员开展批评和自我批评，督促党员按时参加党的各种活动，按时交纳党费。

（三）关心和了解党员的思想、工作、学习和生活情况，有针对性地做好党员的思想政治工作，并及时向党支部汇报。

（四）协助党支部做好对党员的教育管理工作，培养入党积极分子，接收新党员，预备党员教育、考察和转正以及收缴党费等各项工作。

（五）组织党员做好群众工作。经常向群众宣传党的路线、方针、政策和决议；做好群众的思想政治工作；及时向党支部反映群众的

意见和要求。

第七章　党员教育和管理

第二十六条　党支部要根据工作任务和办机关党委的部署，结合实际制定党员学习教育计划，并认真组织实施。党员每月参加学习教育累计不少于4次。党员教育可采取讲党课，举办讲座、报告会、演讲会，组织座谈、参观以及收看教育录像片等多种形式进行。

第二十七条　每个党员必须编入党的支部和党小组，参加党的组织生活，接受党内外群众的监督。党员参加组织生活的情况要做好考勤和记录。

第二十八条　党员3人以上集体外出超过2个月，应建立临时党支部或党小组，党员外出执行任务回来要及时汇报。党支部要及时向外出党员传达党的有关文件和通报支部的有关活动内容。

第二十九条　党员因工作单位发生变化或外出学习、工作时间超过6个月，应转移党的正式组织关系。党员外出时间在3个月以上，不超过6个月的，转临时组织关系，仍在原支部交纳党费并享有表决权、选举权和被选举权。

第三十条　党员要按规定自觉交纳党费。党支部每月按时将党费交到办机关党委，每年年终要向全体党员公布党费收缴情况。

第三十一条　及时表彰先进党员，批评教育后进党员。对不履行党员义务、不符合党员条件、经教育仍无转变的党员，应按照规定程序，劝其退党或宣布除名。对无正当理由，连续6个月不参加党的组织生活，或不交纳党费，或不做党组织所分配的工作的党员，按自行脱党予以除名。对违反纪律的党员，应视情节、按规定给予适当处分。上述情况均须经党支部党员大会形成决议并报办机关党委批准。

第八章　发展党员工作

第三十二条　党支部发展党员工作，要按照控制总量、优化结构、提高质量、发挥作用的总要求，坚持党章规定的党员标准，始终把政治标准放在首位；坚持慎重发展、均衡发展，有领导、有计划地进行；每年年底向办机关党委报当年发展党员工作情况，报送下年度发展党员工作计划。

第三十三条　必须坚持入党自愿和个别吸收的原则，成熟一个发展一个，严格把关，严肃纪律，禁止突击发展和降低标准照顾发展，反对"关门主义"。

第三十四条　发展党员的主要程序

（一）自愿提出入党申请。要求入党的同志自愿向所在处室（单位）党支部提出书面申请，党支部在接到申请后，应派人与申请入党人谈话（一般在一个月内）进行正面教育和鼓励。

（二）确定入党积极分子。在入党申请人中确定入党积极分子，经党员推荐、群团组织推优等方式，由支委会审查同意后，便为入党积极分子。党支部将入党积极分子报办机关党委备案，通知入党积极分子本人并填写《入党积极分子培养考察登记表》，要求其本人写出自传（内容主要写本人简历、家庭主要成员及主要社会关系的政治历史和现实表现情况）。党支部要指定两名正式党员作为入党积极分子的培养联系人。

（三）进入考察期。考察期一年以上，自党支部确定其为入党积极分子之日算起。每半年要对入党积极分子进行一次考察，每次考察情况要填入《入党积极分子培养考察登记表》。要有针对性地对他们进行教育，分配他们一定的社会工作。入党积极分子工作发生变动，原单位党组织应当及时将培养教育等有关材料转交现单位党组织。现单位党组织应当对有关材料进行认真审查，并接续做好培养教育工作。培养教育时间可连续计算。

（四）确定为发展对象。对要求入党的积极分子经过一年以上的培养教育，在听取党小组、培养联系人和党内外群众意见的基础上，经支委会（不设支委会的支部大会）讨论同意后，可列为发展对象。

（五）政治审查。政治审查的主要内容是：本人对党的路线、方针、政策的态度；本人的政治历史和在重大政治斗争中的表现；直系亲属和与本人关系密切的主要社会关系的政治情况。在必要的情况下，支部可以申请办机关党委以函调的形式了解发展对象的有关情况。政治审查要形成综合性的政审材料。凡没有经过政治审查或政治审查不合格的，不能发展入党。

（六）短期集中培训。要组织发展对象参加办机关党委组织的短期集中培训班，时间一般为五天（或不少于四十学时）。没有经过培训的，除个别特殊情况外，不能发展入党。发展对象培养后超过三年才被发展的，要重新参加培训。

（七）报办机关党委审查。党支部确定了发展对象，应及时向办机关党委报告意见，并附送入党积极分子的政审材料、党内外群众意见的原始记录、考察材料、《入党积极分子培养考察登记表》等。办机关党委进行审查，对符合要求的，同意确定为发展对象，方可下发《入党志愿书》。

（八）确定入党介绍人。入党介绍人由两名正式党员担任，一般由培养联系人担任，也可由发展对象约请，或由党支部指定。

（九）填写《入党志愿书》。在入党介绍人的指导下，发展对象按照要求填写好《入党志愿书》。

（十）支部大会讨论审议。主要程序：

1. 党小组介绍培养考察的情况。

2. 支委会报告对申请入党人审议的情况。

3. 申请入党人汇报自己对党的认识、入党动机、本人履历、现实表现、家庭和主要社会关系情况，以及需要向党组织说明的其他问题。

4. 入党介绍人介绍申请人情况，并对其能否入党表明意见。

5. 与会党员充分发表意见，对申请人能否入党进行讨论。

6. 申请人对支部大会讨论的情况表明自己的态度。

7. 采取举手或无记名投票的方式进行表决，参加表决的党员，不能少于应到会有表决权党员的半数（虽超过半数，但缺席人数太多的，一般也应改期召开支部大会讨论）。赞成人数超过应到会有表决权的党员的半数，才能作出同意接收申请人为预备党员的决议。因故不能到会的党员在党支部大会表决前正式向支部提出书面意见的应统计在票数内。党支部大会讨论两个以上的人入党时，必须逐个讨论和表决。

8. 党支部大会表决后，应将形成的决议填入《入党志愿书》，并及时报办机关党委审批。决议应包括以下内容：发展对象的主要表现，应到会和实到会有表决权的正式党员人数，表决结果（赞成、不赞成和弃权的票数各有多少），以及通过决议的日期、支部书记签名等。被批准为预备党员后，进行入党宣誓。

（十一）办机关党委对发展对象的条件、培养教育情况等进行审查，审查结果以书面形式通知党支部。发展对象未来三个月将离开工作单位的，一般不办理接收预备党员的手续。

（十二）预备期的培养考察。预备期为1年，从支部大会通过预备党员之日算起。通过听取本人汇报、个别谈心等方式，对预备党员进行教育和考察，发现问题要及时同本人谈话。预备党员调动工作时，调出单位党组织将教育、考察情况，认真负责地介绍给调入单位党组织。

（十三）预备党员转正。预备期满，由本人提出书面申请，党小组提出意见，党支部征求党内外群众意见，支委会审查，提出能否按期转正的意见，提交支部大会讨论，表决通过。具备党员条件的，按期转正。不完全具备条件的，需进一步教育和考察的，可延长一次预备期，延长时间不能少于半年，最长不超过1年。不具备党员条件的，应取消其预备党员资格。党支部大会形成的决议，报办机关党委审批。办机关党委对党支部上报的预备党员转正的决议，应当在三个月内审批。审批结果应当及时通知党支部。党支部书记应当同本人谈话，并将审批结果在党员大会上宣布。

党员的党龄，从预备期满转为正式党员之日算起。预备期未满的预备党员工作发生变动，原所在单位党组织应当及时将对其培养教育和考察的情况，认真负责地介绍给接收预备党员的单位党组织。接受预备党员的单位党组织应当对转入的预备党员的入党材料进行严格审查，对无法认定的预备党员，报上级党委组织部门批准，不予承认。

对转入的预备党员，在其预备期满时，如认为有必要，可推迟讨论其转正问题，推迟时间不超过六个月。转为正式党员的，其转正时间自预备期满之日算起。

（十四）预备党员转正后，党支部应当及时将其《中国共产党入党志愿书》、入党申请书、政治审查材料、转正申请书和培养教育考察材料，交办机关党委转入本人人事档案。

第九章　党费收缴管理制度

第三十五条　党费收缴

（一）凡有工资收入的党员，每月以国家规定的工资总额中相对固定的、经常性的工资收入（税后）为计算基数，按规定比例交纳党费。工资总额中相对固定的、经常性的工资收入包括机关工作人员（不含工人）的职务工资、级别工资、津贴补贴；事业单位专业技术人员、管理人员的职务工资、薪级工资、绩效工资、津贴补贴；机关工人的岗位工资、技术等级（职务）工资、津贴补贴。

（二）交纳党费的比例为：每月工资收入（税后）在3000元（含3000元）以下者，交纳月工资的0.5%；3000元以上至5000元（含5000元）者，交纳1%；5000元以上至10000元（含10000元）者，交纳1.5%；10000元以上（含10000元）者，交纳2%。

（三）退休干部、职工中的党员，每月以当月实际领取的退休费总额或养老金总额为计算基数，5000元以下（含5000元）的按0.5%交纳党费，5000元以上的按1%交纳党费。

（四）预备党员从支部大会通过其为预备党员的当月起交纳党费。

（五）党员增加工资收入后，从按新工资标准领取工资的当月起，以新的工资收入为基数，按照规定比例交纳党费。

（六）党员自愿一次性交纳1000元以上的党费，全部上缴中央，由中央组织部给本人出具收据。

（七）对不按规定交纳党费的党员，党组织应及时对其进行批评教育。对无正当理由连续6个月不交党费的，按自行脱党处理。

第三十六条 党费管理

（一）党支部应指定专人负责党费收缴管理工作。党费管理工作人员变动时，要严格按照党费管理的有关规定和财务制度办好交接手续。

（二）每个党员应当增强党员意识，主动按月交纳党费，于每月20日前把党费交纳给所在党支部，后由党支部当月上缴办机关党委。

（三）党支部应当每年向党员公布一次党费收缴情况。

第十章　思想政治工作

第三十七条 党支部开展思想政治工作要紧密联系干部职工的思想实际，每半年分析一次人员思想情况，增强思想政治工作的针对性和有效性。

第三十八条 党支部开展思想政治工作的主要任务，结合我省南水北调工作的实际，通过有效的教育、引导，建设一支政治坚定、忠于国家、勤政为民、依法行政、务实创新、清正廉洁、团结协作、品行端正的干部队伍。

第三十九条 党支部书记要带头做好思想政治工作，调动和发挥支委、党小组长等思想工作骨干的积极性，形成思想政治工作的合力。要把思想政治工作贯穿于业务和管理工作的全过程。

第十一章　党内监督

第四十条 党内监督要严格执行《中国共产党章程》、《中国共产党廉洁自律准则》和《中国共产党纪律处分条例》等一系列文件。

第四十一条 党支部要自觉接受办机关党委和支部党员大会的监督。党支部要对党员干部实施有效监督。

第四十二条 党支部实施监督的主要办法

（一）严格党的组织生活制度，按时召开组织生活会。认真开展批评和自我批评，每年的组织生活情况，向全体党员通报，并向办机关党委报告。

（二）掌握党员干部的思想、作风和工作情况，对于群众意见较大的党员干部，要及时谈话提醒，并如实向办机关党委反映。

（三）支部换届改选和年终总结时，支委会向党支部党员大会报告工作。

（四）按办机关党委的要求，进行党风廉政检查。

第十二章　换届选举工作

第四十三条 支委会（不设支委会的书记、副书记）任期届满应按期进行换届选举。如需延期或提前，应报办机关党委批准。延长期一般不超过半年，特殊情况不得超过一年。

第四十四条 正式党员有表决权、选举

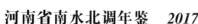

权、被选举权。预备党员没有表决权、选举权、被选举权。受留党察看处分的党员在留党察看期间没有表决权、选举权、被选举权。

第四十五条 选举应尊重和保障党员的民主权利，充分发扬民主，体现选举人的意志。任何组织和个人不得以任何方式强迫选举人选举或不选举某个人。

第四十六条 换届选举工作的主要程序

（一）本届支委会召开会议，研究提出下届支委会的组成原则，委员、书记、副书记名额及提名和选举产生办法、会议议程等。

（二）组织酝酿、推荐下届支委会委员及书记、副书记候选人预备人选（支委候选人候选人数应多于应选人的百分之二十）。不设委员会的党支部书记、副书记的产生，由全体党员充分酝酿，提出候选人，报办机关党委审查并征得原则同意。

（三）起草委员会的工作报告、党费收缴使用情况的报告、拟订选举办法（草案），并由支委会集体讨论通过。

（四）办机关党委批准后，召开全体党员大会进行选举：

1. 宣布大会开始，奏（唱）《国际歌》。

2. 清点人数（出席会议的有选举权的党员人数超过应到会人数的五分之四，会议有效）。

3. 通过会议议程。

4. 委员会负责同志作工作报告。

5. 审议工作报告（可省略或放在会后进行）。

6. 通过选举办法（草案）、委员候选人名单、监票人名单。

7. 进行无记名投票选举。

8. 计票结束后，监票人向大会报告被选举人得票情况。被选举人获得的赞成票超过实到会有选举权的人数的一半，始得当选。当选人多于应当选名额时，得票多的当选。如果票数相等不能确定当选人时，应在票数相等的被选举人中重新投票，得票多的当选。当选人少于应选名额时，对不足的名额可从落选的得票多

的候选人中再重新进行差额投票选举。如果接近应选名额，也可以减少名额，不再进行选举。

9. 大会主持人宣布当选人名单。

10. 新当选的委员代表讲话。

11. 到会的办机关党委领导人讲话。

（五）召开委员会第一次全体会议，无记名投票选举委员会书记、副书记，讨论各委员的具体分工。

（六）向办机关党委报告选举情况并做好会议文件、资料归档工作。

第十三章 附 则

第四十七条 本《细则》由办机关党委负责解释。

第四十八条 本《细则》自印发之日起执行。

许昌市南水北调配套工程突发事件应急预案

2016年1月28日

（许调办〔2016〕7号）

一、总 则

1.1 编制目的

为规范河南省许昌市境南水北调受水区供水配套工程（以下简称配套工程）供水运行期间突发事件应急预案（以下简称应急预案）管理，增强应急预案的针对性、实用性和可操作性，确保在发生各类重特大事件时能够依法、迅速、科学、有序应对突发事件，最大程度减少突发事件及其造成的损害，最大限度地减少人员伤亡和财产损失，确保供水安全，特制定本预案。

1.2 编制依据

（1）《中华人民共和国突发事件应对法》

（主席令第69号）；

（2）《中华人民共和国水法》（主席令第74号）；

（3）《中华人民共和国环境保护法》（主席令第9号）；

（4）《中华人民共和国安全生产法》（主席令第13号）；

（5）《中华人民共和国防洪法》（主席令第88号）；

（6）《中华人民共和国水污染防治法》（主席令第87号）；

（7）《中华人民共和国防汛条例》（国务院令第86号）；

（8）《中华人民共和国河道管理条例》（国务院令第3号）；

（9）《生产安全事故报告和调查处理条例》（国务院令第493号）；

（10）《南水北调工程供用水管理条例》（国务院令第647号）；

（11）《国家突发事件应急预案管理办法》；

（12）《国家突发公共事件总体应急预案》；

（13）《河南省突发公共事件总体应急预案》；

（14）《河南省生产安全事故应急预案》；

（15）《河南省突发环境事件应急预案》；

（16）《河南省防汛应急预案》；

（17）《河南省抗旱应急预案》；

（18）《河南省南水北调工程突发事件应急预案》；

（19）《许昌市突发公共事件总体应急预案》；

（20）其他有关法律、法规等。

1.3　风险分析

南水北调中线干线工程穿越许昌市境54公里。配套工程输水线路总长125公里，通过干线工程15、16、17、18号分水口门分别向许昌市襄城县、禹州市及神垕镇、许昌市区及许昌县、长葛市等7座水厂，以及17号分水口门延伸向漯河市临颍县2座水厂等受水单位供

水。输水管线途径襄城县、禹州市、许昌县、长葛市、魏都区、东城区、市城乡一体化示范区等7个县（市、区），涉及31个乡（镇、办事处）132个行政村（社区）。

配套工程输水线路较长，危险源较多且分散，管理难度较大，除可能发生管线爆管等工程运行安全事故外，工程沿线还可能发生季节性多种灾害，如洪涝灾害可能造成管线穿越河道处的河岸滑坡；发生6级以上破坏性地震造成管道损坏；矿区易发生采空区塌陷等地质灾害；沿线人员擅自进入工程管理和保护范围私自违章作业造成输水管道损坏以及水事纠纷等可能诱发群体性突发事件。

1.4　适用范围

本预案适用于许昌市境南水北调配套工程范围内供水运行期间发生的各类突发事件的预防和应急处置。

许昌市境的南水北调中线干线工程突发事件应急处置执行《河南省南水北调工程突发事件应急预案》（豫调办〔2015〕56号）。

1.5　工作原则

（1）以人为本，安全第一。突发事件应急处置以保障人民群众的生命安全和身体健康、最大程度地预防和减少突发事件及其造成的人员伤亡和损害作为首要任务。

（2）居安思危，预防为主。坚持预防与应急相结合，常态与非常态相结合，加强宣传、培训及演练，做好预防、预测、预警、预报和风险评估、应急物资储备、应急队伍建设等工作，提高人员自救、互救和应对各类突发事件的综合素质。

（3）统一领导、分级负责。在河南省南水北调办公室的指导下，在市委、市政府的领导下，市南水北调办公室（配套工程管理处），县（市、区）政府、县（市）南水北调办公室（配套工程管理所）按照各自的职责和权限，负责有关突发事件的应急处置工作。

（4）系统负责、先行处置。当发生突发事

件时，工程所在地县（市）南水北调办公室（配套工程管理所），在及时上报情况的同时，应迅速采取措施，在第一时间对突发事件进行先期处置，控制事态、减轻后果。

（5）依靠科学，依法规范。采用先进技术，发挥专家和专业人员的作用，提高应急管理、救援技术水平和指挥能力；依据有关法律、法规，加强突发事件应急管理，使应急管理和救援工作规范化、制度化、法治化。

（6）整合资源、发挥优势。按照"整合社会资源、发挥专业优势、提高装备水平"的原则，依靠社会力量，充分利用现有资源，加强应急处置队伍建设，形成统一指挥、反应灵敏、协调有序、运转高效的应急管理机制。

1.6 应急预案体系

许昌市南水北调配套工程突发事件应急预案体系包括：

（1）许昌市南水北调配套工程突发事件应急预案是我市配套工程突发事件的部门总体应急预案。

（2）按照分级负责的原则，许昌市南水北调办公室制定许昌市南水北调配套工程突发事件应急预案，报许昌市政府批准，并报河南省南水北调办公室备案。

（3）县（市）南水北调办公室（配套工程管理所）制定管理范围内的突发事件应急预案、专项应急预案、现场处置方案，报所在地政府批准，并报许昌市南水北调办公室备案。

二、组织指挥体系和职责

2.1 应急组织体系

2.1.1 为有效应对突发事件，设立配套工程突发事件应急处理指挥部（以下简称"指挥部"）。指挥部成员由许昌市南水北调办公室（配套工程管理处）、各县（市）南水北调办公室（配套工程管理所）负责人组成。

指挥部下设办公室，作为应急处理指挥部的办事机构。

指挥部办公室设立专家技术组、救援与后勤保障组、事件调查组三个专业组。

2.1.2 指挥部对我市配套工程突发事件应急处置工作实行统一指挥、协调，组成人员如下：

总指挥：市南水北调办主任；

副总指挥：市南水北调办副主任；

成员：市南水北调办各科室负责人，县（市）南水北调办公室主任。

指挥部办公室主任由市南水北调办主管副主任兼任。

2.2 职责

2.2.1 指挥部职责：

（1）决定是否启动应急预案。

（2）协调有关方面力量，应急处置突发事件，降低事件的影响，控制事件的蔓延和扩大。

（3）负责对应急处置工作进行督察和指导。

（4）检查督促应急预案落实情况，做好抢险救援、信息上报和发布、善后处理以及恢复生产秩序等工作。

（5）建立与县（市）应急处置工作机构的沟通联系渠道，协调处理相关的突发事件。

（6）组织或配合上级单位进行事件调查、分析、处理及评估工作等。

2.2.2 指挥部办公室职责：

（1）传达指挥部的各项指令，检查督促指挥部决定的贯彻落实。

（2）负责应急预案的日常事务工作，汇总报告（通报）事件情况。

（3）承办指挥部召开的会议和重要活动。

（4）承办指挥部交办的其他事项。

2.2.3 专业组职责：

专家技术组主要职责：对应急处置提出建议和技术指导；参与拟定、修订应急预案；承担指挥部及其办公室交办的其他工作。

救援与后勤保障组主要职责：按照指挥部及其办公室的要求，具体协调和指导现场救援，负责相关后勤保障并及时向指挥部报告救援情况。

事件调查组主要职责：按照突发事件调查规则和程序，全面、科学、客观、公正、实事求是地收集事件资料以及相关信息，详细掌握事件情况；查明事件原因，评估事件影响程度，分清事件责任并提出相应处理意见，写出事件调查报告；提出防止事件重复发生的意见和建议；配合上级有关部门做好事件调查。

2.2.4　县（市）南水北调办公室（配套工程管理所）职责：

（1）制定辖区内配套工程突发事件应急预案、专项应急预案、现场处置方案，并报许昌市南水北调办公室核备；组织应急管理和救援相关知识的宣传、培训和演练。

（2）负责组织管理范围内隐患排查、整改和报告，对突发事件进行先期处置，执行指挥部及其办公室的指令，及时报告并组织应急救援和处置，提出并实施控制事态发展的措施。

（3）沟通协调当地政府、相关部门，配合做好事件应急救援处置及善后处理工作。

（4）承办指挥部及其办公室交办的其他事项。

三、预防与预警

3.1　预警预防信息

3.1.1　建立健全配套工程安全运行风险评估制度。许昌市南水北调办公室（配套工程管理处）、县（市）南水北调办公室（配套工程管理所）按照早发现、早报告、早处置的原则，对工程的安全状态、运行、维护情况进行监控，及时获取水质、气象、地震、防汛等信息，开展对自然灾害预警信息、工程运行监测数据的综合分析、风险评估工作。

3.1.2　建立预警支持系统。许昌市南水北调办公室（配套工程管理处）、县（市）南水北调办公室（配套工程管理所），在利用现有资源的基础上，建立相关技术支持平台，保证信息准确，渠道畅通；反应灵敏，运转高效；资源共享，指挥有力。

3.1.3　县（市）南水北调办公室（配套工程管理所）应对所管理的线路进行日常运行维护与工程安全巡查工作，并做好相关记录，定期对工程安全作出评估，做好对供水运行期间的事故监测和预防，并妥善处理相关信息。

3.1.4　对可能引起突发事件的险情，县（市）南水北调办公室（配套工程管理所）应立即报告县（市）政府和指挥部。

3.2　预警预防行动

3.2.1　许昌市南水北调办公室（配套工程管理处）、县（市）南水北调办公室（配套工程管理所）应当根据预测分析结果，对可能发生和可以预警的突发事件进行预警评估，评估突发事件级别，做出排除处理或启动预警的决策。预警评估的内容包括：

（1）可能发生突发事件的类别、级别评估及预警级别。

（2）预警范围和预警期。

（3）突发事件的监控点、监控方式、监控频次、监控信息分析与评估。

（4）预警评估与动态管理，包括预警取消、预警持续和预警升级。

3.2.2　预警分级。根据预测分析结果，对可能发生和可以预警的突发事件进行预警。预警依据突发事件可能造成的危害程度、紧急程度和发展态势分级管理。

配套工程突发事件的预警由低到高，依次用蓝色、黄色、橙色、红色为标志，分四级预警。

蓝色预警：将要发生一般突发事件（Ⅳ级），事态可能扩大。

黄色预警：将要发生较大突发事件（Ⅲ级），事态有扩大趋势。

橙色预警：将要发生重大突发事件（Ⅱ级），正在逐步扩大。

红色预警：将要发生特别重大突发事件（Ⅰ级），事态正在不断蔓延。

预警信息的取消按照"谁发布、谁取消"的原则执行。

3.2.3　预警行动

（1）事件预警报告。巡查发现工程险情或

接到灾害、事故预报信息，县（市）南水北调办公室（配套工程管理所）核实后应立即电话报告指挥部办公室；指挥部办公室接到险情或事故报警信息后，初步评估突发事件级别，若发现可能引起灾害、工程安全事故，应立即电话报告市政府和河南省南水北调办公室，并在2小时内提交书面报告。

（2）预警事件评估。指挥部办公室在接到预警事件报告的第一时间，应对预警事件进行初步判断，若判断为灾害、工程安全事故时，应及时向指挥部总指挥电话汇报。预警评估后预警事件的处理意见，报指挥部总指挥批准。

（3）预警事件处理

进入预警状态后，应当采取以下措施：

1）立即启动相关应急预案。

2）发布预警公告。红色预警由许昌市人民政府或指挥部发布，橙色预警由指挥部发布，黄色、蓝色预警由指挥部办公室负责发布，并报河南省南水北调办公室备案。

3）按照相关应急预案，转移、撤离、疏散并妥善安置可能受到危害的人员，同时做好安抚工作。

4）立即开展应急监测，随时掌握、及时报告险情发展和可能造成的危害情况。

5）根据事态发展组织后备力量做好参加应急处置工作的准备。

6）及时按照有关规定向社会发布事件信息，公布咨询电话。

7）针对突发事件可能造成的危害，封闭、隔离或者限制使用有关场所，中止或限制可能导致危害扩大的行为和活动。

8）调集突发事件应急处置所需物资和设备，保障应急处置工作顺利开展。

9）突发事件威胁饮用水安全时，事发地南水北调办公室要及时向事发地政府报告并通知受水单位，事发地政府要积极主动发布信息，做好储水和启用后备水源的准备工作。一旦饮用水水源受到污染，启用后备水源，优先保障居民生活用水和消防用水。同时，第一时间通知下游政府及有关部门，做好监测监控和储水避峰等准备工作。

四、信息报告与发布

4.1 信息报告

4.1.1 信息报告与通知

许昌市南水北调办公室（配套工程管理处）、县（市）南水北调办公室（配套工程管理所）应当设立24小时应急值守电话。许昌市南水北调办公室应急值守电话：0374-2961086（工作时间）/15603872690（24小时）。

4.1.2 信息上报

突发事件发生后，现场有关人员应立即向县（市）南水北调办公室（配套工程管理所）负责人报告；事发地县（市）南水北调办公室（配套工程管理所）核实后应立即电话报告许昌市南水北调办公室（配套工程管理处）及事发地县（市）政府；许昌市南水北调办公室（配套工程管理处）接到突发事件报告后，1小时内组织核查并初步评估突发事件级别，向指挥部办公室报告。

紧急情况下，事故现场有关人员可越级电话快速上报，随后按程序上报。

4.1.3 报告内容及方式

突发事件的报告分为初报、续报和处置结果报告三类。初报在核实突发事件后上报，续报在查清相关基本情况后随时上报，处置结果报告在事件处理完毕后立即上报。

（1）初报内容。报告的主要内容为突发事件的类型、发生时间、地点、简要情况、事件潜在的危害程度（包括停水影响、人员伤亡及直接经济损失、社会影响等）、转化方式趋向、等级判断、计划或已采取的措施等初步情况。

（2）续报内容。既要报告新发生的情况，也要对初次报告的情况进行补充和修正，包括事件发生的原因、过程、进展情况及采取的应急措施等基本情况。

特别重大、重大突发事件至少要按日进行续报。

（3）处置结果报告。在初报和续报的基础上，报告事件处置的措施、过程和结果，事件潜在或间接的危害、社会影响、处置后的遗留问题，参加处置工作的有关部门和工作内容，出具有关危害与损失的证明文件等详细情况。

4.2 信息发布

建立配套工程突发事件信息统一发布制度。

许昌市南水北调办公室新闻发言人负责组织协调配套工程突发事件信息的对外统一发布工作，特别重大突发事件信息发布按照国家有关规定执行。

发布信息要做到准确、客观、公正，正确引导社会舆论。对较复杂的事件，可采取分阶段方式发布有关信息。

五、应急响应

5.1 响应分级

突发事件实行分级分类管理。根据突发事件性质、可控性、严重程度和影响范围，由重到轻分为4个应急响应级别：Ⅰ级（特别重大）、Ⅱ级（重大）、Ⅲ级（较大）、Ⅳ级（一般）。

5.1.1 Ⅰ级

凡符合下列情形之一的，需启动Ⅰ级应急响应：

（1）工程发生突发事件影响范围超出许昌市行政区域，供水安全受到严重影响（供水中断）。

（2）造成或可能造成30人以上死亡，或者100人以上重伤（包括急性中毒，下同）的事故。

（3）造成或可能造成1亿元以上直接经济损失的事故。

5.1.2 Ⅱ级

凡符合下列情形之一的，需启动Ⅱ级应急响应：

（1）工程发生结构破坏、重大水污染、生态破坏事故或洪涝、干旱自然灾害等突发事件并造成供水安全受到严重影响（供水中断），

突发事件影响范围仅在许昌市内。

（2）造成或可能造成10人以上30人以下死亡，或者50人以上100人以下重伤的事故。

（3）造成或可能造成5000万元以上1亿元以下直接经济损失的事故。

5.1.3 Ⅲ级

凡符合下列情形之一的，需启动Ⅲ级应急响应：

（1）工程发生结构破坏、较大水质污染、生态破坏事故或洪涝、干旱自然灾害等突发事件，供水安全受到影响。

（2）造成或可能造成3人以上10人以下死亡，或者10人以上50人以下重伤的事故。

（3）造成或可能造成1000万元以上5000万元以下直接经济损失的事故。

5.1.4 Ⅳ级

凡符合下列情形之一的，需启动Ⅳ级应急响应：

（1）工程发生局部结构破坏、一般水质污染、生态破坏事故或洪涝、干旱自然灾害等突发事件，或者发生工程结构即将破坏尚未影响正常供水，但进一步发展可能导致更大险情，供水安全受到影响。

（2）造成或可能造成3人以下死亡，或者10人以下重伤的事故。

（3）造成或可能造成1000万元以下直接经济损失且影响较大的事故。

5.2 响应程序

5.2.1 先期处置

（1）现场先期处置原则为减少人员伤亡、财产损失，控制险情发展。现场先期处置责任单位为许昌市南水北调办公室（配套工程管理处）、县（市）南水北调办公室（配套工程管理所）及事发地政府。

（2）许昌市南水北调办公室（配套工程管理处）、县（市）南水北调办公室（配套工程管理所）应组织会商，根据工程特点，确定典型险情的先期处置工程措施，制定险情处理专用手册。县（市）南水北调办公室（配套工程

管理所）制定的配套工程险情处理手册应报许昌市南水北调办公室备案。

（3）突发事件发生后，事发地配套工程现地管理人员应首先关闭配套工程事故段上、下游就近的检修或控制阀门，避免事故进一步扩大。县（市）南水北调办公室（配套工程管理所）、事发地政府要立即启动应急响应，采取有效措施，控制事态发展，组织开展应急救援工作，并及时向上级政府和上级突发事件应急处理指挥机构报告。

5.2.2 分级响应

突发事件发生后，根据其分级标准，按照县（市）处置突发事件应急指挥机构、市处置突发事件应急指挥机构从低到高依次响应。

（1）对任何突发事件，县（市）南水北调办公室（配套工程管理所）突发事件应急指挥机构首先进行响应，立即进行事件调查、确认和评估，组织开展应急处置工作，控制事态发展，并按照规定向许昌市南水北调办公室（配套工程管理处）报告。

（2）对许昌市境内发生的一般突发事件，事发地县（市）南水北调办公室（配套工程管理所）应立即启动Ⅳ级应急响应，并同时向许昌市南水北调办公室（配套工程管理处）报告。事发地应急力量不足或无法控制事态发展的，应请求上一级部门即许昌市南水北调办公室（配套工程管理处）和当地政府开展应急响应。

当发生较大及以上突发事件时，指挥部办公室根据事故性质和危害程度组织会商，研究确定应急处理方案，立即启动相应应急响应。同时向市政府、河南省南水北调办公室报告。

市南水北调办公室（配套工程管理处）、县（市）南水北调办公室（配套工程管理所）根据上级指示，派相关救援力量和专家赶赴现场，参加、指导现场应急处置工作；建立与事发地政府、毗邻或可能涉及的工程所在地政府、中线干线工程管理单位和相关救援队伍的通信联系，随时掌握突发事件进展情况，及时

向省南水北调办公室报告。

市南水北调办公室（配套工程管理处）、县（市）南水北调办公室（配套工程管理所）应当按照上级要求，认真履行职责，落实有关工作，并将有关事件处置情况及时报告上一级南水北调办公室。市南水北调办公室接受省南水北调办公室对应急处理工作的指导和监督，并依据职责加强对各县（市）南水北调办公室（配套工程管理所）应急处置工作的指导和监督，协助解决应急处理工作中的相关问题。

（3）上一级突发事件应急指挥机构要对下一级突发事件应急指挥机构的应急响应给予技术指导。

（4）上级应急响应启动后，事发地突发事件应急指挥机构仍对突发事件承担相应责任。

（5）恐怖袭击、危害国家安全等涉及配套工程的突发公共事件，按照有关规定和原则进行处置。

5.3 指挥和协调

5.3.1 许昌市南水北调工程突发事件发生后，现场参与应急处理的所有单位和个人应服从领导、听从指挥，密切配合、迅速、有效地实施抢险救援和紧急处置行动，并及时向指挥部汇报有关重要信息。

5.3.2 现场指挥、协调、决策应以科学、事实为基础，充分发扬民主，果断决策，全面、科学、合理地考虑工程实际情况，突发事件性质及影响、事件发展及趋势、资源状况及需求、现场及外围环境条件、应急人员安全等情况，充分听取专家组对突发事件的调查、监测、信息分析、技术咨询、救援方案、损失评估等方面的意见，降低事件影响及损失，避免事故的蔓延和扩大。

5.4 应急终止

5.4.1 突发事件应急终止应满足以下条件：事件现场得以控制，工程险情解除，环境符合有关标准，导致次生、衍生灾害、事故隐患消除。

5.4.2 指挥部办公室组织有关专家进行分

析论证，经检查评价确无危害和风险后提出终止应急响应建议。应急响应终止按照"谁启动、谁终止"的原则执行。

5.4.3 应急状态解除后，市（配套工程管理处）、县（市）南水北调办公室（配套工程管理所）应按照有关规定，提交应急处理工作总结报告。

六、后期处置

6.1 善后处理

突发事件突发事件应急处置结束后，根据事件发生区域、影响范围，有关应急处理机构要督促、协调、检查突发事件的善后处理工作，妥善解决伤亡人员的善后处理以及受影响人员的生活安排，按规定做好有关损失的补偿工作。

6.2 工程修复

市南水北调办公室（配套工程管理处）、县（市）南水北调办公室（配套工程管理所）对影响正常供水的工程应尽快修复，恢复功能。对重要工程或部位的修复方案应进行专题研究，并对修复后的工程进行安全复核。

6.3 责任及奖惩

突发事件应急处置工作实行责任追究制。对应急管理工作中做出突出贡献的先进集体和个人要给予表彰和奖励。对迟报、谎报、瞒报和漏报突发事件重要情况或者应急管理工作中有其他失职、渎职行为的责任单位和责任人，按照相关法律、法规追究有关单位和人员的责任；涉嫌犯罪的，移送司法机关依法处理。

6.4 评估总结

对影响严重的突发事件发生的原因、性质、影响、责任、造成的损失及应急处置中遇到的问题、应急措施和过程等，县（市）南水北调办公室（配套工程管理所）对突发事件进行评估和总结，形成报告，报同级政府和许昌市南水北调办公室（配套工程管理处）。

市南水北调办公室（配套工程管理处）按照有关规定，及时组织突发事件的调查、分析、处理和评估。调查报告应当包括以下内容：

（1）发生突发事件的基本情况；

（2）调查中查明的事实；

（3）原因分析及主要依据；

（4）事件发展过程及造成的后果（包括人员伤亡、经济损失等）分析、评估；

（5）采取的主要应急响应措施及其有效性；

（6）事件结论；

（7）事件责任单位、事件责任人及其处理建议；

（8）调查中尚未解决的问题；

（9）经验教训和建议。

突发事件责任单位要认真吸取教训，总结经验，及时进行整改，评估本单位应急预案的实际应急效能，认真修订并严格执行本单位应急预案。

七、应急保障措施

7.1 资金保障

市南水北调办公室（配套工程管理处）、县（市）县南水北调办公室（配套工程管理所），每年应安排突发事件应急处置专项资金，专项资金包括正常经费、应急响应基金和保险费用。正常经费包括应急抢险组织日常办事机构经费、物资储备经费、安全巡查经费、安全检测与事故风险预报经费、通信系统设备及使用费、信息平台经费。应急响应基金，用于应急响应科研经费（如应急抢险技术方案研究经费、安全检测与评估研究经费、风险事件预报系统研发经费等）、抢险设备研发、交流与研讨会、联动交流与协作经费等。保险费用于灾害、事故引起的工程运行损失、沿线群众人身与财产损失，以及合理发生的应急抢险与救援费用等进行投保分散与转移风险。遇突发事件，按照"急事急办"原则，及时拨付到位。

7.2 物资保障

市南水北调办公室（配套工程管理处）、

县（市）南水北调办公室（配套工程管理所）在工程现场储备必需的抢险备用物资。不宜存放于现场、亦不具备存放于抢险物资仓库的部分物资则根据具体情况采用市场采购或就地开采的方式获取。市南水北调办公室（配套工程管理处）组织考察并报许昌市政府同意后，可与有关单位签订协议，保证抢险时使用。备用的抢险物资存放地点、数量、储备和使用情况应进行登记造册。

7.3 技术保障

许昌市南水北调办公室（配套工程管理处）应建立常备专家队伍，选定应急抢险技术方案、安全检测与评估研究机构，为配套工程突发事件预防和应急处置工作提供有力的技术支撑。较大以上事故的应急处理技术方案应由市南水北调办公室常备专家队伍提供或评审。

7.4 应急队伍保障

许昌市南水北调办公室（配套工程管理处）、县（市）南水北调办公室（配套工程管理所）应建立本级应急保障队伍，并接受有关部门的培训和管理。也可通过招标，与有资质的企业签订配套工程应急抢险救援框架协议，组建反应速度快、业务能力强的专业工程抢险队伍，配足抢险人员、车辆和工程设备，承担工程应急抢险任务。

7.5 应急宣传、培训与演练

市南水北调办公室（配套工程管理处）、县（市）南水北调办公室（配套工程管理所）应根据工程实际和突发事件可能影响范围，与工程所在地政府及有关部门建立互动机制，组织应急法律法规和工程突发事件预防、避险、避灾、自救、互救常识的宣传工作。

市南水北调办公室（配套工程管理处）、县（市）南水北调办公室（配套工程管理所）要制定并落实突发事件应急专业人员日常培训计划。

市南水北调办公室（配套工程管理处）、县（市）南水北调办公室（配套工程管理所）

要按照应急预案，组织不同类型的突发事件应急演练，提高应对突发事件的能力。演练结束后，组织单位总结经验，完善事故防范措施和应急预案。

八、附件

8.1 术语和定义

突发事件：是指配套工程可能发生管线爆管等工程运行安全事故外，工程沿线还可能发生季节性多种气象灾害，如洪涝、干旱自然灾害、生态破坏、水污染以及其他意外因素的影响致使南水北调配套工程供水受到影响，人体健康受到危害，社会经济与人民财产受到损失，造成不良社会影响的事件。

先期处置：突发事件发生后在南水北调配套工程事发地第一时间内所采取的紧急措施。

后期处置：突发事件应急响应终止后，为使生产、工作、生活、社会秩序和生态环境恢复正常状态、南水北调配套工程发挥效益所采取的一系列措施。

应急演练：为检验应急预案的有效性、应急准备的完善性、应急响应能力的适应性和应急人员的协同性而进行的一种模拟应急响应的实践活动。根据所涉及的内容和范围的不同，可分为单项演练和综合演练。

本预案中对数量的表达，所称"以上"含本数，"以下"不含本数。

8.2 有关机构及值班电话

8.2.1 国家有关部门值班电话：（略）

8.2.2 省有关部门值班电话：（略）

8.2.3 市有关部门值班电话：（略）

8.3 应急预案管理与更新

本预案由许昌市南水北调办公室根据实际情况的变化具体负责管理与更新，并报许昌市应急管理办公室备案。

8.4 制定与解释

本预案由许昌市南水北调办公室制定并负责解释。

8.5 应急预案实施

本应急预案自印发之日起实施。

许昌市南水北调配套工程通水运行安全生产管理办法（试行）

2016年12月6日

（许调办〔2016〕144号）

为保证许昌市南水北调配套工程通水运行安全生产工作有序开展，进一步增强运行管理人员的安全生产责任意识，不断提高安全生产管理水平，确保工程安全、供水安全、人身安全，特制定本办法。

第一章　总　则

第一条　为加强我市南水北调配套工程通水运行安全管理，按照《中华人民共和国安全生产法》等国家有关安全生产的法律、法规和行业安全管理要求，结合我市配套工程实际，特制定本办法。

第二条　本办法适用于许昌市南水北调配套工程通水运行的安全管理。

第三条　安全生产必须贯彻"管生产必须管安全"的原则，建立健全安全生产体系和制度，落实各级安全生产责任制。

第四条　市南水北调办定期对县（市）南水北调办通水运行安全生产工作进行考核。

第二章　安全方针与目标

第五条　实行"安全第一、预防为主、综合治理、以人为本、科学管理"的安全生产方针。

第六条　安全生产目标：杜绝重特大事故发生，避免较大事故发生，减少一般事故发生，力争实现责任事故死亡率"零"目标，确保工程安全、供水安全、人身安全。

第三章　安全生产机构和职责

第七条　市南水北调办对配套工程通水运行安全生产负总责，县（市）南水北调办对所管理的配套工程的安全生产负直接责任。

第八条　许昌市南水北调办成立许昌市南水北调配套工程通水运行安全生产领导小组（以下简称"领导小组"），市南水北调办主任任组长，副主任任副组长，各科室负责人、各县（市）南水北调办主任任成员。

领导小组下设办公室，负责安全生产日常工作。办公室设在市南水北调办质量安全科，办公室主任由市南水北调办主管副主任兼任。

第九条　市南水北调办安全生产工作领导小组负责我市南水北调配套工程通水运行安全生产管理工作。

第十条　市南水北调办职责

（一）贯彻执行国家有关安全生产法律法规；

（二）建立健全运行管理的安全生产管理体系和制度；

（三）建立健全应急管理体系，编制应急管理制度和应急预案，组织应急演练；

（四）编制年度安全生产工作计划和总结；

（五）制定安全生产责任书，明确县（市）南水北调办的安全生产责任和目标；

（六）监督管理县（市）南水北调办的安全生产工作；

（七）组织经常性的安全生产检查，对发现的问题限期整改并监督落实；

（八）负责安全监测管理工作，及时发现异常问题；

（九）定期召开安全例会，适时召开安全生产专题会议，对本单位的安全生产工作进行总结部署；

（十）遇到突发事件，迅速启动应急预案，按应急处理流程采取措施，及时向上级报告；

（十一）制定安全生产培训计划，组织员工的安全生产培训教育与经验交流；

（十二）与安全生产监督管理部门建立联系，接受其对安全生产工作的行政监管；

（十三）对穿越邻接配套工程项目的安全生产工作进行监管和监督检查；

（十四）协助事故调查及处理工作，或组织上级授权的事故调查及处理工作；

（十五）建立安全生产管理档案。

第十一条 质量安全科（领导小组办公室）职责

（一）贯彻执行国家有关安全生产法律法规和市南水北调办规章制度；

（二）组织建立健全安全管理体系，组织或参与拟定安全生产规章制度、操作规程和安全生产事故应急预案；

（三）负责安全生产综合管理，归口管理安全生产工作；

（四）组织或者参加安全生产教育和培训，如实记录安全生产教育和培训情况；

（五）负责承担领导小组办公室相关工作；

（六）检查安全生产状况，及时排查生产安全事故隐患，提出改进安全生产管理的建议；

（七）组织或者参与突发事件应急演练；

（八）负责组织安全生产事故调查；

（九）负责组织安全考核；

（十）负责认定安全问题和事故责任并实施责任追究；

（十一）负责建立安全生产管理档案；

（十二）参与安全生产技术方案的制定，监督重大安全生产措施的实施。

第十二条 综合科职责

（一）贯彻执行国家有关交通安全、消防和食品安全的法律法规和规章制度；

（二）负责公务用车及驾驶人员的交通安全管理工作；

（三）负责机关的安全保卫管理工作；

（四）负责交通和消防安全管理工作；

（五）负责食堂的食品安全管理工作；

（六）组织运行管理人员的安全生产教育培训；

（七）参与安全事故调查处理工作，做好工伤认定和伤亡事故的善后处理工作。

第十三条 计划建设科职责

（一）负责在招标文件中明确对安全生产文明施工的考核规定；

（二）负责落实有关维修养护工程安全专项工作经费的资金来源；

（三）负责审查招标工作中投标单位安全生产许可证和负责人安全生产资格；

（四）负责在维护工程招标报价中要求计列一定比例的安全及文明施工经费；

（五）负责工程安全生产技术方案及技术措施审批的管理工作；

（六）负责工程安全监测管理，组织制定安全监测的规定和技术标准；

（七）负责工程抢险应急预案的审定；

（八）组织审批工程安全事故的处理方案；

（九）负责其他工程穿越邻接配套工程项目技术方案的审批和上报工作；

（十）参与安全事故调查处理工作。

第十四条 经济与财务科职责

（一）落实安全生产经费；

（二）监督检查安全生产资金的管理和使用情况；

（三）对安全生产资金的使用情况进行审计；

（四）参与对安全问题的举报和安全事故的调查处理。

第十五条 环境移民科职责

（一）贯彻执行国家有关水质安全管理的法律法规；

（二）负责水质保护及环境保护管理工作；

（三）组织编制水质监测操作规程及水污染应急预案并组织实施；

（四）组织水质监测人员的安全生产教育培训；

（五）参与有关水污染事件的调查处理。

第十六条　安全生产岗位职责

（一）领导小组组长是安全生产第一责任人，对安全生产工作负全面责任；

（二）领导小组副组长对分管工作范围内的安全生产工作负领导责任，并督促分管部门履行其安全生产管理职责；

（三）领导小组成员对本部门业务范围内的安全生产负全面责任，组织领导本部门人员履行本部门安全生产职责，对本部门人员进行安全生产教育培训，发现安全生产问题应及时向分管领导报告。

第十七条　运行管理人员职责

（一）参加安全生产管理培训考核，熟悉了解工程运行管理过程中的安全知识和技能；

（二）自觉遵守安全生产规章制度，不违章作业，并制止他人违章作业；

（三）根据运行管理特点，对安全生产状况进行经常性检查，检查处理情况应当如实记录在案；

（四）正确使用和爱护设备设施、安全用具和个人防护用品；

（五）积极参加安全生产各项活动，提出改进安全生产作业的建议和意见；

（六）发生安全事故后，按照规定向本单位负责人报告。

第十八条　县（市）南水北调办职责

（一）贯彻执行国家、地方政府和有关安全生产法律法规和市南水北调办规章制度；

（二）建立健全运行管理的安全生产管理制度，制定安全生产管理实施细则；

（三）制定安全事故应急处置方案，并组织实施；

（四）编制年度安全生产工作计划和总结；

（五）制定安全生产责任书，明确现地管理站负责人的安全生产责任和管理目标；

（六）负责日常安全生产管理工作，定期报告安全生产情况；

（七）开展安全生产检查，分析安全生产中薄弱环节，建立安全隐患台账，制定专项检查制度和防治方案，发现问题及时整改；

（八）开展日常安全监测工作和应急监测任务，发现异常及时报告；

（九）定期召开安全例会、适时召开安全生产专题会议，对安全生产工作进行总结部署；

（十）遇到突发事件，迅速启动应急处置，并及时上报；

（十一）制定安全生产培训计划，组织安全生产教育培训与经验交流；

（十二）与安全生产监督管理建立联系，接受其对安全生产工作的行政监管；

（十三）对穿越邻接配套工程的安全进行检查和监管；

（十四）协助组织事故调查及处理工作；

（十五）建立安全生产管理档案。

第四章　安全生产管理

第十九条　运行调度安全管理

（一）市、县（市）南水北调办应严格按照调度规程等相关要求进行调度指令和操作；

（二）运行调度人员应严格按照各项管理制度，对系统的运行情况进行监视，分析水情、工情数据，发现异常及时报告；

（三）运行调度人员应严格执行调度指令，不得擅自越权进行各种操作；

（四）运行调度人员应严格执行值班制度；

（五）供水过程中发生影响运行的突发事件，应及时按程序启动应急调度预案。

第二十条　工程巡视及维护安全管理

（一）市、县（市）南水北调办应按照工程巡视与维护有关规定，做好工程巡视和维护安全管理工作，发现安全隐患及时采取措施，重大问题及时报告；

（二）工程巡视应落实责任，巡视过程中如实记录，发现异常情况及时报告，发现设施损坏及时维修；

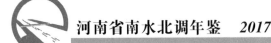

（三）做好安全监测的数据采集和分析工作，发现异常及时报告；

（四）工程维护时，应采取安全防范措施，确保人员及设备安全；

（五）发现在工程管理范围和保护范围内实施影响工程安全行为，巡视人员及时制止并报告。

第二十一条　机电设备安全管理

（一）县（市）南水北调办应严格按照机电设备操作规程进行操作；

（二）机电操作人员应严格按照"两票"制度进行相关操作；

（三）县（市）南水北调办严格执行日常保养和定期检验制度，保证设备安全运行；

（四）机电管理人员应严格按照检查制度定期进行安全生产检查，如实记录，及时整改；

（五）维护检修时，应采取安全防范措施，保证人员和设备安全；

（六）从事机电设备使用或维修的特种作业人员应持证上岗。

第二十二条　自动化系统设施安全管理

（一）按照有关规定对自动化系统进行维护；

（二）自动化管理人员应对自动化系统进行巡视检查，发现问题及时报告和处理；

（三）运行管理人员不得通过自动化系统通信网络登陆不安全的网站或下载来历不明软件，影响通信网络安全；

（四）自动化系统进行维护时，应采取安全防范措施，保证系统和设备安全。

第二十三条　水质监测安全管理

（一）按照水质监测有关规定对水质进行监测和分析；

（二）水质监测人员发现水质异常时及时报告；

（三）水质发生污染时，应按程序启动水污染事件应急预案；

（四）水质监测人员监测时，应采取安全防范措施，保证人员和设备安全。

第二十四条　穿越邻接工程安全管理

（一）管理机构应与穿越邻接工程管理单位建立协调机制，按照有关规定对穿越工程进行安全监管；

（二）经省南水北调办（建管局）批准施工的穿越邻接工程，县（市）南水北调办应与穿越工程管理单位签订安全生产管理协议，并制定专职安全生产管理人员进行安全检查和协调；

（三）根据批复方案对穿越邻接单位施工中的安全生产技术措施跟踪监督，避免对配套工程安全、供水安全、人身安全产生不利影响；

（四）穿越邻接工程维护、检修应经县（市）南水北调办批准，不得影响配套工程设施安全和正常运行；

（五）在工程管理范围和保护范围内进行未经省南水北调办（建管局）审批的穿越跨越邻接工程施工，县（市）南水北调办发现后及时制止并报告。

第二十五条　工程度汛安全管理

（一）汛前市、县（市）南水北调办应组织编制度汛方案和应急预案；

（二）各级管理机构应加强与防汛、气象部门的联系，及时掌握沿线水情、雨情等汛情，建立防汛联动机制；

（三）市、县（市）南水北调办应落实防汛物资，组建应急队伍，并开展应急演练；

（四）认真落实汛期值班和领导带班制度，做到汛情畅通；

（五）汛期应开展度汛安全专项检查和巡查，发现险情立即采取抢修措施，并及时向上级管理机构和防汛指挥机构报告；

（六）汛期抢险过程中，应制定安全防范措施，确保人员和设备安全；

（七）汛前实施的工程维护项目形象面貌必须满足度汛要求。

第二十六条　安全生产工作考核

（一）考核内容：安全生产体系制度运转

情况和安全生产目标完成情况。

（二）考核和管理

1. 市南水北调办对县（市）南水北调办进行考核，每年进行一次；

2. 考核结束后公布考核结果，并建立考核记录档案；

3. 考核中发现的问题及时采取措施，并监督检查整改。

第五章　安全培训

第二十七条　为提高运行管理人员的安全意识和自我保护能力，掌握所需的安全知识和安全生产技能，确保人身安全，杜绝事故的发生。根据《中华人民共和国安全生产法》和有关规定的要求，开展全员安全教育培训。

第二十八条　教育培训实施按照分析培训要求、制定培训计划、实施培训、考核、建立培训档案的程序进行，市、县（市）南水北调办负责本单位人员的安全教育培训工作。

第二十九条　安全教育内容包括安全思想、安全技术知识、岗位安全知识、劳动卫生技术知识和安全技能等。

第三十条　安全教育的形式包括三级安全教育、特种作业专业教育、定期安全教育、特殊情况安全教育和经常性安全教育等。

附表：许昌市南水北调配套工程安全隐患台账（略）

重 要 文 件

关于河南省南水北调工程运行管理第七次例会工作安排和议定事项落实情况的通报

（豫调办〔2016〕2号）

中线局河南分局、渠首分局，各省辖市、省直管县（市）南水北调办，机关各处室、各项目建管处：

河南省南水北调工程运行管理第七次例会于2015年12月10日在郑州召开，会议确定了13大项工作安排和议定事项。按照运管例会制度要求，省办监督处组织人员对所确定的工作安排和议定事项落实情况进行了督办。截至1月9日，13大项工作安排和议定事项中，共16小项，已落实7项，正在落实9项。现通报如下：

一、做好年度工作总结。省办各处室、各项目建管处，各省辖市、直管县（市）南水北调办要认真总结2015年度工作，分析存在的问题，谋划2016年度工作，相关总结材料于12月12日前报省办综合处。

落实情况：已落实。

二、准备签订2015~2016年度供用水协议。省办建设管理处已起草了配套工程2015～2016年度供水协议征求意见稿，各省辖市南水北调办、省直管县（市）南水北调办要组织认真研究，于12月18日前反馈修改意见。省办拟于明年元月在年度工作会上正式签订供水协议，请各有关单位做好准备工作。

落实情况：已落实。

三、加快流量计安装。各省辖市南水北调办、省直管县（市）南水北调办抓紧协调提供流量计安装调试所需的条件，省办运管办负责制定流量计安装调试计划，分清轻重缓急，加快推进流量计安装工作。

落实情况：省办建设管理处对全省流量计安装情况进行了全面排查，梳理出5条已具备安装条件并急需安装流量计的线路，已协调流量计安装单位尽快对接安装。

四、扩大近期供水目标。省办支持各省辖市在现有供水指标内调整供水目标，扩大供水效益，各有关省辖市南水北调办要组织设计单位编制初步设计，报省办审查。省办投资计划处负责协调争取省发改委支持，造福更多百姓。

落实情况：安阳林州供水目标，焦作沁阳供水目标，平顶山汝州市供水目标，濮阳市濮阳县、南乐县水厂，许昌17号线路鄢陵县供水工程，南阳市内乡县、官庄工区供水目标等已列入"十三五"专项规划，其中内乡县线路已经省政府批准。"十三五"专项规划已编制完成，投资计划处计划本周内报送省政府、国调办，待批复后按计划开展前期工作。应各有关省辖市的要求，建议编制《河南省南水北调受水区供水配套工程补充规划》，各市编制《南水北调受水区供配水规划》，按基本建设程序开展前期工作。

五、厘清水费税收政策。省办经济与财务处负责，摸清各地水费税收情况，加强与税务部门沟通，提出明确的水费征缴税收指导意见。

落实情况：省办经济与财务处已发函至有关市、县，提出了明确的指导意见。

六、加强工程档案管理。省办综合处负责，落实工程档案存放地点、设施和分类管理相关要求，各有关单位要做好档案"防火、防盗、防潮"等工作，确保档案完整、安全。

落实情况：各有关单位按省办要求正在落实。

七、规范运行管理。各省辖市、省直管县（市）南水北调办要逐步充实运行管理专业人员，加强培训，满足工作需要。对于专业性较强的泵站运行管理，目前不具备条件的，从2016年起须通过招标选择运行维护单位，具体方案由省办运管办研究明确。

落实情况：安阳、焦作、濮阳、新乡、许昌、南阳已落实；平顶山、鹤壁、郑州、漯河、周口正在落实；省办运管办已拟制《关于进一步规范配套工程泵站委托运行维护有关事宜的通知》，正在初审。

八、完善运行管理设施。由运管办牵头，各省辖市南水北调办（建管局）配合，汇总梳理配套工程运行管理设施存在的问题，组织设计单位研究，逐步完善供水安全设施和管理人员生活设施。

落实情况：各通水市南水北调办（建管局）已报送问题，运管办已汇总整理，拟于近期组织设计单位研究解决方案。

九、加强协调督办，确保年前计划供水目标通水。由省办监督处牵头，各有关市、县南水北调办配合，加强沟通协调，跟踪落实，切实落实省政府主要领导批示精神，按计划完成汤阴县一水厂等7座水厂年前通水任务，确保省政府督办事项年底前落实。

落实情况：按计划应在年底前完成通水任务的7座水厂中，汤阴县一水厂、南阳独山水厂、漯河四水厂等3座水厂已于2015年12月31日前通水。漯河市三水厂因穿沙河工程未完成；漯河市五水厂因配套工程末端现地管理房正在施工，计划2016年2月底前通水；商水水厂原计划2015年12月底通水，但由于配套工程周商路顶管施工遇到塌陷和通信光缆问题，影响了施工进度，不能按计划通水；中牟县新城水厂已基本建成，向县城供水管网2016年2月底可建成，计划2016年3月底水厂正式供水。除上述计划通水的7座水厂外，2015年12月份，又有南阳镇平规划水厂、唐河县水厂、鹤壁浚县水厂3座水厂实现了通水。截至目前，全省83座规划水厂中，已建成48座，其中已通水41座。

十、强化工程安保，确保南水北调供水安全。

（一）各有关单位、部门要高度重视，按照责任分工切实履行职责，加强安保力量和巡查频次，明确责任，落实措施，加强督查督办，严肃追责，确保国际会议和双节期间的供水安全；

落实情况：已落实。

（二）要高度重视断水应急处置工作，供水的各省辖市南水北调办、省直管县（市）南水北调办要按照鄂竟平主任检查郑州市南水北调工程断水应急处置工作的要求，编制断水应急预案，报省办审查后，及时开展模拟演练。

落实情况：焦作、平顶山、许昌、郑州、周口、漯河市已落实；安阳、鹤壁、新乡、濮阳、南阳市正在落实。

十一、加大督办力度，确保清丰、博爱县供水工程年底前开工。

（一）濮阳、焦作市南水北调办要高度重视，切实做好开工准备工作，尤其是焦作市配套工程建管局抓紧办理博爱县供水工程开工手续，确保工程年底前实质性开工。

落实情况：焦作博爱县供水工程已于2015年12月29日开工，正抓紧征迁工作，施工单位已进场；濮阳施工3标已经开始剥离耕作层土方，完成施工围挡1km，省道101穿越已获得施工许可，穿越高速手续正在办理中。

（二）省办环境移民处要进行现场督办，不等不靠，克服困难，先期开展建设用地征迁工作。

落实情况：省办环境移民处已进行了2次现场督办，征迁工作已全面启动，目前能满足开工需要。

（三）省局建设管理处要及时报批博爱县供水工程开工报告、办理质量监督手续，组织制定并下发建设计划。

落实情况：开工报告批复已落实（12月28日已印发《关于河南省南水北调受水区焦作市配套工程26号分水口门博爱供水工程开工的批复》（豫调建建〔2015〕91号）），质量监督手续和建设计划尚未办理。

十二、切实负起责任，确保及时足额支付农民工工资。各项目建管处、各省辖市南水北调办（建管局）要认真贯彻落实省政府2016年春节前保障农民工工资支付工作电视电话会

议精神，切实负起责任，认真排查梳理问题，落实措施，不推诿扯皮，积极应对，把矛盾化解在基层。省办有关处室要严格督导检查、严肃追究责任。

落实情况：安阳、鹤壁、新乡、许昌、郑州、南阳市，郑州段建管处已落实；焦作、周口、平顶山、濮阳、漯河市，平顶山段建管处、南阳段建管处正在落实；省办建设管理处近期拟对支付农民工工资存在风险的十个标段后方总部发函，督促重视农民工工资支付问题。

十三、强力协调推进，确保跨渠桥梁年底前全部移交。剩余未移交的15座跨渠桥梁，焦作、新乡、平顶山市南水北调办要进一步加大协调力度，积极向市领导汇报，争取相关主管部门支持，确保年底前完成桥梁移交工作。

落实情况：截至目前未移交的跨渠桥梁剩余6座，其中：焦作剩余2座，桥梁建管单位正在按照要求进行整改；平顶山剩余4座，正在与公路部门协商。

2016年1月11日

河南省南水北调办公室 关于2015年度目标完成情况自查报告

（豫调办〔2016〕3号）

省政府办公厅：

按照《河南省人民政府办公厅关于做好省政府有关部门2015年度目标考评及2016年度目标制定工作的通知》（豫政办明电〔2015〕230号文件）要求，省南水北调办对2015年责任目标完成情况进行了认真自查。现就有关情况报告如下：

一、工程建设全面收尾，配套工程通水达效

（一）干线工程验收工作基本完成

南水北调中线干线委托我省建设管理项目共有16个设计单元工程，全长429.3km，共划分为88个土建施工标段。项目划分为606个单位工程，4362个分部工程，196119个单元工

程。截至2015年6月底前，已全部完成委托建管合同项目的分部、单位工程验收工作。至2015年底，已全部完成75个（桥梁标除外）土建施工合同项目验收工作。

（二）跨渠桥梁交工验收工作进入扫尾阶段

南水北调中线干线工程河南境内共有跨渠桥梁745座（含陶岔渠首1座，委托建管段450座，直管代建段294座，不含郑州段由地方全资建设新增的15座跨渠桥梁和7座退水渠桥），其中，河南委托建管段需移交桥梁450座。2015年6月底前，委托建管项目已完成450座桥梁交工验收工作，并开始陆续向道路主管部门移交桥梁，至2015年底前，除6座桥梁未移交外，南水北调中线干线工程河南境内745座跨渠桥梁已完成管养移交739座，占99.2%。

（三）配套工程验收工作稳步推进

我省南水北调配套工程共划分为13个设计单元工程、148个单位工程、1357个分部工程。截至2015年底，我省配套工程建设已基本完成，已完成单位工程验收34个，完成分部工程验收999个。39条口门输水线路已全部具备通水条件。受设计变更、城市规划审批等因素影响，自动化系统、现地管理房建设正抓紧收尾。

（四）工程质量始终受控

2015年，根据工程通水后的新情况、新特点，持续质量监管高压态势，加强尾工质量监管，切实做好工程巡查，对高填方渠段、重要建筑物等进行重点巡查，持续开展工程质量飞检和专项稽察，发现问题及时督促有关单位进行处理，彻底消除了质量隐患，确保了工程安全和通水顺利进行。全年未发生质量事故，完成了年度质量管理目标。

二、加强投资控制管理，做好完工结算准备

（一）加大工作力度，有序变更索赔处理

对照变更索赔工作台账，加快干线及配套工程变更索赔处理，委托中介机构进行价差审查，配合国调办开展了变更索赔监督检查，梳

理了通水后新增尾工项目等需增加投资控制目标的项目，以《河南省南水北调中线工程建设管理局关于申请增加部分投资控制指标的函》（豫调建投函〔2015〕24号）向中线建管局申请增加投资控制指标，解决投资不足的问题。2015年处理变更索赔增加投资合计20.29亿元（其中变更增加金额19.90亿元、索赔金额0.39万元）。开工以来累计处理变更及索赔增加投资合计53.07亿元（其中变更52.30亿元、索赔0.77亿元）。

（二）开展投资摸底及结算工程量核查，做好完工结算准备

对南水北调中线干线工程投资控制情况进行全面摸底，基本摸清投资控制情况，形成了《南水北调中线干线工程委托河南省管段工程建安投资全面摸底专项活动报告》。开展了中线干线工程结算工程量专项检查，对已结算和预计结算的工程量进行全面排查，形成了16个设计单元工程的"结算工程量专项检查活动自查报告"。为完工结算工作打好基础。

三、加强运行管理，努力扩大供水效益

（一）科学管理调度，供水平稳安全

在国家和河南省南水北调工程运行管理体制机制尚未明确的情况下，我办按照河南省委、省政府统一部署，充分利用现有南水北调协调办事机构作用，工作重点由建设管理向运营管理转变，成立了河南省南水北调配套工程运行管理领导小组，组建了运行管理办公室，明确了配套工程管理职责划分、运行维护形式及运行管理费处理原则，组织编制了试通水调度运行方案，规范水量调度流程，并对线路运行管理和现地操作人员进行设计交底培训；制定并印发了《关于加强南水北调配套工程供用水管理的意见》、《河南省南水北调受水区供水配套工程供水调度暂行规定》、《河南省南水北调受水区供水配套工程维修养护管理办法（试行）》、《河南省南水北调受水区供水配套工程保护管理办法》（含其他工程穿跨越管理）、《河南省南水北调受水区供水配套工程巡视检

查管理办法（试行）》、《河南省南水北调工程突发事件应急预案》等文件，促使配套工程运行管理逐步走向制度化、规范化；运行过程中，建立了与干线工程管理单位、受水区用水单位联络协调机制和应急保障机制，积极协调、沟通，密切配合，严格按照月水量调度方案执行，按月开展水量计量确认工作，并通过建立我省配套工程运行管理例会制度，每月通报运行管理情况，研究解决工程运行管理中存在的问题，形成会议纪要，督办落实，规范运行管理行为，确保安全、平稳供水。

（二）加大督导力度，供水覆盖范围扩大

会同省住建厅、省水利厅加大对城市受水水厂建设的督导力度，努力扩大供水范围，通水以来工程运行总体上平稳、安全，供水效益初步显现。截至2015年底，已建成水厂48座，全省累计有31个口门及3个退水闸开闸分水，累计供水9.57亿m³。供水目标涵盖南阳、漯河、平顶山、许昌、郑州、焦作、新乡、鹤壁、濮阳、安阳10个省辖市及省直管邓州市，供水水厂达到41个，日供水能力达到330万t，受益人口达1400余万人。其中，去年四季度以来，新增供水水厂9座，分别是南阳市的镇平规划水厂、独山水厂、唐河县水厂，漯河市的临颍县一水厂、漯河市第二水厂、第四水厂，焦作市的武陟水厂，鹤壁市的浚县水厂，安阳市的汤阴一水厂，新增日供水能力16万t，新增供水680万m³。同时，积极与南水北调中线局协调沟通，通过退水闸成功向郑州市的西流湖、鹤壁市的淇河和许昌市的颍河进行生态补水，产生了较好的生态效益和社会效益。

（三）核定水价水量，水费征缴工作启动

省南水北调办配合省发改委、省财政厅、省水利厅认真做好我省南水北调工程水价测算、研究及核定工作，报经省政府批准，2015年5月1日，与省发改委、省财政厅、省水利厅联合印发了《关于我省南水北调工程供水价格的通知》（豫发改价管〔2015〕438号），核

定了我省南水北调配套工程水价。受省政府委托，省南水北调办分别与南水北调中线建管局、受水区各省辖市（直管县市）南水北调办签订了2014-2015年度供水补充协议，约定了供水水量、供水水质、供水价格、水费缴纳时间和方式等。加强配套工程水量计量管理，南水北调中线建管局三级管理处和各省辖市（直管县市）南水北调办以及受水水厂每月1号定期开展水量计量观测，签字确认水量计量数据，保障水量计量科学、规范。省南水北调办和各省辖市、直管县市南水北调办上下联动、积极协调，全面启动了水费征缴工作。

（四）签订供水合同，供水效益初步显现

签订了我省南水北调工程2014-2015年度供用水合同。许昌、郑州、濮阳、安阳、南阳、平顶山、邓州等市2014-2015年度南水北调水费已经上缴。同时，我办积极与南水北调中线局协调沟通，通过退水闸成功向郑州市的西流湖、鹤壁市的淇河和许昌市的颍河进行生态补水，产生了较好的生态效益和社会效益。

四、继续加强水质保护，确保一渠清水永续北送

（一）水源区水污染防治和水土保持"十二五"规划完美收官

配合省发改委等有关厅局完成了《丹江口库区及上游水污染防治和水土保持"十二五"规划》（简称"十二五"规划）剩余19个项目的建设任务。截至2015年底，"十二五"规划中我省181个项目已经全部完成；会同省发改委、环保厅、水利厅、建设厅等厅局开展了对我省"十二五"规划项目的考核工作。在国家六部委组织的"十二五"规划项目考核工作中，认真开展自查并及时上报自查报告，在国家六部委组织的"十二五"规划项目考核中夺得第一名。至此，我省在水源区三省"十二五"规划项目年度考核中连续三年排名第一，取得了"三连冠"的好成绩。

（二）积极推进水源区水污染防治和水土保持"十三五"规划项目库建设

会同省发改委、省水利厅等部门，建立了水源区水污染防治和水土保持"十三五"规划项目库并上报国家发改委、国务院南水北调办，项目包含176个项目，总投资123.6亿元。

（三）总干渠两侧水质保护工作成效显著

2015年，配合省林业厅加大总干渠两侧生态带建设力度，累计完成总干渠两侧生态带建设320km，共计9.1万亩。对总干渠水源保护区内新上建设项目严格把关。一年来，全省各级南水北调部门共受理总干渠水源保护区内新（改、扩）建项目200多个，其中100多个项目因不符合水质要求被拒之门外。

五、加强资金管理，确保资金使用安全高效

2015年干线工程到位资金21.5亿元，配套工程到位资金32.7亿元。我办始终高度重视资金风险防控，建立完善各项规章制度和监督控制体系，以审计整改为抓手，切实加强资金财务管理，确保各项资金安全高效使用。一是完善制度规范。在认真贯彻执行国家有关法律、法规以及各项财务制度基础上，建立完善了财务资金安全控制体系，用制度规范各项资金使用。二是狠抓审计整改。积极配合审计署、省审计厅审计及国务院南水北调办内部审计，认真落实审计整改工作，按照审计报告，分解整改任务，明确整改责任，限定整改时间，逐条认真整改，并建立完善科学规范的长效机制。历次审计、检查中，未出现违规违纪问题。三是加强内部审计。坚持每季度对财务管理工作开展一次内部审计，建立长效机制，实行票前审核与票后内部审计相结合，充分发挥资金使用效益。四是保障资金到位。适时催拨建设资金，做到既保障资金供应、满足工程建设需要，又没有过多资金沉淀、有效降低筹融资成本。五是加强资金监管。借助银行资金监管平台，对施工单位的工程预付款、工程进度款使用实施有效监管，规范和控制施工单位大额现金的提取和使用，避免虚假支付、套取工程资金，有效防止施工单位资金挪用或违规使用，

确保资金安全。

六、加强队伍建设，争创一流管理队伍

成就事业，关键在人。打造一支作风硬、素质高、能力强的干部队伍至关重要。我办大力提倡和弘扬学习精神，建设学习型机关。一是勤于学习。认真学习十八届三中、四中、五中全会精神和习近平总书记系列重要讲话精神，认真学习省委九届十次、十一次全会精神，以政治理论武装党员干部头脑，同时注重学习业务知识、法律知识、经济知识，提升能力和素质，建设学习型机关。二是增强忠诚意识。对党忠诚、对国家忠诚、对人民忠诚、对事业忠诚。增强党章意识，坚持党要管党、从严治党，开展好争先创优活动，发挥好党组织的战斗堡垒作用和党员的先锋模范作用。三是扎实开展"三严三实"专题教育。以"四个突出"为抓手，旗帜鲜明倡导"严"和"实"，突出"三个着力解决问题"，归结"三个目的见实效"，在"破"的基础上更强调立破并举，积极行动、融入其中、开拓进取、凝聚共识，以实际行动贯彻落实中央和省委有关要求，着力打造风清气正的省级文明单位形象。四是注重行业文化建设。着力培养高尚情操，形成植根于心的修养，无需提醒的自觉，以约束为前提的自由，为别人着想的情怀，树立正确的世界观、人生观、价值观。五是切实转变作风。严肃治理懒政怠政，坚决杜绝不作为和衙门作风，构建服务型机关。六是强化培训提升素质。组织全体党员干部赴大别山革命老区接受红色传统再教育，回望历史、见证发展、发扬传统，感悟胜利来之不易。七是廉洁自律。认真落实"两个责任"，严抓严管，严以用权，严以律己，加强警示教育，筑牢思想防线，杜绝贪腐邪念，不碰高压线。

2015年4月，省南水北调办被省委、省政府作为2014年度全省经济社会发展十大突出贡献单位予以嘉奖；2015年7月，被省委、省政府表彰为全省平安建设工作先进单位；2015年5月，被省政府表彰为全省南水北调工作先

进单位；2015年11月，顺利通过省级文明单位复查；我省南水北调工作多次受到国务院南水北调办表彰。

2016年1月11日

关于印发《进一步加强和改进人才培养的意见》的通知

（豫调办〔2016〕7号）

机关各处室、各项目建管处：

为深入贯彻党的十八大和十八届三中、四中、五中全会精神，认真落实省委九届十次、十一次全会精神，立足我省南水北调事业发展需要，培养一批有志有识有为的南水北调事业优秀人才，更好地为我省南水北调事业发展提供源源不断的人才支撑，河南省南水北调办公室关于进一步加强和改进人才培养的意见已研究通过，现印发给你们，请遵照执行。

河南省南水北调办公室
关于进一步加强和改进人才培养的意见

为深入贯彻党的十八大和十八届三中、四中、五中全会精神，认真落实省委九届十次、十一次全会精神，立足我省南水北调事业发展需要，培养一批有志有识有为的优秀南水北调事业人才，更好地为我省南水北调事业发展提供源源不断的人才支撑，现就进一步加强和改进人才培养工作提出以下意见。

一、充分认识人才培养工作的重要性和紧迫性

治国之要、首在用人，事业发展、人才是关键。

习近平总书记在2013年6月28日《着力培养选拔党和人民需要的好干部》讲话中指出，"实现党的十八大确定的各项目标任务，关键在党，关键在人。关键在党，就要确保党在发展中国特色社会主义历史进程中始终成为坚强领导核心。关键在人，就要建设一支宏大的高素质干部队伍。"

我省南水北调工程建设的实践证明，在省委、省政府的坚强领导下，我办培养和选拔了一大批德才兼备的工程建设管理人才和专业技术人才，以他们为中坚力量，全系统上下团结协作，顽强拼搏，克难攻坚，如期圆满完成了各项工程建设任务，并以一流的工程质量经受住了首个供水运行年的考验，工程巨大的经济效益、社会效益和生态效益逐步显现。

但我们也清醒地认识到，在我省南水北调工作由工程建设管理向运行管理转型的过渡期，运行管理是个全新的领域，各种各样的新挑战和新问题同时存在，有些是我们可以预计到的，有些是突发的。为确保一渠清水永续北送，不断扩大供水规模和供水效益，有力预防和破解断水风险，圆满完成我省南水北调"十三五"规划目标乃至更长时期的持续健康稳定发展，亟待抓紧培养一大批信念坚定、为民服务、勤政务实、敢于担当、清正廉洁的优秀人才。

做好新时期培养优秀人才工作，要坚持以邓小平理论、"三个代表"重要思想、科学发展观为指导，深入贯彻党的十八大和习近平总书记系列重要讲话精神，着眼我办未来5到10年乃至更长远的发展，坚持党管干部、党管人才，坚持德才兼备、以德为先，按照"三严三实"的要求，以"面向基层、面向实践、面向群众"为导向，进一步优化结构、改进方式、提高质量，大力弘扬"负责、务实、求精、创新"的南水北调精神，努力打造一支能力强、作风硬、业务精、素质好，敢于开拓、敢闯敢试、敢于担当的优秀人才队伍。

二、优秀人才发现识别的渠道和培养使用目标

坚持民主、公开、竞争、择优方针拓宽识人视野和选人渠道，严格贯彻《党政领导干部选拔任用工作条例》选人唯德、任人唯贤、管人从严，坚持优秀人才选拔培养工作的群众路线，进一步建好优秀人才干部队伍的"蓄水池"。

（一）做好优秀人才队伍状况的动态研判

建立全办优秀人才信息库，按专业、专长、培养情况等分类建立台账，定期更新。开展经常性的优秀人才队伍建设调研分析，注重与优秀人才面对面沟通，坚持近距离接触观察，深入"现场"开展延伸了解，增强直观认识，掌握优秀人才的主要特点和发展潜质，分析比较其实际工作能力和德行品质。每年对优秀人才成长情况进行一次分析梳理，综合研判，提出选拔任用意见和建议。坚持在多数人中选才，把经过实践磨炼、有培养潜力的好苗子选出来，将综合素质好、比较成熟的优秀人才及时列为后备干部。

（二）拓宽优秀人才源头培养的选拔视野

坚持从各专业、各层面发现更多优秀人才，将视野拓展到传统体制和常规方式难以覆盖、较难涉及的领域，聚焦紧缺人才、专业人才、重点岗位，注重从基层、普通岗位选拔运行管理、水质保护、工程维护、发展规划、经营管理及科技创新等方面的优秀人才。坚持从源头培养，对选拔出的优秀人才，及时提供施展才华的平台，强化培训，引导教育，做好传帮带。

（三）加强优秀人才入选后备干部的工作

坚持组织掌握，实行动态管理、优胜劣汰，建立健全培养锻炼、适时使用、定期调整、有进有退的机制，保持后备干部一池活水。按照从严管理、优进拙退的要求，实行后备干部动态管理办法，及时对不符合条件的后备干部进行调整，对表现突出，符合后备干部条件的培养成熟的优秀人才，及时补充进后备干部队伍，开展跟踪管理和重点培养。

三、优秀人才重点培养的主要途径和措施方法

优秀人才的成长成才，组织培养至关重要。我办着眼提升素质，坚持面向基层、面向实践、面向群众，积极创造有利于优秀人才成长成才和发挥作用的氛围条件，全面提高优秀人才的德才素质。

（一）突出抓好优秀人才的党性锻炼和教育培训

把思想政治建设摆在首要位置，组织优秀人才认真学习中国特色社会主义理论体系，打牢思想理论基础，解决好信仰信念问题，补好优秀人才精神之"钙"，不断增强道路自信、理论自信、制度自信。增强忠诚意识，对党忠诚、对国家忠诚、对人民忠诚、对事业忠诚。深化拓展"三严三实"专题教育成果，引导优秀人才自觉抵制"四风"，牢固树立宗旨意识和群众观念，切实改进工作作风。弘扬社会主义核心价值观，培养高尚情操，注重道德养成，形成植根于心的修养，无需提醒的自觉，以约束为前提的自由，为别人着想的情怀，树立正确的世界观、人生观、价值观。

注重分类分层、按需培训，按照"素质能力缺什么补什么"、"培养目标需要什么补什么"原则，拓宽培训渠道，通过在线学习、自主选学以及与高校、党校、教育基地及相关企业合作等多种形式，有针对性地落实分类培训，帮助优秀人才更新改善知识结构。一是处级干部每5年参加党校、行政学院、干部学院或经组织（人事）部门认可的其他培训机构累计3个月以上的培训。提拔担任领导职务的，确因特殊情况在提任前未达到教育培训要求的，在提任后1年内完成培训。二是公务员培训实行学分制管理，以一年为一个积分周期。处级公务员每年不少于144学分，其中一类学分不少于85学分；科级及以下公务员每年不少于96学分，其中一类学分不少于58学分。因年龄、身体等原因难于达到以上学分要求的，由审计监察室根据实际情况提出申请并出具证明，报省公务员管理部门审批核准后，可延期完成或免于培训。三是专业技术人员每人每年接受继续教育的时间，高中级专业技术人员每年累计不少于86学时（64小时），其中，专业科目不少于60学时，公需科目不少于26

学时；初级专业技术人员每年累计不少于74学时（56小时），其中，专业科目不少于52学时，公需科目不少于22学时。在继续教育年度内，学习时间可以集中使用，也可以分散使用。四是技术工人培训以提高实用操作技能为核心，实际参加继续教育培训班累计时间，原则上继续教育的实施周期与技术等级岗位聘用周期一致。技术工人参加继续教育时间为每聘期不少于30学时。未取得《机关事业单位工人技术岗位证书》的技术工人需申报升级考核的，需同时报名参加30学时的本轮继续教育。五是不定期组织开展各种业务培训。根据工作需要，实时组织开展党性教育、专业技术教育和各种业务知识和技能培训。

（二）突出抓好优秀人才在基层一线的培养锻炼

坚持把工程建设的主战场、运行管理的第一线、服务群众的最前沿作为培养锻炼优秀人才的主阵地，引导优秀人才到基层一线和艰苦岗位砥砺品质、提高本领。重视加强优秀人才在艰苦岗位、关键岗位的锻炼，注重选派优秀人才参与重大项目、重点工程建设、重大活动等一线岗位历练才干。注重选拔具有基层工作经历、特别是基层领导经历的优秀人才入选后备干部或入职重要领导岗位。

对缺少基层工作经历或者基层工作时间较短，以及工作经历较为单一的优秀人才，有计划地选派到办属二级机构的一线岗位任职，加强对工程建设和运行管理的实际管理和操作，提高推动科学发展、处理复杂问题的能力。

（三）突出抓好优秀人才的多岗位任职交流活动

以多岗位锻炼为主要培养方式，对德才条件好、发展潜力大的优秀人才，给他们搭舞台、压重担，让优秀人才在南水北调工程建设管理和运行管理的实践中磨炼自我，在与群众同甘共苦、为民服务中改造自我，在不断学习、干事创业中增长才干。

注重上下联动，加强统筹，有计划地组织优秀人才交流任职，重点是对有培养潜力的科级优秀人才采取部门之间轮岗交流。适时推出科级、副处级领导岗位，开展跨部门竞争上岗，加强跨部门交流力度。坚持必要台阶和递进式培养，防止"镀金式"、作秀式培养，不愿经受艰苦锻炼的人员不能列为优秀人才。

四、注重加强优秀人才队伍的管理和监督工作

对优秀人才既要关心爱护，又要严格管理，把从严要求贯穿优秀人才队伍建设全过程，坚持管理和使用有机结合，切实提高队伍质量。

（一）完善带教谈话制度

建立省南水北调办主任、分管副主任每年定期与优秀人才座谈交流制度，加强优秀人才思想政治教育，促进优秀人才健康成长；审计监察室建立定向联系机制，定期与优秀人才座谈交流，了解优秀人才想法。经常检查指导优秀人才的学习和工作；建立优秀人才带教制度，择优挑选领导干部、老同志等作为优秀人才的带教老师，通过采取"一帮一"形式，开展经常性的指导和帮助，对优秀人才的思想表现、工作实绩、民主作风、发展潜力、廉洁自律以及心理素质等情况要进行跟踪了解，及时发现问题，有针对性地提出加强培养管理的措施。建立优秀人才谈心谈话制度，特别是在职务提升、工作调动、取得成绩或发现问题时，及时找他们谈话，予以提醒和帮助。对优秀人才中出现的不良思想倾向和问题，敢抓敢管，及时批评指出并予以纠正。

（二）健全考核评估机制

健全考核考察优秀人才的机制和办法，近距离、多渠道、多层次、多侧面了解优秀人才，全面客观地评价优秀人才。结合日常管理、年度考核、后备干部考察和巡察等工作，加强对优秀人才的考核评估，了解掌握优秀人才德、能、勤、绩、廉各方面的情况，观察优秀人才对重大问题的思考，看其见识见解；观察优秀人才对群众的感情，看其品质情怀；观察优秀人才对待名利的态度，看其境界格局；观察优秀人才处理复杂问题的过程和结果，看其能力水平，动态掌握成长轨迹、优势特点和缺点不足，适时采取针对性、差异化的培养措施。

（三）提高选拔任用公信力

坚持标准条件，注意将经过艰苦复杂环境磨炼、实践证明优秀的人才选拔到领导岗位上来，对确有真才实学、业绩突出的优秀人才，敢于破格使用；对在现职岗位上不胜任、不称职、不作为，宗旨意识、群众观念不强的干部，及时进行调整。对优秀人才不预设晋升路线图、不搞照顾性使用，坚持以事择人、择优而任，改进竞争性选拔方式，引导优秀人才在实干、实绩上竞争。强化办公室分管领导和组织人事部门在干部选拔任用中的权重和考察识别责任，坚持按照《党政领导干部选拔任用工作条例》规定程序，选贤任能。健全干部选拔任用责任追究制度，坚决防止和纠正选人用人上的不正之风，真正实现干部认可、群众认可，过程认同、结果认同。

五、加强组织领导切实改进优秀人才培养工作

机关各处室、各项目建管处党支部要将做好优秀人才选拔培养工作作为日常重要事项，以改革创新精神抓好组织实施。要结合本单位实际，科学制定优秀人才选拔培养工作规划。要定期研究优秀人才选拔培养工作，听取工作汇报，研究指导意见。要加强督促检查，落实工作责任制，把培养选拔优秀人才的工作成效，列入党支部主要负责同志的考核指标和年度述职内容，作为领导班子干部年度目标任务考核的重要内容。要坚持解放思想、改革创新，加强调查研究，总结新鲜经验，及时解决问题，形成有利于优秀人才脱颖而出、健康成长的良好环境。

2016年1月13日

河南省南水北调办公室关于印发《2016年河南省南水北调工作要点》的通知

（豫调办〔2016〕9号）

各省辖市（直管县市）南水北调办，机关各处室，各项目建管处：

现将《2016年河南省南水北调工作要点》印发给你们，请结合实际，认真贯彻落实。

2016年1月14日

2016年河南省南水北调工作要点

2016年是我省南水北调工程向运行管理转型的关键之年。2016年我省南水北调工作的总体要求是：认真贯彻党的十八大和十八届三中、四中、五中全会精神，全面落实省委九届十一次全会、省委经济工作会议和省委扶贫工作会议部署，牢固树立创新、协调、绿色、开放、共享的发展理念，着力强化运行管理，着力扩大供水效益，着力深化水质保护，着力加强风险防控，着力锤炼干部队伍，全面推动南水北调各项工作取得新成效、实现新突破。为圆满完成2016年我省南水北调各项工作目标任务，结合我省南水北调工作实际，制订2016年我省南水北调工作要点如下：

一、做好工程收尾工作

1. 全面完成工程扫尾。按照"建立台账、积极协调、加强督导、严格问责、严控质量"的工作思路，强力推进各项工程进展，确保干线工程后续项目上半年全部完工，配套工程各项建设任务全面完成。

2. 加强工程验收管理。明确责任，细化节点目标，认真做好干线工程设计单元项目完工验收及各类专项验收相关工作。细化配套工程验收计划，上半年完成配套工程（新增项目除外）所有分部工程和单位工程验收；年底前争取完成合同项目完成验收和设计单元完工验收。做好各项验收评定的资料核备和档案管理工作。

3. 严控工程质量安全。继续实行"稽察、巡查、飞行检测"三位一体质量监管，切实排查、整改、消除质量隐患；筑牢生产安全、度汛安全防线，加强安全监测，保证工程安全运行。

4. 推进后续工程项目建设。开展干线及配套调蓄工程、连通工程、新增供水工程前期工作，完成配套工程调度中心、仓储中心、维护中心各项建设任务；建立完善自动化调度系统。

二、做好投资管理和资金监管工作

5. 提高投资管理水平。全面梳理工程投资，做好投资控制、配套工程筹融资和资金管理工作，满足工程建设需要。

6. 加大资金监管力度。完善资金使用和监管制度，加强资金使用全过程管理；严肃财经纪律，加强内部审计，配合做好外部审计及整改工作；做好竣工项目财务决算，为竣工决算和验收创造条件。

三、突出常态长效，持续深化水质保护工作

7. 做好规划实施考核工作。做好《丹江口库区及上游水污染防治和水土保持"十二五"规划》项目实施考核工作；结合水源区实际，配合有关部门做好"十三五"规划编制和项目入库工作，争取解决面源污染、增强污水收集处理能力、促进水源区产业结构调整、改善区域生态环境、带动群众脱贫致富的重大项目纳入"十三五"规划，尽早启动实施。

8. 继续加强总干渠水质保护。加快推进总干渠两侧生态带建设，争取国家研究出台总干渠两侧水源保护区生态补偿机制；严把水源保护区环境准入关，严格对总干渠水源保护区内新、改、扩建项目进行专项审核。

9. 积极推进对口协作。积极配合推进京豫对口协作，力争在生态建设、污染治理、基础

设施、产业发展、科技教育、人才交流等方面争取更大支持，促使更多项目落地我省，造福水源区人民。

四、创新体制机制，做好运行管理工作

10. 建立完善运行管理体制。积极推进实行省级统一调度、统一管理与市、县分级负责相结合的"两级三层"管理体制，顺利实现向运行管理体制转型。

11. 建立完善风险防控机制。加强工程管养维护，加快推行工程规范化运行管理，突出技术创新，排查安全隐患，防控工程风险；完善污染防控应急预案，加强污染防控，严防发生污染事件；督促各地建立完善水源切换应急预案，适时组织开展应急演练；积极配合做好干线应急保障工程前期工作，积极开展配套工程应急调蓄工程前期工作，增强抵御断水风险能力；争取解决南水北调中线左岸防洪影响处理工程后续问题，落实各项防汛措施，确保工程度汛安全。

12. 建立完善水费征缴机制。加强水量调度管理，认真落实用水计划，做好输水线路与水厂的对接，协调总干渠分水口门与配套线路、水厂供水联动调度，按计划接水供水，做好水量计量确认。按照"先易后难、重点突破、积极引导、带动全局"的思路，开展水费征缴工作，建立便捷高效的水费征缴机制。

13. 建立完善制度框架体系。坚持用制度规范运行管理，在现有制度和规程规范的基础上，建立完善适应当前运行管理工作需要的制度框架体系。颁布实施《河南省南水北调配套工程供用水管理办法》；出台《河南省南水北调工程水费收缴及使用管理暂行办法》；制定河南省南水北调受水区供水配套工程机电物资管理办法、操作规范规程；编制河南省南水北调工程供水调度应急预案、工程安全事故专项应急预案、水污染事件专项应急预案；建立完善包括水费征缴和使用在内的财务管理制度。

五、服务大局，做好南水北调宣传培训工作

14. 切实加强宣传教育。加强运行管理、

供水效益发挥系列宣传，营造"节水、护水、惜水"的良好社会氛围；努力争取中国南水北调博物馆落户河南；加快南水北调教育基地建设；加强对沿线群众的安全教育。

15. 积极开展运管培训。组织岗前培训，确保操作人员持证上岗，运行管理人员培训上岗，提高操作技能；组织对《河南省南水北调配套工程供用水管理办法》的宣贯培训；开展水量调度、安全生产培训。

六、强基固本，持续加强党的建设

16. 建立健全"三严三实"专题教育长效机制。加强学习，提升能力素质，建设学习型机关；坚持党要管党、从严治党，开展好争先创优活动；转变工作作风，严肃治理懒政怠政，坚决杜绝不作为和衙门作风，构建服务型机关；加强精神文明建设，争创省级文明单位标兵。

17. 深入推进党风廉政建设。严格落实《准则》和《条例》，认真落实两个责任和一岗双责，开展廉政警示教育，筑牢思想防线，抓好班子，带好队伍，为做好各项工作提供组织保证。

河南省南水北调办公室关于呈送2016年度目标考核评价内容的报告

（豫调办〔2016〕13号）

省政府办公厅：

按照《河南省人民政府办公厅关于做好省政府有关部门2015年度目标考评及2016年度目标制定工作的通知》（豫政办明电〔2015〕230号文件要求，省南水北调办结合工作职责认真研究，提出我省南水北调2016年度责任目标初步意见。现将有关内容报告如下：

一、考核目标初步意见

1. 完成后续项目建设。完成配套工程新增

项目（清丰、博爱供水支线）工程建设，年底前具备通水条件。

2. 做好工程验收工作。基本完成配套工程合同完工验收工作（不含新增项目）；加快专项验收，做好竣工验收准备工作。

3. 加强变更索赔管理。完成变更索赔处理工作（不含新增项目）；配合做好对已处理变更索赔的监督检查及核查，做好投资控制管理。

4. 认真落实调水计划。做好输水线路与水厂的对接，协调总干渠分水口门与配套线路、水厂供水联动调度，按计划接水用水，全年完成用水量10.69亿立方米。

二、重点工作目标初步意见

1. 加强运行管理，规范运行管理行为，严格执行水量调度方案，按月开展水量计量确认，确保安全、平稳供水。建立联络协调机制和应急保障机制，加强巡检考核力度，杜绝重特大供水事故发生，避免或减少较大事故和一般事故。

2. 配合国务院南水北调办开展干线调蓄工程的前期工作，组织开展我省配套工程的调蓄工程和新增供水工程的前期工作。

3. 配合做好《丹江口库区及上游水污染防治和水土保持"十三五"规划》的编制及实施工作，定期检查，强化督导、考核，积极推进"十三五"规划项目的实施。

4. 努力做好总干渠水质保护工作。严格执行《南水北调中线工程总干渠两侧水源保护区划定方案》，严把新建项目专项环保审核关，对不符合水质保护要求的项目，坚决拒之门外。

5. 做好我省南水北调工程临时用地的复垦返还工作；完成配套工程新增线路征迁工作。

6. 认真做好《南水北调工程供用水管理条例》和《河南省南水北调配套工程供用水管理办法》贯彻落实情况的监督检查工作；依法依规做好南水北调工程保护范围规定事项的行政

执法和监督检查工作。

7. 进一步完善规章制度，加强资金监管，保证资金安全。

8. 高度重视党建工作。注重加强领导班子和党员干部队伍建设；继续开展"三严三实"专题教育；扎实推进学习型、创新型、服务型党组织建设；持续抓好党风廉政建设。

2016年1月28日

关于报送南水北调工程"三先三后"原则落实情况的报告

（豫调办〔2016〕16号）

国务院南水北调办公室：

接到省政府批转的国务院南水北调办公室《关于商请报送南水北调工程"三先三后"原则落实情况的函》（国调办环保函〔2015〕58号）后，我办立即组织召开座谈会，商请省水利厅、省环保厅、省住房建设厅就南水北调受水区节水、治污、地下水压采及城镇供水等工作落实情况进行安排部署。通过一个多月的上下驱动、部门联动，完成了《河南省南水北调工程"三先三后"原则落实情况年度报告》，经省政府同意，现予呈报。

附件：河南省南水北调工程"三先三后"原则落实情况年度报告

2016年2月15日

附件

河南省南水北调工程
"三先三后"原则落实情况年度报告

第一部分：节水工作

一、节水工作开展情况和主要成效

（一）节水工作总体情况：河南省节水工作按照习近平总书记"节水优先、空间均衡、系统治理、两手发力"的重要治水思想，特别是在南水北调受水区，认真落实"先节水后调水"原则，以实行最严格水资源管理制度为主线，强化用水需求和用水过程管理，严格控制用水总量，促进水资源可持续利用和经济发展方式转变，全省用水效率稳步提高。全省2014年在GDP增速高于全国1.5个百分点、多项经济指标位居中部六省第一的情况下，用水总量控制在209.29亿m³，其中工业用水量52.5亿m³，万元工业增加值用水量28.9m³，比2010年下降37.2%，较好地完成了国家赋予我省用水总量253亿m³、万元工业增加值用水量比2010年下降29%的控制目标。

（二）法规制度建设情况：近年来，我省初步建立了以《水法》为核心，多层次法律法规、规章和政策相配套的水法规体系，使节水型社会建设有法可依，有章可循。2004年9月1日《河南省节约用水管理条例》正式施行，2013年，河南省政府制定出台了《河南省人民政府关于实行最严格水资源管理制度的实施意见》（豫政〔2013〕69号）和《河南省人民政府办公厅关于印发河南省实行最严格水资源管理制度考核办法的通知》（豫政办〔2013〕104号），完成了全省各省辖市、县级水资源管理"三条红线"控制指标分解任务。

（三）节水工作取得的主要成效：一是节水型社会建设得到进一步加强。建成郑州、济源、洛阳、安阳、平顶山5个国家级节水型社会示范区，累计命名了165家省级节水型企业（单位）、社区和灌区。二是计划用水和定额管理得到进一步加强。对《河南省用水定额》进行了第三次修订完善，对纳入取水许可管理的单位和其他用水大户实行计划管理，计划管理用户数为19665户、计划管理水量133349.594万m³，其中纳入取水许可管理的计划管理用户为5160户，计划管理水量为72397.556万m³，使用公共供水的计划管理用户为14505户，计划管理水量60952.038万m³。纳入计划管理的用水单位，按照工业、生活用水定额标准，按

年分月下达用水计划，分月或分季进行考核，并按超过计划指标幅度收取2～5倍的加价收费。三是节水技术改造稳步推进。在科学合理开发地表水、地下水的同时，积极推进开发利用再生水、雨水、矿井水等非常规水源，预计到2015年全省非常规水源利用年替代新鲜水量增加6.70亿m³以上。四是农业节水取得了突破性进展。"十二五"以来，全省先后在29处大型灌区、31处中型灌区范围内实施了续建配套与节水改造，建设154个小型农田水利项目、23个规模化节水灌溉增效示范项目，总投资达到143.631亿元。为确保我省粮食总产实现"十一连增"提供了有力支撑。五是全民节水意识明显提高。不断加大节水宣传力度，特别是在"世界水日"、"中国水周"和"城市节水宣传周"期间，精心组织，利用广播电视、报刊等多种媒体，举办节水知识竞赛等各种形式的节水宣传活动，并将节水型社会宣传活动深入到工厂车间、机关学校、城市农村、社区家庭，取得了良好的社会效益。

二、存在的主要问题和建议

（一）存在问题

1. 节约用水管理制度不够健全。《水法》规定的建立水资源的总量控制制度、定额管理制度、计划用水管理制度、节水实施的"三同时"制度、水资源论证制度等，目前国家层面没有出台如何落实这些制度的具体条例和法规，节水管理工作的主体责任划分、节水管理的程序和标准等还不够完善。

2. 节水管理机构不健全。一是市、地节水管理机构中，多数单位属于自收自支，存在重收费、轻管理的现象。二是目前节水管理机构职能与实行最严格水资源管理制度不相适应，需要进一步调整和完善。

3. 节水工程投资力度小。我省的农田水利工程大部分建于20世纪五六十年代，因受当时条件所限，工程设计标准低，建筑材料质量差。由于缺乏必要的维修、改造资金，已投入运行几十年的水利灌溉工程长期带病运行，进

一步加剧了灌区工程的老化损坏。根据对大型引黄灌区的调查，干支渠有渗漏、险工、经常冲淤等问题的渠道长度，占总长度的64.8%；存在严重老损、失效、报废的建筑物占全部建筑物46.3%。黄河灌区中的大型灌区渠系水利用系数只有0.4左右。由于种粮成本高，经济效益低，节水灌溉工程投资积极性不高，主要靠国家投资。

在工业、生活节水示范工程建设方面，缺乏财政专项经费。

（二）建议

1. 健全节约用水管理制度。从国家层面尽快出台《节水管理条例》等，严格用水定额管理、计划用水管理和建设项目节水实施"三同时"等制度的落实。

2. 抓好重点节水工程建设。继续做好大中型灌区、泵站续建配套与更新改造项目、小型农田水利重点县建设项目、规模化节水灌溉增效示范项目等现有项目的建设管理工作，加强工业、生活节水示范工程建设的投入力度，深入开展节水型社会建设。

3. 建立水效"领跑者"制度。充分发挥政府对节水技术创新的推动作用，建立财政补贴（奖补）等激励政策，对行业用水效率先进的企业、单位和生产高水效节水产品的企业实施财政激励。

第二部分：治污工作

一、治污工作开展情况和主要成效

（一）调水沿线水质总体情况

"十二五"规划确定的水质保护目标是：南水北调主要入库支流水质符合水功能区要求，渠首陶岔断面水质标准达到Ⅱ类（总氮保持稳定）；直接汇入丹江口水库的各主要支流水质标准不低于Ⅲ类，入库河流全部达到水功能区目标要求，渠首陶岔断面水质标准达到Ⅱ类（总氮保持稳定）。

2014年，国家确定的12个水质监测断面中，11个断面水质达标率均为100%，丁河封

湾断面（4月总磷超标）达标率为90%，渠首陶岔断面水质为Ⅱ类，达标率为100%，满足调水水质要求。今年1~10月，12个水质监测断面达标率均为100%，渠首陶岔断面水质为Ⅱ类，达标率为100%。国家要求的水质保护目标全部完成。干渠出境水质也达到Ⅱ类标准。

（二）治污工作政策及执法情况

一是认真执行国家产业政策，严格落实建设项目环境影响评价和"三同时"制度，严把新上项目关，凡是违反产业政策和违规建设项目，坚决实行环保一票否决。二是集中力量、硬起手腕对影响水质安全的工业点源、旅游餐饮、畜禽养殖污染等进行集中整治，有效地保护了库区及干渠沿线水质安全。三是严厉查处各类环境违法行为，对环境违法行为突出的地区实行挂牌督办、区域限批，始终保持高压态势。已拆除或关闭26家，行政处罚6家，已断电停产或长期停产7家，挂牌督办3家。

（三）治污措施及落实情况

1.督促干渠沿线水源保护区内污染源搬迁。干渠沿线各县区共关闭、取缔或搬迁禁养区内畜禽养殖污染企业200余家。

2.开展环境执法专项检查工作。通过执法检查，丹江口库区共关闭或停产整治工业和矿山企业200余家；封堵入河市政生活排污口433个，规范整治企业排污口27个；关闭、取缔或搬迁禁养区、限养区养殖户600余家；关闭或停产整治违法违规旅游、餐饮排污单位65家；拆除非法拦河筑坝29座；拆除、停建库周及汇水区违法建筑32家；停产采砂场56个；库区内41729个养殖网箱已基本拆除，有效改善了丹江口水库水质。

3.加大畜禽养殖污染治理力度。按照《国务院关于印发水污染防治行动计划的通知》（国发〔2015〕17号）规定，依法关闭或搬迁禁养区内的畜禽养殖场（小区）和养殖专业户，关闭或取缔库区及汇水区畜禽养殖业污染整治企业458家；限养区内的养殖场（小区）

和养殖专业户入驻养殖小区，完善并配套建设粪便污水贮存、处理、利用设施，并配套相应的沼液消纳土地，要求对辖区内畜禽废弃物进行集中收集和处理；禁限养区以外畜禽粪资源化利用按照减量化排放、资源化利用、生态化处置的原则，试点推广种养结合的生态养殖模式，鼓励规模养殖企业通过流转土地等方式，实现粪污的消纳，鼓励发展和推广"畜禽—沼气—农田"、"畜禽—沼气—果树"、"畜禽—有机肥—蔬菜（花果）"等循环利用生态养殖模式，通过与"土地流转、有机肥生产、循环农业"相结合，使养殖业逐步走向生态、环保、循环利用之路。

4.加大农村生活污染综合治理力度。一是积极探索实施农业面源污染防治新技术。按照国家环保部提出的"完善投融资机制、推广实用技术，探索面源污染治理模式，建立长效机制，为全国流域面源污染综合治理提供典型经验、发挥示范作用"的要求，计划利用五年时间，逐步建设垃圾粪便制肥系统、生物制剂研发、科研监测及治污设备制造中心和集约化、智能化有机农产品种植基地，实现对水源区内的农村生活垃圾、畜禽粪便、化肥农药等面源污染治理全覆盖，保障南水北调中线工程水质安全。二是推广测土配方施肥。开展土壤监测，及时掌握耕地养分变化动态，调整施肥结构，推广测土配方施肥，使水源地内配方施肥达到90%以上；大力推广新型肥料，减少肥料资源浪费和环境污染；普及科学施肥技术；加强科学施肥技术宣传和科技培训，确保科学施肥技术落实到所有农田；由水源区乡镇制定实施有机肥补助方案，对有机肥使用进行补贴；调整农业结构，加强农作物良种选育、试验、推广工作；搞好种子生产、加工、经营，加强品牌建设，推进种子标准化；推广高产、优质、抗病、抗虫品种，进一步提高优良品种和优质种子的覆盖率，减少农业化学品的投入，逐步实现全区域农业生产有机化、科学化、规范化。三是开展农业废弃物资源化利用，减少废弃物污染。大力发展沼气，推广沼渣沼液肥田、沼液根部追肥、沼液叶面喷施、沼液浸种等技术，替代并减少农药化肥使用量，发展生态农业和循环经济；搞好秸秆综合利用，研究制定秸秆综合利用规划，创新完善相关扶持政策，拓宽秸秆利用渠道，扩大资源利用数量，以严格禁烧促进综合利用，以综合利用减少秸秆污染，确保最大限度地发挥秸秆的利用效益。大力推广秸秆直接还田、过腹还田、青贮、氨化、生产沼气和生物制肥等技术，重点发展秸秆饲料、秸秆肥料、食用菌产业、生物质能等，尽快解决秸秆出路问题，从根本上消除秸秆污染。

5. 积极做好库区及干渠的环境风险防控工作。一是省环保厅函告河南省南水北调办公室，紧紧围绕防范水污染这一目标，对南水北调中线工程，开展环境风险调查，及时发现、客观分析、科学评估、充分掌握总干渠环境风险，采取相应的措施有效排除污染隐患，编制环境应急专项预案，落实应急物资储备，组建应急救援队伍。二是省环保厅以环委会名义印发《关于做好南水北调中线工程（河南段）环境应急管理工作的通知》，要求南水北调中线总干渠沿线各地人民政府，根据辖区实际，组织有关部门及相关领域的人员、专家，编制南水北调中线总干渠突发环境事件专项应急预案，并按规定完成预案的评估、发布、备案及演练等工作。三是要求沿线各地要加强环保、水利、交通运输等有关部门及上下游市（县）之间的协调联动，重点围绕信息互通共享、联席会商、联合采样监测、敏感时期预警、协同应急处置等内容，进一步建立、完善应急联动机制。

目前，南水北调中线工程建设管理局已完成环境应急预案编制工作，现正在所涉及县区进行报备；郑州、焦作、南阳、新乡市政府已完成南水北调环境应急预案编制和发布工作，安阳市政府编制、发布了饮用水水源地环境应急预案，平顶山、鹤壁、许昌市政府南水北调

环境应急预案已编制完成，正在进行报批程序，邓州市正在编制；沿线二级保护区内企业环境应急预案编制率为60.5%，预案备案率为34%。

（四）水源保护区管理情况

1. 划定丹江口水库饮用水源保护区。准确、合理划定丹江口水库饮用水水源保护区，关系到丹江口水库水质的保护和库区周边社会经济的发展和稳定。省政府高度重视保护区划分工作，组织省环保厅、省水利厅、省南水北调办、省卫生厅、省测绘局、省住房城乡建设厅、省国土资源厅以及洛阳、三门峡、南阳、邓州4市政府，召开专题会议，研究保护区划分工作。为推动此项工作开展，省环保厅多次召集有关部门商讨划分事宜，并划拨专项经费用于保护区的划分工作。今年4月，省政府签批了《丹江口库区（河南辖区）饮用水水源保护区划》，划定保护区总面积1595.89km²（一级47.06km²，二级253.57km²，准保护区1295.26km²），丹江口饮用水水源保护区的划定，为今后控制库区排污项目建设、环境执法以及确保水环境安全提供了有力保障。

2. 划定了干渠沿线水源保护区。为切实加强南水北调中线一期工程总干渠（河南段）两侧水源保护，保障用水安全，2010年7月，省政府签批了由南水北调办、环保厅、水利厅、国土厅共同组织划定的南水北调中线一期工程总干渠（河南段）两侧水源保护区。南水北调中线一期工程总干渠在我省境内的工程类型分为明渠和非明渠。按照国调办环移〔2006〕134号文件规定，总干渠两侧水源保护区分为一级保护区和二级保护区。

3. 加强库区及渠首应急能力建设。2014年10月，总投资1.46亿元、总建筑面积7834m²的渠首环境监测应急中心建成投运，初步具备饮用水水质109项因子的监测能力，在环库区建设了12个水质自动监测站和3个浮标站，实现了对整个汇水区水质的自动在线监测监控。我省和湖北、陕西建立了水质预警联动应急机制，进一步加大对库区和主要入库河流的巡查

和会商频次，及时互通信息、及时联防联控，确保水质安全稳定。

二、存在的主要问题和建议

1. 面源污染问题仍很突出。建议"十三五"期间国家要加大南水北调中线水源区总氮、总磷治理力度。据初步测算，目前丹江口库区水源区内总氮、总磷的排放绝大部分来自农业化肥农药施用和畜禽粪便直接排入环境中，其中畜禽粪便直接排放产生的化学需氧量又占了汇水区化学需氧量排放总量的50%。加上农村生活污水直排、垃圾随意倾倒等，面源污染成为影响丹江口水库水质总氮超标、总磷过快增长、部分河流控制断面水质不能稳定达标的重要因素。建议"十三五"期间国家加大总氮、总磷治理力度，进一步调整水源区产业结构、种养殖结构和布局，减少涉氮磷排污单位、畜禽养殖以及化肥农药带来的氮磷污染；加大水土保持工程建设力度，防止和减少因水土流失造成的氮磷污染。

2. 有一些关系国计民生的重大工程项目穿越南水北调中线总干渠及其保护区，亟须国家从法律层面上对穿越南水北调中线的一些重大项目进行规范。随着我省乃至我国经济、社会快速发展，急需建设一些关系国计民生的重大工程项目，如西气东输、石油管线、高速公路、高速铁路等项目，截至目前，共建设蒙西、宁西、郑万、郑合、太原至焦作5个铁路项目，商丘至登封、科学大道西延工程、机场高速3个公路项目，蓝天燃气、昆仑燃气2个燃气项目。由于南水北调中线由南至北穿过我省，这些项目不可避免地需要穿越南水北调中线总干渠及其保护区。这些项目的建设，势必会对总干渠水环境造成一定风险。如果简单地禁止此类项目建设，势必也会影响我省乃至全国的经济、社会发展。因此，亟须国家从法律层面上对穿越南水北调中线的一些重大项目进行规范。

3. 南水北调中线总干渠沿线有些企业是南水北调工程建设之前就开工建设的，目前相关的环保手续无法办理，企业搬迁资金匮乏。建议国家对南水北调工程建设开工前存在的企业给予政策和搬迁资金方面的支持。

4. 亟须国家出台南水北调中线生态补偿制度。南水北调中线水源区各市县经济社会发展水平普遍落后，财政十分紧张，面临着水质保护和经济社会发展的艰巨任务和双重压力，水源区发展愿望迫切与发展空间受限形成强烈反差。为做好南水北调中线工程的水质保护工作，希望国家尽快研究建立南水北调中线饮用水水源保护区生态补偿制度。另建议进一步支持环保系统的环保能力建设，加大资金投入，加强人员配备，以便于能够准确研判丹江口库区及上游环境质量状况和趋势，及时采取水质改善措施。总干渠在我省境内线路长，保护区面积大，达 3054.43 km²，占我省国土面积的 1.83%，很大程度上限制了地方的发展空间，打乱了原有的规划布局，一些工业企业和居民需要搬迁。也亟须国家出台相应的补偿办法，确保社会稳定发展。

第三部分：地下水压采工作

一、地下水压采工作开展情况

（一）地下水压采工作进展

1. 年度水情概述

2014年10月29日，水利部印发《南水北调中线一期工程2014~2015年度水量调度计划》（水资源〔2014〕349号），明确河南省2014~2015年度南水北调分水口门引水计划20.09亿 m³，其中引丹灌区用水6亿 m³，城市水厂用水7.41亿 m³，通过分水口门生态用水4.77亿 m³，充库调蓄1.91亿 m³。

中线工程正式通水以来，我省南水北调工程供水运行平稳。截至2015年10月31日，全省累计有29个口门及3个退水闸开闸分水，累计向引丹灌区、33个水厂、禹州市颍河供水、3个水库充库及郑州市西流湖、鹤壁市淇河生态补水，供水目标涵盖南阳、漯河、平顶山、许昌、郑州、焦作、新乡、鹤壁、濮阳9个省辖市及省直管邓州市，供水累计7.38亿m³，占年度计划供水总量的36.74%，其中，引丹灌区实际用水3.32亿m³，占引丹灌区年度计划用水量的55.30%；城市水厂实际用水3.66亿m³，占城市水厂年度计划用水量的49.44%；充库调蓄实际用水0.0683亿m³，占充库调蓄年度计划用水量的3.58%；生态用水0.33亿m³，占年度计划生态用水量的6.94%。

若考虑干线工程正式通水时间滞后至2014年12月12日，相应核减正式通水前该时段供水计划量，则我省2014~2015年度全年引水计划为17.59亿m³，全省截至2015年10月31日供水量完成计划的41.96%，其中，引丹灌区供水量完成计划的63.93%；城市水厂供水量完成计划的53.79%；充库调蓄供水量完成计划的4.92%；生态用水供水量完成计划的7.86%。

在年度水量调度计划执行阶段，我省根据有关文件要求制定了月用水计划。据此统计，全省2014~2015年度累计应接水用水8.64亿m³，其中引丹灌区用水4.02亿m³，城市水厂用水4.29亿m³，充库调蓄0.075亿m³，生态用水0.26亿m³。截至2015年10月31日全省实际接水用水完成计划的85.36%，其中引丹灌区实际完成计划的82.54%；城市水厂实际完成计划的85.36%；充库调蓄实际完成计划的91.11%；生态用水实际完成计划的127.05%。

2. 有关地下水管理保护的政策制定情况

为推进实行最严格水资源管理制度，严格地下水管理和保护，促进水资源可持续利用，2014年11月，我厅组织制定了《河南省地下水管理暂行办法》并印发全省。二是制定并下发《河南省人民政府关于公布全省地下水禁采区和限采区范围的通知》。按照国务院《关于实行最严格水资源管理制度的意见》（国发〔2012〕3号）关于"各省、自治区、直辖市人民政府要尽快核定并公布地下水禁采和限采范围"的要求，综合考虑替代水源条件、超采程度、重点基础设施和中药文物保护等因素，省

政府制定下发了禁、限采区范围文件，并对地下水禁采区和限采区提出了严格的管理措施，要求"南水北调工程受水区县级以上政府要统筹配置南水北调工程供水和当地水资源，严格控制地下水开发利用"。

3. 压采方案制定情况

2013年，《国务院关于南水北调东中线一期工程受水区地下水压采总体方案的批复》文件下发后，我省组织受水区11个省辖市及相关直管县技术人员，共同编制《河南省南水北调中线受水区地下水压采实施方案》（以下简称《实施方案》），主要内容包括受水区地下水开发利用情况调查、超采区评价、压采替代水源分析、压采目标核定、压采工程措施与保障措施。压采主要目标为：通过5~10年努力，至2020年左右，受水城区总体压采2.7亿m³，城区浅层地下水采补平衡，深层承压水除少量特殊需求外，其余开采户原则上停止开采。《实施方案》将我省压采目标细化分解至受水区各县（市）。

4. 压采方案实施情况

2014年12月，经省政府同意，省水利厅、省发改委、省财政厅、省住建厅、省南水北调办等五厅局联合下发了《关于印发〈河南省南水北调受水区地下水压采实施方案（城区2015~2020年）〉的通知》，以受水区城区、开发区、工业聚集区、园区等为重点，计划到2020年，全省受水城区地下水压采总量为2.7亿m³，城区浅层地下水实现采补平衡，城区深层承压水原则上停止开采，城市地下水环境状况将得到显著改善，要求各有关省辖市、直管县（市）人民政府抓紧落实《实施方案》。

为尽快落实《实施方案》，2015年3月省水利厅下达了《关于上报地下水压采实施方案和2015年度地下水压采计划的通知》并列入2015年度考核计划。各地也按照通知要求组织开展了本辖区范围的地下水压采实施方案和2015年度压采计划的编制工作。

（二）地下水压采工作的主要成效

截至目前，全省11个省辖市、2个直管县（市）2015年度总计完成地下水压采量6485万m³，其中城区地下水压采量5739万m³，封停自备井525眼，占2015～2020年总体压采目标的22%，基本实现了全年的地下水压采计划目标。其中许昌市、漯河市、平顶山市、郑州市超计划完成压采目标。

（三）开展南水北调中线受水区地下水压采专项检查

为进一步推进南水北调受水区地下水压采，促进南水北调用水计划的落实，根据省政府主要领导批示精神，省水利厅、住房城乡建设厅、省南水北调办公室近期联合下发文件，并组成3个检查组，分别有省水利厅、住建厅、南水北调办一位副厅级领导带队，于去年11月11~17日对受水区各市县开展了全方位的地下水压采专项检查。

二、存在的问题及原因分析

（一）存在问题

我省2014~2015年度水量调度计划执行情况不理想，除了通水第一年各地对于用水计划上报理解不够、把握不够外，客观上主要有以下原因：

1. 受水水厂建设进展较慢

根据水行政主管部门批复的2014~2015年度水量调度计划，本年度计划建成通水42座，供水能力391.7万m³/d。目前已建成43座，受用户少等因素影响，实际仅有33座水厂接水，日平均实际供水量166万m³，受水能力也没达到334万m³/d的设计规模。配套水厂是根据经济社会发展需要做的提前规划，短期内难以全部到位，加之地方财力有限，致使在建受水水厂建设进展迟缓，前期工作滞后，部分原规划建设的水厂地方提出缓建建议，受水能力增长缓慢。．

2. 农业和生态用水计划难以落实

引丹灌区分水6亿m³为农业用水，农业用水受到降雨多少和农民灌溉需求的客观影响较大，计划落实具有不确定性。各地上报的生态

用水计划，是为了充分发挥南水北调工程运行初期对于超采区地下水补水的社会效益。各地在上报用水计划时，希望生态用水价格较城市生活用水有较大优惠，地方财力能够负担，但实际发布的南水北调水价高于预期，通过分水口门生态用水需要正常缴费，地方难以负担，大部分市县只好割舍了生态用水。

3. 供水成本压力较大

受水区部分市、县财政比较困难，现有城市供水水价较低，使用南水北调水源后，制水成本大幅提高，加大了地方财政负担，部分城市和水厂用南水北调水积极性不高，加上部分城市公共供水普及率偏低，企业供水能力不能充分发挥，影响了用水计划的执行。

（二）有关建议

目前，南水北调中线工程运行尚属初期，各种因素磨合尚需进一步探索。为充分发挥工程的综合效益，在地方配套水厂建设没有完全到位、接纳水量达到规划水平前，建议国家研究确定生态补水政策，合理制定生态用水水价，并统筹考虑丹江汛期弃水，鼓励沿线城市在丹江口可供水量尚有空间的情况下适当加大用水量，缓解沿线省市生态恶化和地下水下降趋势。

第四部分：附件和附表（略）

河南省南水北调办公室关于2015年度领导批示和签报办理情况的通报

（豫调办〔2016〕17号）

机关各处室：

按照《河南省人民政府办公厅关于进一步加强政府督促检查工作的通知》（豫政办〔2014〕183号）精神和办领导要求，督查室对2015年度省领导批示我办落实事项和办领导批示办理情况进行了重点督查，对2015年10月

份以来机关各处室签报运转闭合情况进行了全面检查。现将有关情况通报如下：

一、具体情况

2015年，督查室办理督查督办事项103件，其中各级领导批示66件，机关处室签报37件。从总体情况看，机关各处室、各项目建管处能够按照办领导要求，认真调查研究，积极主动协调，严格按照时间节点要求，较好地完成了办理工作。

2015年各处室办理领导批示及签报情况统计表

处室	领导批示		内部签报	
	主办	办结	主办	办结
综合处	29	29	9	9
投资计划处	9	9	1	1
经济财务处	0	0	0	0
环境移民处	15	15	3	2
建设管理处	9	8	6	6
监督处	1	1	0	0
机关党委	0	0	4	4
审计监察室	3	3	13	13
质量监督站	0	0	0	0
基建处	0	0	1	1
机关工会	0	0	1	1
共计	66	65	37	35

截至2016年1月底，环境移民处1件签报正在按照时间节点办理。具体情况为：

2015年11月26日，环境移民处以环移签〔2015〕2号报告：为做好"中国南水北调博物馆"立项工作，我处计划印制《中国南水北调博物馆宣传册》200本，并将去年制作的申办专用PPT进行升级完善，以满足申办工作竞争需要。进展情况：宣传册调整为600本，目前正在编制中，2月底前完成。

建设管理处主办的1件领导批示和投资计划处主办的1件签报已逾期。具体情况为：

2015年9月10日，王铁副省长在省政府来文252号《关于商请尽快解决南水北调中线工程郑州市段左排建筑物水泉沟排水渡槽排水通道问题的函》上批示：即请正才、福平同志研究解决，确保中线郑州段水质安全，告果。刘正才主任批示：请建设处协调省防办、郑州市加快处理，结果专报王铁副省长。进展情况：建设管理处多次协调，鉴于该问题环节多，情况复杂，须待郑州市有关单位上报相关材料后研究办理。

2015年12月7日，投资计划处以豫调建投签〔2015〕1号报告：濮阳市南水北调办以《濮阳市南水北调办公室关于供水供气供暖管道邻接南水北调输水管道施工的请示》（濮调办〔2015〕32号），请示我办对《濮阳市教育园区供水供气供暖工程邻接河南省南水北调受水区濮阳供水配套工程35号口门沿绿城路段专题设计报告》进行审批，但穿越单位已在来文之前完成了施工。杨继成副主任批示：同意。进展情况：投资计划处已通知濮阳市南水北调办协调穿越单位对现状进行安全评价后，报省办审批。濮阳市南水北调办已协调穿越单位，穿越单位至今未报安全评价报告。

二、存在问题

一是个别处室未按照要求的时限完成领导批示和签报办理事项，且未及时反馈延期原因和当前进展情况；二是个别处室办理完毕领导批示和签报后，未将领导批示件、签报和办理情况等材料及时移交综合处存档；三是个别处室签报未按照公文运转程序办理，办领导批示后，未纳入督查督办登记台账管理。

三、有关要求

为切实改进工作作风，提高工作效率，确保各级领导批示和办领导交办的事项能够件件有落实、事事有回音，结合一年来督查督办工作实际，就有关问题要求如下：

1. 明确责任。各处室主要负责人为承办事项的第一责任人，在接到领导批示后，要落实具体承办人，在要求的时限内办理相关事项。

2. 限时办理。机关各处室要按照《河南省人民政府办公厅关于进一步加强政府督促检查工作的通知》（豫政办〔2014〕183号）的要求：对于需要落实的事项，有明确办结时限要求的，要按照要求的内容和时限及时报告，对没有明确办结时限的，一般要在文件签发或领导批示后1个月内办结；对中央和省委、省政府领导同志批示及交办事项，一般要在20日内办结；领导有特殊要求的，要特事特办，及时报送进展情况。需要延期办理的，承办处室要在要求时限内将办理进展情况、拟采取的措施书面报送至督查室，办结后及时报送办理结果。

3. 规范流程。机关各处室要严格按照程序办理内部签报。原则上一事一报，签报成稿后由各处室自行编号，交综合处审签、运转，纳入督查室督查督办登记台账管理。领导批示和签报办结后要及时移交综合处存档。

督查室将定期对各处室办理领导批示和签报情况汇总通报。

附件（略）：1.2015年度领导批示督办台账
2.2015年度河南省南水北调办签报办理情况台账

2016年2月16日

关于河南省南水北调工程运行管理例会工作安排和议定事项落实情况的通报

（豫调办〔2016〕20号）

中线局河南分局、渠首分局，各省辖市、省直管县（市）南水北调办，机关各处室、各项目建管处：

河南省南水北调工程运行管理第八次例会于2016年1月10日在郑州召开，会议确定了12大项工作安排和议定事项。按照运管例会制度要求，省办监督处组织人员对所确定的工作安排和议定事项落实情况进行了督办。截至2月16日，12大项中的17小项工作安排和议定事项，已落实14项，正在落实3项。根据第八

次运管例会要求，监督处组织人员对前七次运管例会工作安排和议定事项落实情况进行了梳理督办，第一至七次例会共确定的105小项工作安排和议定事项中，当次例会后已落实的有44项，在随后的例会上做了进一步调整或强调的有35项，经梳理需继续督办的有26项。截至2月16日，需继续督办的26项中，已落实10项，正在落实16项。现将落实情况通报如下：

一、第八次运管例会工作安排和议定事项落实情况

（一）配套工程应急抢险队伍。按照工程防汛和相关突发事件应急抢险要求，分片区组建应急抢险队伍，为应急抢险提供保障。由省办运管办负责编制方案，尽快明确配套工程应急抢险队伍。

落实情况：省办运管办已起草配套工程非招标项目采购管理办法，待审定后印发。根据该办法，采取竞争性谈判或询价方式采购以明确配套工程应急抢险队伍。

（二）配套工程外接电源。由相关市南水北调办（配套工程建管局）负责，按照工程变更，编制配套工程外接电源变更方案，重新按程序报批，抓紧实施。

落实情况：许昌、鹤壁、濮阳已落实，平顶山、焦作已上报待批，南阳、郑州、安阳、漯河、新乡、周口正在落实。

（三）干线工程质保金。为缓解施工单位资金压力，确保农民工工资支付，由各项目建管处负责，按照合同规定，清理核算各标段质保金，多扣的质保金于春节前予以返还。

落实情况：安阳、新乡、郑州、平顶山、南阳段建管处已落实。

（四）干线工程缺陷处理。一是各项目建管处要做好对接，对原台账中2015年12月12日前发现的质量缺陷，按照谁的责任谁负责的原则，明确责任单位，属各项目建管处负责整改的，抓紧处理到位；二是2015年12月12日以后新发现的质量缺陷，原则上由干线工程运

管单位自行处理。

落实情况：平顶山、郑州段建管处已落实，安阳、新乡、南阳段建管处正在落实。

（五）水质污染风险点。由省办环境与移民处负责，加强与省环保厅沟通，对各水质污染风险点分门别类研究处理方案，逐步解决。

落实情况：省办环境与移民处已发文协调省环保厅，省环保厅同意开展联合执法检查，分类研究处理方案，逐步解决。

（六）总干渠35kV线路运维。由中线局河南分局、渠首分局负责，抓紧拿出总干渠35kV线路运行维护方案；省南水北调办负责与电力公司协调，合力保证总干渠35kV线路正常运行。

落实情况：中线局关于35kV线路运维正在招标，预计5月份运维单位能进场。

（七）纪要事项督办。由省办监督处负责，与相关处室进行对接，对前七次运管例会明确的议定事项及下一步工作落实情况进行梳理，明确需继续督办的事项，确保工作落实到位。

落实情况：监督处已落实。

（八）全力以赴，保证春节期间工程运行安全。一是严格运行调度和现地操作，杜绝违章违规；二是加强工程安全巡查，认真贯彻执行《河南省南水北调受水区供水配套工程巡视检查管理办法（试行）》（豫调办建〔2016〕2号），尤其是春节期间，要落实好相关制度，确保及时发现问题、及时解决问题，保证供水安全；三是要加强沟通，出现问题及时通报，确保工程上下衔接；四是各省辖市、省直管县（市）南水北调办要建立和完善断水应急预案，并加强演练，省南水北调办春节后将组织许昌市配套工程进行断水应急实战演练，许昌市南水北调办要做好各项准备工作；五是省办质量监督站在对工程尾工质量进行监管的同时，要加强对配套工程运行管理监督，编制监督检查工作方案，对配套工程运行监督管理要到位，保证工程运行安全。

落实情况：上述前四项工作各市已基本落实；第五项工作省办质量监督站通过督促检查，工程运行平稳，保证了春节期间正常供水；考虑编制配套工程运行监管实施办法涉及面广、技术性强等，经领导同意，已委托省水利厅质监站编制，目前文字部分初稿已完成，附表正在编写。

（九）多措并举，保证农民工工资足额支付。一是各有关单位要对农民工工资支付问题进行梳理，明确重点，采取相应措施；二是落实施工单位主体责任，先行告知施工单位，如出现问题，将采用约谈、通报、网上公示等方式处理；三是加快问题标段变更索赔的处理，具备条件的抓紧批复；四是加强沟通协调，积极应对，把矛盾消解在基层，维护稳定。

落实情况：各有关单位已基本落实；省办建设管理处印发了《关于解决农民工工资问题的紧急通知》（豫调办建〔2016〕5号），加强对拖欠农民工工资标段监督监管，对失信单位加大惩罚力度。已向6家施工单位后方总部发函，春节前约谈多家施工单位，督促其切实担负清欠农民工工资主体责任。节前未发生大的信访事件，整体情况稳定。

（十）踏实工作，高效推进变更索赔审查审批。一是完成收口，分级负责，确保年底前完成申报收口工作；二是严控标准，做好咨询、审查工作，符合要求的按程序报批，不合要求的要坚决批回；三是制定计划，明确目标落实责任，逐步抓好落实；四是认真负责，敢于担当，把好初审关。

落实情况：各相关单位按照例会和省办有关文件要求正在落实。

（十一）措施到位，确保工程建设质量和安全。工程尾工建设要按计划稳步推进，保证质量，当前继续施工的要编制冬季施工方案，落实保证措施。省办质量监督站要加强监管，保证质量安全不出问题。

落实情况：省办质量监督站通过督促检查，冬季施工技术措施基本到位，截至目前，工程质量处于受控状态。

（十二）积极探索，稳步推进配套工程规范化运行管理。一是人员要到位，各省辖市、省直管县（市）南水北调办招聘运管人员要分层级、按需进行，稳步推进，省办运管办尽快下发关于泵站代运行委托项目管理办法，各相关单位遵照执行；二是制度要到位，进一步完善运行管理制度体系，做到全覆盖，用制度规范运行管理；三是培训要到位，由省办监察审计室牵头，建设管理处配合，制定培训计划，对运行管理人员进行分期、分批、分级培训，各省辖市、省直管县（市）南水北调办要制定相应的培训计划，并抓好落实；四是经费要到位，由省办财务处牵头，各省辖市、省直管县（市）南水北调办配合，咨询相关专家，抓紧批复年度运行费用预算，做好预算管理，保障运行管理费用到位。

落实情况：省办运管办已印发《关于印发〈河南省南水北调受水区供水配套工程泵站代运行管理办法（试行）〉的通知》（豫调办〔2016〕14号）；已建立了基本的运行管理制度体系，涉及供水调度、维修养护、巡视检查、工程保护、运管费用、泵站代运行及突发事件应急预案等方面；省办监察审计室已于1月底印发了《河南省南水北调办公室2016年度干部职工培训计划》；省办财务处已委托事务所对预算进行审核，待初审后报办领导批复下达；有关工作事项各市已按照例会要求基本落实。

二、第一至七次运管例会需继续督办落实的工作安排和议定事项落实情况

（一）第一次例会

1. 运管费用标准。各省辖市、县南水北调办制定辖区内具体的管理制度和操作规程，规范工程运行、安全巡查、维护、检修及安保等管理行为。

落实情况：周口、鹤壁市已落实，其余市已在当期落实。

2. 工程设施保护。对破坏工程设施、私自关阀、接管窃水等违法行为，各省辖市、县南水北调办应依靠地方政府，协调有关部门依法打击，绝不手软。其他工程非法穿越项目，各省辖市、县南水北调办应加强巡查，坚决制止，必要时报省办查处。

落实情况：周口、许昌、焦作、漯河市已落实，其余市已在当期落实。

（二）第二次例会

郑州航空港区污水应急处理。建设管理处负责，再次与航空港区协商，明确征地补偿费用标准，尽快审批实施或报中线局。

落实情况：港区市政已采取工程措施落实。

（三）第三次例会

1. 水泉沟左排渡槽排水出路。由建设管理处负责协调，请省防办发函督促郑州市防汛主管部门采取措施，并开展现场督查，尽快解决水泉沟左排渡槽排水出路问题。

落实情况：建设管理处已向郑州市水务局发函（《关于郑州段水泉沟排水渡槽安全度汛存在问题的函》豫调办建函〔2015〕23号），该项工作仍在落实中。

2. 澎河分水水量计量设施。由投资计划处负责，组织设计单位研究，提出澎河分水入库水量计量方案。

落实情况：投资计划处正在落实。

3. 尖岗水库入库方案。由郑州市南水北调办提交尖岗水库入库方案变更设计建议，投资计划处负责组织设计单位研究，确定方案并督办落实。

落实情况：郑州市南水北调办正在落实，尚未完成。

4. 水污染事件应急预案。由环境移民处负责，加强与中线局和环保部门沟通协调，组织制定省南水北调工程水污染事件应急预案，明确报告制度、应急工作机制、措施等相关事宜。

落实情况：环境移民处组织制定了省南水北调工程水污染事件应急预案并已初审，目前正在征求各市意见。

5. 攻坚克难，加快工程收尾和工程验收。由建设管理处负责，制定详细的尾工和验收工作计划，正式下发并督促落实。

落实情况：已基本落实。建设管理处已下发《关于加快推进河南省南水北调配套工程验收工作的通知》（豫调办建〔2016〕4号），截至2015年12月底，土建工程合同验收按验收计划全部完成。

（四）第四次例会

1. 防汛物资移交接管。委托项目辖区内储备的防汛物资，由省建管局各项目建管处负责协调、对接，配合中线局三级管理处尽快完成移交接管工作。

落实情况：新乡、南阳建管处已全部移交，其余建管处已当期全部完成移交。

2. 配套工程安全巡查、检修进地。省建管局原则同意对配套工程安全巡查、检修进地进行征用，由各市配套工程建管局根据工程实际并结合运行管理需要，上报征用方案；省建管局投资计划处牵头，会同环境移民处和建设管理处，研究确定合理土地征用方式并组织实施，其中，投资计划处负责审查征用方案和投资，环境移民处负责征地手续办理、实施和资金拨付，建设管理处会同各市配套工程建管局制定方案。

落实情况：建设管理处已督促各市配套工程建管局尽快制定并上报方案。漯河、许昌、安阳已上报，南阳、平顶山、郑州、新乡、焦作、濮阳、周口、鹤壁正在落实。

3. 配套工程建设监理延期服务费。由各市配套工程建管局按照省建管局文件要求，核定监理服务人数和延期时间，测算延期服务费并上报，省建管局投资计划处牵头，会同建设管理处审批。

落实情况：漯河已上报，南阳、许昌、平顶山、郑州、焦作、新乡、鹤壁、濮阳、周口、安阳正在落实。

（五）第五次例会

1. 新乡段工程。新乡段沧河渠道倒虹吸防护工程用地权属争议，由省办建设管理处会同省移民办、新乡市南水北调办、鹤壁市南水北调办等单位现场协调解决。王门尾水渠工程13.88亩用地由新乡市南水北调办负责落实。西孟庄洼地处理工程调整方案，省局近日批复，尽快组织实施。

落实情况：截至本次督办，新乡段沧河倒虹吸防护工程用地权属争议问题已解决，目前正在施工；王门尾水渠工程用地已移交；西孟庄洼地处理工程调整方案，省局已批复。

2. 干线工程委托段安全监测工作移交。由省局建设管理处对接中线局渠首分局、河南分局，发文明确移交及配合相关要求，各项目建管处做好协调、对接，尽快完成移交。

落实情况：截至2015年11月底已完成移交工作。

3. 维修养护计划。各省辖市、省直管县市南水北调办要按照维修养护管理办法要求，抓紧组织编制下一年度维修养护计划及预算，10月底完成并上报。

落实情况：截至本次督办，各省辖市已完成上报。

（六）第六次例会

1. 水量计量争议。对计量偏差较大的口门线路，省办运管办牵头，中线局河南分局、渠首分局有关部门配合，按照9月2日会议纪要（省办〔2015〕23号）确定的原则，根据现有条件，制定计划，开展现场原位试验，为下一步流量计率定及水量计量争议解决提供依据。

落实情况：省办运管办已梳理水量计量偏差较大并且具备现场原位试验条件的口门线路，拟根据各市、县南水北调办协调的情况，对具备条件的近期开展试验。

2. 36号线路泵站运行水位。针对运行初期水位低的设计问题，由省办运管办牵头，组织设计单位研究，拿出解决方案，尽快采取措施，保证安全运行。

落实情况：泵站机组已排查完毕，省办运管办拟于近期组织干渠、配套工程设计单位赴现场研究提出解决方案。

3. 总干渠调度支持。兰河节制闸左孔闸门共振处理、山门河暗渠检修闸门闭水试验均需总干渠调度支持，由省局建设管理处牵头，相关项目建管处配合，向中线局发函，协调调度支持。

落实情况：建设管理处已向中线局发出了《关于南水北调中线工程焦作2段山门河暗渠闸门闭水试验调度支持的函》（豫调建建函〔2015〕56号），经协调，兰河节制闸左孔闸门共振处理已完成；山门河暗渠检修闸门闭水试验的现场准备工作早已就绪，已多次协调，因运管单位调度问题定不下来，故闭水试验无法进行，目前正在继续协调。

4. 各市配套工程建管局要加快配套工程扫尾进度。

落实情况：焦作、许昌、濮阳已完成，南阳、平顶山、漯河、周口、郑州、新乡、鹤壁、安阳等八市均不同程度存在剩余尾工未完成情况。

5. 各市、县南水北调办要按照9月2日会议纪要（省办〔2015〕23号）要求，继续做好水量计量确认工作。

落实情况：鹤壁、南阳、平顶山、濮阳、许昌、郑州已当月落实；截至本次督办，漯河、焦作、安阳已落实，新乡正在落实；周口尚未通水。

6. 各市、县南水北调办要加强协调，做好水费征缴工作。

落实情况：许昌、郑州已落实。

南阳市2014-2015年度应缴纳基本水费8129.17万元，截至2016年2月14日，已转至市南水北调办征缴专户7551.13万元，占应缴纳金额的93%；目前已上缴至省办2500万元；

平顶山市水费征缴问题已上报市政府，等待市政府常务会议通过后向各县市区政府发催缴函。

漯河市完成水费征缴57万元。

焦作市办已与各县签订供水协议，并已下发催缴通知。

新乡市已专题行文上报市政府，市委常委王晓然批示要求各县市区据实缴纳水费，待市长及常务副市长批示后将正式启动水费征缴工作。

鹤壁市春节前已上交水费3800万元。

濮阳市已上交1100万元，剩余计量水费正在催缴中，基本水费1111万元所需资金市财政正在积极筹措中。2015-2016年度基本水费已建议市财政局列入2016年市财政预算支出。

安阳市已缴纳基本水费4103.3万元，向欠交的汤阴、内黄县和安钢集团送达了催缴通知，并已报市财政局，列入2016年度预算指标。

7. 各市南水北调办及现场建管处要加强组织协调，着重解决征迁、环境及施工安排方面存在的问题。

落实情况：南阳、郑州、鹤壁、安阳已当期落实；许昌、焦作、漯河、濮阳已落实。平顶山、新乡、周口正在落实。

8. 按照"谁的问题谁负责、谁的责任谁承担"原则，各市配套工程建管局要抓紧解决硅芯管遗留问题，进一步加快自动化系统建设。

落实情况：鹤壁、新乡、濮阳已当期落实，南阳、平顶山、许昌、郑州截至本次督办时已落实，焦作、漯河、安阳、周口正在落实。

（七）第七次例会

1. 规范运行管理。各省辖市、省直管县（市）南水北调办要逐步充实运行管理专业人员，加强培训，满足工作需要。对于专业性较强的泵站运行管理，目前不具备条件的，从2016年起须通过招标选择运行维护单位，具体方案由省办运管办研究明确。

落实情况：省办运管办已印发《关于印发〈河南省南水北调受水区供水配套工程泵站代

运行管理办法（试行）》的通知》（豫调办〔2016〕14号）。安阳、焦作、濮阳、新乡、许昌、南阳当期已落实；截至本次督办，平顶山、漯河已落实，鹤壁、郑州、周口正在落实。

2. 完善运行管理设施。由运管办牵头，各省辖市南水北调办（建管局）配合，汇总梳理配套工程运行管理设施存在的问题，组织设计单位研究，逐步完善供水安全设施和管理人员生活设施。

落实情况：运管办已将汇总整理的问题提交设计单位研究，拟于近期召开设计单位和各市县南水北调办参加的专题会议研究解决方案。

3. 加大督办力度，确保清丰、博爱县供水工程年底前开工。省局建设管理处及时报批博爱县供水工程开工报告、办理质量监督手续，组织制定并下发建设计划。

落实情况：省局建设管理处已批复开工报告，但质量监督手续未办理，建设计划未下发。

4. 强力协调推进，确保跨渠桥梁年底前全部移交。剩余未移交的15座跨渠桥梁，焦作、新乡、平顶山市南水北调办要进一步加大协调力度，积极向市领导汇报，争取相关主管部门支持，确保年底前完成桥梁移交工作。

落实情况：新乡、焦作已完成移交。平顶山剩余4座桥梁公路局已提出维修方案，正在协调下一步委托施工有关事项。

2016年2月19日

关于开展南水北调防汛检查暨防洪影响处理工程建设督查的通知

（豫调办〔2016〕32号）

郑州、平顶山、安阳、鹤壁、新乡、焦作、许昌、南阳、邓州市水利局、南水北调办，南水北调中线局河南分局、渠首分局，各南水北调

左岸防洪影响处理工程建管单位：

为做好我省南水北调工程防汛工作，推动防洪影响处理工程建设进度，按照省政府工作要求，南水北调中线河南段防洪影响处理工程建设协调小组联合省防汛抗旱指挥部办公室，于4月12～20日，对南水北调工程防汛工作进行检查，对防洪影响处理工程建设进行督导（详见附件），请各有关单位做好配合准备工作。

特此通知。

附件：南水北调河南段工程防汛检查暨防洪影响处理工程督导工作方案

2016年4月11日

附件

南水北调河南段工程防汛检查暨防洪影响处理工程督导工作方案

为落实省政府关于我省南水北调工程防汛工作及防洪影响处理工程的安排部署，加快工程建设进度，确保今年汛前建成防洪影响处理工程的总体建设目标，南水北调中线河南段防洪影响处理工程建设工作协调小组会同省防办，决定对南水北调总干渠防汛工作进行检查，对南水北调中线河南段防洪影响处理工程的建设情况进行督查。具体方案如下：

一、督查主要内容

（一）南水北调总干渠防汛工作

一是防汛责任制落实情况。工程运行管理防汛组织机构、制度是否健全，责任是否明确。

二是度汛方案制定情况。是否制订了度汛方案，方案是否合理，是否经主管部门审查批复。

三是防汛预案制定情况。预案是否制定且具有可行性，发生险情时抢护和安全转移措施是否落实，预警方式、转移路线、地点和工具是否明确。

四是防汛物料储备情况。检查工程管理单位物料是够按照定额或预案需要储备，物料的

存放、保管是否规范，是否制定调运预案。

五是防汛抢险队伍落实情况。检查工程管理单位抢险队伍是否已登记造册，真正落实到每一个队员。

六是工程防汛措施落实情况。各单位对工程防汛措施是否完善，损坏设施是否更换等。

（二）防洪影响处理工程建设

一是建设环境和征迁方面。了解在建设环境和征迁方面还存在哪些问题，能否及时提供施工用地，是否存在工扰民、民扰工现象。

二是制约标段开工突出问题方面。重点了解已招标标段未开工标段，存在的影响项目开工突出问题的解决情况，帮助协调尽快解决，力争尽快开工建设。

三是关于个别标段建设方案未定问题，了解方案对接、协调、编制、审批情况，加快方案确定进程。

四是关于已开工标段建设进度方面。主要检查施工标段管理人员到位、设备资源投入及现场施工组织情况，检查施工进度计划执行情况等。

二、督查分组及检查方式

为提高督查效率，分为两个督查组，以黄河为界分黄河南、北两个片区，分片督查：

第一督查组

组　长：杨继成

成　员：石世魁　雷淮平　赵连峰
　　　　吴建刚　傅又群

负责对南阳、平顶山、许昌、郑州和邓州市的南水北调总干渠防汛工作及防洪影响处理工程项目工程进行检查。

第二督查组

组　长：申季维

成　员：蔡玉靖　申来宾　张小敏
　　　　王俊甫　郭晓娜

负责对焦作、新乡、鹤壁、安阳市南水北调总干渠防汛工作及防洪影响处理工程项目工程进行检查。

三、督导检查时间

2016年4月12～20日。

四、有关要求

1. 各工程运行管理单位、各市防洪影响处理工程建设管理局（处）要根据督查内容认真准备汇报材料，包括进展情况及近期工作中存在的主要问题，做好汇报准备工作。

2. 各督查组在督导检查完成后3天内形成文字报告，省防办负责汇总防汛检查报告，省南水北调办负责汇总防洪影响处理工程督查报告。经批准后，报省委、省政府，抄送沿线有关市人民政府。

关于南水北调中线一期工程总干渠两侧饮用水水源保护区划定和完善工作的报告

（豫调办〔2016〕42号）

国务院南水北调办公室：

你办《关于组织开展南水北调中线一期工程总干渠两侧饮用水水源保护区划定和完善工作的函》（国调办环保函〔2016〕6号）收悉，省政府高度重视，立即责成省南水北调办会同省环保厅、水利厅、国土资源厅提出意见。现将有关情况报告如下：

为认真贯彻落实省政府领导的批示精神，一是我办及时致函环保、水利、国土及总干渠沿线8个省辖市政府征求意见；二是组织召开了总干渠沿线8个省辖市南水北调部门及有关单位负责同志参加的座谈会，充分听取大家的意见。从反馈的意见和座谈会的情况来看，大家的认识高度一致。同意在确保水质安全的前提下，对现有保护区进行适当调整和完善。

在此基础上，我办向省政府报送了《关于南水北调中线一期工程总干渠两侧饮用水水源保护区划定和完善工作的报告》，并提出三点建议：一是根据国调办环保函〔2016〕6号文精神，借鉴郑州航空经济综合实验区段保护区调整的成功经验，按照新法规对我省南水北调总干渠两侧水源保护区进行全面调整完善；二是明确牵头单位，以勘测设计单位为技术支撑，组织环保、水利、国土、南水北调等部门，尽快开展工作，提出《调整方案》；三是《调整方案》报请省政府批准同意后，由省南水北调办、环境保护厅、水利厅、国土资源厅4厅局联合印发。

目前，上述报告及三点建议已经省政府领导批示同意，现正式上报你办。

2016年4月19日

关于印发《河南省南水北调办公室开展侵害群众利益的不正之风和腐败问题专项整治工作实施方案》的通知

（豫调办〔2016〕55号）

为深入贯彻落实十八届中纪委六次全会精神，按照九届省纪委六次全会工作部署，《河南省南水北调办公室开展侵害群众利益的不正之风和腐败问题专项整治工作实施方案》已经研究通过，现印发给你们，请遵照执行。

2016年5月20日

河南省南水北调办公室开展
侵害群众利益的不正之风和腐败问题
专项整治工作实施方案

为深入贯彻落实十八届中纪委六次全会精神，按照九届省纪委六次全会工作部署，根据省纪委的决定，现就在我办开展侵害群众利益的不正之风和腐败问题专项整治工作，制定以下工作方案。

一、目标任务

通过开展专项整治，着力排查我办侵害群众利益的突出问题，着力解决群众反映强烈的重点难题，着力查处违规违纪党员干部和问题，着力完善有效管用的制度机制，确保侵害群众利益的行为"有人管、有人制止、有人纠正、有人追究"，让群众更多感受到反腐倡廉的实际成果，共享我省南水北调事业发展成果，不断巩固、厚植党的执政之基。

二、治理对象

我办机关各处室、各项目建管处及党员干部和工作人员。

三、治理内容

紧紧围绕省纪委工作部署，结合我办工作实际，坚持抓重点，带全面，重点抓好定点扶贫和工程建设领域问题，着力整治和解决以下5个方面的突出问题：

（一）配套工程征迁工作中侵害征迁群众利益，挪用、挤占征迁资金等问题；

（二）工程建设中侵害承包商利益，在对施工、监理、设计等承包商工程计量款的结算、拨款、支付过程中吃拿卡要等问题；

（三）在定点扶贫工作中侵害扶贫对象利益，在申请、争取来的扶贫项目中贪污、挪用扶贫资金等问题；

（四）在贫困对象的认定方面以权谋私、弄虚作假、优亲厚友、失职渎职等问题；

（五）配套工程征迁补偿中侵害群众利益，降低标准执行补偿政策、拖延支付补偿金额等问题。

四、时间安排和方法步骤

此次专项整治工作时间为8个月，自2016年5月开始，至12月结束，分为自查自纠、监督检查、案件查办、建章立制等四个阶段进行，各阶段工作可交叉进行、统筹推进。

（一）自查自纠。按照分级负责、归口自查的要求，办机关和办属各项目建管处集中开展自查和整改。1.自查摸底。要认真开展自查摸底，针对工作主要环节，围绕治理内容，摸清存在的主要问题，建立问题台账。办挂职专职副县长、驻村第一书记、驻村定点扶贫工作人员要严格审核贫困对象的实际情况，深入进行排查，积极收集线索；机关投资计划处、经济与财务处、建设管理处和5个项目建管处要结合工作实际，深入开展在对施工、监理、设计等承包商工程计量款的结算、拨款、支付过程中是否存在吃拿卡要等问题自查；综合处、监督处与审计监察室要广开渠道，设立举报箱、举报电话和电子邮箱，认真听取施工、监理、设计等承包商的意见建议，积极收集问题线索；环境与移民处深入11个省辖市及2个直管县市，查清配套工程征迁政策的执行、资金的使用情况，摸清政策落实和资金监管中的突出问题。2. 自纠整改。对自查摸底发现的一般问题及时整改，制定整改方案，建立整改台账，明确整改时限和责任人，抓好整改落实；发现的党员干部违纪违规问题线索要及时移交上级纪检单位。3. 签字背书。切实压实各单位的主体责任，自查整改中形成的各类台账、数据、报告，要签字背书，作为责任倒查的依据。自查自纠工作于2016年6月底前完成。

（二）监督检查。省南水北调办对机关各处室、各项目建管处开展的自查自纠工作进行指导、督促和检查，重点检查自查自纠工作方案、问题台账和整改方案，对自查不细不实、敷衍塞责、自查零报告，群众反映问题较多，而自查发现问题较少的地方和单位要进行重点督导检查。

（三）案件查办。1. 受理群众举报。审计监察室和各单位纪检监察负责人要强化社会监督和群众监督，向社会公开举报方式，充分利用政风行风建设监督举报平台，广泛收集问题线索，接受群众监督。2. 查办典型案件。审计监察室及各单位纪检监察负责人、纪检监察人员要聚焦主业主责，把查处侵害群众利益的不正之风和腐败问题作为重点工作，作为执纪审查的重中之重，坚决查处违规违纪的典型问题，形成有力震慑，持续保持遏制基层腐败的高压态势。3. 突出查办重点。审计监察室及各单位纪检监察负责人、纪检监察人员要把上级

纪委督办、转办、转送和转交问题线索以及扶贫领域虚报冒领、截留私分、挥霍浪费问题作为案件查办的重点，主要领导要亲自过问，优先安排部署，优先调查核实。对工作不力、推诿拖延，造成严重后果的，要严肃追究责任，并予以通报曝光。

（四）建章立制。在巩固专项整治成果的基础上，围绕群众身边不正之风如何根治，基层权力如何运行，研究治本之策，注重"两个结合"，一是把专项整治与健全完善规章制度相结合，对专项整治中发现的普遍性、机制制度层面的问题，及时完善机制制度，抓好整改落实。二是把专项整治与创新基层党政风监督检查新模式相结合，探索具有南水北调特色的基层党风政风监督之路。

五、工作要求

（一）加强组织领导。各部门单位党支部要高度重视，切实加强领导，严格落实主体责任，对本部门本单位发生的侵害群众利益的不正之风和腐败问题要敢抓敢管敢查处，切实把压力传导到基层、责任落实到基层，坚决杜绝"上面九级风浪，下面纹丝不动"现象。审计监察室及各单位纪检监察负责人、纪检监察人员要把查处侵害群众利益的不正之风和腐败问题作为工作重点，分级负责，对职责权限范围内的问题直接查办，层层抓好工作落实，坚决遏制基层不正之风和腐败问题蔓延势头。

（二）强化工作措施。建立以下五项机制：一是重点督办机制。省南水北调办对侵害群众利益的不正之风和腐败问题线索反映较为集中和典型的单位进行督办，必要时直接约谈单位党组织和纪检监察负责人，当面交办问题线索，压实责任，传导压力。对查处不力、整改不到位的要严肃问责。二是问题导向机制。紧盯重点领域、重点单位、重点岗位，发现什么问题就查处什么问题、什么问题突出就重点严肃查办什么问题。三是工作通报机制。省南水北调办定期对机关各处室、各项目建管处工作开展情况进行通报，对问题线索办理不力的

单位通报批评；对查处的典型案例进行通报曝光。各单位要利用典型案件开展经常性警示教育，营造氛围，形成震慑。四是台账管理机制。对问题线索和查处情况实行台账管理。审计监察室及各单位纪检监察负责人、纪检监察人员对问题线索要严格按照拟立案、初核、谈话函询、暂存和了结五种方式予以办理，并报上级纪检单位备案。审计监察室及各单位纪检监察负责人、纪检监察人员要分级建立案件查办台账（附件1），作为上级纪检单位督导检查的重要内容。五是信息上报机制。每月23号前，各单位纪检监察负责人要向审计监察室上报《整治侵害群众利益的不正之风和腐败问题统计表》（附件2）和《查处的侵害群众利益的不正之风和腐败问题典型案例表》（附件3）；12月15日前，上报本单位专项整治工作整体情况报告。审计监察室经办领导审核同意后统一上报至上级纪检单位。

（三）严格责任追究。坚持"一案双查"，对发现的典型性问题，既追究直接责任人的责任，又追究相关领导的责任，用问责层层传导压力，压实责任。各单位纪检监察部门对职能部门监管责任履行不到位的，在自查自纠过程中有问题没有发现、没有报告、整改不到位且问题反复发生的，按照规定对有关领导进行问责。同时，对开展专项整治工作不力，发生严重违纪违规问题，不正之风长期得不到遏制的；制度不完善或形同虚设、执行不到位的；有案不查、瞒案不报甚至袒护包庇，工作停滞不前、进展缓慢、问题突出的，由省南水北调办约谈单位党组织和纪检监察部门主要负责同志。

省南水北调办将开展整治侵害群众利益的不正之风和腐败问题工作情况纳入年度工作考核，各单位要结合实际，深入贯彻本方案要求，狠抓工作落实。贯彻落实过程中的重要情况和问题请及时与审计监察室联系。

联系人：

联系电话：

邮　　箱：

附件（略）：

1. 纪检监察部门查处侵害群众利益的不正之风和腐败问题工作情况登记表

2. 整治侵害群众利益的不正之风和腐败问题统计表

3. 查处的侵害群众利益的不正之风和腐败问题典型案例表

2016年5月18日

河南省南水北调办公室关于豫京战略合作情况总结及下一步工作重点的报告

（豫调办〔2016〕65号）

省政府办公厅：

根据《关于进一步加强豫京战略合作的通知》（豫政办明电〔2016〕96号）精神，我办对近年来豫京战略合作有关工作进行了认真总结，并在此基础上，结合我省南水北调工作实际，研究提出了下一步的工作重点。现将有关情况报告如下：

一、《豫京战略合作框架协议》签订以来所做主要工作

（一）开展"北京市与河南省南水北调水源区对口协作2013~2015（3年）规划课题研究"

为贯彻落实《国务院关于丹江口库区及上游地区对口协作方案的批复》（国函〔2013〕42号）精神，加快推进对口协作方案的编制工作，我办自筹经费，委托我省一流的专业队伍郑州大学，开展了"北京市与河南省南水北调水源区对口协作2013~2015（3年）规划课题研究"。经过两个多月的深入调研和艰苦努力，高质量完成了规划课题研究报告。该报告以"一库清水永续北送"为目标，以改善水源区生态环境为切入点，以保障和改善民生为目的，以增强水源区自我持续发展能力为主线，坚持落实对口协作的工作方针、基本思路和推进方法，统筹规划，分类推进，集中集聚，分步实施，帮助河南水源区淅川、西峡、邓州、内乡、栾川和卢氏六县（市）对口协作地区实现经济社会协调可持续发展，为北京市对口协作办编制规划提供了参考依据。

（二）签订《北京市南北水调办公室 河南省南水北调办公室战略合作协议》

为加强北京市与河南省南水北调工作的交流与合作，促进南水北调中线工程水质保护、配套工程建设、生态文明建设和人才交流工作的深入开展，实现调水水质永续安全，按照团结协作、优势互补、共同发展的原则，经双方友好协商，于2013年12月27日，我办与北京市南水北调办公室签订了战略合作协议。协议内容包括建立信息交流磋商制度、水质保护技术交流与合作、加强配套工程建设和运行管理方面的协作、加强生态文明建设合作、推动对口协作深入开展、建立人才培训交流机制等内容。

（三）开展"老灌河西峡段总氮超标原因调查与分析"

为认真落实生态环保合作，我办自筹资金开展了"老灌河西峡段总氮超标原因调查与分析"，查明了老灌河流域西峡段农业面源污染情况、畜禽养殖情况、企业排污治污情况、现存排污口情况、城区段污水收集及处理情况、有关乡（镇）及村庄生活污水排放情况，分析成因并提出了防控措施，为下一步治理老灌河氨氮超标提供了技术支撑。

（四）开展水源保护区水质保护人才培训

为贯彻国发〔2013〕42号和发改〔2013〕544号等有关文件精神，依据《北京市南水北调对口协作规划》和《北京市南水北调对口协作工作实施方案》等有关文件要求，2014～2015年，我办组织丹江口水源区及总干渠沿线地市南水北调系统业务骨干75名，分三期赴京参加了2014年度和2015年度京豫南水北调对口协作培训班。通过对"工程调水运行管理、供水安全、防洪安全"等相关知识的学习及现场观摩，既增长了知识和见识，又加深了友谊和了解，为京豫双方下一步的友好合作奠定了坚实的基础。

（五）积极协调配合并参与双向交流对接

我办领导十分重视豫京战略合作工作，积极主动地开展了豫京双向交流对接的协调配合工作。一是多次陪同省政府领导赴京参加对口协作工作会议，并与国务院南水北调办、北京市支援合作办就对口协作事宜进行洽谈对接，积极争取北京市给予河南省更多的倾斜和支持；二是多次陪同北京市支援合作办、北京市调水办等相关部门到水源区开展对口协作调研，研究京豫两地部门间开展对口协作的具体工作方案，协调对口协作工作涉及的重点领域和合作项目，并提出了一系列有参考价值的相关建议。

二、主要成效

经过京豫双方共同努力，"十二五"期间，京豫对口协作项目建设稳步推进，干部人才交流有序进行，区县合作不断深化，水源地地区经济社会发展明显提速，水质保护工作取得可喜成效。主要成效有：

（一）组织领导不断加强。成立了河南省丹江口库区及上游地区对口协作协调小组，组长由省长担任，副组长由常务副省长、分管副省长担任，成员由省政府、省委组织部、宣传部、省发展改革委、南水北调办及相关市、县等27个单位组成。南阳、洛阳、三门峡3市相应也成立了对口协作工作机构，淅川、邓州、内乡、卢氏等水源地县（市）都分别成立了相应机构，明确了工作责任，建立了上下联动、协作配合、务实高效的工作机制。

（二）建立资金管理机制。为加强和规范南水北调对口协作项目资金管理，我办配合省发改委制定了《河南省南水北调对口协作项目资金管理暂行办法》，明确了协作项目审核、资金管理、监督检查等一系列措施，定期对协作项目实施、协作资金管理和执行情况开展监督检查。研究制定河南省南水北调对口协作产业投资基金设立方案，以"保水质、强民生、促转型"为目标，引导和鼓励社会资本在水源地地区投资兴业，促进水源地地区经济社会发展。

（三）加强项目建设管理。严格项目建设管理，实行监理监管和职能部门监管双重监管模式，严格审查施工组织方案，合理科学安排项目建设时序，确保各控制节点、分部目标和工序任务按计划实施到位。实行对口协作月报制度，不定期开展项目督导和检查抽查，协调解决项目建设过程中的困难和问题，强化水源地县（市）项目实施单位主体责任，确保按时完成项目建设任务。

（四）推动区县合作协作。北京市西城区、顺义区、朝阳区、怀柔区、延庆县、昌平区领导先后带领有关部门和企业赴我省结对县（市）调研对接，引导北京市优势企业来我省水源地投资兴业，初步形成了市场主导、互惠互利的协作模式。水源地6县（市）积极与结对区县对接。淅川县在京举行30余场移民精神巡回报告会，宣传"淅川移民精神"。西峡县与顺义区进行了五轮互访对接洽谈，签订了工业、教育、卫生等5项合作协议，与北京百年融通公司签订了投资10亿元的石墨生产项目。内乡县与延庆县互访9次，双方签署了友好合作关系框架协议，签订了教育、旅游等领域4项专项协议。昌平区积极组织包括北京燃气集团、中广传媒等大型国企在内的30多家客商与栾川对接考察，涉及旅游开发、市政基础设施建设、矿业深加工等多个领域。卢氏县在怀柔旅游信息网建立卢氏旅游宣传窗口。邓州市与西城区签订了合作框架协议，在卫生、教育领域开展了交流合作。朝阳区向淅川县捐赠了384万元，顺义区向西峡县捐赠了300万元，怀柔区向卢氏县捐助100万元、冰冻切片机1台、心电图仪2台和1套远程会诊系统，延庆县向内乡捐赠300万元并由县财政出资505万元支持内乡县万亩菊花种植示范基地，

昌平区向栾川县捐赠了价值400万元的医疗设备和价值13万元的优质煤炭，西城区支持邓州水厂建设资金2000万元。

（五）开展干部人才交流培训。北京市委组织部协调相关区县、市相关委办局每年选派12名干部到河南水源地6县（市）及有关地级市挂职1年；河南省委组织部协调水源地相关市、县选派20名干部到京有关区（县）及市有关部门挂职1年。北京市充分利用技术、管理、教学等方面优势，为水源地县（市）培养水务、农业、工业、旅游、科技、教育、生态环保、社会管理等领域的专业技术人才，为水源地地区经济社会发展提供了有力的人才支援和智力支持。昌平区职业院校与栾川县职业中专、中小学结成"手拉手"学校后，栾川县组织中小学校长、副校长10余人到昌平区挂职交流2个月，并且签订了每年培训100名教师，连续培训3年的合作培训协议。双方还积极开展医疗人才交流，截至2015年，双方共互派医疗人员22名（昌平区医学专家到栾川县义诊、栾川县医疗业务骨干到昌平区培训），有力提高了栾川县医疗卫生水平。怀柔区通过对口协作为卢氏县培训科技人才17人，怀柔一中、怀柔五中、怀柔三小、怀柔职业学校分别与卢氏一高、实验中学、职业中专建立了一对一合作关系，卢氏县选派10名教师和21名学生到怀柔区职业学校考察学习，怀柔五中为卢氏实验中学赠送笔记本电脑1台和120个U盘。怀柔五中、怀柔一中、怀柔三小的校长亲自到卢氏开展讲座。

（六）强化水源水质保护。河南省委、省政府高度重视南水北调水质保护工作，省委、省政府主要领导多次作出重要批示，要求把南水北调水源地水质保护工作作为一项政治任务和历史责任来抓，确保"一渠清水永续北送"。全省上下认真贯彻实施《丹江口库区及上游水污染防治和水土保持"十二五"规划》，全面完成规划项目建设目标和水质保护目标。目前，我省规划内181个水污染防治和

水土保持项目已全部建设投用。2015年水质监测结果显示，陶岔、张营、西峡水文站、许营、史家湾、东台子、杨河、淇河大桥、上河、高湾和三道河监测断面水质达标率为100%，丁河封湾监测断面水质达标率为91.7%。

三、下一步工作重点

（一）继续抓好现有合作协议的深化落实

一是加强南水北调中线生态经济带方面合作。我办将以南水北调中线工程为纽带，全面深化河南省和北京市战略合作，重点加强南水北调中线生态带方面合作。今年下半年，我办计划带领我省南水北调中线工程沿线各省辖市南水北调系统赴北京市南水北调办和北京市支援合作办，以战略合作协议为契机，进一步紧密携手，加强南水北调中线生态保护和水污染联防联治等方面的合作，统筹规划和科学布局南水北调中线工程沿线产业和城镇，共同维护好南水北调中线工程绿色发展的大好局面，共同履行好"一渠清水永续北送"的政治责任。

二是继续开展水质保护和中线工程运行管理方面的技术交流。继续贯彻国发〔2013〕42号和发改〔2013〕544号等有关文件精神，依据《北京市南水北调对口协作规划》和《北京市南水北调对口协作工作实施方案》等有关文件要求，2016年10月，我办计划选派丹江口水源区及总干渠沿线地市南水北调系统业务骨干30名，赴北京市开展培训，学习北京市南水北调水质保护和运行管理先进经验。

三是加强基础设施建设促进环境保护。在全面落实已签订合作协议内容的基础上，针对我省南水北调中线工程沿线和水源区水污染风险特点，重点加强农村环境保护基础设施建设，着力强化农村环境综合治理，建立农村环境连片综合整治示范区，支持北京市企业投资南水北调中线工程沿线和水源地环保基础设施，参与污水垃圾处理设施的运行管理，通过实施饮用水源地保护、生活污水和垃圾处理及畜禽养殖粪便收集等工程，有效解决农村区域

性突出环境问题，消除南水北调水污染风险，确保"一渠清水永续北送"。

（二）进一步加强水源地对口协作协调服务工作力度

全面贯彻落实《丹江口库区及上游地区对口协作工作方案》，积极配合省发改委，协调相关部门与北京市支援合作办对接，研究提出加强水源地水质保护与深化对口协作的重点任务，推进对口协作项目进展，推动结对区县在产业转移、生态旅游、人才交流等领域交流合作。

（三）积极做好扩大豫京合作领域的协调服务工作

作为河南省丹江口库区及上游地区对口协作协调小组成员单位，我办将积极协调配合省有关部门，在人力资源、商贸、农业、科技创新等领域，加强与北京市相关单位对接协商，推动豫京战略合作深入开展。

2016年6月12日

关于印发《河南省南水北调办公室驻确山县肖庄村脱贫帮扶工作方案》的通知

（豫调办〔2016〕79号）

机关各党支部、各项目建管处党支部：

《河南省南水北调办公室驻确山县肖庄村脱贫帮扶工作方案》已经研究通过，现印发给你们，请认真遵照执行。

2016年7月27日

河南省南水北调办公室
驻确山县肖庄村脱贫帮扶工作方案

为深入贯彻落实省委省政府关于脱贫攻坚工作的总体部署，确保确山县竹沟镇肖庄村贫困人口全部如期实现脱贫，河南省南水北调办公室按照省委指示精神，及时选派邹根中同志

任肖庄村第一书记，走村入户摸清村情民意，制定了驻村规划。为使肖庄村2017年如期实现脱贫任务，结合肖庄村实际，制定本方案。

一、基本情况

肖庄村位于确山县西30公里，被誉为"小延安"竹沟镇的西北部，高速公路新阳线（新蔡县至泌阳）穿境而过，紧邻省道S334，新阳高速公路竹沟站距离肖庄村仅2公里。肖庄村属山区丘陵地带，山多田少。地势北高南低。一般海拔400米左右，最高海拔650米。全村多为山区，森林覆盖率为70%。村里粮食作物以玉米、红薯为主，经济作物以花生、烟叶为主。全村现有20个村民组，42个自然村，总面积为26平方公里。全村共计647户，总人口2345人，共有耕地3175余亩，人均1.35亩左右。2015年底人均年收入7860元。全村低保户80户（122人）、五保户21人，艾滋病患者9人，党员68人，村干部7人。建档立卡贫困户49户（120人），散养五保型17户（17人），整户低保型8户（24人），拆户低保型13户（46人），一般贫困型25户（79人），其中：因病17户（56人），缺劳力19户（24人），因残5户（13人），因学2户（10人），缺土地3户（7人），缺资金2户（5人）。

二、存在的主要问题

（一）水资源利用不足

肖庄村境内分布三条大的山沟，42个自然村散布在三个山沟中。全村仅有2座拦河淤坝，其中一个属于烟草上的管网灌溉项目，但由于重建轻管，坝前多年没有清过淤泥，几乎淤平，并且部分管网已被破坏。由于肖庄村境内灌溉井施工难度很大（地下岩石），肖庄村很少使用井灌技术进行农田灌溉。所以，村民种地一直靠天收，种地没保障，遇到干旱年景连本赔，群众很是无助和绝望。

（二）经济发展不足

肖庄村主要以种植小麦、玉米、花生等传统农业为主，村内无集体经济收入，矿产、山林等资源没有得到充分挖掘，村民致富路子不

宽，大部分村民普遍缺乏技能，收入来源主要依赖外出务工，收入仍然偏低，部分村民在外出务工后有了一定资金，但小富即安的思想比较普遍，少数有创业投资愿望的，又不了解有关政策和信息，找不到合适的创业、投资项目。

（三）基础设施落后

肖庄村面积大，自然村庄分散，然而全村却只有2条水泥路，其中一条通往村部，另一条是村西部通往王富贵自然村，剩余大部分自然村庄的连接道路尚未硬化，每遇雨雪天气，道路泥泞，村民、学生出行和物资运送十分困难，严重制约了该村的经济发展。由于集体经济薄弱，使得村内基础设施得不到修缮改造，影响了村民的生产生活质量。村部现有5间房屋，面积约100平方米，无党员等集体活动室，村支部和村委会活动功能不健全。

（四）学校工作生活条件差

肖庄村小学共有6个班级（5个年级班和一个学前班），目前在校学生有160多人，共有10名教师，其中6名教师在学校吃住。由于没有宿舍，学校只能将部分教室用木板隔开改造成宿舍，加之学校没有水井，而是利用校外的村民水井，教师和学生洗漱极不方便。10名老师挤在一间办公室批改作业，只有1台电脑，学生课桌严重不足，且破损严重，学习生活条件差，教师队伍极其不稳。

三、指导思想和工作目标

以党的十八大和十八届四中、五中全会精神为指导，认真贯彻落实习近平总书记关于扶贫开发工作系列重要讲话指示精神，全面实施"四个全面"战略布局，以肖庄村贫困人口为主要对象，以乡村旅游为发展主线，以产业发展为支撑，统筹资源配置、支持村集体经济发展，严格按照中共河南省委、河南省人民政府关于贯彻落实《中国农村扶贫开发纲要（2011~2020年）》的实施意见（豫发〔2011〕21号）文件精神，基本实现村里基层党组织建设得到进一步夯实，实现扶贫对象不愁吃、不

愁穿，保障其义务教育、基本医疗和住房安全，人均纯收入增长幅度明显高于全省平均水平，基本公共服务主要领域指标接近全省平均水平，生活水平全面提升，扭转发展差距扩大趋势，在2017年底如期实现贫困户稳定脱贫，肖庄村贫困村摘帽。

四、主要任务

按照省委省政府关于围绕脱贫攻坚的总体部署，省南水北调办驻村工作队在省办的大力支持下，坚持把改善贫困地区民生，解决贫困群众生产生活需求作为主要任务，以精准识别为基础，找准贫困户致贫原因，因户施策。在加大基础设施建设的基础上，带动社会各方面力量，多措并举，综合使用各种扶贫政策，积极推动确山县竹沟镇肖庄村全面建设小康社会建设进程。

（一）发挥各行业优势，改善基础设施建设

根据入村调查，驻村工作队制订了驻村规划。

1. 改善学校学习工作环境。结合对肖庄村小学实地查看和调查了解，针对教师、学生工作生活、学习条件等具体困难，计划筹措资金约40万元，新建400平方米教师宿舍楼，建设一间电教室，购置一批教师和学生桌椅。

责任单位：新乡建管处、审计监察室。资金来源：自筹资金。

2. 村道硬化、桥梁整修。一是对肖庄村16公里村民组之间公路硬化，计划投入资金约480万元；二是对肖庄组至乔庄组和宋沟组的2处桥梁进行整修，计划投入资金约20万元；三是对肖庄村内的局部山区道路外侧增设安全防护设施，新建5个错车道，计划投入资金约30万元。合计共需投入资金约530万元。

责任单位：郑州建管处、平顶山建管处。资金来源：扶贫整合资金。

3. 农田水利建设。一是对石门回龙湾、彩云谷上游4座拦河坝开展规划建设，计划投入资金约500万元。二是对后城组、杨楼南、乔

庄组、后肖组等11处堰塘进行清淤整修，计划投入资金约40万元。合计共需投入资金约540万元。

责任单位：投资计划处、建设管理处。资金来源：扶贫整合资金。

4. 安全饮水提升。对肖庄村的18个村民组进行安全饮水提升工程建设，受益人口达2200余人，计划投入资金余额100万元。

责任单位：安阳建管处。资金来源：扶贫整合资金。

5. 人居环境整治。一是修建垃圾收集池30个，计划投入资金约3万元。二是开展亮化工程建设，安装80盏太阳能灯，计划投入资金30万元。三是实施户户通道路硬化2公里，计划投入资金约30万元。合计共需资金约63万元。

责任单位：机关党委。资金来源：扶贫整合资金。

6. 基层组织场所建设。一是对肖庄村村部进行重建。二是建设3个文化活动广场，以丰富村民文化生活，关心关爱贫困户、五保户、残疾人、农村空巢老人和留守儿童，组织开展各类尊老爱幼活动，弘扬孝道文化。合计共需资金约35万元。

责任单位：建设管理处。资金来源：扶贫整合资金。

7. 联通光纤入村。实施联通光纤入村项目，对肖庄村实现光纤全覆盖，计划投入资金约100万元。

责任单位：监督处。资金来源：联通项目资金。

8. 乡村旅游建设。与旅游部门进行沟通，实施千年岭文耕文化公园旅游开发，努力打造休闲农业与乡村旅游示范点项目建设。计划投入资金约300万元。

责任单位：南阳建管处。资金来源：旅游公司资金。

9. 专项移民搬迁。针对肖庄村王富贵村民组的实际情况，实施村民搬迁，开展小型农田

水利设施、小型农村饮水安全配套设施、小型公益性生产设施建设，以改善王富贵组生产生活条件，计划投入资金约500万元。

责任单位：环境与移民处。资金来源：扶贫整合资金。

（二）精准识别对象，确保精准脱贫

按照上级部门要求，依据"一进二看三算四比五议六定"方法，认真进行肖庄村贫困户识别，确保精准率达到100%。依据贫困户致贫原因和自身发展条件，研究制定具体帮扶措施。按照"五个一批"政策，建立我办（局）机关各处室、各项目建管处党支部与肖庄村13户贫困户结对帮扶台账，因户施策，因人施策，实现精准脱贫。具体帮扶方案详见附件3。

（三）发展特色产业，经济助力脱贫

肖庄村养殖业比较发达，牛、羊、猪饲养比较普及。为规模化养殖，积极争取扶贫资金，对规模养殖场进行标准化改扩建，扩大养殖规模（确山黑猪、羊、牛、鸡等），以培养自己的特产，为旅游发展提供特色支持。在做好致富能人带动周围贫困人口增加经济收入的同时，重点支持个别贫困户进行蔬菜、花卉苗木等设施农业基地建设，扶持烟叶等经济作物种植，以直接增加贫困人员的收入，实现脱贫任务。为改变肖庄村无集体经济产业的现状，规划利用省委组织部安排的第一书记专项扶贫资金，在肖庄村有利位置建设一家高档次的农家乐，以满足今后游客吃住的需求，把农家乐作为村的固定资产，增加村经济收入。

五、保障措施

（一）加强组织领导。肖庄村第一书记由河南省南水北调办公室派驻。省南水北调办高度重视，抽调2名工作人员到肖庄开展驻村工作。坚持"干部当代表，单位做后盾，领导负总责"的工作机制。坚持领导班子成员和中层干部到村调查研究，帮助群众解决实际困难，开展多种形式的结对帮扶，在人才、资金、项目、技术和信息等方面给予大力支持，有力有序有效地开展驻村帮扶工作。

（二）统筹整合资源。以扶贫开发资金为引导，以项目建设为支撑，整合扶贫开发、以工代赈、农业综合开发、交通、水利、烟草、住建、环保、林业、教育、卫生等涉农扶贫资源，统筹安排资金和项目，充分发挥主观能动性，注重处理协调纵向和横向资金项目部门关系，切实做到"能争尽争、应有尽有"。

（三）注重工作实效。根据实际，科学设计扶贫项目建设规划，创新扶贫工作方式。加强对项目的跟踪落实，按照有关规定，精心组织项目实施。注重工程施工质量，严格检查验收。注重劳务关系，不留劳资纠纷隐患。

（四）严格工作纪律。切实改进作风，按照省委组织部有关要求，工作队员在村工作时间不得低于全年工作日总数的2/3。扎实工作，与群众打成一片，在工作中树威，在成效中立信。

六、预期效益评价

1. 经济效益：有效推进肖庄村新农村建设，切实解决与群众利益息息相关的水、路、房、桥、塘堰坝等基础设施，解决群众出行难、饮水难、居住难、灌溉难等生活生产问题，有效提高农村基本公共服务保障水平，积极促进农民增产增收、提高经济收入和生活水平。加快农业经济结构调整，使农业经济结构逐渐适应市场调节机制，适应经济形势下的新常态，农业生产科学技术得到进一步普及和推广。建立有效的常态化帮扶机制，通过结对帮扶和产业带动，帮助全村95%以上的贫困户脱贫。

2. 社会效益：规划项目一次性启动和全面实施，充分激活村里的资源潜力，尽可能促使农业生产向集约化、产业化、规模化、市场化结构转型，极大地吸引在外务工经商的劳动力返乡耕作经营，同时闲置劳力也要得到很好利用，逐渐形成"千帆竞发、百舸争流"发展经济建设的良好局面。

3. 生态效益：进一步夯实农业基础，农业产业、土地资源得到合理配套，在城乡同建同治环境治理作用下，肖庄村面貌焕然一新，青山绿水的自然生态充满生机活力。基层党组织建设得到进一步夯实，村支两委班子建设得到进一步加强，干群关系得到有效促进，政治生态风气蔚然一新。社会治理得到巩固和加强，通过网格化社会管理服务、平安创建等活动为载体，全村社会治安及经济环境得到进一步优化。

附件：1. 河南省南水北调办公室扶贫工作领导小组名单

2. 河南省南水北调办对口帮扶确山县肖庄村脱贫攻坚主要任务及分工表

3. 河南省南水北调办各党支部一对一结对帮扶肖庄村贫困户一览表

附件1

河南省南水北调办公室
扶贫工作领导小组名单

组　长：刘正才　主　任

副组长：贺国营　副主任

　　　　李　颖　副主任

　　　　杨继成　副主任

成　员：

　　王家永　雷淮平　张兆刚

　　李国胜　单松波　田自红

　　吕秀荣　刘亚琪　秦鸿飞

　　徐庆河　邹志悝　冯光亮

　　胡国领

办公室主任：吕秀荣（兼）

附件2

河南省南水北调办对口帮扶确山县肖庄村
脱贫攻坚主要任务及分工表

序号	项目名称	主要工作任务	计划完成时间	责任单位	责任人	备注
1	改善学校学习工作环境	添置教师和学生桌椅、美化校园建设，新建教师宿舍楼，建设一间电教室	2016年8月	新乡建管处审计监察室	冯光亮吕秀荣	
2	道路建设、桥梁整修	16公里道路硬化及山路防护，整修2座桥梁	2017年底	郑州建管处平顶山建管处	邹志悝徐庆河	
3	农田水利建设	规划建设4座拦河坝、11座堰塘清淤整修	2017年底	投资计划处建设管理处	雷淮平单松波	
4	人居环境整治	安装80盏太阳能灯、修建垃圾池、硬化户户通道路2公里，修建3个广场，栽种常青行道树	2016年底	机关党委	刘亚琪	
5	安全饮水提升	修建18公里长的饮水管道，涉及18个村民组	2017年	安阳建管处	胡国领	
6	基层组织场所建设	建设450平方米的村部，完善组织场所建设	2016年	建设管理处	单松波	
7	联通光纤入村项目	对整村进行光纤全覆盖	2017年	监督处	田自红	
8	发展村集体经济产业	为村建设一处农家乐固定资产、苗圃种植	2017年	南阳建管处	秦鸿飞	
9	乡村旅游建设	建设休闲农业与乡村旅游项目	2018年	综合处	王家永	
10	移民搬迁项目	专项移民搬迁	2017年	环境与移民处	李国胜	
11	养殖种植产业开发	规模养殖及特色种植项目	2017年	经济与财务处	张兆刚	

附件3

河南省南水北调办各党支部一对一结对帮扶肖庄村贫困户一览表

序号	组别	姓名	人数	联系电话	致贫原因	帮扶责任部门	责任人	帮扶措施	脱贫类型	备注
1	后城	郭顺民	5	15093554765	因病、缺资金	综合处党支部	王家永	转移就业、产业扶持	发展生产	
2	前城西	崔毛孩	1		缺劳动力	投计处党支部	雷淮平	社会兜底	社会保障	
3	前城东	陈传明	2	15039674549	因病	环移处党支部	李国胜	医疗救助	社会保障	
4	后城	宋国须	6	13283963214	因病、因学	建设处党支部	单松波	教育救助、转移就业	发展教育	
5	前城西	郭国增	1	15978820899	缺劳动力	监督处党支部	田自红	社会兜底	社会保障	
6	前城西	郭传喜	3	0396-2320469	因学、缺劳动力	经财处党支部	张兆刚	转移就业、产业扶持	发展生产	
7	后城	宋小顺	1		缺劳动力	新乡处党支部	冯光亮	社会兜底	社会保障	
8	后城	宋小明	1	15978892114	因病、缺劳动力	平顶山党支部	徐庆河	转移就业	发展生产	
9	杨楼	张毛	2	15033438229	因病、缺资金	郑州处党支部	邹志悝	转移就业	发展生产	
10	后城	宋小锁	1		缺劳动力	南阳处党支部	秦鸿飞	社会兜底	社会保障	
11	王富贵	王活	1	15290175463	缺劳动力	安阳处党支部	胡国领	社会兜底	社会保障	扶贫搬迁
12	肖东	祝廷奇	4	18790343463	因病、因学	村第一书记	邹根中	医疗救助、教育救助	发展教育	
13	前城西	郭随成	5	13526395461	因病	驻村干部	赵天杰	社会兜底	社会保障	

河南省南水北调办公室 关于报送省政府工作报告提出的 2016年重点工作进展情况的报告

（豫调办〔2016〕87号）

省政府办公厅：

　　根据《河南省人民政府办公厅关于明确政府工作报告提出的2016年重点工作责任单位的通知》（豫政办〔2016〕9号）要求，现将2016年省政府工作报告中提出的南水北调配套工程建设、南水北调中线生态廊道建设和水源区水质保护工作进展情况报告如下：

　　一、配套工程建设完成情况

　　我省南水北调配套工程输水线路总长约1000公里，概算总投资153亿元。通过39个分水口门，分别向南阳、平顶山、漯河、周口、许昌、郑州、焦作、新乡、鹤壁、濮阳和安阳等11个省辖市、36个县市的85座水厂供水。

　　省南水北调办积极探索建管机制，认真做好规划设计，多方筹集建设资金，配套工程初步设计2012年8月底全部批复，11月底全部开工建设。在建设过程中，采取效能监察、考核奖惩、协调督导等一系列措施，突出解决了管道铺设、穿越工程、城区段征迁等难题，配套工程建设进展顺利。河南省南水北调工程于2014年12月15日正式通水，实现了配套工程与干线工程同步通水、同步达效的目标。截至目前，我省已累计完成配套工程管道铺设963km，占总长的99%，除个别穿越河流、公路工程以外，配套工程已基本完工。

　　根据有关省辖市提出的用水要求，结合我省南水北调工程和用水指标实际，我省南水北调配套工程新增2条供水线路工程，分别为濮阳清丰供水线路和焦作博爱供水线路，计划新建输水管线32.38km，工程投资1.3亿元。其中，濮阳市清丰供水线路工程输水管线长18.5km，计划于2016年9月底完成管道铺设任务，2016年底全部完工，实现2020年以前年均分配水量 3650 万 m³。截至目前，已完成耕作层剥离 12.26km，沟槽开挖 7.346km，铺设管道 6.121km。焦作博爱供水线路工程输水管线长 13.88km，年均分配水量 1400 万 m³。计划于 2016 年底全部完工。截至目前，已开挖沟槽 2.5km，完成管道生产 6km，进场管道 3.2km，铺设管道 1.0km，工程建设进展顺利。

二、南水北调中线干渠生态带建设完成情况

南水北调中线工程在我省境内长 731km，涉及南阳、平顶山、许昌、郑州、焦作、新乡、鹤壁、安阳八个省辖市。按照国家发改委批复的《南水北调中线一期工程干线生态带建设规划》要求，生态带建设宽度为 20~60m；目前我省执行标准是按照省政府批复的《河南林业生态省建设提升工程规划》要求，两侧各建设 100m 宽的生态带。据测算，扣除总干渠沿线河流、桥梁引道和各类交叉建筑物后，我省总干渠两侧宜林长度为 645km，需建设生态带面积约 19.4 万亩。为切实加快我省南水北调总干渠生态带建设步伐，省南水北调办高度重视，省南水北调办主任刘正才多次召开主任办公会议和专题会议，进行安排部署，提出明确要求。3月 8~14 日，省南水北调办贺国营副主任带领省林业厅、省南水北调办组成的南水北调生态带建设督导组，深入焦作、新乡、鹤壁、安阳、平顶山等市督促检查工作。随后，省林业厅、省南水北调办先后派出 9 个督导组，分赴总干渠沿线有关市、县督促检查。经过省、市、县各级的共同努力，目前我省已累计完成南水北调中线工程生态带面积约 17.5 万亩，占省定生态带建设总任务的 90% 以上，超额完成了国家下达的任务，取得了显著成效。

三、水质保护工作开展情况

省南水北调办始终高度重视水源地和总干渠沿线水质保护，主动作为。积极推进《丹江口库区及上游水污染防治和水土保持"十二五"规划》实施，181 个项目全部建成投用，

配合国家考核组完成了对我省 2015 年度规划实施情况的考核工作；对总干渠两侧水源保护区新改扩建项目进行专项审核，严格把关，存在污染风险的项目全部被否决；编制了《河南省南水北调受水区供水配套工程水污染事件应急预案》，并于 2016 年 7 月印发至各省辖市、省直管县（市）南水北调办（建管局），进一步规范我省南水北调配套工程水污染事件的应急处置工作，提高水污染应急管理能力，有效预防和控制水污染事件发生；自今年 7 月 23 日开始，我办联合省环境保护厅、林业厅、南水北调中线干线建设管理局，成立 3 个督导检查组，对水质污染风险点、生态带建设情况及配套工程大气污染防治治理落实情况开展了联合督导检查。全面排查总干渠沿线 100 余处潜在水质污染风险点，现场研究解决方案，建立台账，按照轻重缓急分类排队，提出相应处理措施；督促进度滞后地区加快生态带建设步伐；要求各施工单位突出抓好施工工地、主要道路、露天堆场及运输车辆等各类扬尘污染源综合治理，落实抑尘降尘措施，确保大气污染防治工作取得实效。今年上半年，我省供水水质均符合或优于 Ⅱ 类水质标准，其中符合 Ⅰ 类水质标准的天数超过五成，水质稳定达标。

四、下一步工作打算

（一）科学管控，加快配套工程和新增供水线路工程建设。一是建立剩余配套工程尾工台账，实行问题销号制度。对剩余工程进行全面排查梳理，建立台账，逐一提出解决办法、实施方案和计划安排，制订切实可行的进度保证措施，细化任务，责任到人，严格实行责任制和目标管理，确保按期完成各节点目标。二是紧盯配套剩余节点工程，加强现场管控。把剩余节点工程建设作为重中之重，跟踪建设进展，协调解决存在的问题。督促各现场建管单位加强现场管控，组织施工单位优化方案，加大投入，提高工效，集中人力、物力、财力，加快配套剩余节点工程建设进度，力争尽快完工。三是加大监管力度，实行责任追究制度。

对配套工程尾工建设进展及问题解决情况进行定期督导，对现场施工情况进行经常性地抽查和暗访，根据节点目标安排，不定期对配套工程尾工建设情况进行检查、考核，节点目标到期未完成的，在系统内对相关责任单位进行通报批评；延期一次未完成的，对相关责任单位进行通报批评，并将通报抄送相关市政府；延期二次未完成的，追究相关责任人员的责任。四是开展新增供水目标前期工作，努力扩大供水范围。加快推进清丰、博爱新增供水线路工程建设；根据有关省辖市要求，结合实际，主动协调，积极开展向鄢陵、内乡、南阳市官庄工业园区、汝州、登封、南乐、新郑龙湖镇等新增供水目标的前期工作，确保供水效益逐步扩大。

（二）强化督导，推进南水北调中线生态带建设。在重视进度的同时，督促地方进一步严格造林标准和质量，强化田间管理和后期管护，确保造林成活率。进一步加大对进展滞后地区的督导检查力度，采取有效措施，切实做好生态带建设扫尾工作，确保建设任务圆满完成。

（三）健全机制，积极开展水行政执法工作

严格按照国务院《南水北调工程供用水管理条例》、《其他工程穿越临接河南省南水北调受水区供水配套工程设计技术要求（试行）》等条例规范要求，及时督促地方制止和纠正违法违规行为，联合省环保厅开展专项执法检查；筹建河南省南水北调水政监察支队，开展水行政执法工作，确保工程安全和供水安全。

2016年8月8日

关于2016年1~7月
督查督办工作的通报

（豫调办〔2016〕91号）

机关各处室：

按照《河南省人民政府办公厅关于进一步加强政府督促检查工作的通知》（豫政办〔2014〕183号）和办领导对督查督办工作相关要求，8月上旬，督查室对2016年1~7月主任办公会议安排及议定事项落实情况和各处室签报运转闭合情况进行了梳理检查。现将有关情况通报如下：

一、总体情况

总体上看，机关各处室能够按照主任办公会议要求，认真研究，积极落实各项工作任务，短期内可以完成的基本上已按时完成，需要按照既定方案或原时间节点逐步推进的持续性工作进展顺利，除个别存在一定实际困难和部分协调难度大的事项进展缓慢外，签报和会议纪要安排及议定事项均按照要求有序推进。

截至7月30日，2016年1~7月机关处室起草签报82件，目前已完成77件，5件正在按时办理。2015年遗留未办结事项2项，进展相对滞后。2016年1~3号主任办公会议纪要议定事项30个议题，共39项工作中，已完成的有18项，剩余21项已取得阶段性进展，正在有序推进，各处室要继续抓好落实工作。

二、存在问题

一是部分签报及会议纪要议定事项进展缓慢。

二是部分工作存在外部制约因素，推进难度较大，不具备短期解决条件。

三是个别处室没有对工作任务认真细化分解，存在工作计划简单、时间节点不明确、抓落实不具体不连贯等问题，工作效率有待进一步提高。

四是部分处室对督查督办工作重视不够，填报内容不完善、报送不及时。未按时限要求完成的事项，没有及时反馈进展情况及滞后原因。

三、工作要求

为进一步强化督促检查工作，完善督查机制，确保工作实效。督查室将于每月20日前对上月签报和会议纪要落实情况进行通报，对前期未完成事项建立台账，跟踪督办，落实一件销号一件；对需要持续抓好落实的工作任务，各处室要定期报送最新进展情况，做到事事有着落，件件有结果；对进度滞后的事项，督查室拟采取专题调研、专项督办、专题通报等形式，查找分析原因，剖析晾晒问题，进一步研究落实措施，积极配合相关处室推进签报和会议纪要安排及议定事项的落实工作。

附件（略）：1. 2016年1~7月签报已办理完成事项

2. 2016年1~7月签报正在办理事项

3. 2016年1~7月主任办公会议纪要已完成事项

4. 2016年1~7月主任办公会议纪要需要继续抓好落实的事项

5. 2015年遗留未办结事项

2016年8月24日

关于印发《河南省南水北调办公室"五查五促"工作分工方案》的通知

（豫调办〔2016〕95号）

机关各处室、各项目建管处：

现将《河南省南水北调办公室"五查五促"工作分工方案》印发给你们，请结合工作实际，认真贯彻落实。

附件：河南省南水北调办公室"五查五促"工作分工方案

2016年8月29日

附件

河南省南水北调办公室
"五查五促"工作分工方案

根据省委组织部《关于深入开展"五查五促"工作的通知》（豫组通〔2016〕34号）精神，为把开展"两学一做"学习教育同我省南水北调各项工作结合起来，坚持两手抓两手促，经

研究制定我办"五查五促"工作分工方案如下：

一、查十三五重大工程启动推进情况，促南水北调工程建设转型提质增效

（一）加快推进西孟庄洼地处理、峪河暗渠防护等干线工程，以及清丰、博爱等配套工程剩余项目建设，实现干线工程全部完工，配套工程全部具备通水条件。（建设管理处）

（二）积极与省发改委、水利厅等部门沟通，协调指导有关市县开展南水北调配套工程前期工作，确保"十三五"专项规划中，南水北调新增的30个供水项目工程顺利实施。（投资与计划处）

二、查深化改革重点任务完成情况，促体制机制创新发展

（一）修订《财务收支审批规定》，制定《运行管理费预算编制与审核办法》。（经济与财务处）

（二）积极推进配套设施建设，做好水费收缴工作。在水量计量及确认的基础上，准确计算各省辖市、直管县市应交金额，明确交费时限，加强与各地市沟通协调，适时督导其配套设施建设进度；督促地方政府将所需上缴水费及时列入下一年度财政预算，通报有关省辖市做法和水费收缴情况，推动水费收缴工作；各地市根据水库基站设置维护管理办法，组织人员成立运行管理机构，做好运行管理费预算审核、经费使用、预算执行考核、经费核销与会计核算工作。（经济与财务处）

（三）落实《豫京战略合作框架协议》与北京市南水北调办再次沟通协商，充实完善两办2013年12月27日签订的《合作协议》，增补"水资源信息交流、库周生态隔离带建设、消落地科学使用与管理"等合作内容。（环境与移民处）

（四）完成《河南省南水北调供水配套工程水污染事件应急预案》，落实"预案"内容、完善物资储备，计划适时进行一次应急演练。（环境与移民处）

三、查精准扶贫措施落实情况，促打赢脱贫攻坚战

对驻马店确山县竹沟镇肖庄村进行帮扶，认真落实《河南省南水北调办公室驻确山县肖庄村脱贫帮扶工作方案》（豫调办〔2016〕79号），坚持把改善贫困地区民生，解决贫困群众生产生活需要作为主要任务，以精准识别为基础，找准贫困户致贫原因，因户施策。在加大基础设施建设的基础上，带动社会各方面力量，多措并举，综合使用各种扶贫政策，积极推动确山县竹沟镇肖庄村全面建设小康社会建设进程。（机关各处室、各项目建管处）

四、查重点民生工程实施情况，促社会和谐稳定

（一）协调加快新增供水目标设计变更工作，完成漯河八水厂、濮阳二水厂、武陟二水厂、周口二水厂等新增供水目标设计变更审批工作。加快配套工程设计变更工作，完成安阳六水厂段线路、郑州西四环段隧洞、漯河穿越沙河顶管、永久供电设计变更。（投资计划处）

（二）加快干线变更索赔处理工作，完善变更索赔台账，细化任务，制定计划力争年底基本完成委管段的变更索赔项目处理。（投资计划处）

（三）做好配套工程征迁信访稳定工作。认真梳理配套工程征迁工作中出现的信访和人访，一是耐心细致地做好政策法规的解释工作，二是切实维护好人民群众的合法诉求，确保征迁工作有条不紊、社会大局和谐稳定。（环境与移民处）

（四）做好做实"中国南水北调博物馆"申办前的各项准备工作，完成专题片制作、宣传册印制、PPT完善等基础性工作。（环境与移民处）

（五）开展"南水北调中线工程污染风险点、总干渠两侧生态带建设及大气污染治理情况督导检查"活动。通过活动的开展，对所有污染风险点建立台账，实行销号制度，对不能按照整改时间和质量要求进行整改的单位和个人，我们建议环保执法部门从严从重处理；对

生态带建设滞后的地市，我们建议省林业主管部门对其进行跟踪督导，力争年底前全部完成我省生态带建设任务；对在建工地不能做到6个100%的地市，甚至造成了大气的污染，要根据省委省政府出台的相关政策进行处理。（环境与移民处）

（六）做好国务院南水北调办、河南省委、省政府和省办领导交办的各项信访举报事项，做好我省南水北调工程信访举报事项的受理和办理工作。（监督处）

五、查联系群众服务群众情况，促作风建设常态长效

紧密联系服务群众，牢固树立宗旨意识。以"两学一做"学习教育为契机，带着对群众的深厚感情，将每一项工作都与人民群众所需所想紧密联系起来，提升为人民群众服务的内在自觉性。经常深入一线，广泛听取意见建议，改进工作作风，不断提高服务水平，更好地服务群众、促进和谐、推动发展。（机关各处室、各项目建管处）

2016年8月24日

关于对南水北调中线工程总干渠两侧污染风险点、生态带建设及配套工程大气污染防治联合督导检查的报告

（豫调办移〔2016〕26号）

国务院南水北调办公室：

7月23日～8月3日，我办与省林业厅、南水北调中线建管局（渠首分局、河南分局）组成12人的联合督导组，在办领导的带领下，战高温、冒酷暑，历时12天，行程4000多km，对我省南水北调中线工程731km总干渠两侧105个污染风险点、生态带建设及配套工程（在建工地）大气污染防治等情况开展了全面的督导检查。

为提高工作效率，突出督导重点，按照督导内容，共分三个工作组：

第一组：负责督查南水北调中线工程105个污染风险点情况。要求不漏一点，点点到位，拍照记录，摸清原因，建立台账；

第二组：负责督查总干渠两侧生态带建设情况。要求以现场检查为主，听取汇报为辅，认真核查上报数据，摸清存在问题，明确完成时限；

第三组：负责督查配套工程在建工地的大气污染防治情况。要求按照省委、省政府的统一安排部署，突出抓好6个100%，确保全方位落实抑尘降尘措施。

现将督导检查情况报告如下：

一、总干渠两侧污染风险点情况

总干渠两侧登记在册的农村污染风险点105处，涉及南阳、平顶山、许昌、郑州、焦作、新乡、鹤壁、安阳8个省辖市的27个县（市、区）。

从督导情况看，风险点形成的主要原因是：

1. 南水北调中线工程建设，阻碍或改变了工程附近村庄生活用水和雨水的原有排放途径，致使一些村庄的生活用水不得不流入截流沟。

2. 个别跨渠排水渡槽存在设计缺陷。个别地方渡槽出口处高于渡槽本身，存在污水溢出入渠风险。

3. 个别距离总干渠较近的村庄，村民将生活垃圾在路边堆放，加之不能及时清运，尤其是雨天，会有污水溢出，形成了风险点。

4. 在南水北调中线工程开工建设之前，就已经存在畜禽养殖户，有的地方已经责令搬迁或关闭（比如南阳市），有的计划近期搬迁或关闭，个别地市的个别养殖户尚存在排污现象。

经现场查验，中线局的同志当场表态，有33处污染风险点已经得到彻底整治，可以销号；12处正在整治或已经列入整治计划，8月底前将解除污染风险；其余60处需协调中线局和当地政府部门采取必要的工程措施和行政手段予以解决（详见附件1）。

二、南水北调中线工程生态带建设情况

从督导情况看，我省各相关省辖市、相关县（市、区）党委政府对南水北调总干渠生态带建设工作高度重视，视之为重要的政治任务来抓，指定部门、指定专人、明确任务、界定时限，采取土地流转、大户承包、政府补贴、合作共赢等模式，取得了显著成效。截至今年7月底，我省已累计完成生态带建设任务580km，占我省境内生态带建设总任务的90%以上（详见附件2）。

在总干渠所涉及的8个省辖市中：

1. 已经完成的有：南阳、许昌、新乡。

2. 计划今年年底前完成的有：平顶山、鹤壁。

3. 计划明年春季完成的有：郑州、焦作、安阳。

三、配套工程大气污染防治落实情况

按照省委、省政府《关于打赢大气污染防治攻坚战的意见》，结合我省南水北调工作实际，督查组重点督查了配套工程尾工施工期间的扬尘污染源排查与监管情况，突出抓好施工工地、主要道路、露天堆场及运输车辆等各类扬尘综合治理。

从督查情况看：

1. 漯河市、焦作市对大气扬尘治理工作认识到位、行动迅速、方法得当、措施得力，所有施工场地均有围挡、路面有硬化，物料堆放整齐并做到了全覆盖，管理基本有序，无扬尘风险；

2. 濮阳市清丰供水线路施工及PCCP管道安装现场，有围挡不全面，有覆盖不全部，个别环节存在管理漏洞；

3. 南阳市、周口市，施工场地没有全部围挡，地面未硬化，场内杂物堆放混乱，也没有发现喷洒抑尘设施，存在扬尘风险。

配套工程大气污染防治落实情况详见附

件3。

四、问题及建议

（一）总干渠左岸排水问题

针对南水北调中线工程总干渠阻断左岸村庄原有的排水系统问题，建议国调办协调环境保护部，将总干渠两侧农村生活污水治理纳入农村环境综合整治范围并逐步加以解决。

（二）跨渠渡槽排水不畅，污水积存威胁总干渠水质安全问题

由于总干渠跨渠渡槽设计原因，未能充分考虑渡槽出口地势地形，督查发现，大部分渡槽出口位置高程高于渡槽底部，造成污水长期积存，且渡槽设计时没有防渗措施，对总干渠水质安全造成威胁。建议中线局修订完善设计方案，制定整改措施。

（三）总干渠两侧生态带建设用地问题

根据《河南林业生态省建设提升工程规划（2013—2017年）》要求，南水北调总干渠两侧各建设100m宽的高标准防护林带。两侧生态带规划区内大部分为耕地，目前国家尚未给予变更土地用途的相关政策，土地流转问题成为生态带建设的重点和难点。建议国家有关部门制定生态带建设土地用途变更办法，各部门分工负责，以推进生态带建设及后期管护的顺利实施。

（四）总干渠两侧生态带建设资金补助问题

我省境内南水北调总干渠长731km，生态带建设标准高，每亩造林投资在2000元以上，资金缺口大。加之土地流转费用投入更大，地方财政承受了巨大的压力。建议国家建立南水北调总干渠生态补偿机制，设立生态带建设专项资金，提高资金补助标准。

（五）总干渠工程范围内绿化问题

根据此次督查情况，总干渠工程范围内的绿化工程基本上没有实施，与我省总干渠两侧生态带建设不协调。尤其是影响了像郑州、焦作城区高标准生态带建设段的整体形象，地方政府和群众反响强烈。建议国务院南水北调办应尽快批准实施总干渠工程范围内的绿化工程，且总干渠绿化工程应结合河南段总干渠两侧生态建设的标准，在树种的档次和规格上协调一致。

附件（略）：

1. 河南段2016年亟须整治重点农村污染源基本情况调查登记表
2. 南水北调中线工程生态带建设情况
3. 配套工程大气污染防治落实情况

2016年11月7日

关于印发《河南省南水北调配套工程政府验收工作计划》的通知

（豫调办建〔2016〕66号）

各有关单位：

为做好我省配套工程政府验收相关工作，我办组织编制了《河南省南水北调配套工程政府验收工作计划》（以下简称《政府验收工作计划》），现印发给你单位，请按照《政府验收工作计划》做好配套工程政府验收相关工作。

特此通知。

2016年11月8日

河南省南水北调 配套工程政府验收工作计划

南水北调中线干线工程已于2014年12月12日通水。截至2016年10月底，我省配套工程已完成全部工程的99%，进入配套工程扫尾阶段，全省累计有34个口门及3个退水闸开闸分水，供水累计20.79亿 m^3，其中，2015～2016年度供水13.41亿 m^3，占年计划的102%。与工程建设进度相比，我省配套工程验收工作较为滞后。为进一步加快我省南水北调受水区配套工程验收工作，确保圆满完成配套工程建设验收任务，现将配套工程政府验收计划印发给你们，请按照计划完成配套工程合同验收和政府验收准备工作。

一、合同验收开展情况

截至目前，我省配套工程完成单元工程评定80688个，单元工程评定达到优良的比例为85.4%；全省配套工程共划分为148个单位工程，目前已完成46个单位工程验收工作，占31%；划分的1357个分部（分项）工程，已完成评定验收1081个分部工程，占总数的80%。各省辖市南水北调建管局要在今年下半年完成除博爱、清丰支线外的所有项目的分部、单位工程、合同完成验收工作（具备条件的单位工程验收和合同完成验收可合并进行）。

二、通水验收工作

通水验收工作除跨行政区域的10号口门线路、35号口门线路由省南水北调办公室负责主持外，其他口门线路单项工程原则上由各省辖市南水北调办公室主持。

我省配套工程41个口门线路，已经实现试通水27个。目前，通水验收工作已经完成的口门线路有：南阳建管局负责的2号口门线路除邓州一水厂、三水厂支线以外的部分，3-1号、6号、7号等4条口门线路；平顶山建管局负责的13号口门泵站至宝丰王铁庄水厂线路；许昌建管局负责的16号泵站及17号口门至周庄水厂线路；郑州建管局负责的21号口门泵站至刘湾水厂线路以及23号口门泵站至柿园水厂线路；焦作28号口门至修武水厂段线路；35号线路鹤壁、安阳、濮阳境内的主线及滑县支线部分；37号口门线路；39号口门八水厂支线部分。以上共计13条口门线路（部分为局部线路）完成了通水验收工作。

对于剩余14条已试通水的口门线路，各市南水北调办公室要抓紧组织开展，力争在2016年12月底前完成全部口门线路工程的通

水验收工作。

三、专项验收、设计单元完工验收计划

（一）专项验收

专项验收分为水土保持、环境保护、消防设施、征地补偿与移民安置、工程建设档案等专项验收，验收工作由行业主管部门主持，各省辖市南水北调办（建管局）应做好专项验收的准备和配合工作。计划2017年上半年期间，组织开展配套工程专项验收工作。

（二）设计单元完工验收

我省配套工程共划分15个设计单元工程，其中按省辖市行政区域划分为11个设计单元工程，自动化调度、调度中心、仓储维护中心、文物保护工程各划分为一个设计单元工程。11个按行政区域划分的设计单元工程由各地市南水北调办公室组织开展设计单元完工验收。计划在2017年8月、9月完成平顶山、许昌市的设计单元完工验收试点工作，9月份以后开展剩余设计单元工程的完工验收工作；剩余的自动化调度等4个设计单元由省南水北调办公室组织完工验收工作。

四、竣工验收

配套工程的竣工验收由省南水北调办公室主持，各市南水北调办参加，各建管、设计、监理、施工等参建单位配合，计划于2018年下半年组织开展全省配套工程的竣工验收工作。

关于我省配套工程管理处所 11月份建设进展情况的通报

（豫调办监〔2016〕27号）

办机关有关处室、各省辖市、省直管县（市）南水北调办、郑州段建管处：

按照省南水北调办主任办公会会议纪要（〔2016〕2号）要求，监督处对11月份全省配套工程管理处所建设情况进行了督导。现将有关情况通报如下：

一、配套工程管理处所基本情况及完成情况

1. 已开工建设、完成及启用情况

截至11月30日，全省配套工程60个管理处所中，已建成16个（南阳市管理处、南阳市区管理所、镇平县管理所、社旗县管理所、唐河县管理所、方城县管理所、邓州市管理所、长葛市管理所、禹州市管理所、襄城县管理所、许昌市管理处及市区管理所、商水县管理所、辉县市管理所、濮阳市管理处、南阳市新野县管理所），其中已投入使用的有7个（许昌市管理处及市区管理所、长葛市管理所、禹州市管理所、襄城县管理所、商水县管理所、濮阳市管理处）；目前在建项目4个（周口市管理处和市区管理所，11月份新增郏县管理所、鲁山县管理所）；未开工建设的还有40个。

2. 未开工建设的管理处所选址、征地及设计情况

40个未开工建设的管理处所中，已确定选址37个（11月份新增中牟县管理所、荥阳市管理所）；尚未确定选址的有3个（临颍县管理所、航空港区管理所、博爱县管理所）。

已确定选址的37个管理处所中，已完成征地的有29个；未完成征地的有8个（舞阳县管理所、黄河南维护中心、黄河南物资仓储中心、郑州市管理处及市区管理所、上街区管理所、安阳市管理处及安阳市区管理所）。已完成征地的29个管理处所中，具备进场条件的有13个（漯河市管理处及市区管理所、叶县管理所、宝丰县管理所、焦作市区管理处及市区管理所、武陟县管理所、黄河北维护中心、鹤壁市管理处和市区管理所、黄河北物资仓储中心、淇县管理所、浚县管理所、内黄县管理所）。已经完成地面附属物清理的4个（新乡市管理处及市区管理所、获嘉县管理所、卫辉市管理所）。其中叶县管理所的施工单位计划近期进场。

40个未开工建设的管理处所中，正在进行施工图设计的有8个（新郑市管理所，新

乡市管理处和市区管理所，获嘉县管理所、安阳市管理处及市区管理所、内黄县管理所、汤阴县管理所）；已完成施工图设计的有16个（漯河市管理处及市区管理所、叶县管理所、宝丰县管理所，卫辉市管理所，焦作市管理处和市区管理所，武陟县管理所，淇县管理所，浚县管理所，黄河北维护中心、鹤壁市管理处和市区管理所、黄河北仓储中心，清丰县管理所，滑县管理所）；尚未开始施工图设计的有16个。

3. 土地使用证等"一书四证"手续办理情况

60个管理处所，土地使用证等"一书四证"（建设项目选址意见书、建设用地规划许可证、建设工程规划许可证、国有土地使用证、建设工程施工许可证）手续办理情况：全部手续办理完成的有7个（商水县管理所、焦作市管理处及市区管理所、新乡市管理处及市区管理所、获嘉县管理所、濮阳市管理处），正在办理手续的有25个（漯河市管理处及市区管理所、温县管理所、辉县管理所、卫辉管理所、黄河北维护中心、黄河北物资仓储中心、鹤壁市管理处和市区管理所、淇县管理所、浚县管理所、清丰县管理所、内黄县管理所、汤阴县管理所、滑县管理所，黄河南维护中心、黄河南仓储中心；11月份新增平顶山管理处、新城区管理所、石龙区管理所，周口市管理处和市区管理所，中牟管理所、荥阳管理所、上街管理所），尚未办理手续的（含已建成处所）有28个。

详细情况见附表：河南省南水北调配套工程管理处所建设情况督办台账（略）

二、存在的主要问题和下一步工作要求

从总体上看，11月份配套工程管理处所建设有一定进展，但仍然缓慢。本月新增2个开工建设项目，新增3个项目具备进场条件，新增1个项目完成招标工作，新增2个项目确定选址工作，新增8个项目办理"一书四证"。

2016年7月11日，省南水北调办已经下发

《河南省南水北调受水区供水配套工程管理设施建设节点目标任务》（豫调办〔2016〕33号）的通知，具体明确了我省未开工建设和未建成的配套工程管理处所的责任单位、责任人和各个阶段的时间节点。2016年9月12日，省办对没有按照时间节点完成的21处管理设施责任单位发出了督办函。10月11日，省办再次对没有按照时间节点完成的22处管理设施责任单位发出了督办函。11月11日，省办第三次对没有按照时间节点完成的18处管理设施责任单位发出督办函。11月24日，省办对管理处所建设比较滞后、连续三次未完成节点目标的5个省辖市配套工程建管局相关责任人进行了约谈。

下一步，各责任单位要高度重视，统筹安排，按照时间节点，明确责任，落实具体措施，加大工作力度和人力物力投入，千方百计加快前期工作力度，尽快具备进场施工条件，并加快建设进度，确保按照时间节点完成建设任务，尽早投入使用。在施工方案设计和施工阶段要做好与自动化调度系统代建单位的沟通衔接，确保满足自动化调度系统安装、运行条件。

省办有关处室要继续在用地手续办理、设计方案与预（概）算审批、招投标准备等方面给予积极支持，指导各市（县）南水北调办开展配套工程管理处所建设，协调解决存在的困难和问题，加快推进我省南水北调配套工程管理处所建设，为我省南水北调配套工程运行管理创造良好条件。

2016年12月12日

关于13个施工标段结算工程量稽察情况的通报

（豫调建投〔2016〕92号）

各项目建管处：

为贯彻落实国务院南水北调办《关于开展结算工程量专项核查的通知》（国调办投计〔2015〕59号）要求，根据省省南水北调办主任办公会工作安排，2016年3～6月，省建管局委托中竞发（北京）工程造价咨询有限公司（以下简称中竞发公司）、大成工程咨询有限公司（以下简称大成公司）、北京华天银河工程造价咨询有限公司（以下简称北京华天公司）等三家中介机构对南水北调中线干线工程委托段13个土建施工标段的结算工程量进行了稽察。现将有关情况通报如下：

一、基本情况

本次稽察涉及5个项目建管处，11个监理标段，13个施工标段。其中：中竞发公司负责稽察方城段9标、方城段4标、南阳市段6标、南阳市段3标等4个标段，大成公司负责稽察郑州2段2标、潮河段1标、潮河段7标、禹长段3标、宝郏段2标等5个标段，北京华天公司负责稽察安阳段2标、辉县段2标、新卫段3标、焦作2段5标等4个标段。稽察共发现各类问题207个，初步核定多支付金额3133万元，平均每个标段发现16个，最多的是宝郏2标36个，最少的是安阳段2标2个。稽察发现的问题主要是多计量、重复计量、计量项目划分不正确，以及计量资料保存不完善、缺失等。

二、存在问题

1. 南阳市段3标

多计量项目15项，主要是小窑庄跨渠桥梁多计量钢筋10.73t，钢绞线3.74t，混凝土54.3m³，原因是未严格执行不增加投资的设计变更批复原则；项目划分不正确项目2项，主要是渠道沥青混凝土路面应调整计价方式。

2. 南阳市段6标

多计量项目8项，主要是桥梁引道天然砂砾石填筑多计量2294.18m³；项目划分不正确项目4项，主要是渠道沥青混凝土路面应调整计价方式。

3. 方城段4标

多计量项目19项，主要是渠道植草多计

量 13689.98m² 等；项目划分不正确项目 1
项，是渠道沥青混凝土路面应调整计价方
式。

4. 方城段 9 标

多计量项目 13 项，主要是草墩河渡槽浆
砌石护坡多计量 17872.88m³ 等；重复计量项
目 2 项，主要是渠道与渡槽土方开挖重复计量
32371.38m³ 等；项目划分不正确项目 1 项，是
渠道沥青混凝土路面应调整计价方式。

5. 宝郏段 2 标

多计量项目 32 项，主要是水泥改性土填
筑多计量 4060.26m³ 等；少计量项目 14 项，渠
道软岩开挖少计量 8224.08m³ 等；重复计量项
目 6 项，主要是玉带河倒虹吸与净肠河倒虹吸
的土方开挖等项目。

6. 禹长段 3 标

多计量项目 3 项，主要是倒虹吸混凝土挡
墙多计量 9.18m³ 等；少计量项目 2 项，主要是
逆止阀少计量 106 个等；重复计量项目 1 项，
是渠道土方开挖重复计量 384.51m³。

7. 潮河段 1 标

多计量项目 12 项，主要是渠道土方填筑
多计量 12870.74m³；少计量项目 3 项，主要是
渠道土方开挖少计量 2397.12m³；重复计量项
目 4 项，主要是黄水河土方开挖、填筑重复计
量 1097.01m³、928.73m³ 等。

8. 潮河段 7 标

多计量项目 18 项，主要是个别变更项目
存在多计量现象，如水泥改性土沟槽开挖项目
多计量 3107.09m³；少计量项目 11 项，主要是
挤密砂石桩（振动沉管法施工）少计量
8244.55m³ 等；重复计量项目 1 项，是渠道排水
系统软式透水管重复计量 82572m 等。

9. 郑州 2-2 标

多计量项目 16 项，主要是黏土换填多计
量 67413.91m³ 等；少计量项目 6 项，主要是沟
槽土方开挖少计量 2759.15m³ 等；重复计量项
目 5 项，主要是渠堤土方填筑重复计量
8464.68m³ 等。

10. 焦作 2-5 标

多计量项目 7 项，主要是渠道部分边坡土
工膜多计量 2923.22m² 等；重复计量项目 3 项，
主要是渠道交叉穿越铁路桥段施工重叠、占位
结算实体工程量重复计量，土方开挖重复计量
2231.25m³ 等；项目划分不正确 1 项，是基础混
凝土排障变更工程中建筑垃圾拆除 25110.66m³
应以土方开挖计量；计量依据不充分项目 1
项，需要补充完善相应的程序文件。

11. 辉县段 2 标

计量项目 6 项，主要是换填段卵石开挖工
程量多计量 40327.32m³ 等；项目划分不正确 1
项，是马庄南公路桥灌注桩钻孔中有 14m 钻孔
计量子目不正确；渠道换填段工程投资减少相
应措施项目应相应调整。

12. 新卫段 3 标

多计量项目 12 项，主要是潞州屯倒虹吸
高塑性土回填变更多计量 6560.48m³ 等；项目
划分不正确 1 项，是渠道防护堤回填土计量与
渠堤填筑分界有误需调整问题。

13. 安阳段 2 标

重复计量项目 1 项，主要是渠道换填黏性
土重复计量 13429.51m³；变更定性问题 1 项，
膨胀岩变更后相关联项目单价处理原则值得商
榷，如渠道混凝土衬砌，聚乙烯保温板，运行
维护道路。

三、原因分析

本次稽察发现的问题主要集中在多计
量、重复计量、项目划分不正确等，出现上述
问题主要原因：一是个别计量人员责任心不强，
把关不严；二是部分计量人员业务水平不高，计
算错误；三是个别计量人员弄虚作假，骗取资金。

四、工作要求

各项目建管处要以此次稽察为契机，认真
整改存在的问题，进一步强化计量管控，切实
加强投资控制管理工作。一要高度重视。成立
专门机构负责工程量稽察整改工作，立即组织
各参建单位进行整改，并妥善处理争议问题。
二要举一反三。组织参建单位对剩余标段进行

自查自纠，特别是对发现问题较多的监理单位所辖施工标段进行重点检查。三要限期整改。2016年7月20日前完成本次稽察发现问题的整改工作，8月15日前完成所辖标段的自查自纠工作，并及时将整改和自查自纠情况书面报省建管局。

2016年7月8日

河南省人民政府移民工作领导小组办公室 河南省旅游局河南省扶贫开发办公室 河南省国土资源厅中国人民银行郑州 中心支行关于在全省移民村 大力扶持乡村旅游产业发展的指导意见

（豫移办〔2016〕48号）

各省辖市、省直管县移民局（办），旅游局，扶贫办，国土资源局，人民银行各市中心支行、郑州辖区各支行：

乡村旅游对转变农村经济发展方式、促进一、二、三产业融合发展、带动移民脱贫致富、推动移民村经济社会发展具有重要意义。我省移民村大部分分布在大别山区、伏牛山区和太行山区等地区，许多移民村自然资源和历史人文资源丰富，发展乡村旅游具有独特的优势和前景。为了加快移民脱贫致富、促进库区和移民安置区经济社会全面发展，经研究，决定在全省移民村大力扶持乡村旅游产业发展，现提出以下指导意见。

一、指导思想、原则和目标

（一）指导思想

以党的十八大和十八届三中、四中、五中全会精神为指导，深入贯彻"四个全面"战略布局和"五大发展理念"，按照中央、省委扶贫工作会议、移民工作会议和全省旅游工作会议精神，紧紧围绕移民脱贫解困、增收致富、建设美丽家园目标，着力改善移民村基础服务设施，大力发展移民村乡村旅游产业。通过引导和支持移民村发展乡村旅游，推动传统农业转型升级，吸纳移民就业，增加移民收入，促进移民村生态和村容村貌改善，使乡村旅游成为移民增收致富的重要途径和建设美丽家园的重要载体。

（二）基本原则

1. 以民为本，持续发展。坚持把移民作为乡村旅游发展的主体，切实维护好、保障好移民的应有利益。加强对乡村生态环境和文化遗产的保护，不搞大拆大建，保护好移民村庄原有格局和整体风貌，着力建设宜居、宜业、宜游美丽乡村。

2. 因地制宜，突出特色。以资源特色和市场导向为基本遵循，注重培育发展不同类型、不同风格、有市场发展潜力的乡村旅游产品，实现个性化、差异化发展。不搞一刀切，避免简单模仿和同质化竞争。

3. 政府主导、社会参与。在政府的主导下，优化移民村发展乡村旅游的政策环境，加大部门联动、资源整合、政策扶持和引导力度。鼓励支持社会力量通过不同方式参与乡村旅游开发建设，为乡村旅游发展注资、注智，增强乡村旅游的发展动力和活力。

（三）工作目标

2016年努力建成30个乡村旅游移民试点村，各试点村"一村一品、一村一景、一村一韵"建设格局基本形成，移民人均收入显著提高、基础设施更加完善、村庄更加美丽。通过分批、有序推进，努力使全省适合发展乡村旅游的移民村全部纳入支持范围，确保水库移民与全省人民同步进入小康社会。

二、工作重点

（一）科学编制乡村旅游规划

市、县移民部门要会同旅游、扶贫、国土资源、交通、人民银行等有关部门，针对移民区域不同的旅游资源禀赋、空间布局和要素结构，编制不同层次的移民安置乡村旅游产业发展规划。对符合区域旅游一体化的移民片区，要编制区域乡村旅游发展规划，打破地域界限，统筹规划，实现移民片区资源共享、优势互补、市场互动的良性区域旅游经济格局。对具备发展旅游条件的移民村，要根据旅游要素等客观条件，编制系统、翔实的乡村旅游策划方案。

（二）加强移民村乡村旅游公共服务体系和基础设施建设

一是积极整合各类惠农支农资金和行业专项扶持资金，加快推进移民村旅游交通和沿线配套公共服务设施建设，对交通基础设施建设需求进行细化，明确分清符合当地交通规划的基础设施建设需求和连接景区旅游交通设施建设需求，并对不同的交通设施建设任务进行分解，明确不同的责任单位。二是将旅游移民村的旅游道路、停车场、购物娱乐、厨厕改造、垃圾污水处理等旅游基础和公共服务设施集中打包，纳入政府和相关部门的投资规划，提升乡村旅游发展保障能力。三是坚持以城带乡，推动城市公共服务设施向旅游移民村延伸、覆盖。加快建设旅游移民村游客服务中心、标识引导、安全救援等公共服务体系。四是利用信息网络平台，开展智慧乡村旅游建设。鼓励农家宾馆、饭店等乡村旅游经营户开展网上预订、支付、电子认证等服务，提升移民村乡村旅游的信息化程度和市场影响力。

（三）大力开发移民村乡村旅游产品

要积极依托区位条件、资源特色和市场需求，采取景区带动、土地流转、公私合营（PPP）、扶贫开发、整村推进等多种形式，围绕体验性、参与性和互动性完善旅游要素，加强移民村乡村旅游产品开发。围绕移民美丽家园建设，打造一批现代村庄观光型和时代精神教育型特色旅游村；围绕山水风光和田园生态，打造一批休闲观光和养生写生型特色旅游村；围绕现代农业及其产业化，打造一批现代农业观光型和科普型特色旅游村；围绕果蔬采摘、点种、插秧、耕耙等农事活动，打造一批农事农趣体验型特色旅游村；围绕杂技、魔术、庙会、灯会、社火等非物质文化遗产资源，打造一批民俗文化体验型特色旅游村；围绕绘画、根雕、编织、泥塑、木雕、石刻、锻造等民间手工艺文化资源，打造一批购物体验型特色旅游村，满足不同层次的旅游市场需求。

（四）加强旅游移民村乡村旅游教育培训

要将乡村旅游培训作为重要任务，衔接当地职业教育和农民工培训规划，建立乡村旅游人才培养培训机制，制定乡村旅游人才培训计划，力争培养一批理念新、会经营、懂管理的乡村旅游专业人才。移民部门要会同旅游部门积极开展各类乡村旅游职业技能培训活动，努力培训一批热爱旅游事业、热爱乡村事业的导游人员和乡土文化讲解员，并将讲解员、导游员、服务员等群体纳入职业技能培训体系，逐步实行培训考试、持证上岗制度，大力提升乡村旅游从业人员素质。

（五）创新移民村乡村旅游组织管理方式

鼓励移民成立旅游合作社、股份制公司，引导社会资本投入，形成"公司+农户"、"公司+合作社"等多种经营模式，保证经营主体的良性运行。规范旅游项目资产管理，确保村级集体和移民的收益权。大力推行股份制经营方式，积极推广资源变股权、资产变资金、移民变股民的"三变"改革模式，全面提升乡村旅游的组织化水平。

（六）加强移民村乡村旅游规范化管理

库区和移民安置区县级人民政府要结合自身实际，针对食品卫生、消防安全、用地建设等问题，研究出台简便易行、切实管用的移民村乡村旅游发展相关规定和办法；结合《河南省乡村旅游经营单位等级划分与评定》DB41/T 791-2013和《河南省乡村旅游经营单位等级评定和管理规范》，制定移民村旅游标准体系，分业态出台乡村旅游经营单位的等级认定标准，提升乡村旅游的服务质量和水平，提升乡村旅游满意度；加强移民村乡村旅游行业协会等中介组织建设，发挥其自我约束、自我管理、自我服务功能，营造公平有序、诚实守信的竞争环境。

三、保障措施

（一）多渠道整合筹措资金。一是要积极整合各类支农、旅游、扶贫、生态、文化、水利项目等资金用于移民村乡村旅游项目建设。旅游和扶贫部门扶持资金要积极向贫困移民村乡村旅游产业发展倾斜。移民部门要加大移民后扶资金对移民村乡村旅游项目的支持力度，除采用项目立项审批的投入方式外，要积极探索以奖代补等投入模式，投入资金作为村集体资金入股或村集体资产租赁经营等方式进行管理，村集体资金使用由村民代表大会或民主议事会研究决定。二是强化金融支持。人民银行各市中心支行运用再贷款、再贴现等货币政策工具，引导金融机构加大对移民户和旅游企业的信贷支持力度。各金融机构要积极创新金融产品和服务模式，利用联保互保、大型农机具、土地使用权抵押等担保形式，着力缓解移民村、移民户融资难问题。三是移民部门要会同有关部门研究制定推进乡村旅游发展的相关措施，多形式多渠道地引入社会资金、民营资金参与，有条件的地方可以通过PPP模式加快乡村旅游建设。

（二）多举措保障土地供给。各级政府要在移民村乡村旅游项目土地使用上给予重点扶持和政策倾斜。在符合土地利用总体规划、县域乡村建设规划、风景名胜区规划等相关规划的前提下，移民村集体经济组织可以依法使用建设用地自办或以土地使用权入股、联营等方式与其他单位和个人共同举办住宿、餐饮、停车场等旅游接待服务企业。集体经济组织以外的单位和个人，可依法通过承包经营流转的方式，使移民村集体所有的农用地、未利用地，从事与旅游相关的种植业、林业、畜牧业和渔业生产。支持通过开展城乡建设用地增减挂钩试点，优化移民村建设用地布局，建设旅游设施。在新一轮土地利用总体规划调整完善中，对移民就业增收带动作用大、发展前景好的乡村旅游项目用地，将其列入市、县土地利用总体规划中，并在年度计划中优先安排。

（三）建立健全奖励机制。为全面提升移民村乡村旅游的社会影响，充分调动各级干部群众参与移民村乡村旅游发展的主动性、创造性，各级政府要积极组织开展移民村乡村旅游创建活动，结合当地实际，探索建立激励奖励机制，对确定为乡村旅游试点村的移民村，且旅游项目计划纳入县级或以上旅游发展规划的，可给予一定的启动补助资金；对获得国家级旅游荣誉或称号的移民村，可给予村集体一定的奖励资金，用于旅游项目发展，确保移民乡村旅游产业扶持取得实效，移民户获得实惠。

四、有关要求

（一）提高认识，加强领导。各级政府有关部门要充分认识支持乡村旅游产业发展的重要意义，加强组织领导，统筹解决乡村旅游发展中规划对接、用地保障、行政审批、资金整合使用和项目建设等问题，为乡村旅游持续健康发展创造良好的外部环境。各级移民工作领导小组要认真履职，加强工作指导，切实发挥牵头协调作用，确保各项政策和工作落到实处。

（二）选准试点，稳步推进。全省移民村发展乡村旅游产业按照试点先行、分批推进的步骤实施。1. 2016年试点村30个。具体由省辖市、省直管县移民部门在移民村中推荐申报，省移民办会同国土资源、旅游、扶贫、人民银行等部门筛选确定。2. 试点村申报条件。一是有一定旅游资源和条件；二是地方政府积极、村集体班子团结、坚强有力、移民积极性高；三是村集体有相对稳定的收入。3. 项目具体实施由移民村集体或移民户在政府有关部门的指导和监督下自选自建，确保项目的顺利实施和资金的安全使用。

（三）明确责任，强化督导。各市、县移民部门要主动会同有关部门制定移民村乡村旅游发展的具体工作方案和实施计划。加强督导检查，将移民村乡村旅游产业发展纳入"强村富民"战略实施的重点工作，切实抓好，抓出成效。

各省辖市和省直管县根据本指导意见，结

合实际制定具体实施细则。

2016 年 4 月 16 日

河南省人民政府移民工作领导小组办公室 河南省人民政府金融服务办公室 关于加快推进我省移民企业 挂牌上市工作的指导意见

（豫移办〔2016〕51 号）

各省辖市、省直管县（市）移民局（办）、金融办：

为加快我省水库移民发展致富，引导和鼓励移民企业充分利用资本市场转型升级、快速发展、做大做强，促进我省移民"强村富民"战略更好实施，实现 2020 年全面建成小康社会的目标，亟待加快推进我省水库移民企业挂牌上市工作。现就移民企业挂牌上市工作提出以下指导意见：

一、充分认识加快推进移民企业挂牌上市工作的重要性

企业通过资本市场融资，是现代市场经济的重要融资形式。加快推进移民企业挂牌上市，有利于企业建立规范的现代企业制度，实现规模快速扩张、跨越式发展；有利于移民企业实现制度创新、管理创新、技术创新，提高企业品牌价值和市场影响力；有利于拉动移民区经济快速发展，实现移民村长治久安。我省移民企业大多规模较小，无法在证券市场主板、中小板和创业板上市。随着全国中小企业股份转让系统（以下简称"新三板"）和中原股权交易中心（以下简称"四板"）开始运行，移民企业挂牌上市正面临大好机遇。但从我省移民企业实际情况看，还存在着对资本市场的重要地位和作用认识不到位，企业上市后备资源不足、培育辅导欠缺等问题，影响了移民企业规范管理、快速发展和提升品牌。各级各有关部门要充分认识推进移民企业挂牌上市

和发展资本市场的重要意义，增强工作紧迫感和责任感，认清形势，抢抓机遇，努力开创我省移民企业挂牌上市工作新局面。

二、加快推进移民企业挂牌上市的总体思路和工作目标

（一）总体思路

坚持以科学发展观为指导，本着"企业主体、市场主导、政府引导"的原则，建立健全促进移民企业挂牌上市的工作机制和配套政策，大力培育挂牌上市资源；充分利用当前资本市场快速发展的有利时机，积极支持挂牌上市移民企业实现增发再融资；加强服务，加快移民企业挂牌上市步伐，坚持以"新三板"和"四板"为重点，鼓励、引导和促成一批移民村积极性高、地方政府支持，且成长性好、发展潜力大的移民企业挂牌上市，促进企业做大做强。

（二）工作目标

着力实施移民企业挂牌上市"5152"计划，即从 2016 年至 2020 年，用 5 年时间培育全省移民后备企业 100 家以上，力争到 2020 年，在"新三板"和"四板"挂牌上市移民企业达到 50 家以上，在"四板"展示企业达到 200 家以上，努力形成"培育一批，改制一批，辅导一批，挂牌上市一批"的格局。

三、加强对重点挂牌上市后备移民企业的培育工作

（一）大力培育挂牌上市后备资源

各市、县有关部门要按照"成功上市一批、辅导改制一批、签约启动一批、培育储备一批"的工作思路，针对"新三板"和"四板"市场、不同行业，遴选一批符合产业发展方向、示范带动性强、成长性高的移民企业作为重点后备企业，建立拟挂牌上市企业后备资源库；对储备库要实施动态管理，加强培育指导，组织移民企业挂牌上市培训交流活动。

（二）及时推动企业股份制改造

对有挂牌上市要求的移民企业，各市、县有关部门要按照有关法律和我省有关企业股份

制改造管理规范,指导其规范改制,及早建立现代企业制度。要鼓励移民村集体经济组织和移民群众积极参股。帮助企业解决股权、土地、房产等资产确认和权证过户及职工社会保障等问题。民营企业改制要注重注册资本的到位情况、税务处理的合法性、资产的权属及构成情况、净资产中国家扶持基金的处理等,明晰企业产权。

（三）梯次推进企业挂牌上市

各地要对移民后备企业进行分类排序,科学调度,合理安排,有计划、有步骤地推进企业挂牌上市工作,积极构建梯次推进格局。筛选一批自主创新企业和高成长创业企业到"新三板"挂牌上市,暂时达不到在"新三板"上市条件的可推动在"四板"挂牌上市。区别企业不同特点和挂牌上市进程,实行分类指导和全过程跟踪服务,及时协调解决企业在转制、辅导、挂牌上市过程中遇到的矛盾和问题。为推进该项工作,省政府移民办计划组织相关单位对移民企业挂牌上市工作提供咨询、指导服务。

（四）构建企业挂牌上市服务体系

本着政府引导、企业主体与市场化运作相结合的原则,各市、县有关部门要加强对挂牌上市保荐、财务顾问、审计评估、法律服务等资本市场中介机构执业情况的跟踪与了解,严格筛选一批信誉高、实力强、有资质的中介机构,努力形成一批为企业挂牌上市提供优质服务的优秀中介团队,为企业挂牌上市提供便利。

四、加大推进企业挂牌上市的政策扶持力度

为鼓励企业挂牌上市,我省有关市县政府出台了相关奖补政策。为进一步鼓励我省移民企业挂牌上市,决定利用移民后扶等资金再给予额外的奖补政策。

（一）"新三板"挂牌上市企业

对移民村企业挂牌上市,实行奖补政策。一是奖补移民村100万元,用于生产发展,可参股相关企业;二是奖补企业挂牌上市工作经费（按移民村集体和移民个人参股比例×2×

100万元奖补,100万元封顶）,其中改制奖补30%,成功挂牌上市后奖补70%。

（二）"四板"挂牌上市企业

对移民村企业挂牌上市,实行奖补政策。一是奖补移民村50万元,用于生产发展,可参股相关企业;二是奖补企业挂牌上市工作经费（按移民村集体和移民个人参股比例×2×50万元奖补,50万元封顶）,其中改制奖补30%,成功挂牌上市后奖补70%。

奖补资金原则上从各地移民后期扶持项目结余资金中解决,由相关省辖市、省直管县(市)移民部门检查验收后支付。南水北调丹江口库区移民村企业挂牌上市奖补资金暂由省政府移民办另行筹措,检查验收后下达。各地要积极研究出台挂牌上市企业融资、初期运行及展示等奖补政策,鼓励挂牌上市企业在"新三板"和"四板"市场融资。

五、有关要求

（一）加强组织领导

各级各有关部门要加强移民企业挂牌上市工作的组织领导,及时组织制订工作计划,建立领导分包制度和不定期走访制度,明确工作目标,分解工作任务,落实工作责任,及时汇总通报挂牌上市培育对象的有关经验、做法,及时掌握相关困难并协调解决,积极做好企业挂牌上市过程中的服务工作。

（二）积极帮扶支持

各地要对移民企业挂牌上市工作积极支持,在政策、资金等方面予以倾斜。要为挂牌上市移民后备企业做好对口联络、配套服务和政策支持工作,不断完善服务体系,为企业挂牌上市提供高效优质的服务。要和证券监管部门相互支持和配合,建立定期磋商制度。要开展多形式、多层次、多角度的培训学习活动,及时通报资本市场最新要求和发展动态,帮助挂牌上市后备企业提高对资本市场的认识。

（三）强化督促检查

要建立科学合理、导向鲜明的推进移民企

业挂牌上市工作评价体系，加强对该项工作的检查和考核。对工作推动有力、运行效果较好的，要及时给予表彰；对工作不力的，要给予通报批评。通过表彰先进、鞭策落后，充分调动各级干部和移民企业自觉参与移民企业挂牌上市工作的积极性。

河南省政府移民办公室
河南省政府金融服务办公室
2016年4月29日

平顶山市移民安置局平顶山市旅游局平顶山市扶贫开发办公室平顶山市国土资源局中国人民银行平顶山支行关于印发《平顶山市移民乡村旅游产业发展实施细则》的通知

（平移〔2016〕89号）

各县（市．区）移民局、旅游局、国土局、扶贫办、人行各县（市）支行：

为了加快移民脱贫致富、促进库区和移民安置区经济社会全面发展，大力扶持移民村旅游产业发展，现将《平顶山市移民乡村旅游产业发展实施细则》印发给你们，请遵照执行。

附件：平顶山市移民乡村旅游产业发展实施细则

2016年9月28日

附件

平顶山市移民乡村旅游
产业发展实施细则

为了加快移民脱贫致富、促进库区和移民安置区经济社会全面发展，大力扶持移民村旅游产业发展，根据省移民办、省旅游局、省扶贫办、省国土厅、中国人民银行郑州支行《关于在全省移民村大力扶持乡村旅游产业发展的指导意见》（豫移办〔2016〕47号）、省移民办、省旅游局《关于移民乡村旅游试点村的批复》（豫移办〔2016〕89号），结合我市实际，制定本实施细则。

一、指导思想

以党的十八大和十八届三中、四中、五中全会精神为指导，深入贯彻"四个全面"战略布局和"五大发展理念"，紧紧围绕移民脱贫解困、增收致富、建设美丽家园目标，着力改善移民村基础服务设施，大力发展移民村乡村旅游产业。通过引导和支持移民村发展乡村旅游，推动传统农业转型升级，吸纳移民就业，增加移民收入，促进移民村生态和村容村貌改善，使乡村旅游成为移民增收致富的重要途径和建设美丽家园的重要载体。

二、目标任务

2016~2018年先期建成5个乡村旅游移民试点村，再先期发展的基础上分期分批扶持10~20个重点移民乡村旅游村，使移民旅游村"一村一品、一村一景、一村一韵"建设格局基本形成，移民人均收入显著提高、基础设施更加完善、村庄更加美丽。确保到2019年水库移民与全市人民同步进入小康社会。

三、推进手段

（一）规划编制

各县（市、区）移民部门要会同旅游、扶贫、国土资源、交通、人民银行等有关部门，针对移民区域不同的旅游资源禀赋、空间布局和要素结构，编制不同层次的移民安置乡村旅游产业发展规划。对符合区域旅游一体化的移民片区，要编制区域乡村旅游发展规划，打破地域界限，统筹规划，实现移民片区资源共享、优势互补、市场互动的良性区域旅游经济格局。对具备发展旅游条件的移民村，要根据旅游要素等客观条件，编制系统、翔实的乡村旅游策划方案。

（二）公共服务体系和基础设施建设

一是积极整合各类惠农支农资金和行业专

项扶持资金，加快推进移民村旅游交通和沿线配套公共服务设施建设，对交通基础设施建设需求进行细化，明确分清符合当地交通规划的基础设施建设需求和连接景区旅游交通实施建设需求，并对不同的交通设施建设任务进行分解，明确不同的责任主体。二是将旅游移民村的旅游道路、停车场、购物娱乐、厨厕改造、垃圾污水处理等旅游基础和公共服务设施集中打包，纳入政府和相关部门的投资规划，提升乡村旅游发展保障能力。三是坚持以城带乡，推动城市公共服务设施向旅游移民村延伸、覆盖。加快建设旅游移民村游客服务中心、标识引导、安全救援等公共服务体系。四是利用信息网络平台，开展智慧乡村旅游建设。鼓励农家宾馆、饭店等乡村旅游经营户开展网上预订、支付、电子认证等服务，提升移民村旅游的信息化程度和市场影响力。

（三）开发旅游产品

要积极依托区位优势条件、资源特色和市场需求，采取景区带动、土地流转、公私合营（PPP）、扶贫开发、整村推进等多种形式，围绕体验性、参与性和互动性完善旅游要素，加强移民村乡村旅游产品开发。围绕移民美丽家园建设，打造一批现代村庄观光型和时代精神教育型特色旅游村；围绕山水风光和田园生态，打造一批休闲观光和养生写生型特色旅游村；围绕现代农业及其产业化，打造一批现代农业观光型和科普型特色旅游村；围绕果蔬采摘、点种、插秧、耕耙等农事活动，打造一批农事农趣体验型特色旅游村；围绕杂技、魔术、庙会、灯会、社火等非物质文化遗产资源，打造一批民俗文化体验型特色旅游村；围绕绘画、根雕、编织、泥塑、木雕、石刻、锻造等民间手工艺文化资源，打造一批购物体验型特色旅游村，满足不同层次的旅游市场需求。

（四）人才培训

要将乡村旅游培训作为重要任务，衔接当地职业教育和农民工培训规划，建立乡村旅游人才培训机制，制定乡村旅游人才培训计划，力争培养一批理念新、会经营、懂管理的乡村旅游专业人才。移民部门要会同旅游部门积极开展各类乡村旅游职业技能培训活动，努力培训一批热爱旅游事业、热爱乡村事业的导游人员和乡土文化讲解员，并将讲解员、导游员、服务员等群体纳入职业技能培训体系，逐步实行培训考试、持证上岗制度，大力提升乡村旅游从业人员素质。

（五）创新管理

鼓励移民成立旅游合作社、股份制公司，引导社会资本投入，形成"公司+农户"、"公司+合作社"等多种经营模式，保证经营主体的良性运行。规范旅游项目资产管理，确保村级集体和移民的收益权。大力推行股份制经营方式，积极推广资源变股权、资产变股金、移民变股民的"三变"改革模式，全面提升乡村旅游的组织化水平。

（六）行业自律

库区和移民安置区县级人民政府要结合自身实际，针对食品卫生、消防安全、用地建设等问题，研究出台简便易行、切实管用的移民村旅游发展相关规定和办法；结合《河南省乡村旅游经营单位等级划分与评定》（DB41/791-2013）和《河南省乡村旅游经营单位等级评定和管理规范》，制定移民村旅游标准体系，分业态出台乡村旅游经营单位的等级认定标准，提升乡村旅游的服务质量和水平，提升乡村旅游满意度；加强移民村乡村旅游行业协会等中介组织建设，发挥其自我约束、自我管理、自我服务功能，营造公平有序、诚实守信的竞争环境。

（七）资金落实

一是要积极整合各类支农、旅游、扶贫、生态、文化、水利项目等资金用于移民村乡村旅游项目建设。旅游和扶贫部门扶持资金要积极向贫困移民村乡村旅游产业发展倾斜。移民部门要加大移民后扶资金对移民村乡村旅游项目的支持力度，先期批复的5万个旅游试点村2016~2018年每年投入资金200万~300万元，总投资不超过1000万元，以后年度批复的旅游村总资金控制在500万元以内，除采取项目立项审批的投入方式外，还可以奖代补等投入模式，投入资金作为村集体资金入股或村集体资产租赁经营方式进行管理，村集体资金使用由村民代表大会或民主议事会研究决定。二是强化金融支持。市中心支行运用再贷款、再贴现等货币政策工具，引导金融机构加大对移民户和旅游企业的信贷支持力度。各金融机构要加大对移民户和旅游企业的信贷支持力度，积极创新金融产品和服务模式，利用联保互保、大型农机具、土地使用权抵押等担保形式，着力缓解移民村、移民户融资难问题。三是移民部门要会同有关部门研究制定推进乡村旅游发展的相关措施，多项式多渠道地引入社会资金、民营资金参与，有条件的地方可以通过PPP模式加快乡村旅游村旅游建设。

（八）保障土地供给

各县（市、区）政府要在移民村乡村旅游项目土地使用上给予重点扶持和政策倾斜。在符合土地利用总体规划、县域乡村建设规划、风景名胜规划等相关规划的前提下。移民村集体经济组织可以依法使用建设用地自办或以上土地使用权入股、联营等方式与其他单位和个人共同举办住宿、餐饮、停车场等旅游接待服务企业。集体经济组织以外的单位和个人，可依法通过承包经营流转的方式，使移民村集体所有的农用地、未利用地，从事与旅游相关的种植业、林业、畜牧业和渔业生产。支持通过开展城乡建设用地增减挂钩试点，优化移民村建设用地布局，建设旅游设施。在新一轮土地利用总体规划调整完善中，对移民就业增收带动作用大、发展前景好的乡村旅游项目用地，将其列入县土地利用总体规划中，并在年度计划中有限安排。

（九）奖励机制

为全面提升移民村乡村旅游的社会影响，充分调动各级干部群众参与移民村乡村旅游发展的主动性、创造性，各县（市、区）政府要积极组织开展移民村乡村旅游创建活动，集合

当地实际，探索建立激励奖励机制，对确定为乡村旅游试点村的移民村，且旅游项目计划纳入县级或以上旅游发展规划的，可给予一定的启动补助资金；对获得国家级旅游荣誉或称号的移民村，可给予村集体一定的奖励资金，用于旅游项目发展，确保移民村乡村旅游产业扶持取得实效，移民户获得实惠。

四、工作步骤

（一）选准试点，稳步推进

全市移民村发展乡村旅游产业按照试点先行、分批推进的步骤实施。1.2016~2018年先期建成5个乡村旅游移民试点村。2.在先期发展的基础上，再分期分批建成10~20个移民乡村旅游村。3.项目具体实施由移民村集体或移民户在政府有关部门的指导和监督下自选自建，确保项目的顺利实施和资金的安全使用。

（二）明确责任，强化督导

各县（市、区）移民部门要主动会同有关部门制定移民村乡村旅游发展的具体工作方案和实施计划。加强督导检查，将移民村乡村旅游产业发展纳入"强村富民"战略实施的重点工作，切实抓好，抓出成效。

（三）验收评比、总结提高

对乡村旅游发展的验收与评比贯穿于移民后扶项目工作验收考核中，将各地开展乡村旅游比较成熟和先进的做法和经验进行总结与提升，为建立长久性的发展机制提供决策与参考。

漯河市南水北调办公室工程建设领域突出问题专项治理工作实施方案

（漯调办〔2016〕15号）

各科室：

根据市水利局《漯河市水利工程建设领域突出问题专项治理工作实施方案》（漯水发〔2016〕25号）要求，结合实际，现制定本实

施方案。

一、工作目标

通过开展南水北调工程建设领域突出问题专项治理工作，解决存在的突出问题，建立统一规范的南水北调工程建设市场体系，规范市场行为和行政行为，有效遏制腐败问题易发多发态势，维护人民群众根本利益，有力促进六项重大攻坚任务落实，实现"十三五"顺利开局。

二、治理范围

对漯河市南水北调配套工程所有工程建设项目进行全面排查，查找突出问题、深刻分析原因，提出治理对策、完善长效机制。

三、治理重点

（一）项目审批中存在的突出问题

1. 项目决策、审批程序是否依法合规、科学民主。

2. 项目是否经过可行性论证，按照有关程序集体研究、民主决策；是否存在擅自简化程序，以领导批示、会议纪要等代替必要的项目审批现象。

3. 项目是否依法办理立项、规划许可、用地许可、环境影响评价、质量监督等规定手续。

4. 是否存在人为降低审批标准、越权审批等行为。

（二）项目招投标中存在的突出问题

1. 应招标项目是否按规定全部进入有形建筑市场进行招标；是否存在以项目特殊、时间紧迫等为借口，以行政会议形式确定施工单位，以集体决策为幌子规避招标。

2. 邀请招标是否按照程序经过项目审批机关依法批准。

3. 是否以肢解工程、化整为零等方式规避招标。

4. 是否不按照工程招标程序，将工程建设项目分配给直属企业或单位举办的企业。

5. 项目招投标程序是否规范，是否存在招标代理机构利用自身专业优势，违规协助业主

"量体裁衣"制定招标文件和评分办法，人为提高投标门槛，排斥和限制潜在投标人，帮助业主逃避监督以达到"明招暗定"问题。

6. 是否存在投标人以挂靠、借用资质、伪造业绩、相互串通等手段进行围标、串标、陪标等问题。

7. 是否按照规定在相应的评标专家库中抽取评委。

8. 对招投标活动的投诉举报是否进行认真调查，对发现的问题是否依法依规进行处理。

（三）项目实施中存在的突出问题

1. 是否存在未批先建情况。

2. 是否按照项目法人制、工程监理制和合同管理制等规定进行实施和管理，建设单位对合同中项目经理、监理工程师等施工管理人员的更换和到岗情况监管是否到位。

3. 是否存在施工、监理企业中标后转包、违法分包问题。

4. 施工图是否按国家有关标准和规定对设计图纸进行严格审查。

5. 项目实施过程中是否存在违规变更规划、设计问题。

6. 工程设计变更是否经过严格的审批程序；是否存在通过虚假签证和变更设计虚增工程量，导致低价中标、高价结算问题。

7. 是否存在建设单位、施工单位与监督、监理单位人员沆瀣一气、相互串通，简化工序、偷工减料，出现质量安全问题；是否存在监督单位、监理单位吃拿卡要，收受礼金、礼品等问题。

8. 是否按规定程序和要求及时进行竣工验收和备案，隐蔽工程、关键部位和环节是否存在人为降低标准验收，存在质量和安全隐患问题。

（四）项目资金管理中存在的突出问题

1. 项目财务管理是否规范，监管是否到位。

2. 是否存在套取、滞留、挤占、挪用工程建设专项资金问题。

3. 是否存在工程项目建设保证金支出他用问题。

4. 是否存在擅自扩大建设规模、提高建设标准、增加建设内容，导致项目投资超估算、预算、决算问题。

5. 是否按计划、合同、进度拨付工程建设资金及借拨付工程建设资金之机谋取私利现象。

（五）其他问题

是否存在单位违规举办企业问题；是否存在领导干部借职权之便插手工程项目、变相承揽工程，将工程项目私自截留并从中谋利问题；是否存在领导干部亲属违规经商办企业，利用部门审批权、执法权、行政管理权承揽工程与民争利，干扰市场经营秩序等行为。

四、方法步骤

工程建设领域突出问题专项治理工作从2016年3月开始，10月底基本结束，重点做好三个方面的工作：

（一）排查摸底。4月10日前，各相关科室要对南水北调配套工程建设项目，进行拉网式全面摸排，不留死角、不漏项目。对排查出的问题列出问题清单，报计划科汇总后于4月12日前报送市水利局四项突出问题专项治理工作领导小组办公室。

（二）整改建制。9月10日前，各相关科室要根据排查出的问题清单，逐项对照，深刻分析问题产生的原因，找准症结所在，认真制定整改方案，建立整改台账，落实整改措施。建立整改工作销号制度，对群众和社会反映强烈、迫切需要解决的问题，要重点考虑，优先整改；对有条件解决的问题，要立行立改，早见成效；对自身难以解决或解决不了的问题，要提出有深度、有可行性和可操作性的建议，提请上级部门帮助解决。整改情况要报送市水利局"专项办"。

把完善制度、堵塞漏洞贯穿专项治理工作始终，针对排查出的问题，查找制度方面存在的漏洞，进一步梳理廉政风险点，加强重点部位和关键环节制度建设。注重成果转化和运用，及时把专项治理工作中的有效措施和经验转化为法规制度，建立完善工程项目决策审批机制，公开、公正、公平的交易机制，工程项目监督管理、诚信机制，从源头上防范腐败现象的发生。

（三）检查验收。10月10日前，经自查整改，问题已得到解决，具备验收条件时，由市南水北调办组织相关人员进行验收，验收通过后，向市水利局"专项办"申请验收。对搞形式、走过场，达不到目标要求的，责令深入整改。

五、工作要求

（一）提高认识，加强领导。各科室要充分认识此次专项治理工作的重要意义，建立健全责任机制，落实任务分工，精心组织实施，形成专项治理工作合力。治理工作期间，各科室于每周五要将本周治理工作进展情况报送计划科汇总，上报市水利局专项办工程组。

（二）搞好结合，统筹协调。要将专项治理工作与"两学一做"学习教育相结合，着力解决影响和制约发展的突出问题以及党员干部党性党风党纪方面群众反映强烈的突出问题。要将本次专项治理工作与近年来开展的工程建设领域突出问题专项治理和治理商业贿赂工作相结合，依法查处工程建设领域的贿赂案件，进一步规范市场秩序，维护公平竞争。要将专项治理工作与纠正损害群众利益的不正之风相结合，大力加强行业作风建设。

（三）严格督导，强化问责。市南水北调办将加强监督检查，督促工作落实。各科室要加强调查研究，注意解决苗头性、倾向性问题，总结经验，推动工作。对组织不到位、方法措施不得力、治理效果不明显的科室要提出整改要求，重点督查，限期整改；对在规定时限内仍然达不到要求的，落实责任追究制，确保治理工作达到预期目标。

附件（略）：1. 漯河市南水北调工程建设领域突出问题专项治理工

作项目自查表

2. 漯河市南水北调工程建设领域突出问题专项治理工作自查情况汇总表

2016年3月18日

漯河市南水北调办机构编制和组织人事领域突出问题专项治理工作实施方案

（漯调办〔2016〕17号）

各科室：

根据《漯河市水利局机构编制和组织人事领域突出问题专项治理工作实施方案》（漯水发〔2016〕26号）要求，结合我办实际，制定本实施方案。

一、工作目标

通过开展专项治理，全面排查和整治我办在机构编制和组织人事工作方面存在的突出问题，切实维护机构编制和组织人事纪律的严肃性，健全完善监督管理机制，全面提升机构编制和组织人事管理的科学化、规范化、制度化水平。

二、治理范围

市南水北调办各科室。

三、治理重点

《市委办公室、市政府办公室印发关于进一步规范全市机关事业机构、编制和人员管理的若干意见的通知》（漯办〔2013〕10号）出台后存在的突出问题，包括2012年机构编制核查出而未按照要求整改的问题。具体内容包括：

（一）机构方面。超审批权限设置机构，擅自增（分）设内设机构，举办企业（公司），改革整合机构执行不到位等问题。

（二）人员编制方面。超编制限额补充人员，进人程序不规范，擅自聘用临时人员，各

类人员在编不在岗"吃空饷"（停薪留职人员、脱产学习逾期未归人员、长期病假人员、未经组织批准长期脱岗人员等，人员死亡、任职变动、调出调整、离退休变动后单位未办理编制、工资调整或核销手续，人员受党政纪处分、司法处理后单位未按相关处理意见办理编制、工资调整或核销手续，单位或个人不符合条件领取遗属补助，单位擅自批准人员内退）等问题。

（三）职数及组织人事方面。擅自配备干部，超职数、超规格配备干部，无职数（乱设置职务名称）配备干部，实任职务与备案职务不一致，擅自提高干部待遇，干部选拔任用程序不规范，干部职工在企业违规兼职，干部档案管理不规范（"三龄两历一身份"造假）等问题。

（四）其他违反机构编制和组织人事管理规定的问题。

四、方法步骤

机构编制和组织人事领域突出问题专项治理工作从2016年3月开始，10月底基本结束，重点做好三个方面的工作：

（一）单位自查。制定专项治理方案，召开会议动员部署，认真开展自查工作。要严格对照专项治理内容，对机构编制和组织人事工作开展全面排查，分类列出问题清单，填写相关表格。相关表格由单位主要负责人签字并加盖公章，于4月10日前报局四项突出问题专项治理工作领导小组综合组（联系电话：5612020）和机构编制和组织人事领域专项治理工作组（联系电话：5612018）审核，并进行公示。

（二）整改建制。9月底前，针对存在的问题，按照漯办〔2013〕10号和机构编制、组织人事、档案管理等方面的规定，认真制定整改方案，建立整改台账，明确整改事项、整改措施、责任人、整改时限等，报局"专项办"审核同意后组织实施。对2012年机构编制核查问题未按漯办〔2013〕10号整改到位的，要书

面说明原因和进展情况，列入专项治理整改台账，继续整改落实。对于发现的各类问题，能够立即整改的要立行立改，对短期内难以整改到位的，要明确时限，分步实施，限期整改到位。要实行整改销号制，整改一要、上报一条、销号一条，确保按期整改到位。

建立长效工作机制。针对存在的问题，认真分析产生问题的原因，建立完善制度，堵塞制度漏洞，杜绝问题再次发生。

（三）检查验收。10月底前，经自查整改，认为问题已得到解决，具备验收条件时，向局专项治理工作领导小组综合组和机构编制组织人事领域专项治理工作组申请验收。经检查验收达到要求的，予以总结。

五、工作要求

要充分认识专项治理工作的重要意义，坚持原则，认真负责，敢于碰硬，认真履行职责。要加强组织领导，成立专项治理工作组，由于晓冬副主任兼任组长。工作组设在综合科，由孙军民、王春霞抓好组织实施。确保政策把握准、情况底子明、查找问题准、整改问题实。每周五将上一周治理工作进展情况报送局四项突出问题专项治理工作领导小组综合组（联系电话：5612020）。

附件（略）：1. 漯河市机关事业单位机构编制和实有人员情况统计表

2. 漯河市机关事业单位领导职数及配备情况统计表

3. 漯河市机关事业单位机构设置情况统计表

4. 漯河市机关事业单位实有人员信息统计表

5. 漯河市机关事业单位承办企业（公司）及兼职情况统计表

6. 漯河市机构编制和组织人事领域突出问题自查情况统计表

2016年3月18日

许昌市南水北调办公室
关于印发《许昌市南水北调配套工程现地值守工作暂行意见》的通知

（许调办〔2016〕61号）

各县（市）南水北调办，机关各科室：

为加强我市南水北调配套工程现地值守工作，进一步规范配套工程现地运行管理行为，确保工程完好和供水安全，市南水北调办制定了《许昌市南水北调配套工程现地值守工作暂行意见》，现印发给你们，请认真贯彻执行。

附件：《许昌市南水北调配套工程现地值守工作暂行意见》

2016年6月6日

附件

许昌市南水北调
配套工程现地值守工作暂行意见

根据省南水北调办《关于加强南水北调配套工程供用水管理的意见》（豫调办建〔2015〕6号）、《关于印发〈河南省南水北调受水区供水配套工程供水调度暂行规定〉的通知》（豫调办〔2015〕14号）、省南水北调建管局印发的各口门线路《试通水调度运行方案（试行）》等规定和要求，结合我市南水北调配套工程运行管理实际情况，制定本意见。

一、统一现地管理设施名称

许昌市南水北调配套工程沿线目前设置了14处现地管理设施（其中市区河湖分水工程设置1处纳入配套工程统一调度和管理），具体如下：

（一）15号分水口门供水工程

1. 许昌市南水北调配套工程15号线宴窑现地管理站（简称"宴窑管理站"）：15号供水线路起点现地管理设施，原15号分水口门供水工程第一施工标（15-1标）管道进口管理房、南水北调许昌段15-1号分水站等名称的统称。

2. 许昌市南水北调配套工程15号线襄城县城区现地管理站（简称"襄城城区管理站"）：15号供水线路末端现地管理设施，原15号分水口门供水工程第二施工标（15-2标）管道末端管理房、南水北调许昌段15-2号分水站等名称的统称。

（二）16号分水口门供水工程

3. 许昌市南水北调配套工程16号线任坡泵站（简称"任坡泵站"）：16号口门供水线路起点泵站管理设施，原16号分水口门供水工程第一施工标（16-1标）任坡泵站管理房、南水北调许昌段16号泵站等名称的统称。

4. 许昌市南水北调配套工程16号线神垕镇现地管理站（简称"神垕管理站"）：16号口门向神垕镇供水线路末端现地管理设施，原16号分水口门向神垕镇供水工程第二施工标（16-2标）管理房、南水北调许昌段16-2号分水站等名称的统称。

5. 许昌市南水北调配套工程16号线禹州市城区现地管理站（简称"禹州城区管理站"）：16号口门向禹州市城区供水线路末端现地管理设施，原16号分水口门向禹州市供水工程第三施工标（16-3标）管理房、南水北调许昌段16-3号分水站等名称的统称。

（三）17号分水口门供水工程

6. 许昌市南水北调配套工程17号线孟坡现地管理站（简称"孟坡管理站"）：17号供水线路起点现地管理设施，原17号分水口门供水工程第一施工标（17-1标）管道进口管理房、孟坡管理房、南水北调许昌段17-1号分水站等名称的统称。

7. 许昌市南水北调配套工程17号线周庄水厂进口现地管理站（简称"周庄水厂进口管理站"）：17号供水线路周庄水厂支线起点现地管理设施，原17号分水口门供水工程第二施工标（17-2标）周庄水厂分水口管理房、石寨管理房、南水北调许昌段17-2号分水站等名称的统称。

8. 许昌市南水北调配套工程17号线周庄水厂现地管理站（简称"周庄水厂管理站"）：17号供水线路周庄水厂支线末端现地管理设施，原17号分水口门供水工程第六施工标（17-6标）周庄水厂支线末端管理房、许昌周庄水厂管理房、南水北调许昌段17-6号分水站等名称的统称。

9. 许昌市南水北调配套工程17号线曹寨水厂现地管理站（简称"曹寨水厂管理站"）：17号供水线路曹寨水厂支线起点现地管理设施，原17号分水口门供水工程第三施工标（17-3标）北邓庄水厂管理房、北邓庄管理房、南水北调许昌段17-3号分水站等名称的统称。

10. 许昌市南水北调配套工程17号线二水厂进口现地管理站（简称"二水厂进口管理站"）：17号供水线路二水厂支线起点现地管理设施，原17号分水口门供水工程第五施工标（17-5标）二水厂支线进口管理房、祖师管理房、南水北调许昌段17-5-1号分水站等名称的统称。

11. 许昌市南水北调配套工程17号线二水厂现地管理站（简称"二水厂管理站"）：17号供水线路二水厂支线末端现地管理设施，原17号分水口门供水工程第五施工标（17-5标）二水厂支线末端管理房、许昌二水厂管理房、南水北调许昌段17-5-2号分水站等名称的统称。

12. 许昌市南水北调配套工程17号线北海现地管理站（简称"北海管理站"）：17号供水线路预留口门向北海分水管线进口现地管理设施，原许昌市南水北调管线向市区河湖分水工程管理房等名称的统称。

（四）18号分水口门供水工程

13. 许昌市南水北调配套工程18号线洼李现地管理站（简称"洼李管理站"）：18号供水线路起点现地管理设施，原18号分水口门供水工程第一施工标（18-1标）管道进口管理房、南水北调许昌段18-1号分水站等名称的统称。

14. 许昌市南水北调配套工程18号线长葛市城区现地管理站（简称"长葛城区管理站"）：18号供水线路末端现地管理设施，原18号分水口门供水工程第三施工标（18-3标）管道末端管理房、南水北调许昌段18-3号分水站等名称的统称。

二、明确现地值守人员职责

1. 认真做好日常运行工作，确保管理设施运行正常；

2. 正确执行上级调度部门的操作指令，遵守相关操作规程；

3. 负责泵站、现地管理站内所有设备设施运行情况的巡视检查及监控工作，发现问题及时上报；

4. 负责做好仪器仪表的数据采集及日常基础资料的收集整理及上报等工作；

5. 负责工程运行问题的先期处置，参加突发事件应急处理等工作；

6. 负责管理设施内的安全保卫及保洁工作；

7. 完成上级交办的其他工作任务。

三、规范现地运行管理行为

1. 规划设计的现地管理房采取巡视检查、无人值守、自动控制的管理模式，为保证工程运行安全，根据目前运行管理要求（如观测流量、压力数值，执行调度指令、操作阀门等），结合工程情况，现采用24小时全天值守的方式，每班人员2人。

2. 值班人员应认真履行岗位职责，严格遵守工作制度，严格执行调度运行方案和调度指令，按照设备操作规程进行操作，逐步规范运行管理行为（详见附录A）。

3. 值班人员应统一佩戴标识，每天按规定对生产区内场外供电线路、机电设备、电气设备、自动化系统、阀井阀门、房屋设施、附属设施及备用系统等所有工程设施设备及建筑物进行巡视检查，做好电话指令、水位观测、阀门调整、阀门开度、流量、压力等运行值班记

录（详见附录B、C），按月进行整理、归档。

4. 值班人员应每天导出运行数据日报表，打印后确认数据准确性并签字，按月装订成册。电子版按照旬、月年度（每年11月1日至次年10月31日）进行采集整理。

5. 值班人员应每天适时将现地管理站、泵站监测信息发送到"许昌南水北调运行管理群"，以便县（市）、市南水北调办监控人员对工程调度、水量水情、管道压力、设备运行及现地值守等情况实行动态监控，对监测数据进行统计分析，及时研判配套工程运行状态。

6. 实行运行管理月报制度。现地管理站、泵站于每月1日将上月现地运行管理工作情况形成月报（详见附录D）连同电子版报县（市）南水北调办，县（市）南水北调办分析、核实、汇总后于每月2日报市南水北调办，市南水北调办汇总后于每月5日报河南省南水北调办。

7. 实行运行管理考核制度。市南水北调办公室将结合运行管理工作实际，制定工作考核制度，进行评估与考核。具体考核办法另行制定。

四、附录（略）

A. 许昌市南水北调配套工程现地运行管理行为标准

B. 许昌市南水北调受水区供水配套工程现地运行值班记录

C. 许昌市南水北调受水区供水配套工程任坡泵站运行值班记录

D. 许昌市南水北调受水区供水配套工程现地运行管理月报

许昌市南水北调办公室关于印发《许昌市南水北调配套工程巡视检查保护管理工作方案（试行）》的通知

（许调办〔2016〕63号）

各县（市）南水北调办，机关各科室：

为加强我市南水北调配套工程巡视检查工作，确保工程完好和供水安全，市南水北调办制定了《许昌市南水北调配套工程巡视检查保护管理工作方案（试行）》，现印发给你们，请认真贯彻执行。

附件：

1. 《许昌市南水北调配套工程巡视检查保护管理工作方案（试行）》
2. 《关于印发其他工程穿越邻接河南省南水北调受水区供水配套工程设计技术要求安全评价导则（试行）的通知》（豫调办〔2015〕43号）（略）

2016年6月12日

附件1

许昌市南水北调配套工程
巡视检查保护管理工作方案（试行）

根据省南水北调办《关于加强南水北调配套工程供用水管理的意见》（豫调办建〔2015〕6号）、《关于印发〈河南省南水北调受水区供水配套工程保护管理办法（试行）〉的通知》（豫调办〔2015〕65号）、《关于印发〈河南省南水北调受水区供水配套工程巡视检查管理办法（试行）〉的通知》（豫调办建〔2016〕2号）、省南水北调建管局印发的各口门线路《试通水调度运行方案（试行）》等规定和规程规范及设计要求，结合许昌市南水北调配套工程实际情况，制定本方案。

一、工作职责及分工

（一）许昌市南水北调办受省南水北调办委托，负责全市配套工程巡视检查、保护管理工作。职责包括：

1. 贯彻执行工程巡视检查、保护管理有关法规、制度；

2. 负责工程巡视检查、保护管理人员的培训和考核管理，督导、检查各县（市）南水北调办对所辖范围内工程巡视检查、保护管理工作开展及执行情况；

3. 负责向省南水北调办报送、向有关单位通报检查发现影响工程安全和供水运行的问题，组织处理有关问题并跟踪报送整改情况；

4. 负责与市、县两级地方政府的沟通协调，依法查处偷盗、损毁、哄抢等破坏配套工程设施及危害工程运行安全的行为；

5. 负责对全市穿越或邻接配套工程的监管工作；

6. 完成省南水北调办交办的其他工作。

（二）各县（市）南水北调办负责所管理分水口门供水工程的巡视检查、保护管理具体工作。职责包括：

1. 贯彻执行工程保护管理有关法规、制度；

2. 负责所管理分水口门供水工程及其设备设施、运行安全的保护管理工作；

3. 组织实施现场巡视检查工作，及时发现并制止工程管理和保护范围内影响工程运行、危害工程安全、供水安全的违规、违法行为，报告所管理分水口门供水工程和辖区内发生的工程保护事件，主动与地方有关部门联系，商地方有关部门处理；

4. 负责对所管理分水口门供水工程穿越或邻接配套工程的监管工作；

5. 完成上级交办的其他工作。

（三）巡视检查人员工作职责

1. 值班长：按照要求组织进行日常巡视检查，根据具体情况或上级指令等组织专项或特殊巡视检查。加强日常检查监督，确保巡查工作到位。根据设备设施的异常情况做好事故预想及研究制定相关运行措施，调整运行方式，保证工程安全。

2. 值班员：按照巡视路线、巡视项目按时进行巡视检查，及时了解和掌握设备设施运行情况，发现异常及缺陷及时处理和汇报。认真记录设备各种运行参数，做好运行观测数据分析和存档工作。

3. 巡视检查人员应具备相关专业知识，熟悉巡视范围内的工程设备设施情况。

4. 输水管线工程的巡视检查、保护管理由专职巡视检查人员负责，泵站、现地管理站巡视检查、保护管理工作由现地值守值班长组织，当值值班人员负责具体工作。

二、巡视检查类别

（一）输水管线巡视检查分为日常巡视检查、专项巡视检查和特别巡视检查。

1. 日常巡视检查是指为了掌握工程运行及沿线情况，及时发现工程缺陷和威胁工程安全运行情况而进行的例行巡视检查。日常巡视检查由各县（市）南水北调办组织实施。

2. 专项巡视检查是指在每年的汛前汛后或供水前后等，对泵站、沿线构筑物、构筑物内机电、金结、自动化设备及运行管理设施等进行的专业检查。专项巡视检查由市南水北调办或省南水北调办组织实施。

3. 特别巡视检查是指气候剧烈变化、自然灾害、外力影响、异常运行等特殊情况时，为及时发现工程异常或工程损坏情况而进行的巡视检查。特别巡视检查根据需要及时进行。特别巡视检查由省南水北调办组织实施。

（二）泵站、现地管理站巡视检查分为日常巡视检查、全站巡视检查和特殊巡视检查。

1. 日常巡视检查：即值班人员每日值班期间，对运行设备设施及建筑物进行的定时巡视检查。

2. 全站巡视检查：由当值值班长组织，对泵站生产区内所有设备设施及建筑物进行的巡视检查。

3. 特殊巡视检查：根据天气变化、负荷变化、新设备投产等特殊情况而进行的巡视检查。

三、工作范围和内容

（一）配套工程巡视检查、保护管理范围按照国家法规及河南省有关规定确定。

（二）巡视检查内容包括配套工程输水线路所有工程实体和外部事项对工程影响等。

1. 配套工程实体包括输水管道，提水泵站，引水涵管、进水池、调压池、阀井等构筑物，穿越河（渠）道、公路、城区道路、铁路等交叉工程，阀门阀件、金结机电、电气设备，自动化系统工程及运行管理设施等。

2. 外部事项对工程影响行为包括各类其他工程穿跨或邻接配套工程，以及影响工程运行、危害工程安全、供水安全的违规、违法行为。

（三）配套工程管理范围内，应防止下列行为：

1. 从事爆破、打井、钻探、采石、采矿、取土、挖砂等危害工程安全的活动；

2. 建设造纸、制药、化工、印染、电镀、焦化、洗煤等污染严重的企业；建造或者设立生产、加工、存储和销售易燃、易爆、剧毒、放射性物品等危险物品的场所、仓库；

3. 排放污水、废液及有毒有害化学物品，倾倒垃圾、废渣等固体废物；

4. 擅自修建非工程需要的建筑物及构筑物，修建鱼池及其他储水设施；

5. 葬墓、挖窑及其他采挖活动；

6. 擅自打桩、堆放超过管涵承受荷载设计标准的物料、开垦、种植乔木、灌木、藤类、芦苇、竹子或者其他深根系可能深达管涵埋设部位的植物；

7. 重型车辆在涵（管）上超限行驶；

8. 擅自开启、关闭闸（阀）门或者私开口门，架设电力线路、通信线路；

9. 在调蓄工程、进（出）水池、渠道内网箱养鱼、清洗车辆和容器。

（四）配套工程保护范围内，应防止从事第（三）条第1、2、3项的行为。

（五）应防止下列损害配套工程设施的行为：

1. 侵占、拆除、损毁工程设施；

2. 移动、覆盖、涂改、损毁标志物；

3. 在专用输电、通信线路上架线和接线。

四、巡查线路及重点

配套工程巡视检查线路详见附录A~D，巡视检查的重点为管理处（所）、泵站、现地管理站、进水池、阀井、阀门阀件、金结机电、电气及自动化设备等工程实体有无变形、损坏，管线及穿越河（渠）道、公路、城区道路、铁路等穿越工程有无沉陷、冒水，管线上是否有圈、压、埋、占，违规穿越或邻接施工及出现过问题、存在缺陷或薄弱环节等部位。

各县（市）南水北调办应根据工程线路长度，对管线进行适当的巡视单元划分，制定巡查线路图（表）并上墙，明确巡查工作负责人，按巡查责任区逐一明确重点巡查部位、重点巡查项目，巡查责任人和相对应责任区人员，并根据工程基本情况、巡查发现的问题、安全监测数据等及时梳理更新重点巡查监控项目和巡查线路图（表），保证对工程及其设备设施检查到位。

五、巡视检查方式和要求

（一）巡视检查频次

1. 配套工程输水管线原则上每周不少于两次，遇供水初期或汛期、重大节日、重要活动等适当加密频次；重点部位（如阀井、穿越交叉部位等）每天至少一次，遇供水初期或汛期适当加密频次，必要时24小时监控。

2. 泵站、现地管理站日常巡视检查每日3次，分别为9:00、15:00、22:00，巡视人员应按规定路线对运行设备进行巡视检查。全站巡视检查每周一上午9:00与日常巡视检查合并进行。特殊巡视检查时间根据具体情况或上级指令执行。

3. 根据上级指示和下列情况，应增加特别或特殊巡视检查：

（1）设备过负荷、存在缺陷和可疑现象时。

（2）新投入运行、长期停用或检修后投入运行的设备。

（3）设备试验调试时。

（4）运行方式发生较大变化时。

（5）水位接近限值时。

（6）遇有雷雨风雪雾雹等异常天气，设备存在薄弱环节时。

（7）火灾自动报警系统报警时。

（8）发生事故，采取相应措施后。

（二）巡视检查人员应统一佩戴标识，认真履行岗位职责，严格遵守工作制度，必须按照规定的巡视线路进行巡视检查，逐步规范巡视检查、保护管理行为（详见附录E）。

（三）巡视检查工作至少要两人同时进行，巡视中禁止对阀门或设备进行操作。

（四）巡视检查应认真、仔细、到位，保证巡视检查质量，要做到"五到"，即走到、闻到、看到、听到、摸到。记录数据要准确，不得估测，有疑问及时向值班负责人或上级汇报。对机电设备的巡视，巡视人员应熟悉设备的检查项目，内容和标准，集中思想，巡视期间结合看、听、嗅、摸、测等方式进行，掌握设备设施运行情况。

（五）巡视检查人员应配备必要的工具和仪器设备，严格按照有关规程执行，采取有效的防范措施，确保人员安全。

1. 触摸设备外壳时，应首先检查设备外壳接地线是否接触良好，然后方可以手背触试。

2. 雷雨天气在户外巡视高压设备时，应穿绝缘靴，并不得靠近避雷器和避雷针。

3. 巡视检查高压设备时，应遵守《电力安全工作规程》中有关规定，巡视检查中，发现设备缺陷异常时，应按本规程中有关规定进行处理。

4. 高压设备发生接地时，工作人员与故障点的距离：室内不得小于4m，室外不得小于8m，进入上述范围和接触设备时，应按规定进行。

（六）巡视检查完毕后随手关闭盘柜门、通道门、阀井井盖，认真做好记录，钥匙归放在指定位置，及时向值班负责人汇报巡视检查情况。

（七）巡视检查中发生事故，应立即中断巡视检查，统一听从值班负责人指挥，参与事故处理。

（八）巡视检查人员应及时发现并制止工程管理和保护范围内影响工程运行、危害工程安全、供水安全的违规、违法行为，同时在第一时间向上级报告。

（九）巡视检查中发现的问题应进行分类管理：

1. 严重威胁工程安全和运行安全的问题或"重大缺陷"、"较大缺陷"，立即处理并及时报许昌市南水北调办，许昌市南水北调办及时报省南水北调办，必要时启动应急预案。

2. 对于"一般缺陷"、"轻微缺陷"或其他问题，由各县（市）南水北调办按照有关规定处理。

3. 外部事项对工程的影响，须及时制止并向有关部门反映，协调处理。

（十）市南水北调办、各县（市）不定时采用电话、即时传真、现场检查等形式抽查工程巡视检查工作。

六、信息整理和报告

（一）工程巡视检查记录准确、及时。每次巡视检查应现场填写巡视检查登记表（详见附录F），如实填写巡视检查记录（详见附录G），按月进行整理、归档。纸质版和电子版同步保存，对于"重大缺陷"和"较大缺陷"缺陷问题应进行拍照或录像，必要时绘出草图，照片等影像资料有序整理，有效保存。

（二）实行巡视检查、保护管理月报制度。各巡查责任区于每月1日将上月巡视检查、保护管理工作情况登记造册，建立台账，并形成月报（详见附录H）连同电子版报县（市）南水北调办，县（市）南水北调办分析、核实、汇总后每月2日上报市南水北调办，市南水北调办汇总后每月5日报河南省南

水北调办。

（三）专项巡视检查报告在检查完成后及时报省南水北调办。

（四）各县（市）南水北调办应严格按照要求高效做好信息报送工作。

七、监督检查及考核

各县（市）南水北调办应加强配套工程的日常巡视检查、管理保护工作的领导，采取有效措施，保障配套工程安全和正常运行。市南水北调办公室不定期对巡视检查、保护管理工作进行监督和检查，并结合配套工程实际，制定工作考核制度，进行评估与考核。具体考核办法另行制定。

八、附录（略）

A. 15号分水口门供水工程巡视检查线路表

B. 16号分水口门供水工程巡视检查线路表

C. 17号分水口门供水工程巡视检查线路表

D. 18号分水口门供水工程巡视检查线路表

E. 许昌市南水北调配套工程巡视检查保护管理行为标准

F. 许昌市南水北调配套工程巡视检查登记表

G. 许昌市南水北调受水区供水配套工程巡视检查记录

H. 许昌市南水北调受水区供水配套工程巡视检查月报

许昌市南水北调办公室
关于印发《许昌市南水北调配套工程
维修养护工作方案（试行）》的通知

（许调办〔2016〕64号）

各县（市）南水北调办，机关各科室：

　　为加强我市南水北调配套工程维修养护工

作，确保工程完好和供水安全，市南水北调办制定了《许昌市南水北调配套工程维修养护工作方案（试行）》，现印发给你们，请认真贯彻执行。

附件：《许昌市南水北调配套工程维修养护工作方案（试行）》

2016年6月17日

附件

许昌市南水北调配套工程
维修养护工作方案（试行）

根据省南水北调办《关于加强南水北调配套工程供用水管理的意见》（豫调办建〔2015〕6号）、《关于印发〈河南省南水北调受水区供水配套工程供水调度暂行规定〉的通知》（豫调办〔2015〕14号）、《关于印发〈河南省南水北调受水区供水配套工程维修养护管理办法（试行）〉的通知》（豫调办〔2015〕57号）、省南水北调建管局印发的各口门线路《试通水调度运行方案（试行）》等规定和规程规范、设备产品使用说明书及设计要求，结合许昌市南水北调配套工程实际情况，制定本方案。

一、维修养护工作范围

（一）土建工程。供水管线125km，各类阀井294座（含调流阀室6座），进水池4座，调压池1座，各类穿越建筑物48座（其中穿越铁路工程15座，穿越高速公路顶管5座，穿越国省道顶管13座，穿越河道倒虹14座、穿越总干渠廊道1座），标志桩446块，现地管理房12座，泵站1座。

（二）金结、机电和电气设备。阀门阀件、管件、流量计、压力变送器、拦污栅、行车、电动葫芦、发电机、水泵、空调、消防设备、机电设备、电气设备以及11条场外供电线路等。

（三）自动化系统。通信管道125km，人手孔井241座，自动化调度与运行管理决策支持系统等设施。

（四）管理设施。全市配套工程管理设施1处4所，即1个市级管理处和市区管理所、襄城县管理所、禹州市管理所、长葛市管理所。

（五）市区河湖分水工程。供水管线2237.6m，阀井6座（控制阀4座，空气阀井2座），消能景观工程3座，顶管工程2座，穿河倒虹吸工程1座，现地管理房1座，阀门阀件，金属结构、机电设备及1条场外供电线路等设施。

二、维修养护分类及内容

（一）日常维修养护项目。主要是针对巡视检查发现的问题，保持设备表面清洁、无锈蚀现象，拆卸有关的零部件，进行检查、调整、更换或修复失效的零件，恢复设备的正常功能；定期检查、调整各部件配合间隙、紧固松动部位，更换个别易损件，添加黄油等，清扫、检查、调整电气线路及装置。定期维护一般要进行部分拆卸、检查、更换或修复失效的零件，从而恢复所修部分的性能和精度。

（二）专项维修养护项目。主要是对工程设施设备功能恢复性的维修，针对阀门阀体结构变形和腐蚀情况、各部位紧固件松动或损坏情况，修复或更换损坏的配件，全面消除缺陷，恢复工程设施设备原有功能。设备大修时，对设备的全部或大部分部件解体，修复基准件，更换或修复部分零件，修理、调整设备的电气系统，修复设备的附件以及翻新外观等，从而全面消除修前存在的缺陷，恢复设备的规定精度和性能。

（三）应急抢修项目。主要是指在运行过程中，突然发生爆管、接口损坏、阀门工作失灵、机电设备及电力设施突发性故障、人为损坏等不可预见的事故和故障，应采取紧急处理措施，保证工程安全和正常运行，将损失和影响降到最低。

三、维修养护实施方式

（一）日常维修养护项目。日常维修养护项目（含年度岁修项目）由许昌市南水北调办统一组建全市配套工程专业维修养护队伍，对全市配套工程进行维修养护。

（二）专项维修养护项目。专项维修养护项目实行项目管理。专项维修养护项目（含大修及更新改造项目）由许昌市南水北调办或县（市）南水北调办按照相关规定履行采购程序，择优选择专业化维修养护单位实施。

（三）应急抢险项目。应急抢险项目由市、县南水北调办和配套工程专业维修养护队伍进行现场前期处置和紧急抢修，并参照《许昌市南水北调配套工程突发事件应急预案》（许调办〔2016〕7号）执行。

四、维修养护质量标准

（一）每月对场外供电线路、高低压配电控制柜、EPS应急电源、功率补偿柜、直流电源、自动化控制屏、安防及视频系统、自动化调度系统、柴油发电机、行车等设备进行巡视检查、维修养护并提供设备巡检工况报告。

（二）每季对管线附属设施巡视检修一次，并对输水管线上的控制阀、检修阀、空气阀前的检修阀、调流阀、排空阀、空气阀等阀门开关一次并进行保养，使其保持完好。

（三）每半年要对阀门传动机构的润滑情况及阀体、阀井内的阀件、管件、爬梯油漆防腐情况进行一次排查，及时进行一次防腐保养；每半年对线路钢制外露部分（拦污栅、金属管道及附件）进行防腐处理。

（四）每年对管线低处排空阀排放1次积泥，根据排放水质情况，可调整排放时间次数。

每年应对泵站的主机泵进行一次防腐保养。主机泵每运行4000h或一年应更换一次厂家规定牌号的润滑脂；每运行8000h或3年，进行一次检修；每运行20000h或10年进行一次大修。

主变压器和站用变压器在投入运行期间应每年检修一次，开始运行第5年和以后每10年左右应大修一次，运行中的变压器发现异常状况或经试验判明有内部故障时应提前大修。

消防设施应保持良好备用状态。备用状态下，每年应送消防部门进行一次检查和维护；动用过后应及时送消防部门检修和完善。

管理处、所、站变压器供电系统、供水系统、网络系统每年进行一次检修、维护、保养。

（五）每3年对穿越高速公路顶管及铁路箱涵内的外露管道应进行一次防腐保养。每隔3年对输水管线做全线的停水检修。

（六）土建工程、设备（电气、水机、金属结构）和输水管道发生突发故障时应立即进行现场前期处置并组织抢修。

具体质量标准详见附录A。

五、维修养护工作要求

（一）健全组织，明确职责。

市南水北调办和各县（市）南水北调办公室要加强配套工程维修养护工作的组织领导，根据所管理的供水线路长短和工作量，配备1~3名工作人员，具体负责配套工程维修养护工作。

许昌市南水北调办公室受河南省南水北调办公室委托，负责全市配套工程维修养护工作。负责制定配套工程维修养护工作计划和工作制度，统一组建全市南水北调配套工程日常维修养护队伍，配置维修养护工具器具和备品备件，加强对配套工程维修养护工作进度、质量、安全生产与文明施工的监督检查及评估与考核。具体考核办法另行制定。

各县（市）南水北调办公室负责所管理分水口门供水工程的维修养护工作。根据工程监测和巡视检查情况编制维修养护工作报告，负责维修养护工作进行日常监督，协调维修养护工作环境，配置日常简单的维修养护工具和备品备件进行零星维修养护，参与维修养护工作的评估与考核。

（二）制定计划，明确流程。

许昌市南水北调办公室根据省办有关规定和规程规范、设备产品使用说明书及设计要求，结合工程监测及巡视检查实际情况，制定工程年度维修养护计划；根据年度维修养护计划和县（市）工程设备设施缺陷统计月报表细化工程月度日常维修养护计划。

维修养护队伍根据月度日常维修养护计划，按照有关规程开展日常维修养护工作，如遇工程突发事件立即进行应急抢险；日常维修养护工作完成后应及时提出验收申请，市、县南水北调办应及时组织验收。

具体工作流程详见附录B，验收申请报告详见附录C。

（三）完善制度，明确纪律。

市、县南水北调办应加强维修养护工作的管理，建立健全维修养护制度、工具器具使用制度、备品备件管理制度、车辆管理制度、环境卫生和安全生产制度等工作制度，明确工作纪律。

维修养护人员应严格执行工作制度，记录日常维修养护工作日志（详见附录D）；建立维修养护工作台账，编制并上报维修养护工作月报（详见附录E）；接受市、县南水北调办的监督检查。

六、附录

A. 许昌市南水北调配套工程维修养护质量标准

B. 许昌市南水北调配套工程日常维修养护工作程序图

C. 河南省南水北调配套工程维修养护项目验收申请报告（略）

D. 许昌市南水北调受水区供水配套工程日常维修养护工作日志（略）

E. 许昌市南水北调配套工程日常维修养护工作月报（略）

附录A

许昌市南水北调配套工程维修养护质量标准

序号	项　目	质　量　标　准
（一）进水池		
1	进水池	整体结构无不均匀沉陷
2		混凝土结构无裂缝
3		进水池不渗漏
4		埋件保护完好，无移位或破坏
5		重要部位无碰损掉角现象
6		结构缝（伸缩缝、施工缝和接缝）无错动迹象，填缝材料无流失或老化变质
7		进水池内无杂物等
8		排水沟或截流沟无淤堵、破损，排水畅通
9		拦污栅无损坏
10		螺栓孔封堵严密，无渗水现象
11		表面无局部机械物碰伤或腐蚀性液体污染损伤
12		雨水、污水未进到进水池内
（二）阀井		
13	阀井	井壁不渗水
14		阀井无不均匀沉降、位移
15		阀井填土无沉陷
21		进人孔盖板完好
22		爬梯完好
23		排空井出口无淤积，不影响排水

续表

序号	项 目	质 量 标 准
24	阀 井	穿墙套管处不渗水
25		微量排气阀完好
26		阀件开关完好
27		混凝土无裂缝、剥蚀、倾斜
28		阀件无锈蚀
29		螺栓无锈蚀
30		盖板与井壁处无渗水
31		阀井内积水及时清理

（三）穿干渠倒虹吸

序号	项 目	质 量 标 准
32	穿干渠倒虹吸	建筑物无沉降或位移
33		结构缝不漏水
34		支座完好
35		管身无贯穿性裂缝，管顶无横向裂缝
36		管身无局部渗漏
37		进出口井后填土无饱和状态、无大面积塌陷
38		混凝土无裂缝
39		混凝土无非贯穿性裂缝，纵向无非贯穿性裂缝
40		混凝土表面无剥落、破损
41		进人孔盖板完好
42		爬梯完好
43		相邻管节无移动错位、不渗水
44		进出口井后填土出现无洇湿、无局部小面积塌陷
45		阀件无锈蚀
46		螺栓无锈蚀
47		管顶防护设施无局部沉陷、损坏
48		管顶防护设施无大面积沉陷、损坏
49		进出口平台无沉陷、开裂

（四）管理房与调流阀室

序号	项 目	质 量 标 准
50	建筑与结构	屋面无渗漏、积水现象
51		基础无不均匀沉降、错台、裂缝
52		变形缝、雨水管安装牢固，排水畅通，无渗漏
53		雨罩、台阶、坡道、散水等无裂纹、脱皮、麻面和起砂现象
54		室内墙面无起皮、掉粉现象
55		室外墙面无掉粉、起皮现象
56		室内地面无脱皮、麻面、起砂
57		楼梯、踏步、护栏无松动、开裂
58		门窗安装牢固，开关灵活，关闭严密，无倒翘
59		室内顶棚无漏涂、起皮、掉粉
60		墙体无裂缝、漏雨等
61	建筑给排水	卫生器具、支架、阀门等的接口无渗漏，支架牢固，阀门启闭灵活、接口无渗漏
62		管道接口、坡度、支架等无变形、渗漏
63		检查口、扫除口、地漏无积水现象
64	建筑电气	防雷、接地、防火等无松动、开裂，油漆防腐层无开裂，定期测试接地电阻
65		配电箱、盘、板、接线盒等内外无杂物，掉漆，箱盖开闭灵活，箱内接线整齐

序号	项　目	质　量　标　准
66	建筑电气	设备器具、开关、插座无松动，灯具内外无灰尘、污垢，开关插座与墙面四周无缝隙
67		室内电气装置安装，配电柜排列整齐，箱体内部接线整齐，箱门开闭灵活，电缆线摆放平顺
68		室外电气装置安装，油漆防腐无起皮、掉粉，箱体开闭灵活，箱内接线整齐
69	智能建筑	机房设备安装及布局合理，仪器安装运转良好，各种配线形式规格与设计规定相符，无扭绞、打圈接头，受外力挤压损伤
70		现场设备安装螺栓牢靠、无松动
71	金结及机电	吊装及附属设备油漆无脱皮、起皱，行走顺畅
72		金结及设备油漆防腐脱落、锈蚀，螺丝锈蚀
73		机电及附属设备表面无灰尘、污垢，油漆无脱落、锈蚀
74		计量、监测及通信设备无灰尘、污物，油漆无脱落、锈蚀
		备用柴油发电机正常启动，定期维护
75	室外工程	防护围栏无破损、锈蚀、松动
76		进场道路及附属建筑物等路面平整，无杂物，绿化完好；排水沟排水畅通，无杂物
77		围墙、大门等附属建筑表面无污物及附着物；油漆防腐局部无脱落腐蚀现象
78		室外道路、硬化及排水等路面平整无附着物及垃圾，排水畅通
79		室外绿化均匀，无空白
80		井盖丢失或破损

（五）泵站工程

序号	项　目	质　量　标　准
81	泵站管理设施	相邻配电室间隔墙处电缆沟内放置阻火包，形成防火隔层
82		电缆沟、井无积水
83		测温系统、冷却系统或通风系统无故障
84		电缆、电线及其连接部位无发热、破损、松动现象
85		接地满足要求，定期测试接地电阻
86		设备运行无异常声响或异常振动
87		油泵油色、油位正常
88		高压低压配电室、通讯室、变压器室安装有防鼠板
89		高压低压配电室、通讯室、变压器室控制柜周边安装有绝缘橡胶垫
90		扶梯、栏杆、盖板等附属设施无破损
91		泵站的配套管道、阀门、法兰密封严密，不漏水
92		设备外壳无锈蚀、脱漆
93	泵站机组	各电动蝶阀能正常开启、关闭
94		排水泵启动后出水正常
95		水泵电机运行无故障
96		供水泵吸入口无堵塞或叶轮卡涩现象，出力正常
97	变压器	供水泵密封处不漏水
98		油管路不渗油
99		供水泵管路固定牢固
100		供水泵地脚螺栓牢固，不松动
101		套管、瓷瓶无裂纹或破损，无放电现象
102		电缆无破损、腐蚀现象
103		各引线接头无过热变色现象
104		温度控制器显示屏正常，三相温度显示正常
105		运行时声音正常

续表

序号	项 目	质 量 标 准
106	变压器	变压器外箱无灰尘、污垢
107	其他附属设备	重要设施避雷设施接地符合要求
108		防雷装置引下线连接稳固，无烧伤痕迹和断股现象
109		室外设备不漏油、漏液
110		避雷器套管无破损、裂缝，无放电痕迹
111		备用柴油发电机正常启动，定期维护
112		按要求对警示、标示等安全设施进行修复、增补或更新

附录B

许昌市南水北调配套工程日常维修养护工作程序图

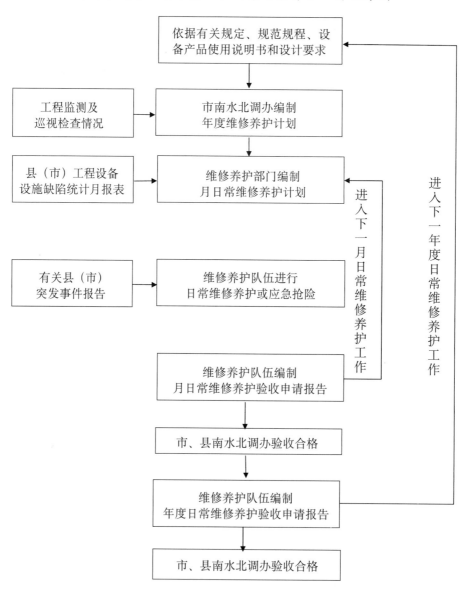

新乡市南水北调办公室关于建立南水北调工程执法管理队伍的报告

（新调办〔2016〕2号）

市政府：

2014年12月12日，南水北调中线一期工程正式通水，涵盖我市工程77.7公里。我市配套工程全长75.3km，已于2015年6月30日正式试通水，标志着工程由建设管理阶段向运行管理阶段过渡。根据工程目前运行管理情况，亟须建立南水北调执法管理队伍，我办已将《关于成立新乡市南水北调工程执法大队的请示》（新调办〔2015〕102号）报告市政府。根据王晓然常委批示精神及市编办意见，我办对南水北调东、中线运行管理执法情况进行了认真调研，现将有关情况报告如下：

一、运管现状

目前，市区三个水厂及卫辉市、获嘉县已接通南水北调水，月用水量约565万m³，受益人口达150万，其余受水区辉县市、凤泉区、新乡县将于2016年先后通水。为确保各条供水线路的运行安全，我办积极探索创新运管模式，根据各口门输水线路特点，采取委托县办属地管理、施工单位管理和委托市政工程管理公司专业管理等三种运行管理模式。通水以来，总体运行平稳、供水通畅。但目前，我办在运行管理检查过程中发现个别地方存在管道上方和保护范围内私搭乱建、穿越邻接工程不经审批盲目建设等现象，给输水管道安全运行以及供水保障带来很大隐患。针对这一情况，我办及时行文《关于解决影响我市南水北调配套工程30-33线供水安全问题的请示》（新调办〔2015〕87号）上报市政府，市委常委王晓然作出了重要批示："对存在问题逐个建立解决台账，发整改通知书，限期解决销号，并注

意建立管控长效机制，确保运行安全。"市政府督查室就配套工程影响供水安全问题对相关县（市、区）开展专项督查，但由于缺乏执法手段，处理困难，进展缓慢。长此下去，一方面不符合《南水北调工程供用水管理条例》（中华人民共和国国务院令第647号）及《河南省南水北调受水区供水配套工程保护管理办法》（豫调办〔2015〕65号）的有关规定，对工程安全产生威胁；另一方面也不利于沿线群众生命财产安全。

二、外地做法

南水北调干渠和配套工程运行管理是一个新课题，各地都在积极探索。目前全省各地市还没有成熟的经验，山东省、北京市进行了一些有益的尝试，值得借鉴。

——山东省配套工程运行管理的主要做法：2015年4月出台了《山东省南水北调条例》，并以条例为依据，专门成立了稽查处，主要负责工程建设管理和质量管理，及时查处破坏工程设施、扰乱调水秩序、污染水质以及其他危害调水安全的行为。近期，为强化对危害调水安全行为的查处，由省水利厅授权省调水办成立南水北调水政执法支队，挂靠省南水北调办，支队23人，为省调水办参公编制。

——北京市配套工程运行管理的主要做法：市南水北调办公室专门抽调正式在编人员20人组成水政执法大队，挂靠市水务局名下，依法对工程建设及其运行安全进行有效的保护。

——我省各地市配套工程运行管理的主要做法：各地市或多或少都存在管线上方和保护范围内的私搭乱建、违章建筑问题，但因无执法手段，缺乏行之有效的管束和解决办法，大都感到力不从心，制止难度很大。

三、有关建议

为及时制止、查处危及工程安全的违法行为，确保配套工程运行安全、供水保障安全以及强化干渠红线外安保工作，结合我市实际，

借鉴外地经验，提出如下建议：

一是先行先试，率先示范。针对目前输水管道管护面临的困境，结合我市运行管理现状，我办提出建立执法队伍的建议，省办领导给予肯定，并建议我市在运行管理的模式和执法队伍的建设上先行先试、率先示范。

二是成立队伍，切实维管。借鉴外地经验，由水行政执法部门授权在市南水北调办成立水政执法支队进行执法，为工程的平稳运行及安全保护工作保驾护航。在日常工作中将人员派驻有关县（市、区）管理所及现地管理房，采取集中与分散相结合的方式进行管理。同时与当地公安部门密切协作，重拳出击惩治违法违规行为，切实做好南水北调工程保护及运行管理工作。

三是增设职能，增加编制。新乡市南水北调中线工程领导小组办公室职能中增加行政执法职能，增加行政或事业编制10名，正科级规格。

特此报告。

2016年1月5日

新乡市南水北调办公室关于我市上缴2014—2015年度水费情况的报告

（新调办〔2016〕12号）

市政府：

按照我市与省南水北调办签订的2014-2015年度供水协议、供水补充协议以及省办的要求，需尽快上缴上年度水费。现将有关情况报告如下：

一、我市年度用水量情况

根据2015年11月25日在新乡召开的南水北调中线2015-2016年度水量调度协调例会及南水北调中线工程河南段水量计量协调专题会精神，我市2014-2015年度用水量暂计1820.05

万m³，其中获嘉县用水119.1万m³，卫辉市用水775.18万m³，市区（不含凤泉区）用水925.77万m³。

二、我市应缴纳水费情况

根据省发改委、省南水北调办、省财政厅、省水利厅《关于我省南水北调工程供水价格的通知》（豫发改价管〔2015〕438号）文件精神，我市配套工程综合水价0.86元/m³，其中基本水价为0.42元/m³，计量水价为0.44元/m³。市政府授权市南水北调办与省南水北调办签订了《河南省南水北调配套工程2014-2015年度供水协议》及《河南省南水北调配套工程2014-2015年度供水补充协议》。2014年至2015年南水北调配套工程水量调度年度为2014年12月12日至2015年10月31日。按照国务院南水北调办和省政府有关规定，不论是否用水，基本水费必须缴纳。新乡市2014-2015年度应缴基本水费为14554.65万元（基本水价0.42元/m³乘以年规划分配的分水口门净水量3.916亿m³乘以（365-42）/365）；计量水费按计量水价（0.44元/m³）乘以实际用水量计算。

目前，许昌、郑州、濮阳、安阳、南阳、平顶山、邓州等地已完成2014-2015年度水费征缴工作，我市因市区基本水费市财政与区财政分摊比例未确定，水费征缴工作尚未启动。

三、省内其他地市做法

在水价未确定前，南水北调水费如何征缴，我们对其他地市的做法进行了认真了解。

1. 郑州市做法

郑州市原水源黄河水的综合水价是0.26元/m³，而省发改委确定的当地南水北调价综合水价是0.74元/m³，存在0.48元/m³的成本差异。为了减少水厂税收成本，2015年底前郑州市调水办按照0.74元/m³的价格开出水费票据，但水厂按照0.26元/m³的原价上缴水费。通水半年以来的成本差异由市财政全额补贴，市本级补贴将近1亿元（不含航空港），目前各项缴款已陆续到位。2016年1月1日郑州市入户水价确定以后，按照确定的综合水价征缴水厂费用。

2. 许昌市做法

许昌市原水源综合水价是 0.15 元/m³，而省发改委确定的当地南水北调价综合水价是 0.74 元/m³。按照省办运行管理例会精神，2014—2015 用水年度以 2015 年 5 月 1 日为节点，分两次缴款。第一次缴纳水费，许昌市地方财政按照省发改委确定的当地综合水价 0.74 元/m³ 的价格先行垫付综合水费，待当地入户水价确定后水厂再返还财政；第二次缴纳水费，划定基本水价 0.36 元/m³ 由地方财政承担，计量水价 0.38 元/m³ 由地方财政和水厂共同承担。根据许昌市政府会议纪要精神，受水水厂承担原水源综合水价 0.15 元/m³，地方财政承担 0.23 元/m³ 的成本差异。

综上所述，在进户水价未调整之前，基本水价由地方财政承担，受水水厂暂按原水源综合水价缴纳计量水费，计量水费不足部分由地方财政承担；进户水价调整后按照南水北调综合水价进行征缴。

四、有关建议

根据省南水北调要求，结合我市实际情况，为有效推进水费征缴及上缴工作，特提出如下建议：

（一）尽快召开市政府常务会议，进一步明确水费征缴方案及有关工作，确保完成上级交办的水费征缴任务。

（二）明确用水任务的县（市、区）根据分配用水量于 2016 年 3 月底前先行缴纳水费。在市区水费征缴比例未确定前，按照规划分配水量明确基本水费上缴任务的获嘉县、辉县市、凤泉区、新乡县及卫辉市五个县（市、区）先行缴纳 2014—2015 年度基本水费，分别为：获嘉县 702.46 万元，辉县市 1995.87 万元，凤泉区 1356.6 万元，新乡县 1969.86 万元，卫辉市 1598.19 万元；计量水费由受水水厂暂按原水源综合水价进行缴纳，不足部分由县（市、区）财政垫付，分别为获嘉县 52.404

万元，卫辉市 341.0792 万元。

（三）市区计量水费暂由受水水厂按原综合水价缴纳。市区水费征缴在方案未确定前，由首创水务按照原黄河水源综合水价 0.293 元/m³ 及省南水北调办〔2015〕31 号会议纪要确定的 2014—2015 年度用水量 925.77 万 m³ 结算计量水费 271.25 万元。借鉴兄弟地市做法，建议市政府对入户水价确定之前的用水成本差异（约 0.15 元/m³）进行财政补贴。具体征缴方案按市政府常务会议精神执行。

特此报告。

2016 年 2 月 3 日

新乡市南水北调办公室关于转发新汛办电〔2016〕12 号文的通知

（新调办〔2016〕68 号）

各县（市、区）调水办、配套办：

据河南省气象台预报，6 月 23~25 日，新乡区域内将有大到暴雨。为切实做好强降雨防范工作，现将《关于做好近期强降雨防范工作的通知》（新汛办电〔2016〕12 号）转发给你们，请遵照执行。

附件：《关于做好近期强降雨防范工作的通知》（新汛办电〔2016〕12 号）（略）

安阳市南水北调在建工程防汛分指挥部关于 2016 年防汛工作总结的报告

（安调防指〔2016〕4 号）

市防汛抗旱指挥部办公室：

根据市防指办公室《关于报送 2016 年防汛抗旱工作总结的通知》（安防办电〔2016〕

75号）文件要求，市南水北调在建工程防汛分指挥办公室积极组织各县南水北调办公室对今年防汛抢险进行了认真梳理总结，报告如下：

一、基本情况

南水北调中线工程总干渠在我市境内全长约66km，占全省总长度的近十分之一，穿越安阳县、汤阴县、龙安区、殷都区、文峰区、开发区6个县（区）14个乡（镇）85个行政村。

由于我市处于从山区向平原过渡地带，地势西高东低，而南水北调总干渠作为一条南北相向的线性工程，相当于在我市西部的山洪泄流的重要地段，以及丘陵与平原的交汇处，人为架设了一条拦洪坝，打破了原有的排涝体系，由原有的自然排洪变为通过倒虹集中排洪，而倒虹吸下游原有的排水沟年老失修，阻塞、淤塞严重，过流能力不足，再加上防洪影响处理工程尚未开工实施，一旦发生强降雨，洪水集中右排，极易造成洪涝灾害。经过排查，2016年，我市南水北调总干渠有25个左岸排水、7个高填方或全挖方段、3个河道泄水干渠和1个环山干渠段共36处，被市南水北调在建工程防汛分指挥部列为防汛风险点。

安阳市南水北调配套工程分别从总干渠35号、37号、38号和39号4个分水口门引水，输水管线总长约92.48km。线路涉及内黄、汤阴、文峰区、殷都区、龙安区、高新区、一体化示范区和北关区8个县区，20个乡（镇、办事处），99个行政村。根据河南省供水配套工程规划，安阳市年分配水量为2.832亿m³，其中37号口门分配水量为0.48亿m³，38号口门1.252亿m³，39号口门1.1亿m³。

配套工程沿线交叉河流除卫河、汤河、洪河、茶店坡沟，大多数河流在枯水期无水或径流较小，只有汛期降雨时，才能形成短暂的洪流，除汛期外，其他时间基本处于无水状态。

经过排查，2016年，安阳市将南水北调配套工程10处穿越河流、沟渠倒虹吸、4处穿越铁路、6处穿越高速公路共20处列为防汛重点防范对象，将307座阀井、10处现地管理站及92.48km的输水管线列为防汛一般防范对象。

二、抗洪工作情况

（一）雨、水、工情和灾情

汛期，我市遇"7·19"特大暴雨侵袭，安阳市区最大降雨量297mm，林州市东岗最大点雨量697mm，南水北调工程沿线降雨情况为：安丰279mm，洪河屯250mm，宝莲寺334.5mm，马投涧镇435mm，东风乡338mm，暴雨致使安阳西部三座大中型水库（小南海、彰武、双泉）库水位超过历史最高水位，安阳河安阳水位站超保证水位，洪峰来势猛，水流急，安阳市首次启用了崔家桥滞洪区。针对南水北调工程的防汛风险点来说，南水北调总干渠左岸排水倒虹吸均有不同程度的排水泄洪；干渠工程个别高填方段出现局部滑坡；9座跨渠桥梁引道出现不同程度的滑坡、坍塌等水毁情况；同时，左岸排水倒虹吸排洪致使下游村庄、农田受灾严重，据沿线6县区上报的数据统计，合计受灾群众7000多人，冲毁房屋2000多间、企业10余家，淹没农田13000多亩，直接经济损失达8100余万元。安阳市南水北调配套工程阀井亦有不同程度的积水。

（二）抗洪抢险的行动、措施

入汛以来，南水北调分防指主要做了以下几项工作：

1. 领导重视，督导有力。今年以来，市长王新伟、市委副书记李文斌、市政府副市长靳东风及各级防汛部门领导、各级南水北调部门领导多次到南水北调工程沿线反复进行督导检查，对检查出的问题做出明确指示，并对整改结果进行追查，对整改不及时、不到位的情况进行追责，切实保证了南水北调各级防汛人员思想到位、措施有力。

2. 准备充分，措施到位。分防办首先从技术层面做了充分准备：组织修订、编制了《安阳市南水北调在建工程2016年防汛预案》，并要求各县区针对每个防汛风险点编制了防洪预案，明确了责任人；印制了《安阳市南水北调干渠防汛布防示意图》。其次，分防办统计印发了"安阳市南水北调干渠工程防汛风险点各级责任领导、责任人统计表"、"安阳南水北调在建工程防汛分指挥部责任人员通讯录"，以保证汛期联络畅通。第三，根据情况通过向省南水北调办争取资金、由市财政拨付补助资金等方式，以县区为主打通了皇甫屯沟、刘家屯沟等左岸排水的下游通道，落实了具体防汛应急措施，确保了"7·19"暴雨洪水过程中南水北调工程没有产生大的损失。第四，在提前接到7月18～20日强降雨天气过程的预报后，分防指及时组织沿线各县区、南水北调运行管理单位召开南水北调防汛会商紧急会议，传达了省气象局重要天气预报和市防汛指挥部内部明电"关于做好强降雨天气防范工作的紧急通知"，并提出要求：南水北调工程防汛安全责任重大，一是要保证工程安全，保证供水安全；二是要保证干渠沿线人民群众生命财产安全，不发生一例因洪灾死亡事件；三是市南水北调办各科科长要到现场查看分包县区防汛准备、落实情况，做到心中有数；四是各县区调水办要充分发挥专业指导作用，结合乡镇（办事处）和村进一步细化每条左岸排水沟的防洪预案，做到人手一册，针对南水北调工程防汛特点，分类进行指导、进行安排；五是要进一步强化防汛值守，坚持24小时值班制度，值班领导要在岗带班，一旦出现问题，要靠前指挥；六是要加强汛情沟通，干渠管理单位和各县区要进一步加强联系，互通雨情、汛情、工情和灾情等信息，确保我市南水北调工程的防汛及供水安全。

3. 加强值班，联络畅通。进入汛期以来，南水北调分防办明确了防汛值班制度和值班纪律，并严格执行。19日下午以来，在值班室停电、固定电话和传真不通的情况下，我分防办建立的手机微信群发挥了重要的作用，通过微信方式，将一道道防汛指令和汛情进行传送，保证将南水北调管理部门发现的隐患和险情与各有关县区及时沟通，需要下游进行人员转移

避险的能及时通知到各有关县区，充分保障了沿线人民生命安全、工程安全和供水安全。

4. 靠前指挥，处置得力。接到强降雨气候变化通知后，分防指人员立即兵分两路，一路带领督导组在干渠沿线巡查，另一路紧急从市军人服务社和水利物资站调来防汛抢险人员必备的物品、物资；同时在重点部位安排机械、设备、人员随时待命，进入防汛一级战备状态。确保领导靠前指挥，抢险人员在岗在位，抢险物料备足，险情发生后，可以随即展开了加固或泄洪行动。根据左排下游出现的不同险情，分别采取24小时人工盯防、紧急疏散转移群众等方式，首先保证了沿线群众的人身安全。并出动挖掘机、装载机20台次，对左排下游排水不畅地段果断进行开挖下泄；由于降水太过集中，局部24小时降水量已超过640mm，多地降水量超过300mm，导致南水北调干渠安阳段大部分排水倒虹吸出现排洪。其中，位于龙安区的岗嘴沟左岸排水倒虹吸、活水沟倒虹吸、下毛仪沟倒虹吸出口排水不畅，积水严重，漫过翼墙，浸泡干渠坡脚30cm。为确保干渠安全，积极协调相关县（区）及时挖开了出口阻水道路行洪不畅咽喉部位，保证了排水通畅。安阳河过干渠倒虹吸水位较高，坡脚受到浸泡；穿漳倒虹吸与渠道连接段外坡发生两处滑坡，及时下达了防汛指令，要求相关单位做好应急处理。经过一夜的坚守和抢险，确保了总干渠渠道没有大的险情，确保了下游群众的人身安全。

（三）工作进展情况及成效

暴雨洪水过后，根据出现的险情，及时组织沿线各县区进行排查、统计，将工程险情和受灾情况及时形成文字报告市防指办，并按照市防指要求，每日报送工程沿线抢险救灾日报。对认识不够到位的几处防洪隐患进行了再布置、再落实，重新修订完善防洪预案，使之更具有针对性和可操作性。目前，南水北调分防指不等不靠，组织各县区、各相关单位对排洪不畅、存在较大隐患的19个风险部位进行清

障、扩挖、新开挖等疏浚措施；如岗嘴沟左排部位，干渠左岸垃圾堆积严重，右岸出口原有过水沟道被村民以建设养殖场为名填平200多m，已没有行洪能力，此次降雨，造成左岸泥石流，淤堵倒虹吸，对干渠工程形成威胁，同时下游排水不畅对宗村和贞元农场造成威胁。现已对左岸垃圾山采取削坡、固脚、建防淤墙措施；对右岸出口采取新开挖排水沟等临时应急措施；确保下游水路畅通，为后期可能出现的强降雨天气、汛情、险情做足、做好准备。

三、下步工作安排

下一步，分防指将在市防指的领导下，认真贯彻"预防为主，全力抢险"的方针，未雨绸缪，进一步做好以下工作：

（一）加强组织，强化领导，及时准确掌握水情、雨情、科学调度，及时抢险救灾，最大限度减少洪涝灾害。

（二）各县区、各相关单位，要把南水北调防汛工作作为日常中心工作来抓，认真落实。做好防大汛、抗大洪的各项准备工作，坚守岗位，加强值守，确保信息畅通，指挥调度及时。

（三）结合此次险情灾情的实际情况，对防洪预案进一步进行修订、完善。

（四）及时补充防汛物资和抢险设备，以备应急使用。

（五）用好各项资金，及时修复水毁工程，尽快排除各类工程隐患，确保沿线人民群众的正常生活秩序，确保干渠安全运行。

（六）加强宣传，加强督导。对在防汛抢险工作中表现好的要及时通报表扬，对贻误战机、工作不力的要按照防汛工作纪律予以处理、追责。

四、问题与建议

（一）南水北调干渠工程防洪影响问题

南水北调干渠作为一条南北方向的线性工程，在我市西部山洪泄流的重要地段，即丘陵与平原的交汇处，人为架设了一条拦洪坝，打破了原有的排涝体系，由原有的自然排洪变为

通过左岸排水倒虹吸集中排洪，由于倒虹吸下游原有的排水沟多年没有过水，有的已没有沟形，变为耕地；有的年老失修，阻塞、淤塞严重，过流能力严重不足。一旦发生强降雨，洪水集中下泄，极易造成洪涝灾害。在首批南水北调防洪影响处理工程中，安阳24个左排仅列入治理8个，且有6个治理长度在200～1000m不等，并未通入下游相关河道，没有从根本上解决问题。其他左排及相关河渠交叉建筑物下游目前均未考虑安排防洪影响处理工程，但在"7·19"暴雨洪水过程中未列入处理范围的岗嘴沟、活水沟、北田沟、下毛仪沟等左排倒虹吸下游均出现了较大的险情。我们虽组织相关县区不等不靠，应急清障、开挖、疏浚了部分上下游排水沟道，并未从根本上彻底消除总干渠左岸排水防汛隐患，为保证南水北调中线干线工程供水安全和工程沿线人民群众的生命财产安全，建议市防指向国家、省防汛主管部门汇报，对南水北调中线工程安阳境内的所有防洪影响点进行排查，列入治理项目，彻底解决左岸排水防洪隐患。

（二）目前，各级防汛机构人手少、任务多，特别是我们南水北调分防指办，仅有4人，同时还要承担干渠安保、安全生产、配套工程建管、运管等任务，工作量大，任务繁重，可以说是白加黑、"5+2"。建议按照《国家防总关于防汛抗旱值班规定（国汛〔2009〕6号文》第十四条"按照国家有关规定，值班人员应享受值班补助"之规定，给予值班人员适当补贴。

总之，安阳市南水北调分防汛指挥部将全力搞好专业指导和上传下达工作，保持联络畅通，及时向干渠管理单位及沿线县区通报干渠及左排可能产生的汛情、险情，通报需要采取的转移、防洪等措施，采取必要的工程应急抢险措施，确保人民生命安全，确保干渠工程、运行安全。

附表：防汛抗旱工作情况统计表（略）

2016年9月12日

重要文件篇目辑览

排和议定事项落实情况的通报　豫调办〔2016〕23号

河南省南水北调办公室关于驻马店市申请南水北调中线工程供水事宜初步建议的报告　豫调办〔2016〕24号

关于呈报《2015年度河南省丹江口库区及上游水污染防治和水土保持"十二五"规划实施情况自查报告》的报告　豫调办〔2016〕25号

关于报送南水北调中线一期工程沿线2016年亟须整治重点农村污染源情况的报告　豫调办〔2016〕26号

关于南水北调中线一期工程总干渠两侧饮用水水源保护区划定和完善工作的报告　豫调办〔2016〕28号

河南省南水北调中线工程建设领导小组办公室关于郑州航空港经济综合实验区污水排放危及南水北调总干渠水质安全问题的督查通报　豫调办〔2016〕29号

关于丹江口库区非法采石污染和郑州段污水散排点有关问题核实处理的报告　豫调办〔2016〕30号

关于调整河南省南水北调工程防汛抢险指挥部成员的通知　豫调办〔2016〕31号

关于开展南水北调防汛检查暨防洪影响处理工程建设督查的通知　豫调办〔2016〕32号

河南省南水北调办公室关于加强思想政治工作，规范南水北调工程运行管理的意见　豫调办〔2016〕33号

河南省南水北调办公室关于工程运行管理体制机制不完善不规范等问题的整改报告　豫调办〔2016〕34号

关于河南省南水北调工程运行管理例会工作安排和议定事项落实情况的通报　豫调办〔2016〕35号

关于报请省政府办公厅印发《河南省南水北调工程水费收缴及使用管理暂行办法》的请示　豫调办〔2016〕36号

关于省委第八巡视组移交14件信访事项调查

核实与处理情况报告　豫调办〔2016〕37号

关于召开"两学一做"学习教育工作会议的通知　豫调办〔2016〕38号

河南省南水北调办公室关于成立"两学一做"学习教育领导小组的通知　豫调办〔2016〕39号

河南省南水北调办公室印发《关于在全办党员中开展"学党章党规、学系列讲话，做合格党员"学习教育实施方案》的通知　豫调办〔2016〕40号

关于召开主任办公扩大会议的通知　豫调办〔2016〕41号

关于南水北调中线一期工程总干渠两侧饮用水水源保护区划定和完善工作的报告　调办〔2016〕42号

河南省南水北调办公室关于贯彻落实南水北调工程向新郑市龙湖镇供水方案的报告　豫调办〔2016〕43号

河南省南水北调办公室关于报送2016年度党风廉政建设责任目标的报告　豫调办〔2016〕44号

关于质量保证金结算及支付情况说明　豫调办〔2016〕45号

关于印发《河南省南水北调办公室涉密人员保密管理制度》的通知　豫调办〔2015〕46号

关于2016年度第一季度创先争优流动红旗考评结果的通报　豫调办〔2016〕47号

河南省南水北调办公室关于成立河南省法学会南水北调政策法律研究会筹备组的通知　豫调办〔2016〕48号

河南省南水北调办公室关于成立国有资产清查工作领导小组的通知　豫调办〔2016〕49号

关于印发《河南省南水北调办公室通过法定途径分类处理信访投诉请求清单》的通知　豫调办〔2016〕50号

关于印发《河南省南水北调办公室领导班子中心组学习制度》的通知　豫调办〔2016〕51号

关于印发《河南省南水北调办公室领导班子中

我省37处影响中线干线工程运行事项"调查落实情况的报告　豫调办〔2016〕123号

关于征求省南水北调中线工程建设领导小组成员单位名单意见的函　豫调办函〔2016〕1号

关于对豫政法函〔2016〕19号文件的复函　豫调办函〔2016〕3号

关于开展我省水费专项督缴工作的函　豫调办函〔2016〕4号

关于对《河南省环境保护厅〈关于征求水污染防治攻坚战8个实施方案意见的通知〉》的复函　豫调办函〔2016〕5号

关于征求淅川县丰源化工有限公司处理意见的函　豫调办函〔2016〕6号

关于明确郏县煤炭运销总公司注册资金性质的函　豫调办函〔2016〕7号

关于继续开展省政协史料征集工作的函　豫调办函〔2016〕8号

关于参加国务院南水北调办、发展改革委、财政部、水利部联合开展南水北调工程水费督缴座谈会的函　豫调办函〔2016〕9号

关于对《河南省环境保护委员会办公室〈关于征求河南省清洁土壤行动计划（征求意见稿）意见的通知〉》的复函　豫调办函〔2016〕10号

关于核对确认2014～2015供水年度应交干线工程水费的函　豫调办函〔2016〕11号

关于再次督促支付农民工工资维护社会稳定的函　豫调办函〔2015〕15号

关于印发河南省南水北调受水区供水配套工程部分分水口门供水线路工程试通水调度运行方案（试行）的通知　豫调建〔2016〕1号

关于报送南水北调中线一期工程总干渠辉县段峪河渠道暗渠工程防洪安全处理项目监理及施工标评标结果的报告　豫调建〔2016〕2号

河南省南水北调中线工程建设管理局关于周口市南水北调配套工程建管局招聘配套工程运行管理人员的答复　豫调建〔2016〕3号

关于报送《河南省南水北调受水区濮阳供水配套工程35号分水口门清丰供水工程建设征地拆迁安置实施规划报告》（报批稿）和《河南省南水北调受水区焦作供水配套工程26号分水口门博爱供水工程建设征地拆迁安置实施规划报告》（报批稿）的请示　豫调建〔2016〕4号

关于成立南水北调工程资金审计联络组的通知　豫调建〔2016〕5号

关于印发《河南省南水北调中线工程建设管理局财务收支审批规定（修订）》的通知　豫调建〔2016〕6号

关于印发《河南省南水北调受水区供水配套工程水污染事件应急预案（试行）》的通知　豫调建〔2016〕7号

河南省南水北调建管局关于南水北调配套工程黄河南仓储、维护中心工程选址位置变更的请示　豫调建〔2016〕11号

关于印发《河南省南水北调中线工程建设管理局车辆及驾驶员管理办法》的通知　豫调建〔2016〕12号

河南省南水北调建管局关于报送南水北调工程2016年度招标投标管理工作总结及2017年度招标投标管理工作计划的报告　豫调建〔2016〕14号

关于报送《河南省南水北调受水区许昌供水配套工程17号分水口门鄢陵供水工程初步设计报告》审查修改意见的函　豫调建函〔2016〕1号

关于河南委托项目铁路交叉、安阳段、禹州和长葛段工程档案编号方案的函　豫调建函〔2016〕2号

关于南水北调中线一期工程总干渠河南境内电源接引工程和沿渠35kV输电工程档案验收移交等相关工作的函　豫调建函〔2016〕3号

关于禹州和长葛段设计单元工程档案项目法人验收所提问题整改完成情况的函　豫调建函〔2016〕4号

关于焦作2段铁路交叉工程档案项目法人验收及移交相关问题的函　豫调建函〔2016〕5号

关于抓紧落实省级领导包案解决信访问题的通知　豫调办综〔2016〕1号

关于做好春节期间领导干部廉洁自律工作的通知　豫调办综〔2016〕2号

关于进一步加强节水节电工作的通知　豫调办综〔2016〕3号

关于报送专项巡视资料的通知　豫调办综〔2016〕4号

关于做好《河南省南水北调年鉴2016》组稿工作的通知　豫调办综〔2016〕5号

关于举办河南省南水北调配套工程运行维护培训班的通知　豫调办综〔2016〕6号

关于转发《关于举办第四十五期档案业务人员岗位培训班的通知》的通知　豫调办综〔2016〕7号

关于做好群众来访事项跟踪办理的通知　豫调办综〔2016〕8号

关于做好互联网门户网站等保密工作的通知　豫调办综〔2016〕9号

河南省南水北调办公室关于2016年第一季度签报办理情况的通报　豫调办综〔2016〕9号

关于对主任办公会议纪要落实情况进行督查的通知　豫调办综〔2016〕10号

关于抓紧报送水利志南水北调篇的通知　豫调办综〔2016〕11号

河南省南水北调办公室关于做好2016年"端午节"值班和安全工作的通知　豫调办综〔2016〕12号

关于做好南水北调中线工程总干渠防溺水宣传工作的通知　豫调办综〔2016〕13号

关于印发《河南省南水北调配套工程建设档案专项验收暂行办法》（征求意见稿）的通知　豫调办综〔2016〕14号

河南省南水北调办公室关于省委第八巡视组反馈意见整改情况的第二次通报　豫调办综〔2016〕15号

关于选拔群众代表考察京津的通知　豫调办综〔2016〕16号

关于加强汛期值班的通知　豫调办综〔2016〕18号

关于印发《河南省南水北调配套工程建设档案专项验收暂行办法》的通知　豫调办综〔2016〕19号

关于转发《河南省人民政府办公厅关于2016年第二季度省政府系统公文办理情况的通报》的通知　豫调办综〔2016〕20号

关于规范机关后勤物品采购合同管理的通知　豫调办综〔2016〕22号

河南省南水北调办公室关于成立办公用房现状及房产出租情况调查摸底工作领导小组的通知　豫调办综〔2016〕23号

关于印发《南水北调中线工程通水两周年宣传方案》的通知　豫调办综〔2016〕24号

关于继续开展省政协史料征集工作的通知　豫调办综〔2016〕25号

关于报送2016年工作总结的通知　豫调办综〔2016〕26号

关于2016年第三季度督查督办工作通报　豫调办督〔2016〕1号

关于再次商请贵局优先吸纳河南省南水北调中线工程建设管理局建管一线人员参与干线工程运营管理的函　豫调办综函〔2016〕1号

河南省南水北调办公室关于报送群众代表赴京津考察人员名单的函　豫调办综函〔2016〕2号

关于转发财政部基本建设项目结余财政资金收回同级财政的通知　豫调办投〔2016〕1号

关于印发《河南省南水北调中线干线工程工程量稽察专项活动实施方案》的通知　豫调办投〔2016〕2号

关于将漯河市第八水厂支线运行管理纳入南水北调配套工程运行管理体系的意见　豫调办投〔2016〕3号

河南省南水北调办关于南水北调配套工程黄河

南仓储、维护中心工程选址位置变更的请示 豫调办投〔2016〕4号

关于成立河南省南水北调配套工程自动化调度与运行管理决策支持系统建设领导小组的通知 豫调办投〔2016〕5号

河南省南水北调中线工程建设领导小组办公室对河南省第十二届人民代表大会第五次会议247号建议的答复 豫调办投〔2016〕6号

关于转发《南水北调中线工程抽水蓄能规划项目专家讨论会会议纪要》的通知 豫调办投〔2016〕7号

关于召开新郑市龙湖镇使用南水北调水协调会的通知 豫调办投〔2016〕8号

关于转发《河南省发展和改革委员会关于河南省南水北调受水区许昌工程鄢陵供水工程初步设计的批复》的通知 豫调办投〔2016〕9号

关于舞阳县龙泉水源工程输水管线（压力管道）穿越南水北调配套工程10号线输水管线有关问题的回复 豫调办投〔2016〕10号

关于南阳市隐山蓝晶石开发有限公司改扩建生产项目有关事宜的回复 豫调办投〔2016〕11号

关于进一步加强河南省南水北调工程投资控制管理工作的通知 豫调办投〔2016〕12号

关于河南省南水北调配套工程自动化系统通信系统变更设计的批复 豫调办投〔2016〕13号

关于印发《南水北调配套工程招投标工作专项核查报告》的通知 豫调办投〔2016〕14号

关于河南省南水北调受水区供水配套工程自动化系统工程监理费招标控制价的批复 豫调办投〔2016〕15号

关于对河南省委托段变更索赔项目核查发现问题进行整改的通知 豫调办投〔2016〕16号

关于安李铁路既有桥梁有关事项的回复 豫调办投〔2016〕17号

关于印发《河南省南水北调配套工程招标投标管理规定（修订）》的通知 豫调办投〔2016〕18号

关于河南省南水北调受水区周口市配套工程管理处（含周口管理所）分标方案的批复 豫调办投〔2016〕19号

关于河南省南水北调受水区平顶山配套工程叶县等4处管理所分标方案的批复 豫调办投〔2016〕20号

关于转发《河南省发展和改革委员会 河南省水利厅关于转发2014年重大水利工程第一批（南水北调配套工程）中央预算内投资计划的通知》的通知 豫调办投〔2016〕21号

关于鄢陵供水工程使用南水北调配套工程建设结余资金的报告 豫调办投〔2016〕23号

关于许昌配套工程17号分水口门二水厂支线线路改建的回复 豫调办投〔2016〕24号

关于调整望京楼水库功能有关问题的回复 豫调办投〔2016〕25号

关于河南省南水北调受水区供水配套工程鹤壁管理处、鹤壁市区管理所与黄河北维护中心合建项目施工图预算资金缺口的批复 豫调办投〔2016〕26号

关于南水北调中线一期工程总干渠辉县段庞村弃渣场超高问题处理项目分标方案的批复 豫调办投〔2016〕27号

关于南水北调总干渠辉县段杨庄沟渡槽下游排洪应急工程的批复 豫调办投〔2016〕28号

关于召开配套工程自动化建设专题会的通知 豫调办投〔2016〕29号

关于S231金孟线禹郏界至郏宝界、宝丰皮庄至鲁山曹堂段改建工程跨越南水北调中线干渠有关问题的复函 豫调办投函〔2016〕1号

关于驻马店市申请南水北调中线工程供水有关事宜的复函 豫调办投函〔2016〕2号

关于对《关于增加郑州市航空港区南水北调调蓄水库的请示》的复函 豫调办投函〔2016〕3号

关于周口供水配套工程输水支线原西区水厂规划位置增设分水口有关问题的复函 豫调办

投函〔2016〕4号

关于南水北调供水配套工程26号口门武陟线路增加供水支线有关问题的复函　豫调办投函〔2016〕5号

关于对《关于加快登封市实施南水北调供水工程的请示》的复函　豫调办投函〔2016〕6号

关于支付南水北调中线一期工程总干渠新乡和卫辉段盆窑南公路桥加宽变更增加投资的函　豫调办投函〔2016〕7号

关于河南省南水北调受水区南阳供水配套工程龙升水厂输水线路末端变更增加投资的复函　豫调办投函〔2016〕8号

关于商请解决河南省南水北调受水区新乡供水配套工程32号输水管线设计变更增加投资的函　豫调办投函〔2016〕9号

关于郑州南站至登封至洛阳城际铁路跨越南水北调中线工程设计方案有关意见的复函　豫调办投函〔2016〕10号

关于尽快解决潮河段解放北路排水问题的函　豫调办投函〔2016〕11号

河南省南水北调中线工程建设领导小组办公室关于下达2016年度运行管理费支出预算的通知　豫调办财〔2016〕1号

关于购置水费收缴及使用集团财务软件有关事项的通知　豫调办财〔2016〕14号

关于拨付许昌市南水北调配套工程2016年度运行管理费的批复　豫调办财〔2016〕15号

关于郑州市南水北调办公室调整2016年度运行管理费支出预算的回复　豫调办财〔2016〕21号

《关于拨付南水北调配套工程管理所办公家具及皮卡工具车购置费用的报告》的批复　豫调办财〔2016〕24号

关于收取南水北调工程水费的函　豫调办财〔2016〕30号

关于编报2017年度运行管理费支出预算的通知　豫调办财〔2016〕34号

关于报送2015年度固定资产投资报表的函　豫调办财函〔2016〕2号

河南省南水北调办公室（建管局）关于津补贴发放情况说明的报告　豫调办财函〔2016〕3号

关于南水北调工程水费收缴有关税收问题的函　豫调办财函〔2016〕17号

关于申请河南省南水北调党性教育基地建设费用的函　豫调办财函〔2016〕18号

关于丹江口水库饮用水源保护区内有关问题核查处理结果的报告　豫调办移〔2016〕1号

关于南水北调中线沿线垃圾场和污水点核查处理结果的报告　豫调办移〔2016〕2号

关于转呈《南阳市南水北调中线工程领导小组办公室〈关于转呈淅川县南水北调办公室关于尽快解决淅川县丹江口水库饮用水水源保护区勘界立标费用的请示的报告〉》的报告　豫调办移〔2016〕3号

河南省南水北调中线工程建设领导小组办公室对省十二届人大五次会议第18号建议的答复　豫调办移〔2016〕4号

关于对《安阳市南水北调办公室〈关于安阳豫中能源有限公司建设的请示〉》的批复　豫调办移〔2016〕5号

关于对郑州地产有限公司在郑州Ⅰ段一级保护区对贾鲁河综合治理项目的批复　豫调办移〔2016〕6号

关于报送中央环境保护督察协调保障工作领导小组和环保问题查办负责人员名单的报告　豫调办移〔2016〕7号

关于进一步加强河南省南水北调受水区供水配套工程施工环境管理的通知　豫调办移〔2016〕8号

关于开展河南省南水北调配套工程征迁安置验收及财务决算工作的通知　豫调办移〔2016〕9号

关于对《许昌市南水北调办公室〈关于许昌西至夏都220千伏线路改造工程意见的请示〉》的批复　豫调办移〔2016〕10号

关于对《许昌市南水北调办公室〈关于河南省惠安堂药业有限公司建设项目初步选址意见

关于印发《河南省南水北调受水区供水配套工程巡视检查管理办法（试行）》的通知　豫调办建〔2016〕2号

关于开展冬季安全生产检查的通知　豫调办建〔2016〕3号

关于加快推进河南省南水北调配套工程验收工作的通知　豫调办建〔2016〕4号

关于解决拖欠农民工工资问题的紧急通知　豫调办建〔2016〕5号

关于新乡市南水北调配套工程30号口门线路管道凿漏事故抢修费用处理的意见　豫调办建〔2016〕6号

关于召开河南省南水北调工程运行管理第九次例会的通知　豫调办建〔2016〕7号

关于上报南水北调工程村道和机耕道跨渠桥梁情况的通知　豫调办建〔2016〕8号

河南省南水北调办公室关于新乡市南水北调办公室配套工程运行管理有关问题的答复　豫调办建〔2016〕9号

关于召开河南省南水北调工程运行管理第十次例会的通知　豫调办建〔2016〕10号

关于报送2016年度河南省南水北调工程防汛行政责任人名单的报告　豫调办建〔2016〕11号

关于印发南水北调中线一期工程（委托段）设计单元工程完工验收工作计划的通知　豫调办建〔2016〕12号

关于召开河南省南水北调工程运行管理第十一次例会的通知　豫调办建〔2016〕13号

关于召开南水北调中线干线工程郑州2段水泉沟南公路桥附近排水工程协调会议的通知　豫调办建〔2016〕14号

关于对南水北调中线工程总干渠防汛安全隐患进行排查的通知　豫调办建〔2016〕15号

关于排查南水北调中线防洪影响处理工程存在问题的通知　豫调办建〔2016〕16号

关于新乡市南水北调配套工程泵站代运行项目分标方案的批复　豫调办建〔2016〕18号

关于转发《关于印发南水北调中线河南段工程防汛工作交流会议纪要的通知》的通知　豫调办建〔2016〕19号

关于召开河南省南水北调2016年防汛工作会议的通知　豫调办建〔2016〕20号

关于召开河南省南水北调工程运行管理第十二次例会的通知　豫调办建〔2016〕21号

关于做好我省南水北调配套工程防洪度汛工作的通知　豫调办建〔2016〕22号

关于加强南水北调配套工程防汛应急管理工作的通知　豫调办建〔2016〕23号

关于召开南水北调中线河南段防洪影响处理工程建设工作协调小组会议的通知　豫调办建〔2016〕24号

关于召开河南省南水北调工程运行管理第十三次例会的通知　豫调办建〔2016〕25号

关于报送配套工程管理设施建设节点目标任务的通知　豫调办建〔2016〕26号

关于印发《安阳段施工八标渠道外坡裂缝问题调查报告》的通知　豫调办建〔2016〕27号

关于转发《河南省防汛抗旱指挥部办公室关于第三次防汛抽查有关问题整改情况的通报》的通知　豫调办建〔2016〕28号

河南省南水北调中线工程建设领导小组办公室关于政协河南省第十一届委员会第四次会议114789号提案的答复意见　豫调办建〔2016〕29号

关于对李克强总理做好强降雨过程防范工作指示精神贯彻落实情况的报告　豫调办建〔2016〕30号

关于召开河南省南水北调工程运行管理第十四次例会的通知　豫调办建〔2016〕31号

关于举办河南省南水北调配套工程运行维护第二期培训班的通知　豫调办建〔2016〕32号

关于印发河南省南水北调受水区供水配套工程管理设施建设节点目标任务的通知　豫调办建〔2016〕33号

关于召开河南省南水北调配套工程35号口门线路通水验收会议的通知　豫调办建〔2016〕34号

关于召开河南省南水北调防汛紧急会议的通知 豫调办建〔2016〕35号

关于印发《焦作中铝铁路专线5.3km通信光缆复建问题调查报告》的通知 豫调办建〔2016〕36号

关于转发《河南省防汛抗旱指挥部办公室关于第六次防汛抽查情况的通报》的通知 豫调办建〔2016〕37号

关于转发《关于南水北调工程2016年度防汛责任人和联系人及防汛重点部位的通报》的通知 豫调办建〔2016〕38号

关于对南水北调工程7月防汛值班情况抽查结果的通报 豫调办建〔2016〕39号

关于召开河南省南水北调工程运行管理第十五次例会的通知 豫调办建〔2016〕40号

关于清理规范配套工程建设保证金的通知 豫调办建〔2016〕41号

关于转发《关于进一步做好南水北调工程防汛工作的通知》的通知 豫调办建〔2016〕42号

关于印发《河南省南水北调配套工程35号口门线路工程通水验收鉴定书》的通知 豫调办建〔2016〕43号

关于统计因南水北调工程受灾情况的通知 豫调办建〔2016〕44号

关于征求对《河南省南水北调配套工程政府验收工作计划（征求意见稿）》意见的通知 豫调办建〔2016〕45号

关于转发《关于贯彻落实汪洋副总理在辽宁防汛工作会议上重要讲话的通知》及《河南省防汛抗旱指挥部办公室关于转发〈关于印发汪洋副总理在国家防汛抗旱总指挥部第三次全体会议上重要讲话的通知〉》的通知 豫调办建〔2016〕46号

河南省南水北调办公室关于进一步规范我省南水北调运行管理例会制度的通知 豫调办建〔2016〕47号

关于清理规范我省南水北调工程建设保证金的通知 豫调办建〔2016〕48号

关于鹤壁市南水北调中线工程建设管理局购买配套工程应急抢险物资的意见 豫调办建〔2016〕49号

关于周口市南水北调办公室购买2016年防汛抢险物资的批复 豫调办建〔2016〕50号

关于南水北调工程2016~2017年度供水计划调研的通知 豫调办建〔2016〕51号

关于召开河南省南水北调工程运行管理第十六次例会的通知 豫调办建〔2016〕52号

关于印发平顶山市配套工程运行管理飞检报告的通知 豫调办建〔2016〕53号

关于印发许昌市配套工程运行管理巡查报告的通知 豫调办建〔2016〕54号

关于对因南水北调中线干线工程影响受灾情况进行复核的通知 豫调办建〔2016〕55号

关于印发《河南省南水北调受水区供水配套工程运行安全事故应急预案（试行）》的通知 豫调办建〔2016〕57号

关于做好我省南水北调工程国庆期间安全生产工作的通知 豫调办建〔2016〕58号

关于召开河南省南水北调工程运行管理第十七次例会的通知 豫调办建〔2016〕59号

关于召开南水北调中线一期工程2016-2017年度水量调度计划编制工作座谈会的通知 豫调办建〔2016〕60号

关于印发新乡市配套工程运行管理飞检报告的通知 豫调办建〔2016〕61号

关于转发《国家发展改革委办公厅关于做好南水北调东中线一期工程用水效益提升有关工作的函》的通知 豫调办建〔2016〕62号

关于印发南阳市配套工程运行管理飞检报告的通知 豫调办建〔2016〕63号

关于滑县境内配套工程汛期水毁工程应急维护复建经费的批复 豫调办建〔2016〕64号

关于印发《河南省南水北调配套工程泵站机组启动验收工作导则》的通知 豫调办建〔2016〕65号

关于印发《河南省南水北调配套工程政府验收工作计划》的通知 豫调办建〔2016〕66号

关于召开河南省南水北调工程运行管理第十八次例会的通知 豫调办建〔2016〕67号

关于印发《南阳市配套工程邓州二水厂支线管道爆管问题调查报告》的通知 豫调办建〔2016〕68号

约谈预通知 豫调办建〔2016〕69号

关于对邓州二水厂支线管道爆管问题进行责任追究的通知 豫调办建〔2016〕70号

关于召开配套工程维修养护工作会的通知 豫调办建〔2016〕71号

约谈通知书 豫调办建〔2016〕72号

关于加强我省南水北调配套工程维修养护工作的通知 豫调办建〔2016〕74号

关于召开河南省南水北调工程运行管理第十九次例会的通知 豫调办建〔2016〕75号

关于转发《关于深入学习贯彻习近平总书记李克强总理关于全国安全生产工作的批示和马凯副总理在全国安全生产监管监察系统先进集体和先进工作者表彰大会上的讲话精神的通知》的通知 豫调办建〔2016〕76号

河南省南水北调办公室关于工程建设保证金清理规范情况的报告 豫调办建〔2016〕77号

关于转发《关于"7·9"、"7·19"特大暴雨南水北调工程影响受灾情况的复函》的通知 豫调办建〔2016〕78号

关于印发焦作市配套工程运行管理飞检报告的通知 豫调办建〔2016〕79号

关于转发《关于做好2017年元旦、春节期间安全生产工作的通知》的通知 豫调办建〔2016〕80号

关于切实做好南水北调中线工程禹长八标农民工工资支付工作的函 豫调办建函〔2016〕1号

关于北排河围挡有关问题的函 豫调办建函〔2016〕8号

关于河南省南水北调受水区供水配套工程2016年2月用水计划的函 豫调办建函〔2016〕9号

关于报送2015年度河南省南水北调工程突发事件应对工作总结评估报告的函 豫调办建函〔2016〕10号

关于河南省南水北调受水区供水配套工程2016年3月用水计划的函 豫调办建函〔2016〕11号

关于对《南水北调中线一期工程水量调度应急预案（征求意见稿）》意见的函 豫调办建函〔2016〕12号

关于南水北调总干渠与铁路交叉工程下穿涵洞排水问题的函 豫调办建函〔2016〕13号

关于向鹤壁市淇河应急调水的函 豫调办建函〔2016〕14号

关于河南省南水北调受水区供水配套工程2016年4月用水计划的函 豫调办建函〔2016〕15号

关于河南省南水北调中线总干渠工程与防洪影响处理工程衔接有关问题的函 豫调办建函〔2016〕16号

关于安阳市南水北调配套工程38号口门—第八水厂供水线路用水计划的函 豫调办建函〔2016〕17号

关于向许昌市城区调度供水的函 豫调办建函〔2016〕18号

关于河南省南水北调受水区供水配套工程2016年5月用水计划的函 豫调办建函〔2016〕19号

关于南水北调中线工程临时用地返还有关问题的函 豫调办建函〔2016〕20号

关于《关于河南省境内流量计率定有关事宜的函》的复函 豫调办建函〔2016〕21号

关于15号分水口进口现地管理房高压电缆自燃事件请示的复函 豫调办建〔2016〕22号

关于河南省南水北调工程供水达效和配套工程建设五年规划目标的函 豫调办建函〔2016〕23号

关于河南省南水北调受水区供水配套工程2016年6月用水计划的函 豫调办建函〔2016〕24号

〔2016〕54号

关于河南省南水北调受水区供水配套工程2016年12月用水计划的函　豫调办建函〔2016〕55号

关于妥善处理辉县市孟庄镇五里屯倒虹吸排水出路有关信访问题的函　豫调办建函〔2016〕56号

关于对南水北调配套工程30号线阀井漏水有关问题请示的复函豫调办建函〔2016〕57号

关于河南省南水北调受水区供水配套工程2017年1月用水计划的函　豫调办建函〔2016〕58号

关于建议调整2016~2017年度水量调度计划的紧急函　豫调办建函〔2016〕59号

关于国调办转办群众来信反映南水北调保护区范围内卫辉市安都乡李清江废旧物资收购站关闭后生活困难问题调查情况的报告　豫调办监〔2016〕1号

关于国调办转办（转信单编号：2015041）有关问题调查核实情况的报告　豫调办监〔2016〕2号

关于转办省委第八巡视组信访事项的通知　豫调办监〔2016〕3号

关于国调办转办群众来信（转信单编号：2015050）调查情况的报告　豫调办监〔2016〕10号

关于开展对我省南水北调工程拆迁补偿款发放情况和拖欠农民工工资情况进行拉网式排查的通知　豫调办监〔2016〕14号

关于国调办转办群众来信（综监督函〔2016〕138号）调查情况的报告　豫调办监〔2016〕15号

关于对南水北调配套工程濮阳市清丰县供水工程建设情况进行稽察的通知　豫调办监〔2016〕17号

关于濮阳市清丰县南水北调供水配套工程建设稽察整改的通知　豫调办监〔2016〕18号

关于转发《关于商请做好河南省南水北调中线工程保护范围内违规行为治理工作的函》的

通知　豫调办监〔2016〕19号

关于《关于报送工程运行管理举报事项整改情况的通知》（综监督函〔2016〕252号）整改处理情况的报告　豫调办监〔2016〕20号

关于国调办转办群众来信反映南阳市高新区百里奚办事处黄冈村余庄组村民占压绿化带建房与余庄生产桥限高杆损毁等有关问题的调查报告　豫调办监〔2016〕21号

关于国调办转办群众来信反映南阳市新店乡朱元寺村村民花生地被淹没与南阳市卧龙区蒲山镇槐树湾村倾倒垃圾等问题的调查报告豫调办监〔2016〕22号

关于对南水北调配套工程焦作市博爱县供水工程建设情况进行稽察的通知　豫调办监〔2016〕24号

关于举办全省南水北调系统行政执法培训班的通知　豫调办监〔2016〕25号

关于举办河南省南水北调系统行政执法人员初级培训班的通知　豫调办监〔2016〕26号

关于我省配套工程管理处所11月份建设进展情况的通报　豫调办监〔2016〕27号

关于转办省委第八巡视组要求重点关注新郑市龙王乡秦志明养鸡场受南水北调强重夯施工影响赔偿问题信访事项的函　豫调办监函〔2016〕1号

关于转办《八旬老人的补偿款何时能够给我?》的函　豫调办监函〔2016〕2号

关于转办国调办《关于对有关举报事项进行调查核实的通知（综监督函）〔2016〕213号》的函　豫调办监函〔2016〕3号

关于印发《河南省南水北调办公室机关党委2016年工作要点》的通知　豫调办党〔2016〕1号

关于李颖同志任机关党委书记的报告　豫调办党〔2016〕2号

关于撤销河南省南水北调建管局有关党支部的请示　豫调办党〔2016〕3号

关于印发河南省南水北调办公室党支部工作细则的通知　豫调办党〔2016〕4号

关于加强新形势下发展党员和党员管理工作的
意见　豫调党〔2016〕5号

关于印发《河南省南水北调办公室党支部理论
学习制度》的通知　豫调办党〔2016〕6号

关于举办"两学一做"微型党课比赛的通知
豫调办党〔2016〕12号

中共河南省南水北调办公室机关委员会关于成
立机关纪律检查委员会的请示　豫调办党
〔2016〕13号

关于转发《省委省直工委关于动员全省各级机
关党组织和广大党员服务"一带一路"建设
的通知》的通知　豫调办党〔2016〕15号

关于转发中共河南省委组织部《关于认真组织
开展"两学一做"学习教育专题学习讨论的
通知》的通知　豫调办党〔2016〕16号

关于贯彻落实中共河南省水利厅党组《全面从
严治党主体责任深化年实施方案》的通知
豫调办党〔2016〕17号

关于认真贯彻落实厅党组《关于加强省南水北
调办公室党建工作的意见》的通知　豫调办
党〔2016〕18号

河南省南水北调办公室关于学习贯彻习近平总
书记在庆祝中国共产党成立95周年大会上
的重要讲话精神的通知　豫调办党〔2016〕
19号

关于设立支部委员会的通知　豫调办党
〔2016〕20号

关于"两学一做"学习教育督导通报　豫调办
党〔2016〕21号

关于成立七个支部委员会的批复　豫调办党
〔2016〕22号

关于转发中共河南省委组织部《关于在"两学
一做"学习教育中认真学习贯彻〈中国共产
党问责条例〉的通知》的通知　豫调办党
〔2016〕23号

关于《中共河南省南水北调中线工程建设领导
小组办公室机关委员会》进行换届工作的请
示　豫调办党〔2016〕26号

关于成立《中共河南省南水北调中线工程建设

领导小组办公室机关纪律检查委员会》的请
示　豫调党〔2016〕27号

关于同意成立中共河南省南水北调建管局南阳
段建管处支部委员会的批复　豫调办党
〔2016〕28号

关于中共河南省南水北调中线工程建设领导小
组办公室机关委员会换届暨纪委选举结果的
报告　豫调办党〔2016〕29号

关于认真学习贯彻习近平总书记在纪念红军长
征胜利80周年大会上的重要讲话的通知
豫调办党〔2016〕30号

关于深入学习宣传贯彻党的十八届六中全会精
神的通知　豫调办党〔2016〕31号

关于转发中共河南省委办公厅《关于认真学习
宣传贯彻省第十次党代会精神的通知》的通
知　豫调办党〔2016〕33号

河南省南水北调办公室转发中共河南省水利厅
党组关于印发《中共河南省水利厅党组工作
规则（试行）》《中共河南省水利厅党组议
事决策规则（试行）》的通知　豫调办党
〔2016〕34号

河南省南水北调办公室转发关于印发《中共河
南省水利厅党组全面从严治党主体责任清
单》和《驻省水利厅纪检组全面从严治党监
督责任清单》的通知　豫调办党〔2016〕
35号

关于印发《中共河南省南水北调中线工程建设
领导小组办公室机关委员会和委员工作职
责》的通知　豫调办党〔2016〕36号

关于印发《中共河南省南水北调中线工程建设
领导小组办公室机关纪律检查委员会工作职
责》的通知　豫调办党〔2016〕37号

关于开展2016年度支部书记抓党建述职评议
考核工作的通知　豫调办党〔2016〕39号

关于做好2016年度民主评议党员、民主评议
党支部工作的通知　豫调办党〔2016〕40号

关于印发《河南省南水北调办公室2016年度
精神文明建设工作要点》的通知　豫调办文
明〔2016〕1号

度与运行管理决策支持系统利用中线总干渠敷设光缆的请示　豫调建投〔2016〕44号

关于转发《〈关于加强南水北调中线干线工程完建期投资控制有关事宜的通知〉和〈关于进一步加强变更索赔处理等合同管理工作的通知〉》的通知　豫调建投〔2016〕48号

关于印发《河南省南水北调受水区许昌供水配套工程穿越许昌机场线护管涵增加费用变更审查意见》《河南省南水北调受水区许昌供水配套工程穿越禹亳铁路护管涵设计变更审查意见》的通知　豫调建投〔2016〕51号

关于河南省南水北调受水区焦作供水配套工程施工8标穿越山门河顶管工程合同变更的批复　豫调建投〔2016〕52号

关于报送《南水北调中线一期工程总干渠辉县段峪河渠道暗渠工程防洪安全处理项目招标投标情况报告》的报告　豫调建投〔2016〕53号

关于印发南水北调中线一期工程总干渠郑州1段引黄入常管道穿贾峪河倒虹吸挡墙工程施工图及施工方案审查意见的通知　豫调建投〔2016〕54号

关于南水北调安阳段第八施工标段渠道外坡局部土体裂缝处理专题设计变更的批复　豫调建投〔2016〕67号

关于对新乡供水配套工程32号供水管线凤泉支线末端设计变更报告的批复　豫调建投〔2016〕72号

关于报送《潮河段一标申诉关于污水管道改建项目工程变更批复意见费用不足申请调整》的请示　豫调建投〔2016〕77号

关于报送《南水北调中线一期工程总干渠潮河段新郑市G107穿渠污水管道与污水管网连接工程设计方案》及《南水北调中线一期工程总干渠潮河段新郑市3条穿渠污水管道与污水管网连接工程设计方案》的请示　豫调建投〔2016〕78号

关于南阳市段第一施工标段宁西铁路交叉工程变更的批复　豫调建投〔2016〕80号

关于安阳段殷都区南士旺村84亩弃渣场临时用地返还补偿费用工程变更的批复　豫调建投〔2016〕87号

关于对河南省南水北调受水区郑州供水配套工程尖岗水库进水口工程设计变更报告的批复　豫调建投〔2016〕89号

关于河南省南水北调配套工程自动化系统通信系统变更设计的请示　豫调建投〔2016〕90号

关于河南省南水北调受水区南阳供水配套工程5号分水口门总干渠南侧弃土处理有关事宜的回复　豫调建投〔2016〕91号

关于13个施工标段结算工程量稽察情况的通报　豫调建投〔2016〕92号

关于河南省南水北调受水区南阳供水配套工程管理处所建设有关问题的回复　豫调建投〔2016〕95号

关于河南省南水北调受水区周口市配套工程管理处（含周口管理所）分标方案的批复　豫调建投〔2016〕113号

关于河南省南水北调受水区平顶山配套工程叶县等4处管理所分标方案的批复　豫调建投〔2016〕115号

关于转发河南省南水北调中线工程受水区供水配套工程2015年投资计划的通知　豫调建投〔2016〕119号

关于潮河段六、七标沿渠植生毯等水保项目有关问题的意见　豫调建投〔2016〕126号

关于报送《南水北调中线一期工程总干渠沙河南～黄河南宝丰郏县段第一至第七施工标段提出合同价差调整水泥价格指数异常的报告》的请示　豫调建投〔2016〕136号

关于河南省南水北调受水区供水配套工程鹤壁管理处、鹤壁市区管理所与黄河北维护中心合建项目施工图预算资金缺口问题的回复　豫调建投〔2016〕147号

关于转发《南水北调中线干线变更索赔及第四季度投资收口攻坚收尾工作专题会议纪要》的通知　豫调建投〔2016〕153号

函　豫调建投函〔2016〕61号

关于申请拨付建设资金的报告　豫调建财〔2016〕1号

关于申请拨付建设资金的紧急报告　豫调建财〔2016〕2号

河南省南水北调中线工程建设管理局关于2016年建管费支出预算的批复　豫调建财〔2016〕3号

河南省南水北调中线工程建设管理局关于2016年建管费支出预算的批复　豫调建财〔2016〕4号

关于印发局机关2016年度建管费支出预算的通知　豫调建财〔2016〕7号

河南省南水北调中线工程建设管理局关于2016年建管费支出预算的批复　豫调建财〔2016〕8号

关于对《关于拨付河南省南水北调受水区濮阳市清丰县供水配套工程费用的请示》的批复　豫调建财〔2016〕9号

关于申请拨付建设资金的紧急报告　豫调建财〔2016〕10号

关于2015年度南水北调工程建设资金审计整改意见以及相关要求落实情况的报告　豫调建财〔2016〕11号

河南省南水北调建管局关于未办理工程移交证书退还质量保留金问题的整改情况说明　豫调建财〔2016〕12号

关于报送2015年度固定资产投资决算报表的函　豫调建财函〔2016〕1号

关于安阳市南水北调配套工程建设管理局购置内黄县南水北调管理所办公用房的回复　豫调建移〔2016〕1号

关于拨付新乡市南水北调配套工程征迁安置补偿投资的通知　豫调建移〔2016〕2号

关于预拨配套工程焦作市博爱线路征迁资金的通知　豫调建移〔2016〕3号

关于印发会议纪要的通知　豫调建移〔2016〕4号

关于拨付新乡市南水北调配套工程咨询服务费

的通知　豫调建移〔2016〕5号

关于对河南省南水北调配套工程受水区运行管理巡检进地影响等有关问题的通知　豫调建移〔2016〕6号

关于召开河南省南水北调受水区供水配套工程征迁验收工作会的通知　豫调建移〔2016〕7号

关于拨付配套工程焦作市博爱线路征迁资金的通知　豫调建移〔2016〕8号

关于报送已拨付临时用地耕地占用税缴纳情况的通知　豫调建移〔2016〕9号

关于对《平顶山市南水北调配套工程建设管理局关于平顶山市管理处所选址问题的请示》的批复　豫调建移〔2016〕10号

关于对河南省南水北调受水区鹤壁供水配套工程黄河北维护中心和黄河北物资仓储中心专项线路迁改方案及工程预算的批复　豫调建移〔2016〕11号

关于黄河北维护中心合建项目、仓储中心和浚县、淇县管理所文物勘探费用的通知　豫调建移〔2016〕12号

关于下拨配套工程征迁安置临时用地耕地占用税的通知　豫调建移〔2016〕13号

关于下拨配套工程征迁安置永久用地耕地占用税的通知　豫调建移〔2016〕14号

关于南水北调配套工程会议经费的通知　豫调建移〔2016〕15号

关于河南省南水北调受水区供水配套工程项目建设用地的请示　豫调建移〔2015〕18号

关于南阳市南水北调配套工程2015年度试运行有关费用处理的意见　豫调建建〔2016〕1号

关于新乡市南水北调配套工程2015~2016年试运行有关费用处理的意见　豫调建建〔2016〕2号

关于印发《漯河市配套工程三水厂支线穿越沙河顶管管道下沉事件调查报告》的通知　豫调建建〔2016〕3号

关于鹤壁市南水北调配套工程泵站代运行项目

关于《郑州1段二标河西台渡槽尾水渠末端剩余8节箱涵施工新增临时用地征迁规划报告》的批复　豫调建建〔2016〕107号

关于鹤壁市南水北调建管局购买应急抢险物资的批复　豫调建建〔2016〕108号

关于印发《鹤壁市南水北调配套工程第四水厂支线管道漏水问题调查报告》的通知　豫调建建〔2016〕109号

关于对鹤壁市第四水厂支线管道漏水问题进行责任追究的通知　豫调建建〔2016〕110号

关于做好我省南水北调工程冬季安全生产工作的通知　豫调建建〔2016〕111号

关于南阳市南水北调建管局完善配套工程现地管理房及泵站设施的批复　豫调建建〔2016〕112号

关于对南水北调配套工程35号口门输水线路浚县段阀井漏水应急抢险费用请示的批复　豫调建建〔2016〕113号

关于印发鹤壁市配套工程运行管理飞检报告的通知　豫调建建〔2016〕115号

关于编制南水北调总干渠辉县段早牛弃土填筑区临时用地排水处理方案的通知　豫调建建〔2016〕116号

关于河南省南水北调中线工程委托建管项目合同完成验收后续事宜的通知　豫调建建〔2016〕117号

关于河南省南水北调受水区新乡供水配套工程项目划分进行调整请示的复函　豫调建建函〔2016〕1号

关于郑州1段2标河西台沟渡槽尾水渠末端8节箱涵施工新增临时用地的函　豫调建建函〔2016〕2号

关于《关于解决南水北调原水藻类问题的请示》的复函　豫调建建函〔2016〕3号

关于购买工程管理交通工具请示的复函　豫调建建函〔2016〕5号

关于报送平顶山段建管处2015年11月份运行管理问题处理情况的函　豫调建建函〔2016〕6号

关于报送平顶山段建管处对中线建管局下发的相关未整改问题处理情况的函　豫调建建函〔2016〕7号

关于《关于配套工程开工动员大会会场整理费用有关问题的请示》的复函　豫调建建函〔2016〕8号

关于报送河南委托段相关问题整改情况的函　豫调建建函〔2016〕9号

关于解决魏谟庄弃土场临时用地返还资金问题的函　豫调建建函〔2016〕10号

关于南水北调中线河南段委托建管项目待运行期工程管理维护费用使用情况的函　豫调建建函〔2016〕11号

关于解决宝丰郏县段下丁取土场取土后致使部分耕地无法使用机械作业问题的函　豫调建建函〔2016〕12号

关于解决河南省南水北调配套工程质量监督许昌项目站有关费用的请示的复函　豫调建建函〔2016〕13号

关于商请尽快解决庞村弃渣场超高处理工程新增临时用地有关问题的函　豫调建建函〔2016〕14号

关于新乡市南水北调配套工程32号线凤泉支线末端旁通管进行处理请示的复函　豫调建建函〔2016〕15号

关于扣减支付焦作中铝铁路专线5.3km通信光缆复建费用的函　豫调建建函〔2016〕16号

关于报送《南水北调中线干线郑州2段水泉沟南公路桥附近排水工程设计报告》的函　豫调建建函〔2016〕17号

关于报送《关于青龙河倒虹吸控制闸1#弧形闸门超差调试方案的请示报告》的函　豫调建建函〔2016〕18号

关于方城管理处35kV供电系统1050号杆塔缺陷问题的复函　豫调建建函〔2016〕19号

关于转发焦作供水配套工程26号分水口门博爱供水工程定向钻穿越南水北调中线工程回复意见的函　豫调建建函〔2016〕20号

关于商请尽快解决潮河段邰庄沟倒虹吸尾水渠

水配套工程施工合同验收工作的通知　新调建质〔2016〕4号

关于印发《新乡市南水北调办公室差旅费管理办法（修订版）》的通知　新调办财〔2016〕3号

新乡市南水北调办公室关于拨付辉县市南水北调办公室总干渠征迁实施管理费的通知　新调办财〔2016〕4号

新乡市建管局关于新乡市南水北调配套工程运行管理费用的请示　新调建财〔2016〕1号

新乡市南水北调办公室关于2015年度南水北调征地移民资金审计整改工作及风险防范措施的报告　新调办财〔2016〕8号

关于新乡市南水北调配套工程运行管理费预算执行情况及预算编制情况的报告　新调办财〔2016〕12号

关于编制《新乡市南水北调调蓄工程总体建设方案》的通知　新调办调计〔2016〕1号

新乡市南水北调配套工程建设管理局关于清理退回各类工程建设保证金的通知　新调建〔2016〕41号

新乡市南水北调配套工程建设管理局关于清理退回各类工程建设保证金及履约保函情况的报告　新调建〔2016〕43号

关于成立新乡市南水北调配套工程自动化系统建设领导小组的通知　新调建计〔2016〕7号

关于新乡市南水北调配套工程31号供水管线泵站运行分标方案的请示　新调建计〔2016〕11号

关于加快编报新乡市南水北调配套工程合同变更的通知　新调建计〔2016〕17号

关于河南省南水北调受水区新乡供水配套工程新乡市管理处（含新乡市管理所）、获嘉县管理所、卫辉市管理所工程设计项目竞争性谈判结果公示的报告　新调建计〔2016〕38号

中共新乡市南水北调办公室支部关于表彰2015年度优秀共产党员的决定　新调办支〔2016〕1号

新乡市南水北调办公室关于表彰2015年度文明科室和文明职工的决定　新调办综〔2016〕2号

关于领导带队到方台村扶贫的通知　新调办综〔2016〕3号

鹤壁市南水北调办公室关于成立南水北调中线工程鹤壁段及受水区鹤壁配套工程安全度汛工作领导小组的通知　鹤调办〔2016〕15号

鹤壁市南水北调办公室关于加强南水北调中线工程总干渠鹤壁段安全保卫宣传工作的通知　鹤调办〔2016〕27号

鹤壁市南水北调办公室关于印发《〈河南省南水北调配套工程供用水和设施保护管理办法〉宣传工作方案》的通知　鹤调办〔2016〕58号

安阳市南水北调在建工程防汛分指挥部关于印发《2016年南水北调在建工程防汛风险点各级责任人名单》的通知　安调防指〔2016〕1号

安阳市南水北调在建工程防汛分指挥部关于印发2016年南水北调在建工程防汛工作督察事项的通知　安调防指〔2016〕2号

安阳市南水北调办公室关于印发《配套工程运行管理制度汇编（试行）》的通知　安调办〔2016〕4号

安阳市南水北调办公室关于"7·19"特大暴雨配套工程水毁情况的请示　安调办〔2016〕52号

安阳市南水北调办公室关于"7·19"特大暴雨跨南水北调总干渠桥梁水毁情况的请示　安调办〔2016〕53号

安阳市南水北调办公室关于上报解决南水北调总干渠左岸排水倒虹吸防洪影响处理工程的请示　安调办〔2016〕54号

叁 综合管理

综　　述

2016年是河南省南水北调由建设管理转入运行管理的第二年。2016年全省南水北调系统贯彻落实党的十八大和三中、四中、五中、六中全会和省第十次党代会精神，开展"两学一做"学习教育，锐意进取，克难攻坚，较好完成各项目标任务。

2016年工程持续平稳运行，综合效益进一步发挥。截至2016年底，南水北调中线工程累计向北方供水61.21亿m³，其中河南省供水22.67亿m³，占中线工程供水总量的37%。2015～2016调度年完成省内供水13.45亿m³，为年度计划调水量的102.6%。实现南阳、漯河、平顶山、许昌、郑州、焦作、新乡、鹤壁、濮阳、安阳、周口11个省辖市及邓州市、滑县2个省直管县市等规划受水区通水全覆盖，受益人口1800万。在南水北调供水范围内，通过控采地下水，涵养地下水源，城市地下水位得到不同程度回升，其中郑州市回升2.02m，许昌市回升2.6m；向沿线河、湖生态补水1.06亿m³，助力许昌、郑州、安阳、濮阳、南阳等地城市水系建设和鹤壁市"海绵城市"建设。

加强运行管理，提高工程效益　2016年，成立河南省南水北调配套工程运行管理领导小组，组建运行管理办公室，明确配套工程通水初期运行管理模式、管理职责划分、运行维护形式及运行管理费使用管理原则；组织调研学习，开展运行管理人员岗前培训；加强供用水管理、安全巡查、维修养护，落实配套工程水量调度计划。2016年，省政府颁布《河南省南水北调配套工程供用水和设施保护管理办法》，省南水北调办制定并印发《关于加强南水北调配套工程供用水管理的意见》等23项规章制度，印发《河南省南水北调工程运行管理制度汇编》。组织宣传活动，召开新闻通气会，在省主流媒体发布实施消息，连续刊发解读文章；统一印发《河南省南水北调配套工程供用水和设施保护管理办法》单行本和彩页，拟定宣传标语，制作巡回播放的录音；各省辖市（直管县市）按照省南水北调办统一部署，开展形式多样的宣传活动。加强沟通协调，进一步规范水量调度。在各省辖市月水量调度方案的基础上，制订河南省月水量调度计划，报中线建管局执行；建立完善与干线工程管理单位、受水区用水单位联络协调机制、应急保障机制，实行配套工程运行管理月例会制度和水量调度日报告制度。与中线建管局加强沟通，进行供水计量确认，为水费征收奠定基础。进一步加强应急处置，防控断水风险。省南水北调办和11个省辖市、2个省直管县市分别制定突发事件应急预案，初步形成省市县三级应急反应体系；建立备用水源应急切换机制，明确各地可切换的备用水源、启动程序、工作流程、切换时间、供水流量等，在郑州、许昌分别开展断水应急模拟和实战演练。加快水厂建设，扩大供水范围。会同省住建厅、水利厅开展3次联合督导，协调加快水厂建设进度。截至2016年累计建成水厂55座，通水水厂52座。向内乡、南阳市官庄工业园区供水配套工程正在编制初步设计报告，向汝州、登封、南乐、新郑龙湖镇和开封、商丘、驻马店等地供水工程，拟通过水权交易调剂供水指标，正在开展工程规划设计前期工作。实施生态补水，改善生态环境。截至2016年累计向郑州西流湖、许昌颍河、平顶山湿河、鹤壁淇河、濮阳龙湖、南阳白河、漯河市千亩湖等7个沿线河、湖进行生态补水1.06亿m³。2016年取得抗洪抢险全面胜利。7月9日河南省南水北调工程新乡段遭受超强暴雨袭击，7月19日新乡段、安阳段遭受超强暴雨袭击，暴雨频率超百年一遇。地方防汛部门、驻豫部队、南水北调工程管理单位共同抢险,取得全面胜利。

坚持多措并举,供水水质稳定达标 2016年输水水质稳定保持在Ⅱ类标准。在常规检测24项指标中,有21项指标为Ⅰ类。划定水源保护范围,依法保护水质。在丹江口水库库区,河南省划定1596km²的饮用水水源保护区,并由省政府予以公布;在总干渠两侧划定3054km²的保护区。《丹江口库区及上游水污染防治和水土保持"十二五"规划》河南省规划项目全部完成建设任务并投入运行,在水源地水质保护中发挥重要作用。在国家六部委联合对水源地三省(河南、湖北、陕西)"十二五"规划实施情况考核中,河南省综合得分连续四年位居第一。配合国家《丹江口库区及上游水污染防治和水土保持"十三五"规划》的编制工作。组织编制《河南省南水北调"十三五"专项规划》,规划主要内容包括新建调蓄工程、扩大供水目标、建设生态廊道,以及水源区水污染防治等4大类28个项目,规划投资约596亿元。严格环评审核,加强点源面源治理。在水源保护区,关闭水源地污染企业1000多家,否决、终止汇水区域内大型建设项目59个,其中2016年共受理新建扩建项目16个,2个因存在污染风险被否决。水源区各地发展生态农业,引导科学施肥施药,提倡生物防治,推行无公害生产,从源头上减少对丹江口水库水质的污染风险。在总干渠两侧水源保护区,先后对1000多个项目进行环境审核,有600个存在污染风险的项目被拒。会同环保、住建、水利等有关部门开展联合督导和执法检查,消除总干渠两侧污染风险点40处,查处纠正各类环境违法行为376起。水源区各地转变经济增长方式,调整产业结构,发展绿色、低碳、循环经济,初步形成一批茶叶、金银花、猕猴桃、食用菌、中药材等生态产业带。2008~2016年,河南省累计申请中央财政对水源区6县市生态转移支付资金58.72亿元,其中2016年申请生态转移支付资金10.28亿元。加快生态带建设。按照"土地流转、大户承包、政府补贴、合作共赢"的模式,加快推进总干渠两侧生态带建设,累计完成生态带绿化面积19.28万亩,占生态带建设任务89.3%以上,超额完成国家规划任务;完成丹江口库区环库生态隔离带建设5.17万亩,基本形成闭合圈层。11月16日,中央环保督察组反馈时,对河南省南水北调水质保护工作给予高度评价和赞扬。

严格变更索赔,工程投资基本可控 按照合同约定和有关法律法规处理合同变更索赔,协调推进中线建管局对变更索赔项目的批复进度。截至2016年底,共批复干线和配套工程合同变更项目7567项,占总数的87%,批复资金67亿元。严格变更索赔审查,施工单位逾期予以销号151项,涉及金额4亿元。开展工程量稽察,处理合同争议,控制投资风险。建立变更索赔核查工作机制,对超概算风险大的设计单元工程投资进行核查。委托中介机构对争议较大的合同变更进行复核,对委托段13个土建标段已结算工程量进行稽察,对发现的207个问题进行整改。预结算变更索赔项目由巡视时的311项减少至271项,预结算资金由18.3亿元减少至15.46亿元。定期组织内部审计。配合审计署、省审计厅及国务院南水北调办审计,坚持按季度开展内部审计,建立长效机制,堵塞管理漏洞,规范资金使用。

坚持依法行政,推进法制建设 加强督促检查,依法征收水费。制订《河南省南水北调工程水费收缴及使用管理暂行办法》,已报省政府待批;全年开展水费收缴专项督导7次,向有关省辖市(直管县市)下发水费催缴函26件;对水费交纳不力的省辖市,已提请省政府进行重点督查。与省水利厅协调沟通,将河南省南水北调配套工程水行政执法职权委托省南水北调办实施。筹备建立南水北调水政监察支队，初步确定组成人员。举办全省南水北调执法工作培训班，与会80多人接受系统培训。开展南水北调政策法律研究，与河南省法学会沟通协调，筹备成立河南省法学会南水北调政策法律研究会，确定研究会组成人员，制订研究计划，开展研究工作。

加强京豫对口协作，助力河南振兴　河南省开展与北京市的对口协作，按照"六个一批"，即"产业转移一批、企业嫁接一批、平台搭建一批、产品进京一批、人员培训一批、帮扶结对一批"的工作思路，配合省发展改革委编制对口协作规划，涉及工业、农业、生态、环保、科技、教育、医疗、人才交流等八大领域，开展水源地市县与北京市对口协作，北京6区与河南省水源区6县（市）建立"一对一"结对协作。2011年以来，豫京两地合作项目已实际投入河南4319亿元，占"十二五"时期河南引进省外资金的14.3%。2016年8月，省委、省政府主要领导亲自率团赴京，签订《河南省人民政府北京市人民政府战略合作协议》。省南水北调办也与北京市南水北调办签署南水北调系统合作协议，双方商定以落实合作项目为重点，

承接产业转移、突出水保环保、强化民生民计、实现互利双赢。

加强党的建设，开展"两学一做"　2016年，建立健全"4+2"党建制度体系，落实巡视整改，加强干部队伍建设，提高干部职工的整体素质和能力水平。严格执行请示报告和个人事项报告制度，加强机关作风建设和纪律建设，运用监督执纪"四种形态"，落实中央八项规定精神和省委省政府若干意见精神，坚持"两学一做"学习教育常态长效。严肃党内政治生活。省南水北调办领导成员到联系点讲党课，参加民主生活会，开展批评和自我批评，以普通党员身份参加所在支部的组织生活，引领各支部落实"三会一课"制度。组织党员干部到井冈山干部学院、确山县竹沟革命纪念馆、红旗渠等红色教育基地、南水北调党性教育基地进行党性锻炼，组织各支部分批到定点扶贫村开展对贫困户的一对一帮扶活动，进一步丰富党建工作内容和载体。对照"四讲四有"，查摆理想信念、遵规守纪、道德品行、践行宗旨等方面的问题，边学边改、即知即改，争做合格党员，干部队伍建设呈现良好态势。

投 资 计 划 管 理

【配套工程投资及完成情况】

2016年，河南省南水北调配套工程完成投资37589万元，开工以来累计完成投资1284983万元。其中：工程建设累计完成投资830291万元，征地拆迁累计完成投资389293万元，融资利息65037万元。

2016年，省南水北调办与省发展改革委申请到中央下达河南省南水北调配套工程投资46885万元，其中中央预算内投资40000万元，市县投资6885万元，用于新增供水目标和变更项目。省南水北调办将投资计划分解

后，分别下达给南阳、焦作、新乡、濮阳市南水北调办和清丰县配套工程建管局。转发2015年投资计划73530万元。下达新增鄢陵供水工程投资计划24696万元，其中省南水北调配套工程建设资金结余8000万元，许昌市自筹16696万元。截至2016年9月，河南省南水北调配套工程15个设计单元工程和新增的3个供水工程投资计划全部下达，共计157.2449亿元。2016年配套工程自动化调度建设完成投资6804.76万元，占合同额的35.09%。

【变更索赔】

截至2016年底，配套工程变更索赔台账2049项，预计增加投资12.91亿元。已批复952项，占总数的46.46%，增加投资2.77亿元；尚有1097项待批复，预计增加投资10.13亿元，其中100万元以上变更190项，预计增加投资8.62亿元，100万元以下变更907项，预计增加投资1.51亿元。

依据《其他工程穿越邻接河南省南水北调受水区供水配套工程设计技术要求（试行）》和《其他工程穿越邻接河南省南水北调受水区供水配套工程安全评价导则（试行）》。2016年共审查穿越配套工程设计方案12个，批复8个。

【新增供水目标前期工作】

2016年，省南水北调办陆续收到省政府批转的驻马店市、濮阳市、鹿邑县、登封市使用南水北调水的请示，省人大代表、永城市委书记马富国提出的向豫东输水的建议，全国人大代表蒋忠仆等5位代表提出的加快推进开封市南水北调工程项目实施的建议，郑州市政府提出的向新郑市龙湖镇供水的申请，周口市政府提出的向周口二水厂供水的建议，濮阳市、鹤壁市、焦作市南水北调办分别提出的向濮阳二水厂、鹤壁老城区、武陟二水厂供水的请示。

经协调，2016年3月省发展改革委批复新增鄢陵供水工程初步设计报告，濮阳二水厂支线设计变更完成审批，内乡县和登封市正在组织编制新增供水工程的初步设计报告和可研报告。其他省辖市、直管县正在解决南水北调水量指标问题。

【"十三五"专项规划】

编制完成《河南省南水北调"十三五"专项规划》。其中主要内容包括新建调蓄工程、扩大供水目标、建设生态廊道以及水源区水污染防治等4大类28个项目，投资644.32亿元。

【决策支持系统建设】

2016年，开展配套工程自动化调度与运行管理决策支持系统建设。

流量计安装 流量计原合同安装总数167套，后变更为166套。截至2016年12月16日，整套安装完成110套，部分安装41套，未安装15套。

通信系统建设 截至2016年底，共完成全省光缆敷设合计52.5km。其中完成濮阳市通信线路35号线施工约24km；许昌市18号线人工穿缆或架空14km；南阳市方城9号线吹缆施工4.3km，镇平3-1号线人工穿缆0.68km，主城区完成管道租赁穿缆3.0km；焦作市25号线人工穿缆0.5km；鹤壁市35号线吹缆施工6km。

设备安装 截至2016年底，涉及省调度中心大楼设备安装的5标（UPS）、6标（DLP）、7标（装修）、8标（计算机网络）、10标（视频会议）、11标（总集成）全部完成设备安装，其中6标、7标已完成合同完工验收。完成濮阳市设备安装工作，并完成濮阳与省调度中心的联网。

（王海峰）

资金使用管理

【干线工程资金到位与使用情况】

截至2016年11月30日，累计到位工程建设资金3129032.45万元，其中2016年拨款66537.00万元；累计基本建设支出3123340.00万元。其中：建筑安装工程投资2789696.07万元，设备投资51507.86万元，待摊投资282136.07万元。2016年基本建设支出71199.21万元。其中：建筑安装工程投资51921.90万元，设备投资2356.69万元，待摊投资16920.62万元。

【干线工程会计决算报表编报】

2016年的年度编报会计决算报表工作，进行清查资产、核实账目，将账簿记录与会计凭证核对一致；各项实物资产与会计账面核对一致；应收应付往来款项与债权债务单位核对一致；银行存款账面余额与银行核对一致。"账账相符、账证相符、账实相符"，保证会计决算报表内容完整、情况真实、数字准确、报送及时。1月根据中线建管局要求，编制完成并及时报送《2015年度固定资产投资决算报表》。

【建管费预算管理】

2016年加强资金预算管理，规范财务开支，有效控制建管费和"三公经费"支出，提高资金使用效率。3月，核定并下达省南水北调建管局机关及安阳、新乡、郑州、平顶山、南阳建管处建管费支出预算。2016年建管费支出预算基本符合实际需要，执行情况总体良好。

【审计与整改】

2016年2月28日～4月26日，省委第八巡视组对市南水北调办进行专项巡视；2016年5月5日～6月6日，受国务院南水北调办委托，中天运会计师事务所（特殊普通合伙）对省南水北调建管局2015年度南水北调工程建设资金使用和管理情况进行审计；省南水北调办委托精诚会计师事务所每季度对干线工程建设资金进行一次内部审计。10月国务院南水北调办委托中建华会计师事务所对审计整改情况进行复查。巡视组巡视及各项审计过程中，全力配合，及时提交审计所需资料，开展服务保障与联络工作。审计报告下发后，及时按照职责分工进行任务分解，明确责任、限定时间，逐条整改。分析查找产生问题的原因，研究从根本上解决问题和避免此类问题再次发生的具体措施。以审计整改工作为契机，建立和完善长效管理机制。

【配套工程资金到位与使用情况】

配套工程累计到位资金1300182.37万元。

其中：中央财政补贴资金140000.00万元，省、市级财政拨付资金491517.00万元，南水北调基金424865.37万元，农发行贷款328300.00万元（8月初银行贷款32830.00万元，8月8日归还农发行过渡性贷款84500.00万元）。截至2016年11月30日，配套工程累计完成投资1117694.77万元。其中：工程建设投资845424.73万元，征迁投资272270.04万元。2016年配套工程完成投资74817.10万元，其中工程建设投资54096.44万元，征迁投资20720.66万元。

【配套工程会计决算报表编报】

编制完成2015年度配套工程会计决算报表，按照资金来源渠道分别向水利部长江委、河南省财政厅及时报送《2015年度固定资产投资决算报表》。按时填写融资平台公司债务、结存资金等数据资料，并按照时间节点上报省财政厅及财政部河南专员办。

【配套工程融资贷款】

截至2016年11月30日，配套工程融资贷款利息63800万元，经讨与省水投公司、省农发行多次沟通协调，于8月初归还过渡性贷款84500万元，降低了筹融资成本。

【配套工程自动化系统建设资金核算】

配套工程自动化建设项目是河南省配套工程建设的代建项目，2016年按照《南水北调配套工程运行管理费使用管理与会计核算暂行办法》要求，开展与代建单位的资金核算、拨付工作，并及时提供投资完成情况。

【基建项目资金管理】

2016年开展调度中心竣（完）工决算及黄河南仓储维护中心建账准备工作，参与配套调度中心项目建设，开展工程款项的拨付和债权、债务清理工作。2016年开展调度中心竣（完）工决算工作和黄河南仓储维护中心进行建账准备工作。

【配套工程会计档案移交】

2016年，对配套工程2004～2015年度会计档案按照档案验收标准进行立卷归档整理，具备向档案管理部门进行移交的条件。

【配套工程内部审计】

2016年11月7日精诚会计师事务所受省南水北调办委托，对2003年以来，尤其是2009年以后的配套工程进行内部审计，审计工作已经结束，待审计报告出来后，对所提问题进行整改。

【运行管理费年度支出预算】

加强资金预算管理，规范财务开支，量入为出、适度从紧，按照突出重点、保障优先的原则，提高资金使用效率。2016年1月，委托河南华凯会计师事务所对省南水北调办本级及11个省辖市、2个直管县市编制的2016年度运行管理费支出预算进行审核。4月19日经省南水北调办预算管理委员会审计通过，4月26日印发《关于下达2016年度运行管理费支出预算的通知》，下达办本级及省辖市、直管县市运行管理费支出预算。2016年度运行管理费支出控制在各预算指标内。

【水费管理制度建设】

随着南水北调工作重点由工程建设向运行管理转移，水费收缴工作及使用管理成为河南省南水北调工作的重点和难点，2016年大力推进水费收缴和规范资金管理工作。

参与供水合同的谈判与签订工作 2016年1月，完成受水区各省辖市、直管县（市）南水北调办《南水北调中线一期工程2015～2016年度供水合同》的签订工作。通过供水合同明确收费主体的权利与义务，约定供水水量、供水水质、供水价格、水费缴纳时间及方式等。为水费收缴提供法律依据。

制定完善水费收缴及使用管理规章制度 明确水费收缴主体责任和水费收缴任务，规范资金使用管理，保障水费及时足额缴纳，水费收缴不得截留、坐支、挪用，专项用于上缴干线工程水费和河南省南水北调工程运行维护及偿还贷款，制定《河南省南水北调工程水费收缴及使用管理暂行办法》，并在省发展改革委、财政厅、水利厅和省政府法制办反馈意见的基础上进行修改完善并上报省政府。2016年8月，针对《南水北调配套工程运行管理费使用管理与会计核算暂行办法》执行过程中反应的问题，为便于会计实务操作和预算执行情况考核，经专家研讨编制印发《河南省南水北调工程水费收缴及使用管理会计核算工作指南》。

协调税务机关落实水费税收政策 2016年5月1日起"营改增"后，多次协调省国税局，7月报送《关于南水北调工程水费收缴有关税收问题的函》（豫调办财函〔2016〕17号），要求明确简易计税方法计税等税收优惠政策，因税率问题需等国家税务总局答复，省国税局尚未正式函复。

购置水费收缴财务管理软件 为加强南水北调工程水费收缴及使用的财务管理与会计核算，提高工作效率、提升管理水平，购置金蝶EAS集团财务软件，建立水费收缴及使用管理电算化会计核算账套。2016年，电算化核算账套实施试运行阶段，待办本级及部分省辖市试运行结束后，开展电算化会计核算集中培训。

【推进水费收缴工作】

由于工程运行初期实际用水量达不到规划分配水量，且合理的水价机制尚未完全建立，2016年，基本水费主要由地方财政负担，但受职责权限、体制机制、地方财力等多种因素制约，水费收缴工作难度较大。按照"先易后难、重点突破、积极引导、带动全局"的工作思路，进一步加大水费征缴力度。要求基本水费能列入当地财政预算的，尽量列入财政预算解决；不能列入财政预算的，有条件的地方可以从水价顺价中解决；尚不具备条件的要增加供水量，创造顺价解决水费征缴问题的条件。省南水北调办根据各省辖市、直管县市当期水费收缴情况，分两次给各省辖市、直管县市南水北调办或市政府发函催收水费，并三次对各地水费收缴工作进行专项督导。

截至11月30日，累计收取水费77706.05万元。其中基本水费65492.00万元，计量水费12214.05万元。累计上缴中线干线水费40000.00万元。拨付运行管理费11811.03万元。

（葛 爽）

建 设 管 理

【概述】

2016年河南省南水北调工程建设管理工作的主要内容是干线和配套新增以及剩余尾工项目建设的进度管理、质量管理、工程验收、安全生产和防汛度汛工作。

【剩余项目进展】

2016年，河南省南水北调工程建设任务主要有：新增濮阳清丰、焦作博爱配套供水工程，配套管理处（所），周口、漯河、郑州配套穿越工程；干线新乡段沧河渠道倒虹吸防护、西孟庄洼地处理、王门河左排倒虹吸尾水渠，以及焦作2段中铝工企站铁路桥防洪影响处理等后续工程。

截至2016年底，干线工程尾工基本结束，全部工程实体移交工程项目法人中线建管局管理；配套工程最后一个供水目标周口市于12月通水。除漯河市穿越沙河工程、郑州市21号口门线路入尖岗水库，以及管理站所、自动化设施建设外，配套尾工建设任务基本完成。全省配套工程60个管理处（所）中，建成15个（其中投入使用7个）、在建1个、未开工建设44个。其中，濮阳、南阳管理处所和自动化系统建设基本完成，正在调试；新增清丰配套工程累计完成沟槽开挖13.87km、管道铺设12.87km，分别占总长的75%、70%；新增博爱配套工程完成管沟开挖9.3km、管道铺设6.5km，分别占总长的67%、47%；新增鄢陵县供水配套工程建设资金基本落实，征迁全面展开。

（刘晓英）

【质量监督】

2016年，按照国务院南水北调办和河南省南水北调办的工作部署，质监站对重点工程项目、工程运行管理情况适时进行监督巡查，完成全年工作任务。

重点项目巡查 根据国务院南水北调办监管中心工作安排，对重点项目不定期开展巡查，对因暴雨导致的损毁项目，质监站多次查看现场，检查处理措施落实情况。

质量缺陷整改 结合南水北调干线工程实体移交，质监站督促现场参建单位整改剩余的质量缺陷，检查整改落实情况，消除质量隐患，确保工程运行安全。

验收及资料核备 2016年安全监测标合同验收全部完成。质监站配合验收工作，验收中发现资料不完整等问题，及时要求相关单位补充完善，并及时核备验收鉴定书。

参加桥梁验收 配合省南水北调建管局项目建管处开展跨渠桥梁竣工验收工作，对项目建管处选定的检测单位资质进行审查，参与检测方案审查，根据检测报告及时编写质量监督报告。

配套工程质量飞检 2016年质监站抽调人员组成检查组，开展配套工程新开工项目质量飞检工作，针对发现的问题及时提交飞检报告，要求及时整改。

配套工程运行管理检查 根据《河南省南水北调受水区供水配套工程运行监管实施办法（试行）》，2016年质监站抽调人员组成检查组，对部分泵站和输水管线运行管理情况进行飞检，对发现的问题及时提交飞检报告，并督促有关单位进行整改。

档案资料整编 2016年，组织研究档案管理有关文件，制定质量监督资料的整理归档目录，并对质监站派出的项目站加强检查指导。各项目站对质量监督资料进行初步分类、编目、整理归档，档案整理工作取得阶段成果。

（雷应国）

【工程验收】

截至2016年底，河南省南水北调配套工程共完成13条口门线路的通水验收工作；完成80%分部工程、31%单位工程的验收任务。

2016年完成全部共11个安全监测标的合同项目完工验收任务。跨渠桥梁交（完）工验收和管养移交工作全部完成。2016年9月29日，南水北调中线干线工程委托河南省建设段，全部移交给工程项目法人管理。

【防汛度汛】

受"厄尔尼诺"天气影响，2016年河南省南水北调工程沿线尤其是新乡段工程连续遭受两次特大暴雨袭击，南水北调工程辉县段杨庄沟排水渡槽和峪河暗渠出口裹头出现重大险情，省南水北调办组织各有关方面全力做好抢险工作，经过防汛部门、驻豫部队、工程管理单位的共同奋战，两处大的险情均得到有效控制，没有影响南水北调工程正常供水。

2016年7月8~9日，新乡市区降雨量456mm，南水北调工程辉县段杨庄沟排水渡槽漫溢。险情发生时，地方政府领导、水利、南水北调办第一时间组织抢险队员、抢险物资赶赴现场抢险，与运管单位一道有效控制险情发展。省南水北调办、省水利厅、新乡市委市政府领导亲临现场，靠前指挥抢险工作。险情解除后，按照省防指《河南省防汛抗旱指挥部关于立即实施南水北调中线工程辉县杨庄沟渡槽下游排洪应急工程的紧急通知》（豫防指电〔2016〕17号）要求，筹措700万元资金，会同新乡市政府立即组织实施杨庄沟渡槽下游排洪应急工程，2016年杨庄沟下游永久箱涵工程正在实施中。

2016年7月18~19日，辉县峪河上游山区最大降雨467mm，暴雨加之上游山西泄洪，峪河洪峰流量达到1830m³/s，峪河暗渠出口裹头出现险情，危及南水北调总干渠工程安全。省南水北调办负责同志第一时间赶赴现场，查明险情，及时协调省防办紧急支援抢险人员物资和机械设备，地方防汛部门、驻豫部队、工程管理单位积极投入抢险，及时在峪河暗渠裹头上游建设导流围堰将洪水导离遇险堤防，然后用砂卵石回填损毁堤防附近河床，用预制四面体、铅丝笼回填冲毁的暗渠段河床护砌工程，避免洪水对工程进一步破坏，确保了峪河暗渠工程安全。

（刘晓英）

运 行 管 理

配套工程

【概述】

在国家和河南省南水北调工程运行管理体制机制尚未明确的情况下，省南水北调办按照河南省委、省政府统一部署，工作重点由建设管理向运行管理转变，成立河南省南水北调配套工程运行管理领导小组，组建运行管理办公室，安排专人负责运行管理工作；配套工程通水初期运行管理模式暂定为两级三层，即省南水北调办、省辖市（直管县）南水北调办两级；省辖市（直管县）南水北调办负责所辖市、县配套工程运行管理，形成省、市、县三层。2016年，河南省南水北调配套工程运行平稳、安全，全省有31个口门及6个退水闸开闸分水。受益人口1800万人。

【职责职能划分】

省南水北调办（局）负责全省配套工程

管理工作。负责全省配套工程运行调度，下达运行调度指令；负责工程维修养护管理；负责供水水质监测；负责水量计量管理及水费收缴；负责拨付运行管理经费；负责工程安全生产、防汛及应急突发事件处置管理；负责工程宣传及教育培训；完成上级交办的其他事项。

各省辖市、省直管县（市）南水北调办（配套工程建管局）负责辖区内配套工程具体管理工作。负责明确管理岗位职责，落实人员、设备等资源配置；负责建立运行管理、水量调度、维修养护、现地操作等规章制度，并组织实施；负责辖区内水费征缴，报送月水量调度方案并组织落实；负责对省南水北调办（局）下达的调度运行指令进行联动响应、同步操作；负责辖区内工程安全巡查；负责水质监测和水量等运行数据采集、汇总、分析和上报；负责辖区内配套工程维修养护；负责突发事件应急预案编制、演练和组织实施；完成省南水北调办（局）交办的其他任务。

【省政府176号令】

《河南省南水北调配套工程供用水和设施保护管理办法》（河南省人民政府令第176号）已经2016年9月22日省政府第102次常务会议通过，10月11日公布，12月1日起施行。

【调度管理】

省南水北调办负责统一调度，各省辖市、省直管县（市）南水北调办和相关单位分级负责所辖配套工程的具体调度工作。

2016年4月和7月，省南水北调办分别委托华北水利水电大学、河南水利与环境职业学院，举办两期运行维护培训班，全省共有176人参加培训。省办每月组织召开一次全省南水北调工程运行管理例会，通报上月水量调度情况，研究解决工程运行管理中存在的问题，形成会议纪要，督办落实。省南水北调办与中线建管局协商，明确2015～2016年度暂按各省辖市、直管县（市）南水北调办

确认的配套工程水量计量数据，省南水北调办运管办统计汇总2015～2016年度暂结计量水量，作为计量水费核算依据。

2016年3月29日在许昌组织开展断水应急实战演练。

【运行维护】

省南水北调办于2016年12月1日印发《关于加强我省南水北调配套工程维修养护工作的通知》，明确责任，省南水北调办负责配套工程维修养护的组织领导和监督管理，明确工作要求和技术标准；各省辖市、省直管县（市）南水北调办具体负责辖区内配套工程维修养护工作，制定工作计划报省南水北调办批准后执行；工程维修养护单位负责工程维修养护各项工作任务的落实，明确工作方案，按计划组织实施。

【供水效益】

2016年9月13日，水利部下发《关于南水北调中线一期工程2015～2016年度河南省供水计划调整意见的函》（水资源函〔2016〕352号），同意河南省2015～2016年度供水计划用水量调增至13.11亿 m³。2015年10月水利部《南水北调中线一期工程2015～2016年度水量调度计划》（水资源函〔2015〕470号），明确河南省2015～2016年度供水计划量为10.69亿 m³，其中引丹灌区用水4.01亿 m³，城市水厂用水6.63亿 m³，充库调蓄0.05亿 m³。

截至2016年10月31日，全省有31个口门及5个退水闸开闸分水，向引丹灌区、44个水厂、禹州市颍河供水、3个水库充库及郑州市西流湖、唐寨水库、双洎河和鹤壁市淇河生态补水，供水目标涵盖南阳、漯河、平顶山、许昌、郑州、焦作、新乡、鹤壁、濮阳、安阳10个省辖市及省直管邓州市，受益人口1800万人。2015～2016年度供水13.45亿 m³，完成年度计划用水量的102.59%，占调整前年度计划用水量的125.82%，其中，引丹灌区实际用水5.21亿 m³，占引丹灌区年度计划用水量的129.93%；城市水厂实际用水7.82亿 m³，占城

市水厂年度计划用水量的117.95%；充库调蓄实际用水0.09亿m³，占充库调蓄年度计划用水量的173.08%。

【地下水位回升】

省水利厅、省发展改革委、省财政厅、省住房城乡建设厅、省南水北调办2014年12月11日联合印发《河南省南水北调受水区地下水压采实施方案（城区2015～2020年）》，计划到2020年，全省受水城区地下水压采总量为2.7亿m³，以受水区城区、开发区、工业聚集区、园区等为重点，实施地下水压采。截至2016年底，在南水北调供水范围内，通过控采地下水，涵养地下水源，城市地下水位得到不同程度回升，其中郑州市回升2.02m，许昌市回升2.6m。

【水量交易】

省水利厅、省发展改革委、省财政厅、省南水北调办制定的《河南省南水北调水量交易管理办法（试行）》于2015年3月16日开始实施，用于规范水权试点工作中南水北调水量交易行为，利用市场机制优化配置丹江水。截至2016年底，河南省完成2宗水量交易，累计交易丹江水1亿m³。

(庄春意)

中线工程

【渠首分局】

中线建管局渠首分局内设7个处（中心），分别为综合管理处、计划经营处、财务资产处、分调中心、工程管理处（防汛与应急办）、信息机电处、水质监测中心（水质实验室）。按职能分别负责综合、生产经营、财务、调度、工程、机电金结、自动化信息、水质等方面管理工作。

渠首分局所辖5个现地管理处，分别是陶岔管理处、邓州管理处、镇平管理处、南阳管理处、方城管理处。各管理处负责辖区内运行管理工作，保证工程安全、运行安全、水质安全和人身安全，负责或参与辖区内直

管和代建项目尾工建设、征迁退地、工程验收以及运行管理工作。

2016年，渠首分局各级运行管理单位规章制度健全，人员配备合理，职责清晰明确，信息反馈及时，调度令行禁止，水质全面监控，工巡重点突出，安保措施得力，设备运转正常，合同管理规范，财务管理合规，后勤服务高效，园区设施基本完善，实现工程运行安全、水质稳定达标。

(张　进　温端湖)

【河南分局】

河南分局所辖总干渠自平顶山市叶县段开始，纵跨河南境内平顶山、许昌、郑州、焦作、新乡、鹤壁及安阳7个地市，全长546km。其中渠道长502km，建筑物长44km。起点设计流量330m³/s，终点设计流量235m³/s。共有各类建筑物1114座，其中河渠、渠渠交叉145座、公路交叉624座、铁路交叉27座、左岸排水195座、节制闸28座、控制闸40座、退水闸23座、分水闸32座。

按照中线建管局批准的运行期机构设置方案，河南分局机关内设综合管理处（党群工作处）、计划经营处、人力资源处、财务资产处、工程管理处（应急办公室）、信息机电处、分调中心和水质监测中心共8个职能处室，沿线共设叶县、鲁山、宝丰、郏县、禹州、长葛、新郑、航空港区、郑州、荥阳、穿黄、温博、焦作、辉县、卫辉、鹤壁、汤阴、安阳和穿漳共19个管理处。

2016年，河南分局按照国务院南水北调办和中线建管局确定的"稳中求好、创新发展"工作目标，以确保安全运行为中心，以工程防汛、规范化建设、专项验收和合同收尾为主线推进各项工作开展。

规范化建设　以制度建设为基础、以中线建管局强推项目为引领，以分局自选动作为延伸，以培训抓落实，以考核促提升，以创新优管理。开展标准化渠道、标准化闸站、标准化中控室创建和推广工作，以及计

划统计系统、物资盘点系统、调度管理系统、设备设施基础信息数据库、飞检稽查问题整改系统等平台的开发和运用，进一步完善生产运行管理体系。

工程维护 开展消防设施竣工验收备案、闸站设备设施标识标牌的规范统一、金结机电设备技术改造试点实施与推广等设备管养工作。落实工程巡查、安全监测、土建绿化维护与后穿越工程管理等规章制度，探索维护模式创新，推动整体维护水平提升。

水质水量管理 开展水量、水质管理工作，落实调度计量设备排查统计工作，加强分水计量工作管理，推进标准化管理，确保水量计量准确，落实辖区内水质监测、污染源排查和处置、水污染应急演练等水质保护工作，确保水质安全。

防汛度汛 加强安全保卫、安全监测外观监测、金结机电、永久供配电、信息自动化等外委队伍管理工作，做好过渡期运维队伍管理和措施保障工作。

应急预案 贯彻国务院南水北调办安全生产工作会精神，落实中线建管局安全生产工作部署，完善"三查一督"安全管理体系，完善应急机构和职责、应急预案和处置方案、应急培训、应急演练等应急抢险管理体系。

汛期抢险 落实防汛责任和措施，重点组织辉县段峪河暗渠河床冲刷和韭山桥上游左岸渠段滑塌应急抢险工作，结合汛期抢险情况，开展应急处置方案修订、完善工作，加快汛期水毁项目、郑州段防洪堤缺口、水泉沟渡槽等事项处理进度。

尾工建设 推动遗留问题和尾工建设，多项问题取得较大进展，穿黄双金属管标施工完成、退水洞灌浆试验进展顺利，北岸竖井整治组织完成方案编制，枯河治理邻接工程完成委托建管协议签订。

变更索赔 开展"加快合同收尾、化解资金风险"主题年活动，进行变更索赔处理及暂支付资金扣回过程管理，重点突击额度大的变更审批，实施集中攻关，及时研究推进重大个性变更项目及共性问题的解决，确保变更索赔收口目标顺利实现。

（徐振国　蓬宁）

【分调度中心】

输水调度工作机制 按照"统一调度、集中控制、分级管理"的原则实施。由总调中心统一调度和集中控制，总调中心、分调中心和现地管理处中控室按照职责分工开展运行调度工作。

运行调度管理 2016年河南分局分调中心先后组织开展输水调度安全生产、输水调度规范化强推和中控室规范化建设等专题活动，严格调度工作纪律，遵守调度工作流程，优化调度工作机制，培育调度人员素质，提升应急反应能力，不断提高调度管理水平，基本实现输水调度工作规范化、标准化。

组织机构和人员管理 分局和各管理处均成立了输水调度工作领导小组，加强调度管理工作，落实调度工作处长负责制及调度值班长负责制。优化配置调度值班人员，组织建立调度人员履职能力档案和员工素质手册，落实输水调度持证上岗制度，建立岗前培训与持续培训相结合的调度业务学习培训长效机制，全面提高调度人员业务素质。

建立健全规章制度 修订完善各类规章制度及作业指导书，标准化管理制度体系基本建立。统一制作印发了《南水北调中线干线工程输水调度文件合订本》、《南水北调中线干线输水调度管理工作标准（修订）》、《南水北调中线干线工程输水调度业务作业指导书》、《南水北调中线干线工程建设管理局输水调度业务工作手册》等制度文件，制定和完善《南水北调中线建管局分调中心管理办法（试行）》、《南水北调中线建管局现地管理处中控室管理办法（试行）》、《河南分局输水调度工作手册（修订）》、《河南分局突发事件应急调度处置流程（修订）》、《河南分局典型案例输水调度应急处置预案汇编》、《河南分局电力调度规程》等配套制度办法。

创新工作方法　组织研发并完善涵盖日常主要调度业务的水量调度管理系统，减轻调度人员工作强度，提高工作效率。制作中控室调度监控明白卡、建立日报周报制度并加强日常行为考核，形成长效管理机制。规范日常工作行为。制作业务流程和功能台签，及时更新相关台账，建立每日工作清单

销号制度，细化闸控系统报警响应机制，规范调度生产场所管理和来访接待。

加强分水计量工作管理　组织开展全局调度计量设备排查统计工作，推进流量计率定等工作开展，确保水量计量准确。

提升应急调度能力　组织排查调度风险隐患，完善应急机制；汇编应急案例，先后组织应急调度培训和演练10余次；组织建立输水调度信息交流平台，加强信息沟通交流与反馈，确保输水调度安全。

（顾　莉　王志刚）

生　态　环　境

【概述】

2016年，河南省南水北调水质保护工作多措并举，综合施策，输水水质稳定保持在II类标准。在常规检测24项指标中，有21项指标为I类。

【依法保护水质】

在丹江口水库库区，河南省划定1596km²饮用水水源保护区，并由省政府予以公布；在河南省731km总干渠两侧，划定3054km²保护区。在各类保护区均明确具体保护措施和产业禁入范围。

【规划编制与实施】

组织实施《丹江口库区及上游水污染防治和水土保持"十二五"规划》，河南省规划项目全部完成建设任务并投入运行，在水源地水质保护中发挥重要作用。在国家六部委联合对水源地三省（河南、湖北、陕西）"十二五"规划实施情况考核中，河南省综合得分连续四年位居第一。配合国家《丹江口库区及上游水污染防治和水土保持"十三五"规划》的编制工作，组织编制《河南省南水北调"十三五"专项规划》，规划主要内容包括新建调蓄工程、扩大供水目标、建设生态廊道，以及水源区水污染防治等4大类28个

项目，规划投资约596亿元。

【严格环评审核】

在水源保护区，严把项目审批程序，对库区水质及生态环境有影响的新、改、扩建项目执行严格环境影响评价制度，关闭水源地污染企业1000多家，先后否决、终止汇水区域内大型建设项目59个，其中2016年共受理新建扩建项目16个，2个因存在污染风险被否决。水源区各地大力发展生态农业，引导群众科学施肥施药，提倡生物防治，推行无公害生产，从源头上减少对丹江口水库水质的污染风险。

【加强执法检查】

2016年会同环保、住建、水利等有关部门开展联合督导和执法检查，彻底消除总干渠两侧污染风险点40处，查处纠正各类环境违法行为376起。

【水源区发展绿色经济】

水源区各地转变经济增长方式，调整产业结构，发展绿色、低碳、循环经济，初步形成一批茶叶、金银花、猕猴桃、食用菌、中药材等生态产业带。2008～2016年，河南省累计申请到中央财政对水源区6县市生态转移支付资金58.72亿元，其中2016年申请到生

态转移支付资金10.28亿元。

【加快生态带建设】

按照"土地流转、大户承包、政府补贴、合作共赢"的模式，加快推进总干渠两侧生态带建设，超额完成国家规划任务；完成丹江口库区环库生态隔离带建设5.17万亩，基本形成闭合圈层，为水源水质安全筑起生态安全屏障。11月16日，中央环保督察组反馈时，对河南省南水北调水质保护工作给予高度评价和赞扬。

2016年3月，南阳、许昌两市全部高质量完成生态带建设任务，其他省辖市都在规划建设。截至12月底，河南省累计完成南水北调中线干渠生态绿化面积19.28万亩。

南阳市干渠生态带建设高起点设计，高标准规划，采取"财政投入3500万元以奖代补、干线沿线县区流转土地、吸引造林公司和大户承包"的办法，累计投入资金6亿多元，于2015年12月底前率先完成总干渠两侧100m绿化带建设任务。

许昌市发挥政策引领作用，以国家规划作为政策倾斜和补贴依据，以土地流转、政府补贴、大户承包、生态林和经果林相结合的机制为导向，吸引民营企业和种植大户参与生态带建设。2015年12月底，许昌市、县两级财政投资3923万元，吸收社会资金14050万元，全面完成辖区内总干渠两侧100m绿化带建设任务。

平顶山市政府出台《平顶山市人民政府关于南水北调中线工程平顶山段生态廊道建设的指导意见》，组织国内知名企业、高标准编制生态廊道建设规划，并组织省内园林专家进行论证，将生态效益、经济效益、社会效益和水质安全效益相结合，选择内侧种植常绿树种、外侧种植油用牡丹的模式。截至2016年3月建成2000多亩。

郑州市将南水北调生态带与水源保护结合，2016年3月，在南水北调总干渠中原西路沿线完成4.5km的高标准示范段，形成郑州一

道风景线。新郑市、荥阳市段由林业局具体负责，各局委配合，2015年底完成总干渠两侧长60km的生态带建设工作。

焦作市政府规划在南水北调总干渠两侧绿化带内侧营建40m生态景观带，外侧60m林业产业带。市政府成立督导组，对工程建设的土地流转、招标程序、承包合同及工程进度等进行不间断督查，排出名次在新闻媒体上公布，接受社会监督，并作为年终综合考评和资金拨付的重要依据。3月完成造林5000多亩，占总任务量30%。

新乡市政府制定《南水北调中线干渠绿化建设总体规划》，市政府还多次召开干渠绿化专题推进会和现场观摩促进会，要求各县、区主要领导亲自挂帅，强力推进干渠生态带建设工作。市委市政府督查室加大督查力度和频次，每周以《新乡政务督查》的形式，通报进度，纠正问题，截至3月10日，新乡市生态带建设土地流转和整理工作基本完成，完成植树12360亩，占总任务的64.3%。

根据《南水北调中线工程鹤壁段绿化规划方案》，鹤壁市各县区正在全力推进，3月，土地流转任务基本完成，全市累计完成绿化面积5200亩，占总任务8630亩的60%。

安阳市政府于2015年11月召开全市会议部署南水北调生态带建设工作，明确奖补政策并与沿线县区政府签订责任状。2016年3月，沿线县区均出台工作方案、技术方案和奖补政策，土地流转、绿化招标等工作正在推进，完成植树任务3000多亩，占总任务的20%。

【京豫对口协作】

2016年，河南省委书记谢伏瞻、省长陈润儿率河南省代表团到北京，就推进南水北调京豫战略合作进行座谈，签订"1+6"合作协议。河南省南水北调办主任刘正才参加并签订"1+6"其中之一的合作协议《北京市南水北调办河南省南水北调办战略合作协议》。

落实《2016年度京豫对口协作合作类项

目实施方案》，10月，组织水源区及沿线各市30名管理和技术人员，参加由北京市南水北调办、北京市水务局主办，北京水利水电学校承办的"南水北调水质保护培训班"。

【征迁验收】

2016年，筛选出条件较为成熟的平顶山叶县作为验收试点，并组织专家对相关单位进行验收培训。8月3日，组织召开配套工程沿线11个省辖市及全部县（市、区）相关单位200多人参加的征迁安置验收工作会议，并下发《关于开展河南省南水北调配套工程征迁安置验收及财务决算工作的通知》（豫调办移〔2016〕9号）。征迁安置验收工作全面展开。

(靳文娟)

移 民 与 征 迁

【概述】

2016年，河南省南水北调移民征迁完成投资17.64亿元。丹江口库区移民稳步发展，库区移民完成县级自验和省级初验技术验收，继续实施移民村社会治理和"强村富民"战略，创新实施移民企业挂牌上市、移民乡村旅游、金融扶贫"移民贷"三项改革举措，全省丹江口库区208个移民村都有集体收入，移民人均纯收入达10500元，同比增长10.2%。干线征迁全年移交新增用地174亩，返还临时用地1.6万亩，总干渠20.5万亩临时用地，累计返还20.3万亩，并完成复垦退还群众耕种，及时处理征迁遗留问题。

【临时用地返还复垦和退还】

2016年返还临时用地1.6万亩。截至2016年底，河南省南水北调中线工程总干渠20.5万亩临时用地，返还20.3万亩，并完成复垦退还耕种。对存在问题的地块，协调有关方面，逐地块调研，论证解决方案，专人督导落实，形成责任压力，确保问题快速解决。对临时用地超期使用导致补偿资金无法及时兑付的情况，配合中线建管局逐地块排查，确定临时用地超期的原因，明确承担超期补偿责任的单位，以签字盖章形式予以固定落实，并正式报中线建管局。省政府移民办及时调整临时用地补偿政策，印发《关于调整南水北调中线干线工程临时用地超期补偿费发放标准等有关问题的通知》（豫移安〔2016〕82号），明确2016年5月31日以后仍需进行超期补偿的临时用地，自2016年6月1日起，临时用地超期补偿费采用当地土地流转价格进行补偿，不再执行南水北调中线干线工程原征地补偿标准；对临时用地按要求复垦后，当地以种种原因不予种植或接收的，所产生损失费用不予补偿；对耕种后，出现损失的，给以适当补助。通过以上措施，加快临时用地返还、复垦和退还进度。

【干线征迁安置验收】

2016年加快干线征迁验收工作进展，河南省成立征迁安置验收委员会，印发《关于做好河南省南水北调中线干线工程完工阶段征迁安置验收工作的通知》和《南水北调总干渠征迁安置验收实施细则》。启动陶岔渠首征迁验收工作。

【永久用地手续办理】

2016年河南省南水北调中线干线工程建设用地、使用林地手续办理工作全部完成，并报国土部门。按国家批复标准，缴纳耕地开垦费9.19亿元，河南省国土厅上报的16.53万亩工程建设用地和迁建用地手续已经国土资源部批准。对南阳、平顶山和焦作3个市剩余的3519亩工程用地和693亩迁建用地，按国家批复结果，预留1171.95万元耕地开垦费用于办理用地手续。

【新增用地征迁和遗留问题处理】

2016年移交新增建设用地174亩。截至2016年底，共移交建设用地36.83万亩。先后6次配合中线建管局组织建管、设计和监理单位及市县征迁机构，逐地块逐项目研究解决征迁遗留问题，分析、制定解决措施，明确责任单位、责任人员和完成时限，40余项征迁遗留问题得到解决。

【干渠征迁资金计划调整】

2016年，结合总干渠27个设计单元征迁工作实际，完成县、市两级总干渠征迁资金计划调整工作。与南水北调中线建管局就包干资金拨付问题进行对接和梳理；对单批的4个项目协议文本进行讨论，其中，电力包干协议完成签订，黄河南郑州2段、潮河段、沙河渡槽段、禹州长葛段4个设计单元单批桥梁和黄河北管理用地及铁路交叉工程包干协议形成共识；完成黄河北国控预备费申报工作，国务院南水北调办已全部下达资金，黄河南及穿黄、穿漳工程国控预备费使用情况报告已经省政府移民办审查；省政府移民办与中线建管局对新增拨付的6.58亿元资金进行反复沟通，达成一致意见。

【"强村富民"战略实施】

河南省根据经济发展新常态，结合移民村实际，推动丹江口库区移民"强村富民"战略实施实现新突破。

促进移民生产发展　2016年4月12~15日，省政府移民办派出3个督导组，到有关市县督导"强村富民"工作。2016年8月16日，省政府移民办在许昌市召开南水北调丹江口库区移民"强村富民"暨创新社会治理观摩会，交流工作经验，拓展发展思路，收到良好的效果。

推动移民企业挂牌上市　河南省借助全国中小企业股份转让系统（"新三板"）和中原股权交易中心（"四板"）开通运行的契机，省政府移民办与省政府金融办联合下达《关于加快推进我省移民企业挂牌上市工作的指导意见》，与中原股权交易中心签订战略合作协议，并举办由有关市县移民干部、移民企业负责人参加的全省移民企业挂牌上市业务培训班，启动移民企业挂牌上市工作。截至2016年底，全省有2家企业在"四板"挂牌，另有20家企业按照"新三板"和"四板"挂牌要求，正在培育挂牌上市。

发展移民乡村旅游　利用一部分移民村自然资源和历史人文资源丰富的优势，省政府移民办与省旅游局、省扶贫办、省国土资源厅、中国人民银行郑州中心支行联合出台《关于在全省移民村大力扶持乡村旅游产业发展的指导意见》，对试点村补助规划设计费5万元，整合各方资源，对有条件的移民村进行集中打造和产品推介，吸引社会各界人士进入移民村旅游、消费，增加移民收入。郑州、南阳市丹江口库区10个移民村旅游村项目已经批复，下达扶持资金2340万元，涉及生态、餐饮、垂钓、采摘观光、移民创业园等。

开展金融扶贫"移民贷"　省政府移民办与邮储银行河南省分行联合出台《关于联合开展金融扶贫"移民贷"工作的指导意见》，利用村集体收入、移民后期扶持未来直补资金期权、移民后期扶持结余资金设立担保基金，试点放大5~10倍贷款，解决移民创业就业资金瓶颈问题。组织各级移民机构进行业务培训，平顶山市鲁山县率先启动，有效缓解移民创业难问题。

截至2016年底，丹江口库区累计投入生产发展资金24亿元，已建成和在建生产发展项目近800个（不含商业服务业），移民经济发展势头强劲；移民村集体经济不断壮大，208个移民村基本实现村村有集体收入，有的移民村集体收入超过200万元，20%的移民村超过30万元，70%的移民村5万~30万元，只有10%的移民村在5万元以下。

【移民村社会治理创新】

2016年8月，省政府移民办邀请中国社会科学院农村发展研究所两次来河南调研，对8个移民村和8个当地对照村进行入户调查和座谈，并于年底完成《河南省南水北调丹江口库区移民村社会治理创新研究》报告初稿，对河南省移民村社会创新治理模式进行总结、理论提升和推广。在11月11~20日农村移民安置省级初验技术验收中，验收组对抽查的移民村社会治理创新工作进行检查，通过与移民访谈和查阅资料，发现"三会"（民主议事会、民主监事会、民事协调会）组织运行良好，村民对实施效果普遍比较满意。

【九重镇移民产业发展试点】

淅川县成立九重镇南水北调移民村产业发展试点推进工作领导小组，并编制《淅川县九重镇南水北调移民村产业发展试点工作2016年实施方案》，共涉及桦栎扒村"河南合一园林工程有限公司渠首红豆杉科技生态示范园"和蔬菜大棚基地项目、九重农场赵四仙果苑和淅川中线渠首农业发展有限公司张冲村温室大棚项目、邹庄村"淅川县九重镇丹江源绿色果蔬生产观光园项目、渠首快速通道到邹庄移民新村道路项目等6个项目，规划投资4206.2万元。省政府移民办会同省财政厅、水利厅下达2016年度中央和省配套资金4075万元，保障项目实施需要，并编组织制2017~2019年度省财政配套资金滚动预算。在项目实施过程中，省政府移民办会同省发展改革委等有关部门多次到淅川县督促检查指导、协调解决有关问题。

【移民后续帮扶规划】

搬迁后，为解决移民严重缺乏产业发展资金等问题，确保移民"稳得住，可致富"，河南省和湖北省共同委托设计单位，参照三峡移民后续工作做法，开始编制丹江口库区移民后续帮扶规划。2016年10月，河南省编制完成《南水北调中线工程河南省丹江口水库移民遗留问题处理及后续帮扶规划》，总投资164.14亿元，其中项目直接费148.60亿元，其他费用7.73亿元，基本预备费7.81亿元；

直接费中，移民产业发展与扶持109.53亿元、基础设施建设与完善17.45亿元、村庄功能完善与治理能力建设9.23亿元、劳动力就业创业扶持3.81亿元、库区地质灾害防治1.52亿元、库区消落区保护与综合治理7.06亿元。2016年11月22日，省政府上报国务院。

【库区移民安置验收】

根据国务院南水北调办安排部署，河南省南水北调丹江口库区移民安置验收工作于2015年9月正式启动，省政府移民办实施验收进展情况半月报制度，督促各地加快推进自验工作。2016年9月，河南省6个省辖市、1个省直管市和27个县（市、区）完成自验，具备省级初验条件。河南省移民安置指挥部制定《河南省南水北调丹江口库区移民安置总体验收工作大纲》，印发《河南省南水北调丹江口库区移民安置总体验收初验工作方案》，编制《河南省南水北调丹江口库区移民安置总体验收工作实施细则》，成立河南省南水北调丹江口库区移民安置总体验收初验委员会。2016年11月2日省政府移民安置指挥部办公室启动移民搬迁安置、资金管理、档案管理和文物保护省级初验技术验收。技术验收分设农村移民安置、城（集）镇和单位企业、专业项目、资金管理、档案管理和文物保护6个组开展工作，至12月1日全部完成省级初验技术验收。对验收中发现的个别移民村房屋渗水、部分项目未按要求完成行业验收、部分地方资金管理不规范、档案收集不完整等问题，要求各地2017年3月31日前将问题整改到位。结合验收工作的开展，省政府移民办按照国务院南水北调办的安排和审定的编写提纲，完成14万字的实施总结初稿的编写工作，提交长江设计公司汇总。

【建设用地手续办理】

在淹没区林地占用手续办理过程中，由于《初步设计报告》和《使用林地可行性报告》调查依据不同，导致《使用林地可行性报告》中森林植被恢复费大量超出预算，影响使用林地手续办理。在省政府的协调和省林业厅的支持下，省政府移民办补缴森林植被恢复费缺口近3000万元，完成办理淹没区林地占用手续工作。2016年8月，河南省国土资源厅将河南省南水北调建设用地手续分为丹江口库区淹没及淅川县内安置用地和外迁移民安置及总干渠用地两个卷，组卷上报国土资源部并获得批准。

【资金管理】

截至2016年底，共收到上级拨款146149.2138万元。其中：南水北调干线征迁资金96149.2138万元，丹江口库区移民资金50000万元。共拨（支）移民（征迁）资金17.39亿元。其中：丹江口库区移民资金8.55亿元，南水北调干线征迁资金9.83亿元，南水北调陶岔渠首征迁资金177.35万元。2016年配合国务院南水北调办对河南省南水北调工程2015年度移民征迁资金使用管理情况进行审计和整改复核，按时汇总全省南水北调系统账面资金余额，上报国务院南水北调办。开展南水北调完工财务决算培训、资金管理暨审计整改督促培训会等工作，组织培训指导，进一步提高财会人员业务素质，规范征地移民资金管理工作。

【信访稳定】

2016年，河南省南水北调移民系统落实中央和河南省委、省政府有关指示精神及国务院南水北调办征移〔2016〕9号文件精神，开展"矛盾纠纷排查化解"和"下基层、解民忧、办实事"等活动，树立把移民来访化解在源头，化解在基层，化解在初访的信访工作理念。开展移民后续发展和问题排查工作，以发展促稳定。在移民信访接访工作中，热心接待来访移民，耐心解答政策规定，深入细致解决问题，对重点信访案件实行挂牌督办和领导包案等制度，促进问题处理，维护移民村的社会稳定。截至2016年底，全省南水北调移民到省到京上访共42起92人次，较2015年同期明显下降。其中，到省访23起72人次，到京上（网）访19起，无重大信访事项发生。到省访结案21起，到京访结案16起。

（王秋彬　王跃宇）

文物保护

【概述】

2016年，河南省南水北调文物保护工作完成丹江口库区河南省文物保护总体验收初验工作，完成丹江口库区消落区2016年度文物巡护与被盗墓葬的抢救清理工作，完成丹江口库区77处和焦作市4处明清古民居的搬迁复建工作，出版考古发掘报告6本。2016年河南省挑选一些具有重要学术价值的文物点继续进行考古勘探与发掘。

【丹江口库区河南省文物保护总体验收】

按照国务院南水北调办和河南省南水北调丹江口库区移民指挥部办公室要求，编写《南水北调工程丹江口库区河南省总体验收文物保护自验报告》，并组织专家进行自验，自验内容包括库区消落区的文物巡护、地面文物保护工程配套设施建设、出土文物的展示与利用、研究成果、档案管理与资料移交、出土文物保管、资金使用情况。12月1日，河南省文物局联合河南省南水北调丹江口库区移民指挥部办公室组织考古、档案、财物方面的专家完成总体验收初验工作。

【抢救清理被盗墓葬】

2016年，对巡护中发现的墓葬进行抢救性考古勘探和发掘清理工作。南阳市文物考古研究所对丹江口库区消落区发现被盗扰的墓葬进行调查，共发现100多座墓葬被盗扰。

为避免丹江口库区消落区内的文物遭到进一步破坏，对这批墓葬进行抢救性考古勘探和发掘清理工作，取得重要收获，新发现墓群2处，发掘清理古墓葬117座。

葛家沟墓群，位于丹江口库区淹没区的西岸，共发掘清理战国至西汉时期墓葬80座，其中南岭中部2座，南岭东部丹江岸边12座，南岭南部丹江岸边66座（包括土坑墓58座，砖室墓8座）。出土陶、铜、铁、石器等300余件，主要有铜锭、铜方壶、铜铃、铁剑、陶罐、陶壶、陶钵、陶鼎、陶盘、陶甑等。

李沟墓群，位于丹江口库区淹没区的西岸，共发现40余座汉墓，已发掘清理37座，包括土坑墓33座，砖室墓4座。出土陶、铁、铜、银器等200余件，主要有铜洗、陶鼎、陶壶、陶甑、陶釜、银手镯、银耳饰、铜钱等。

【明清古民居搬迁复建】

2016年，淅川县文物部门在丹江口库区巡护过程中，发现77间明清古民居需要搬迁复建。为此，河南省安排专门经费建设排洪渠、管网、院墙、道路、绿化配套设施，并对77间古民居进行搬迁复建。2016年，淅川县地面文物配套设施建设基本完成。主要成果有新扩建白亭商业街14间；扩建贾氏民居

披檐17间，扩建门楼2个；修建王家大院围墙41m，门楼1座，凉亭1座；修建张湾民居围墙44m，门楼1座，假山1座；修建土地庙围墙56m；修建主干道620m²，平整土地4200m²，绿化面积2000m²。

组织专家对南水北调中线工程焦作段渠道内7处明清时期古民居的搬迁复建项目进行中期检查验收。2016年，4处古民居搬迁至省级文物保护单位北朱村传统村落内，另外3处拟另选址复建。

【新增文物保护项目】

2005年开始河南省南水北调中线工程的田野考古发掘，由于受到南水北调工程施工范围和施工进度的影响，一些文化遗存丰富、具有重要学术价值的文物保护项目的考古发掘工作未能深入细致进行。为全面解这些项目的学术价值，2016年，河南省再次对关帝庙遗址、叶县文集遗址、安阳吉庄遗址、淅川沟湾遗址、鹤壁鹿台遗址等9处文物点开展田野发掘工作。

【出版考古发掘报告】

2016年出版《淅川阎杆岭墓地》《淅川赵杰娃墓地》《淅川全寨子墓地》《淅川下寨遗址——东晋至明清墓葬》《鲁山杨南遗址》《汤阴五里岗战国墓地》等6本考古发掘报告。

（王双双）

行政监督

【概述】

2016年是河南省南水北调工作由建设管理转入运行管理的第二年，行政监督工作围绕转型特点，开展运行管理及配套工程建设、水行政执法、举报受理与调查等行政监督工作。

【工程建设行政监督】

配套工程管理处所及水厂建设督导配套工程管理处所共60个，从2016年5月开

始每月一督导一通报，2016年督导通报7次。截至2016年底，建成16个，在建4个，未开工40个。40个未开工建设的管理处所中，已确定选址的37个（已完成征地的29个，具备进场条件的13个），正在进行施工图设计的8个，已完成设计审查的18个，尚未开始施工图设计的16个。2016年11月11～18日，协调省水利厅和省住房和城乡建设厅开展配套水厂建设情况联合督查，分析建设进展缓慢原

因，提出加快建设进度的推进措施，推动配套水厂的建设进度。截至2016年12底，河南省83座南水北调配套水厂中，已建成51座（含不在规划内的安阳八水厂），已通水44座，在建水厂9座，正在做前期工作的14座，未做前期工作的10座；其中2016年新增建成水厂3座，新增通水水厂4座。

配套工程运行管理督办　完成省南水北调办12次运行管理例会工作安排和议定事项落实情况的督办工作。根据会议纪要，建立工作安排和议定事项督办台账，分解具体任务，明确责任单位，利用"河南南水北调运行管理"QQ群及时发布督办台账，切实传导压力。2016年督办议定事项和工作安排133项，落实或正在落实127项，继续督办6项。

度汛应急工程设施建设督办　西孟庄洼地处理工程作为干线度汛应急工程，自2015年9月开始督办，施工进度向省南水北调办领导一日一报。2016年6月底，西孟庄洼地处理工程除剩余少量尾工外基本完工，郝庄西北公路桥下游全线贯通，具备防洪排涝功能，并在7月9日新乡特大洪涝灾害中发挥重要作用。

配套工程稽察　组织稽察专家对濮阳市清丰县和焦作市博爱县南水北调供水配套工程建设情况稽查。采取听取汇报、察看现场、查阅资料、询问座谈等方式，形成稽察报告，并与被稽察单位交换意见。稽察组就稽察过程中发现的建设管理、建设监理、工程质量及质量管理等方面问题提出整改意见及建议。濮阳市和焦作市南水北调配套工程建管局对稽察中发现的问题和提出的整改意见进行研究，立即组织各参建单位开展整改工作。

工程招投标行政监督　遵循公开、公平、公正原则，对省南水北调建管局为项目建设法人的9项招投标工作，从评标专家抽取、开标评标、合同谈判，进行全方位、全过程跟踪监督，保证招投标工作程序合法、

操作规范。

【举报受理与办理】

2016年共办理举报118件。按举报渠道分：国务院南水北调办转办21件，中央第十一巡视组"回头看"3件，省委第八巡视组转办22件，要求重点关注25件，省政府转办37件，省南水北调办直接受理10件。按举报类别分：工程质量类举报37件，占31.4%；经济合同和农民工工资类举报57件，占48.3%；征地拆迁和建设环境举报等类24件，占20.3%。截至2016年底，除5件举报事项正在办理外，其余113件全部办结。

【行政执法与法律研究】

启动行政执法　省水利厅与省南水北调办签署行政执法委托书，明确将河南省南水北调配套工程水行政执法职权委托省南水北调办实施。按照专职为主、兼职为辅的原则，建立南水北调水政监察支队，确定组成人员。开展执法培训。2016年12月12～15日在安阳举办全省南水北调执法工作培训班，80多人接受系统培训，现场观摩学习安阳市水政执法经验。调查处理影响供水安全的数起案件，依法维护工程安全运行。

考察调研执法工作　省南水北调办考察组到江苏、山东、天津、北京、河北等5省市南水北调办事机构和运行管理单位考察南水北调执法队伍建设和行政执法开展情况，完成《南水北调东中线工程考察报告》，提出8类18条建议。调研安阳市南水北调水政执法工作，完成《关于安阳市南水北调水政执法工作的调研报告》，省南水北调办领导作出批示，要求总结推广安阳做法。

开展南水北调政策法律研究　与河南省法学会沟通协调，筹备成立河南省法学会南水北调政策法律研究会，确定研究会组成人员，10月27日召开成立大会，制定研究计划，开展研究工作。

（郭　强　王留伟）

机 关 管 理

【综合政务】

河南省南水北调办公室建立和完善公文运转规范，2016年公文运转效率提高。全年综合处签报42件，省南水北调办领导批示20件。保密工作按照国家保密制度要求，进一步完善省南水北调办保密制度，加强保密培训，严格保密管理，全年未出现失密泄密情况。文秘工作按时完成各种汇报材料、会议材料、工作总结等撰写工作及有关材料的文字审核工作。督查催办工作全年督促落实省委、省政府、国务院南水北调办等交办的事项，按时间节点进行回复，按期回复率100%；对省领导批转省南水北调办处理的涉及工程建设、水质保护、弃渣场复耕返还等15件具体民生事项进行督查；对主任办公扩大会议明确事项进行分解，建立台账定期督办，对省委第八巡视组反馈意见整改落实情况进行专项督查3次，建立台账，明确责任，限期整改。督促办理人大议案和政协提案4件，信访接待31批206人次，并进行登记分流和反馈工作。

（薛雅琳）

【机关后勤管理】

严格车辆管理制度，2016年是车改实行的第二年，机关车辆减少工作任务不减。严格派车制度，能乘火车或公共汽车的出差人员不再派车，能几人拼车顺道的不派单车，短距离的公务活动不派车，基本保证全办工作需求。2016年重新修订《河南省南水北调中线工程建设管理局车辆及驾驶员管理办法》，从车辆管理、出车值班、维修保养等方面进一步加强管理，组织驾驶员学习交通法规，重点做到防疲劳、防爆胎、防违章、防酒驾、防自燃，做到热情服务、文明行车、安全驾驶、爱车守纪，实现全年安全行驶38万km无事故。会务及接待贯彻落实中央八项规定和省委、省政府二十条实施意见。工程收尾阶段，各种验收、审查会议频繁，外省市考察学习观摩多。按照热情周到，喜迎宾朋，又严格执行中央规定，完成各类公务接待任务。加强固定资产清理，对2015年12月31日前所有固定资产进行清理，对已超过使用年限不能正常使用的固定资产提出报废申请，摸清家底，盘活资产。进一步加强节能减排工作。从水电到办公用品，2016年严格按照省节能减排办要求执行，加强节能减排宣传和监管措施，健全制度，落实节水、节电、节油以及减少办公经费支出，实现2016年省南水北调办节能减排目标。重新印发《河南省南水北调办公室值班室管理制度》，严格按照省委、省政府值班室要求，节假日政令畅通，上传下达。进一步加强汛期值班制度，确保下情上报，保障机关和施工现场正常运转和衔接。

（王　振）

【机关财务管理】

机关财务工作执行《中华人民共和国会计法》《行政事业单位会计制度》等财经法规，落实财务管理制度，严格财务预算、发挥资金效益、确保资金安全。加强财政预算、规划管理。遵循"量入为出、收支平衡、统筹兼顾、突出重点"的原则，细化完成2017年预算，形成2017~2019年省南水北调办财政规划。落实中央八项规定，严格"三公经费"支出。按时上报落实八项规定经费支出统计月报，实现"三公经费"压减10%的控制目标。执行公务卡制度，减少现金支出。接受社会监督。完成省南水北调办2015年度部门决算公开及2016年度部门预算公开工作，并作出具体说明，保证公开公示内容的真实性、准确性，随时接受社会监督。日常财务管理工作按照国家有关现金管理和银行结算制度的规定，办理现金收付和银行结算业务；根据会计制度的规定，审核每一笔业务的原始凭证，编制记账款凭证；及时掌握单位银行存款余额，编制银行存款余额调节表。

（薛雅琳）

【档案管理】

2016 年，修订完善档案管理制度，规范档案管理、推进档案验收工作开展。加强组织建设，完善制度体系。省南水北调办多次召开专题会议研究档案工作。下半年，综合处设置综合档案室，实行档案集中统一管理，明确档案室的职责和任务，建立档案人员的岗位责任制，补充档案管理人员，完善管理体系。加大硬件投入，安装 270m² 的档案密集架并购置有关档案设备，总面积 450m² 装有档案密集架的档案库房可满足 20 万卷档案的保管需求。档案室下发《关于加强 2016 年汛期工程档案安全保管工作的紧急通知》，转发《关于国家档案局进一步加强档案安全工作意见的通知及加强汛期档案安全保管的紧急通知》，把档案安全保管工作纳入安全管理体系，定期对参建单位开展安全检查，消除隐患。加强档案培训与业务指导，档案室对南水北调配套工程 11 个省辖市和 2 个直管县市逐个进行工程档案培训，先后培训档案人员 300 多人次，建立 1 个微信群、3 个 QQ 群，进行工程档案网络答疑。档案整编规范化、检查经常化。对已经收集的材料，严格鉴定，确保内容真实、文字清楚、对象明确、手续完备的材料归入档案。2016 年 10 月，编制《河南省南水北调配套工程档案整编示例》，指导各参建单位档案编目及整编组卷，参建单位在收集、整理工程档案中达到规范化、标准化。全年 25 次对各参建单位档案整理情况进行检查，整理完成机关档案 2460 件，其中省南水北调办 1070 件，省南水北调建管局 1390 件；省南水北调办共归档文件 15568 件，省南水北调建管局归档文件 5988 件。为机关各处室、巡视组、审计、各项目建管处提供档案资料借阅 168 人/次，借阅档案资料 750 件。

（宁俊杰）

宣 传 信 息

省南水北调办

【概述】

2016 年，省南水北调办围绕工程运行管理，加强宣传策划，坚持日常宣传与重点宣传相结合，组织媒体采访活动，加大宣传报道力度，弘扬主旋律，汇聚正能量。

【组织媒体集中采访】

2016 年组织新华社河南分社、河南日报、河南电视台、河南电台、河南日报农村版、中国南水北调报等主流媒体多次到工程沿线以及水源区采访报道，对干渠两侧生态带建设情况、南水北调中线工程通水两周年等主题集中采访。宣传报道省委省政府、省辖市和直管县市市委市政府对南水北调工程生态带建设的支持和措施，以及南水北调工程发挥的生态效益和社会效益。在河南新闻联播、主流报纸突出位置播出和刊发多条、多篇河南南水北调工程一线和建设者的新闻报道。12 月 4 日，中央电视台《朝闻天下》栏目播出"通水两周年"系列报道河南篇。全年各类媒体刊播南水北调工程河南段的报道 100 余篇。

【配套工程保护管理办法宣传】

开展《河南省南水北调配套工程供用水和设施保护管理办法》的宣传贯彻。制定宣传方案，召开宣传贯彻专题会议，组织河南主流媒体召开新闻通气会，对"办法"进行全面解读，省内多家媒体对"办法"的颁布实施进行报道。《河南日报》刊登176号省长令和全文，并连续3天刊发3篇解读文章。省辖市、直管县市南水北调办在当地电视台、报纸刊登"办法"全文和相关解读文章。印发10000份宣传布告，拟定宣传标语，发放"办法"宣传录音，督促各级南水北调办事机构将布告、宣传标语等张贴到配套工程涉及的每一个村庄，并在配套工程沿线村镇进行巡回播放"办法"录音。

【南水北调文化建设】

完成画册《南水北调惠泽中原》的编辑印制；出版发行报告文学《南水北调过垭口》。联合省社科院，筹备召开"南水北调精神研讨会"，参与省社科院组织的"南水北调精神教育教材"的编写。

【年鉴出版发行和对外供稿】

2016年，年鉴编辑部开展水利志南水北调篇的组稿和编撰、省政协南水北调文史资料的组稿、河南省南水北调年鉴公开出版发行、对外年鉴供稿、制定《河南南水北调大事记》实施方案等工作。2016年开始公开出版发行《河南省南水北调年鉴》。完成向《中国南水北调工程建设年鉴》《河南年鉴》《中国水利年鉴》《河南水利年鉴》《长江年鉴》的供稿工作。

【网络管理和网络宣传】

加强河南南水北调网站的维护和管理工作，及时更新板块和信息，2016年上传各类信息487条，点击量累计达到34万人次。开设新浪官方微博，"南水北调润中原"微信公众号，入驻金水河客户端，提升宣传报道的时效性，扩大受众面，其中金水河客户端发文9篇，微信公众号推送信息35篇，新媒体宣传成为南水北调宣传工作中的新亮点。

（蒋勇杰　薛雅琳）

省辖市省直管县市南水北调办

【南阳市南水北调办宣传信息工作】

2016年，南水北调工程由建设攻坚转入运行管理，南阳市南水北调办以"保水质、护运行、强管理、促发展"为主题，开展宣传工作，取得明显成效。在全线首创的保水质护运行长效机制，通过不断探索实践、系统总结宣传，全国20多家新闻媒体刊发南阳的做法，得到上级不同层面的一致肯定，成为南阳的独特经验和闪光亮点。

宣传工作"三个强化"　强化组织领导。南阳市南水北调办将宣传工作纳入党管意识形态领域的高度管理，与业务工作同谋划、同部署，每年分阶段召开专题会议研究部署宣传工作，成立南水北调宣传工作领导小组，明确一名分管领导、选择两名业务专干，组建一个新闻发言人队伍，负责南水北调宣传工作的开展。年初召开南水北调宣传工作会议，制定下发《全市南水北调宣传工作方案》，做到"任务、标准、责任、督导"四落实。各县市区也成立相应的工作机构。强化学习培训。为确保面对复杂舆情时敢于向媒体发声、善于发声，南阳市南水北调办重点围绕新闻发言人制度、新闻媒体关注重点、突发舆情应急处理等，聘请专家讲座、组织参加上级部门业务培训、外出考察培训。将上级领导视察调研、新闻媒体采访采风等活动作为学习交流汇报的机会以干代训。强化协作联动。协调组织南阳日报、南阳电视台等市内主流新闻媒体，指定专人参与南水北调宣传工作。根据工作需要，在及时更新专业宣传人员设备器材的同时，为各业务科室配备同规格的宣传设备，提高业务科室人员对宣传工作实施能力，重要工作随时有图像，件件有记录，精选再发布。

宣传工作有的放矢　以服务南水北调大局为切入点，坚持宣传工作与保水质护运行相结合、与保障民生相结合、与促进南阳经济发展相结合，采取多种措施加大宣传力度，增强宣传实效，营造良好氛围。

借力借势宣传　借助地方党委组织宣传部门的力量，突出"南水北调、源起南阳"这一主题，在中央电视台黄金时段插播宣传标语，在北京、郑州等大型城市的机场、地铁、车站等人口密集区域刊登公益广告，在南阳市高速、机场出口及南阳宾馆大型LED显示屏全天滚动播出宣传视频。全程参与"南水北调南阳展览馆"的前期策划和布展等工作，参与省委组织部批准的南水北调精神教育基地相关筹建工作，组织南阳市初中课外读本《南水北调知识教学读本》初稿编写工作，完成南阳市南水北调大事记上卷初稿编纂工作，按时完成每年度的省、市级年鉴和史料等征集编写工作。

市内联动宣传　坚持广泛宣传、集中宣传和持续宣传三管齐下。通水后实施"三个一"工程，印发保水质护运行"一封信"、"一张卡"、"一本书"82万份，组建市级保水质护运行宣讲团，开展巡回宣讲活动，依托国家、省、市新闻媒体，借助时政新闻、新闻发布会等形式刊载播报60余次。筹建保水质护运行手机短信平台，发布有关信息356条，实现水源区及工程沿线宣传教育全覆盖。举办全市南水北调保水质护运行"五员"（市级督查员、县区级巡查员、乡镇级检查员、村级管理员、组级信息员）培训班，市南水北调办领导成员担任主讲，历时两个月，巡回12个县区，完成2016年3000人的培训任务。

节点时机宣传　南阳市南水北调办在迎通水两周年的时间节点，以贯彻落实《河南省南水北调配套工程供用水和设施保护管理办法》（简称《办法》）为主线，集中开展"宣传月"活动。与南阳日报、晚报签署协议，设立专版刊登《办法》全文，与南阳电视台、南阳电台等主流媒体策划在黄金时段滚动播报《办法》核心内容、邀请专家直播解读。组织沿线县区通过流动宣传车播报、制作悬挂标语和过街联，在当地工程设施附近或交叉路口张贴《办法》全文或摘要公告，在沿线乡镇、村组、企事业单位发放《办法》单行本、漫画手册，宣传多层面全覆盖。

对外联动宣传　配合国家和省级主流媒体到南阳境内实地采访，宣传南阳在南水北调工程运行、库区生态环境保护等方面开展的工作，追踪报道南阳市保水质护运行工作的最新进展，提高对外知名度。利用国家发展改革委、国务院南水北调办等有关领导视察南水北调工程的时机，汇报对接南阳在保水质护运行方面开展的工作。

（朱　震）

【平顶山市南水北调办宣传信息工作】
2016年，随着南水北调工程通水2周年的到来和南水北调配套工程扩大发挥效益，按照全省南水北调宣传工作会议安排，平顶山市南水北调办开展宣传工作。加强与媒体记者沟通与联系，及时通报报道阶段性工作计划、重大事件、新闻线索等，为媒体记者采访报道提供便利条件。2016年在省内外主流媒体发表稿件120余篇。其中被中国南水北调网转载2篇。在河南省南水北调网、平顶山新闻网发表信息45篇。通过日常宣传报道使南水北调保持一定的热度，形成人人关心南水北调的良好氛围。开展主体宣传活动和《河南省南水北调配套工程供用水和设施保护管理办法》宣传贯彻。市南水北调办组织召开南水北调系统宣传贯彻会议，邀请省南水北调办建管处处长单松波进行讲解，并通知新闻媒体进行报道。12月1日，在《平顶山市日报》开设专版进行宣传；同时组织各县（区）移民局（南水北调办）到沿线乡村发放宣传小册子900份、张贴公告240份，出动宣传车进行巡回宣传，现场解答群众关切问题。

（张伟伟）

【漯河市南水北调办宣传信息工作】

2016年漯河市南水北调办根据配套工程建设和征迁的实际情况，发挥主动性、把握规律性、富于创造性地开展南水北调宣传工作。

在107国道配套工程管线附近制作大型宣传广告牌，向配套工程沿线县区和乡镇村发放《河南省南水北调配套工程供用水和设施保护管理办法》单行本410本，在工程沿线乡镇村悬挂宣传标语80幅，张贴宣传布告100余份，出动宣传车辆50台次，在配套工程沿线村镇进行巡回宣传。2016年共编发简报24期，向省南水北调网站发布信息8条，配合省、市新闻媒体采访南水北调通水两周年，在漯河日报利用整版刊发《河南省南水北调配套工程供用水和设施保护管理办法》全文和解读文章，为南水北调配套工程建设、征迁和运行管理营造良好的社会环境。

（周　璇）

【许昌市南水北调办宣传信息工作】

2016年许昌市南水北调办全员写信息，保证信息、宣传、调研工作经常化、制度化。2016年，共收集上报信息130多条，举办新闻发布会2次，在新闻媒体上发表专题报道6次，政策解读稿件发布1次。其中在《中国南水北调报》发表专题研讨文章2篇，《河南日报》刊登专版1篇，《许昌日报》刊登报道10篇，网站发布信息102条，许昌市政务信息采用15篇。

建立信息宣传工作机制　2016年初，按照《许昌市南水北调办公室市信息宣传目标考核管理办法》和省南水北调办、许昌市委市政府有关信息宣传工作要求，召开宣传工作会议，并给有关县市南水北调办和各科室提出信息宣传目标和任务。明确分管领导，指定专人具体负责信息宣传工作，对上报的信息、宣传、调研文章审核，经主管领导同意及时上报，保证信息的时效性和准确性。

开展通水两周年宣传　2016年，许昌市南水北调办开展通水两周年专题宣传报道工作。与新闻媒体结合，制定南水北调中线工程通水两周年宣传方案，对宣传内容、宣传方法进行细化，制作宣传标语、过街联等宣传条幅，在河南日报刊登《引来丹江水开启兴水梦》专版，在《许昌日报》、许昌电视台、许昌广播电台连续发表文章和专题报道。配合省内媒体记者采访报道，邀请省内新闻媒体到许昌市进行采访报道，现场采访南水北调干渠沿线生态带建设和河湖水系建设，观看许昌市水生态文明城市建设宣传片。

展示南水北调工程新成效　按照"先节水后调水，先治污后通水，先环保后用水"的"三先三后"原则，许昌市利用南水北调置换出的水源，开展水生态文明城市建设试点。中心城区河湖水系连通工程的实施，形成"五湖四海畔三川，两环一水润莲城"的水系格局，"河畅、湖清、水净、岸绿、景美"的新许昌呈现在世人面前，拥有500年历史的护城河重焕生机，"泛舟河上、环游古城"成为美好现实。许昌市实行最严格水资源管理制度和考核办法，分3批对城市规划区供水管网覆盖范围内的自备井实施关停，共关闭自备井570眼。在压采与渗补的双重作用下，2016年市区浅层地下水平均水位较关井前回升2.6m，全年压减地下水开采量1359万 m^3。市区自来水供水量日增加2万t，达到每日11万t，增长比率18.18%。截至2016年，累计向许昌市供水2.63亿 m^3，供水面积174.5 km^2，受益人口165万人。同时，为改善生态环境，先后向颍河应急补水3159万 m^3。全市完成南水北调干渠绿化16655亩，南水北调干渠的绿色屏障基本形成，也营造一个"水净、岸绿、景美"的景观体系。随着南水北调"生态廊道"建设的日趋完善，也将带动城市生态效益、社会效益和经济效益同步显现。通水后许昌市取得的显著成效经各级新闻媒体报道后，产生巨大影响，为建设实力许昌、活力许昌、魅力许昌做出巨大贡献。

《河南省南水北调配套工程供用水和设施保护管理办法》宣传贯彻　制定贯彻实施方案，在《许昌日报》全文刊登"管理办法"，举办专题讲座、培训班，出动宣传车，制作标语、过街联等宣传条幅，发放"管理办法"单行本、漫画手册等宣传资料，营造良好舆论氛围。2016年发放宣传手册1500本，张贴宣传页6000幅，出动宣传车26台次。加强巡查力度，发现问题及时处理，确保规定的相关制度落实。形成工作合力，加强与水利、环保、土地、林业、财政、公安等相关部门合作。

运用新载体扩大信息宣传效果　按照便利、实用、有效的原则，创新宣传工作的新载体、新形式，依托网站、微博、微信推进信息宣传工作。许昌市南水北调系统全体干部职工，都在微信平台关注省南水北调办微信公众号"南水北调润中原"。建立健全长效管理机制，形成用制度规范行为、按制度办事、靠制度管人的机制，将宣传工作与党风廉政建设、行风建设综合进行检查、考评。

加强学习培训提高宣传通讯员能力　参加由中国南水北调报、市政府组织的信息工作培训会。举办专题信息培训班，邀请许昌市政府办信息科长到市南水北调办进行集中授课，讲授信息写作知识，提高通讯宣传员的写作水平。同时加强许昌市南水北调系统的经验交流，定期召开信息宣传例会。

（程晓亚）

【郑州市南水北调办宣传信息工作】

2016年，郑州市南水北调办围绕"把水用好、把水质保护好、把工程管理好、把形象树立好"的总体要求和宣传贯彻《河南省南水北调配套工程供用水和设施保护管理办法》的任务，加大宣传力度，利用广播、电视、电台对供水效益、水质保护、生态带建设、安全防护及供水设施保护工作进行宣传。郑州市南水北调办成立以书记为组长、分管领导为副组长的宣传工作领导小组，把宣传纳入日常工作的重要议事日程，与工程运行、安全保护等同部署，同落实，同检查。

2016年是南水北调中线工程运行两周年，郑州市南水北调办连续3期分别在郑州日报、郑州广播电台开辟专栏，对通水后工程带来的巨大效益进行报道。继续完善充实郑州市南水北调网，2016年在郑州市南水北调网站发表图文48余篇，涉及工作动态、配套工程运行管理、两岸保护措施、移民群众发展情况等，并及时向社会公众发布国家法律行业法规等情况。

组织省直机关和人大代表参观配套工程运行和生态廊道建设，邀请省直机关工作人员和人大代表团共20余批次，参观郑州市配套工程和干渠两岸生态廊道建设情况。

加大对《河南省南水北调配套工程供水和设施保护管理办法》宣传力度，对郑州市配套工程涉及的13个县（区）、36个乡镇（办事处）133个村（社区）统一发放宣传布告并在村（社区）张贴，在广播站进行广播宣传，出动流动广播车宣传。

加强与宣传部门、新闻媒体的沟通协调，纳入地方宣传大格局，发挥报纸、电视、广播、网络等媒体的作用，形成全方位、多层次的宣传网络。组织新闻媒体记者到现场采访报道，采取记者通气会、专访、提供新闻素材等形式，围绕工作重点开展宣传。创新宣传载体和宣传方式，通过制作电视宣传片、公益广告片、纪录片及创作文艺作品等形式扩大宣传效果。

把宣传南水北调工程建设和移民安置成就、展示南水北调建设者风貌、展现移民村发展致富典型、树立南水北调形象等作为宣传重点。加强对重要节点、重大活动的宣传报道。开展宣传策划，开辟传播渠道，开展集中宣传报道活动。建立完善对突发事件的快速反应机制和应急宣传机制，形成响应迅速、渠道畅通、发布主动、声音权威、引导正确的信息发布机制，掌握舆论引导的主动权。

加大宣传工作的保障力度，在经费投入、人员配备等方面创造条件。明确专人负责宣传工作，并确定至少2名宣传信息员，健全并巩固宣传网络，及时发现新闻线索，畅通信息渠道。落实宣传稿件奖励制度，为宣传信息员提供继续学习的机会，鼓励支持宣传信息员参加有关培训和学习，进一步提高宣传信息员综合素质和业务水平。

郑州市南水北调办（市移民局）围绕移民村"强村富民"和配套工程"两个转变"，即从服务工程建设的宣传转变为服务通水运行的宣传，从局部成果的宣传转变为整体成果的宣传，组织策划，整合媒体资源，力促宣传工作上水平、上层次、出效益。

2016年出版《南水北调诗词选集》。在郑州市南水北调配套工程5个泵站院内修建4个固定宣传展板，同时悬挂6条宣传横幅。印制《河南省南水北调配套工程供用水和设施保护管理办法》（小黄本）2万册发放沿线村庄。印刷《河南省南水北调配套工程供用水和设施保护管理办法》宣传页5000份发放沿线县（市、区）南水北调办择地张贴。制作环保手提袋2万个在绿城广场发放。制作安全警示标志固定提示牌500个，在配套工程沿线村庄、工程与道路交叉口等地段设置。租用广告车5台，配套工程沿线巡回播放一周。在《郑州日报》开辟固定栏目"同饮丹江水"5～10月每月刊登两篇纪实报道，分别对南水北调工程的缘起、实施、变故、开工及郑州市的拆迁、移民安置、配套工程以及对郑州市的意义进行报道，每篇篇幅600字左右。联系郑州市教委向郑州市中小学生家长发送南水北调总干渠防溺水安保教育宣传短信。制作干渠防溺水安保教育宣传笔记本和作业本2万册发放沿线县（市、区）中小学生。组织人大代表、政协委员、丹江口库区移民代表开展"走进南水北调"活动。7月，组织市人大代表、政协委员、丹江口库区移民代表参观南

水北调穿黄工程和配套工程23号泵站。12月，组织郑州日报、郑州电视台、郑州人民广播电台进行集中采访，当天在郑州电视台和电台进行新闻报道；提前几天在《郑州日报》开设南水北调重点工作情况专栏，当天通版报道。

（刘素娟　罗志恒）

【焦作市南水北调办宣传信息工作】

2016年，焦作市南水北调办围绕服务南水北调中心工作，全面完成各项宣传信息工作。共向市委、市政府提供信息20余篇，采纳15篇。重点开展《河南省南水北调配套工程供用水和设施保护管理办法》的宣传贯彻工作，在《焦作日报》全文刊载，并做深入解读。通过县区调水部门，将《办法》文本呈送给县（区）委、政府的主要领导和主管领导，及时向县委县政府汇报。在沿线村庄张贴公告、标语，在辖区内跨渠桥梁、倒虹吸等重要地段悬挂横幅。出动宣传车，在配套工程沿线村镇进行巡回播放《办法》文本录音。

（樊国亮）

【焦作市南水北调城区办宣传信息工作】

2016年，焦作市南水北调城区办围绕水质保护、安全警示教育和绿化带征迁安置开展宣传工作，营造良好舆论氛围。

加强与上级部门的联系，了解信息上报重点，及时调整信息工作方向，加强与相关单位沟通，加强与总干渠运行管理处信息员的联系。建立健全跟踪反馈通报机制，对重要的民意信息，跟踪了解领导批示办理情况和实效，定期通报信息采用情况。

围绕水质保护、安全教育、城区段绿化带征迁安置建设等重点工作、重点事项，利用报纸、传单、短信、微信等载体加大宣传力度。法定节假日期间，在《焦作日报》《焦作晚报》连续刊发"南水北调安全提醒"，在焦作电视台以拉滚字幕形式告知市民注意安全；与教育部门结合，向中小学生发放宣传

単 65000 份，并向学生家长发送校信通进行防溺水安全宣传。在"通水两周年"宣传活动中，协调总干渠运行管理处完善安全警示标牌，组织巡回宣传车，在跨渠桥梁悬挂宣传条幅。围绕南水北调焦作城区段绿化带征迁安置工作，印发《南水北调中线工程焦作城区段绿化带征迁安置工作手册》《服务征迁群众优惠政策汇编》3000 余份。

（张沛沛）

【新乡市南水北调办宣传信息工作】

2016 年，新乡市南水北调办宣传工作坚持正确的舆论导向，加大工作力度，创新宣传形式，宣传工作取得一定成绩。

加大在中央和省媒体的宣传力度 配合国务院南水北调办、省南水北调办组织的中央电视台、省电视台、河南日报、河南广播电台及有关媒体的各种采访活动，开展通水两周年及通水效益的宣传报道；协调组织中央、省驻新媒体，开展专题宣传报道。12 月 13 日，大河报记者以《我家净水器成摆设》为题，报道新乡市民用上南水北调水后的情况，起到良好的宣传效果。

通水两周年及管理办法宣传 发挥新乡主流媒体宣传作用，对通水两周年及《河南省南水北调配套工程供用水和设施保护管理办法》进行集中宣传。12 月 2 日，在《新乡日报》专版全文刊登《河南省南水北调配套工程供用水和设施保护管理办法》（省政府令第 176 号）；通过市县两级广播电台、电视台等新闻媒体媒体对"管理办法"主要条款进行滚动播放，利用《新乡日报》《平原晚报》《辉县三农杂志》《今日获嘉》等报刊对全市南水北调配套工程安全保护进行宣传和报道；主动与新乡电视台《新乡大民生》栏目联系，在通水两周年，12 月 12 日以"南水北调配套设施：供水管道上不能私搭乱建 管理进入法制化阶段"为题进行电视宣传，以"千万别'动'南水北调配套设施，否则后果很严重"为题进行网络宣传，对新乡市南水

北调工程通水情况、经济社会效益、保护办法宣传、配套工程设施保护等进行专题采访；出动宣传车 20 余台次，依托省南水北调办制作的语音片段到沿线村庄进行广播宣传，同时印发宣传手册、宣传单 50000 余份发放到沿线乡村干部群众手中，做到人人知晓；制作宣传条幅、宣传通告等 2200 余条在沿线进行张贴悬挂。

《南水北调·润泽新乡》出版发行 新乡市配套工程于 2015 年 6 月 30 日正式试通水，为真实记录这一具有纪念意义的事件，宣传这项具有时代意义的利民工程、生态工程，新乡市南水北调办与新乡市文联、新乡市老摄影家学会联合推出《南水北调·润泽新乡》图片集，面向社会广泛收集、整理有关南水北调工程建设的图片资料，全面形象地展示新乡市南水北调工程建设、移民征迁、文物保护等取得的成就。经过多次修改和征求意见，2016 年上半年印刷成册并呈送相关部门及领导，反响较好。

应急突发事件宣传 根据省南水北调办及市委要求，市南水北调办明确新闻发言人及相关制度，确定宣传基调、宣传口径和舆论导向，掌握答问技巧，接受媒体采访。按照《河南省南水北调工程突发事件新闻发布应急预案》，实行统一管理、属地负责、分层发布的原则，开展应急宣传管理工作。5 月 23～25 日，市南水北调办组织 32 号供水管线市区段断水应急实战演练，除完成工程维护检修外，比原计划提前 1 天通水。新乡市南水北调办联合新乡电视台对检修及提前通水情况进行宣传报道，起到良好效果。

（吴 燕）

【鹤壁市南水北调办宣传信息工作】

2016 年，鹤壁市南水北调办围绕服务于南水北调工程建设、管理及运行的中心工作，加强宣传队伍建设，贴近基层，改进作风，创新思路，全面完成各项宣传工作任务。

2016 年，在省南水北调网、市水利网、

鹤壁日报、淇河晨报、鹤壁电视台、鹤壁电台上刊登、播报30余篇，在《鹤壁日报》专版刊登2次宣传鹤壁市南水北调工程建设、管理及运行方面新闻事迹。在鹤壁电视台制作播发公告和游走字幕持续1个月宣传南水北调安全保卫工作。

《河南省南水北调配套工程供用水和设施保护管理办法》及时传达到县区、市直部门各领导小组成员单位，并制定宣传工作方案。12月9日开始为期一个月在鹤壁电视台以游走字幕和整屏字幕形式播出《办法》宣传内容及重大意义。12月12日在《鹤壁日报》第一版刊登《办法》宣传内容，以及南水北调中线工程通水两年来发挥的经济效益、社会效益和生态效益，并配发宣传图片，在第三版全文发布《办法》；12月22日，召开《办法》宣传贯彻工作推进会，就《办法》总则、水量调度、用水管理、工程设施保护、法律责任、附则等内容进行解读。在浚县、淇县、淇滨区、开发区、示范区南水北调配套工程设施附近、沿线村庄，出动宣传车进行巡回宣传；在配套工程沿线村庄内张贴全文和悬挂宣传标语条幅；向有关部门单位发放《办法》单行本等材料。

开展通水两周年宣传。12月12日在《鹤壁日报》第一版刊登南水北调中线工程两年来向鹤壁市供水、向淇河生态补水的重大意义，并配发宣传图片。12月13日在《大河报》南水北调通水两周年报道栏目报道鹤壁南水北调中线工程通水两年来的重大意义。12月20日在鹤壁电视台报道南水北调中线工程通水两年来向鹤壁市供水发挥的经济效益、社会效益和生态效益及重大意义。

在鹤壁电视台制作播发公告和游走字幕持续1个月宣传南水北调安全保卫工作，保障鹤壁市南水北调工程沿线人民群众生命安全和工程安全。

组织党员志愿者进社区开展南水北调政策宣讲活动，与鹤壁市南水北调办服务的桂鹤社区结合，宣传南水北调总干渠及配套工程通水运行、安全保卫、节水护水、南水北调政策法规的重要性，与中线工程鹤壁管理处共同开展南水北调政策宣讲活动，发放南水北调通水运行及安全保卫宣传彩页2000份、节水宣传彩页1500份、南水北调政策法规宣传彩页1500份，摆放宣传展板，并对现场过往的群众、学生等讲解南水北调工程建设的重要意义、水源保护和节约用水的重要意义。参加2016年"世界水日"、"中国水周"宣传活动，制作宣传展板，宣传南水北调工程建设管理及意义。

完成《河南省南水北调年鉴2015》鹤壁市栏目内容及图片、《河南省移民工作展》（鹤壁市南水北调征迁工作）图片收集、《淇河志》（鹤壁南水北调工作）篇目内容及图片、《河南省水利志南水北调篇》鹤壁市有关内容及图片；按省南水北调办、省政府移民办、市政协要求，组织南水北调文史资料征编工作，组织参加道德讲堂活动，宣讲南水北调工程建设管理先进事迹、先进人物；编发《鹤壁市南水北调工作简报》6期，向省、市有关部门提供工作信息30多条，配合省级新闻媒体采访报道南水北调工程建设管理与运行新闻事迹2次，配合中央工委"根在基层"青年干部调研实践活动组到鹤壁开展南水北调供水效益宣传交流活动；回复办理督查件10多次；及时对档案资料收集、分类、整理和归档工作，完善南水北调工作档案资料，规范档案使用管理。

（姚林海　王淑芬）

【安阳市南水北调办宣传信息工作】

2016年，安阳市南水北调办围绕安阳市南水北调中心工作，突出重点，注重实效，发挥各类宣传平台的作用，提高宣传工作水平，为南水北调工程平稳运行营造良好的社会氛围，树立南水北调工程良好社会形象，赢得社会各界对南水北调工程的关注和支持。2016年在《安阳日报》《安阳晚报》和国家、省、市三级南水北调网上发表南水北调相关信息80余篇（条），开展"管理办法"宣传。召开各县（市区）南水北调办主任、副主任，市水利、财政、国土、环保部门分管领导及市南水北调办公室全体人员等80余人参加的会议。就"管理办法"逐项进行解读，在沿线各县（市区）张贴布告400份，发放"管理办法"宣传品6000份，在沿线村庄张贴布告、标语，并对沿线村派宣传车辆播放"管理办法"录音。在《安阳晚报》上开设专栏，发表《办法来了，百姓喝水有保障》《划定工程"红线"、对触碰者"亮剑"》《依法管好每道防线、百姓饮水更加安全》，对"管理办法"进行连续系列报道，为安阳市南水北调工程运行管理、供用水管理和依法保护南水北调工程设施安全营造浓厚氛围。"7·19"特大暴雨前后，安阳市南水北调办把总干渠工程和配套工程防汛安全宣传放在突出位置，加大宣传力度，到工程沿线的村庄、学校、企业开展防水保工程安全宣传，发放宣传材料2万余份，在工程沿线营造爱护工程、保护工程、维护工程的良好氛围。完成全国南水北调系统宣传工作会议承办工作。2016年4月8日，国务院南水北调办在安阳市召开全国南水北调宣传工作会议，会议期间，安阳市南水北调办开展筹备工作，完成会议服务的任务，受到上级领导的肯定。利用微信、移动群等网络新媒体，主动应对安阳"7·19"防汛，对安阳南水北调防汛工作进行专题报道。

（任　辉　李志伟）

【邓州市南水北调办宣传信息工作】

2016年，邓州市南水北调中线工程通水运行和配套工程逐步发挥效益，邓州市南水北调办宣传工作围绕南水北调工程安全运行通水供水的重点开展工作。宣传南水北调工程建设的政策和意义，以保安全通水、沿线群众受益为主题，配合省南水北调办开展南水北调工程通水、供水、用水宣传工作。在重点部位设置警示标识、标牌，制定落实安保应急措施。大力宣传《河南省南水北调配套工程供用水和设施保护管理办法》。2016年12月1日，《河南省南水北调配套工程供用水和设施保护管理办法》以省政府67号令的形式公布实施。市委市政府召开沿线乡镇南水北调办和相关单位专题会议安排宣传贯彻，并在电视台、"今日邓州"、微信公众号等媒体进行宣传，市南水北调办派出宣传车30余次，印发宣传资料1000份，在工程沿线进行宣传、张贴；相关乡镇南水北调办和单位也采取各种形式进行宣传。

（许向清）

肆 中线工程运行管理

陶岔渠首枢纽工程

【概述】

陶岔渠首枢纽工程2016年建设主要内容为新增上游引渠围挡工程招标、施工，工程验收，水电站机组试运行验收准备，工程资料整理归档等工作。因工程运行管理单位未确定，淮委建设局暂时负责工程运行管理维护工作，在继续进行工程建设收尾工作的同时，工作重心为工程运行管理，保障供水。

【建设管理】

2016年7月通过招标选择上游引渠围挡工程施工单位，工程于9月6日开工，11月6日完成。工程内容为左、右岸长度各2km，共4km钢栅栏围挡施工。

依照水利部与国务院南水北调办达成由工程建设单位负责办理电站并网手续的意见，编制并向国务院南水北调办报送《南水北调中线一期陶岔渠首枢纽工程水电站机组启动试运行工作方案》，成立机组启动试运行工作小组，向电力部门递交电站机组并网申请。

2016年签订合同2个，补充协议6个。合同履行情况良好，未发生合同纠纷。建设单位组织对各参建单位2016年及以前形成的工程建设资料进行集中整理归档，共整理归档6350卷。

【工程验收】

2016年完成4个分部工程验收，水土保持工程和上游引渠围挡工程2个单位工程及合同项目完成验收。水土保持单位工程质量评定为优良，上游引渠围挡单位工程质量评定为合格。

陶岔渠首枢纽工程共分为10个单位工程，其中主体工程6个、附属工程4个（包含新增工程1个）。至2016年底，累计完成8个单位工程验收。因运行管理单位未确定，电站机组试运行验收未完成，影响到电站厂房和升压变电站2个单位工程验收，主体工程施工合同项目完成验收也未能进行。

【工程投资】

2016年下达新增上游引渠围挡建设投资314万元，截至2016年底累计批复工程总投资91659万元，已全部下达。

【运行管理】

运行管理模式 工程暂由淮委建设局负责管理。淮委建设局继续委托主体工程施工单位承担工程运行管理维护任务，工程运行管理维护具体工作仍由主体工程施工单位中国水利水电第十一局有限公司现场设立的南水北调中线工程陶岔渠首枢纽工程项目经理部负责。淮委陶岔建管局作为工程现场建设管理机构，负责对项目部运行管理维护工作的监督、检查与考核管理。

运行调度方式 工程运行调度仍按照相关单位协商共识意见执行。中线建管局将引用水流量申请报送给长江委，长江委向淮委陶岔建管局下达调度指令，淮委陶岔建管局将调度指令书面转达项目部执行。若遇紧急突发情况，淮委陶岔建管局可根据中线建管局指令书面要求项目部先行执行，并向长江委报告情况。

运行管理工作 除正常维护保养外，2016年开展的主要工作有：①电站厂房屋顶渗漏水问题进行防渗处理。②引水闸闸门液压启闭系统管路渗油处理。③增配小型发电机组作为备用电源，临时解决长时间停电造成自动化系统和监控系统数据丢失缺陷。④更新、修复拦鱼设施被盗网坠、网纲与破损拦鱼网。⑤增设办公生活管理区域视频监控系统。⑥定期进行运行安全监测（汛期增加测量频次）和监测数据统计分析。监测结果表明，大坝处于安全稳定状态。⑦完成2015～2016年度南水北调水量调度计划，通过陶岔枢纽工程向中线干渠引水 37.96 亿 m³。⑧全年工程连续安全运行，未发生责任与安全事故。⑨项目部与有经验、有实力的专业运行管理单位签订技术服务协议，提升工程运行管理维护规范化建设。⑩根据2016年度工程运行管理维护委托协议，淮委陶岔建管局组织对被委托单位运行管理维护工作进行考核。被委托单位能够信守协议约定，开展工程安全防护、运行管理及维修养护工作，工程运行管理维护情况良好。

【工程效益】

2016年通过陶岔枢纽工程向中线干渠引水 37.96 亿 m³，按计划完成年度调水任务，保障京、津、冀、豫四省市部分城市饮水需要，使受水区居民饮水水质和生态环境得到较好地改善。

(赵　彬)

陶 岔 管 理 处

【工程概况】

陶岔管理处位于陶岔渠首枢纽工程下游900m处，设立陶岔渠首水质自动监测站，负责管理处日常运行工作及陶岔渠首水质自动监测站运行维护管理。

陶岔渠首水质自动监测站建成于2015年12月，位于南水北调中线干线工程渠首引水闸下游900m，建筑面积825m²，是丹江水进入总干渠后流经的第一个水质自动监测站，掌握进入总干渠丹江水质的控制性站点。共监测参数89项，属于《地表水环境质量标准》(GB3838-2002)规定的标准项目83项(水质基本项目指标20项、补充项目指标4项、特定项目59项)，其他参考项目6项。

水质基本项目指标(20项)：水温、pH、溶解氧、砷、硫化物、化学需氧量、总氮、总磷、六价铬、锌、镉、铅、铜、氟化物、氨氮、高锰酸盐指数、总氰、总汞、石油类、挥发酚。水质补充项目指标(4项)：硝酸盐氮、氯化物、总铁、总锰。

水质特定项目指标中包括(59项)：①总镍、总锑、甲醛3项；②挥发性微量有毒有机物24项：三氯甲烷、四氯化碳、三溴甲烷、二氯甲烷、1，2-二氯乙烷、环氧氯丙烷、氯乙烯、1，1-二氯乙烯、1，2-二氯乙烯、三氯乙烯、四氯乙烯、氯丁二烯、六氯丁二烯、苯乙烯、苯、甲苯、乙苯、二甲苯、异丙苯、氯苯、1，2-二氯苯、1，4-二氯苯、丙烯腈、吡啶；③半挥发性微量有毒有机物32项：三氯乙醛、三氯苯、四氯苯、六氯苯、硝基苯、二硝基苯、2，4-二硝基甲苯、2，4，6-三硝基甲苯、硝基氯苯、2，4-二硝基氯苯、2，4-二氯苯酚、2，4，6-三氯苯酚、五氯酚、苯胺、联苯胺、丙烯酰胺、邻苯二甲酸二丁酯、邻苯二甲酸二(2-乙基己基)酯、苯并(a)芘、滴滴涕、林丹、环氧七氯、对硫磷、甲基对硫磷、马拉硫磷、乐果、敌敌畏、敌百虫、内吸磷、百菌清、溴氰菊酯、阿特拉津。

其他水质参考项目指标(6项)：电导率、浊度、总银、余氯、总氯、生物综合毒性预警。

【管理机构设置】

根据《南水北调中线干线工程建设管理局机构设置、各部门(单位)主要职责及人员编制规定》，设置陶岔管理处，管理处设置4个科室，分别为综合科、合同财务科、工程科和调度科。编制30人。

【运行调度】

2016年，安排人员参加渠首分局组织的调度业务培训。组织管理处全体成员学习运行调度相关制度标准，组织开展穿黄隧洞上下游水位异常变化事件警示教育活动。协助分局分调中心，做好与淮委陶岔建管局的业务衔接工作。2016年还完成配合国家发展改革委，完成对陶岔枢纽电站的建设必要性审查调研工作，完成陶岔电站110kV线路竣工验收工作，完成北排河围网工程的建设工作。

【安全生产】

安全生产检查及安全生产会议 2016年，管理处进行6次安全生产检查，召开12次安全生产例会。安全生产检查由主任工程师组织，兼职安全员参加；会议由管理处长或主任工程师主持，管理处全体成员和安保单位成员参加，主要组织学习中线建管局、渠首分局有关安全生产文件。

教育培训和宣传 2016年，管理处对员工进行4次季度安全生产教育，1次消防安全教育，组织开展安全宣传1次。

安全保卫及安全生产管理 负责南水北调中线干线工程河南段、邯石段安全保卫项目1标陶岔段安保单位管理工作；通过安全生产管理体系按照陶岔管理处安全保卫管理制度（试行），组织对南水北调中线干线工程陶岔段安全保卫1标浮动报酬实施考核，并出具考核结果通知，参与支付计量工作。

消防安全管理 管理处制定消防安全管理制度，定期对所辖区域灭火器进行安全检查，4月进行消防应急演练。

【防洪度汛与应急管理】

2016年，编写防汛值班制度，明确防汛应急响应流程，安排防汛值班工作。组织管理处全体员工参加中线建管局组织的防洪度汛视频培训。对周边道路、物资、机械设备、劳动力等情况进行调查，建立联络机制，汇入防汛应急响应范畴。与淅川县加强沟通联系，建立防汛协调联动机制。

【金结机电与自动化管理】

2016年，进行业务知识培训，管理处派相关金结机电人员分别参加液压、电气等培训。6月，渠首分局组织各管理处相关专业人员到陶岔管理处进行信息机电系统缺陷排查，并及时整改。各专业人员相互交流。

【陶岔渠首水质自动监测站管理】

陶岔渠首水质自动监测站是南水北调中线工程的第一个水质自动监测站，是保护丹江水水质安全进入南水北调总干渠的第一道预警门槛，共监测水质参数89项，其中半挥发性有机物监测32项，技术上在国内具有领先优势。

监测参数中，除阿特拉津、三氯乙醛、联苯胺、丙烯酰胺、苯并芘5项半挥发性有机物监测指标还处于厂家的研发测试中外，其他监测指标，已完成比对试验的单机测试、联机测试及第三方实验室检测，自动监测站处于待运行阶段。

2016年，为实现水质自动监测站运维管理的便携化和移动化，根据中线建管局工作安排，陶岔水质自动监测站正在开展水质自动监测站运维管理系统待运行工作，现场委托运行维护人员，通过手机APP软件对维护时间、维护项目、备品备件更换等事项填报提交，管理处工作人员负责督促现场维护人员，并对其提交项目审核，渠首分局水质监测中心进行复核，中线建管局进行最终审核。

2016年，陶岔管理处配合中线建管局及渠首分局相关部门，督促及配合运维单位对设备进行维护及调试工作。配合国务院南水北调办、中线建管局对水质自动监测站进行的调研活动。

【合同管理】

2016年，完成陶岔管理处水质监测站园区绿化维修养护项目的变更审批工作，并完成合同结算。完成110kV线路维护项目招标工作，中标单位已开始进行维护工作，管理处对维护单位进行两次季度考核，维护单位完成预防性试验工作。

（陶岔管理处）

邓州管理处

【工程概况】

淅川段工程位于河南省南阳市淅川县和邓州市境内，起点位于淅川县陶岔渠首，桩号0+300，设计流量350m³/s，加大流量420m³/s；终点位于邓州市和镇平县交界处，桩号52+100，设计流量340m³/s，加大流量410m³/s。其中桩号36+289～37+319段为湍河渡槽，长度1.03km，单独作为设计单元另行分标，淅川段工程实际长度为50.770km。输水明渠沿线共布置各类大小建筑物84座。其中：河渠交叉建筑物6座，左岸排水建筑物16座，渠渠交叉建筑物3座，跨渠桥梁52座，分水口门3座，节制闸2座，退水闸2座。穿刁河、格子河、堰子河，过湍河、严陵河到终点。2016年10月19～25日，淅川县段设计单元工程档案通过中线建管局法人验收。

【管理机构设置】

根据《南水北调中线干线工程建设管理局机构设置、各部门（单位）主要职责及人员编制规定》，设置邓州管理处，内设4个科室，分别为综合科、合同财务科、工程科和调度科。编制39人，2016年到位37人。

【工程设施管理维护】

2016年，工程维护项目共划分15个标段，其中上半年5个维护标段，包括1个左排清淤标，3个岸坡维护标，1个河道交叉及左排建筑物水尺标识采购安装标；下半年10个维修养护标段，包括1个深挖方段渠道边坡排水沟增设挡水坎专项维护项目，下半年第一批6个土建及绿化工程日常维修养护标段，下半年第二批2个土建日常维修养护标段、1个邓州管理处2016年宣传标语规范化设置项目。2016年，渠道、建筑物等土建工程维修养护整体形象良好，满足渠道、输水建筑物、排水建筑物等土建工程相关维修养护标准要求；渠道、防护林带、闸站办公区等管理场所绿化养护总体形象良好，满足绿化工程维修养护标准要求。建设方面，在深挖方段渠道边坡排水沟增设挡水坎9300个；对17座桥梁下部阴影部分进行硬化，硬化面积3100m²；对刁河渡槽左岸山包外16亩农田内渗水进行引排处理；对淅川段深挖方渠道桩号9+250～9+450右岸二、三级边坡进行加固处理，在二级和三级边坡增设抗滑桩123个，边坡微型桩417个。

【安全生产】

2016年管理处成立安全生产领导小组，将安保单位、外协单位、警务室人员纳入安全生产领导小组成员之中。邓州管理处按上级安全生产工作要求，开展安全生产规范化建设。管理处编制安全生产年计划1份、季计划4份、月计划12份；明确安全生产主管负责人和兼职管理人员；开展安全生产检查33次，检查发现问题98项，检查问题均督促整改，并按要求填写安全检查记录表和建立安全生产问题台账。与11家运维单位签订安全生产管理协议书。组织安全生产教育培训28次，参与人次达496人次，其中内部培训8次，参与人次158人次，外部培训20次，参与人次338人次，并参加中线建管局、渠首分局组织的安全生产教育和安全度汛视频会，参加石家庄防汛安全培训。筹备召开安全生产会议22次，其中安全生产专题会11次，安全周例会11次，参与人数401人次；实现安全生产事故为零、无较重人员伤残和财产损失的生产目标。

2016年，邓州管理处组织安保单位在沿线村庄、学校进行防溺水安全宣传6次，发放安全告知书和致学生家长的一封信，在小学课堂讲解南水北调的重要性和进入渠道的危险性。组织安保单位和警务室在沿线村庄、学校进行5次《南水北调工程供用水管理条例》宣传，提高沿线群众的安全意识和法制意识。

【运行调度规范化建设】

2016年，按照管理处确定的目标任务，以安全运行为中心，以人员培训、设备维护、形象提升、强化管理为重点，结合渠首分局相关要求，推进规范化建设。管理处在调度科成立金结机电自动化设备组，1人主持设备组的工作，下设3人分别为金结机电设备专责、35kV及电力设备专责和自动化设备专责，分工明确又互相补位，各设备专责通过自学和各种专业培训，取得电气进网操作、液压操作等各种资格证，提高设备管理和运行操作的专业水平。2016年共开展月度设备维护60次，设备专业巡检和维修48次，设备一般性巡检784次。全年共处理国务院南水北调办和中线建管局等上级单位检查发现的问题91项，处理自查发现的问题271项，除1项遗留至2017年1月完成外其他均在年底前得到整改和处理，整改率为99.7%。建立和完善规章制度，每月召开调度科的工作会和运行维护人员的设备管理工作会，明确设备巡检、维护的频次和时间点，加强对记录和内业资料的规范要求，规范化活动中的几批强推项目所含的闸站值守、动态巡视、各类工作手册全部落实。总体上闸站和设备形象面貌得到提升，人员行为更加规范，管理水平上新台阶。

【遗留问题处理】

2016年3~5月，调度科组织对2015年遗留的3项E类问题集中处理，先后解决几处弧门漏水和节制闸异响问题，对台车变速箱渗油、液压系统渗油进行集中整改，取得较好效果。加强设备巡视和检查，按规定完成静态巡视、动态巡视工作。在操作中，检修门、事故门累计动作一百多次安全可靠，没有发生过影响操作和安全的问题。从2016年10月起，金结机电、永久供电的正式运维队伍开始进场，交接期平稳过渡，保证输水调度和设备的安全运行。管理处强调在设备管理上以35kV供电为龙头，液压弧门为基础，自动化系统完善为关键，把运维队伍管理作为突破口，为以后的设备管理和上水平进行探索，积累设备运行和管理的经验。

【上岗培训】

2016年8月管理处增加新员工，金结机电和闸站人员得到了补充，闸站开始实行1+4的管理模式，金结机电的专业分工和互补得到加强。为规范金结机电设备的运行管理，组织金结机电、闸站值守人员共参加渠首分局的各类培训5次累计培训59人次，管理处组织培训8次，累计培训136人次，按照持证上岗要求，信息机电人员共20人取得中线建管局上岗证。管理处组织参加社会化资格考试，2016年共有15人取得低压电工操作证，12人取得高压电工进网作业许可证，10人具有液压启闭机培训合格证书，2人具有特种设备操作培训合格证。

【金结机电设备运行】

2016年节制闸弧门启闭操作平均成功率在96%以上；检修门、事故门等累计动作一百多次安全可靠。闸控系统和视频监控系统应用保证率均在95%以上，其他高填方视频监控、安防系统、工程防洪系统、安全监测系统等都基本完成，正在调试和试运行。

各闸站制作液压启闭机、柴油发电机操作流程手册和闸站值守、准入相关制度，并按规定落实制度流程上墙和制作展示牌。3座节制闸全部采用有人值守方式，落实2人一班，2天一换班值守模式，配置安全帽，为值守人员统一配备夏装、春秋装、冬装等统一服装，闸站门有人看、事有人管。按要求对电缆沟防火封堵用阻火包、防火泥和防火涂料进行检查和完善，对设备标牌和闸站展示牌进行补充完善，把规范动作落实到位。作为试点管理处，又增加设备房间巡检棒、手孔井抽水定期打点、高低压室巡视步道、设备操作巡视明白卡等内容。

组织学习相关的预案和流程，2016年组织开展35kV供电系统事故、节制闸门卡阻应急演练，参加管理处消防、水质、防汛、工程应急等多次大型演练和其他管理处及分局组织的专业应急处置，进一步提高员工的工作水平和应急能力。

【自动化系统运行】

淅川段自动化调度系统包括：闸站监控子系统和视频监控子系统各6套，布置在中控室和淅川段5座（肖楼、刁河、望城岗北、彭家、严陵河）现地站内；安全监测自动化系统、语音调度系统、门禁系统、视频会议系统、安防系统、消防联网系统、工程防洪系统各1套，均布置在中控室；综合网管系统、电源集中监控系统、光缆监测系统各1套，均布置在管理处网管室；2016年新建成左排水位监测站11套、雨量计站2套，并且都投入使用或试运行。

2016年淅川段自动化调度系统总体运行情况良好，系统比较稳定，自动化调度系统远程成功率达到98%以上。是语音调度系统、闸站监控系统、视频监控系统在三级管理处运行调度工作中发挥重要作用，既节省人力资源成本，也提高调度运行工作效率。中控室及闸站调度值班人员利用语音调度系统能够快速完成调度指令的上传下达；利用闸站监控系统可以在值班室监视各现地站闸门的运行工况和渠道水位、流量、流速等信息；利用视频监控系统在监控室就能监视各现地站闸前、闸后、自动化室、启闭机室和高低压配电室等重要区域有无外来人员进入并且可根据需要调取相关监控录像；工程安全监测人员可利用安全监测自动化系统方便快捷地监视和采集工程建筑物的沉降、渗压等工程建筑物安全信息，为工程安全监视提供决策信息。在汛期防汛值班人员通过工程防洪系统实施监视沿渠左排及重要建筑物的水位、雨量等汛情信息，一旦发生汛情报警和险情，可立即通知相关部门和人员组织防汛应急抢险。

【调度指令执行】

2016年度共收到调度指令676条，其中远程指令617条，现地指令59条，中控室值班员接收到分调中心传达的调度指令后，均能准确记录并及时反馈，各类调度指令记录规范、全年调度指令执行准确无误。

根据邓州管理处调度运行观测记录，发现超过设计水位0.05m的94次，发现OA系统自动标红共计15次，暂未发现每小时降幅超过0.10m，日降幅超过0.20m及在未进行调度操作的情况下，流量每小时变幅超过20%的现象；经抽查发现中控室调度值班人员数据采集的时间都在规定时间之内，未出现迟报、漏报、早报现象。

随着闸控系统、消防报警系统、安防系统等逐步完善和金结机电设备管理和维护的逐步加强，设备的完好率和可靠性逐步提高，调度值班人员能熟练使用闸站监控系统、视频监控等自动化系统，实时监控辖区内参与调度闸站及断面的水位、流量、流速、闸门开度等调度数据；调度人员能够遵照输水调度作业流程履行岗位职责，截至2016年底，辖区内运行调度安全平稳。

【工程效益】

截至2016年12月31日，累计南水北调中线工程入渠水量61.23亿m³，因为长距离输水存在蒸发等损耗，累计向各受水区分水59.5亿m³，其中河南省受水量最大为21.7亿m³，京津冀三地分别为20亿m³、12.09亿m³和5.74亿m³，工程涉及北京、天津、石家庄、郑州等沿线18座大中城市，受益人口8700万。肖楼分水口累计向南阳引丹灌区分水8.82亿m³，望城岗分水口累计向邓州、新野分水2167.92万m³。

【环境保护与水土保持】

2016年淅川段环境保护工作主要有渠道岸坡及路面保洁、渠道水面漂浮物及垃圾清理打捞等，全年岸坡保洁面积375.8万㎡，绿化带保洁面积115.4万㎡，路面保洁103.6km，渠道水面清理打捞长度51.8km。水土保持工作主要有渠坡雨淋沟修复、渠坡植草维护、绿化带防护林养护，累计修复雨淋沟长度12km，渠坡杂草清除、植草修剪面积375.8万㎡，绿化带防护林养护长度103.6km。

（邓州管理处）

镇 平 管 理 处

【工程概况】

镇平段工程位于河南省南阳市镇平县境内，起点在邓州尚寨以北1km的邓州市与镇平县交界处（马庄村南），桩号52+100；终点在官鲁岗镇潦河右岸的镇平县与南阳市卧龙区交界处，设计桩号87+925，全长35.825km，占河南段的4.9%。渠道总体呈西东向，穿越南阳盆地北部边缘区，起点设计水位144.375m，终点设计水位142.540m，总水头1.835m，其中建筑物分配水头0.43m，渠道分配水头1.405m。全渠段设计流量340㎥，加大流量410㎥。

镇平段共布置各类建筑物63座，其中河渠交叉建筑物5座、左岸排水建筑物18座、渠渠交叉建筑物1座、分水口门1座、跨渠桥梁38座。管理用房1座，共计64座建筑物。

金结机电设备主要包括弧形钢闸门8扇，平板钢闸门6扇，叠梁钢闸门4扇，液压启闭机9台，电动葫芦5台，台车式启闭机2台。高压电气设备4面，低压配电柜6面，电容补偿柜4面，直流电源系统3面，柴油发电机2台，35kV供电线路总长35.5km（含2.91km电缆线路）。

【管理机构设置】

根据中线建管局编〔2015〕2号《南水北调中线干线工程建设管理局机构设置、各部门（单位）主要职责及人员编制方案》的要求，镇平管理处设置4个科室，分别为综合科、合同财务科、工程科和调度科。编制30人，2016年到位37人，借调中线建管局3人、渠首分局3人，实际在岗31人。

【工程设施管理维护】

2016年完成渠道内外边坡、三角区及绿化带维护127.35万㎡，闸站及办公区绿化维护面积2.16万㎡。完成左排倒虹吸清淤2座，截流沟清淤73.6km，排水沟清淤72.3km。沥青路面修补3320㎡，泥结石路面维护1.73万㎡。完成辖区21座左排倒虹吸、2座输水倒虹吸、1座分水口门、1座渠渠交叉渡槽、38座跨渠桥梁、2座闸站园区及管理处园区的日常维护工作。完成辖区152座钢大门及14.75万㎡防护网的日常维护，增设巡视踏步45处。安装刺丝滚笼1.66万m，左排倒虹吸进出口安装刺丝933m，建筑物标识标牌制作安装24块。完成镇平段2016年汛期水毁截流沟修复2188m，完成水毁排水沟及围网修复。

【安全生产】

2016年根据人员变动对安全生产领导小组进行调整，明确安全生产领导小组组长对安全工作负总责，同时明确分管领导、兼职安全员、各专业责任人的职责。2016年镇平管理处实现"工程安全、水质安全、调度安全"目标。管理处每月开展1次安全生产大检查，每周开展一次日常检查，对存在问题进行通报，限期责令整改，2016年共检查安全生产问题97项，均及时整改到位。对上级检查出的安全问题及时整改并按上级要求形成问题整改报告或记录按要求上报，实现对安全生产问题的闭环管理。

2016年全年安全生产检查12次，召开安全生产专题会议12次，印发会议纪要12份；每季度组织开展1次全员安全生产教育培训，全年开展安全培训4次；遇重要节日、寒、暑假通过散发安全宣传页、海报、挂条幅、进校园宣传等方式进行安全宣传，共计5次；与维护、施工（穿越）单位签订安全生产管理协议10份，明确双方安全管理人员职责；对维护、施工（穿越）单位安全培训及技术交底10次；对所有进场作业人员、车辆、设备等实行严格登记制度，车辆均配备《车辆通行证》，人员均配备《人员通行证》。8月18日镇平管理处警务室挂牌成立，配备2名警察4名协警及日用警务器材，开展警务巡逻，配合管理处及安保单位制止违规违法行为。12月2日，举行防恐怖袭击应急演练。12月28日，南水北调中线工程保安服务有限公司正式接管镇平段安保工作。

【工程运行调度】

2016年度共收到调度指令235条，操作闸门633门次，其中远程指令207条，操作闸门543门次；现地指令28条，操作闸门90门次。全部按照指令内容要求完成指令复核、反馈及闸门操作，全年调度指令执行无差错。根据镇平管理处淇河节制闸调度运行观测记录，发现闸前水位超过设计水位共115次，发现OA系统自动标红共53次；发现闸控系统报警，全部按要求进行相关接警、警情分析、恢复正常、消警；发现调度数据采集、监控相关设备设施无法正常使用共1次；发现的问题均及时上报分调、总调中心，联系相关专业负责人进行处理，完善应急检修调度申请单手续，并在日志中记录；按照上级要求开展规范化建设工作并提出合理建议，规范化建设取得初步成果。

【金结机电运行维护】

2016年，完成闸站准入管理规定、电缆沟油管沟阻火包整改施工技术要求、操作流程上墙、闸站动态巡视、人员持证上岗等5项强推项目。明确闸站值守人员职责，加强供配电、金结机电、液压设备的管理。组织完成消防应急演练、移动式柴油发电机应急启

动演练、闸门意外关闭应急演练3项应急演练工作，增强紧急情况下处理问题的能力。全年共发现问题122项，其中国务院南水北调办飞检检查问题57项，中线建管局检查问题10项，管理处自检问题55项，于2016年底前完成全部整改工作。

【自动化调度系统运行维护】

镇平段自动化调度系统包括闸站监控子系统和视频监控子系统各4套，布置在中控室和镇平段3座（西赵河工作闸、谭寨分水口、淇河节制闸）现地站内；安全监测自动化系统、语音调度系统、门禁系统、安防系统、消防联网系统各1套，均布置在中控室；综合网管系统、动环监控系统、光缆监测系统、电话录音系统、程控监测系统、内网监测系统、外网监测系统、专网监测系统各1套，均布置在管理处网管中心；视频会议系统1套，布置在镇平管理处二楼会议室。2016年除安防系统、安全监测自动化系统、工程防洪系统处于试运行外，其他系统均投入使用。

2016年完成信息自动化规范化建设、消防系统调试、工程防洪系统调试、信息自动化日常维护队伍（过渡期）的管理及参加上级部门组织的信息自动化相关业务培训等工作。

【工程效益】

谭寨分水口安全平稳运行无间断，截至2016年全年向镇平县城供水920.33万 m^3，全部用于城镇居民用水，受益人口16万以上。

【环境保护与水土保持】

2016年镇平管理处与镇平县南水北调办公室进行沟通协调，并通过与沿线村镇对接。在工程沿线周边非法占压工程用地、违法向截流沟排污等问题处理上，得到地方政府的支持，协调处理育茂张、前房营、北洼等左岸排水影响防洪的红线外问题。协调彭营弃土场污染源、毛庄桥至何寨桥间污染源问题。编制对水污染事件应急预案，并在地方环保部门备案。组织水质应急演练1次。

【维护项目验收】

按照南水北调工程验收管理的有关规定，组织工程维护项目实施，组织全面整治项目和2016年日常维修养护项目验收，检查工程实体质量，查阅工程档案资料，对遗留问题处理严格把关，确保工程验收质量。镇平段2016年共验收11个全面整治项目合同验收工作，完成上半年土建和绿化工程日常维护1～3标验收工作。

（镇平管理处）

南 阳 管 理 处

【工程概况】

南阳段工程位于河南省南阳市境内，涉及卧龙、宛城、高新、城乡一体化示范区等4行政区7个乡镇（街道办）23行政村，全长36.826km，总体走向由西南向东北绕城而过。工程起点位于潦河西岸南阳市卧龙区和镇平县分界处，桩号87+925，终点位于小清河支流东岸宛城区和方城县的分界处，桩号124+751，含3个设计单元工程，分别为南阳市段、膨胀土试验段及白河倒虹吸设计单元工程，其中桩号100+500～102+550段为膨胀土试验段设计单元工程，桩号115+190～116+527段为白河倒虹吸设计单元工程。南阳段工程88%的渠段为膨胀土渠段，深挖方和高填方渠段各占约三分之一，渠道最大挖深26.8m，最大填高14.0m。工程设计输水流量330～340m³/s，设计水位139.44～142.54m。辖区内共有各类建筑物71座，其中，输水建筑物8座；穿跨渠建筑物61座；退水闸2座。辖区共有各类闸门48扇，启闭设备45套，降压站11座，自动化室11座，35kV永久供电线路全长38.74km。

【管理机构】

南阳管理处是南阳段工程运行管理单位，设有综合、调度、工程、合同财务4个科室，共有正式员工47名。2016年，按照中线建管局和渠首分局运行管理规范化建设有关要求，南阳管理处先后强推四个批次的规范化建设项目。截至2016年12月底，各项规范化建设项目基本完成，初步实现"一线人员有了新形象，工程环境有了新面貌，运行管理水平有了新提升"的目标，工程缺陷问题明显减少，应急防范意识和能力得到增强，达到"以规范促安全"的工作目标。

【工程巡查】

第一批规范化建设强推项目。制定《南阳管理处工程巡查工作手册》，明确工程巡查责任人及巡查工作职责，并加强工巡人员的培训及考试。对工巡人员服装和巡查设备进行统一，完善细化工巡路线及巡查时间，在高填方渠段坡脚位置设置工程巡查步道20km，台阶15处，在高填方坡脚及深挖方坡顶设置工程巡查巡检点50个，工程巡查工作进一步规范化。

【安全监测】

第一批规范化建设强推项目。成立安全监测工作组，建立安全监测管理责任制，完善各项规章制度。共配置监测人员6人，统一配备反光背心和工具包，车辆2台，专用办公室1间，资源配置满足监测工作需要。制定数据采集操作流程，对监测数据及时进行整理、整编，定期进行初步分析，编写并上报月报。建立异常问题台账，制定异常情况处置程序，对异常问题进行更新并在实践中不断完善。加强对外观监测单位的管理，及时掌握工程运行情况，每月收集观测月报并审核，并对观测量进行复核确认。

【调度值班】

第一批规范化建设强推项目。配备调度值班10人，其中值班长5人，值班员5人。严格值班制度，严格执行进出中控室管理规定。加强调度人员业务培训，全年组织学习培训33次，累计508人次；考试15次，累计205人次。

【应急管理】

第一批规范化建设强推项目。成立工程突发事件现场应急处置小组，成立安全度汛工作小组，明确小组成员工作分工。编制《突发事件应急处置方案》《南阳管理处2016年防汛度汛应急预案》，对工程突发事件危险源和各类隐患及时进行排查，建立台账并及时更新。加强防汛应急业务培训，组织防汛应急培训、消防演练培训等各类培训6次。成功处置"7·19"潦河渡槽进口左岸翼墙后土体沉陷、白河倒虹吸出口右岸挡墙背部回填土局部沉陷、鸭东一分干渡槽即将漫槽及姜沟浮桥上游疑似油污等4次险情。

【金结机电操作技能培训】

第一批规范化建设强推项目。加强专业技能培训学习，2016年参加渠首分局组织的培训4次共40人次，管理处组织培训11次153人次。严格执行节制闸管理办法，每座节制闸站4人值守。严格执行闸站准入制度，安装闸站准入管理标识牌15块。

【闸门启闭演练】

第二批规范化建设强推项目。根据中线建管局有关闸站动态巡视规范化管理要求，编制《闸站动态巡视强推活动实施方案》，并于8月25日~9月7日开展除分水闸以外，其他7座闸站金结机电设备的动态巡视活动，共涉及各类启闭设备39台（套），其中液压启闭机18台、固卷2台、台车式启闭机8台、电动葫芦11台（单吊点5台）；各类闸门42扇，其中弧形闸门18扇、平板闸门13扇、叠梁门11扇。

每天对节制闸静态巡视2次，除节制闸以外其他闸站每周巡视1次；动态巡视频次为节制闸、控制闸两个月1次，退水闸每季度1次。对动态巡视中的不规范行为进行分析讨论，并制定防范措施。加强闸门启闭演练，截至12月31日，辖区内闸门启闭演练全部完成，完成39台设备、42扇闸门的启闭演练。

【膨胀土渠段工程维护及安全监测】

第二批规范化建设强推项目。组织开展膨胀土段专项巡查，专门建立膨胀土稳定性专项台账。截至12月31日，巡查发现的膨胀土渠段工程维护问题全部处理完成。

【关键操作岗位持证上岗】

第三批规范化建设强推项目。根据中线建管局下发的《2016年现地运行管理首批持证上岗工作方案》，参加中线建管局组织的各类业务持证上岗考试共51人次，其中输水调度15人次，金结机电19人次，安全监测6人次，应急管理7人次，工程巡查管理4人次；获得中线建管局组织各类业务上岗证共49人，其中输水调度15人，金结机电17人，安全监测6人，应急管理7人，工程巡查管理4人。

【渠道准入管理】

第三批规范化建设强推项目。制作人员身份标识，规范渠道准入。统一制作胸牌和工作证，印制车辆通行证、车辆临时通行证及临时出入证，加强渠道准入管理。

【应急项目抢险演练】

第四批规范化建设强推项目主要内容是应急项目的抢险演练。2016年，组织消防应急演练、防汛应急演练、水污染事件应急演练、工程安全突发事件应急演练等各类专项应急演练4次，参加演练培训230人次。

【安全生产】

加强安全生产工作的领导，成立安全生产领导小组，明确主任工程师为分管安全负责人，制定安全生产管理实施细则，明确各个专业的安全生产管理人员和相应职责。

开展安全生产宣传培训，以广播、电视、公交车为宣传媒体，开展安全生产进学校、进社区活动，增进沿线群众爱渠、护渠意识，防止溺亡事件发生。2016年先后召开

河南省南水北调年鉴 *2017*

安全例会、专题会议 27 次，形成安全生产会议记录 17 份、专题会议纪要 10 份。同时，对自有员工、外聘人员、外协单位、维护单位等进行安全培训教育 16 次，参加培训 330 余人次。在此基础上，与运维单位签订安全生产管理协议 10 份，开展安全教育 10 余次，及时制止和纠正运维单位施工过程中的违规行为，并将其纳入月度考核。

9 月 2 日成立南阳段警务室，新建南阳段警务室值班用房，配备 2 名警察、4 名协警，以及警车、警械、服装、办公物品等。12 月 20 日，中线建管局保安公司保安分队共 18 人正式入驻白河出口倒虹吸、娃娃河倒虹吸和梅溪河倒虹吸，开展日常机动巡逻工作，辖区渠道安保力量进一步加强。

按照中线建管局《安全生产检查制度》和《专(兼)职安全生产管理人员工作手册》的要求，加强日常和重要节日的安全生产检查，内容包括消防、用电、车辆、文明卫生、防护设施、工程隐患、设备运行、调度值班等方面。2016 年，开展日常检查和定期检查 34 次，发现安全问题 90 余项，全部整改完成。

【合同管理】

2016 年计划完成合同采购项目 12 项，涉及土建绿化、高压输配电、信息自动化、安全监测等专业。截至 12 月底，12 个项目全部完成采购。签约合同金额 505.58 万元。

【工程效益】

截至 2016 年 12 月 31 日，累计向沿线四省市输水 55.87 亿 m³，向南阳城区供水 882.93 万 m³，实现辖区内工程安全、运行安全和供水安全目标。

(南阳管理处)

方 城 管 理 处

【工程概况】

方城段工程位于河南省方城县境内，涉及方城县、宛城区两个县区，起点位于小清河支流东岸宛城区和方城县的分界处，桩号 124+751，终点位于三里河北岸方城县和叶县交界处，桩号 185+545，包括建筑物长度在内全长 60.794km。其中建筑物 7 座，累计长度 1.969km，渠道长 58.825km。渠段线路总体走向由西南向东北，上接南阳市段始于南阳盆地的东北部边缘地区的小清河支流，沿伏牛山脉南麓山前岗丘地带及山前倾斜平原，总体北东向顺许南公路西北侧在马岗过许南公路，顺许南公路东南侧过汉淮分水岭的方城垭口，止于方城与叶县交界三里河。下连叶县渠段，穿越伏牛山东部山前古坡洪积裙及淮河水系冲积平原后缘地带。

方城段工程 76% 的渠段为膨胀土渠段，累计长 45.978km，其中强膨胀岩渠段 2.584km，中膨胀土岩渠段 19.774km，弱膨胀土岩渠段 23.62km。方城段渠道长 58.825km，其中全挖方渠段 19.096km，最大挖深 18.6m，全填方渠段 2.736km，最大填高 15m；设计输水流量 330-340m³/s，设计水位 135.728-139.435m。渠道沿线共布置各类建筑物 102 座，其中，河渠交叉建筑物 8 座，左岸排水建筑物 22 座，渠渠交叉建筑物 11 座，跨渠公路桥 53 座，分水口门 3 座，节制闸 3 座，退水闸 2 座。渠道采用梯形断面，纵坡为 1/25000。方城段工程征地涉及南阳市方城县、社旗县境内 10 个乡镇 66 个村，建设征地总面积 23881.25 亩，其中永久征地 11252 亩，临时用地 12629.25 亩。

截至 2016 年 12 月 31 日，累计向下游输水 54.8 亿 m³，工程运行平稳。

【工程管理】

方城管理处是方城段工程运行管理单位，设有综合、调度、工程、合同财务 4 个科

242

室，共有正式员工39名。辖区内共有各类建筑物107座，其中跨渠桥梁58座、左排建筑物33座、闸站12座。辖区共有各类闸门56扇，启闭设备52套，降压站11座，自动化室11座，35kV永久供电线路全长60.8km。

【工程设施管理维护】

2016年中线建管局下达土建与绿化工程维护经费781万元，全部结算完成。全年共采购13个维护项目，其中12个采用竞争性谈判方式、1个采用询价方式选择维护单位，所有工程项目全部实施完成。完成土建与绿化项目的合同谈判13次、技术交底6次、月度考核7次、合同验收4次、工程管理检查24次。完成2015年全面整治项目及2016年上半年工程维护项目的验收、档案归档工作。完成中线建管局统一部署的膨胀土渠段和建筑物标识标牌的安装，完成不规范问题的上报与整改。汛前完成防汛风险点的排查及防汛"两案"的编制与备案，根据规范化建设第一批强推项目要求完成值班室规范化建设，完成防汛应急和工程事故安全应急演练，完成中线建管局、渠首分局启动的2次防汛应急4级响应和1次综合应急4级响应，完成4次现场工程应急处置，完成防汛应急工作总结。

【安全生产】

2016年分别与各维护单位签订安全生产协议，共计签订协议17份。全年共开展安全教育培训18期，培训451人/次，安全交底29次，403人/次。全年开展各项安全检查36次，发现安全问题46项，全部整改完成。利用视频安防系统，对安保值守、巡逻、巡查及工程维护人员进行监督检查，并及时排查隐患，发现问题。每周召开安全生产例会，每月召开安全管理专题会。月末组织对工程巡查、工程维护、安保服务、外委单位等进行考核，下发考核通报，将考核结果与薪酬挂钩。

【安全监测】

2016年方城管理处共采集振弦式仪器数据48128个，测压管水位数据960个，沉降管数据1960个，测斜管数据1488个，所有数据均整编完成，编写安全监测内观工作月报12期。对外观单位外业作业检查29次(其中一次是与渠首分局联合检查)，内业作业检查12次。对1594个外观水准测点加装保护盒并刷漆维护，对162个外观水准基点加装保护盖，对16个现场集线箱设置编号标识，对22个观测墩进行标识，对96支测管进行刷漆维护。对38台(套)安全监测二次仪器仪表进行2次定期清洁、检查、通风防霉、通电驱潮、对需充电的仪器进行充电等日常保养。对10台(套)安全监测二次仪器仪表进行1次检定。开展培训15次，共92人次，全部为专业内部培训，以开展安全监测技能培训、安全教育为主。参加渠首分局安全监测技能比武1次。

【水质安全】

根据安排配备1名副处长、1名专职水质专员负责方城段水质保护工作。2016年2月19日开始，每天10：00和16：00对渠道藻类情况进行取样、观测、分析及数据上报。在水质保护工作中，对日常巡查、水质监控、漂浮物管理、污染源管理和水质应急工作进行规范，水质保护工作处于正常运行状态。完成方城段水污染事件应急预案环保备案工作，并取得备案号。截至2016年底，方城段未出现水质污染事件，水质稳定达标。

【金结机电设备运行维护】

方城段工程共有钢闸门56扇（弧形闸门22扇、平板闸门34扇），启闭设备52台（液压启闭机25台、固定卷扬启闭机2台、电动葫芦16台、移动式台车式启闭机9台）。2016年，金结机电设备整体运行情况良好。

在金结机电维护工作中，编制金结机电设备操作手册，按照管理制度及文件要求进行设备巡查和记录，建立故障记录台账，发现故障及时记录并跟踪处理及时消缺，填写维护记录表，同时加强对运行维护单位工作的检查、监督、考核，保证运行维护工作有序开展。

【自动化系统运行维护】

方城段涉及自动化调度系统相关的设备设施房间，沿线设置有管理处电力电池室、通信机房、网管中心及现地站的自动化室、监控室。2016年自动化调度系统中包括方城段现地闸站，有3座节制闸、2座退水闸、3座分水口、3座控制闸、1座检修闸，共布置人手孔199个，摄像头117个。自动化调度系统包括3部分：系统运行实体环境、通信系统、计算机网络系统等基础设施；服务器等应用支持平台；闸站监控、视频监控、自动化安全监测、水质监测、视频会议、工程防洪、安防等14个应用系统。自动化设备主要有综合配线柜、视频监控机柜、PCM传输机柜、网络综合机柜、安全监测机柜、PLC控制柜、UPS电源控制柜、通信电源机柜、安防机柜等。

在自动化系统维护工作中，进驻自动化运行维护人员16人。其中，闸控系统维护3人，视频监控系统维护3人，安全监测自动化系统维护3人，实体环境系统维护3人，通信系统维护2人，光缆系统维护2人。各系统的集中监视、定期巡检、维护和故障处理工作正常开展。2016年，自动化调度系统设备整体运行情况良好。

【调度指令执行】

方城段辖区共3座节制闸、3座分水闸、3座控制闸、1座检修闸和2座退水闸。调度值班人员严格遵守上级单位制定的各项输水调度相关制度，能够熟练掌握调度工作基本知识及操作技能，开展输水调度业务。遵守各项管理规定，落实相关文件要求。按时收集上报水情信息、运行日报及有关材料，各项记录、台账及时归档。2016年，中控室共执行远程指令754条（门次），现地指令388条。

【工程效益】

2016年，方城段工程全年运行365天，自正式通水以来，累积运行749天，向下游输水54.8亿 m^3。方城段工程共有半坡店、大营、十里庙3座分水口门，设计分水流量分别为4.0 m^3/s、1.0 m^3/s、1.5 m^3/s，半坡店分水口于2015年1月9日15:10开始向社旗县水厂供水，2015年12月30日9:14向唐河水厂进行分水。

【环境保护及水土保持】

方城管理处依据合同文件，及时督促工程维护单位开展对闸站、园区、桥梁三角区绿化节点苗木的日常浇灌、防病虫害等养护工作。对沿渠道路、截流沟、围网周边的杂草全部进行清除。

（彭　亮　王德刚　李红岩）

叶 县 管 理 处

【工程概况】

叶县段工程起于方城县与叶县交界处（桩号185+545），止于平顶山市叶县常村乡新安营村东北、叶县与鲁山县交界处（桩号215+811），线路全长30.266km。流量规模分为两段，桩号185＋545~195＋473设计流量330 m^3/s，加大流量400 m^3/s；桩号195＋473-215＋811设计流量320 m^3/s，加大流量380 m^3/s。渠道纵坡为1/25000。叶县段沿线布置各类建筑物61座。其中：大型河渠交叉建筑物2座，左岸排水建筑物17座，渠渠交叉建筑物8座，退水闸1座，分水口门1座，桥梁32座。

【工程巡查】

2016年，开展工程巡查管理人员和工程巡查人员巡查工作学习交流会，采用室内学习、现场讲解等方式，将工程巡查的要求落实到人，统一工作标准。通过跟踪巡查、过程指导、问题反馈、监督检查、落实奖惩等措施实现巡查工作规范化。规定巡查人员上下班统一停车位置，巡查严格按徒步方式进行；试点开展工程巡查线路导向标识牌相关工作。制定《工程巡查人员监督检查制度》《工程巡查人员日常奖惩实施细则》等检查、激励机制，加强工程巡查工作的日常管理，保证强推工程巡查工作有效开展。

【工程维护】

2016年在西寨河左排倒虹吸、吕楼北沟左排倒虹吸进口设置挡水坎，在倒虹吸上游起到沉沙池效果，可以将泥沙淤积在倒虹吸外侧，方便清理，可以减轻或避免倒虹吸内部淤积，节省倒虹吸抽排费用。

【机电信息设备维护】

2016年，增加门库爬梯扶手，保证操作人员安全，增加退水闸爬梯，便于检修闸门止水橡胶，及时清理杂物。移动式台车在提起检修门运行过程中，不能快速准确停在渠道门槽准确位置，不仅降低工作效率，而且增加运行风险。叶县管理处组织技术力量，经过多次试验，研制的台车光电感应定位系统可以快速准确定位台车在门槽的停止位置，解决了检修门定位偏差问题，降低了操作难度，消除设备运行风险，提高工作效率。

【应急演练】

2016年9月29日，许平南高速跨渠桥危化品运输事故叶县管理处应急演练是河南分局首次与多单位多部门协作的综合性应急演练，通过演练，锻炼应急保障队伍，理顺处置流程，提高风险意识，提升在应急抢险过程中地方有关单位与南水北调有关单位间的协同抢险能力。

【中控室管理】

设置中控室日常看板；外聘闸站值守人员共5名，全部达到大专以上学历。中控室日常看板分为四部分：文件学习、业务学习、考核之星、值班表。中控室看板的使用设计具有一定的推广价值。

（蓬宁　赵发）

鲁山管理处

【工程概况】

鲁山段工程全长42.913km，其中输水渠道长32.793km，建筑物长10.12km。沿线布置各类建筑物94座。输水渠道包括高填方段7037.9m，半挖半填段17851.6m，全挖方段7903.4m。设计流量320m³/s。辖区沙河渡槽工程为南水北调中线干线控制性工程之一，安全监测测点数量多，内观测点占河南分局总量的20%。

【安全生产】

建立健全通水运行安全领导小组，明确安全生产主管负责人、专职安全管理人员及职责。编制完成鲁山管理处安全生产实施细则，细化年度、季度和月度安全生产计划。开展安全生产教育培训及例会，与各运维单位签订安全生产协议，定期开展安全生产经常性、专项性检查。加强安全保卫宣传和对安保单位日常检查及考核，在闸站安放指纹打卡机、渠道沿线GPS定位系统行走轨迹进行比对。构建警企联合安全保卫机制，实现2016年安全生产"零事故"和"零溺亡"。

【规范工程巡查】

2016年，细化《鲁山管理处工程巡查手册》，调整完善巡查路线和责任区划分，突出重点巡查项目和关键部位；统一配备巡查工具，增设智能巡检点、巡查台阶及巡查步道。统一巡查记录、工巡日志和问题台账格式，规范填写与信息报送；采用集中学习培训、抽查、考试、互拍照片报告位置、视频远程监控、智能巡检点、主要负责人带队检查、工巡人员月度考核等措施，不断加强工巡人员管理。学习贯彻《通水运行安全责任追究办法》，组织膨胀土渠段及渡槽渗漏水等专项排查；水面以上红线范围内的问题整改完成100%。

【调度管理标准化建设】

2016年编制调度突发事件应急预案及现场处置方案，建立中控室和闸站值守人员考核办法，修订中控室进出入管理办法。开展中控室标准化建设，统一调度值班环境面貌和标识。配置10名专职调度值班人员，落实"5+5"和"五班两倒"值班制度，执行值班要求、值班纪律及交接班制度。

实时监控节制闸、退水闸、分水口水情、工情、设备设施运行情况，异常及时上报并处置。及时组织接警，警情复核，各类警情全部消警。准确采集并按时上报调度数据，及时关注并上报异常水情。实时监视远程指令，配合落实现地纠正和临时性调度任务，成功率100%。及时编制上报各类调度信息报表，持续完善调度台账填写。建立中控室值班任务清单销号制度和运行日报制度，规范值班行为。通过开展中控室值班员"输水安全"主题活动，调度技能比赛，闸门启闭演练等活动，促进调度业务不断改进，提升调度风险意识和现场应急处置能力。

【工程维护】

成立鲁山段维修养护管理小组，编制土建及绿化养护维护制度。2016年按照维修养护预算，通过竞争性谈判择优选择维护单位并及时开展除草、清淤等日常维护，质量控制严格，渠道和建筑物等满足养护标准要求。严格后跨越项目监管，规避跨越工程安全风险。创建标准化渠段样板，指导后期日常养护，探索日常维护模式。申报1处被河南分局评为标准化渠段。

【自动化系统维护】

2016年，落实中线建管局和河南分局机房进出入管理等27项制度，编制执行《鲁山管理处信息自动化突发事件应急预案》和《鲁山管理处自动化运维单位考核实施细则》。督促运行单位编制执行巡视计划按期巡视，管理处自动化专员按期开展日常巡视。编制应急处置方案，消缺及时，组织中控室外网中断应急演练，提高应急处置能力。

【机电金结维护】

2016年学习并落实节制闸闸站值守管理办法等各项规程、办法、制度，编制闸站考核评选办法和闸站值守考核办法。按节点要求实施完成中线建管局及河南分局两批次强推项目。更新完善管理类标识、机电设备标识标牌、设备明白卡，灭火器相关示意图及表格套，安全通道图，灭火器配置表，配备安全帽，阻火包封堵，悬挂各类电缆标牌。建立故障和缺陷处理流水台账。编制设备应急抢修预案，组织电动葫芦故障抢修演练，观摩叶县液压启闭机故障应急处置演练，熟悉应急处置流程和方法，提高应急处置能力。开展闸站值守人员与中控室值班员"联学联做"活动，中控室值班人员远程监视现地值守工作情况，并在坐班期间进驻闸站一起巡视、一起纠正、一起学习。

【安全监测】

2016年编写安全监测方案并实施管理责任制，编写安全监测实施细则，配足内观人员和观测设备。配备安全监测相关规程规范及手册，加强理论与现场操作培训。规范数据采集、记录、比对、更改、复核，整理上报及时，异常分析及处置到位。建立并及时更新安全监测仪器设备、异常问题等7个台账。绘制并上墙安全监测信息一览图，安装设备标识标牌，设置固定办公室，落实规范化强推项目。加强外观观测队伍管理和安全监测设施维护，建立月例会制度。安全监测内外观设施整齐、标志清晰、标志编号清晰，监测数据准确可靠。

【水质巡查】

2016年加强水质监测管理办法等11个技术操作和管理制度学习培训。组织水质专员、工巡、值守、安保等人员对重点部位、污染源进行巡查监控，配合水质实验室和有关监测单位进行日常藻类监控和取样工作。利用水质应急平台及时捕捞藻类，在闸前和倒虹吸进口打捞水体垃圾。修订水质应急预案、编制水质应急处置方案，观摩学习新郑、宝丰、许平南高速水质污染应急演练，参与黄河南水质应急物资使用培训，学习张石高速公路桥严重交通事故应急处置，建立水质应急管理四个模型，增强遇到突发事件的应急处置能力。

【维护验收】

加强日常检查和过程控制，及时开展现场验收、计量、资料整理以及合同验收工作。配合提前完成鲁山北和北汝河设计单元项目法人验收和档案专项检查评定。2016年正在协调桥梁竣工验收有关事宜。

【健全应急管理机制】

2016年，编制防汛、水质、调度等应急预案、度汛方案及现场应急处置方案，并报地方有关部门备案。建立突发事件应急预防、报告、响应机制，处置方案完备，流程清晰。成立突发事件现场应急处置小组，与地方应急有关部门建立应急联动机制，有专门的应急抢险队伍。配备发电机、块石、砂砾料、编织袋、雨衣等应急抢险防汛物资，及时组织防汛风险项目排查。开展消防应急演练，配合河南分局开展东盆窑应急抢险演练。执行新的防汛值班制度，启用新的防汛值班记录并装订成册。

【发展规划】

2016年，排查辖区内永久占地及未利用地情况，初步编制鲁山管理处土地管理利用规划草案，上报土地开发利用情况表，配合提供光伏发电相关基础资料。组织编制并上报沙河渡槽旅游开发初步规划方案。成立鲁山管理处采购领导小组，按照预算项目通过零星用工、零星采购、竞争性谈判和询价等方式组织采购日常维护队伍，程序合规，文件齐全。

【岗位人员管理】

制定领导班子议事制度，重要事项集体决策。书面印发全体职工的岗位分工，定岗定责。开展全员履职能力建设，建立自有职工、调度、工巡、安全监测借调人员履职能力档案。建立集中培训、自学、微信和QQ群共享交流、视频宣传贯彻、外派学习等覆盖全员的培训体系。实现在机电金结、调度、特种设备、会计、电工等关键岗位持证上岗。推进"两学一做"，开展党团活动，注重团队建设，参加技能比赛，提升凝聚力。

【财务与合同管理】

2016年财务制度健全，支出合规，按要求配置会计和出纳，均持证上岗。预算控制严格，三公经费均未超支，财务资产账物相符，盘点及时，出入库手续完备。配合河南分局编制资金计划和核算管理工作，建立固定资产基础数据库。执行合同管理制度，配备专职合同管理人员一名，合同立项、订立、履约、价格、索赔合规，台账齐全。

【档案管理】

2016年建立完善档案库房、密集架等设施，明确档案专员。开展建设期档案整编和运行期档案收集工作。完成鲁山北和北汝河设计单元项目法人验收和档案专项验收前检查评定。鲁山南1段、南2段设计单元已具备法人验收条件。

（李　志）

宝丰管理处

【工程概况】

宝丰管理处所辖工程位于宝丰郏县境内，全长21.953km，其中高填方段4.274km，深挖方段0.663km，膨胀岩土渠段10.924km。输水设计流量320m³/s，辖区建筑物共65座，其中主要建筑物有2座节制闸、3座控制闸、1座退水闸、2座分水口、1座检修闸、8座渗漏泵站、1座中心开关站，降压站11座。

【运行调度】

2016年在规范化建设活动中，宝丰管理处运行管理主动落实、争创亮点，规范工程巡查，以安全为核心，以标准化、规范化要求为基准，以制度贯彻落实、人员素质提升为根本，组织落实中线建管局规范化强推项目。执行日常行为销号制度，提高输水调度安全生产可靠性。中控室日常管理规范，"5+5"值班制度、交接班制度、调度信息日报制度、来访解说制度全部落实，建立调度人员履职能力档案，优化中控室设备摆放，环境面貌得到提升。规范视频监控作业流程，熟练使用闸站监控系统、视频监视系统等，熟练掌握输水调度报警作业流程，实时操作记录闸控系统监控调度相关数据。

【安全生产】

编制2016年度安全生产工作计划，确定安全防范重点，依据计划安排各项安全生产工作，实现安全生产目标。对安保单位的日常工作进行监督管理，每月对安保单位进行考核，考核结果报河南分局备案。2016年5月南水北调派出所挂牌成立。

【工程巡查】

2016年按强推工巡要求完善巡查手册，优化工巡线路。规范工巡着装、配备工器具，组织工巡人员集中学习，组织笔试考核和再宣传贯彻，提高工巡人员发现和辨识问题的能力。进行月度考核并实行奖惩，规范工程巡查行为。

【信息自动化维护】

2016年指定专职业务负责人，对自动化办法制度、规程手册进行汇编，对闸站机柜标示标识系统进行规范，增设现地站设备逻辑关系图，加强对外委维护单位工作进行规范管理考核，编制宝丰管理处通信系统应急抢修预案。

【机电金结维护】

2016年完成闸站电缆沟阻火包封堵76处、安装制度牌41块，规范配置消防设施类相关示意图及表格146套、安全通道图及灭火器配置表20个、设备标识类共计1420个、管理类标识60个、巡查表存放栏11组，工作环境面貌更加规范。建立设备设施数据库，录入设备维护数据量2107项，数据及时更新。2016年各级检查发现金结机电类问题共计128项，全部整改完成。

【安全监测】

2016年按要求设置工程安全监测专用办公室，成立工作小组，制定内观采集、外观人员管理等制度，规范异常情况处置程序，配备"安全监测"标识红色马甲、"安全监测"标识挎包、二次仪表外裹保护罩；安装独立站房标牌和机柜标识；配置测站内塑封仪器清单和图解。

【水质保护】

2016年，执行《南水北调中线干线工程建设管理局水质监测管理办法（修订稿）》等11项制度要求，日常水质巡查与工程巡查相结合，实施水体巡查监控和现场浮游生物网捕集观测（藻类日常监控），填写《垃圾清理记录表》，建立《污染源专项巡查记录表》和《污染源信息台账》。

【应急抢险】

独立编制《2016年防汛风险项目突发事

件专项处置措施》，2016年11月管理处承办河南分局全挖方渠道防护堤溃口应急演练。设置专用防汛值班室及电话，建立防汛值班制度，明确防汛值班职责，各项制度上墙，制作突发事件应急通讯录。

【财务与计划合同管理】

2016年，建立财务管理内部控制制度和报销审核制度，定期对物资进行清查盘点，规范履行出入库手续，做到"账、卡、物"一致，并及时上报资产报废和损毁情况。及时编报年度计划及调整计划，年度计划及调整计划编制规范合理。根据下达的预算及时编制实施方案并上报，建立年度计划执行台账，落实中线建管局和河南分局计划合同管理制度，成立合同管理领导小组，建立合同到期预警机制并编制台账。

（麻会欣　杨赵军　汪炳南）

郏县管理处

【工程概况】

南水北调中线一期工程总干渠郏县段工程自北汝河倒虹吸出口渐变段开始至兰河涵洞式渡槽出口渐变段止（起止桩号为K280+708.2～K301+005.6）。渠线总长20.297km。总干渠与沿途河流、灌渠、公路的交叉工程全部采用立交布置，沿线布置各类建筑物39座，其中河渠交叉输水建筑物3座、左排建筑物10座、桥梁24座、分水口1个、退水闸1座。

【安全生产】

郏县管理处成立安全生产领导小组，落实安全生产责任制，明确了主管安全生产负责人及专（兼）职安全管理人员，制定了安全管理实施细则，编制2016年度安全生产计划、季度计划、月工作计划，认真落实安全生产检查工作。在安全教育培训制度方面，实行管理处、警务室、安保、外协逐级负责制，按期参加上级单位组织的安全生产教育培训，定期组织内部培训，定期组织和召开安全生产例会，及时消除安全隐患。

【工程巡查】

2016年编制完善《郏县管理处工程巡查工作手册》，按渠段类型、交通状况、巡查难易程度等将郏县段划分为4个巡查责任区，调整完善巡查线路，形成半天闭合圈。设置高填方坡脚巡检步道，确保巡查无死角。明确各分区的巡查责任人，每组3人，共12人，配备统一装备12套，设置智能巡检仪4套。2016年对重点巡查项目和关键点共抽查20次。

【工程度汛】

2016年汛前，编制郏县段安全度汛方案、应急预案及防汛风险项目处置方案，报河南分局和地方防汛部门备案。按照方案和应急预案要求，成立郏县段安全度汛领导小组，储备应急物资和设备，在现场显著位置设置防汛风险项目公示牌。汛期加强防汛风险点巡查，严格汛期值班纪律，密切关注水情、雨情、工情信息，联合地方政府进行大排查，建立信息共享机制，组织防汛应急演练，提高应急处置能力，2016年工程度汛安全。

【安全保卫】

郏县段安保人员共12人，安保巡逻车辆1辆，安保人员每天沿渠巡逻3遍。编制2016年安全保卫工作计划，定期组织安保人员进行业务知识培训，开展安保工作日常检查。随机检查值守人员在岗情况，发现问题及时整改落实。充分发挥警务室作用，建立联合安保定期巡逻制度，开展安全教育进村告知书签字确认。开展暑期防溺亡安全教育进村庄、进校园活动。2016年沿线村民安全意识明显增强，违法事件明显减少，实现人身"零溺亡"。

【安全监测】

2016年按照规定频次完成内观数据采集及内业整编工作，按时提交整编数据库和监测月报；建立统一格式的各类问题台账，并及时进行更新；编制安全监测各项制度文件和实施细则并上墙，组织安全监测业务知识培训。设置安全监测专用办公室，统一安全监测人员佩戴标识、统一独立观测房外墙标牌、测站机柜标牌、测站内塑封观测方法图解、测站内塑封仪器清单，做到制度和安全监测信息一览图上墙，规范数据采集行为及操作步骤，规范异常情况处置程序；制定内外观作业采集时间、采集路线图等，规范内观数据采集行为。

【水质监测】

2016年郏县管理处安排专人每天定时对水质监测断面标识牌进行查看，定期对水质取样点进行保洁清理。组织工程巡查人员对辖区内9座左岸排水建筑物、24座跨渠桥梁以及保护区内污染源开展全面巡查工作，确保不留死角，每天巡查一遍，指定专人负责藻类浮游生物捕捞监测，2016年完成浮游生物捕集观测工作660余次，存档浮游生物捕捞日志11册，未发生藻类异常爆发事件。

【运行调度】

2016年调度值班人员实行"5+5"人员配置，五班两倒，所有人员持证上岗，管理处严格执行调度指令，值班期间能熟练通过闸控系统和视频监控系统，实时对设备设施的运行工况和水位运行状态进行监控，掌握运行调度实施情况。执行标准并建立每日工作清单销号制度、建立调度信息日报制度。通过优化中控室环境面貌，实现五个"统一"，五块制度上墙、规范中控室准入来访接待，规范岗位行为。

【机电信息化建设】

在规范化建设过程中，注重设备设施硬件的完善改造，同时也加强人员素质提高和制度贯彻落实的软件升级。软件方面主要从制度贯彻落实、人员素质提高、运维人员考核管理三个方面开展。硬件方面主要进行设备标示标牌完善、电缆沟道防火封堵及盖板改造、电力工具配置、设备缺陷处理四个方面的规范化建设。2016年机电金结设备设施安全、运行稳定。

【工程效益】

郏县段赵庄分水口自2015年7月13日开始试通水以来，分水口累计分水1010.2万 m^3，管理处与配套工程管理单位建立稳定的沟通协调机制，掌握分水口分水和水厂供水情况，开展水量计量工作。

（杨　波　卢晓东）

禹州管理处

【工程概况】

禹州管理处辖区线路总长42.24km，工程始于（桩号K300+648.7）郏县段兰河渡槽出口100m处，设计流量315～305 m^3/s，设计水深7m，渠底比降1/24000～1/26000。工程沿途与25条大小河流、46条不同等级道路交叉。布置各类建筑物80座，其中河渠交叉建筑物4座，渠渠交叉建筑物2座，左岸排水建筑物21座，退水闸1座，事故闸1座，分水闸3座，抽排泵站2座，路渠交公路桥梁45座，铁路桥梁1座。

南水北调中线干线禹州段工程担负着向总干渠禹州以北输水及向许昌市区、许昌县、襄城县、禹州市区、神垕镇及漯河临颍县分水的任务，是实现中线工程调水目标任务的重要组成部分。

【运行调度】

2016年开展输水调度安全生产主题活动、输水调度规范化强推工作、中控室规范化建设三项重要工作，全年输水调度工作安全平稳。开展输水调度安全生产主题活动，完成值班人员配置、人员业务能力、值班情况、调度业务执行、环境面貌五方面的建设工作。健全输水调度制度、完善调度值班方式、强化调度值班纪律、落实调度交接班要求、统一调度值班场所环境面貌等5个方面，实现调度值班规范化。2016年输水平稳，实现安全供水目标。

禹州管理处辖区内共3个分水口，2016年度安全供水量分别是：宴窑分水口2016年度分水398.236万 m³，累计分水437.076万 m³；任坡分水口2016年度分水1885.792万 m³，累计分水3429.002万 m³；孟坡分水口2016年度分水8495.454万 m³，累计分水13154.564万 m³。2016年过流颍河节制闸水量318142.56万 m³，累计过闸水量521818.31万 m³；通过颍河退水闸补充颍河生态用水2459.468万 m³，累计退水3159.468万 m³。

颍河节制闸2016年接收远程指令操作闸门711门次，成功691门次，远程成功率97.2%，2016年全年共输水31.8亿 m³。

【工程管理】

禹州管理处是国务院南水北调办安全管理标准化建设试点管理处。依据《南水北调中线干线工程运行安全管理标准化建设工作方案》及《河南分局工程运行安全管理标准化试点建设工作方案》要求，完善并建立管理处层级的工程运行安全管理体系、工程防洪度汛安全管理体系、工程安防管理体系、工程突发事件应急安全管理体系、责任监督检查体系五大安全管理体系的组织机构和职责，整理汇编五大体系的相关规章制度和标准，根据相关规章制度和标准要求开展日常工作，通过四大清单台账查摆问题，加强人员培训。

禹州管理处同时也是中线建管局规范化建设试点管理处。在中线建管局和各部（中心）的领导和指挥下，禹州管理处围绕"人员新形象、工程新面貌、管理新台阶"工作目标，坚持以问题为导向、以应急为重点、以安全生产为落脚点、以标准为载体、以培训为保障、以考核为手段，管理处全员行动，按照中线建管局规范化建设实施方案开展相关工作。

2016年管理处对存在的土建类及金结机电和供配电设备类缺陷问题进行全面彻底排查，对上级部门下发的标准、规章制度集中培训消化，对岗位及人员分工情况进行梳理，制定《禹州管理处运行管理规范化建设实施方案》。按照各级要求，管理处较好的完成规范化试点项目建设。2016年度完成合同项目11项，完成工程维修养护预算383.06万元。6月警务室挂牌，10月警务室用房完成建设，警务室工作全面开展。2016全年无各类安全生产事故发生。

【信息机电运行与岗位管理】

信息机电维护工作由中线建管局签订技术保障服务协议和运行维护合同，组建运维服务队负责辖区内金结机电、35kV供电系统、自动化设备运行维护及检修工作。禹州管理处每个专业配置1名专业管理人员，根据合同及运行维护计划，负责现场设备运行管理工作。2016年全年禹州段各类设备设施运行良好。

特殊岗位持证上岗。2016年电工入网作业持证人员4人，特种设备操作持证人员1人，中线建管局持证上岗培训考核通过人员18人。所有岗位均实现持证上岗。开展操作培训，不断提高操作水平。持续开展设备动态巡视、设备操作培训，人员素质不断提高，设备操作更加熟练规范。加强设备巡查和维护工作，持续开展静态巡视、动态巡视工作，设备维护管理到位，设备运行平稳可靠。2016年国务院南水北调办、中线建管局、管理处检查发现的问题除暂时无法整改3个问题外，其他全部整改到位。

【人力资源管理】

禹州管理处结合人员实际情况，按照岗位需求合理分配人员并明确人员分工和员工职责，建立"AB顶岗工作制度"和"员工岗位职责明白卡"。组织管理处内部培训、按时参加外部培训，提高员工业务水平，2016年组织内部培训80余次，按时参加上级各部门各类培训180余人次，在河南分局技能比赛中获得"安全监测优秀管理处"表彰。

【新闻宣传】

禹州管理处成立宣传工作领导小组，下设办公室，编制《南水北调中线干线禹州管理处新闻宣传工作管理制度》，号召全员进行南水北调中线工程宣传工作。2016年在中线建管局网上发表新闻稿件38篇，主要宣传方向为工程动态、党团建设与个人抒情等内容。

【党工青妇工作】

禹州管理处开展各项党建工作，定期组织召开处内党员民主生活会和"两学一做"专题教育学习会，不定期组织开展职工文体活动，举行拔河、羽毛球、乒乓球、跳绳等比赛，让职工在工作之余放松身心，以更饱满的精神状态投入到规范化建设工作中去。

（郭亚娟　刘帅鹏　张茜茜）

长 葛 管 理 处

【工程概况】

长葛管理处所辖中线干线工程起止桩号SH（3）103＋888.4～SH（3）115＋348.7，全长11.46km。沿线布置各类建筑物33座，其中渠道倒虹吸工程2座、左排倒虹吸工程4座、跨渠桥梁14座、陉山铁路桥1座、抽排泵站5座、降压站6座和分水闸1座。

【运行管理】

2016年长葛管理处组织开展学、问、考三位一体业务强化、输水调度知识竞赛、兄弟管理处交流学习等活动，对调度人员进行多角度、全覆盖、高强度的调度业务培训及考试，累计参训人员109人次。6月10日长葛管理处按照河南分局统一要求编制并印发《长葛管理处中控室出入管理办法（修订）》，严格落实中控室准入制度。2016年长葛管理处中控室调度值班人员共10人，全部通过中线建管局上岗考试，具备岗位履职能力，按照"五班两倒"方式开展值班工作。值班过程中严格遵照值班要求，值班纪律及交接班要求开展工作，保持调度场所整齐、有序、整洁，资料分类摆放整齐，标识清楚。

长葛管理处以规范化建设活动为契机，组织规章制度培训学习；按要求配置自动化专员，参加自动化培训，提升专业能力；量化过程考核，规范外委单位运维工作；信息自动化缺陷台账清晰，更新及时，各级检查出的问题已全部整改。以专网中断为假想，从发现问题后报告流程、故障定位、运维队伍处理、事后总结等方面进行桌面讨论。编写《机电应急处理预案》。

规范化活动开展以来，长葛管理处围绕"以规范保安全"的工作目标，贯彻中线建管局及河南分局规范化建设工作部署，完善安全生产管理体系，落实安全职责分工，梳理风险项目，修订应急预案，开展安全生产检查，防范化解安全风险确保长葛段工程安全平稳运行，2016年，长葛管理处未发生安全生产事故。

【工作创新】

GPS定位仪　长葛管理处为每组工巡人员配置一台GPS定位仪，使用前把SIM卡装入GPS定位器中，该设备通过SIM卡网络对设备自身进行实时定位追踪，并在卫星地图上每分钟形成一个定位信息点，管理人员可以登录网站对使用人员的巡查时间、路线、速度等信息进行监控。GPS定位仪设备的引入便于管理人员对工巡路线、工巡时间、工巡人员数量等信息进行监管，及时发现安全隐患。

无线液位计 为实时掌握地下水位情况和及早发现异常问题，长葛管理处引进无线液位计设备，用于监测总干渠道地下水位。无线液位计具有无需布线、低功耗、高精度测量等功效，适用于特殊需要的工作环境。长葛管理处将设备安装在抽排泵站井内，利用压阻式探头采集水位数据，通过无线SIM卡传输到远方服务器端。管理员可以通过电脑客户端实时查询各处水深。设备还具有手机短信提醒功能，当遇强降雨或连续性降雨时，地下水位超过预设的警戒值后，设备就会自动发送短信到管理人员的手机中。管理人员能够及时掌握主渠道的地下水位情况，采取应急处理措施，为安全度汛提供有效保障。

液压启闭机粘贴二维码 液压启闭机系统复杂，故障率较高，为提高现场维护人员判断问题的效率，长葛管理处为液压启闭机贴上二维码，通过手机扫描，可方便查看设备基本信息和历次维修记录，缩短维修时间，降低调度风险。

夜间值班电话提醒 夜间值班容易疲惫，为了使安保夜间巡查和中控室值班相互提醒监督，长葛管理处实行安保巡查人员晚上每两小时电话上报中控室值班人员巡视情况，一是上报巡查发现的问题，二是监督中控室值班人员情况。一旦到时间安保夜间巡视人员未电话报告巡查情况，中控室值班人员会第一时间电话通知安保夜间巡查人员督促其进行巡查，另外中控室值班人员可通过视频监控系统抽查安保巡视人员是否进行园区巡视，中控室值班人员第一时间把上报时间、发现问题、巡视人员等信息进行记录，起到相互提醒监督作用。

放油孔安装放油阀 柴油发电机定期维护保养时，因机油放油孔出厂时为螺丝封堵，更换机油时极为不便，易造成机油泄漏，污染环境。长葛管理处对放油孔进行改造，在放油孔处安装放油阀，使更换机油十分便利。

用连通器原理改进观察水箱液位方式 柴油发电机启动前，检查冷却液时，需要把水箱盖子打开，用尺子测量，十分不便。长葛管理处在水箱底部放水阀部位接上透明、耐高温的气管固定在水箱侧面，利用连通器的原理，水管和水箱内的液位处于同一水平面，不用打开水箱即可观察水箱液位。

路缘石涂刷警示漆 对辖区内标准化渠道建设两侧的路缘石涂刷警示漆，这样不仅提升了渠道整体的整洁美观度，也对路缘石起到保护作用，同时对在此行走的车辆和人员起到安全警示作用。

发明自动拦污装置 长葛管理处水质专员利用专业知识结合工作实际，设计分水口自动拦污装置，悬浮于水中阻拦漂浮物、垃圾等进入分水口，保障向地方供水质量，提高社会效益。

安装超声波驱鸟器 闸站区鸟类很多，闸站栏杆和闸墩平台鸟粪随处可见，为保持闸站整洁，闸站上部安装超声波驱鸟器，效果明显。

优化抢险安全系统 截至2016年，长葛管理处辖区内没有配备水污染应急物资，为尽早开展先期处置工作，减小水污染突发事件的影响，管理处对附近村镇储存的可用于应急抢险的物资设备种类、数量进行排查统计、登记，并与具有应急物资储备的新郑管理处建立联系，掌握应急物资储备情况，提高长葛段水质安全保险系数。

设置地下水质监测点 在11～15号抽排泵站设置地下水质监测点，并明确责任人，按照水质安全保护工作实施细则监测地下水质情况，并进行记录，预防地下水污染影响干渠水质安全。

（付　帅　鲁霄菡）

新 郑 管 理 处

【工程概况】

南水北调中线总干渠新郑段起止桩号为k354+681～k391+533，承担向郑州市及其以北地区供水任务。工程总长36.85km，其中建筑物长2.21km，明渠长34.64km。沿线布置各类建筑物77座，其中闸站16座（渠道输水倒虹吸4座、输水渡槽2座、退水闸2座、排水泵站7座、分水口门1座，其中有2座节制闸参与调度）、左岸排水建筑物17座、渠渠交叉建筑物1座、各类桥梁43座。另有中心开关站1座。

【运行管理】

2016年，新郑管理处按照中线建管局的工作部署和河南分局的相关要求，围绕"以规范保安全"的工作目标，推进规范化建设项目实施。一方面是运行调度、设备设施维护、安全监测、工程巡查、应急管理、水质保护等规范化建设，提升人员素质、改善工程面貌、提高管理水平；一方面是安全教育、社会宣传、问题消缺、安保巡查、物资储备、应急演练等确保通水运行安全。

2016年新郑段工程运行安全平稳，水质稳定达标，未发生安全责任事故，规范化建设阶段性成果明显。2016年，新郑管理处通过李垌分水口向新郑市分水2603.58万 m^3，截至2016年累计完成分水4069.75万 m^3；通过沂水河退水闸向新郑市生态补水1次，补水207.12万 m^3；双洎河退水闸生态补水1次，补水205.86万 m^3。

【安全生产】

2016年，新郑管理处学习有关安全生产管理办法，编制安全生产工作计划；完善安全生产组织机构，明确职责分工；印发安全生产管理制度，每月组织安全生产大检查，每日工程巡查、设备巡视，发现问题及时整改；每周召开安全生产例会，分析问题原因及整改措施，明确责任人，建立问题销号制度；开展安全生产教育培训，组织安全生产月活动；对运维人员进行安全交底，签订安全生产责任书。

统一各类人员服装，规范穿戴，进行身份识别。进一步规范出入管理，统一工程管理范围内车辆通行、人员出入和大门钥匙管理。组织编制《新郑管理处安全保卫手册》，制定工程安保方案，通过过程检查、月度考核、月度例会，总结安全保卫工作经验教训，不断改进规范安保队伍管理。

【工程巡查】

2016年编制工程巡查工作手册，优化巡查频次、巡查路线、巡查记录和人员结构，采取上岗培训考试、现场工作交底、检查、考核等措施全面推进工程巡查工作规范化、标准化。完成巡检点增设、装备统一、巡视步道、台阶增设等规范化建设项目。

【运行调度】

2016年新郑管理处从人员配置、制度完善、台账更新、规范流程、强化应急能力、优化环境面貌、以及加强人员履职能力建设等方面开展规范化工作；实行调度岗位奖惩制度，严格工作纪律；组织岗位履职能力培训，调度人员均持证上岗，调度管理水平及应急能力全面提高；规范中控室标识标牌、人员着装、准入管理、设备管理、安全管理、保密管理等，中控室环境面貌焕然一新。

【工程维护及绿化】

新郑管理处以"提高工程形象、探索养

护方法、加强运行管理、确保工程安全"为目标，建立维修养护体系，制定《新郑管理处土建及绿化维修养护项目管理规范化实施方案》《新郑管理处土建绿化维修养护管理考核办法（试行）》，规范维修养护项目管理，全面提升渠道工程形象。

管理处完成标准化渠道示范段建设。管理处将徐庄桥至双洎河渡槽进口段渠道右岸作为标准化渠道示范段，严格按照河南分局标准化渠段建设74项内容，逐项整治，11月中旬完成标准化渠段示范段的验收。

【金结机电管理】

2016年完成制度牌上墙、设备标识、管理标识、电缆沟等规范化项目建设。新郑管理处严格执行闸站准入管理规定和节制闸闸站值守办法，按操作规程开展日常巡视、设备操作、设备维护等工作。加强人员履职能力和应急处置能力建设，2016年共参加和开展各类培训30次，自行组织设备故障处理和漏油事件等应急演练，确保机电设备正常运行。

【信息自动化管理】

新郑管理处贯彻执行自动化机房出入管理规定、机房温湿度运行管理规定等规章制度。2016年规范化建设期间，制作机房制度流程牌，完善机房自动化设备设施标识；加强应急处置能力建设，开展通信故障、网络故障、管理处机房消防等应急演练。按规定开展日常巡视、操作、问题消缺、维护单位管理与考核等工作，2016年信息自动化调度系统平稳运行。

【安全监测】

新郑管理处2016年组织安全监测理论和操作培训，制定安全监测作业方案、作业程序、安全监测异常处置流程，按要求对仪器操作、现场记录及复核、数据分析、异常判断等反复演练，确保安全监测数据采集准确，异常问题能及时发现。采取作业登记、现场检查、月例会制度等措施规范外观人员

管理。优化安全监测办公室工作环境，制作监测信息一览图、组织机构图、规章制度牌，规范存放监测仪器、安全监测档案。

【水质保护】

2016年新郑管理处按照水质保护标准化规章制度要求，修订完善水污染事件应急预案，通过护水小天使、QQ讲堂、水质演练、水质培训、应急模型设计等活动，增强员工水质保护知识和沿线群众水质保护意识；开展水质保护日常监控（工程巡查、浮游生物打捞）、漂浮物打捞、风险部位及污染源排查，与地方环保部门建立联动机制，及时掌握污染源信息，及时消除污染源，确保水质安全。

新郑管理处成立跨渠桥梁规范化管理领导小组，梳理影响工程安全、运行安全、水质安全存在问题，建立桥梁安全问题台账，通过安防系统重点监控车流量较大桥梁，主动与桥梁管养单位、交通部门沟通联系，建立联动机制，做到问题早发现早解决。管理处安排专人对水质保护物资进行看护，定期对物资进行盘点，按照河南分局要求对水质物资出、入库手续加强管理，建立水污染物资数据库，及时将物资存放和使用情况录入河南分局物资管理系统。

2016年，新郑管理处完成3个污染源的消除工作，水污染应急事件预案在当地环保部门取得备案（备案号410184-2016-005-L），全年未发生水污染事件。

【应急抢险】

2016年，新郑管理处结合新郑段工程实际建立风险排查台账，完善突发事件应急预案及突发事件现场处置方案，并组织培训。先后组织全员参与防汛、水质、消防、设备故障、高压油管爆裂等专项应急演练5次，参加中线建管局和河南分局组织的高填方边坡滑塌、水污染、穿越项目、液压油泄露等应急演练活动，全员风险意识和管理处应急前期处置能力得到全面提高。

【计划合同管理】

2016年编制计划、统计、合同、变更索赔、计量支付相关实施细则，探索适于新郑管理处的合同项目管理工作模式，组织全员开展合同管理培训，依据合同强化对维护单位管理，提升工程维护效果。

【维护验收】

制定《新郑管理处土建绿化维修养护管理考核办法（试行）》，成立维修养护项目验收领导小组，确定验收组织程序。贯彻执行有关管理办法和技术要求，管理有序、维护达标、资料完善、验收规范。2016年签订土建、绿化类合同9项，完成合同验收5项。

【人力资源管理】

2016年按照中线建管局"三重一大"议事制度要求，制定新郑管理处重大事项议事制度，在管理处项目招标采购、员工岗位变动、重大问题决策、大额资金使用等方面，严格按照议事制度召开会议讨论决定。

按照中线建管局印发的岗位职责，结合实际情况进行员工职责分工，管理处采取职责培训、理论学习、现场提问、考试巩固、操作演练和传帮带促学习、学习促实践、实践促进步，交流促提升"四促一体"活动等多种形式，提升员工履职能力，达到熟悉工程、熟悉本岗、熟悉设备、熟悉规程的工作要求。

（杨　波　崔金良　王珍凡）

航空港区管理处

【工程概况】

航空港区管理处是南水北调中线干线工程三级管理处，所辖总干渠长度27.03km，渠道大部分为挖方，部分为半挖半填，渠道设计流量305m³/s，加大流量365m³/s，共布置各类建筑物60座，其中跨渠桥梁43座（包括4座铁路桥），河渠交叉建筑物3座，左岸排水建筑物9座，泵站4座，分水闸1座。

【健全规章制度】

2016年根据管理处实际，完善管理处的各项规章制度。管理规章制度健全，涵盖工程巡查、维修养护、安全生产、应急管理、水质保护、安全监测、设备运行维护、输水调度以及招标采购、合同管理；组织82人次参加中线建管局、河南分局举办的21次培训，获得相关证书82份，实现关键岗位持证上岗；同时，加强内部培训，提升自有员工以及借调人员的履职能力。

【工程维修养护】

2016年按照预算编制维修养护实施方案，根据现场实际确定维修内容，主要工作内容是对红线内杂草进行清除，对渠道、建筑物存在的工程问题进行修复。对小老营左排按要求进行清淤，对丈八沟倒虹吸出口至小老营左排进口堤肩、金岱路、紫辰路公路桥下防护堤进行防护以及对丈八沟倒虹吸出口至郑港九路截流沟进行专项修复，对贾家村南生产桥水毁项目进行修复。

【规范化建设】

2016年推进中线建管局12项强推项目落实，重点带动，在工程巡查、安全监测、调度值班、金结机电、应急管理等岗位实现规范化；对闸站进行整治，形象提升，日常巡视检查工作规范；对出入工程管理范围的车辆和人员进行规范管理。

【运行调度】

2016年管理处依照合同对运维单位进行管理，开展日常巡查，设备正常运行。2016年，中控室共接收指令280次，执行成功280次。

【工程效益】

2016年，航空港区管理处通过小河刘分

水口向航空港区分水 4854.44 万 m³。截至 2016 年，累计完成分水量 8308.89 万 m³，成为航空港区发展和郑州市中心城市建设的水资源保障。

（杨莉莉　王敬鹏）

郑 州 管 理 处

【工程概况】

郑州管理处辖区段起点位于郑州市航空港区和管城区交界处安庄，终点位于郑州市中原区董岗附近（总干渠桩号 SH（3）179+227.8~SH210+772.97），渠段总长 31.743km，途径郑州市管城区、二七区和中原区 3 个主城区。渠段起始断面设计流量 295m³/s，加大流量 355m³/s；终止断面设计流量 265m³/s，加大流量 320m³/s。渠道挖方段、填方段、半挖半填段分别占渠段总长的 89%、3% 和 8%，最大挖深 33.8m，最大填高 13.6m。渠道沿线布置各类建筑物 79 座，其中渠道倒虹吸 5 座（节制闸 3 个），河道倒虹吸 2 座，分水闸 3 座，退水闸 2 座，左岸排水建筑物 9 座，桥梁 50 座，强排泵站 6 座，35kV 中心开关站 1 座，水质自动监测站 1 座。

【运行管理】

2016 年开展南水北调中线工程规范化建设，郑州管理处围绕"确保安全生产"的核心任务，立足于"人员要有新形象、工程要有新面貌、管理要上新台阶"的工作目标，按照"规定动作做到位，自选动作有创新"的原则，结合工程实际，找准自身定位，推进运行管理规范化建设各项工作。加强培训和考核，员工达到熟悉工程、熟悉本岗、熟悉设备、熟悉规程，具备岗位所必须的日常业务操作能力和突发状况处置能力。

【运行调度】

2016 年，全年输水 28.99 亿 m³，分水口分水 2.70 亿 m³，共接收、执行输水调度指令 1051 次，水质持续达到 II 类或优于 II 类标准，工程通水运行安全平稳。2016 年，郑州管理处严格执行调度指令，信息反馈顺畅，工巡重点突出，水质全面监控，安全监测到位，安保措施得力，设备运转正常，土建工程维护基本到位，安全生产隐患逐步减少。

【应急处置】

以问题为导向查找威胁运行安全的突出问题和薄弱环节，防止"人的不安全行为、物的不安全状态和组织管理不善"，查摆问题，厘清风险，快速整改。提高应急能力，确保快速处置。开展应急预案的学习，编制应急处置措施方案。中控室值班、闸站值守、工程巡查、安全保卫和日常维护人员协调配合，构筑多重立体防线，2016 年发现和处置"6·14"金水河倒虹吸遭遇大风应急事件、"7·19"杏园西北沟左排渡槽漫溢事件和"7·30"段庄桥上游左岸防洪堤下高压管道爆管事件。以历次警示教育为契机，对事件暴露出的问题进行对照分析，警钟长鸣。

【防洪防汛】

按照"建重于防，防重于抢，抢重于修"的原则，完善工程措施，消除危及工程安全和水质安全的防汛风险，提高防洪保障能力，在汛前实施水泉沟左排渡槽应急排水通道和郑州 2 段污水廊道应急度汛项目。

（何大川　尚　晓　徐　超）

荥 阳 管 理 处

【工程概况】

荥阳段工程位于河南省荥阳市境内，起点在郑州市须水镇董岗村西北，终点在荥阳市王村乡王村变电站南（穿黄工程进口A点）。南水北调中线干线工程为I等工程，荥阳段工程总干渠渠道及各类交叉建筑物和控制工程等主要建筑物按1级建筑物设计，附属建筑物、河道防护工程及河穿渠建筑物的上下游连接段等次要构筑物按3级建筑物设计。

荥阳段工程总干渠线路总长23.973km，明渠长23.257km，建筑物长0.716km；明渠段分为全挖方段和半挖半填段，渠道最大挖深23m，最大填高13m；沿线岩性以壤土、黄土状壤土、粉质壤土为主，均为土质渠段，其中2.4km渠段边坡夹有部分膨胀土（含0.7km砂岩），1.225km为高填方段（含索河涵洞式渡槽400m）。荥阳段工程以明渠为主，自流输水，沿途与河流、渠道、公路、铁路交叉时采用立交方式穿越。荥阳段工程总干渠沿线共有各类建筑物76座，其中2座河渠交叉输水建筑物（含1座节制闸）、5座左岸排水渡槽、1座渠渠交叉、2座分水口门、1座退水闸、26眼集水井泵站、9座降压站、1座铁路桥、15座公路桥、11座生产桥、3座后穿越桥梁。

【运行管理】

2016年开展规范化建设活动，荥阳管理处围绕"以规范化管理确保安全生产"的工作目标，苦练内功，不断提升运行管理水平。修订完善各项管理制度75项，初步形成层次清晰、内容全面、具体可行的标准化管理体系。通过集中培训、知识抢答、技能比武、模拟实操、交流学习进行员工培训。2016年组织培训467人次，参加中线建管局和河南分局组织的岗位培训85人次，取得证书85人次。

【统一标识】

为中控室调度值班及闸站值守人员统一配备工装14套，为工程管理、工巡、安保及维护人员配备黄、红、黑色反光背心265件，配发工具包16个；统一安装信息机电类标识牌5239块，安全监测类标识牌68块，各专业制度牌及操作流程51块，企业文化宣传标牌20块，办理进入渠道车辆通行证38个。

【优化工程巡查】

优化工程巡查路线，形成半天闭合圈，重点部位补充巡检仪，规范填写巡查记录表和工作日志。规范安全监测数据采集流程，增加膨胀土渠段观测点56个，观测记录及时上传自动化系统，分析并判断测值，按月装订成册。

【规范调度管理】

严格执行中控室准入制度，履行调度交接班要求，调度数据监控及时、监控系统报警响应迅速、按时采集和上报调度数据，准确执行和反馈调度指令。定期组织信息机电设备检查，强化运维单位监督管理，跟踪问题处理进度。

【加强应急保障】

编制修订各类应急预案10项，开展液压启闭机漏油应急演练、自动化机房灭火应急演练，提高突发事件应急处置能力。及时成功处置"7·19"白松路桥防洪堤水毁事件。到沿线校园进行防溺水宣传警示教育，暑期利用有线电视每天18遍播放警示公告，并与地方联合开展"关注安全，珍爱生命"宣传教育活动。

【工作创新】

以鱼净水生态治理综合试验　在中线建管局和河南分局的领导下，荥阳管理处在索河渡槽园区建立南水北调水生态试验基地，主动承担试验基地的设计工作。2016年8月，河南分局成立"以鱼净水"课题组,以鱼净水生态治理综合试验正式开始。

水面交接部位混凝土修复技术研究 荥阳管理处联合中水十一局对水下修复技术进行探索和研究,历时4个月,成功研制可在水面线以下1m范围创造局部干地施工条件的第一代水下沉箱。

索河渡槽闸站抓梁改造 索河渡槽闸站作为中线建管局试点开展检修闸门抓梁改造工作。经上百次反复试验、优化设计和改造施工,抓梁改造试验成功。

防汛专项自主设计 荥阳管理处主动承担4项防汛专项项目的设计工作,设计方案通过河南分局组织的审查并成功实施。

(樊梦洒 楚鹏程 俎玲玲)

穿 黄 管 理 处

【工程概况】

穿黄工程是南水北调中线干渠穿越黄河的关键性工程,工程位于黄河南岸的荥阳市和北岸的温县境内,总长19.31km。工程等别为Ⅰ等,主要建筑物级别为1级。穿黄工程段设计流量265m³/s,加大流量320m³/s。起点设计水位118m,终点设计水位108m。

穿黄工程输水渠线主要由南岸连接明渠、进口建筑物、穿黄隧洞、出口建筑物、北岸河滩明渠、北岸连接明渠、新蟒河渠道倒虹吸组成,其中渠道长13.95km,建筑物长5.36km。另有退水洞工程、孤柏嘴控导工程和北岸防护堤工程。各类建筑物共23座,其中河渠交叉建筑物3座、渠渠交叉建筑物2座、左排建筑物1座、退水闸1座、节制闸2座、跨渠桥梁14座。

【输水调度】

穿黄辖区内唯一的一座节制闸——穿黄隧洞出口节制闸。2016年接收远程指令操作闸门447门次,成功429门次,远程成功率96.0%,2016年输水26.6亿m³。辖区内另有穿黄退水闸,2016年未发生退水任务。

【信息机电维护】

信息机电维护工作由中线建管局签订技术保障服务协议或运行维护合同,组建运维服务队伍负责辖区内金结机电、35kV供电系统、自动化设备运行维护及检修工作。穿黄管理处每个专业配置1名专业管理人员,同时根据南北两岸的特点分别进行片区管理合同及运行维护计划,负责现场设备运行管理工作。2016年全年穿黄段各类设备设施运行良好。

【工程管理】

穿黄管理处2016年加强辖区内工程管理维护,2016年度完成合同项目7项,完成工程维修养护预算108万元。全年工程安全运行。

(胡靖宇 舒仁轩)

【安全生产】

穿黄管理处2017年全年未发生任何安全事故,实现年度零伤亡目标。穿黄管理处组织对安全体系进行完善,编制年度安全生产、安全保卫工作计划,成立安全生产领导小组,配备专职安全管理人员,明确职责及分工。建立安全生产工作周例会制度,每月组织一次安全生产大检查。加强对自有与外协人员的安全教育,运维及入场施工单位,及时签订安全生产协议,对生产过程进行检查监督并如实记录;按时对自有人员、外聘人员及新入场人员进行安全教育培训。南北岸各配置一支安保队伍,管理处对安保单位定点值守、机动巡逻、人员着装、人员岗位职责、内业资料整理、安保宣传等方面进行监督管理,建立日常检查安保问题台账,依据考核结果进行奖罚。2016年安保情况总体良好，能按照合同要求及安保职责开展工作。6月22日，穿黄温博管理处警务室举行挂牌仪式；7月29日，穿黄荥阳管理处与河南省南水北调办公室、郑州市公安局联合洽谈成立穿黄南岸、荥阳管理处警务室事宜。

【工程巡查】

按照规范化建设要求，对工巡工作进行细化，成立工程巡查组织机构，明确巡查分管负责人、巡查负责人、巡查管理人员及工程巡查人员。穿黄辖区工程巡查共划定9个巡查责任区段，配备巡查人员22人。管理处组织工巡人员对巡查办法及责任追究办法进行培训学习，并修订工程巡查工作手册。每位工巡人员配备统一装备，不定期考试。对工巡的巡查线路进行优化，巡查重点项目及重点部位进行详细标注，划分详细的责任区、明确巡查频次。不定期对巡查线路及巡查人员进行检查。对工巡记录表进行优化，标明巡查项目、项目类型、桩号范围和主要巡查内容，并启用统一的巡查记录表及工作日志。对北岸高填方部位，延长巡检台阶及步道；在南岸深挖方各级马道增设钢梯3处；另在重点部位补充智能巡检仪29个，实现巡查区域全覆盖，同时创新设置智能巡检打卡桩。对问题整改工作分专业建立定期检查制度，由主要负责人带队检查，按要求确定问题台账信息管理人员，规范填写方式、明确整改时限、按问题来源分别建立问题台账并及时更新定期报送。

【工程维修养护】

对土建维修养护、绿化养护、尾工及新增项目建设，完善维修养护验收管理体系，明确工程维修养护组织机构及相关职责，对维修养护标准进行培训。编制日常项目维修养护计划；根据下达的预算及时开展日常维护，2016年日常运维项目总体良好。推动新增建设尾工项目施工，穿黄北岸35kV线路临时变永久项目通过设计方案评审；退水洞洞内灌浆试验开始实施。建立后穿越工程台账及联络机制，未发现违规穿越行为。

【安全监测】

安全监测工作由西北勘测设计院实施，配置人员18人，配备人员及仪器均满足观测要求。按照规范化要求，对安全监测实施细则进行完善，对异常数据及时记录、复核并上报；监测设施设备电缆、编号均清晰整齐，二次仪表定期检定，所有设备运行良好。西北勘测设计院设有专用办公场所，并按照要求完成制度及监测图上墙工作。实施周例会制度，检查外观作业队伍12次，组织2次安全监测培训，参加河南分局组织培训学习3次。中线建管局强推的规范化建设10个安全监测标示项目、10个数据采集规范化项目均落实到位。按照河南分局规定的频次采集数据及自动化录入工作。1~10月共完成内观采集159642点/次，完成外观采集5713点/次。经过长期观测分析，对穿黄隧洞渗漏量的变化与环境温度变化的相关性问题进行研究，总结出两者的相互关系，为隧洞的安全运行研究提供数据参考。

【水质保护】

水质保护管理，日常巡查及管理有序进行，对发现问题及时记录并上报；水环境日常监控按规定频次及位置观测、记录并存档；对辖区内污染源登记台账，一经发现即排查上报。现场发现有水质隐患的养鸭场问题，经多次致函协调得到解决。《南水北调中线干线工程穿黄管理处水污染事件应急预案（修订稿）》正式报地方环保部门备案。2016年未发生水质污染应急事件。

【维护项目验收】

2016年加强工程验收及土建维修养护、绿化养护项目验收的管理，建立验收组织机构，编制验收管理办法，明确日常项目验收组织程序；按要求完成工程维修养护日常项目的验收工作；配合设计单元工程验收及跨渠桥梁竣工验收；在现场检查中，提交基础资料真实及时；验收质量符合要求，相关验收资料整理满足归档要求。

【应急抢险】

成立应急抢险组织机构并明确管理职责，与地方有关部门建立有效联络机制，按要求完善应急预案及处置方案并报送有关部门备案；结合穿黄雨情水情修改防洪度汛应急预案，并组织学习，划出风险项目及重点隐患部位，规范填写巡查记录，规范防汛值班；对应急抢险人员及抢险物资定期检查，建立台账管理。2016年未发生突发应急事件。

【工程档案管理】

穿黄管理处设立档案库房，定期检查，落实防火、防盗、防光、防水、防潮、防虫、防尘、防高温等措施。配备专职档案管理员3人，各科室各专业均配备兼职管理人员。穿黄工程管理专项档案项目法人验收于11月18日开始进行，穿黄工程Ⅰ、Ⅲ、Ⅳ、Ⅴ施工标段完成档案预验收。

【运行调度】

穿黄工程辖区内有节制闸1座，即穿黄隧洞出口节制闸。穿黄管理处运行调度工作地点为中控室和穿黄北岸平台闸站值班室。

根据《南水北调中线干线输水调度管理工作标准（修订）》要求，中控室按照五班两倒方式排班，早班8:00~18:00，晚班18:00~次日8:00。每班调度值班人员2名，其中值班长1名，调度值班员1名。调度值班人员共10名。由于穿黄隧洞出口的特殊性，实行24小时现地值守。每班2人，每班24小时，分时段以1人为主，另1人为辅，发生事件时2人共同处理。主要工作内容为进行闸站巡视检查、竖井渗漏水泵启停、竖井渗漏量观测、应急闸门操作、应急供电等。

截至2016年底，穿黄节制闸共收到调度指令954次。2016年收到调度指令447次，其中成功429次，成功率95.97%。通水至今，节制闸单孔闸门开度最大1.82m，过闸流量最大115.52m³/s，累计输水量43.9亿m³。

为进一步规范输水调度管理工作，2016年穿黄管理处按照考核要求和规范化建设要求，穿黄管理处开展一系列的运行调度管理工作，取得了一定的成绩，从人员面貌到工作环境等方面有了新的变化。穿黄管理处调度值班人员在河南分局组织的输水调度知识竞赛中获第一名。2016年配合中线建管局穿黄工作组开展穿黄隧洞退水检修工作及充水过流试验。

【运行维护】

根据中线建管局发布的《南水北调中线干线工程信息机电维护队伍管理办法》，穿黄管理处对运维人员进行监督管理，定时跟踪维护质量，规范故障处理，及时整理归档维护资料。参加河南分局组织的信息机电故障应急处置演练，总结补充穿黄管理处应急处置预案。2016年，穿黄管理处供电系统及机电设备未发生一、二、三类故障。

根据有关规定及合同文件，穿黄管理处联合上下游区段内管理单位，通过跟踪抽查的方式，定期对运维人员进行考核，并及时将考核结果上报河南分局。在2016年各项专项检查中，穿黄管理处及运维单位均未发生违规现象。

针对国务院南水北调办、中线建管局、河南分局的各类专项检查提出的问题，穿黄管理处开展机电设备运行缺陷自查。2016年共检查发现63个问题，全部维修处理完毕。

2016年规范化建设活动，主要完成设备标识系统完善、设备维护规程规范的执行，形成完善的设备巡查巡视、设备维护检修、运维单位管理及闸站值守管理等流程制度标准，形成可持续长久执行的设备运行维护模式。

穿黄管理处2016年电工入网作业持证人员3人，特种设备操作持证人员1人，中线建管局持证上岗培训考核通过人员18人。所有岗位均实现持证上岗。通过不间断开展操作培训，不断提高操作水平。持续开展设备动态巡视、设备操作培训，人员素质不断提高，设备操作更加熟练规范。

【新闻宣传】

穿黄管理处成立宣传工作小组，宣传工作由专人负责，编制印发《南水北调中线干线穿黄管理处新闻宣传工作管理制度》。2016年在中线局网站上发表新闻稿件40余篇，主要宣传方向为工程动态、运行管理、党建与精神文明、建设者风采。为更好地开展处内宣传工作，适应新媒体主流，穿黄管理处创建"大穿黄的情怀"微信公众号，及时更新推送处内工程动态、精神文明建设、最新活动等信息，起到良好的宣传作用。

【党工青妇工作】

穿黄管理处坚持"以处为家、以家聚人、以人为本"的思想理念，建设"职工之家"，规范管理者管理行为，开展"两学一做"学习教育活动，以"文体活动"为载体开展各项活动，加强精神文明建设和企业文化建设。

（翟会见　李国勇　纪晓晓）

温博管理处

【工程概况】

温博管理处管辖起点位于焦作市温县北张羌村西总干渠穿黄工程出口S点，终点为焦作新区鹿村大沙河倒虹吸出口下游700m处，包含温博段和沁河倒虹吸工程两个设计单元。管理范围总长28.5km，其中明渠长26.024km，建筑物长2.476km。设计流量265m³/s，加大流量320m³/s。起点设计水位为108.0m，终点设计水位105.916m，设计水头2.084m，渠道纵比降均为1/29000。共有建筑物47座。

温博管理处共有闸站10座，其中节制闸1座（济河节制闸），控制闸4座（沁河倒虹吸、蒋沟河倒虹吸、幸福河倒虹吸、大沙河倒虹吸），分水口2座（北冷分水口、北石涧分水口），排水泵站3座（1号泵站、2号泵站、3号泵站），其中液压启闭机弧形闸门19台套，电动葫芦18台套，检修叠梁门10扇，液压平板门2台套，卷扬式启闭机2台套；35kV专线主要沿渠道右岸布置，有水泥杆和铁塔两种形式，共计156基杆塔（铁塔124基，混泥土电杆32基），其中线路厂27.8km，地埋电缆长1.3km；共有8座大型降压站，其中高压环网柜6台套，断路器站1座，箱式变压器1台套，备用电源柴油发电机8台套。

【安全生产】

按要求编制安生生产工作计划，完善组织机构，根据计划开展安全生产检查，督促问题落实整改，定期开展安全生产培训教育，建立安全生产周例会制度，及时报送安全生产信息。编制安全保卫工作计划，开展安保工作日常检查，按月对安保服务单位进行考核。

2016年开展安全生产检查45次（含周检查及月检查），发现安全隐患106处全部整改完成。共签订安全生产协议书21份，对运维单位作业过程的安全检查共37次，及时指出作业过程中的安全隐患或制止有关人员的违规行为85项/次，2016年运维单位在工作过程中无安全生产事故。2016年共组织或参加各类安全生产培训21次，人均安全生产培训学时达到15学时/人。

温博管理处警务室于6月挂牌成立，2016年警务室接警出警49次，控制教育钓鱼等非法人员72人次，发现和制止水源保护区内违法施工13起。

【工程巡查】

组织相关人员学习贯彻巡查管理办法，

修订完善工程巡查手册，明确工程巡查管理机构并统一配备设备设施，开展工巡人员培训考试和考核，优化工程巡查线路，明确巡查频次。2016年加强问题整改和责任追究管理，建立问题定期检查制度，按专业分类建立台账，限时整改完毕，全部完成专项排查工作。共处理国务院南水北调办飞检问题25条，中线建管局监督队检查问题15条，自查问题266条，共计发现整改问题306条，全部整改到位。

温博管理处投运的金结、机电、电气设备共计99台套。按照设备巡视标准及频次要求进行设备巡视工作，记录巡视内容和故障发生情况，并跟踪故障处理。2016年组织金结机电及35kV供电系统运维单位对金结机电及35kV供电系统设备进行日常及专项巡查，全年巡查225次。对巡查发现的问题进行记录并立即组织运维单位处理。35kV供配电设备，温博段共有7座降压站，1座箱变，线路总长28.5km，其中架空下路27.2km，2016年温博段共停电20次，计划性停电17次，供配电设备运行相对比较平稳。2016年金结机电设备及35kV供电系统整体正常运行。

【土建绿化及工程维护】

2016年度温博段土建绿化及工程维护项目分为年度维修养护项目、专项工程维护项目，年度日常维护项目涉及输水明渠养护维护、边坡防护维护、截流沟和构造沟维护、沥青混凝土路面维护、输水建筑物维护、左排维护、闸站及分水口门维护、强排泵站维护等；专项项目涉及截流沟硬化、幸福河倒虹吸进行排空清淤、左排倒虹吸进出口清淤、跨渠桥梁下土方清运、桥梁下三角区硬化处理、管理处外观形象提升及功能完善、幸福河倒虹吸闸室形象提升、功能完善、汛前整治项目等。2016年维护项目已采购完成，主要涉及渠道边坡补植、边坡修剪及除杂草、绿化带除草、闸站及办公区绿化4项，其中闸站及办公区绿化为2015年全面整治期

间施工，未过保修期，未进行施工；管理处设施改造，5座闸站房顶瓦片更换、幸福河闸站及降压站外墙维护、3座强排泵站外墙修复、马庄分水口外墙刷水泼水真石漆、标识维护；截流沟与左排清淤、跨渠桥梁修复等。

新增项目程序合法，工作开展有序，沟河闸站修复项目、纵向排水沟修复及增加横向支撑、警务室建设、齐村东北公路桥破损铺装层修复等4个新增项目完成。

穿跨越邻接工程2016年施工的是焦作市南水北调建管局，因建设焦作市供水配套工程26号分水口门博爱供水工程，根据中线建管局及河南分局相关文件要求温博管理处参与相关监管活动，前期参加穿越、邻接工程专家审查会，根据审查意见，督促相关单位进行方案修订。根据监督管理协议对邻接、穿越工程进行施工监管，要求相关单位按时报送穿越、邻接工程进度旬报、月报。2016年配合完成年度验收、设计单元完工验收和跨渠桥梁竣工验收。

【安全监测】

2016年贯彻落实安全监测数据采集和初步分析指南、数据采集手册，制定安全监测实施细则、系统管理制度、设施维护制度等，人员、设备满足要求。按照要求采集、整理、上报数据，并进行绘图和初步分析，观测数据及相关资料归档齐整、及时。对异常数据具备研判能力。外观作业规范有序，定期进行检查，资料齐全、存放有序。安全监测设备保护完好，未发生损坏现象。开展业务培训和操作能力培养。

【水质保护】

2016年，执行水质监管工作要求，按照要求开展水质日常巡查和巡查管理，巡查记录和巡查记录管理规范，水环境日常监控管理到位，频次满足，报送及时，存档符合要求。设置水质专员，负责水质保护专用设备设施运行与管理，及时督促对巡查、漂浮物打捞、水质取样、垃圾清除等工作进行管

理，负责对隔离网内污染源进行管理。按要求修订水污染应急预案并备案。

2016年组织温博管理处自有人员、安保人员、工巡人员、藻类监测人员进行水质保护相关培训11次，培训人员134人/次，形成培训及考试记录，对进入温博段进行工程维护及绿化保洁单位等进行水质保护技术交底11次、110人/次，并整理存档。

2016年修编印发《温博管理处污染源管理办法》，并组织相关人员开展污染源管理办法培训学习2次，按照污染源管理办法，温博管理处污染源巡查采取日常巡查和专项巡查相结合的方式。日常巡查对重点风险部位及重要污染源进行巡查，纳入工程巡查范围，巡查频次与工程巡查保持一致；水质专员每月开展一次专项巡查，并形成污染源专项巡查记录表和污染源信息台账，每月底按时上报水质监测中心共计12次。温博段有重点风险部位及重要污染源11处，其中2016年新发现重点风险部位4处，向地方政府致函3次协调解决，管理处采取工程防护措施2处，解决重要污染源2处。2016年参加河南分局组织的水质应急培训2次，并取得培训证书，管理处组织水质应急培训及考试3次。

【应急抢险】

根据要求及河南分局评审意见对《温博管理处2016年防洪度汛预案》《水污染事件应急预案》《温博管理处工程突发事件现场处置方案》进行修订，防洪度汛应急预案已在地方防指备案，水质应急预案在地方环保部门备案通过。

按照中线建管局统一模板结合管理处实际现场情况修订《温博管理处防洪度汛方案》，温博管理处在度汛前期通过与地方防汛抗旱指挥部多次沟通并致函，加入地方防汛体系，实现资源共享、信息互通，提高防汛期间温博管理处所辖区段的应急处置能力。防汛期间，能联合地方防指在重要天气对温博段辖区内防汛风险项目进行排查。

温博管理处原有防汛物资块石5760m³、砂砾石反滤料1704m³、编织袋10000个、复合土工膜636m²、土工布564m²、钢钉1箱、木桩12m³、装配式围井2个、救生绳43条、救生圈21个、水面浮球130个。2016年根据现场需要采购复合土工膜900m²、铁丝笼500个、铁丝200kg、铁锹50把、大铁锤6把、老虎钳10把、电缆200m、水泵6台、投光灯5台、防水手电筒20个、头戴式防水灯50个、移动式发电机1台。各种抢险物资进场完毕，对物资的品种、数量逐项清点码放，建档立卡，登记造册，并安排专人进行管理，建立完善的管理、使用、更新制度。

温博管理处编写2016年应急管理培训计划，并按计划开展应急培训及考试6次。按照河南分局部署安排，编写幸福河干渠倒虹吸堵塞防汛应急演练方案和穿跨越工程突发事件应急演练方案，于6月26日组织开展幸福河干渠倒虹吸堵塞防汛应急演练，于11月11日组织开展穿跨越工程突发事件应急演练。演练后及时进行分析总结，形成幸福河干渠倒虹吸堵塞防汛应急演练总结和穿跨越工程突发事件应急演练总结上报河南分局。

【运行调度】

截至2016年底，温博管理处所辖渠道累计输水量439743.75万m³，其中2016年度输水259089.28万m³。2016年度温博管理处中控室接到调度指令共计401条，成功395次，成功率98.5%，全部完成调度指令工作。

【工程效益】

北石涧分水口自2015年11月8日正式开始向武陟地方分水，截至2016年底累计向地方分水670.97万m³，其中2016年度向地方分水648.12万m³，为地方居民饮水和农业生态灌溉提供保障。

（段路路　赵良辉　张　毅）

焦作管理处

【工程概况】

南水北调中线总干渠焦作段工程是整个中线工程唯一穿越主城区的工程，外围环境复杂，涉及沿线4区1县，30个行政村，各类穿越项目穿越跨越临接南水北调工程，发生突发事件的危险源较多、可能性较大。焦作段包括焦作1段和焦作2段两个设计单元。起止桩号Ⅳ28+500～Ⅳ66+960，渠线总长38.46km，其中建筑物长3.68km，明渠长34.78km。渠段始末端设计流量分别为265m³/s和260m³/s，加大流量分别为320m³/s和310m³/s，设计水头2.955m，设计水深7m。渠道工程为全挖方、半挖半填、全填方3种形式。总干渠与沿途河流、灌渠、铁路、公路的交叉工程全部采用立交布置。沿线布置各类建筑物69座，其中节制闸2座、退水闸3座、分水口3座、河渠交叉建筑物8座（白马门河倒虹吸、普济河倒虹吸、闫河倒虹吸、瓮涧河倒虹吸、李河倒虹吸、山门河暗渠、聩城寨倒虹吸、纸坊河倒虹吸），左岸排水建筑物3座，桥梁48座（公路桥27座、生产桥10座、铁路桥11座），排污廊道2座。自2014年12月12日正式通水以来，工程运行安全平稳。

【管理理念】

2016年，在规范化活动开展过程中，焦作管理处贯彻中线建管局、河南分局规范化建设实施方案，以"两学一做"为驱动，围绕"以规范保安全"的全年工作目标，结合焦作段工程实际找准定位，采取"学规范、用规范、强素质、促完善"措施，明确"既要解决硬件问题，更要提升软实力"、"既要做好形象的提升，更要做好深层次的各项制度的落地"的规范化工作思路，从根本上解决"物"的不安全状态和"人"的不安全管理行为，实现"以规范保安全"，"以规范实现稳中求好"的工作目标。加强问题发现与整改的机制建设，落实"发现在科，整改在处"的原则，工程巡查人员是发现问题的主体，巡查管理人员按问题来源建立台账，分管处长主持问题解决，做到"及时发现、立即整改"。

【组织机构】

焦作管理处全面负责焦作段运行管理工作，承担通水运行期间的工程安全、运行安全、水质安全和人身安全职责，在郑焦片区尾工办的领导下负责焦作1段尾工建设、征迁退地和工程验收的现场工作。

2016年，焦作管理处在岗员工共31名，其中处长1名，副处长1名，主任工程师1名。设置有综合科、合同财务科、调度科、工程科4个科室。其中综合科5人；合同财务科4人；调度科10人；工程科9人；管理处印发《焦作管理处规范人员岗位职责分工的实施细则》（中线局豫焦作〔2016〕129号），对人员、科室职责进行明确的分工。管理处人员机构健全、职责明晰。

【安全生产】

安全生产管理是规范化活动的出发点和落脚点。中线建管局强推"工程准入"项目。在规范化活动中，焦作管理处编制安全生产工作计划，明确安全生产负责人、主管安全生产负责人及兼职安全管理人员，开展安全生产检查，及时纠正违规行为，进行安全生产教育，召开安全会议，督促安全问题整改，及时报送安全信息。

编制安全生产工作计划 以安全生产为中心，按照"管生产必管安全"原则，全面落实安全生产管理，按照河南分局年度安全计划编制焦作管理处安全生产年、季、月工作计划，安全管理不留死角，按照计划开展安全生产工作，及时开展总结，总结全年安全管理好的做法及不足。

安全生产检查 按照中线建管局《安全生产检查制度》，开展安全生产检查工作。日常检查每周一次，由兼职安全员实施；定期检查每月一次，由分管处领导带队，对管理处当月安全生产情况进行全面检查，兼职安全员将发现问题按要求进行记录，通知相关单位整改，并对整改情况进行复查；日常检查每月组织三次，第四次日常检查并入定期检查。2016年共组织日常检查16次，定期检查5次，累计发现安全类问题55个。

制止和纠正违规行为 现场安全管理与工程巡视、安保巡视相结合，发现违规行为立即制止并纠正，将问题记录在各自日志内，上报管理处，管理处兼职安全员将问题登记到安全台账，跟踪处置结果，处理完成并销号。

与运维单位签订安全生产协议 按照规范化要求对运维单位进行安全生产管理，运维单位进场前，进行安全培训，签订安全生产管理协议。2016年与运维单位、施工单位签订安全生产协议16份，对运维单位维护过程进行检查20次，对检查结果留存记录，通过这些措施规范运维单位的安全行为。

开展安全生产教育培训 参加中线建管局及河南分局组织的各类安全生产教育培训，按照岗位分工，结合每个员工实际面临的安全风险，对自有员工及外聘人员开展日常安全生产教育培训，对新入职员工进行入场安全教育培训，对各类安全生产防护措施进行交底。组织各类安全生产培训的同时，按标准格式填写记录，建立培训台账，2016年安全教育20次。

召开安全生产会议 定期召开安全生产例会及专题会，安全生产例会每月组织三次，第四次安全例会并入专题会。安全例会通报安全检查发现各类问题，总结经验。安全生产会议记录按照下发的表格填写，每周存档。2016年共组织安全生产周例会16次，月例会11次，存档会议资料27份。

安全生产问题整改 检查发现的问题及时进行记录，向相关单位反馈检查结果，并登入安全问题台账，对安全问题持续跟踪处置，直至处理完毕进行销号。2016年，历次检查发现的安全生产问题全部整改到位。

【工程巡查】

2016年中线建管局强推工程巡查项目。通过规范化，工程巡查日趋规范，效果得到提高，制度办法更加符合实际，管理行为更加标准，工作行为更加规范；巡查人员业务技能素质得到提升。责任追究意识加强，消除安全隐患，自查自纠和专项排查工作有序开展，问题整改销号流程、体系更加成熟完善，问题整改质量和效果明显提升。

组织巡查相关人员学习《运行期工程巡查管理办法》和《南水北调中线建管局河南分局工程巡查考核办法》；按要求编制、印发《焦作管理处工程巡查工作手册》。焦作段共设8个巡查责任区，按照巡查管理办法要求，焦作段的8个巡查责任区，均为每天1次巡查频次。明确巡查分管负责人、巡查负责人、巡查管理人员及工程巡查人员。巡查人员巡视过程中按要求着装统一，工具齐全，按要求2人共同巡视；日常管理过程中巡查负责人、管理人员对重点巡查项目和关键点进行不定期抽查和巡查。

管理处定期组织巡查人员培训和考试，提升巡查人员业务素质水平，规范巡查人员日常工作行为；并按月对巡查人员进行考核，并将考核评分上报河南分局。

按照国务院南水北调办领导要求，焦作管理处编制巡视路线解析图，对巡查路线的部位、观察项目、巡视时间进行详细规定。绘制巡查路线图8幅，巡查路线细化到具体的巡查项目及其重点部位。现场设置巡视步道5.5km，增设巡视台阶470m，满足巡视要求。

日常管理中采取现场抽查、巡检仪和视频监控系统对巡查人员实际路线进行监控。2016年，共开展周检查160次，新增智能巡检点13个，编写巡检仪检查报告8期，设置膨胀土标识10块。

根据规范化要求制作《工程巡查记录表》，按要求填写，同时撰写《工程巡查工作日志》。2016年，共存档巡查记录11期88册，巡查日志11期11册。截至11月30日，共发现问题187个，其中一般问题181个，较重问题5个，严重问题1个；巡查发现的较重、严重问题均按时向上级进行书面报告。同时跟踪较重、严重问题处置情况，问题处理完毕及时向上级报告。

【巡查问题整改】

组织学习国务院南水北调办《南水北调工程运行管理问题责任追究办法（试行）》（国调办监督〔2015〕105号）和《南水北调中线干线工程通水运行安全管理责任追究规定》（中线局质安〔2016〕63号），强化全体人员责任意识。焦作管理处制定分专业定期巡查制度，组织有领导带队的各类专项检查，推动问题由发现到解决的进程，将人的不规范行为、物的不规范状态及时消除。按问题来源分别建立台账，对问题进行分类，明确整改时限，及时更新问题台账，定期逐级上报。推动问题整改工作，严格执行问题查改程序，把关问题整改质量和效果，履行验收手续。截至11月30日，2016年共记录整改297项，已整改291项，整改率98.0%，水面以上整改率100%。

其中国务院南水北调办飞检稽查问题63项，已经完成整改61项，正在整改2项，正在整改项目已按要求上报专项方案，按照计划整改时间进行处理；国务院南水北调办稽查问题26项，已经完成整改24项，正在整改2项，正在整改项目已按要求上报专项方案，按照计划整改时间进行处理。中线建管局检查问题21项，全部完成整改；运管单位自查问题187项，已经完成整改185项，剩余水下项目1项、红线外项目1项暂时无法整改，水面以上红线范围内问题全部整改。

【规范调度管理】

调度管理是中线建管局的强推项目，河南分局开展标准化中控室创建活动，从环境布置、制度建设、履职能力建设、岗位培训等方面进行安排，实现规章制度健全，管理行为标准规范；制度标识醒目合规，业务技能培训到位，异常问题处理能力得到提高，日志记录内容详实、工整整洁，输水调度安全高效。河南分局以焦作管理处中控室为创建点和河南分局推广项目。

中控室统一布置上墙制度（5项）；统一桌面台签（功能台签、岗位台签和风险控制台签）；统一布置办公环境（靠走廊一侧粘贴南水北调标识、配置两组文件柜、规范显示屏桌面设置、更换黑色无线式鼠标、键盘、蓝色带logo鼠标垫、电话话筒背面粘贴常用电话号码、自动化专网电脑主机USB接口粘贴"禁止外接设备"封条，配置两组文件柜，存放备用台账与历史台账。历史台账按工作内容分类装档案盒。按照输水调度业务将中控室十大自动化调度系统进行功能分区）；统一来访人员出入管理（登记台签、进出须知提示牌、规范使用鞋套机）；统一着装（蓝色大褂）。

【调度人员上岗培训】

管理处制定《焦作管理处岗前培训制度》，输水调度值班人员上岗前需经过岗前培训，建立履职能力档案，培训及跟班实习期满后进行考核，考核合格后管理处下发岗位聘任书，严格实行持证上岗制度，确保调度人员具备履行岗位职责的能力。岗前培训制度和调度人员履职能力档案得到河南分局的首肯，并被作为样本进行全局推广。

编制《焦作管理处输水调度培训教材》，定期组织培训，保证每名调度人员都能熟悉辖区工程设施、设备的名称、功能，全方位了解辖区内工程情况，同时加强考核，提高调度人员业务素质。2016年焦作管理处共进行22次培训，共计394人次，提交学习心得

276份。加强调度人员素质管理。统一制作调度人员素质手册，内容包括输水调度岗位职责、个人基本情况、上岗情况、后续教育记录、奖惩情况、季(年)度考核结论及能力评价相关内容。持续反映输水调度人员岗位工作及履职情况，为输水调度后续人才选用提供支撑。《焦作管理处输水调度培训教材》得到分调中心的认可，并被作为样本在河南分局推广。

【落实日常调度工作标准】

执行《工作标准》及《输水调度作业指导书》组织开展交接班、指令复核与反馈、水情数据采集与上报、调度数据监控、运行日报编写与上报、流速表统计上报、开度尺与水位尺数据复核、台账资料整理等日常调度工作，确保数据正确，行为标准，记录规范。

建立每日工作清单销号制度　按中控室调度值班工作内容序时编制每日工作清单，完成后打钩销号，以规范中控室调度值班人员工作行为，避免遗漏和缺失。每日工作清单销号制度得到河南分调中心的肯定，并作为模板进行全局推广。

建立调度信息日报制度　为及时沟通信息，提高整体工作效率，中控室当值夜班人员每日将前一天调度工作相关情况进行分类汇总，每日8:00前形成调度信息日报报管理处负责人，白班人员负责跟踪相关问题处理进展。日报内容包括：水情信息、设备设施问题、已完成事项、未完成事项、调度值班情况、重要事件及来访情况。调度信息日报制度得到河南分调中心的认可，并被作为样板全局推广。

建立中控室来访和检查管理制度　对《中控室进出管理办法》进行专项解读，将中控室出入人员分为工作人员、参观人员、检查人员、其他人员四类。进入中控室前，当班值班长提前告知来访、检查人员进出中控室注意事项，经登记穿戴鞋套后引导进入中控室。当班值班长负责介绍中控室输水调度工作情况。

规范调度交接班　按照工作标准要求，设置调度交接台，规范调度交接班程序，编写调度交接班销号清单，按照清单内容，交接班值班长分别带领交接班人员在值班场所列队，各岗位人员一一对应，面对面开展交接班工作。在工作标准要求的基础上，细化交接班记录内容：调度运行整体情况（节制闸分水闸闸门开度及水情信息）、接受指令情况、报警处理情况、需要强调注意的事项、有关领导的指示和要求、调度相关台账、收发文件等，使调度交接班记录更加完善。

信息编制和报送　按照时序编制输水调度工作每日清单，根据表格提示中控室值班人员完成相关调度信息报表并及时上报，同时，中控室将调度台账填写说明及调度系统使用须知统一汇总，编制成册，指导调度值班人员规范填写，确保调度信息报表准确无误。中控室调度值班人员能够熟练编制各类调度信息报表，按要求及时上报相关调度信息报表。2016年中控室收文375份，发文119份，故障登记27份，闭合25份，正在跟踪落实2份。截至11月30日，中控室共收到564条调度指令，1398门次。全部实现顺利执行和反馈。

【工程维护及新增项目建设】

按照"经常养护、科学维修、养重于修、修重于抢"的工作原则，焦作管理处按照中线建管局下发的南水北调中线干线工程土建和绿化共维修养护工作内容手册（试行）要求，在实施过程中做到"安全可靠、注重环保、技术先进、经济合理"。河南分局强推标准化渠道创建项目，焦作管理处创建2段单侧7.8km，成为第一批创建的渠段。

建立工程维修养护组织机构，编制维修养护制度，建立维修养护管理体系。对上级下发的工程维护制度及时组织学习。按照中线建管局、河南分局的要求，结合焦作段工程实际编制南水北调焦作管理处2016年维修养护计划，根据要求及时上报各类日常项目维修养护计划。根据上级部门下发的关于土建绿化维修养护相关制度，结合焦作段的实际情况对相关制度文件进行细化，编制有针对性、可操作性的现地管理处执行文件。在实施过程中加强对工程维护单位的管理，工程维护单位进场后及时进行安全交底、技术交底，及时发现并解决工程缺陷，收集维修养护相关资料（含影像），对于各级检查发现的质量问题及时整改落实。

开展"分段护渠责任制"。根据"经常养护、科学维修、养重于修、修重于抢"原则，以日常维护的总价项目为依托，固化主体、整合内容、减少界面、强化管理，落实《南水北调中线干线工程土建和绿化共维修养护工作内容手册（试行）》标准，实现"以问题为导向，主动发现问题，积极解决问题"的总体要求。

研究适宜焦作段各类地形生长的不同草种，分片、分层、分类种植。探索在不同土质、地下水位、光照强度下的维护标准，合理划分养护区域，对各区域采取不同的养护方法，阶段性完成边坡草体"以养代除"新管法。

按照上报的工程维修养护计划，对焦作段范围内的建筑物、桥梁、渠道衬砌板、边坡、截流沟、渠道除草、补植，闸站园区绿化维护，渠道沿线环境保洁，闸站保洁，新增围网、标识牌维护等进行维修养护。在平时的工程维修养护中做到及时有效，加强质量、安全、进度、合同管理，完成全年的维修养护计划，全年的工程维修养护预算得到全面落实。2016年焦作段通过标准化的工程维修养护，建立标准化渠道，汛期通过有效的维修养护及时化解工程风险，确保安全度汛。2016年焦作段经历"7·19"等历次强降雨，焦作段未出现边坡滑塌现象，经受住汛期的考验。

【信息自动化管理】

2016年落实河南分局强推闸站标准化建设和信息机电规范化完善项目，进一步实现器材摆放统一化、设备巡视路线统一、制度牌、设备、设施标识标牌统一，巡查巡视记录格式化。在健全制度规范的基础上，持续加强日常巡查和运维人员的管理，制定运维单位考核细则，加强巡检维护，进行应急推演，使辖区内信息机电自动化设备保障有力，调度系统运行更加安全可靠。根据《河南分局现地闸站第一批规范化建设项目培训会》要求，焦作管理处开展招投标工作，督促中标单位按照要求制定、安装设备标识牌。自动化专业共安装各类大小标识牌600余块：制度牌15个，各类结构、示意图标牌60个，设备名称牌232个，各类小标牌230个，线缆挂牌60个。

【机电金结管理】

2016年落实中线建管局强推"金结机电岗位规范化建设"、"闸门启闭演练"、"关键操作岗位持证上岗"、"应急项目抢险演练"四个项目，发布18项机电金结专业相关标准化规章制度。河南分局强推闸站标准化建设和信息机电规范化完善项目，进一步实现闸站器材摆放统一化，规划设备巡视路线，规范制度牌、线路示意图、设备设施标识标牌4794块，实现巡查巡视记录格式化，各类巡查巡视记录表78个；完成电缆防火保护248m，配备电缆沟盖板开启工具60套，规范闸站制度牌安装标准、设备巡查记录表存放栏资料存放标准。在健全制度规范的基础上，持续加强日常巡查和运维人员管理，制定运维单位考核细则，加强巡检维护，进行应急推演，使辖区内机电金结设备保障有力。

【安全监测】

安全监测是中线建管局2016年强推项目，焦作管理处主要推进"安全监测"、"膨胀土渠段安全监测"项目。经过规范化活动，安全监测组织高效，外观作业管理安全规范，监测设备维护稳定，数据采集和初步整理分析数据准确，异常判别、处置及隐患发现有效及时，处置得当。焦作段工程安全监测范围包括26个渠道监测断面、8座河渠交叉建筑物、3座分水口门、2座退水闸。主要监测项包括渗流观测，沉降观测，位移观测，伸缩缝开合度观测，应力、应变观测，土压力观测，边坡变形观测。

焦作管理处安全监测工作由主任工程师分管，工程科科长直管，共有安全监测内观人员5名，各项观测设备38台，配置观测车辆2台，人员及资源配置满足日常观测要求。制定安全监测作业流程图，规范安全监测从数据采集、整理、分析到月报的编制和提交流程。膨胀土段安全监测设施全部完成。增设安全监测水平位移114个。截至2016年11月内观数据观测50次，累计观测仪器数量119952个；外观测次11次，累计观测工程量次17973。每月对内、外观资料进行系统分析，并提交上月的安全监测整编数据库和分析报告。2016年度完成安全监测月报11份，外观月报11份。监测过程中所产生的相关资料定期归档。

建立外观作业人员管理机制，组织召开安全监测月例会，每周对外观作业单位例行检查，检查内容分为外观内业和外业两个方面，通过对外观作业过程进行跟踪检查，按月形成检查记录，对外观内业资料，管理处要求每周将观测数据以电子文档的方式上传在专用的云盘中，每周进行检查，核对是否存在漏测误测以及提交的外观数据是否完整。截至11月对外观单位检查40次，并形成检查记录。制定安全监测规范10种，共21册，编制《安全监测岗位规程规章汇编》，不定期组织安全监测学习，分别采用自学、聘请专家讲课，组织考试等方式增强安全监测人员的能力。2016年聘请专家讲课2次，组织安全监测知识考试3次。

【水质保护】

严格依照规范持续加强日常巡查和日常监控，强化污染源防控、漂浮物清理，编制应急预案、储备应急物资、提高应急保障能力，水质长期稳定在Ⅱ类水以上。

水质监管　辖区内水质观测点设施标示牌完整无缺。为规范对外单位水质采样的管理，制定《焦作管理处水质配合采样制度》。2016年巡查过程中，未发现私自采样行动，未有配合采样工作。

日常巡查及管理　按照中线建管局《污染源管理办法》《水质保护日常监控规程》，组织工程巡查人员对辖区内3座左岸排水建筑物、2座排污廊道，48座跨渠桥梁，13处21个点的污水进截流沟，以及保护区内污染源开展全面巡查工作，不留死角，每天巡查一遍。按照《焦作管理处工程巡查手册》及上级规章制度要求，对发现的水质类问题进行记录并上报，水质专员将上报的问题核实后记录到水质问题台账。

水环境日常监控　按照中线建管局《水质保护日常监控规程》开展工作，闫河节制闸值班人员每天10时、15时在水质观测点进行浮游生物网捕集观测工作，观测记录水体中藻类颜色及变化状态，每日16：00前上报河南分局水质保护中心观测结果，每月装订成册。2016年完成浮游生物捕集观测工作660余次，浮游生物捕捞日志11册。

渠道内垃圾清理　规范渠道内垃圾清理工作，依据中线建管局《水质保护专用设备设施管理办法》，编制《焦作管理处渠道垃圾清理规程》，明确垃圾打捞责任人为安保单位，沿线设置垃圾打捞点15处，每天一次进行打捞，大风等天气加密频次，建立《焦作管理处垃圾清理记录表》并每日更新、每月收集存档，保证渠道水面清洁。

污染源管理　按照中线建管局《污染源管理办法》，管理处开展日常巡查和专项巡查，按照要求建立污染源台账。规范信息保存和管理，对污水进截流沟情况每月收集存档一张照片，并上报河南分局。对发现的污染源致函地方相关部门，协调解决污染源问题。累计发函6次，开展水污染问题协调会10余次，辖区内原有污染源44处，2016年处理23处，剩余21处正在协调处理。

水质应急物资储备　焦作管理处水质应急物资仓库2016年共储备10余种水质应急机械设备和物资。按照中线建管局《水污染应急物资管理办法》，建立焦作管理处水质应急物资台账，详细记录应急物资出入库情况并及时更新，参加上级组织水质应急物资使用培训，掌握水质应急物资使用方法，提高突发水污染事件应对能力。

开展水污染推演和知识培训　组织开展水污染推演、水质安全基础知识培训工作，累计开展各类水质安全培训教育4次，编制《焦作辖区水污染应急演练方案》，并于2016年9月5日组织开展应急演练，及时对演练进行总结。

【工程维护项目验收】

根据《南水北调中线干线工程维修养护项目验收管理办法（试行）》，编制《焦作管理处工程维修养护项目验收管理办法（试行）》，成立验收工作组，细化验收程序。

全面整治活动期间委托黄河工程咨询监理有限责任公司负责焦作管理处全面整治活动期间13个项目现场监理管理。汛前维修养护项目实施阶段现场没有监理单位，由管理处行使建管职能和监理职能。

2016年焦作管理处土建和绿化维修养护共完成18个合同项目的验收工作，其中全面整治活动中的项目13个、日常运行维护项目5个。2016年焦作管理处没有专项项目和应急项目。焦作管理处固定人员配合定额修编工作，按要求配合定额测定信息采集及定额修编工作。参加中线建管局组织召开的维修养护定额使用情况交流会，咨询运行维护期间使用维修养护定额中遇到的问题，同时对定额的修编给出中肯建议。

【工程验收】

配合组织开展设计单元工程完工验收。参与焦作2段（委托建管项目）安全监测合同验收。9月20日焦作管理处参加焦作2段安全监测施工标段施工合同工程验收，签署验收意见和履行验收组成员的职责。完成焦作2段（委托建管项目）5个土建标段工程实体移交接管。5月17日根据中线建管局和河南分局相关规定，焦作管理处完成焦作2段工程实体移交工作，代表签署移交意见和履行工作组成员的职责。参与焦作2段设计单元（委托建管项目）工程档案项目法人验收。10月28日～11月2日焦作管理处参加河南省南水北调建管局焦作2段设计单元工程档案项目法人验收。组织焦作1段设计单元工程档案专项验收。10月31日～11月4日，完成焦作1段设计单元工程档案专项法人验收。评审组对焦作1段设计单元工程工程档案管理给予很高评价，基本达到规范化管理水平。配合开展武陟至云台山高速公路项目南水北调跨越工程交工验收。11月15日焦作管理处派员参加武陟至云台山高速公路工程交工验收。

配合中线建管局河南分局郑焦片区尾工办的各项工作，推进跨渠桥梁竣工验收准备工作。建立和完善跨渠桥梁验收准备组织机构，充实工作人员，明确责任人与工作联络员。协调解决焦作管理处跨渠桥梁运行管理过程中的不规范问题。

【应急抢险】

应急抢险管理是中线建管局强推项目，开展"应急管理""膨胀土渠段维护及应急抢险""应急项目抢险演练工作"工作，通过开展规范化活动，健全各项应急预案和现场处置方案，演练与推演相结合，强化预案落实，排查风险隐患，突发应急事件处置经验和能力得到明显提升。开展突发事件预防工作，组织排查工程突发事件危险源和各类隐患，建立突发事件危险源台账，共列入危险源台账14处。

2016年组织修订完善防洪度汛应急预案、调度应急预案、水污染事件应急预案等3个预案和突发事件现场应急处置方案，预案中新增风险项目应急抢险处置布置图、电力保障措施、通信保障措施，标示应急抢险路线图，使应急预案具有操作性、针对性和实用性；同时将预案、方案报河南分局及相关部门备案。

【防汛度汛】

按照度汛方案开展防汛度汛工作，度汛方案及时报地方部门备案，建立联络机制，汛期结束及时总结经验教训，修订防汛风险项目，完善度汛方案。汛期及时组织巡查人员进行日常巡视，每半月组织开展一次汛期专项排查。按照防汛值班制度要求，规范防汛值班工作内容和值班要求，启用规范的值班记录表，防汛日报、记录规范全面。

按照"抢早、抢小"的原则，组织开展水毁项目、淤积部位等影响防汛安全问题的维护工作，焦作段2016年水毁项目共10项，有9项完成修复，剩余1项待设计方案确定后实施。

2016年汛期，接到中线建管局预警2次，防汛I级响应1次，焦作管理处全体人员进入待命状态，各应急抢险工作岗位人员迅速到位，按照人员分工，立即布置各组各岗工作任务，随时应对可能发生的险情。

【发展规划】

焦作段是南水北调中线工程唯一穿越主城区的渠段，作为工程形象、管理特色及创新发展的重要展示渠段，焦作管理处把创新发展作为工作重要导向之一，配合上级机构组织开展的各项发展规划工作，同时结合自身特点创新利用区位优势，谋划各类资产及资源的开发，取得初步成效。

编制管理处2016~2025发展规划　组织编制《南水北调焦作管理处2016~2025发展规划》（初稿），对焦作段发展现状及趋势分析、发展思路及原则目标、2016~2025管理处建设任务、发展保障及具体措施等进行初步分析和规划，2016年管理处正在根据中线建管局发展总体要求及焦作市地方政府规划情况进行完善和补充。

配合编制旅游开发方案　按照中线建管局对焦作段区域工作规划的安排部署，利用焦作段可旅游开发资源，编制《焦作管理处"南水北调开放方式渠段"旅游带项目开发方案》，结合焦作市政府绿化带规划方案及开发现状，与焦作城区段绿化带项目总体设计的"一轴、两带、七桥、八景、十园"相结合。对拟开发开放式渠段旅游资源项目进行可行性分析，初步规划该旅游资源项目规模及内容。

利用城区段特点盘活各类资源　利用城区段人口密集，宣传受众广的特点，焦作管理处先行先试，先后完成闫河倒虹吸文化长廊及白马门河倒虹吸、翁涧河倒虹吸等主要建筑物的屋顶标识建设和亮化工程，收到良好效果，不仅成为亮丽风景，而且发挥城区段的社会宣传功能。

多种形式利用土地资源　利用沿线土地资源，统筹规划，合理布局，在不影响工程运行安全、水质安全的前提下，对白马门河倒虹吸进口右岸、闫河倒虹吸、普济河倒虹吸、苏蔺分水口、白庄北公路桥左岸、聩城寨退水闸、纸坊河倒虹吸附近的闲置土地进行规划利用，苗圃累计种植苗木52727棵，长势良好，为下一步实现经济创收打下基础，土地规划利用取得初步成效。

【采购管理】

《南水北调中线干线工程建设管理局建设期运行阶段采购管理办法（试行）》（中线局计〔2016〕115号）、《南水北调中线干线工程建设管理局现地管理处非招标项目采购管理工作手册》下发后，焦作管理处对采购相关制度装订成册，并组织进行全员学习，在汛后项目采购中严格执行各项流程，持续加强过程控制，明确责任分工，建立采购自查台账，采购管理依法合规。

焦作管理处2016年度日常运行维护项目共计采购11个标段，合同总金额467.01万元，其中采用竞争性谈判采购共计7个标段，合同总金额421.94万元，采用询价采购共计4个标段，合同总金额45.07万元。管理处竞争性谈判采购、询价采购采购文件齐全，过程资料记录清晰，成果文件归档规范。

【计划管理】

2016年开展规范化活动，焦作管理处计划合同管理更规范、更系统、更标准化。做到工作严谨完善，年度计划编制规范合理、执行到位，统计管理数据准确，合同管理制度健全，合同程序审签规范完备，价格制定依据充分合理，变更定性准确处理合法合规。

为规范计划管理工作，提升经营管理水平，促进科学发展，依据《南水北调中线干线工程建设管理局计划管理办法（试行）》（中线局计〔2016〕47号）和《关于印发〈河南分局计划管理实施细则（试行）〉的通知》（中线局豫计〔2016〕223号），焦作管理处编制《焦作管理处计划管理实施细则（试行）》，并遵照执行。焦作管理处按要求及时报送2016年度计划，2016年11月初上报2017年度计划。2016年度按照河南分局批复计划投资费用及时编制实施方案，在执行中建立计划执行台账，按要求对年度计划执行情况进行分析和总结。截至11月底2016年度计划完成投资268.20万元，计划执行率65%。

【统计管理】

依据《南水北调中线干线建设管理局河南分局统计管理办法（试行）》和《南水北调中线干线建设管理局计划管理办法（试行）》，焦作管理处建立月度统计执行台账，并定期进行更新。2016年度结算台账11期，零星用工统计台账9期，及时进行年度统计总结分析。同时在日常工作中配合河南分局要求及时准确报送各类统计数据。按要求及时组织编报年度统计总结分析。2016年度河南分局建立计划统计系统，焦作管理处统计管理数据信息可在河南分局计划经营处统计软件系统中查看。

【合同管理】

2016年焦作管理处印发《关于进一步规范价格管理工作的通知》，成立焦作管理处合同管理领导小组，规定价格管理工作流程、定价程序，明确定价依据，规范价格制定过程。竞争性谈判询价、项目控制价会签文件。2016年焦作管理处成立合同财务科，并配置具备一定经验的合同管理人员。结合管理处实际情况，依据中线建管局和河南分局相关文件，编制各类合同管理制度和实施细则，并依照实施。合同台账分类整理归档，及时更新。按照要求资料整编规范，文件清晰齐全，汇总成盒。

建立月度统计制度，定期更新结算台账，形成投资控制指标的预警机制；所有项目实施前均上报河南分局审批，及时申报立项，履行合同立项程序。然后进行编制预算控制价，费用编制依据国家行业颁布的定额进行计算，程序完备，费用估算无偏差；各实施项目按照非招标采购办法选择供应商，经过合同谈判及立项会签过程，最终签订合同，合同订立行为符合合同管理办法规定，并根据合同约定条款进行支付。在合同执行过程中，焦作管理处及时更新各类台账，建立合同到期预警机制。2016年度焦作管理处日常维护和专项项目无变更索赔发生。

【人力资源管理】

人力资源管理工作，中线建管局强推"关键岗位持证上岗""全员身份识别""员工素质手册"项目，并开展闭卷考试、技能比武、实操考试、工作记录展评等专项活动。焦作管理处建立"一岗一册"，通过"以考代训"、"以出题促学习"，提高学习效果，全体干部员工向现场下沉，实际参与巡视、填写记录、动手操作，提高对规范的掌握和动手能力。

2016年，共参加上级单位及管理处内部组织的各类培训77次，其中综合类培训15次，合同财务类培训8次，工程类培训26次，信息机电及调度类培训28次。职工轮流讲课。管理处通过不断的培训及实操的培训方式，全体员工的工作技能以及业务能力方面有很大的提升，取得二季度考核优秀管理处、输水调度知识竞赛二等奖等奖项。

制定并颁发《焦作管理处员工劳动合同管理实施细则》，规范对员工劳动合同的管理，劳动关系和谐，员工精神面貌良好。管理处机构设置到位，建立职工信息档案，根据每个员工所学专业、工作经历、培训经历以及性格特点，制定《焦作管理处规范人员岗位职责分工的实施细则》，岗人配置更加合理，整理各岗位规程规章汇编成册并印发，实行"一岗一册"，使每个员工对自己工作岗位的工作内容、岗位职责及相关规程规章更加清楚，执行考勤制度，采用考勤打卡机准确记录人员每天的考勤情况，加强员工考勤管理，严格执行请销假制度。2016年，各专业持证上岗共69人次，其中规范化建设类16人次，安全监测类12人次，安全生产类4人次，电工进网作业许可证5人次，档案管理类3人次，工程巡查、维护及穿跨越管理类14人次，水质管理类3人次，合同管理类2人次，金结机电类3人次，消防类2人次，自动化管理类1人次，风险管理类2人次，宣传类2人次。

【档案验收】

2016年，组织对各参建单位文件的产生、收集情况进行检查和指导，督促有关档案法规、制度和要求的贯彻落实。在档案整编过程中，焦作管理处由专人负责对参建单位进行档案整理情况的指导，对各参建单位文件材料形成的固有规律及工程建设实际情况把关审核。截至2016年，焦1段工程共整理G类档案1145卷，Y类档案11卷，C类档案2卷，J类档案1086卷，S类档案4152卷，A类档案217卷，D类档案22卷。为保证工程资料完整安全，直管项目焦作1段工程各参建单位预验收之后的工程档案交由管理处集中保管，管理处保持各个参建单位档案保管库房的独立性，并安排专人负责保管工作。

2016年10月31日～11月3日，由中线建管局组织国务院南水北调办专家组成员对焦作1段工程档案进行项目法人验收。建管档案验收有序进展，运管档案建设起步，档案室硬件建设基本到位。

【科室管理】

焦作管理处实行员工月考核制度。每月综合科按照员工考核表对管理处员工的11项工作进行打分，将考核结果用于年终考核评先。

各科室深化技能培训，组织学习、专家讲解、现场实操、考试评优。按照河南分局要求每月至少组织3次培训，员工在机电操作、自动化维护、安全监测、应急抢险、防汛度汛、调度值班、合同管理、工程巡查、资料整理、公文写作等方面的专业技能不断提高。按照河南分局要求对运行维护单位实行每月一考核，考核成绩扣分项在合同支付时体现，以严格管理促精细化维护。科室内部进行"一专多能"培训。各科室内部开展"专题活动月"活动，分阶段对科室内所涉及专业技能进行学习，各专员对本科室人员"集中授课"，并邀请领域内专家对专业工作进行检查，以达到员工能应对所在科室全部专业的工作，践行"一专多能"的要求。

【党建工作】

开展党建工作，加强思想建设、组织建设、作风建设、制度建设、反腐倡廉建设、纯洁性建设，严格落实"周四党学习日"，全体党员集体学习，并按照"两学一做"学习计划开展党组织活动。

（李华茂　宫亚军　刘　洋）

辉县管理处

【工程概况】

南水北调中线干线辉县段位于河南辉县市境内，起点位于河南省辉县市纸坊河渠倒虹工程出口，终点位于新乡市孟坟河渠倒虹出口，渠段总长48.951km，其中明渠长43.631km，建筑物长5.320km。建筑物主要类型有节制闸、控制闸、分水闸、退水闸、左岸排水建筑物及跨渠桥梁等，其中参与运行调度的节制闸3座，控制闸9座，为中线建管局最多。

【运行管理】

2016年，辉县管理处依据中线建管局《南水北调中线干线工程运行管理规范化建设实施方案》和河南分局《南水北调中线建管局河南分局运行管理规范化建设组织实施方案》，分阶段、定节点，学习贯彻规范化强推项目，梳理完善标准建设试点项目，全力开展抗洪抢险工作，及时组织汛前项目验收和汛后项目实施，大力推进缺陷整改，开展"两学一做"活动，全面完成2016年度工作任务。

【工程效益】

自通水以来截至2016年底，辉县管理处累计向下游输水429179.81万m³，其中2016年输水255582.61万m³。辖区内的郭屯分水口自2015年5月供水以来累计向新乡市获嘉县供水1111.59万m³，其中2016年供水786.32万m³，受益人口达7万人。

【抗洪抢险】

应急响应和先期处置得当，受到中线建管局表彰。2016年受"7·9"特大暴雨影响，辉县管理处管理范围内杨庄沟排水渡槽发生重大险情。险情发生后，管理处及时上报，并立即启动洪涝灾害应急预案，开始抢险先期处置工作，河南分局、地方政府、部队官兵和应急抢险人员协作抢险，成功应对杨庄沟排水渡槽险情，使突发事件未对全线供水造成影响，未发生人员伤亡。相关工作得到中线建管局的表彰，被授予"抗洪抢险先进集体"。

【安全生产】

细化内容，明确标准，安全生产检查取得实效。2016年依据《南水北调中线建管局安全生产检查制度》《南水北调中线干线现地管理处专（兼）职安全管理人员工作手册》相关制度，辉县管理处对日常安全生产检查相关表格进行完善，对综合安全管理、输水调度等十个项目进行细化，制定安全检查表格，明确日常安全检查和定期安全生产检查各项内容。

【专项治理钓鱼行为】

安保和警务室联合执法，专项治理钓鱼行为。2016年，对沿线桥梁存在的违规钓鱼情况，辉县管理处组织警务室和安保单位联合行动，采取视频监控、重点巡逻、夜间突击措施，对违规钓鱼行为进行专项治理。经过驱离钓鱼专项治理行动，沿线桥梁部位钓鱼情况明显减少。

（俎玲玲　王存鹏　和　凯）

卫辉管理处

【工程概况】

南水北调中线干线卫辉管理处所辖工程起点位于河南省新乡市凤泉区孟坟河渠倒虹吸工程出口（桩号Ⅳ115+900），终点位于鹤壁市淇县沧河渠倒虹吸出口导流堤末端（桩号Ⅳ144+600）。所辖段总长28.78km，其中明渠长26.992km，建筑物长1.788km，渠段起点设计水位98.935m，终点设计水位97.061m，总设计水头差1.874m，渠段设计流量250~260m³/s，加大流量300~310m³/s。渠段内共有各类建筑物51座，其中河渠交叉建筑物4座、左岸排水建筑物9座、渠渠交叉建筑物2座、公路桥21座、生产桥11座、节制闸1座、退水闸1座、分水口门2座。

【管理理念】

卫辉管理处围绕"以规范化管理确保安全生产"工作目标，按照"干什么、怎么干、谁来干、干不好怎么办"的规范化要求，坚持规定动作做到位，自选动作有创新，推动规范化建设各项工作，取得明显成效，工程面貌有新的形象、日常管理行为日益规范、突发事件处置能力有较大提高。2016年，卫辉管理处按照"稳中求好、创新发展"的总体要求，落实河南分局2016年工作会"早、快、精、优、准、硬、严、实、好、强"十字方针，通过规范化管理，保安全、稳运行、提形象。

【工程效益】

卫辉管理处老道井分水口2016年度向新乡市区分水7115.65万m³，温寺门分水口2016年度向卫辉市分水2062.64万m³，卫辉管理处香泉河节制闸过闸流量246708.2万m³。

【抗洪抢险】

"7·9"暴雨，及时抢险，处置到位。2016年7月，管理处辖区内经历多次降雨过程，特别是7月9日特大暴雨，水毁严重，现场发生166处滑坡、截流沟冲毁、排水沟倒塌、围网倒塌、排水沟淤堵，卫辉管理处在河南分局防汛抢险3标不能及时进场的情况下，调动全部资源，举全处之力，迅速组织汛前维修养护项目施工人员进场抢险，全处员工加班加点，取消休息，在7月19日暴雨到来之前，全部完成水损项目先期处置任务。辖区内排水沟全部疏通完成、水毁截流沟全部修复完成、滑塌部位全部用彩条布覆盖、一级马道排水沟横向支撑施工完毕、防护网全部修复完成。由于修复处置及时、措施得当，"7·19"特大暴雨未造成损失。

【安全生产】

规范安全生产管理，加强安全意识，及时发现安全隐患，明确安全责任和要求。根据《现地管理处专（兼）职安全管理人员工作手册》的要求，组织全体员工开展岗位安全周自查工作，检查过程中发现的安全隐患，形成安全检查记录，制定整改计划及整改时限，汇总至安全专责处形成安全周报，并每周在安全周例会上进行通报。开展"天天说安全，事事讲安全"活动，全体员工时刻铭记安全红线，增强全员的安全意识，提高安全生产管理水平。

【创建样板闸站】

卫辉管理处在规范化建设中从细节入手，创建样板工程。香泉河节制闸从2015年整治开始，管理处严把质量关，对每项施工工艺、材料选型，坚持"创一流工程、树一流形象"原则，发明镜面电缆沟、室外复合材质盖板、铝方通监控室吊顶、柴油发电机地面不锈钢出线柜、检查孔不锈钢盖、抗风雨棚、分区场外地砖布设等优秀工艺。在规范化建设中，对巡视地贴、设备标示标牌、工器具摆放、防火包码放等项目全部由专责亲自动手或现场旁站，精益求精，创建样板，在河南分局规范化建设检查中，被誉为细节做得最好的闸站。

【建立警务室】

卫辉管理处下辖凤泉区、卫辉市两个区，外部环境复杂，违规现象时有发生。管理处与地方沟通协调，按期完成警务室筹建工作。2016年，警务室按要求配备警用器材，各种规章制度上墙，制定巡查路线，月例会按期召开。警务室自6月23日成立以来，处理相关问题23项，其中处理钓鱼问题18个（没收鱼竿5个，渔网2个），打击围网内私自种地3次，破坏围网问题2次。管理处辖区钓鱼情况得到遏制，违反《南水北调工程供水管理条例》的行为明显减少。

【推行"岗位之星"活动】

为进一步加快规范化建设，全面推进管理处各项工作，提高员工工作积极主动性，以"保安全、上水平"为核心，从"贯彻执行、安全生产、问题销号、设备设施消缺、风险防范、应急处置、创新争优"七个方面，完善职工考核制度，并组织开展"岗位考核暨岗位之星"评选活动。活动方案重点完善了一是覆盖全员、全岗位；二是分类、分岗位评选；三是量化刚性考核；四是加大奖惩力度。"以考核为手段"，保证规范化活动开展。

【改进控制闸装置试点】

山庄河控制闸液压启闭机液压油渗漏自动监测系统试点是对闸门液压油系统进行监测，在没有形成油滴之前即能报警，反应时间小于10秒；老道井分水口门调节池安装简易垃圾打捞装置试点，整个打捞过程仅需两人即可完成，而且方便、快捷、安全。

【制定维护项目质量管理细则】

依据中线建管局维护项目质量管理制度，卫辉管理处率先建立细化的质量管理体系，对运行期工程维修养护施工质量出现的问题制定具体措施，加强过程控制，规范质量管理行为。明确一人专职负责质量管理，成立维修养护项目验收工作小组，制定《卫辉管理处维修养护施工质量管理实施细则（试行）》，从原材料、工序、施工单元、项目完工，实行全过程、全方位、全专业质量控制。

（宁守猛　刘洪超）

鹤壁管理处

【工程概况】

南水北调中线鹤壁段工程全长30.833km，从南向北依次穿越鹤壁市淇县、淇滨区、安阳市汤阴县。沿线共有建筑物63座，其中河渠交叉建筑物4座，左岸排水建筑物14座，渠渠交叉建筑物4座，控制建筑物5座（节制闸1座，退水闸1座，分水口3座）跨渠公路桥21座，生产桥14座，铁路桥1座。主要承担着向总干渠下游输水及向鹤壁市、淇县、浚县、濮阳市、滑县供水的任务。

渠段起点设计水位97.061m，终点设计水位95.362m，起始断面设计流量250m³/s，加大流量300m³/s，终止断面设计流量245m³/s，加大流量280m³/s。淇河退水闸设计流量122.5m³/s，三里屯分水闸设计流量13m³/s，袁庄分水闸设计流量2m³/s，刘庄分水闸设计流量3m³/s。

【安全生产】

贯彻落实安全生产规章制度，修订完善《安全生产管理实施细则》，定期组织安全生产检查，与运维单位进行安全交底并签订安全生产协议。组织开展2016年"安全生产月"活动，期间共开展安全检查及召开安全生产会议30余次，发现安全问题71项，全部整改完成；组织安全教育培训30余次，效果考试5次。

【工程巡查及问题整改】

按照工程巡查管理办法，鹤壁管理处修订完善工程巡查工作手册；对重点部位补充智能巡检点，调整巡查路线，统一巡查人员装备；组织开展学习培训10余次，考试10余次；日常通过安防系统对工程巡查行为进行检查，对工程巡查进行现场检查指导。每月安全生产检查时均对工程巡查情况进行检查，对检查出的问题及时指出并限期整改，2016年对相关问题责任人进行处罚8次。检查发现问题120个，除水面以下暂无法整改的20个问题外，均已按要求整改完毕。

【运行调度】

鹤壁管理处建立健全输水调度制度，完善调度值班方式，严格调度值班纪律，落实调度交接班要求和统一调度值班场所环境面貌。中控室调度值班人员配置到位，满足"5+5"及"五班两倒"的配置要求，建立调度值班人员履职能力档案及《素质手册》，执行每日工作清单销号制度和调度信息日报制度，落实交接班要求，调度值班场所分区明确、布置合理、环境整洁。开展运行管理标准化工作，建立基础数据库，明确使用方法及功能。规范应急管理流程，提高应急处置能力。

加强调度数据监控，落实闸站监控系统报警响应有关要求，及时上报调度数据，严格执行调度指令，按时完成信息编制和报送。围绕中控室"实施调度，监视调度指令执行情况；全程监控，监视工情、设备、水情等运行情况；随时准备应对并实施各种突发事件应急调度"3个核心功能开展工作。

【土建维修养护与绿化养护】

健全维修养护体系制度，专人负责，职责清晰。编制维修养护计划和实施方案。加强对维修养护单位管理。配合河南分局开展专项项目立项和实施工作。维修养护相关资料齐全。2016年汛前项目及专项项目完成，汛后项目正在实施。

【信息自动化与机电金结管理】

加强信息自动化制度建设，明确岗位职责分工、开展人员培训、提高应急处置能力。信息自动化专员负责辖区内设备的巡查，并对运维单位进行管理和考核，考核结果与合同结算挂钩。自动化故障响应及时，突发状况下能够快速处理问题。

按照中线建管局12项金结机电规章制度开展设备的巡查、日常维护、检修及操作，加强运维单位检修维护工作的现场监督与考核，基本实现"制度标准化，行为规范化"。在辖区内8个闸站园区设置"闸站准入管理规定标示牌"；按时开展闸门及水机设备动、静态巡视；制作安装柴油发电机操作流程、节制闸操作流程、控制闸操作流程3种共8块制度牌；根据《电缆沟、油管沟防火封堵阻火包施工技术要求》要求，完成7座降压站、4座倒虹吸闸室、3个分水口闸站、1座退水闸闸室电缆沟、油管沟防火封堵。完成张贴灭火器使用示意图113张，灭火器编号1-236号，灭火器巡查表放置236张，闸站、降压站安全通道示意图19个。安装及更换设备、线缆标牌1542块，设置电缆沟集水槽14处。

【安全监测】

2016年结合现场实际情况修订安全监测实施细则；规范资料整编要求，数据收集齐全，发现异常及时复测判断，妥善处理。定期召开安全监测工作会，对观测工作中存在的问题、观测数据和现场巡视检查发现的异常问题进行会商处置。按照相关制度要求，完成标示项目、数据采集第一批强推项目；第二批强推项目膨胀土渠段安全监测方案已印发。

【水质保护】

2016年按照要求开展水质监管、日常巡查及管理、水环境日常监控、水质保护专用设备设施运行与管理、污染源管理、水质应急管理、水质保护宣传等工作；建立渠道漂浮物清理制度；制定水污染应急预案及藻类防控方案并施行；参加水污染事件应急演练和水污染应急培训。

【工程验收及维护项目验收】

鹤壁管理处成立验收领导小组，明确相关职责。组织完成2016年度汛前维护项目1标、2标的验收工作。配合河南分局开展辖区内专项工程验收，同时加强汛后维护项目现场检查和过程控制，为汛后维护项目验收做准备。配合开展设计单元工程完工验收和跨渠桥梁竣工验收工作。

【应急抢险】

2016年进行风险项目排查梳理，编制报

备防汛方案和应急预案；健全工程防汛及工程突发事件应急管理组织机构，更新防汛风险项目防汛负责人，按照相关要求，启用规范的值班记录表，开展防汛应急值班；完善《应急管理制度》及《防汛值班手册》等制度9个，编制《防汛布防图》并上墙；组织应急培训10余次，效果考试3次。对防汛物资进行排查、补充采购，组织开展刘庄沟左排清淤应急实战。

【发展规划和采购管理】

配合完成区域工作规划的有关建议及意见，编制南水北调中线干线鹤壁段土地管理利用规划（草案），拟定土地开发合同范本，上报土地开发利用情况表。完成并上报鹤壁管理处旅游项目开发方案。

执行中线建管局、河南分局制定的相关采购管理制度、办法、细则，采购程序依法合规，未发生采购越权行为，采购及时，管理可控。2016年完成采购项目16项，其中竞争性谈判采购5项，询价采购8项，直接采购3项。

【计划合同管理】

在2016年全面整治活动中，合同内结算全部完成，合同变更初审、批复工作完成，变更结算基本完成。2016年共签订合同16个，合同总金额463万元，完成投资400万元。

【财务管理】

2016年按照相关财务制度、办法、细则开展财务工作，完成各类日常费用报销；完成基建期和运行企业物资及固定资产清查工作；建立企业物资系统账套；建立企业财务系统账套；定期参加河南分局组织的财务人员轮训。

【工程档案管理】

2016年，成立档案管理工作领导小组，健全档案管理制度和办法。安装档案密集柜，配备防虫、防火、防潮等设施；完成制度上墙、标牌安装工作；及时整理文件材料，组卷合理、排列有序；定期对档案保管状况进行检查，档案保存完好。

【业务培训】

2016年鹤壁管理处采取"学、问、考"三位一体的方式开展业务培训工作。组织开展输水调度岗前培训、日常业务学习和后续教育培训及考试；对机电金结设备静、动态巡视、设备运行原理和操作、记录台账规范填写等内容，开展集中学习培训、会议和视频课件在线学习培训；组织安全生产、工程巡查、应急管理、工程维护和绿化、水质保护等教育培训40余次，效果考试17次。2016年管理处有34人取得不同专业资格证书，满足关键岗位持证上岗的要求。

（张茜茜　陈　丹　翟自东）

汤阴管理处

【工程概况】

南水北调总干渠汤阴段工程位于河南省汤阴县境内，起点桩号K669+017.58，终点桩号K690+333.99，全长21.316km。汤阴段渠道长19.996km（含高填方渠段2.749km和深挖方段4.67km），采用全断面现浇混凝土衬砌，在混凝土衬砌板下铺设二布一膜复合土工膜加强防渗。渠道设计流量245m³/s，加大流量280m³/s，起止点设计水位分别为95.362m和94.045m，渠道设计水深均为7m，边坡系数1:2～1:3.25，底宽10.5～18.5m，渠道渠底纵比降分别为1/23000、1/28000。汤阴段渠道横断面为梯形断面。按不同地形条件，分全挖、全填、半挖半填三种构筑方式，其长度分别为5.867km、1.926km和12.203km，渠道最大挖深19m，最大填高11.5m。挖深大于15m深挖方段长度4.67km，填高大于6m的高填方段2.749km。汤阴段各类输水建筑物长1.32km。各类交叉建筑物共39座，其中，河渠交叉4座，左岸排水8座，渠渠交叉4座，铁路交叉1座，公路交叉19座，节制闸1座，退水闸1座，分水口门1座。

（杨国军）

【运行管理】

2016年是南水北调中线工程全面提高运行管理水平、提升应急管理能力，实现"稳中求好、创新发展"的关键之年。汤阴管理处围绕"以规范化管理保安全通水"这一核心任务，树立"人员要有新形象、工程要有新面貌、管理要上新台阶"的工作目标，根据汤阴管理处实际情况，开展安全生产工作，大力推进规范化建设，稳步实施创新发展，抗洪抢险告捷，坚持开展"两学一做"学习教育，各项工作都实现新的突破，形成新的亮点，取得新的成效。

【工程效益】

2016年，全年输水水量24.86亿m³，分水口门分水443.28万m³；共接收、执行输水调度指令438门次，水质持续达到Ⅱ类或优于Ⅱ类标准，工程通水运行安全平稳。

（何 琦 段 义）

【规范化建设】

汤阴管理处以问题为导向，以精细统一原则为指导，加强培训考核，对工程巡查、安全监测、输水调度、金结机电、应急管理等关键岗位开展规范化建设工作。建立岗位职责和作业手册、规范人员行为、完善规章制度。各专业岗位人员管理行为日趋规范，现场操作能力得到锻炼和检验。

【应急抢险】

汤阴管理处开展应急管理能力的建设，排查风险，消除隐患。对防汛度汛应急预案、水污染应急预案、调度应急预案进行修订完善，补充工程突发事件、群体性事件、恐怖袭击、涉外突发事件等应急处置流程，形成综合预案、专项预案、处置流程相互结合的应急处置体系。2016年汛期，汤阴段工程遭受多轮强降雨袭击，特别是遭遇"7·9"、"7·19"两次百年不遇的洪水，4条交叉河道过流超警戒水位，工程多处受损。汤阴管理处迅速组织抗洪抢险，汤阴段工程经受住暴雨洪水考验。

【工程维护】

汤阴管理处坚持"经常养护、科学维护、养重于修、修重于抢"的工作原则，引入竞争机制开展采购工作，2016年完成竞争性谈判3项、询价4项，土建和绿化工程日常维修养护规范有序开展。信息机电维护工作缺陷消除率达到100%，35kV供电系统和机电金结新的维护单位顺利交接。

（栗保山 杨国军 何 琦）

安 阳 管 理 处

【工程概况】

南水北调中线总干渠安阳段自羑河渠道倒虹吸出口始至穿漳工程止（安阳段起止桩号690+334～730+596）。途经驸马营、南田村、丁家村、二十里铺、经魏家营向西北过许张村跨洪河、王潘流、张北河暗渠、郭里东，通过南流寺向东北方向折向北流寺到达安阳河，通过安阳河倒虹吸，过南士旺、北士旺、赵庄、杜小屯和洪河屯后向北至施家河后继续北上，至穿漳工程到达安阳段终点。安阳段渠线总长40.262km，其中建筑物长0.963km，渠道长39.299km。采用明渠输水，与沿途河流、灌渠、公路的交叉工程采用平交、立交布置。渠段始末端设计流量分别为245m³/s和235m³/s，起止点设计水位分别为94.045m和92.192m，渠道渠底纵比降采用单一的 1/28000。

渠道横断面全部为梯形断面。按不同地形条件，分全挖、全填、半挖半填三种构筑方式，其长度分别为 12.484km、1.496km 和 25.319km，分别占渠段总长的 31.77%、3.81% 和 64.42%。渠道最大挖深 27m，最大填高 12.9m。挖深大于 20m 深挖方段长度 1.3km，填高大于 6m 的高填方段 3.131km。设计水深均为 7m，边坡系数土渠段 1:2～1:3、底宽 12～18.5m。渠道采用全断面现浇混凝土衬砌形式。在混凝土衬砌板下铺设二布一膜复合土工膜加强防渗。渠道在有冻胀渠段采用保温板或置换砂砾料两种防冻胀措施。沿线布置各类建筑物 77 座，其中节制闸 1 座，退水闸 1 座，分水口 2 座，河渠交叉倒虹吸 2 座，暗渠 1 座，左岸排水建筑物 16 座，渠渠交叉建筑物 9 座，桥梁 44 座（交通桥 26 座、生产桥 18 座）。

【运行管理】

2016 年是南水北调中线工程规范化建设的关键之年，安阳管理处围绕"确保安全生产"的核心任务，树立"人员要有新形象、工程要有新面貌、管理要上新台阶"的工作目标，按照"规定动作做到位，自选动作有创新"的原则，根据工程实际，找准自身定位，落实规范化建设各项工作内容，稳中求好，创新发展，取得规范化建设阶段性成果。2016 年，安阳调度令行禁止，信息反馈顺畅，工巡重点突出，水质全面监控，安全监测到位，安保措施得力，设备运转正常，土建工程维护基本到位，安全生产隐患逐步减少，工程运行管理工作取得明显成效。

【工程效益】

2016 年，输水水量 23.75 亿 m³，分水口门分水 517.89 万 m³；共接收、执行输水调度指令 352 次，水质持续达到 Ⅱ 类或优于 Ⅱ 类标准，工程通水运行安全平稳。

【以问题整改为导向建立长效机制】

对各级检查以及管理处自查发现的问题，及时建立不规范问题台账，专人负责督促整改、边查边改、立行立改，对暂时不具备整改条件的，及时制定整改措施，明确整改时限，到期销号。问题整改过程中，做到举一反三、以点及线，全面排查，触类旁通，杜绝类似问题重复发生。对问题多发频发领域，定期组织开展问题集中分析会诊，准确查找问题多发频发原因，从根源上解决和防范同类问题。对辖区内一个液压启闭机频繁发生渗油情况，经分析讨论，更换相关零部件后，再也没有发生过渗油，同时对辖区其他同类设备的相同部件进行全面排查，及时消除风险隐患。建立问题整改责任落实监督机制，定期检查问题销号情况，发现逾期未整改的，除督促加快整改外，还要对问题的整改落实责任人按照相应制度实施经济处罚或行政处罚，以问题整改促行为规范。

【以强推项目为重点关键岗位履职到位】

工程巡查严格落实巡查手册修订、巡检设备补充安装、人员装备统一、巡查记录和日志规范等规定动作，重点利用安防摄像头加强工巡人员工作情况的监督检查，发现不规范行为及时喊话纠正，保证履职到位。安全监测（含膨胀土渠段监测）按要求进一步规范工作内容、工作流程、工作标准，重点加强数据分析环节的管理，要求录入的数据要实、输出的结果要准，通过数据分析及时研判膨胀土渠段等工程重点部位是否存在安全隐患。输水调度结合样板中控室建设，严格落实强推各项要求，中控室值班人员做到人员固定、精神饱满、素质达标、行为规范、履职到位。机电金结除严格落实闸站准入管理规定、闸站值守规定、电缆沟规整及防火封堵等缺陷处理外，重点开展机电金结设备的静态和动态巡视，及时发现和处置异常情况，保证设备工况良好和正常运转，锻炼管理人员的动手操作能力。应急管理按规定要求落实防汛值班管理、汛期度汛管理、应急预案修订等规定动作，及时参加上级单位组织的各类应急演练，管理处组织开展水污染突发事件应急演练。强推项目工程准入、标识统一、持证上岗等，都按照要求及时落实到位，并融入管理处日常管理工作中，进一步规范人员行为，促进安全生产。

【贯彻标准规范化建设岗位全覆盖】

消化吸收规范化建设的各项规章制度，落实到日常管理工作中。按专业分岗位对100多项规范化规章制度进行整理汇总，装订成册，人手一本随时学习查阅；组织各专业各岗位人员开展规章制度的培训学习，全面掌握制度文件的精髓和要义。根据管理处自身情况，制定与实际工作需要相适应的实施细则或制度办法。对上级单位规章制度没有涉及的领域，管理处从规范自身管理出发，及时制定管理处的内部规章制度，实现规章制度全覆盖，无死角、无盲区，所有管理活动全部纳入制度范畴，落实"按制度办事、用制度管人"。制定落实制度执行的标准，指导各专业各岗位规范化建设的开展。工程维护严格按照维修养护办法和标准实施日常维修养护工作，创新管理方式，取得很好的效果；水质保护严格执行中线建管局下发的11个制度文件，以污染源防控为重点全面开展水质监管工作；采购管理、合同管理和财务资产管理，严格执行规章制度要求，既做到程序到位、手续完善，又能从工程实际出发合理编制采购文件、择优选定供应商、及时办理价款结算，费用控制严格，资产清查及时准确；档案管理硬件建设达标，人员履职能力满足工作要求，穿漳工程完成设计单元工程档案专项验收评定。

【以培训考核为手段提升综合素质和履职能力】

组织相关人员按要求参加中线建管局、河南分局的学习培训，对重要的制度文件，管理处结合工作实际，以集中学习、专题讨论、问题分析会等方式，组织相关人员反复开展培训学习，管理处组织调度人员集中学习输水调度管理工作标准不少于10次。管理处加强实操演练、技术比赛，鼓励跨专业跨岗位参加培训，扩大培训效果，拓宽员工知识面，提高全体人员的综合素质。中线建管局组织的首批持证上岗考试，安阳管理处获得上岗资格证的48人次中，跨专业持证17人次，跨岗位持证21人次。对新入职员工，通过岗前培训、岗前见习、考试上岗、岗中考核等方式，及时开展不同层面的入职教育培训，确保新员工快速掌握岗位技能，迅速进入工作状态。定期对工程巡查、安全保卫、维修养护等外委协助人员，组织开展业务知识、安全知识的培训学习，提高业务水平和安全防范意识。建立培训学习考试考核制度，以考促学，每次集中培训学习后，组织相应的考试。

【以自选动作为载体创新运行管理】

规范化建设过程中，安阳管理处在落实和规范规定动作的同时，自选动作力求创新、实用，解决实际问题。重点开展标识标牌规整、设备设施完善、设备设施数据库建立、标准化渠道建设、样板中控室建设、宣传标准规范、员工素质手册建立、创新日常维修养护模式、制度文件落地监控等方面的工作，取得很好的效果。

（亢海滨　王　阎）

穿漳管理处

【工程概况】

南水北调中线干线穿漳工程起点位于总干渠河南省安阳市安丰乡施家河村东漳河倒虹吸进口上游93m，桩号K730+595.92，终点位于河北省邯郸市讲武城镇漳河倒虹吸出口下游223m，桩号K731+677.73，途径安阳市、邯郸市两市，安阳县、磁县两县，安丰乡和讲武城镇两乡镇。东距京广线漳河铁路桥及 107 国道 2.5km，南距安阳市 17km，北距邯郸市 36km，上游 11.4km 处建有岳城水库。

穿漳段主干渠渠道为梯形断面，设计底宽 17~24.5m，堤顶宽 5m。设计流量 235m³/s，加大流量 265m³/s，设计水深 6.68m，加大水深 7.06m，渠底比降 1/25000。共布置渠道倒虹吸 1 座，节制闸 1 座，检修闸 1 座、退水排冰闸 1 座、降压站 2 座、水质检测房 1 座、安全监测室 1 个。

【运行管理】

2016 年穿漳管理处围绕"确保安全生产"的核心任务，树立"人员要有新形象、工程要有新面貌、管理要上新台阶"的工作目标，按照"规定动作做到位，自选动作有创新"的原则，根据工程实际，找准自身定位，落实规范化建设各项工作内容，稳中求好，创新发展，取得规范化建设阶段性成果。2016 年，穿漳管理处调度令行禁止，信息反馈顺畅，工巡重点突出，水质全面监控，安全监测到位，安保措施得力，设备运转正常，土建工程维护基本到位，安全生产隐患逐步减少，工程运行管理工作取得明显成效。

【工程效益】

2016 年，穿漳工程输水水量 24.48 亿 m³，穿漳管理处共接收、执行输水调度指令 284 次，水质持续达到 Ⅱ 类或优于 Ⅱ 类标准，工程通水运行安全平稳。

【规范化整改落实到位】

2016 年对各级检查以及管理处自查发现的问题建立台账，专人负责督促整改，边查边改、立行立改，对暂时不具备整改条件的，及时制定整改措施，明确整改时限，到期销号。问题整改做到举一反三，杜绝类似问题重复发生。对问题多发频发领域定期组织开展问题集中分析会诊，查找问题多发频发原因，从根源上解决和防范同类问题。建立问题整改责任落实监督机制，定期检查问题销号情况。

【制定关键岗位履职标准】

工程巡查 落实巡查手册修订、巡检设备补充安装、人员装备统一、巡查记录和日志规范等规定动作，利用安防摄像头加强工巡人员工作情况的监督检查，发现不规范行为及时喊话纠正。

安全监测 按要求进一步规范工作内容、工作流程、工作标准，重点加强数据分析环节的管理，要求录入的数据要实、输出的结果要准，通过数据分析及时研判膨胀土渠段等工程重点部位是否存在安全隐患。

输水调度 结合样板中控室建设，严格落实强推各项要求，重点保证中控室值班人员做到人员固定、精神饱满、素质达标、行为规范、履职到位。

机电金结 落实闸站准入管理规定、闸站值守规定、电缆沟规整及防火封堵等缺陷处理，重点开展机电金结设备的静态和动态巡视，及时发现和处置异常情况，保证设备工况良好和正常运转。

应急管理 按规定要求落实防汛值班管理、汛期度汛管理、应急预案修订等规定动作，参加上级单位组织的各类应急演练，管理处组织开展水污染突发事件应急演练。

【规范化建设岗位全覆盖】

2016 年，按专业分岗位对 100 多项规范化规章制度进行整理汇总，装订成册，人手一本，随时学习和查阅；组织各专业各岗位人员开展规章制度培训学习。

对需要进一步细化的规章制度，管理处从实际出发，及时研究制定具体实施细则或细化办法，为落实制度执行创造条件；上级单位规章制度没有涉及的领域，管理处从规范自身管理出发，及时制定管理处内部规章制度，保证规章制度全覆盖，无死角、无盲区，所有管理活动全部纳入制度范畴。

制定落实制度的标准，指导各专业各岗位规范化建设。强推项目严格按照要求落实到位，其他专业和岗位也都按照各自制度文件要求开展规范化建设工作。工程维护严格按照维修养护办法和标准实施日常维修养护工作，创新管理方式，管理效果很好；水质保护严格执行中线建管局下发的11个制度文件，以污染源防控为重点全面开展水质监管工作；采购管理、合同管理和财务资产管理，严格执行规章制度要求，程序到位、手续完善，从工程实际出发合理编制采购文件、择优选定供应商、及时办理价款结算，费用控制严格，资产清查及时、准确；档案管理硬件建设达标，人员履职能力满足工作要求，穿漳工程已完成设计单元工程档案专项验收评定。

【培训与考核】

2016年，组织相关人员按要求参加中线建管局和河南分局的学习培训，对重要的制度文件，管理处结合工作实际集中学习专题讨论，组织问题分析会。管理处组织调度人员集中学习输水调度管理工作标准10多次。管理处举行实操演练、技术比赛，鼓励跨专业跨岗位参加培训，拓宽员工知识面。中线建管局组织的首批持证上岗考试，穿漳管理处获得上岗资格证的48人次中，跨专业持证17人次，跨岗位持证21人次。对新入职员工，进行岗前培训、岗前见习、考试上岗、岗中考核，及时开展不同层面的入职教育培训，确保新员工快速掌握岗位技能，迅速进入工作状态。定期对工程巡查、安全保卫、维修养护等外委协助人员，组织开展业务知识、安全知识的培训学习，提高业务水平和安全防范意识。建立培训学习考试考核制度，以考促学，每次集中培训学习后，都组织相应的考试。

【运行管理创新】

建立设备设施基础数据库 对原有各类信息台账进行整合、优化和提升，建立设备设施基础数据库，随时掌握辖区内所有设备设施静态和动态的基础数据信息，为规范化建设提供信息支持。

开展标准化渠道建设 穿漳管理处按照河南分局标准化渠道建设要求，开展标准化渠道建设，先行先试，2016年辖区内已有3段渠道通过标准化渠道验收。

打造样板中控室 打造样板中控室，保证输水调度稳定性。开展制度上墙、台签摆放、记录要求、工作区域优化工作，开展值班人员履职能力建设，建立每日工作清单制和每日运行日报制等，各项工作任务和要求落实到位，规范值班人员管理行为。

统一规范宣传标语 辖区内宣传标语紧跟形势、贴近工程、体现特色，起到激励上进或提示风险的作用，提升干线对外形象。

建立员工素质手册 员工素质手册管理处全员覆盖，员工履职能力不断提升。

创新日常维修养护模式 单价控制变为状态控制后，绿化工程维护实现成本降低、形象上升目标，辖区内渠坡草体形象全年保持同一水平。

制度文件落地监控 通过视频监控系统和安防摄像头监督检查闸站准入管理规定、闸站值守规定、工程巡查管理办法等制度文件的落地执行。

规范渗漏油检测 在各闸站液压启闭机室率先配备渗漏油检查工具，方便规范检查设备渗漏油情况。

完善内部制度建设 加强内部管理规范化工作，制定十多项内部管理制度文件，对各类违规行为的处罚标准及措施进行细化规定，落实用制度管人管事。

（周彦军　周　芳）

伍 河南省委托段建设管理

南阳建管处委托段建设管理

【概述】

南水北调中线一期工程总干渠南阳段工程为四个设计单元（试验段、白河倒虹吸、南阳市段、方城段），属陶岔至沙河南单项工程中的一段，线路总长97.62km，位于河南省南阳市市区及方城县境内，起点位于南阳市卧龙区和镇平县分界处潦河西岸，设计桩号TS87+925，起点坐标X=3648874.350，Y=112537906.551；终点位于方城县与叶县交界处三里河村西北的三里河北岸，设计桩号TS185+545，终点坐标X=3693515.254m，Y=522719.607m。南阳段起点设计流量340m³/s，加大流量410m³/s，设计水位142.540m，加大水位143.290m；终点设计流量330m³/s，加大流量400m³/s，设计水位135.728m，加大水位136.458m。

渠道沿线共布置各类大小建筑物181座，其中河渠交叉建筑物13座，左岸排水建筑物41座，渠渠交叉建筑物15座，铁路交叉建筑物4座，各类跨渠桥梁94座，分水口门6座，节制闸4座，退水闸4座。

渠道采用梯形断面，纵坡1/25000。挖方渠段一级马道兼作运行维护道路，一般宽5m；以上每6m增设一级马道，一般宽2m。填方渠道堤顶兼作运行维护道路，一般宽5m；以下外坡每6m增设一级马道，一般宽2m。

南阳段工程共划分为18个土建施工标和6个监理标，4个安全监测标。南阳段主要工程量：土石方开挖5070.8万m³，土石方填筑2786.37万m³，混凝土190.68万m³，钢筋12.06万t，金结安装7089.2t，复合土工膜669.24万m²。工程静态总投资95.07亿元，其中工程部分投资66.03亿元，征地移民环境部分静态总投资28.83亿元，试验研究经费0.21亿元。

南阳建管处是省南水北调建管局的派出机构，内设工程技术科、质量安全科和综合科。2016年南阳建管处管理人员13人，具体负责南阳段工程的建设管理工作。对工程投资、合同执行进行管理控制，负责工程价款结算的初审，负责工程的质量安全管理和防汛工作，配合工程的征迁返还工作和上级部门的审计和稽查工作。负责工程建设的档案资料管理及统计报表的编报、变更处理、合同项目完成验收、工程档案整理检查验收准备、工程移交等方面工作。

（郑国印）

【变更索赔处理】

2016年，南阳段合同项目完成验收全部完成。南阳段工程共处理变更索赔155项，共计3.735亿元，其中变更项目141项，计3.636亿元；索赔项目14项，计997万元。

南阳市段工程合同价194432万元，截至2016年底，累计结算工程款32.35亿元，占合同额的166%。南阳膨胀土试验段工程合同价9072.067万元，截至2016年底，累计结算工程款1.56亿元，占合同额的171%。白河倒虹吸工程合同价29841.9804万元，截至2016年底，累计结算工程款3.94亿元，占合同额的132%。方城段工程合同价259066万元，截至2016年底，累计结算工程款39.58亿元，占合同额的152.7%。

【稽察审计与整改】

2016年，南阳段工程被审计的有南阳市段1标至7标，方城段4标和9标，不合规及超结的项目均以工程款结算形式全部扣回，被审计出的问题全部整改完成。

（常君洁）

【临时用地返还】

南阳段工程临时用地共有26014.59亩，包括取土场有12398.75亩，弃渣场有6457.19亩（含转永久部分），施工营地有3247.05亩，另施工绕行道路、转运料场、导流明渠等共

3911.57亩，截至2016年6月底，工程临时用地26014.59亩全部返还。

（郑 军）

【实体工程移交】

2016年开展质量问题整改，完成实体工程移交。成立工程实体移交各专业小组，召开实体移交协调会议，与南阳运管处、方城运管处反复联系沟通。对各级检查发现和运管单位巡查发现的质量问题、合同项目完成验收或单位工程验收遗留问题建立台账。对上报的整改情况进行实地复查，对整改合格的进行销号。对部分标段金结机电安装方面的缺陷进行处理。6月底完成工程实体移交。

【消防备案】

由于南阳段工程建设前期，消防设计图纸没有及时到位，加之建设工期紧，消防设计备案职责不清楚等因素造成闸站消防设计未及时备案。4月，建管处组织相关单位和南阳市消防支队到现场查看和抽检及功能测试，对闸站的消防设施进行检查验收。依据消防设计图纸和消防法规，初步认定南阳段所有消防设施满足消防使用要求。

【合同项目完成验收】

南阳段工程长97.62km，分为4个设计单元，18个土建施工标段和4个安全监测标。18个土建标的合同项目验收于2015年底全部完成。对4个安全监测标合同项目完成验收，2016年初建管处制定验收计划，8月16～19日，南阳段4个安全监测标通过合同项目完成验收。2016年，南阳段合同项目完成验收全部完成。

【桥梁竣工验收和移交】

南阳段跨渠桥梁共94座，连接国道、省道、县乡各级公路，涉及南阳市、方城县、十几个乡镇，接养单位有南阳市政管理局、市县公路局、市县交通局、县乡农村公路所等多个部门。2016年，向地方交通主管部门提出52座县、乡、村道跨渠桥梁，12座省、国道跨渠桥梁竣工验收申请，多次邀请交通主管部门专家对桥梁竣工验收准备情况进行检查指导，对验收部门提出的未进行决算、审计、桥梁管理费用等问题，正在和地方协调沟通，基本具备竣工验收条件。竣工验收前的桥梁实体质量检测工作完成。2016年12月南阳段工程所有桥梁全部完成交工验收。

【水土保持专项验收】

根据中线建管局水土保持管理办法的要求，2016年上半年，对各标段水土保持工程情况进行排查，并对水土保持工程相关资料进行收集整理。10月建管处组织召开南阳段监理、水保监理参加的水保专项验收准备工作协调会，对各方职责、任务进行明确，制定验收计划，为水土保持项目的自查初验做准备。

【档案验收准备】

南阳段工程资料档案于2015年底完成预验收。根据预验收检查反馈意见，南阳建管处督促监理、施工单位对档案预验收遗留问题进行整改，明确整改时限和质量目标，加快工程档案数字文档系统录入，整改工作基本完成。7月，建管处组织监理、施工单位到安阳段学习交流；之后，建管处组织相关人员对整改落实情况逐标段进行检查，对检查发现仍存在问题的，要求监理、施工单位整改完善。2016年建管、监理、施工单位工程档案整理工作基本结束，初步具备验收移交条件。

【膨胀土渠段问题排查】

2016年，国务院南水北调办监管中心派有关专家先后三次对南阳段膨胀土深挖方渠段进行拉网式排查，建管处对膨胀土深挖方渠段施工过程和运行期的有关情况，及今年汛期膨胀土渠段状况的原因分析和处理措施作详细的书面汇报，并对膨胀土渠段今后的运行管理提出建议。自2014年12月通水以来，安全监测数据统计分析表明，膨胀土深挖方渠段边坡处于稳定状态。

（郑国印）

【工程监理】

按照合同文件要求，根据工程特点及监理工作完成情况，2016年各监理机构人员配备满足工作需要。

监理部执行双方签订的工程施工合同中所确定的合同价、单价和约定的工程款支付方法处理剩余合同结算。按照相关规范及合同文件要求对没有结算的工程量进行审核及签认，对已完成的实物工程量进行计量或复核，对没有结算的及时结算。对工程款结算、材料预付款的合理回扣等进行审核。对设计变更严格把关，并对设计变更进行技术经济分析和审查认可。对有争议的工程量计量和工程款，采取协商的方法确定，协商无效时，由总监理工程师做出决定，及时事先征得建设单位的意见。监理机构坚持报验资料不全、与合同文件的约定不符、未经质量签认合格或有违约的不予审核和计量。

监理部根据《南水北调工程验收管理规定》《南水北调中线干线工程档案工作手册》及合同、规程、规范等相关要求，对工程监理档案资料进行整编、整理，监理机构明确档案整理职责，对监理部形成的文件进行收集、分类，然后参照工程项目档案类别及保管期限对照表进行筛分。专职档案员及有关专业人员及时会商沟通，2016年基本完成档案资料归档任务。同时督促和指导施工单位安排专职档案人员，按要求进行档案资料编制。

（于万秀）

【扶贫工作】

2016年，按照省南水北调办统一部署召开全体会议，制定扶贫工作方案，组织人员到对口扶贫地点对接。响应省南水北调办机关党委"扶贫济困，奉献爱心"为主题的募捐活动，建管处党支部成员带头捐款，干部职工参加，共收到捐款1750元。建管处联系当地交通部门，经多次沟通协调，投资近60万元的两条村村通公路落地建设。春节前夕，党员干部自发购买大米、面粉、食用油等慰问品，并带领干部职工送到贫困户家中。

（郑　军）

平顶山建管处委托段建设管理

【概述】

平顶山段渠线全长94.469km，包括宝郏段和禹长段两个设计单元。沿线共布置各类建筑物183座，其中河渠交叉13座，渠渠交叉10座，左岸排水41座，节制闸4座，退水闸2座，事故闸1座，分水口门7座，公路桥67座，生产桥34座，铁路交叉工程4座。平顶山段共分19个施工标，2个安全监测标，8个设备采购标，3个监理标，合同总金额40.35亿元。

2016年，平顶山建管处围绕《平顶山段2016年度工作目标责任书》，加大协调力度，开展尾工项目建设、工程验收、变更索赔处理、实体移交和临时用地返还等工作。

【工程运行安全管理】

建管处与各方保持密切联系，全面配合当地政府及运行管理处进行工程运行安全管理工作；汛期前与地方防汛指挥部门、运管单位、河道管理相关单位进一步明确联系方式，协助运管单位编制工程度汛方案；汛期内，领导带头，全员参加，落实24小时值班制度，密切关注雨情汛情变化，协同各方确保工程运行安全。通水以来，总干渠持续运行平稳安全。

【尾工项目与新增项目建设】

宝郏段下丁料场进场路拆除完毕，除一区排水沟尚未完成外，其余水保工程完成；十里铺西公路桥和东冯庄南公路桥引道路面维修完成；安良取土场新增水保工程设计变更通知印发较晚，因征地协调问题，边坡浆砌石尚未施工。

禹长段冀村东弃渣场水保工程土方开挖与填筑于2016年5月底前完成，并具备临时用地返还条件。完成土方开挖121.51万m³、土方填筑26.51万m³、浆砌石9711m³、排水沟预制混凝土129m³。因地方持续长期阻工，剩余浆砌石及草皮护坡无法实施；刘楼北弃渣场整理于2016年10月底完成，水保设计变更通知印发后，水保工程未施工。

【投资控制】

平顶山段两个设计单元工程累计批复投资控制指标628997万元，其中宝郏段297877万元，禹长段331120万元。截至2016年底，平顶山段工程累计办理结算608372万元，其中宝郏段结算金额269539万元（不含变更索赔预支付），禹长段结算金额338833万元（不含变更索赔预支付）。2016年平顶山段累计办理工程价款共25064万元，其中宝郏段2016年办理工程价款10100万元，禹长段2016年办理工程价款14964万元。

【合同管理】

2016年，平顶山建管处签订补充协议7份，签订金额5445.17万元。其中变更项目签订2份，签订金额482.88万元；新增尾工项目补充协议签订1份，签订金额2445.96万元；监理服务及延期类补充协议5份，签订金额2516.33万元。

【变更索赔处理】

2016年，平顶山建管处处理变更索赔220项，处理金额26870.67万元，其中179项变更处理金额25197.85万元，41项索赔处理金额1672.82万元。

宝郏段全年共处理变更索赔138项，处理金额17380.07万元，其中111项变更处理金额16862.09万元，27项索赔处理金额517.98万元。禹长段全年共处理变更索赔82项，处理金额9490.60万元。其中：68项变更处理金额8335.76万元，14项索赔处理金额1154.84万元。

省南水北调建管局印发的《剩余变更索赔台账》上，除宝郏1标的静态爆破工程变更外，现场均处理完毕。

【实体工程移交】

平顶山段渠道标及铁路桥工程的实体移交手续于2016年6月办理完毕；由省南水北调建管局委托地方行业部门实施的35kV供电工程及跨渠交通桥工程实体移交手续6月单独组织办理完毕；移交前发现的相关质量缺陷，在10月正式移交前均处理完毕。

【临时用地返还】

平顶山段临时用地共计302块24400.88亩，其中宝郏段140块12097.59亩，禹长段162块12303.29亩。

截至2016年底，累计返还301块24199.97亩，返还比例99.2%。其中：宝郏段返还140块12097.59亩，返还比例100%；禹长段已办理签证手续160块10455.88亩，5月底前经多方确认冀村东弃渣场1646.5亩已具备返还条件，返还比例98.37%。剩余禹长2标2号渣场1块200.91亩整理完成，正在协商返还事宜。

【合同项目完成验收】

2016年7月27～29日完成平顶山段2个安全监测标的合同项目完成验收。平顶山段合同项目完成验收工作全部完成。

【档案验收】

禹长段工程档案项目法人验收于2016年8月10～12日完成，验收发现问题均已组织整改；宝郏段建管档案整理已具备项目法人验收条件，项目法人验收申请已上报。

【桥梁竣工验收和移交】

禹长段55座县道以下跨渠桥梁竣工验收完成；宝郏段县道以下跨渠桥梁竣工验收申请于2016年11月16日再次报送平顶山交通局，正在与地方交通部门接洽排查，协商竣工验收前的缺陷处理工作。

【水土保持专项验收】

平顶山段水保工程项目共计划分2个单位

工程，12个分部工程。其中：宝郏段1个单位工程，6个分部工程；禹长段1个单位工程，6个分部工程。2016年宝郏段水保工程评定分部工程2个，全部合格；禹长段水保工程评定分部工程1个，合格。截至2016年12月底，平顶山段水保工程项目共计评定8个分部工程，其中宝郏段水保工程评定分部工程4个，合格率100%；禹长段水保工程评定分部工程4个，合格率100%。

【稽察审计与整改】

2016年对国务院南水北调办2015年度财务专项审计及省南水北调建管局重点标段工程量稽查发现的问题，均已及时整改完毕。

【质量管理】

2016年平顶山建管处开展剩余尾工项目的质量管理工作，发挥监理作用，对工程移交工作明确各级责任人，制定移交计划，加强移交前问题排查力度，对发现问题落实整改措施，明确处理时限；对水保工程安排专人负责，严控原材料进场，加强边坡整理、排水沟施工、浆砌石护坡、植草植灌护坡等施工工序的质量控制，继续强化过程质量检查，保证工程质量。2016年共评定尾工水保

项目单元工程61个，合格率100%。

【安全生产】

2016年，平顶山段各参建单位继续加强安全生产管理，坚持"安全第一，预防为主，综合治理"的基本方针，健全安全生产管理体系，落实安全生产措施，全力配合运管单位及当地防汛主管部门的各项工作。2016年，平顶山段未发生一起安全生产事故，施工生产安全，工程度汛安全，水质安全，渠道运行安全。

（周延卫　应利涛）

【工程监理】

平顶山段工程监理单位共有3家，分别是广东顺水工程建设监理有限公司（宝郏段监理）、江河水利水电咨询中心（禹长段渠道标监理）、河南豫路工程技术开发有限公司（交通桥标监理）。2016年，监理单位派驻现场管理人员，分别在尾工建设、变更索赔收尾、合同管理、工程实体移交、质量管理、合同完成验收、工程档案验收以及配合审计稽查等方面发挥监理作用。

（周延卫）

郑州建管处委托段建设管理

【概述】

南水北调中线工程郑州段委托建设管理4个设计单元，分别为新郑南段、潮河段、郑州2段和郑州1段，累计总长93.764km，沿线共布置各类建筑物231座，其中桥梁132座（公路桥93座，生产桥36座，铁路桥3座）。批复概算总投资107.98亿元，静态总投资105.96亿元。主要工程量：土石方开挖7913万 m³，土石方填筑1799万 m³，混凝土及钢筋混凝土182万 m³，钢筋制安98613t。郑州段工程共划分为16个渠道施工标、7个桥梁施工标、6个监理标、2个安全监测标、4个金结

机电标，合同总额48.17亿元。

【尾工项目及新增项目建设】

郑州段尾工项目有新郑南毛庄北公路桥引道加宽、郑州1段河西台沟渡槽尾水渠2项。2016年，毛庄北公路桥引道加宽工程全部完成，河西台沟渡槽尾水渠末端剩余8节箱涵征迁工作基本完成，施工单位准备进场。新增项目郑州2段3标穿石武高铁箱涵工程及潮河段1标郜庄沟倒虹吸尾水渠整治工程、穿石武高铁箱涵工程全部完工，郜庄沟倒虹吸尾水渠整治工程委托新郑市南水北调办建设管理基本完工。

【投资控制】

郑州段投资基本处于可控状态。郑州建管处涉及变更索赔暂支付整改项目12项，相应金额6325万元。按照国务院南水北调办要求，2016年9月底应扣回1897.5万元，占全额的30%，实际扣回1851万元，占全额的29.26%，在国务院南水北调办组织的专项复核中确认已经完成目标任务。

【变更索赔处理】

加快推进变更索赔处理，采取各相关单位集中办公，加快变更索赔处理效率和进度。制定变更索赔周例会制度，定期对变更索赔问题进行梳理、筛选、研判、定性，对台账项目逐个提出处理方案或销号。对争议较大的项目采取专题会研究解决，必要时邀请专家进行咨询。2016年收口台账244项，相应预估金额3.74亿元，截至12月底处理完成211项，相应结算金额0.96亿元，剩余33项主要属于共性问题的降排水变更和工期索赔项目。自开工以来累计处理变更索赔项目1794项，完成总数1827项的98%。

【稽察审计与整改】

在省南水北调办组织的变更索赔核查中，涉及郑州建管处所属3个标段的有13个问题。按照《关于对河南省委托段变更索赔项目核查发现问题进行整改的通知》（豫调办投〔2016〕16号）文件要求，召开郑州段变更索赔项目核查问题整改专题会，各有关单位对核查发现的问题进行整改。监理部对变更索赔项目核查问题进行全面核查。省南水北调办组织核查郑州段3个标段13项（新郑南段1标8项、郑州2-1标3项、郑州2-3标2项）全部完成整改；剩余施工标段，监理部组织完成核查整改工作，整改报告已经上报。

在省南水北调建管局组织的工程量稽查中，涉及郑州建管处所属3个标段的56个问题。按照《关于13个施工标段结算工程量稽察情况的通报》（豫调建投〔2016〕92号）文件要求，召开3个标段（潮河段1、7标和郑州2-2标）问题整改工作专题会，按照中介公司对各施工标段存在的问题要求逐条进行并完成整改，整改报告已经上报；对已进行结算的项目，监理部已在施工标段进行工程款结算时全额扣回。郑州建管处对所属其他标段的工程量复核工作于9月完成，整改报告已经上报。

【实体工程移交】

4月20日组织召开郑州段全体参建单位会议，对工程实体移交有关各项工作进行布置，成立"郑州段工程实体移交工作组"和所属的土建、金结机电、安全监测和永久用地4个专业组。对与移交工作有关的问题，明确责任单位、明确责任主体、研究确定整改实施主体和完成时限。郑州建管处与3个运行管理处于7月11日前全部完成移交清单的签署工作。

【工程档案项目法人验收】

郑州段涉及工程建设档案项目法人验收有37个直接管理标段和25个外委标段。建管档案整理工作于12月15日前完成，其他纳入同期验收的标段，郑州建管处已和部分建设单位达成共识，共同参加郑州段档案项目法人验收。2016年新郑南段档案法人验收完成，其他三个设计单元正在准备。

【跨渠桥梁竣工验收】

郑州建管处负责建设的桥梁86座，分属于12个移交接管单位，跨高速公路、地方交通主管和城市管理三个系统。成立桥梁验收移交工作领导小组，加强与地方桥梁管理部门沟通协调，根据工作进展情况及时对桥梁组织竣工验收。2016年完成郑州市市政管理处和城市管理系统各区接管的37座桥梁竣工验收及新郑市交通局接管的2座县道桥梁竣工验收工作。

【消防备案与验收】

郑州段4个设计单元共有30座建筑物需要进行消防备案。其中河渠交叉建筑物10

座，分水口门降压站5座，抽排泵站降压站15座。2016年，经协调新郑市公安消防部门同意接收相关备案材料，正在准备设计备案的相关材料。

【防汛度汛】

郑州段重新完善防汛预案和带班、值班制度，与3个运行管理处建立信息共享平台，随时按照上级领导和防汛指挥机构的指令配合开展郑州段防洪抢险工作。在7月19日的强降雨中，郑州2段杏园西北沟渡槽出现漫溢，得到险情报告后，郑州建管处配合河南分局开展工程除险和工程巡察。

【仓储及维护中心建设】

2016年，根据省发展改革委批复的位置调整方案，新郑市规划局出具初审意见，郑州市文物局出具同意意见书，委托文物勘探事宜和现场勘界；委托省住建厅建设规划综合报务中心编制《项目选址论证报告》；致函黄河设计公司对新选地址进行地勘和规划设计。待有关资料齐全后到省住建厅办理项目选址审批。

（岳玉民）

新乡建管处委托段建设管理

【概述】

南水北调中线工程总干渠新乡段工程自李河渠道倒虹吸出口起，到沧河渠道倒虹吸出口止，全长103.24km，划分为焦作2段、辉县段、石门河段、潞王坟试验段、新乡卫辉段5个设计单元。总干渠渠道设计流量250～260m³/s，加大流量300～310m³/s。

【尾工项目与新增项目建设】

2016年，新增项目及尾工有十里河渠道倒虹吸防洪安全防护工程、王门河左排倒虹吸尾水渠工程、西孟庄洼地处理工程、焦作2-5防洪影响项目按计划全部完成。沧河倒虹吸防护工程除1.5万m³格宾石笼护坦尚未完成外，其余项目全部完成；峪河暗渠防护工程除与中线建管局永久加固工程重复部分不再施工外，剩余工程全部完成。

【投资控制】

新乡段总投资969723.14万元，静态投资（不包含征地移民投资）729000.98万元，其中建筑工程457093.22万元，机电设备及安装8137.14万元，金属结构设备及安装10520.29万元，临时工程23082.23万元，独立费用88756.03万元，基本预备费33362.61万元，主材价差43018.84万元，水土保持4715万元，环境保护1993万元，其他部分投资8273万元，建设期贷款利息50049.54万元。

南水北调中线工程总干渠新乡段工程施工合同金额511244.83万元。截至2016年12月底，共完成工程结算661744万元，其中2016年完成工程结算19617.68万元。

【合同管理】

2016年新乡段剩余部分合同内零星项目以及竣工清理过程中的结算，主要结算金额为新批复的变更、索赔项目结算。2016年新乡段各承包人共计结算72次，涉及金额19617.68万元。

【工程变更】

2016年新乡建管处对剩余变更以及意向明确的索赔项目进行扫尾处理。截至2016年底累计完成工程变更索赔批复1483项，增加投资15.0696亿元，其中2016年完成工程变更索赔批复138项，增加投资19064万元；2016年共计审核完成变更、索赔审核127项，涉及金额47400.57万元。

2016年完成辉县4标价差审核工作，最终审批价差4272.7562万元，已办理结算手续。其他标段价差调价后是负数，没有申报价差工作，等新的价差调价标准下来后，再进行该项工作。

【实体工程移交】

新乡段对中线建管局2015年检查设计单元工程提出的问题和设计单元工程通水验收遗留问题进行整改。根据《南水北调中线干线工程委托和代建项目移交接管办法》，2016年5月，新乡段5个设计单元的渠道及水工建筑物完成向河南分局运行管理处的实体工程移交。

【临时用地返还】

按照中线建管局临时用地计划返还台账，新乡段实际使用临时用地278块，面积19919.22亩（含潞王坟试验段841.57亩）。2016年，解决大部分未返还临时用地"老大难"问题，解决多次阻工事件，主动与地方交流沟通，现场督促施工单位按规范要求整理返还用地，现场化解各方矛盾。协调地方南水北调办移交新增工程用地王门尾水渠防护工程、沧河倒虹吸防护工程用地。截至2016年12月30日，签证返还临时用地272块计19732.93亩，未返还临时用地6块计186.29亩。2016年返还临时用地8块计619.03亩。

【合同项目完成验收】

2016年新乡段完成最后2个安全监测标的合同项目验收工作。新乡段工程共19个土建合同项目全部完成验收，质量评定全部合格，其中优良17个。

【档案验收】

邀请专家对各参建单位的工程档案管理工作进行检查督导，并组织内部培训和交流活动。与档案公司签订委托合同，各参建单位配备专职档案管理人员，在场地、器材、人力等方面提供条件。2016年10月，焦作2段设计单元进行项目法人档案验收。

【桥梁竣工验收和移交】

截至2016年底，辉县段、石门河段、试验段和新卫段4个设计单元共78座跨渠桥梁全部完成移交工作（不包括省道在内的72座

跨渠桥梁已完成竣工验收）。焦作2段跨渠桥梁26座，移交24座，剩余2座市政桥梁（建设路、解放路桥）因市政部门提出的排水问题尚未移交。

【稽察审计与整改】

国务院南水北调办委托中天运会计师事务所对省南水北调中线工程建设管理局2015年度工程建设资金的使用和管理情况进行审计，国务院南水北调办以国调办财经〔2016〕107号文印发《关于河南省南水北调中线工程建设管理局2015年度南水北调工程建设资金审计整改意见及相关要求的通知》。其中，涉及南水北调新乡段工程的审计整改意见有3条，2016年全部整改到位。2015年国务院南水北调办委托省南水北调建管局对焦作2-5标工程量进行稽查，提出的12项问题全部整改到位。

【质量管理】

2016年，新乡段工程未发生质量事故，工程质量处于受控状态。质量控制的重点是新增项目及尾工建设的施工质量，新乡建管处定期组织监理和施工单位开展工程巡查，加强现场质量行为和施工质量检查，发现问题立即整改。峪河暗渠防护工程评定单元工程30个，全部合格，优良13个；沧河倒虹吸防护工程评定单元工程275个，全部合格，优良95个。

【安全生产】

2016年，新乡建管处配合中线建管局河南分局的运行管理处对渠道运行安全进行巡视和排查，落实防汛度汛措施，汛期和节假日安排人员24小时值班。加强对尾工和新增项目的监督检查力度，对施工单位和施工现场进行不定期巡查，对存在的隐患进行定期排查，发现问题立即整改。

【防汛度汛】

2016年，新乡段组织各监理、施工单位会同运行管理处对全线进行排查，开展实时防汛度汛值班工作，配合中线建管局对突发

汛情险情迅速处理，沟通协调当地及有关防汛抢险单位，共同开展防汛度汛工作。"7.9"、"7.19"新乡地区发生两次百年不遇洪灾，省南水北调办第一时间现场组织协调抢险物资，配合中线建管局防洪抢险，确保通水安全和工程安全。

（蔡舒平）

安阳建管处委托段建设管理

【概述】

2016年，安阳建管处开展尾工建设、工程质量缺陷处理、临时用地返还、变更索赔审核、专项验收工作，完成年度工作目标。安阳段工程通水以来，运行平稳。2016年"7·19"安阳特大降雨，工程经受住考验。完成安阳8标填方段渠堤裂缝处理工程；完成安阳7标杜小屯49亩弃土场的水土保持工程。

【投资控制】

安阳段工程投资结构主要是中央预算内投资6亿元，中央专项建设基金6亿元，银行贷款8亿元。2016年安阳段计划完成工程扫尾及工程缺陷消除，实际完成投资139万元。截至2016年底，累计完成施工投资18.9亿元（含已结算价差1.7亿元）。

【合同管理】

2016年安阳段工程签订《南水北调中线一期工程总干渠安阳段第七施工标段杜小屯49.5亩弃土场水土保持工程施工补充协议》，合同金额14.06万元。

【变更索赔】

2016年，安阳段采取建立台账、制定审核计划、集中办公等形式，加大变更索赔审核进度，全年共处理变更22项，金额956万元，处理索赔14项，金额216万元。截至2016年底，安阳段工程共处理变更844项，批复金额79583万元；已处理索赔36项，批复金额449万元。

【档案验收】

2016年，会同中线建管局档案馆领导和专家对安阳段档案管理工作进行检查督导。邀请专家对各参建单位的工程档案管理工作进行指导，组织内部培训和交流活动，档案管理工作取得阶段性成果。3月通过项目法人验收；11月21～26日，国务院南水北调办组织对安阳段设计单元工程档案进行专项验收前检查评定并给以肯定。

【工程验收】

2016年，推进跨渠桥梁的竣工验收工作，完成跨渠桥梁竣工验收检测，南水北调工程河南质量监督站出具每个桥梁的竣工验收鉴定报告，各参建单位完善桥梁竣工验收报告和相关资料，完成跨渠桥梁竣工验收前的各项准备工作，并向交通部门发函申请验收；完成合同验收和通水验收遗留问题的整改工作；组织水保监理、施工单位完成安阳段设计单元所有水保分部工程、单位工程的验收工作；完成施工1、2标五六渠工程的验收及移交工作；完成安阳段消防设计备案工作。

【稽察审计与整改】

2016年上半年，配合完成省委巡视组对省南水北调办的专项巡视工作，完成变更核查提出问题的整改工作。在整改过程中，安阳建管处及时组织相关单位研讨，针对专家提出的问题编制整改方案，派专人督促推进，及时完成对1标、7标变更个别项目单价的调整和签认工作，并明确将在下次结算时一次性扣回。配合国务院南水北调办组织的年度资金审计工作。在问题整改过程中，向审计人员反馈意见，对监理延期服务费预结算1000万元的情况进行说明，并报省南水北调建管局，由省南水北调建管局再次向中线建管局发函催办项目变更处理进度；对安阳段2标补充种植土变更土方开挖单价整改事项，安阳建管处与施工方进行多次谈判，最终调整了单价，扣回多支付的变更价款。

（李沛炜　骆　州）

南水北调

陆 配套工程运行管理

南阳市配套工程运行管理

【运管机构】

2016年，南阳市初步形成属地管理和专业委托相结合的运行管理模式。对技术含量相对不高的线路部分委托给县南水北调办管理；对属地管理范围界定难度较大的中心城区由南阳市南水北调建管局直接管理，运维任务暂委托给水厂；对专业性较强的泵站委托给有资质的运维单位；管理人员逐步实现由临时性向专业性转变。南阳市南水北调办2016年10月第二批招聘15名运行管理人员，11月10~16日进行入职前培训。11月30日召开全市《河南省南水北调配套工程供用水和设施保护管理办法》宣传贯彻会议，并在南阳电视台黄金时段插播南水北调专题片、南阳日报开辟专栏，组织各县区出动宣传车，在市区和工程沿线张贴省政府令，发放宣传页。2016年，南阳市2号口门至新野二水厂、3-1口门至镇平水厂、6号口门至南阳城区四水厂、7号口门至社旗水厂和唐河水厂运行平稳。

(贾德岭　赵　锐)

【自动化建设】

2016年2月，在镇平组织代建、县、乡、村等单位领导召开3-1自动化建设试点动员会议，明确各级职责，3月底完成自动化建设的试点工作。7月、9月、11月，配合省南水北调办对自动化建设工作进行督查、调研、现场线路确认，为全省自动化项目设计变更提供依据。

【供水效益】

南阳市南水北调工程运行总体平稳安全，截至2016年底，累计有5个口门开闸分水，向新野二水厂、镇平五里岗水厂及规划水厂、中心城区四水厂、社旗水厂、唐河老水厂等6个水厂供水4700万 m^3，受益人口110万人，置换当地地下水1164万 m^3。

【用水总量控制】

2016年10月，南阳市南水北调办会同市水利局组织各县区上报下一年度用水计划建议，细化到月，汇总后上报省水利厅和省南水北调办，经汇总后上报水利部。按照省南水北调办要求及下达的年度用水计划，南阳市南水北调办于每月17日前组织各县区编制下一月度用水计划建议，汇总编制《南阳市南水北调配套工程月水量调度方案》上报省南水北调办，经核准后通过《河南省南水北调受水区供水配套工程调度专用函》下达月计划。

【工程防汛及应急抢险】

受厄尔尼诺现象影响，2016年南阳市连遭几场大雨袭击，防汛工作严阵以待。4月通知相关县区进一步摸底梳理，5月初制定、上报和下发开展南水北调工程防汛工作的相关文件。5月中下旬，与市水利局协调，联合市防办对南水北调总干渠和配套工程防汛工作及中线工程防洪影响处理工程建设进行督查。通过督查，共排查出104处防汛隐患，分别以正式文件报送省南水北调办、市防办，并以领导小组文件下发各相关县区政府。8月16~24日，利用省水利系统征集"十三五"规划补充项目的机遇，把南阳市南水北调防汛隐患全部列入计划。

(王文清)

平顶山市配套工程运行管理

【概述】

按照省南水北调办对南水北调配套工程运行管理工作的总体部署，平顶山市南水北调办建立和培训运管队伍，实现由工程建设向运行管理的平稳过渡。

运行管理制度 建立对泵站、输水线路进行日常管理、维护的工作制度。定期开展用水量确认工作，协商受水单位到总干渠对计量流量计共同进行见证确认。开展线路巡查，制作线路巡查（抽查）记录表、泵站巡查（抽查）记录表下发各单位，加强对通水线路的巡视检查，发现问题及时处理。

水费征缴 2016年10月底，完成征收宝丰、郏县和石龙区水费320万元。完成年度征缴任务。自2014年12月南水北调向平顶山市老城区、石龙区、宝丰县、郏县供水4235.34万 m³，其中白龟山水库3209.16万 m³、宝丰县720.7万 m³、石龙区173.53万 m³、郏县131.95万 m³。

（张伟伟）

漯河市配套工程运行管理

【概述】

漯河市配套工程从南水北调中线总干渠10号、17号分水口向漯河市区、舞阳县和临颍县8个水厂供水，年均分配水量1.06亿 m³，其中市区5670万 m³，日供水15.5万 m³；临颍县3930万 m³，日供水10.8万 m³；舞阳县1000万 m³，日供水2.7万 m³。供水采用全管道方式输水，管线总长约120km，分10号、17号两条输水线路。静态投资约需20亿元。

漯河市南水北调配套工程共建设一个管理处三个管理所，建现地管理房12座，截至2016年底建成运行9座，还有3座正在建设当中。南水北调运行管理实行24小时不间断管理，需要值守人员全天候值守。

【运管机构】

2016年1月开始，漯河市运行管理人员全部和临时代管单位替换完毕，已通水的9个现地管理房共配备36名值守人员，8名巡线人员，建立专业运行管理队伍。

【接水工作】

漯河市南水北调供水配套工程共涉及10号、17号两条供水线路，两个分水口门（辛庄分水口、孟坡分水口）。舞阳县水厂，临颍县一水厂，漯河市二、四水厂已通水；漯河市五水厂、八水厂分别于2016年11月7日和12月12日通水。

2016年，10号分水口门舞阳县供水线路平均日用水量2.0万 m³，漯河市二水厂供水线路平均日用水量4.0万 m³，漯河市四水厂供水线路平均日用水量3.0万 m³，市区五水厂平均日用水量1万 m³，市区八水厂平均日用水量1万 m³。17号分水口门临颍县一水厂供水线路平均日用水量3.0万 m³，临颍县二水厂供水线路平均日用水量0.4万 m³。

【供水效益】

2016年漯河市南水北调配套工程主管线全部贯通，通水目标达到7个，占南水北调受水水厂数的87.5%。2015-2016供水年度全市共用水4625.90万 m³，占规划水量的44%。累计供水量6906.38万 m³，其中，舞阳县水厂累计供水1533.86万 m³，临颍县水厂累计供水1699.24万 m³，市区水厂累计供水3673.28万 m³。南水北调供水范围和效益不断扩大。

漯河市南水北调通水以来，南水北调工

程保障了沿线城市的供水安全。舞阳县、临颍县主城区自来水供水全部为南水北调水，成为新的供水"生命线"。市区二、四、五、八水厂也置换为南水北调水，南水北调水成为市区主要饮用水源。城市供水安全保障能力得到大幅度提升，地下水开采量明显减少，地下水位得到不同程度回升，地下水水源得到涵养。临颍县利用中线工程来水，建成千亩湖湿地公园，改善城市居住和生态环境。

【现地管理】

2016年，漯河市南水北调配套工程规划现地管理房12座，建成运行9座。现地管理房运行管理实行24小时不间断值守，值守人员按照制度对自动化设备、电力、电气设备的运行情况进行巡查，填写巡查记录；按调度指令操作自动化设备，进行水量适时调整；及时巡视检查并记录输水设备运行情况，对巡查发现的隐患和问题，及时解决或逐级汇报，并记录事故情况和处理经过；交接班时填写设备运行情况、设备故障情况、巡视检查发现等情况，双方共同检查核准后，办理交接班手续；制定培训方案，定期开展运行管理人员培训，提高业务水平和技能。

【水费征缴】

2016年漯河市南水北调办协调水费征缴工作并取得重要进展。根据漯河市政府主管领导的指示，2016年7月漯河市南水北调办就水费征缴问题先后到南阳、郑州、鹤壁等地市进行专题调研，提交水费征缴调研报告和初步征缴方案。漯河市政府召集市发改、财政和城投公司等单位召开南水北调水费征缴协调会，对征缴方案提出修改意见。2016年11月21日，漯河市政府常务市长、主管市长召集有关部门，对水费征缴工作进行专题研究，提出明确要求，确定基本原则和漯河市南水北调水费征缴意见。2016年底，漯河市政府常务会议研究南水北调水费征缴问题相关准备工作完成，准备提交市政府常务会议研究。2016年，加大计量水费的征缴力度，上缴计量水费156万元。

【线路巡查防护】

2016年，规范漯河市南水北调配套工程供水管道沿线巡视检查工作，漯河市南水北调办编制《漯河市南水北调供水配套工程巡视检查方案》，按照规定的巡视线路、项目进行巡视检查，及时发现工程及其设备设施缺陷、损坏等运行安全隐患，报告巡视检查事项及处理情况。配套工程输水管线巡查每周不少于2次，供水初期或汛期适当加密频次；重点部位（阀井、穿越交叉部位等）每天至少1次，供水初期或汛期适当加密频次，必要时24小时监控。现地管理房日常巡视检查每日3次，特殊巡视检查时间根据具体情况或上级指令执行。

【工程防汛及应急抢险】

2016年，开展南水北调配套工程防汛工作，漯河市南水北调建管局成立防汛领导小组，明确责任、分工负责、措施到位，实行地方行政首长负责制。编制《漯河市2016年南水北调配套工程运行管理度汛方案》《漯河市南水北调配套工程防汛应急预案》，建立防汛值班制度，坚持汛期24小时值班，制定防汛值班表。按照省南水北调办相关意见和规定，结合漯河市实际情况，与符合规定条件的漯河市水利工程处（河南大通水利建筑工程有限公司）签订防汛应急抢险委托协议，建立防汛抢险突击队。与漯河市防汛物资储备站签订防汛物资使用协议，遇有紧急情况，能快速调拨物资到达现场，进行抢险作业。

（孙军民　周　璇）

周口市配套工程运行管理

【运管机构】

随着2016年上半年周口市配套工程主线分部工程及单位工程验收，周口市南水北调配套工程开始向运行管理型转变。2015年底成立周口市南水北调配套工程试运行工作领导小组，制定周口配套工程运行管理方面管理处所岗位职责和管理制度、现地管理房值班、操作、巡查、应急管理等规章制度以及空气阀、检修阀、调流阀、行车操作规程。逐步建立当班人员日常巡查、现地管理站组织巡查和管理处进行抽查的三级管理体系。完善处、所、站三级运行管理体制，按照地域属地管理范围，明确各级运行管理职责，确保运行管理工作科学化、正规化。

【规章制度建设】

2016年，出台《周口市南水北调配套工程水量调度突发事件应急预案》《周口市南水北调配套工程运行管理制度》，其中包括现地管理房值班、操作、考勤、巡查、例会等一系列工作制度，并统一印发值班记录、线路巡查记录、操作记录、运管日志等各类记录本，运行管理制度不断完善。

【现地管理】

周口市东区现地管理房、商水管理所2016年投入运行使用；西区支线现地管理房建好，东区水厂现地管理房暂租赁彩钢房，太昊路现地管理房需设计变更。周口管理处建设施工单位已进场，预计2017年8月主体完工，10月即可建设完成投入使用。

【自动化建设】

截至2016年底，除通信光缆铺设城区内硅芯管道试通没有完成；流量计安装除商水支线一座流量井未安装外，其余5座流量井均已安装流量计，商水县管理所自动化安装完成并投入使用，周口管理所与管理处合并建设尚未建成，因此自动化建设工作未开展。

【线路巡查防护】

2016年加强线路巡查和安全防护，采取多种措施，强化责任落实。一是构建巡查信息化工作平台，组建微信群，加强信息共享，提高工作效率；二是建立线路巡查台账。针对巡查发现问题，分门别类登记在案，明确责任、专人督办、及时解决。

【工程防汛及应急抢险】

2016年的防汛抢险工作，一是明确责任。成立防汛抢险指挥部，完善行政领导和单位负责人为核心的责任体系，编制防汛应急方案；二是排查安全度汛隐患；三是落实措施。督促防汛应急抢险委托单位周口市水利建筑工程有限责任公司编制应急抢险预案，落实应急抢险人员、物资，畅通信息渠道，满足防汛工作要求。

【配套工程管理执法】

2016年，周口市南水北调办开展管理执法行动发现多起非法占压、穿越行为。12月27日，周口市区东区水厂线路末端发现电力部门非法穿越后，协调周口市水政监察支队，于12月27日、31日联合到现场进行阻止并下发处理通知书。同时，省南水北调办监督处等部门领导到周口市检查隆达电力公司非法穿越供水管道现象，制止非法穿越行为。

【岗前培训】

2016年，邀请省办运管处、设计单位、电气设备及阀件厂家等有关技术人员到周口专题授课，对运管人员进行岗前培训；参加省南水北调办组织的运行管理培训，同时组织周口市区和商水县运行管理人员分别到许昌、漯河参观学习，提高运管人员必备的专业知识和操作技能。

【水费征缴】

周口市南水北调配套工程2016年完成主体工程建设任务，川汇区东区水厂和商水县一水厂实现通水目标，工程效益初步显现。

基本水费缴纳情况 2016年6月，收到省南水北调办《关于收取南水北调工程水费的函》（豫调办财函〔2016〕11号）；2016年12月，收到省政府办公厅《督查通知》（查字〔2016〕104号）。根据《河南省南水北调配套工程2014-2015年度供水补充协议》《河南省南水北调配套工程2015-2016年度供水协议》，周口市欠缴2014-2015年度基本水费3281.33万元；2015-2016年度欠缴基本水费3708.00万元，计量水费463.60万元，合计7452.93万元。

收到催缴水费的文件后，周口市南水北调办领导主任徐克伟多次向周口市委书记和市长及分管副市长汇报水费缴纳工作，行文请示缴纳基本水费和计量水费，建议将基本水费纳入周口市年度预算，带队到周口市

财政局沟通、协调周口市南水北调工程水费缴纳。但是，由于周口市财政资金紧张、财力有限，欠缴水费7452.93万元仍在筹措之中。

计量水费缴纳情况 周口市东区水厂和商水县一水厂通水之后，2016年12月～2017年2月，商水县上善水务有限公司累计接纳南水北调供水19.5428万 m^3，应缴综合水费14.46万元；周口银龙水务有限公司累计接纳南水北调供水164.75万 m^3，应缴纳综合水费121.91万元，合计应缴纳综合水费136.37万元。

2016年周口市南水北调办向周口银龙水务有限公司、商水县上善水务有限公司下发收缴水费通知，市南水北调办银行开户、水费应缴增值税手续已经办理完毕。

（梁晓冬 朱子奇）

郑州市配套工程运行管理

【概述】

郑州市配套工程在南水北调干渠共设置7座分水口门，分别为19～24号和24-1号口门，向新郑市、中牟县、郑州航空港区、郑州市区、荥阳市和上街区供水，年分配总水量5.4亿 m^3，建设7座提水泵站、4座调蓄工程、10座新建和改造配套水厂，工程用地约8000亩，总投资约19亿元。配套工程运行管理和设施巡查工作按照属地管理的原则委托所在地县区南水北调机构管理。各县区由一名南水北调办领导专职负责配套工程运行管理。2016年配套工程安全高效运行。2016年为南水北调干渠保护区内新建、扩建的102个项目进行位置确认。

【工程效益】

郑州市区实现丹江水全覆盖。截至12月底，全市供水总量5.6亿 m^3，其中，2016年共输水3.7亿 m^3，日供水100万 m^3，受水人口

650万人。丹江水成为郑州市区和沿线县（市）区的主要供水水源，扩大供水范围的要求更多更大。2016年推进登封市、高新区、经开区及白沙组团供水及新郑市观音寺湖调蓄工程建设立项工作。

【水费收缴】

郑州市南水北调办通过采取对欠费大户重点催收，用水大户按月征收等措施，截至2016年12月底累计实现水费收入42852万元，其中2016年收缴水费31805万元，累计上缴省南水北调办33412万元，其中2016年上缴25013万元。

【安全度汛】

针对南水北调干渠排查出的防汛隐患，联合郑州市防办通知有关县（市、区）防汛抗旱指挥部明确防汛责任，落实应急措施，制定度汛措施及应急预案。同时对配套工程安全度汛工作进行部署，对各标段防汛制度

落实、防汛预案编制、防汛物资准备、重点部位防汛措施进行检查，要求各标段提前开展抗洪抢险准备工作，确保配套工程安全度汛。

（刘素娟　罗志恒）

焦作市配套工程运行管理

【概述】

南水北调中线工程在焦作市共设置5个分水口门，年分配用水量2.69亿 m³，设计供水线路6条，总长57.91km，分别向温县、武陟县、焦作市区、修武县和博爱县供水。工程2012年11月开工建设，2016年焦作市南水北调供水配套工程一期5条输水线路工程除27号分水口门府城线路因省军分区农副业基地用地问题未完工外，其余均已完工，具备向水厂供水条件。2015年1月，修武输水线路通水运行，2015年12月底武陟线路实现通水。博爱线路2015年12月29日开工建设。

【供水效益】

2016年总干渠向受水区供水1048万 m³，其中修武县445万 m³、武陟县603万 m³。累计向受水区供水1441万 m³，其中修武县838万 m³，武陟县603万 m³。

【水费征缴】

2016年焦作市上缴水费695.30万元，另有500万元已到账，正在办理上缴手续。

【线路巡查防护】

2016年，焦作市南水北调建管局探索"双巡一联防"保护机制。现地管理站人员每周对线路徒步巡查一次，重点查阀门井和建筑物运行情况。在全市已建成或通水的输水管道沿线村庄招聘村民兼职护线员，制定《线路保护方案》，对护线员进行区域划分，明确工作职责和工作制度。护线员每天对所辖地段徒步巡看一次，重点查看管线保护区上方是否有违法开挖、施工、堆积，标志牌及阀井是否受到非法侵害，发现问题及时处理，并将巡看情况每天向焦作市南水北调建管局报告一次。与当地公安部门建立联席会议制度，及时依法处理破坏线路安全的违法事件，形成联防保护机制。

【工程防汛及应急抢险】

成立防汛指挥机构，明确职责，落实责任；编制2016年防汛方案，明确防护重点，制定相关措施；对配套工程进行隐患巡查，对发现的问题进行处理；督促施工单位对在建工程防汛工作按照《防汛方案》进行落实；坚持防汛值班制度，确保汛情、雨情、工情信息及时传递；根据省南水北调办要求，与符合条件的单位签订《焦作市南水北调供水配套工程防汛应急抢险框架协议》，制定《度汛应急预案》，组建专业工程抢险队伍，承担工程应急抢险任务。

（董保军）

新乡市配套工程运行管理

【概述】

南水北调中线新乡段配套工程线路全长73．646km。自2015年6月30日新乡市正式试通水以来，受水区域、受益人口、用水量逐步增加。新乡市配套工程共设置4个分水口门，分别是30号郭屯、31号路固、32号老道井和 33 号温寺门口门，分别向获嘉县、辉县市、新乡市区（含凤泉区）和新乡县、卫辉市的 9 座受水水厂供水，年供水量 3.916 亿 m³，工程全部通水后预计新乡市有 200 万人受益。2016 年，新乡市南水北调工作从建设管理向运行管理转型，围绕全市发展大局，以配套工程尾工建设、运行安全、线路维护、配套调蓄工程建设管理、防汛及总干渠安全保卫等工作为重点，以"两学一做"学习教育为依托，推进各项工作落实，发挥工程综合效益。2016 年 4 月，新乡市南水北调办被人社部、国务院南水北调办联合授予"南水北调东中线一期工程建成通水先进集体"荣誉称号。

【运管机构】

2016 年，成立新乡市南水北调配套工程运行管理领导小组，下设运行管理办公室，具体负责配套工程运行管理工作；制定新乡市南水北调配套工程建设运行管理方案；明确领导小组、运管办、各科室的管理范围和职责任务。

2016 年，在上级没有明确的配套工程运管体制机制的情况下，新乡市南水北调办探索创新运行管理模式，确保工程安全运行需要。上半年，工程建成而运行管理需要启动，通过调研参考学习，结合新乡市 4 条供水管线实际情况，采取委托县南水北调办属地管理、委托专业公司管理以及委托施工单位代管等多种运管模式开展工作，基本满足现阶段运管工作需要。经省南水北调办和市政府批准，2016 年下半年通过公开招聘、劳务派遣方式组建自有运管队伍。开展岗前培训、参加省南水北调办组织的第二次运行维护培训，运管人员初步掌握运行管理工作基本技能；统一考核后，对合格人员颁发上岗证。50 余名管理人员在线路维护、设备安全、值守保障等岗位上发挥作用，2016 年共处理解决 70 余起工程安全隐患，保证配套工程运行高效安全。

【供水效益】

截至 2016 年 12 月底，新乡市共承接南水北调水量 1.4 亿 m³（口门累计量），日均供水 23.8 万 m³。其中，市区日均供水 18 万 m³，丹江水占比 80%；卫辉市日均供水 5 万 m³，100% 饮用丹江水；获嘉县日均供水 0.8 万 m³，占比 70%。30、32、33 号三条供水线路运行状态安全平稳，市民用水水质改善。

【运行调度】

根据《河南省南水北调受水区供水配套工程供水调度暂行规定》以及《关于加强南水北调配套工程供用水管理的意见》（豫调办建〔2015〕6 号）、中线建管局纪要〔2015〕11 号文件精神，市南水北调建管局加强对所辖县区调水办及水厂的管理和协调，编制月水量调度方案，严格用水量上报程序。同时，参照省南水北调办运行管理例会做法，建立运管协调机制，每月召开三级管理处、受水水厂、配套工程运行管理单位及市南水北调建管局人员参加的运管例会，建立沟通平台，加强信息交流，开展配套工程的运管工作。

【规章制度建设】

完善运行管理各项制度　出台《新乡市南水北调配套工程水量调度突发事件应急预案》《新乡市南水北调配套工程运行管理制度》《新乡市南水北调配套工程运行管理问题处置工作方案》《新乡市南水北调配套工程运行管理考核细则》以及现地管理站预交电费办法等工作制度，涵盖值班、考勤、操作、巡查、例会等一系列工作要求，并配套印发值班记录、管线巡查记录、操作记录、运管日志等各类记录本，运行管理制度不断健全完善。

明确运行管理问题处置流程　明确各科室职责，规范工作处理流程，出台问题处置方案。在工作中，运管人员发现问题及时上报运管 QQ 群、微信群等信息平台，各站站长填写问题处置报告单书面上报运管办，运管办明确专人对问题进行搜集分类，按照处置流程将问题分流到责任科室、责任人，并限期解决，取得较好效果。

建立月例会季考核制度 每月召开一次市办运管例会，编发运管简报；每季组织一次日常考核，考核结果与个人及现地管理站争先创优挂钩，对考核前三名现地管理站颁发标准化管理流动红旗。

【接水工作】

2016年，新乡南水北调配套工程9座受水水厂供水。其中30号供水管线向获嘉县水厂供水，水厂改造已完成，自2015年5月20日起正式接水；31号供水管线向辉县市第二、第三水厂供水，年供水量5370万 m^3。第三水厂为新建水厂，第二水厂为改扩建水厂，2016年暂未接水；32号供水管线向凤泉区水厂、西水厂、孟营水厂、新区水厂、七里营水厂等5座水厂供水，年供水量27600万 m^3。市区西水厂、孟营水厂、新区水厂已改建完成，已于2015年6月30日正式接水；凤泉区水厂正在建设，七里营水厂与新乡市调蓄工程建设同步实施。

【水费征缴】

2016年11月25日，新乡市政府常务会议审议通过《新乡市南水北调2014~2016年度水费征缴方案》。12月22日，市南水北调办召开新乡市南水北调系统会议，与水费征缴方案中涉及的10个县（市、区）授权单位签订2014~2015、2015~2016、2016~2017三年的南水北调水供用水协议。市政府同意将南水北调水费征缴工作纳入政府目标管理和行政效能问责范围。对在规定时间节点内拒不缴纳或者拖欠缴纳南水北调水费的，将采取约谈、加收滞纳金、停止供水等措施，确保南水北调水费征收到位。2016年已上缴水费600万元。

【线路巡查防护】

2016年，按照省南水北调办编发的《河南省南水北调受水区供水配套工程巡视检查管理办法（试行）》（豫调办建〔2016〕2号）要求，全市12名巡线员每天对70km配套工程巡查一次，及时发现线路及阀井等工程设备设施缺陷、损坏等运行安全隐患，报告巡视检查事项及处理情况，保证工程安全运行。对个别地方在管道上方和保护范围内私搭乱建，给输水管道安全运行以及供水保障带来很大隐患的情况，2016年4~5月，新乡市开展为期50天的南水北调供水配套工程管护专项治理工作，由市政府督查室牵头，市委宣传部、市南水北调办、市住建委和市国土局等部门参与，成立新乡市南水北调配套工程专项治理工作联合督查组。为及时跟踪确保效果，建立《影响供水安全问题台账》，通过专项治理，台账中涉及的14项30个问题全部解决并销号。

【工程防汛及应急抢险】

2016年新乡"7·9"特大暴雨和"7·19"山洪和水库泄洪，给南水北调工程运行安全造成重大影响，市南水北调办立即启动防汛应急预案。一是加大工程沿线排查值守。市南水北调办主要负责人配合中线建管局对干渠工程防汛抢险，安排专人对供水配套工程沿线，配套工程与河渠交叉的倒虹吸工程风险点进行24小时不间断排查，确保度汛安全；二是组织配套工程维护保养。组织施工单位对进水阀井进行抽排，并依据与市政建设工程有限公司签订的《新乡市南水北调配套工程供水管线应急抢修工程协议》，安排市政公司对全市配套工程阀井积水进行抽排，并对供水线路设备设施进行检修、维修和养护。

新乡市制定《新乡市南水北调工程断水应急预案》，建立断水应急处置体系，并纳入全市应急管理系统。32号输水管线因设计变更需将凤泉支线首端旁通管PCP管道更换为钢管。为此，上报省南水北调办同意，联系中线建管局三级管理处、受水水厂及施工单位，市南水北调办按照断水应急预案，安排

32号线市区段输水管道断水应急实战演练。2016年5月23～25日，历经40多小时完成旁通管PCP管道拆除、钢管吊装和焊接、焊缝检测和进水前池清淤等工作，32号输水管线于5月25日11时恢复通水，比原计划提前31个小时。

【现地管理】

新乡市南水北调配套工程现地管理房共14座，2016年运行11座。现地管理房运行管理实行24小时不间断值守，值守人员按照制度对自动化设备、电力、电气设备的运行情况进行巡查，填写巡查记录；按调度指令进行水量适时调整；及时巡视检查并记录输水设备运行情况，对巡查发现的隐患和问题，按照既定问题处置流程及时上报市南水北调办，全程跟踪协调处理，并记录问题处置过程及结果；交接班时填写设备运行情况、设备故障情况、巡视检查发现等情况，双方共同检查核准后，办理交接班手续；将理论学习与现场操作结合制定培训方案，开展运行管理人员系统业务培训两次，提高业务水平和技能。

【现地管理站工作职责】

1．严格执行南水北调管理局关于运行管理工作的各项决策和部署，负责执行管辖范围内南水北调配套工程运行管理具体工作。

2．及时处理影响供水运行安全的有关问题，组织日常检查、维修、养护，配合管理局做好重大突发事件处理工作。

3．严格执行工程机电设备日常管理制度，负责机电设备的操作管理和定期维护工作。

4．负责记录水量变化、调度指令、日常维护和巡线检查等各类信息。

5．完成上级交办的其他工作任务。

【人员分工及职责】

代理站长：1．负责执行管理组关于试运行管理工作的各类事项；2．上报影响通水和试运行工作的有关问题；3．负责安排站内值班，对站内工作人员进行考勤；4．定期召开站内例会，组织站内人员进行学习、培训；5．负责观测数据和水量数据的记录和存储；6．负责机电设备的日常操作，并安排机电设备进行日常维护工作；7．完成其他工作。

运管员：1．负责管辖范围内阀门等设备的操作管理和定期维护工作，解决阀门等设备试运行过程中发生的故障、事故，及时查明原因、排除处理，并做好详细记录；2．负责贯彻执行关于运行调度工作的各类事项，并做好运行管理日志、操作记录等登记工作；3．负责记录水量变化、调度指令等各类信息，并及时上报影响通水和运行工作的有关问题；4．参与输水水量计量管理工作；5．负责管理工具、办公用品的保管、发放和登记；6．负责上报与试运行管理相关各类信息。

巡线员：1．负责对管辖范围内的输水线路巡查；2．负责对输水沿线构筑物（含阀井、倒虹吸等）、构筑物内设备进行巡视检查，并做好巡视检查记录；3．发现设备异常运行情况及时向代理站长汇报，由站长详细记录在运行管理日志上；4．对重大缺陷或严重情况及时向站长汇报。

管护员：1．负责现地管理站的管护值守，做好现地管理站的安全保卫、防火和防盗工作；2．协助做好电气设备的管理维护等工作；3．搞好管理站的环境卫生；4．完成其他工作。

【值班考勤规定】

1．现地管理站站长负责安排值班，负责对站内人员进行考勤，并逐级上报管理局，考勤表将作为站内工作人员个人工资发放的参考依据。

2．工作人员实行调休制度（包括节假日），由站长统筹安排，如遇特殊情况，所有站内工作人员必须全部在岗。

3．严格执行请销假制度。值班人员如有特殊情况需要离开岗位的经站长同意后方可离开，未经站长同意，私自离开的按旷工处理；因故不能正常上班的，需提前请假，1日内由站长批准，3日内由管理所（或运管办）批准，超过3日的由管理局批准，假期结束后及时进行销假。

4. 值班人员不得迟到、早退，每日8时按时交接班，每月迟到、早退、旷工累计超过三次且情节严重屡教不改者，将给予通报批评、扣除工资直至解除劳动合同。

5. 值班人员要保持电话24小时畅通，不得擅自离岗、脱岗，交接班人员按交接班规定要求做好交接班工作，填写交接班记录。

6. 交接班内容包括：1.设备运行和操作情况；2.尚未执行和未完成的任务；3.各种记录、技术资料、运管工具和钥匙；4.发生故障及处理情况，事故处理或进行重要操作时不得交接班，待完成后再进行交接。

【巡视检查规定】

1. 现地管理站工作人员每天对管辖范围内输水线路巡查1次，每周对输水管线构筑物及内部设备巡查不少于1次，并做好阀井和管线的巡查记录。

2. 巡查内容包括：1.检查沿线各阀件的运行情况；2.检查各构筑物及内部设备等有无变形、松动、损坏；3.检查供水管线管理保护范围内是否有圈、压、埋、占现象；4.检查沿线是否有跑、冒、外溢现象；5.标志牌、界桩是否损坏、缺失；6.检查是否有影响供水安全的穿越、邻接施工工程。

3. 巡查中发现设备运行异常，应立即向站长汇报，并详细记录；对重大缺陷或严重问题应及时逐级向运管办汇报。

【例会考核规定】

1. 现地管理站每周五9时召开周例会，每月最后一次周例会作为月工作会，特殊原因改变时间的提前通知。

2. 周例会在管理站召开，由站长主持、各管理站全体工作人员参加；月工作会议在市南水北调建管局召开，各管理站长或副站长参加。

3. 会议主要内容为供水、管养、安全、学习工作的计划和完成情况。

4. 例会形成会议记录，并由调度员负责记录和保管。

5. 每月底前由市南水北调建管局组织考核，考核内容为出勤值班情况、各项运管工作情况、各项运行管理记录情况、卫生情况等。

6. 按实际情况进行打分并公开考核结果；年终根据综合考核评定结果，报市南水北调建管局研究，适当发放绩效工资。

【应急管理规定】

1. 运行事故处理的基本原则：

(1) 迅速采取有效措施，防止事故扩大，减少人员伤亡和财产损失。

(2) 立即向站长报告，必要时也可直接向市建管局报告。

2. 运行不能恢复正常，应立即向上级汇报，在故障排除前，应加强对该工程或设备的监视，确保工程和设备继续安全运行，如故障对安全运行有重大影响可停止故障设备的运行。

3. 在事故处理时，值班人员必须留在自己的工作岗位上，并将运行故障情况和处理经过详细记录在运行日志上。

4. 运行现场发生火灾，值班人员应沉着冷静，立即赶到着火现场，查明起火原因；电气原因起火，应首先切断相关设备的电源停止设备运行，用磷酸铵盐干粉灭火器灭火；火情严重时，在切断相关设备电源后，应立即拨打119向消防部门报警；发生人身伤害，应做好现场救护工作。情况严重时，应立即拨打120向急救中心求助。

【电动阀门操作规程】

1. 开启阀门前的准备

(1) 检查阀门的各部件，做到盘根压盖无松动、丝杆清洁、有润滑油膜、丝杆无变形、丝扣无损伤、手轮在规定的位置、旋转无卡阻现象。

（2）检查电机及电气线路，并检查核对电机的旋转方向。

（3）将转换手柄从手动扳到电动位置。

2．开阀

（1）将转换手柄置于电动位置，按开启按钮，阀门启动。启动时操作人员的手指不能离开按钮，注意观察阀门开度指示的位置。

（2）在开启过程中，如有异常响声或剧烈震动时，应立即停机。

（3）开阀完毕，应将转换手柄置于手动位置。

3．关阀

（1）将转换手柄置于电动位置，按关闭按钮，阀门启动。阀门关闭过程中，操作人员的手指不能离开按钮，同时要观察阀门开度和指示器的位置。

（2）如行程控制器和超扭矩控制器已做过调整，阀门可运行到关闭状态；如未做过调整，应根据阀门开度指示器的指示，在阀门未关闭前停机，然后手摇至关闭状态。

（3）关闭过程中，如有异常响声和剧烈震动，应立即停机。

（4）阀门关闭后，将转换手柄置于手动位置。

【配电室管理制度】

1．配电室全部机电设备，由电工负责管理，日常巡查由值班人员负责，无关人员禁止进入配电室。

2．配电室的灭火器材应保持完好，室内要保持良好的照明和通风，温度控制在35℃以下。

3．建立运行记录，每班至少巡查一次，每季组织检查一次，每年大检修一次，查出问题及时修理，不能解决的问题及时上报。

4．每班巡查内容：室内是否有异味，记录电压、电流、温度、电表数；检查屏上指示灯、电器运行声音，发现异常及时修理与报告。

5．供电线路操作开关部位应设明显标志，检修停电拉闸必须挂标志牌，非有关人员决不能动。

6．室内禁止乱拉乱接线路，供电线路严禁超载供电。

7．严禁违章操作，检修时必须遵守操作规程，使用绝缘工具、鞋、手套等。

8．配电房每周彻底清扫一次、保持室内清洁，防止小动物进入配电室。

【EPS应急电源操作规程】

1．工作人员操作前必须详细阅读产品使用说明书，了解EPS应急电源相关知识。

2．做好开机前的准备工作：检查机器内部是否异常、是否有异物、测量电池电压是否符合设备要求等。

3．开机操作：

a．把"转换开关"选择在自动位置、"强启锁孔"位于关闭状态。

b．依次合上主电开关、电池柜及主机内电池开关、充电器开关。

c．LCD液晶屏显示：主电指示灯亮、充电指示灯亮，设备工作正常；应急指示灯正常不亮，若亮则说明市电无电，检查是否停电；故障灯正常不亮，若亮即刻断开所有开关并拨打售后服务电话。

d．按"切换键"查看设备工作情况，以及观察设备内部有无异响。

e．上述均正常，合上输出开关。完成开机操作。

注意：两个输出开关"维修旁路开关""正常输出开关"不得同时闭合。

正式投运前，EPS负载调试阶段或EPS故障时，需合维修旁路开关。

4．关机操作：

a．依次断开"充电器开关"、"主机内电池开关"、"市电开关"。

b．LCD液晶显示屏无显示，断开"输出断路器"完成关机操作。

5．日常维护：

a．定期清洁、防潮保养，清除灰尘，维持机器整洁。

b．定期检查各连接线，防止松动、短路、断路。

c．定期对主机及电池进行维保，至少六个月一次。

d．保障设备通风良好，防止电路板高温及潮湿。

e．请勿自行随意变更负载、更换电池。

【行车安全操作规程】

1．行车操作人员严禁湿手或戴湿手套操作，在操作前应将手上的油或水擦拭干净，以防油或水进入操作按钮盒造成漏电伤人事故。

2．行车有故障进行维修时，应停靠在安全地点，将操作手柄放置在"零位"并切断电源。

3．行车工须经培训考试，并持有操作证者方能独立操作，未经专门培训和考试不合格者不得单独操作。

4．开车前应认真检查设备机械、电气部分和防护保险装置是否完好、可靠。如果控制器、制动器、限位器、电铃、紧急开关等主要附件失灵，严禁吊运。

5．必须听从挂钩起重人员指挥，但对任何人发出的紧急停车信号，都应立即停车。

6．行车工必须在得到指挥信号后方能进行操作，行车起动时应先鸣铃。

7．当接近卷扬限位器、大小车临近终端或与邻近行车相遇时，速度要缓慢。不准用反车代替制动、限位代停车，紧急开关代普通开关。

8．操作人员应在规定的安全走道、专用站台或扶梯上行走和上下。

9．工作停歇时，不得将起重物悬在空中停留。运行中，地面有人或落放吊件时应鸣铃警告，严禁吊物在人头和设备上越过。吊运物件离地不得超过1m。

10．重吨位物件起吊时，应先稍离地试吊，确认吊挂平稳，制动良好，然后升高，缓慢运行。不准同时操作三只控制手柄。

11．行车运行时，严禁有人上下，也不准在运行时进行检修和调整机件。

12．运行中发生突然停电，必须将开关手柄放置"0"位。起吊件未放下或索具未脱钩，不准离开驾驶室。

13．运行时由于突然故障而引起吊件下滑时，必须采取紧急措施向无人处降落。

14．露天起重机作业完毕后应加以固定，如遇有暴风、雷击或六级以上大风时应停止工作，切断电源，车轮前后应塞垫块卡牢。

15．行驶时注意轨道上有无障碍物；吊运高大物件妨碍视线时，两旁应设专人监视和指挥。

16．正常情况下不准打反车。无载荷运行时，吊钩应离地4～5m以上。

【运行管理执法宣传】

宣传贯彻《南水北调工程供用水管理条例》《河南省南水北调配套工程供用水和设施保护管理办法》等行政法规和政府规章。一是召开专题会议，集中培训部署。及时制定宣传工作方案，召开配套工程沿线县区乡镇参加的培训会议，进行集中解读学习，构建市、县、乡三级联动的宣传贯彻体系。二是采取多种途径，营造执法氛围。印制下发宣传海报50000份，悬挂标语横幅2000条，出动宣传车辆80台次。同时在新乡电视台和报刊等地方媒体进行宣传报道。三是加强部门联动，以南水北调工作领导小组名义将宣传贯彻方案下发财政、发改、环保、住建、水利、国土等成员单位，要求其主动作为，履行各自职责。

（吴 燕）

濮 阳 市 配 套 工 程 运 行 管 理

【概述】

2015~2016调水年度濮阳市共引丹江水4035万m³，濮阳市城区63万居民告别30年饮用黄河水的历史，喝上优质的丹江水，实现城区居民同城、同水、同质；配套工程扫尾工作完成所有分部工程验收和濮阳市境内工程通水验收；129个变更项目批复105个；征迁安置验收工作正在推进，濮阳县具备市级初验条件，开发区正在推进；清丰县南水北调支线工程建设正在进行。安装PCCP输水管道14.08km，占计划18.5km的76%。

2016年濮阳市南水北调配套工程运行管理围绕运行安全和保障供水目标开展工作，完成安全供水、水费征缴、运行管理等工作。被省南水北调办授予"2016年全省南水北调工作先进单位"和"2016年全省南水北调配套工程管理设施和自动化系统建设先进单位"荣誉称号，并获得省南水北调办奖励资金50万元。

【运管机构】

2016年，加强对工程运行管理，与劳务派遣公司签订劳务派遣合同，由劳务公司派遣15名工作人员，具体负责现地管理站调度值守及安全巡查工作。强化管理队伍建设严把"三关"。一是"聘用关"。要求聘用人员年富力强，20~40周岁，大专以上学历，熟悉相关的管理知识，并有一定的管理经验。二是"培训关"。对外派人员进行岗前培训，加强技术能力提升和工作责任意识的提升等。三是"考核关"。外派人员要经过理论和实际操作考核合格后方可上岗。对巡线管护人员进行入职培训、岗前培训，经考核合格后上岗工作。组织人员技能培训5次，学习运行管理技术规范，设备运行要求等技术知识，邀请阀件、电气设备供应单位专家现场指导2次。技术人员业务水平满足运行需要。

组织外派人员开展拓展训练、学习、座谈、联欢等活动，注重培养团队精神和集体荣誉感，使外派人员和机关人员同心同德进行工程运行管理工作，为工程安全运行提供保障。

【日常巡查】

2016年加强对工程设施的保护，及时了解和掌握设备运行情况，强化日常检查监督，确保巡查到位。在管线上方设立界桩，在工程沿线村庄，工程与沿线道路交叉口设立警示标志牌，共设置界桩140个，警示标志牌46块。4月引进供水管线GPS智能巡检管理系统，解决了传统人工巡检不到位，无法确定管线位置，遗漏巡检点，数据保存不完整、不准确，数据丢失、遗漏等问题。巡查人员在巡检期间结合"看、听、嗅、摸、测"等方式，将发现的设备运行情况、工程沿线违章建设、地面沉降、阀井积水、阀件防腐等故障隐患通过图像、文字及表格的形式及时上传市南水北调办后台管理人员。保证供水设施及管线巡查管理到位，提前发现设备运行状况，提前安排维修更换，避免重大事故发生。

【现地管理站建设】

濮阳市配套工程管理设施共设置1处管理处（清丰县管理处）、3处现地管理站，其中支线末端西水坡调节池1处（西水坡管理站）、干线末端第三水厂1处（绿城路管理站）、干线与支线分叉处1处（王助管理站）。西水坡管理站2015年5月启动，给西水坡调节池输水；王助管理站2015年9月启动运行，调节、监控分析流量。2016年为西水坡和绿城路调流调压阀室地面铺设地坪漆，为王助及西水坡现地管理站新建厨房及排水设施，改善现地管理站生产生活条件。给巡线人员统一配发标有反光标志的野外工作服，保证巡检人员的作业安全。

【供水情况】

每月 1 日对配套工程末端、35 号分水口门流量计的累计水量读数进行签字盖章确认。配套工程末端水量计量实行市南水北调办、自来水公司共同签字盖章确认。35 号分水口门水量计量实行濮阳市南水北调办、鹤壁管理处共同签字盖章确认。2016 年共计供水 4997 万 m³。同时自 8 月 1 日开始至 10 月 10 日，累计向水库补水 1315.59 万 m³，保证水库生态景观用水的需要。

【水费征缴】

2016 年濮阳市南水北调办主动向市领导汇报南水北调工程运行管理工作，汇报南水北调建成通水后的运行管理和效益发挥情况，争取市领导对南水北调水费征缴工作的支持。与市财政局、城市管理局、供水单位保持经常性沟通协调，及时解决供用水方面存在的问题，取得市财政局和供水单位的支持与信任，促成用水缴费成为共识。各部门在工作中及时互通信息，全力推进水费征缴工作的开展。濮阳市共缴纳水费 10079 万元，其中 2014-2015 年度水费 4983 万元，于 2016 年 8 月底完成。2015-2016 年度水费 5096 万元，于 2017 年 1 月完成。

【自动化建设】

2016 年，濮阳市南水北调办把推动自动化建设列为年度中心工作。及时召集县区及乡镇南水北调办召开会议，安排部署自动化建设征迁及优化施工环境工作，为施工单位进场施工营造良好的施工环境。在施工过程中，濮阳市南水北调办安排 1 名副主任、抽调 2 名业务人员全程配合施工单位，现场解决问题。2016 年完成濮阳市境内 24km 通信光缆穿缆任务，自动化设备安装调试全面完成，系统正式投入使用，在全省 11 个受水市中率先完成自动化工程建设任务，率先投入使用。

【工程修复】

2016 年汛期连续降雨，雨水冲刷造成个别阀井周围出现不同程度的沉降，部分阀井盖板出现不同程度的渗水。7 月 30 日市南水北调配套工程建管局召开由施工、监理单位参加的专题会议进行研究，并提出处理意见。截至 8 月底问题得到妥善处理，共处理地面沉降 20 处，阀井渗水 4 处。

（陈　晨）

鹤壁市配套工程运行管理

【概述】

2016 年，鹤壁市落实省南水北调办运行管理工作要求，开展南水北调配套工程 34 号、35 号、36 号分水口门线路平稳供水及工程设施、电路、阀件的日常运行及维护、检查工作；完成鹤壁市南水北调配套工程泵站代运行维护项目单位招标工作；委托劳务公司公开招聘运管人员，举办岗前培训，及时组建运行管理队伍，加强巡线检查及运行维护工作；开展 2016-2017 年度水量调度计划编制申报工作。截至 2016 年 12 月底，鹤壁市配套工程规划 6 座水厂投入使用 5 座，34 号、35 号、36 号三条输水线路累计向鹤壁市供水 4800 多万 m³，向淇河生态补水 1050 万 m³。

【运行管理体制方式】

鹤壁市南水北调建管局受省南水北调建管局的委托，承担鹤壁市南水北调配套工程供用水和设施保护管理工作，设置综合科、工程建设监督科、投资计划科、财务审计科 4 个科具体负责开展建设、管理及运行工作。

运管巡线体制　鹤壁市探索适合鹤壁市配套工程运行管理模式，初步建立鹤壁市南水北调配套工程运行管理巡线队伍。2016 年 7 月市南水北调建管局委托劳务公司向社会公开招聘输水管线巡视检查人员，负责配套工程58km管线的巡视检查管理工作。受聘人员和劳务公司签订劳务用工合同，市建管局负责业务培训和管理。按照《河南省南水北调受水区供水配套工程巡视检查管理办法（试行）》《河南省南水北调受水区供水配套工程运行监管实施办法（试行）》等要求，结合鹤壁市实际，制定各项管理制度和记录表格，全方位实现对配套工程运行维护管理。

签订保养和应急抢险协议　鹤壁市南水北调建管局与鹤壁市德新思源商贸有限公司签订《鹤壁南水北调供水配套工程2016年度阀件水泵及阀井维护保养协议》，委托其承担鹤壁市配套工程阀件、水泵、阀井等设备的维护保养；与河南润安建设集团有限公司签订《鹤壁市南水北调配套工程防汛应急抢险框架协议》，委托其承担鹤壁市南水北调配套工程2016年度汛期应急抢险工作。

泵站代运行管理方式　2016年8月通过向社会公开招标，大盛微电科技股份公司中标鹤壁市34号口门铁西水厂泵站和36号口门第三水厂泵站代运行管理工作，市南水北调建管局与大盛微电科技股份公司签订《河南省南水北调受水区鹤壁市供水配套工程泵站运行维护管理项目》合同。按照职责要求，采取多项措施加强泵站运行管理。

【运行调度】

2016年，鹤壁市南水北调办共接到省南水北调办调度专用函3次，分别为豫调办水调〔2016〕1号、6号、8号，并做出具体运行调度工作安排。鹤壁市南水北调办向省南水北调办发送调度专用函5次，分别为鹤调办水调〔2016〕1号、2号、3号、4号、5号，省南水北调办批复后分别作出相应工作安排，并向运行管理值班人员下达调度指令。

值班人员接到调度指令时，根据指令填写阀门操作并记录流量、阀门开启度、操作时间等内容。当接到电话指令时，还需填写电话指令记录表，详细记录下令人姓名、电话、命令内容、下令时间等内容，执行命令完毕后，及时向下令人进行反馈。未接到调度指令时，严禁私自进行调整。当水厂用水量发生变化时，根据省南水北调办调度专用函或其他书面通知要求，各相关现地管理房及泵站加大管线巡视频率和流量计观察频率，流量计加密观察时间为调度开始后12小时，必要时延长时间，并据实填写《现地管理房运行记录表》。

【规章制度建设】

2016年，完善配套工程各项管理制度。根据鹤壁市运行管理工作实际情况，建立和完善水量调度、维修保养、现地操作等规章制度，制定现地管理巡视检查、交接班、卫生管理等多项制度，并结合巡视检查工作的需要制定现地管理运行记录、巡视检查记录等五种表格。编制《鹤壁市南水北调配套工程安全生产管理制度（试行）》《鹤壁市南水北调配套工程巡查工作方案（试行）》《鹤壁市南水北调配套工程运行调度方案（试行）》《鹤壁市南水北调运行管理值班制度（试行）》《鹤壁市南水北调配套工程泵站运行管理制度（试行）》《鹤壁市南水北调配套工程运行管理人员考核方案（试行）》等相关制度，开展定期和不定期检查，执行奖惩制度，保证运行管理工作安全高效运行。

【现地管理】

2016年，细化配套工程运行管理措施。划分运行单元。根据鹤壁实际对配套工程划分7个运行单元管理，各运行单元明确专人负责，24小时轮班值守，每周召开运行管理例会。完善运管设施设备。完善现地管理房供水、供电、办公机具设备及生活设施建设；配备巡视车辆、巡视装备；对存在隐患的阀井、阀件等及时维修。

【自动化建设】

2016年，成立鹤壁市南水北调配套工程自动化建设领导小组，确定部门及专人负责自动化建设，建立自动化建设台账，配合自动化建设设计单位开展现场调查工作，按照省南水北调办统一安排推进鹤壁市配套工程自动化建设工作。

【接水工作】

鹤壁市南水北调配套工程涉及4个县（区），设置34号、35号、36号三座分水口门，鹤壁市规划改扩建淇县铁西水厂、淇县城北水厂、浚县城东水厂、鹤壁市第三水厂、鹤壁市第四水厂、鹤壁市开发区金山水厂（供水目标）6座水厂中，除金山水厂未建设外，其余5座水厂均实现通水。

浚县城东水厂设计供水规模9万t/d，工程分三期进行建设，其中一期工程新建3万t/d水厂1座，工程主体工程完成，2016年11月正式接水。

鹤壁市第四水厂设计供水规模10万t/d，分二期建设，一期工程为5万t/d，二期工程扩建水厂至10万t/d。一期工程完工，配套管网工程建设完成。2016年11月正式接水。

【供水效益】

鹤壁市是一个水资源短缺地区，水资源贫乏，人均占有量少，用水量大，地下水超采，供需矛盾突出。受益于南水北调中线工程，鹤壁市每年可利用1.64亿m³分配的丹江水。截至2016年12月底，鹤壁市配套工程规划6座水厂投入使用5座，34号、35号、36号三条输水线路累计向鹤壁市供水4800多万m³，向淇河生态补水1050万m³。有效缓解鹤壁市的水资源短缺和水的供需矛盾，提高城市工业和生活用水的保证率，改善居民的生活用水水质；南水北调中线工程鹤壁段沿线空气质量得到改善；减少鹤壁市生活和工业用水对淇河的依赖，提取淇河水减少，因缺水而萎缩的河水部分重现生机，沿河的植被有所修复；减少对地下水的开采和超采，地下水位上升；长期被城市用水所挤占的农业用水也相应增加，农业优势得到进一步发挥；助推以南水北调淇河河渠倒虹吸工程下游淇河水面为轴，淇河西岸的生态景观和淇河东岸的现代城市景观相互辉映环境的形成，使新区淇河两岸融现代性、生态性、文化性为一体，提高城市品位，提高市民生活质量。南水北调中线工程通水为鹤壁市实现水资源的优化配置，保障饮水安全，改善生态环境，加快城市化进程，为鹤壁市经济社会的可持续发展提供有力的水资源保障，对鹤壁市建设生态文明、活力特色、幸福和谐的品质"三城"发挥显著效益。

【用水总量控制】

鹤壁市南水北调配套工程设置34号、35号、36号三座分水口门，截至2016年12月31日，34号分水口门共接水1437.51万m³，其中铁西水厂接水1140.22万m³，城北水厂接水297.29万m³；35号口门共接水114.68万m³，其中第四水厂接水26.72万m³，浚县水厂接水87.96万m³；36号口门共接水3420.00万m³，均为第三水厂接水。向淇河生态补水1050万m³。

鹤壁市召开市水利局、市住建局、各受水水厂等单位参加的2016~2017年取用南水北调水工作会议，编制完成鹤壁市2016~2017取用南水北调水用水计划。

【水费征缴】

按照《鹤壁市人民政府关于分配下达南水北调工程基本水费的通知》（鹤政文〔2016〕19号）文件要求，对鹤壁市每个供水年度承担的基本水费进行分配。鹤壁市南水北调办向受水县区政府下发水费征缴函，同时督促协调有关部门加快水费上缴工作。

【线路巡查防护】

鹤壁市南水北调配套工程线路巡查防护工作共分34-2、35-1、35-2、35-3、35-3-3现地管理站及34号口门铁西泵站、36号口门第三水厂泵站7个巡查防护单元。其中线路巡查防护的责任区域划分为34-2现地管理站负责34-2现地管理房和34号城北水厂支线（不含泵站内）范围内的全部阀井及输水管线；34号口门铁西泵站负责铁西泵站、34号线路铁西支线范围内的全部阀井及输水管线；

35-1现地管理站负责35号主管线进水池、VB01至VB15阀井、第四水厂支线VBa01至VBa10阀井及输水管线；35-2现地管理站负责35-2现地管理房和35号主管线VB16至VB28间的全部阀井和VB16至VB29阀井间的输水管线，36号金山水厂支线范围内的全部阀井及输水管线；35-3现地管理站负责35-3现地管理房和35号主管线VB29至VB47间的全部阀井和VB29至VB48阀井之间的输水管线；35-3-3现地管理站负责35-3-3现地管理房和35号主管线VB48至VB59阀井、浚县支线及滑县支线范围内的全部阀井及输水管线；36号口门第三水厂泵站负责第三水厂泵站、金山泵站、36号线路第三水厂支线范围内的全部阀井及输水管线。36号线金山水厂支线及浚县支线备用段巡查频次为1周2次，其他线路均为1天1次。

【工程防汛与应急抢险】

2016年汛期，鹤壁市平均降雨量达555mm，是往年同期的1.7倍，7月9日、7月19日发生2次历史罕见的暴雨过程。南水北调中线工程鹤壁段及配套工程防汛压力很大。鹤壁市及时分析研判雨情水情，应对强降雨带来的挑战。把南水北调工程沿线防汛工作列入防汛工作责任目标，统一指挥、统一领导南水北调鹤壁段防汛工作；对工程防汛薄弱环节和风险点逐一检查，落实各项措施，及时消除隐患；有预案、有组织、有队伍、有物资和设备；建

立联络机制，遇重大汛情、险情，及时与责任单位对接，确保工程安全度汛。为加强汛期应急抢险能力，鹤壁市南水北调建管局与河南润安建设集团有限公司签订《鹤壁市南水北调配套工程防汛应急抢险框架协议》。市南水北调办领导干部到南水北调配套工程分水口门及泵站检查各项防汛物资的准备和到场工作，现场排查隐患，查看各项工作准备情况，并进行排水演练，对发电机进行试运行，落实到位挖掘机、装载机等机械设备，随时待命。在汛期加大对配套工程管道沿线、现地管理房、泵站等巡视检查，平均每周检查2次，7～8月主汛期时，每周巡视2～3次；遭遇强降雨时，派驻专人对泵站昼夜进行现场指挥。

【岗前培训和监督管理】

2016年，加强岗前培训和日常监督管理。对配套工程运行维护招聘人员进行职业和技术岗前培训，不仅进行设备技术培训，还进行职业道德培训。加快工程运行管理人员全面了解检查巡视重点部位和掌握设备的结构特点、工作原理、性能指标等情况，保证运行管理工作科学、规范。定期对现地管理人员到岗、安全巡视、执行和落实各项制度等情况进行检查，对巡视检查记录及时整理、归档，对上报运管月报及时分析存在的问题，制定解决方案，落实专人负责办理。

（姚林海　王淑芬　石洁羽）

安阳市配套工程运行管理

【概述】

安阳南水北调配套工程共涉及4条（35号、37号、38号、39号）供水线路，布设有输水管线约93km，每年向安阳分配水量28320万m³（其中安阳市区22080万m³、汤阴县1800万m³、内黄县3000万m³、安钢水厂1440万

m³）。35号输水线路向濮阳市供水，流经安阳市的内黄县，管线长14.78km，布设各类阀井23座。37号输水管线向汤阴县、内黄县供水，输水线路全长57.08km；设置5个现地管理站，分别为董庄分水口门处的37-1管理站、汤阴县第一水厂处的37-2管理站、汤阴

县第二水厂处的37-3管理站、主管线与汤阴县第二水厂分岔处的37-4管理站及内黄县第二水厂处的37-5管理站；与供水管线相连的汤阴第一水厂设计日供水量2.0万m³/d，第二水厂设计日供水量3.0万m³/d，内黄县第二水厂设计日供水量8.3万m³/d。38号输水管线向安阳市区供水，输水线路全长18.73km；设置4个现地管理站，分别为小营分水口门处的38-1管理站、安阳第六水厂处的38-2管理站、安钢水厂支线分岔处的38-3管理站、安钢水厂进口处的38-4管理站；与供水管线相连的市区第六水厂设计日供水量30万m³/d，安钢水厂设计日供水量4.0万m³/d，新增的市区第八水厂近期设计日供水量10万m³/d，远期设计日供水量20万m³/d。39号输水管线向安阳市区供水，输水线路全长1.13km；设置2个现地管理站，分别为南流寺分水口门处的39-1管理站、安阳第七水厂处的39-2管理站；与供水管线相连的市区第七水厂设计日供水量30万m³/d。

2016年，安阳市南水北调配套工程进入运行管理程序的有三条线路：濮阳设计单元35号三里屯分水口门濮阳输水主线（安阳境内），管线长14.78km，线路由位于鹤壁市的35号三里屯口门分水，流经安阳市的内黄县，向濮阳西水坡引黄调节池通水，于2015年5月8日通水运行；安阳设计单元37号董庄分水口门汤阴一水厂支线，该线路由37号董庄口门分水，向汤阴一水厂供水，于2015年12月25日正式向水厂通水，于2016年1月21日水厂内部设备调试完成后向城区居民供水。安阳设计单元38号小营分水口门市区第八水厂供水支线，线路于2016年9月9日正式向水厂通水，于2016年9月23日水厂内部设备调试完成后向城区居民供水。

【管理体制机制】

组建运行管理QQ群、微信群，成为运行管理工作的新平台。投资安装智能巡检管理系统，确保巡查工作落实到位、真实有效。工程沿线阀井均安装安全锁和防坠网，

保证工程设施设备安全和管护人员安全。建立巡查考核机制，实行"统一管理，分级考核"的原则，对在运行管理或巡查工作中存在问题的单位提出警告、批评、直至扣减运管费用。2016年9月23日印发《关于印发配套工程巡查有关要求的通知》（安调办〔2016〕68号），明确阀井、现地管理房、调流调压室的管护标准及管线巡查记录、巡视检查发现问题报告单，规范运管巡查工作程序。按照保证供水安全，便于管理的原则，经请示省南水北调办同意，于2016年6月28日，由省南水北调办运管办组织，在滑县召开管养移交协调会，将配套工程35号输水主线滑县境内管线段及滑县直线段进行运管移交，自2016年7月1日起，由滑县南水北调办全面负责运管工作。

【运管机构】

安阳市南水北调办成立以主任任组长，副主任任副组长，各科（处）、相关县区南水北调办负责人为成员的安阳市南水北调配套工程运行管理领导小组，领导小组下设运管办。2016年运管办暂与建设管理科合署办公，具体负责配套工程运行管理工作；制定安阳市南水北调配套工程建设运行管理方案；明确领导小组、运管办、各科室（建管处）、县区调水办的管理范围和职责、任务。

【员工培训】

安阳市南水北调办派人参加省南水北调办举办的运维培训班，同时采取多种方法和形式进行培训学习。将阀门及电气厂家技术人员邀请到安阳，现场讲解配套工程设施设备的工作原理、操作要求、注意事项；召开配套工程运管总结汇报会，学习、传达、贯彻省南水北调办制定印发的一系列运行管理规程、标准、办法、意见等；将省南水北调办和市南水北调办制定的运管工作制度、人员职责、操作规程等进行汇编，装订成册，发到各运管巡查人员；现地管理、巡查人员轮流担任领学人，进行自学。

【运行调度】

安阳市南水北调办在省南水北调办的统一指挥下，具体负责辖区内年用水计划的编制，月用水计划的收集、汇总，编制月调度方案，进行配套工程现场水量计量、进行供水突发事件的应急调度等供水调度管理工作。2016年，市南水北调办按照统一要求，及时编制年度供水计划，并严格按照上级水行政主管部门的批复执行；每月17日前，编制报送月供水计划和调度方案，并组织实施。2016年共编报月调度方案、运行管理月报各12期，运管旬报36期；每月1日，协调干渠三级运管处和受水水厂，现场进行供水水量计量确认，并将水量确认单按时报省南水北调办运管办，全年共签认水量计量确认单28份。在供水运行过程中，为应对配套工程静水压试验用水、水厂用水调整、水厂建设施工用水、供电线路故障、配套工程阀门、电气设备故障等突发事件，按照调度规定，全年共向省南水北调办报送"调度专用函"10份（次）；按省南水北调办批复意见，完成地方协调和现场操作，规范调度程序，保证供水运行安全。完成滑县境内工程运管工作移交，实现滑县三水厂通水目标。

【规章制度建设】

截至2016年，安阳市南水北调办编制印发《管道试通水期间巡查管理制度》《值班管理制度》《交接班管理制度》《带班管理制度》和《安阳市南水北调配套工程运行突发事件应急预案》等制度。

【现地管理】

2016年，安阳市南水北调办对已通水运行的35号线路濮阳主线（安阳境内）、37号线路汤阴一水厂支线和38号线路第八水厂支线的现场运管、巡查工作委托原土建施工单位进行；对于尚未通水的37号线路施工02～08标管段及38号、39号输水线路，市南水北调办按照省南水北调办运管例会要求，根据各线路不同情况，从6月开始，分别委托部分原施工单位进行线路巡查和设施设备的维护、看护，市南水北调办对各单位的运管、巡查工作进行监督检查。

【自动化建设】

2016年，明确专人参与自动化系统建设，配合、协调解决影响自动化系统建设进度的问题，正在加快推进配套工程管理处所施工进度，按照省南水北调建管局时间安排，加快自动化建设进度。

【接水工作】

南水北调配套工程在安阳共向7座地方水厂供水，其中已通水运行2座，分别为37号线的汤阴一水厂和从38号分水口门引水的市区新增第八水厂。由37号线输水的内黄县第二水厂正在建设，预计2017年下半年接水；汤阴县二水厂尚未开工建设。由38号线输水的市区第六水厂尚未开工建设；安钢冷轧水厂正在建设，预计2017年下半年接水。由39号线输水的市区第七水厂为规划水厂，位置尚未具体确定。2016年，汤阴一水厂接水408.89万 m³，市区第八水厂接水511.47万 m³。

【供水效益】

安阳南水北调配套工程自通水运行以来，整体运行平稳，截至2016年底，安阳累计接用南水北调水929.4万 m³，其中：市区用水511.47万 m³，汤阴县用水408.89万 m³，配套工程管道静水压试验用水9.04万 m³。

2016年，已接用南水北调水的水厂为37号线的汤阴一水厂和从38号分水口门引水的市区新增第八水厂。汤阴一水厂主要向汤阴县城区供水，为改扩建水厂，是将原供水能力1.2万 t/d的地下水厂改扩建为接用南水北调水的地表水厂，设计供水规模2万 t/d，受益人口10万人；市区新增第八水厂主要向安阳市产业集聚区（马投涧）、安汤新城、高新区及安阳东区供水，并可辐射至老城区，设计供水规模近期10万 t/d，远期20万 t/d，受益人口100万人。

【水费征缴】

水费征缴工作，安阳市南水北调办主要

领导多次向市政府分管和主要领导汇报，并行文进行专题报告、请示，取得支持，在市财政十分紧张的情况下，每年列入市本级财政预算4100万元，在2016～2017供水年度，安阳市共分3次向省南水北调办缴纳水费8213.3万元；2017年市财政预算列支的4100万元水费，市南水北调办正与市财政局沟通对接。对受水县承担的水费，市南水北调办已采取先行签订供水协议、发送水费催缴函等措施，现正在进行协调。

【线路巡查防护】

按照省南水北调办下发的《配套工程巡视检查管理办法》，按标准配备巡查人员，按规定每周进行2次巡查，特殊情况加密巡查频次，发现问题及时报告。组建安阳市南水北调配套工程运行管理QQ群、微信群，成为运行管理工作的新平台。投资安装智能巡检管理系统，确保巡查工作落实到位、真实有效。工程沿线阀井均安装安全锁和防坠网，保证工程设施设备安全和管护人员安全。建立巡查考核机制，实行"统一管理，分级考核"的原则，对在运行管理或巡查工作中存在问题的单位提出警告、批评，直至扣减运管费用。9月23日印发《关于印发配套工程巡查有关要求的通知》（安调办〔2016〕68号），明确阀井、现地管理房、调流调压室的管护标准及管线巡查记录、巡视检查发现问题报告单，规范运管巡查工作程序。

【工程防汛及应急抢险】

应对"7·19"特大暴雨，开展南水北调在建工程防汛工作。一是健全组织网络。2016年初对南水北调在建工程防汛分指挥部成员名单进行重新调整。召开安阳市南水北调在建工程防汛工作会议，编制《安阳市南水北调在建工程度汛方案》及应急预案，对总干渠每一个重点防汛部位都编制度汛方案。二是排除隐患。汛前安阳市南水北调办组织县区对安阳市南水北调总干渠36处防汛重点风险点，配套工程20处重点防范部位进行排查，及时疏通左岸排水的下游通道。三是7月19日特大暴雨抢险。接到7月19日强降雨气候变化通知后，立即派督导组在干渠沿线巡查，紧急调拨防汛抢险物资；同时在重点部位安排机械、设备、人员随时待命，进入防汛一级战备状态，抢险人员在岗在位，抢险物料备足。根据左排下游出现的不同险情，分别采取24小时人工盯防、紧急疏散转移群众等方式避险，并出动挖掘机、装载机20台次，对存在问题的左岸排水倒虹吸及时挖开出口阻水道路，保证排水通畅。对安阳河过干渠倒虹吸坡脚受损，穿漳倒虹吸与渠道连接段外坡发生的两处滑坡，及时下达防汛指令，经过一夜的坚守和抢险，总干渠渠道没有出现大的险情。安阳7·19暴雨洪水后，市南水北调办立即安排人员对4条管线、所有设施、阀井进行排查，待满足进地条件后，组织人员、设备对阀井积水进行抽排，对冲毁部位进行维护，保证通水运行安全。

【配套工程管理执法】

2016年8月，经省南水北调办同意，安阳市水利局党委批准，安阳市南水北调水政监察大队揭牌成立，隶属于市水政监察支队，与市南水北调办监督检查科合署办公，进一步加强南水北调配套工程保护工作，推进依法行政建设。加强业务学习。安阳市南水北调水政监察大队成立后，先后组织全体水政执法人员学习《水法》《防洪法》《南水北调工程供用水管理条例》《河南省南水北调配套工程供水和实施保护管理办法》等在执法中经常涉及的相关法律条文，并抽出一定时间学习法律知识及案件剖析，进行分析讨论，提高执法人员的法律意识和执法业务水平。加大宣传力度。及时印制《南水北调工程供用水管理条例》《河南省南水北调配套工程供水和实施保护管理办法》并发放至沿线各县区、乡（镇）、办事处，先后出动宣传车10余次到沿线村庄、企业、学校发放宣传单，在执法巡查过程中采取巡查与宣传相结合的方式，解读《南水北调工程供用水管理条例》《河南省南水北调配套工程供水和实施保护管理办法》相关条款。搭建信息平台。创建安阳市水政监察与执法管理平台南水北调窗口，做到南水北调水政监察工作与市水政监察支队工作网上互联，信息共享，问题及时处理。依法查处案件。加大对南水北调配套工程沿线执法巡查力度，及时发现并制止各种违法行为。南水北调水政监察大队成立以来先后查处各类违法行为5起。

【管理处所建设】

依据安阳市南水北调配套工程初步设计报告，安阳市设立南水北调配套工程管理处，在安阳市区、汤阴县、内黄县、滑县设立4个南水北调配套工程管理所。其中安阳市管理处占地面积10亩，建筑面积4100m²；安阳市区管理所占地面积5亩，建筑面积1360m²；汤阴县、内黄县、滑县管理所占地面积均为5亩，建筑面积均1220m²；管理处所共占地30亩，总建筑面积9120m²。滑县管理所施工标、监理标于2016年12月6日在郑州开标，均流标。2016年12月22日重新发布招标公告，进行二次招标。内黄、汤阴管理所的施工图设计已经完成。

（任 辉 李志伟）

邓州市配套工程运行管理

【概述】

2016年6月，邓州市南水北调办开始接管邓州市境内配套工程运行管理工作。从原施工单位在当地聘用的管理人员中挑选一部分，又从社会上招聘一部分具有一定文化水平的人员，组建运行管理队伍，在进行培训后，参与配套工程运行管理。制定值班制度、巡查制度、操作制度、考勤制度、例会制度、应急管理制度、配电室管理制度等相关制度，要求运管人员严格按照制度规定进行运行管理。邓州市运管办每周对运行管理工作进行一次检查，检查内容包括巡查情况、值守情况、值班记录情况、管理站室内外卫生情况等，并将检查情况通报各管理站，发现问题及时整改。各管理站人员每日将值守和巡查情况发在运行管理微信群里，同时，发现问题，随时电话报告运管办。每月初召开一次运管例会，各管理站汇报上月工作情况，总结经验，查找不足，提出建议。每半年对各管理站人员的工作情况及个人道德品质情况进行一次考评。2016年，运管人员工作能够履行职责，邓州境内配套工程运行安全平稳。

【管理所建设】

配套工程管理所建设在南阳市南水北调建管局进行招投标后，建设工作交给邓州市南水北调建管局负责。为早日动工建设，成立邓州市南水北调配套工程管理所建设领导小组，由一名副主任和纪检组长具体负责，相关科室人员参加。领导小组成立后，开始到管理所建设现场的办事处和社区加紧开展工作，用不到两个月的时间完成征地拆迁任务。2016年6月20日管理所建设竣工，10月3日投入使用。

【水厂建设】

邓州市共规划三座水厂承接南水北调水。其中邓州市二水厂一期工程已建成，接水3万t/d；邓州市一水厂一期工程于2016年11月7日开始调试承接南水北调来水；邓州市三水厂2016年正在建设。

（石帅帅）

滑县配套工程运行管理

【概述】

2016年7月1日,安阳市南水北调办正式将南水北调的运行管理工作移交滑县南水北调办。滑县南水北调办探索创新管理模式,提升运管水平。

实行"五个一"管理模式 坚持每周一碰头、每月一例会、每季一小结、半年一培训、年终一表彰的工作机制,逐步实现运行管理规范化、常态化、制度化。

建立"三管齐下"督查机制 全线47个阀井安装电子巡更系统,随时掌握巡线人员下井巡查工作动态;建立滑县配套运管微信群;不定期抽查巡线、值守情况。

开展宣传提升保护意识 制作南水北调"依法保护,平安供水,你我有责"的宣传漫画500份,印制《南水北调工程供用水管理条例》2000本,《河南省南水北调配套工程供用水和设施保护管理办法》2000本。

加强防汛工作 2016年7月19日下午至夜间,滑县发生入汛以来最大范围的强降雨,局部出现特大暴雨或大暴雨。滑县将南水北调配套工程的防汛措施纳入全县防汛应急工作预案,滑县南水北调办全体工作人员对辖区内输水管线和阀井进行巡回检查,发现问题及时采取维护措施,南水北调配套工程正常运行。

（郝晓光）

南水北调

柒 配套工程建设

南 阳 市 配 套 工 程 建 设

【资金筹措与使用管理】

截至 2016 年 12 月底，省南水北调办拨付工程建设资金共计 1038189048.78 元，其中管理费 9174900 元，奖金 4370000 元。截至 2016 年 12 月底，南阳市南水北调建管局累计拨付各参建单位共计 1018390395.18 元，其中拨付管材制造单位 475995854.06 元，拨付施工单位 464704968.52 元，拨付监理单位 10472120 元，拨付阀件单位 67217452.6 元。

截至 2016 年 12 月底，省南水北调办拨付征迁资金 495039500 元，其中其他费 12540600 元，征迁资金 482498900 元，南阳市南水北调建管局下拨 475996662.89 元给相关县、市、区。

（张少波）

【建设与管理】

2016 年是配套工程建设收尾之年。南阳市南水北调建管局对因设计、环境等原因造成的少量遗留工作，继续实行风险点管控机制，落实"五个一"措施，倒排工期，加压紧逼。对遗留任务重的邓州一、二、三支线末端、城区段尾工建设，不定期组织召开建管例会、现场办公会、专题督办协调会，随时解决制约工程建设的难点问题，加快工程建设进度。随时了解遗留工程建设动态情况，迅速解决存在的问题。加快管理处所工程建设进度，领导带队现场协调解决施工难题，组织施工单位加大人力、设备投入，加快建设进度。多次召开专题会议，对管理处所建设过程中涉及的具体问题，逐个分析，提出解决意见，协调县（区）南水北调办派驻现场负责环境维护。截至 2016 年底，除新野管理所因大气污染治理导致工期延误，年底尚未建成外，其余南阳管理处，镇平、南阳、唐河、社旗、方城管理所主体及装修任务完成。

【质量管理】

2016 年在工程建设管理过程中，落实"施工单位自检、中介机构监理、建管单位抽检、项目法人监督"四位一体的监管机制。对可能因质量问题引发进度风险的项目，明确专人负责，全方位全天候监督，防止发生质量安全事故。组织专门力量，加强对工程质量安全的巡检、抽检、飞检，实行日巡查、旬抽查、月督查，加大各种违规行为的处罚整改力度。同时开展安全施工大检查、汛期检查活动，发现问题及时处理。截至 12 月 31 日，南阳市共有 18398 个单元工程质量评定，合格 18398 个，优良 16335 个，优良率 88.8%。安全生产情况良好，没有发生安全生产事故。

（贾德岭 赵 锐）

【临时用地复垦退还】

截至 2016 年底，南阳市供水配套工程按计划移交工程用地 14017.22 亩，其中临时用地 13772.19 亩、永久用地 245.03 亩。按要求组织开展临时用地返还复垦工作，12756.4 亩临时用地全部退还耕种，临时用地返还复垦退还工作基本完成。

【征迁遗留问题处理】

南阳市南水北调办协调建管、施工、征迁设计、监理等单位，建立征迁机制、信访机制和联席会商"三大工作机制"，全力扫清配套工程征迁遗留。2016 年处理征迁问题 11 个，完成配套工程管理处所连接路征迁、唐河县新增阀井处理、高新临时用地超期使用问题等工作，满足工程建设需要。

【征迁安置验收】

南阳市及时启动配套工程征迁安置县级自验工作，以新野县为工作试点开展县级自验。2016 年 11 月，在新野县组织召开全市南水北调配套工程征迁安置验收工作培训会，邀请专家授课，进一步明确征迁安置验收工作流程、方法、标准，加强资料收集、表格填写方面准备，部分县区基本具备验收条件。

（张 帆）

【工程验收】

南阳段供水配套工程划分为1个设计单元工程，25个合同项目，25个单位工程，316个分部工程，18742个单元工程，其中包含管理处、所工程7个合同项目，7个单位工程，63个分部工程，461个单元工程。截至2016年底，共完成分部工程验收238个，占总任务量的75.3%；完成单位工程验收14个，占总任务量的56%。完成2号口门除邓州一水厂、三水厂支线以外的部分，以及3-1号、6号、7号4条口门线路的通水验收工作，占总任务量的50%。

（贾德岭 赵 锐）

平顶山市配套工程建设

【概述】

平顶山市南水北调供水配套工程输水管线总长79.081km，在平顶山市境内共设6座分水口门、7条供水线路，其中11号、11-1号、12号、13号和14号分别向平顶山市区（含新城区）、叶县、鲁山县、宝丰县、郏县和石龙区等6个目标城区供水，年供水总量2.5亿m³；10号口门向漯河市和周口市供水。2015年6月底，平顶山市配套工程建设基本完工。10号、13号、14号输水线路安全运行2年。

【工程尾工建设】

截至2014年底，平顶山市南水北调配套工程除11-1号输水线路改线段尾工外全部完成建设。尾工主要涉及穿越工程变更，2016年线路变更已批复，正在完善相关手续。

【合同变更处理】

按照省办下发的变更索赔处理程序、权限等要求，平顶山市南水北调办先后与省南水北调办联系沟通，组织25批（次）合同变更专家审查会，其中100万元以上变更审查9次，100万元以下变更审查16次。对换填土、天然气穿越等一些影响工程进度的重大变更进行审查。各标段按照要求建立合同变更台账，平顶山市南水北调配套工程大小变更131项，估计变更投资6400万元。截至2016年，平顶山市配套工程合同变更立项131项，已处理100项。

【工程验收】

根据省南水北调办加快工程验收的总体部署，依据《河南省南水北调配套工程验收工作导则》《水利水电建设工程验收规程》（SL223-2008）以及平顶山市研究制定的分部工程和单位工程验收细则的有关规定，对合同项目完工验收进行再安排，经与省质监站联系协调，截至2016年底，平顶山市配套工程117个分部工程验收116个，占99.1%；10个单位工程验收9个，占90%。完成3个标段合同完工验收，其他6个标段验收准备工作完成。

（张伟伟）

漯河市配套工程建设

【概述】

河南省南水北调受水区漯河供水配套工程分水口门为10号和17号口门，年均分配水量1.06亿m³，供水方式均为有压重力流。其中，10号口门位于叶县保安镇辛庄西北总干渠右岸，中心桩号195+473.000处，主要供漯河市、舞阳县、周口市、商水县2市2县用水，设计流量9m³/s，主干输水管道设计流量8.5m³/s，支线设计流量0.5~1.8m³/s；17号口门位于禹州市郭连乡孟坡村，总干渠桩号98+817.137处，主要供许昌市和临颍县用水，口门设计流量8.0m³/s，临颍支线输水管道设计流量2.0m³/s。

漯河市境内配套工程建设管线总长120km，分10号线和17号线两条线路。10号线境内管道长100km，其中输水干管长76km，舞阳水厂支线长6.64km，市区四座水厂支线长18.37km。17号线漯河市境内干支线路长17km。

漯河南水北调配套工程总投资212229万元。静态总投资207248万元，建设期贷款利息4945万元。

【合同变更】

2016年漯河市南水北调建管局组织联合审查变更45项，批复变更34项（含2015年度末已审查通过未批复的11项变更）。联合审查的45项变更中12项未通过，向省南水北调办报送审查计划两批次共33项，省南水北调办审查通过28项，其中变更增加金额100万元以上4项，索赔1项，100万元以下的23项。100万元以上的4项变更及1项索赔经补充完善后按照批复权限上报省南水北调建管局审批，100万元以下的23项变更按照审批权限全部批复。漯河市配套工程合同变更工作基本完成。

【建设与管理】

2016年，施工1、2、3、4、5、6、7、8、10、11标基本完工，施工9标剩余市区段沙河穿越工程。漯河供水配套工程截至2016年12月累计完成投资9.9亿元，占合同总额的97.0%。

漯河供水配套工程截至2016年累计完成土方开挖703万m³，占总量的99.5%；土方回填629万m³，占总量的99.7%；混凝土浇筑4.81万m³，占总量的99.2%；管道铺设119.5km，占总量的99.6%。

【工程和征迁验收】

漯河市南水北调办按照省南水北调办工程验收工作计划、多次组织技术人员对施工标段进行检查，督促施工标段对检查中发现的问题限期整改，组织对各参建单位工程资料的组卷、归档工作培训，完善工程验收相关档案资料。2016年完成施工1、2、3、4、5、10、11标段共7个单位工程验收；完成施工5标第6分部、施工11标第5分部、施工11标第6分部、施工8标1、2、3、5分部共计7个分部工程验收工作。

漯河市南水北调办多次组织征迁档案管理归档培训会，邀请相关专家和征迁总监讲解《河南省南水北调受水区供水配套工程征迁安置档案管理暂行办法》《河南省南水北调受水区供水配套工程征迁安置档案文件材料整理要求》以及征迁财务管理、合同管理、计划管理等，联合征迁监理对各县区南水北调配套工程征迁档案收集、整理工作和历次审计问题整改情况进行检查验收。

按照《征迁验收实施细则》，建立工作台账，定期检查进度，督促县区加快县级自验工作进度。组织有关县区到平顶山、叶县学习考察征迁验收先进经验。联合征迁监理对各县区征迁档案整理归档和历次审计问题整改情况进行检查指导。

【充水试验】

2016年漯河市南水北调办组织协调省水利厅质监站和参建单位完成对6、7标段近30km静水压试验和通水验收工作。

（孙军民　周　璇）

周口市配套工程建设

【财务管理】

周口市南水北调配套工程建设涉及周口市商水县、川汇区、新东区、经济技术开发区，按照要求周口市成立周口市南水北调配套工程建管局负责周口区域内南水北调配套工程建设管理，设置征地拆迁资金专账和基本建设资金专账，分别核算南水北调配套工程征地拆迁资金和基本建设资金。商水县、川汇区、新东区、经济技术开发区分别成立移民拆迁管理领导小组，并设置专门的财务管理机构，配备财务管理人员，设专人、专账、专户核算工程建设资金。

2016年，周口市南水北调配套工程建管局转发《河南省南水北调配套工程建设资金管理办法》《河南省南水北调配套工程建设单位管理费管理办法》，完善《财务审计科职责》《费用报销有关规定》《固定资产管理制度》《基建财务管理制度》等财务制度。按照省南水北调建管局整体部署，周口市南水北调配套工程建管局及县、区财务部门全部实行会计电算化核算，配备统一的金蝶财务软件。

2016年，周口市南水北调配套工程建管局统一印制南水北调配套工程征地移民补偿费领款单，领款单设置县、区审签栏；乡经办人员签名栏；村组办人员签名栏；领款人签名及身份证号码登记栏，完善征地移民补偿费领款手续，规范财务管理。

【资金使用管理】

拨入工程建设资金　省南水北调建管局拨入资金6.55亿元，其中，基建资金4.37亿元，征迁资金2.18亿元。

工程建设资金支出　周口市南水北调配套工程基本建设支出中在建工程支出6.25亿元，其中，建筑安装工程投资4.10亿元，设备投资0.31亿元，待摊投资支出1.84亿元。

货币资金余额6630.23万元，其中，银行存款余额6227.44万元，现金余额2.79万元。预付及应收款项合计1074.96万元，其中，预付备料款75.86万元，预付工程款409.65万元，其他应收款589.45万元。固定资产合计20.27万元，固定资产原价51.54万元，累计折旧31.27万元。应付款合计4747.90万元。其中，应付管材款2470.59万元，应付押金及质保金款2277.31万元。

【工程建设】

周口市南水北调配套工程输水管线总长51.85km。截至2016年底，工程建设基本结束并通水。累计完成管道开挖49.562km，占总长的100%；共有土石方开挖297.35万m³、土石方填筑270.29万m³、混凝土浇筑2.24万m³。截至2016年底，累计完成土石方开挖297.35万m³、土石方填筑267.65万m³、混凝土浇筑2.217万m³，分别占总量的100%、99.02%、98.97%。

周口市南水北调配套工程共有施工安装标10个，合同总额16681.32万元。截至2016年底，累计完成15823.09609万元，占合同总额的94.86%；共有管材、阀件、金结、机电等设备采购标7个，合同总额29604.18565万元。截至2016年底，累计完成25187.814万元，占合同总额的85.08%；工程建设监理标3个，合同总额623.9032万元。截至2017年3月底，累计完成593.39万元，占合同总额的95.11%。

截至2016年12月，工程变更申报共计110个，其中变更金额在100万元以上21个，变更金额在100万元以下88个，变更索赔预计增加金额共6304.7585万元。已经批复变更38个，其中100万元以上的3个，100万元以下35个，共增加金额1505.3655万元。已审查但未进行批复的72个，其中金额在100万元以上的18个，金额在30万元以下53个，预计增加金额4799.393万元。

周口市南水北调配套工程建管局委托周口市建筑设计研究院对管理处、所建筑图纸进行设计，委托中元方工程咨询有限公司进行工程预算编制。管理处（含市区管理所）管理用房设计为八层，建筑面积5237.3㎡，投资1006.4502万元。

周口市南水北调配套工程建设管理局委托河南华水工程管理有限公司承担周口供水配套工程管理处、市区管理所招标代理。2016年10月20日开标，10月20～21日在周口市公共资源交易中心完成评标工作，中标监理单位为河南成功工程管理有限公司、施工单位为红旗渠建设集团有限公司，12月签订合同并开工。

周口市原计划水厂3座，其中周口市城区2座，分别为东区水厂和西区水厂，每年承接9180万㎥的南水北调分配用水，日供水量为15万㎥和10万㎥，商水县城水厂每年接收1120万㎥，日供水3万㎥。由于西区水厂缓建，2016年仅向市东区水厂和商水供水。2016年4月，省南水北调办《关于周口供水配套工程输水支线原西区水厂规划位置增设分水口有关问题的复函》（豫调办投函〔2016〕4号），同意从原规划西区水厂位置开口铺设输水管线向现有二水厂供水。2016年6月委托省水利勘测设计研究有限公司承担设计任务并对供水线路现场查勘，8月形成线路布置方案，9月22日市政府办公室会议纪要〔2016〕51号原则同意线路布置。

【征迁安置及验收】

截至2016年底，周口市征迁工作全部完成，按照审定批准的征地拆迁安置实施规划报告（审定稿），永久用地、临时用地、房屋拆迁、专项迁建等任务，总体做到不折不扣、不突不破，临时用地全部复垦返还。

县区自验准备就绪。所涉县区政府均成立验收委员会，编制验收大纲，草拟实施管理报告，以及档案收集、整理、归案等工作，验收前的各项准备工作完成。

（朱子奇）

许昌市配套工程建设

【概述】

许昌市配套工程全长125km，其中15号口门长26km；16号口门长18.4km；17号口门长66.6km；18号口门长14km。全部采用管道输水，全市年分配水量2.26亿㎥，通过4座分水口门向许昌市区（1.25亿㎥）、长葛市（5720万㎥）、襄城县（1100万㎥）、禹州市及神垕镇（3280万㎥）的7座水厂供水。工程概算总投资约13.3亿元。2016年，配套工程15号、16号、17号、18号分水口门输水线路分部工程、单位工程验收完毕。

（程晓亚）

郑州市配套工程建设

【概述】

2016年，郑州市南水北调办重点开展配套工程尾工建设和泵站外电建设。2016年，配套工程运行安全高效，共输水3.7亿㎥，日供水量100多万㎥。

配套工程尾工主要在21号线隧洞和尖岗水库出入库工程。2016年多次与设计部门及省南水北调办协商施工方案，对影响配套工程尾工建设的问题建立台账。剩余工程量较大的施工4标、11标、12标制定具体措施，争取早日完工。

【资金使用管理】

协助完成配套工程资金审核和拨付以及电费支付工作。2016年共完成工程计量和资金拨付41次，拨付工程资金5541万元。加快完成工程变更造价审查工作。2016年组织配套工程变更造价审查会22次，共审查工程变更183项，批复113项。完成配套工程统计报送和往来公文承办工作。2016年共完成配套工程月报24期，运行管理月报12期；用水调度计划12期，服务港区工程建设进度12期。按照省南水北调办要求，多次上报配套工程外接电源设计变更工作，2016年由省水利设计院组织编制的变更报告已报省南水北调办审批，开始准备招标程序。

【配套工程征迁】

2016年，开展征迁收尾和新增工程用地的征迁工作。2016年还存在部分变更地段的征迁问题和一些遗留问题需要解决。郑州市南水北调办专门召开会议进行梳理，建立征迁问题台账，明确责任单位和责任人，并规定解决时限。2016年完成港区二水厂、尖岗水库出入库新增工程用地58.4亩的征迁任务，处理遗留问题27起（处）。

【施工环境维护】

2016年，开展施工环境维护工作。由于郑州市的配套工程大多数穿越城区，在建设后期施工中易出现"工扰民，民扰工"现象。郑州市南水北调办在分管领导的带领下第一时间赶到现场，协调地方政府和相关单位，从维护当地群众利益和推进工程进度出发，促进各类矛盾的化解。上半年为确保中牟水厂按时通水，和县政府领导一起到施工现场，市、县、乡、村多级联合办公，对存在的问题逐一解决，取得良好效果，推动工程的进展并按时通水。2016年共解决20号线中牟段、21号线尖岗水库出口段、22号线尖岗水库入口段等有较大影响的阻工问题15起（处），维护良好的施工环境。

【临时用地返还】

2016年，开展临时用地返还工作。根据工程进度情况，和工程管理部门一道，重点组织二七区将21号线和22号线占压的临时用地返还。协调相关单位对中牟县境内临时用地进行交付前的验收，敦促施工单位将临时用地按标准及时返还给当地征迁机构，并由征迁机构组织沿线群众尽快复耕，2016年共返还临时用地1430亩，返还的农田都得到及时复耕。

【建设遗留问题解决】

2016年，及时解决配套工程建成后的影响问题。随着配套工程的完工，工程建筑物、道路对周边群众耕作、出行的影响暴露出来；还有一些是在运行中由于各种原因对周边环境造成影响。郑州市南水北调办主动协调建管部门、设计、监理单位和业主单位到现场进行查勘，能当场解决的，当场拍板解决，需按程序上报的及时上报，并进行跟踪问效，把影响降到最低点。2016年先后解决泵站、管理房、进站道路形成的边角地9处，运行中产生的影响7处。

【征迁验收】

2016年，开展配套工程征迁验收准备工作。按照省政府移民办的工作部署，下半年在全省范围内启动配套工程征迁验收工作。郑州市南水北调办在8月组织召开各县（市、区）和相关乡（镇、办）领导和业务负责人会议，进行专题部署，并邀请专家，对验收工作的组织程序、实施方法进行培训，并建立专家咨询热线，遇到问题及时咨询沟通。9月与财务部门一道，聘请会计事务所对各县（市、区）和相关乡（镇、办）财会人员进行培训，规范资金管理程序，提高资金核销率。逐一对各县（市、区）征迁机构的账目进行核对审计，对不规范行为限期整改。对征迁资金管理情况和整改落实情况，由分管

领导带队，由征迁业务人员、财会人员一同到各县（市、区）进行督查指导，还抽查部分乡（镇、办）账目。市本级与相关部门对接，进行验收准备工作。

（刘素娟　罗志恒）

焦作市配套工程建设

【概述】

南水北调中线总干渠在焦作境内共设5个分水口门，包括25～29号分水口门。

根据河南省发展和改革委员会《河南省发展和改革委员会〈关于省南水北调受水区焦作供水配套工程初步设计批复〉》（豫发改设〔2012〕1299号）、河南省南水北调工程建设管理局《关于对焦作配套工程25号分水口门线路设计变更报告的批复》（豫调建投〔2014〕119号），焦作市供水配套工程使用分水口门有4座，分别为25号温县马庄、26号博爱县北石涧、27号焦作府城、28号焦作苏蔺分水口门（29号修武县白庄口门暂未启用）。4座口门年均分配水量总计2.69亿m³，其中25号口门年均分水量1000万m³，26号口门年均分水量2600万m³（其中武陟县水厂分水1200万m³，博爱县水厂1400万m³），27号口门年均分水量9600万m³，28号口门年均分水量13700万m³（其中苏蔺水厂分水12180万m³，修武县水厂1520万m³）。

工程共布置分水口门进水池4座、输水管线6条。输水管线总长约57.91km，其中25号输水线路向温县第三规划水厂供水，管线长0.47km，管径DN1000，管材为PCCP；26号武陟输水线路向武陟县水厂供水，管线长27.61km，管径DN1400，管材为PCCP；26号博爱输水线路向博爱县规划水厂供水，管线长13.88km，管径DN1000，管材为涂塑复合钢管；27号输水线路向焦作市府城规划水厂供水，管线长1.84km，管径DN1800，管材为PCCP；28号苏蔺水厂输水管线向焦作苏蔺水厂供水，管线长0.55km，管径DN2000，管材为PCCP；28号修武输水管线向修武县水厂供水，管线长13.56km，管材为球磨铸铁。

焦作市供水配套工程总概算投资71899万元，其中工程部分46340万元，征迁及环境部分投资24520万元，建设期贷款利息1039万元。

根据《水利水电工程等级划分及洪水标准》（SL252-2000），焦作市配套工程输水管道等别及建筑物级别标准见下表。

焦作市配套工程输水管道等别及建筑物级别标准表

分水口门	供水对象	设计流量（m³/s）	工程等别	建筑物级别		
				主要建筑物	次要建筑物	临时建筑物
25号	温县第三规划水厂	1.2	Ⅲ	3	4	5
26号	武陟县第三规划水厂	1.0	Ⅲ	3	4	5
	博爱县水厂	0.7	Ⅲ	3	4	5
27号	府城规划水厂	3.4	Ⅱ	2	3	4
28号	苏蔺水厂	4.25	Ⅱ	2	3	4
	修武县水厂	0.75	Ⅲ	3	4	5

【前期工作】

受省南水北调办委托，黄河勘测规划设计有限公司承担《河南省南水北调受水区供水配套工程第Ⅱ标段（黄河北）》设计任务。

2012年5月23～25日，省发展改革委组织专家对《河南省南水北调受水区焦作市配套工程初步设计报告》（送审稿）进行审查，2012年8月24日，省发展改革委以豫发改设计〔2012〕1299号文对《河南省南水北调受水区焦作市配套工程初步设计报告》（审定稿）进行批复。2015年2月16日，省发展改革委以豫发改设计〔2015〕183号文对《河南省南水北调受水区焦作市博爱县供水配套工程初步设计报告》进行批复。

【合同管理】

南水北调焦作配套工程分四批次进行招标。共确定工程参建单位28家，包括工程监理单位3家、施工单位11家、管道设备生产厂家14家。

南水北调焦作配套工程签订各类合同共40余份，其中工程施工、监理、设备制造单位均通过公开招标方式确定合同单位，穿越铁路、外供电力线路工程按上级要求均与权属单位签订委托建设合同，水保和环保监测、安全评估、工程检测等专业技术服务采用委托方式与符合资格条件的单位签订委托合同。确定的参建单位均符合国家招标投标法律法规的规定。合同履行过程中，加强原始资料的收集、整理工作，建立完整的合同档案。

【建设管理】

内设项目部　焦作市南水北调办（局）在内部设立项目部，并根据工作需要，分设计划合同室、工程质量室、工程安全室、现场政务室、工程资料室。工程实施前，结合工程特点、合同文件，首先编制工程总体进度计划，总进度计划按实施性总进度计划、控制性总进度计划、施工总进度计划进行详细编制。工程实施过程中，建管单位协调各参建单位开展进度记录及报告工作，各建单位明确专人负责填写施工日志、施工大事记，逐日记录工程进展情况，编制年季月周进度报表和报告。定期不定期召开工程进度协调会议，检查实地工程的进展，协调解决影响工程进展的有关事宜，对工程进度计划

进行调整和修订。建立工程进度管理考核与奖惩办法，对各参建单位的进度管理工作进行目标考核与奖惩。按照"建管单位负责、监理单位控制、施工单位保证和政府监督相结合"质量管理体系，焦作市南水北调工程建设管理局建立南水北调配套工程质量管理体制。

现场监理部　监理单位在现场组建监理部，建立工程质量控制体系，配备总监、副总监和相关专业的监理工程师，明确相应的岗位职责。

施工项目经理部　施工单位在现场组建项目经理部，建立工程质量保证体系，成立质量检查科，配备项目经理、技术负责人和相关专业的专兼职质量检查人员，明确相应的岗位职责，质量保证体系运行正常，满足工程建设现场需要。

设代处和地代处　设计和地质单位在现场分别组建设代和地代处，建立工程质量保证体系，配备设代和地代人员，明确相应的岗位职责，开工前及时进行设计交底，施工期间指导服务及时，并对设计个别项目及时进行优化，满足工程建设现场需要。

水利厅质监站　河南省水利厅质监站代表政府对河南省南水北调受水区焦作供水配套工程进行质量监督。质量管理工作主要工作内容包括对管沟开挖、管道粗砂垫层、土方回填、管道安装、打压等过程进行抽检、旁站监理等形式开展质量管理工作。

【工程验收】

分部工程验收　除26号分水口门博爱供水工程外，先期开工的焦作南水北调供水配套工程共划分为9个单位工程，74个分部工程。其中除27号府城输水线路因军分区占地问题未解决而不具备验收条件以外，其他69个分部工程于2015年8月全部通过验收。

单位工程及其合同项目完成验收　2016年11月，焦作市南水北调办（局）组织完成先期开工的8个单位工程及其合同项目完成验

收工作。2016年焦作市配套工程仅剩26号分水口门博爱供水工程与27号分水口门府城供水工程共计3个单位工程未完成单位工程及合同验收工作。已验收的单位工程及合同项目包括25号分水口门温县输水线路1个施工标段、26号分水口门武陟输水线路4个施工标段、28号分水口门输水线路3个施工标段。

（董保军）

新乡市配套工程建设

【概述】

新乡市南水北调受水区供水配套工程共设置4个分水口门，分别是30号郭屯、31号路固、32号老道井和33号温寺门口门，分别向获嘉县、辉县市、新乡市区（含凤泉区）和新乡县、卫辉市的9座受水水厂供水，年供水量3.916亿 m³。配套工程线路全长75.3km，30号线长22.94km，31号线长1.049km，32号线长50.143km，33号线长1.168km。其中32号线变更段全长29.377km，其主管线长20.462km，支管线长8.915km。配套工程建设用地6097.36亩，其中永久用地87.9亩，临时用地6009.46亩。工程涉及8个县（市、区），22个乡（镇、办事处），62个行政村。影响居民99户320人，占压房屋30499m²；涉及副业27个，个体工商业3个，企业42个，单位29个；影响专项1200余条（处）。

【资金使用管理】

新乡市南水北调办在资金使用特别是工程款拨付中，探索出一套简便快捷高效的拨付程序，及时拨付施工单位资金，为施工单位加快建设提供资金保障。聘请审计事务所对各类资金使用情况进行审计检查，及时堵塞管理漏洞。2016年共接受各类审计3次，对发现问题进行整改。实行法律顾问制度，帮助解决或避免合同纠纷等问题，确保国家资金安全。

【合同管理】

2016年，根据新乡市配套工程线路变更的实际情况，梳理变更台账，合同变更台账217项，涉及金额2.7亿元。截至2016年底共上报32号线大变更16项，省南水北调办完成专家评审论证，并提出具体意见；市南水北调建管局组织合同变更初步审查202项，审核批复31项，涉及金额5577.7万元，审减509.41万元。

【建设与管理】

2016年，新乡市南水北调办制定下发《新乡市南水北调配套工程尾工建设进度控制台账》（新调建〔2016〕8号），督促各施工单位倒排工期，全力推进。截至2016年底，除管理处（所）建设外，其余10项尾工问题全部完成。

【调蓄工程】

新乡市南水北调调蓄工程是市政府为保障城市供水安全实施的重要民生工程。工程分调蓄池工程和输水管线工程两部分。其中，调蓄池工程初步概算投资1.44亿元，项目位于新乡县七里营镇引黄路与胡韦线交叉口东南，总占地面积428.67亩。输水管线工程总长15.6km，临时用地面积826.6亩，工程估算投资1.22亿元。2014年2月，新乡市市政府确定调蓄工程采用建管分离的办法，法人由新乡太行基础设施建设有限公司担任，市南水北调办负责初步设计之前的工作和工程建设宏观管理和监督管理工作，新乡县政府具体负责工程的建设实施。资金筹措方式为心连心化肥有限公司以产权置换方式筹资购买贾太湖，购买贾太湖资金用于调蓄工程建设。工程2015年11月开工建设。截至2016年底，调蓄池、沉砂池、桥梁主体工程完工。输水管线和泵房正在施工，共完成管线开挖

9km，管道埋设7km。

【临时用地复垦退还】

新乡市南水北调配套工程线路总长75.3km，征地拆迁涉及新乡市的8个县（市、区），22个乡（镇、办事处），62个行政村。工程建设用地6097.36亩，其中永久用地87.9亩，临时用地6008.66亩（原批复规划报告中建设用地5088.5亩，其中永久用地85.19亩，临时用地5003.31亩；32号线变更后，工程建设用地增加1008.86亩，其中永久用地增加2.71亩，临时用地增加1005.35亩）。各类影响专业项目1449处（原批复规划报告中1152处，错漏登180处、新增117处），征迁投资

4.8亿元。2016年共移交永久用地67.9亩，占总量的77%，市区管理处（所）、获嘉管理所建设用地正在办理前期征地手续（共20亩）；全部完成6008.66亩临时用地的复垦退还工作，占总量的100%；完成专项迁复建1449条，占总量的100%。

【工程验收】

新乡市南水北调配套工程共有20个单位工程，129个分部工程。截至2016年底，4个单位工程正在筹备验收；分部工程验收合格89个，剩余分部工程计划2017年完成。

（吴　燕）

鹤壁市配套工程建设

【概述】

鹤壁市南水北调配套工程涉及浚县、淇县、淇滨区、开发区4个县（区）、12个乡（镇、办事处）、43个行政村，输水管线全长60.64km，共分34号、35号、36号三座分水口门，向6个供水目标供水。规划工程建设共需完成土石方开挖348.50万m³，土石方回填306.29万m³，混凝土及钢筋混凝土5.55万m³，钢筋制安3873t，砂石垫层1.01万m³，管道铺设60.00km。工程建设用地4725.41亩，其中永久用地93.75亩，临时用地4631.66亩。影响居民20户，涉及农副业、工商企业30家，工业企业7家，单位4家，拆迁房屋12385.03m²，影响各类专业项目597条（处）。工程概算总投资11.80亿元。

2016年，鹤壁市配套工程规划6座水厂投入使用5座，34号、35号、36号三条输水线路已累计向鹤壁市供水4800多万m³，向淇河生态补水1050万m³。进展工作成效显著，受到省政府、省南水北调办和市委、市政府的充分肯定。

【资金筹措与使用管理】

建设资金　截至2016年12月底，省南水

北调建管局累计拨入建设资金5.94亿元，累计支付在建工程款6.07亿元，其中建筑安装工程款5.16亿元，设备投资5470.95万元，待摊投资3685.60万元，工程建设账面资金余额770.86万元，余额主要是省南水北调建管局预下拨的建设工程款。

征迁资金　截至2016年12月底，累计收到省南水北调建管局拨入征迁资金2.85亿元，累计拨出移民征迁资金2.12亿元，征地移民资金支出3468.07万元，征地移民账面资金余额3943.97万元，余额是税费和部分边角地征迁资金等。

【合同管理】

2016年，完成河南省南水北调受水区鹤壁供水配套工程34号分水口门铁西泵站、36号分水口门第三水厂泵站应急临时技术服务合同、河南省南水北调受水区鹤壁供水配套工程合同变更投资审核技术服务合同、河南省南水北调受水区鹤壁供水配套工程泵站运行维护管理项目招标代理委托合同、淇县城区集中供热管网一期工程穿越河南省南水北调受水区鹤壁配套工程35号输水管线、四水

厂支线项目建设管理协议书、河南省南水北调受水区鹤壁市供水配套工程泵站运行维护管理项目服务合同、文物勘探工程合同、河南省南水北调受水区鹤壁供水配套工程黄河北维护中心有线电视传输光缆线路改建包干协议书、光缆线路通信设施迁改（保护加固）合同等共计9个合同的签订工作。

【工程施工监理】

截至2016年，鹤壁市南水北调供水配套工程施工监理共有4个监理公司，分别是监理01标河南利水工程咨询有限公司，监理02标河南利水工程咨询有限公司，监理03标河南华水工程咨询有限公司，监理04标河南博华工程咨询有限公司，监理05标河南大河工程建设管理有限公司。

【合同变更】

严把工程设计及合同变更审批关，坚持审批与责任相一致的原则。按照承包单位申报、监理单位审查、项目建管单位审批的程序，集体研究，严格控制，依据有关法律法规及省南水北调办关于配套工程工程设计及合同变更管理办法、规定进行变更处理。截至2016年12月31日，完成设计变更批复5个、合同变更批复71个。

【工程验收】

按照《河南省南水北调配套工程验收工作导则》《关于做好河南省南水北调配套工程验收工作的通知》要求，鹤壁市成立配套工程验收领导小组。各监理单位制定验收方案，督导各施工单位准备工程资料，上报验收计划。监理单位审核、督导、落实验收计划，对符合验收标准的工程，及时开展验收工作。鹤壁市配套工程共14个单位工程，132个分部工程。截至2016年12月31日，验收分部工程118个，占分部工程的89.4%。2016年7月完成35号输水线路通水验收工作。

【调蓄工程】

鹤壁市刘寨调蓄工程作为南水北调中线供水调蓄工程之一，根据南水北调中线工程余水、缺水过程进行丰枯水调节。该工程规划选址位于鹤壁市京港澳高速公路东侧，淇河北岸，总干渠右岸，拟采用管道自流输水入调蓄工程，加压提水入总干渠。工程主要包括引提水工程及调蓄工程两部分，需铺设输水线路10km，新建提水泵站1座等设施。规划占地5930亩，总库容5500万m³。经省政府同意，2016年12月6日省水利厅和省发展改革委联合印发《河南省水利发展"十三五"规划》（豫水计〔2016〕91号），刘寨等6座南水北调调蓄工程为《河南省水利发展十三五"规划》重点项目。2016年刘寨调蓄工程完成规划方案编制和规划阶段地质勘察工作。

【征迁遗留问题处理】

鹤壁市征迁遗留问题主要是工程建成后涉农问题，2016年基本处理完毕，共处理各类涉农问题30多项。

【征迁安置验收】

2016年，鹤壁市及各县区参加省南水北调办组织的配套工程征迁验收培训，制定征迁验收方案，推进征迁验收工作。

（李　艳　刘贯坤　郭雪婷）

安阳市配套工程建设

【概述】

安阳市南水北调配套工程分别从总干渠35号、37号、38号和39号4个分水口门引水，输水管线总长约120km，总投资17亿元。线路涉及滑县、内黄、汤阴、文峰区、殷都区、龙安区、高新区和安阳新区8个县区，27个乡（镇、办事处），123个行政村，工程总占地8145.65亩。年计划分配水量2.832亿m³（不含滑县），其中市区23520万m³，内黄3000万m³，汤阴1800万m³。安阳市南水北调配套工程包括安阳和濮阳2个设计单元。安阳设计单元：一是35号鹤壁三里屯分水口门向滑县第三、第四水厂供水支线。二是37号汤阴董庄分水口门供水线路，向汤阴县一水厂、二水厂和内黄县配套水厂供水。三是38号文峰区小营分水口门供水线路，向安阳市规划第六水厂、高新区安钢项目水厂和新规划向安汤新城供水的第八水厂供水。四是39号殷都区南流寺分水口门供水线路，向安阳市规划第七配套水厂供水。濮阳设计单元：主要是35号鹤壁三里屯分水口门供濮阳水厂主管道，途径鹤壁浚县、省直管县滑县、安阳市内黄县，向濮阳水厂供水。

【第八水厂连接工程设计】

2016年开展安阳市第八水厂连接工程设计工作。安阳市第八水厂选址位于南水北调干渠38号分水口门以东、安林高速以南、京广铁路以西。主要解决高新开发区、安汤新城、安阳市产业集聚区近远期工业和生活用水。为加快连接工程建设进度，组织黄河勘测规划设计有限公司于4月底完成阀井、流量计井等前段设计，图纸移交监理。

【管理处所施工图设计和审查】

组织黄河勘测规划设计有限公司编制完成河南省南水北调安阳市配套工程滑县管理所施工图设计和预算，省南水北调办组织专家对施工图设计和预算进行审查，同时滑县南水北调办将施工图送滑县住建部门审查，设计单位根据审查意见进行修改完善，安阳市南水北调建管局以安调建〔2016〕22号文进行批复。开展安阳市管理处、安阳市管理所、汤阴管理所和内黄管理所施工图设计工作，多次与豫北水利勘测设计院共同到汤阴、内黄进行现场查勘，并到中线建管局安阳管理处考察学习，修改成效果图和平面布置图设计。

【穿越工程项目审批】

第八水厂与配套工程连接项目的审查。根据穿越邻接河南省南水北调配套工程设计技术要求安全评价导则（试行）要求，安阳水务集团公司委托中国市政工程中南设计研究总院有限公司和黄河勘测规划设计有限公司分别完成《安阳市第八水厂工程穿越邻接河南省南水北调受水区安阳供水配套工程38号口门专题设计报告》和《安全影响评价报告》。省南水北调办于2016年7月15日组织专家审查，并于12月进行批复。

配合安阳市投资公司，开展晋豫鲁铁路穿越南水北调总干渠手续办理，2016年5月11日，中线建管局组织专家对晋豫鲁铁路穿越南水北调总干渠项目进行审查。

开展汤阴夏都大道平行穿越37号管线项目审查。汤阴县拟建市政道路夏都大道，其中文王路至新纵三路段与配套工程管道重合，为保证配套工程管道安全，多次协调汤阴市政道路建设单位和黄河设计进行沟通对接，并按照省南水北调办相关要求，编制设计方案和安全评价。

【招标投标】

按照《关于发布河南省南水北调受水区安阳供水配套工程管理处所工程设计竞争性谈判公告的报告》（安调建〔2016〕21号）中制定的招标工作计划，2016年9月28日发布招标公告，经过开标、评标，河南省豫北水利勘测设计院中标，10月28日与中标人进行合同谈判并签订合同。

按照《关于发布河南省南水北调受水区安阳供水配套工程滑县管理所施工及监理项目招标公告的报告》（安调建〔2016〕29号）中制定的招标工作计划，2016年11月8日发布招标公告，因施工标及监理标投标人均未能通过初步评审，第一次招标失败。按照《关于发布河南省南水北调受水区安阳供水配套工程滑县管理所施工及监理项目（二次）招标公告的报告》（安调建〔2016〕38号）中制定的招标工作计划，12月22日发布二次招标公告，河南国茂建设发展有限公司中标施工标，河南华水工程管理有限公司中标监理标。

【资金筹措与使用管理】

截至2016年底，安阳市南水北调办共收到省南水北调办投资12.79亿元，其中征迁补偿投资5.12亿元，下达县区及支出4.08亿元（按县区支出3.87亿元，征迁补偿支出0.21亿元）；收到工程建设投资资金7.67亿元。2016年度完成投资1458.37万元，其中建安工程完成投资1025.04万元，征地拆迁608.69万元。2016年完成土方石开挖584.97万 m^3、土方石填筑525.32万 m^3，混凝土12.276万 m^3，累计完成管道铺设120.07km。

2016年度对工程进度支付款和预付款进行审核，共审核工程进度款29次，涉及金额2632.67万元；对每个合同的项目、单价、当月完成付款和累计付款进行核对计算。对合同中新增项目单价进行审核，要求所报单价依据充分、科学合理。对于占合同总价超过5%的关键项目，做到及时调整。

【合同管理】

2016年，根据省南水北调建管局《关于加强河南省南水北调受水区供水配套工程投资控制管理工作的通知》要求，组织各参建单位对合同变更情况进行统计整理，并编制完成《河南省南水北调受水区安阳市供水配套工程投资控制分析报告》，组织监理、施工、管材等单位，建立变更索赔项目收口台账，制定工作计划，明确完成时间和责任人。开展配套工程合同变更审查工作。2016年上报省南水北调建管局审查2项，省、市联合审查15项，市南水北调建管局审查86项。

【建设与管理】

安阳市机构编制委员会于2012年8月22日批准成立安阳市南水北调配套工程建设管理局，负责安阳市南水北调配套工程的全面建设管理工作。下设安汤现场建设管理处、滑县现场建设管理处，分别负责37号、38号、39号和35号线的现场建设管理工作。

安阳市南水北调配套工程合同工程量共有土石方开挖588.74万 m^3、土石方填筑525.32万 m^3、混凝土浇筑12.276万 m^3。截至2016年12月底，除38号管线末端因水厂位置变更，变更段批复较晚，正在进行征迁工作，尚未完成施工外，其他主体工程均已完工。累计完成土石方开挖584.97万 m^3、土石方填筑512.55万 m^3、混凝土浇筑13.976万 m^3，分别占总量的99.36%、97.57%、113.85%。

安阳市南水北调配套工程共有施工安装标17个，合同总额30756.52万元；截至2016年12月底，累计完成34780.91万元，占合同总额的113.08%。共有管材、阀件、金结、机电等设备采购标10个，合同总额46204.57万元；截至2016年12月底，累计完成42731.83万元，占合同总额的92.48%。工程建设监理标6个，合同总额1056.45万元；截至2016年12月底，累计完成863.84万元，占合同总额的81.77%。

【信访稳定】

2016年，建立健全阻工问题快速处置机制和阻工问题处置应急预案。安阳市南水北调办成立阻工问题处理工作领导小组，县区组建阻工问题现场处置机构，将有关领导和现场处置工作人员的联系方式向各施工单位公布，使阻工问题能够得到及时有效处置，将不良影响降到最低限度。

【征迁安置与验收】

截至2016年底，累计完成配套工程临时用地退还8050亩，其中2016年完成临时用地退还205亩。按照省南水北调办《关于下发〈河南省南水北调受水区供水配套工程建设征迁安置验收实施细则〉的通知》要求和有关工作部署。2016年10月17日，召开全市配套工程建设征迁安置验收工作会议，明确验收程序和时限要求。各县区成立验收委员会，具备征迁安置县级自验条件的，报市级征迁机构审核批准后开始实施。

【工程验收】

安阳市南水北调配套工程工程验收由安阳市南水北调工程建管局组织，由省南水北调办、省水利水电工程建设质量检测监督站、市南水北调配套工程建管局、黄河勘测设计有限公司、河南省水利勘测有限公司、各相关监理、施工及管道、阀件单位有关人员组成验收工作组。2016年7月、10月，市南水北调办两次组织召开安阳市南水北调配套工程通水验收会议，所验收项目全部通过。截至2016年底，南水北调安阳市配套工程累计验收分部工程142个，占配套工程量的89%；其中优良72个，优良率51%。累计验收单位工程12个，占配套工程总量的75%；其中优良5个，优良率45.5%。通水验收完成35号线路主线及滑县支线、37号线路全线、38号线路第八水厂支线。

【充水试验】

安阳南水北调配套工程建管局要求各施工标段依据黄河设计有限公司提供的"管道静水压试验指导方案"，编制"管道静水压试验方案"，邀请专家对"方案"进行评审，提出修改完善意见。先进行分部工程验收，后进行静水压试验，待静水压试验完成合格后再进行单位工程验收。截至2016年12月底，除施工03标正在准备进行静水压试验、38号管线末端因变更未完成施工，尚未完成静水压试验外，其他标段均已完成静水压试验。

（任　辉　李志伟）

南水北调

捌 水质保护

南 阳 市 水 质 保 护

【概述】

2016年是"十三五"开局之年，南阳市南水北调保水质护运行面临新任务、新形势。按照市委市政府《关于建立南水北调中线工程保水质护运行长效机制的意见》和市委办市政府办《南阳市南水北调中线工程保水质护运行长效机制实施方案》的要求，按照全市南水北调工作会议安排，经排查摸底梳理汇总，制定2016年保水质护运行工作任务清单，并印发各有关县（区）政府。

【"十三五"规划编制】

按照《关于开展〈丹江口库区及上游水污染防治和水土保持"十三五"规划〉编制工作的通知》要求和规划编制工作会议的部署，2016年组织开展规划编制工作。从规划投资估算比例看，河南30.58亿元，按规划任务分，污染防治类21.19亿元，水源涵养生态建设类7.95亿元，风险管控类1.44亿元。

【水源区水保与环保】

渠首区域绿化以"三园"（淅川丹阳湖国家湿地公园、合一红豆杉科技生态示范园、仁和康源软籽石榴园）、"三山"（汤山、禹山和朱连山及周边区域）、"三带"（渠首大道、内邓高速、中线干渠两侧）为重点，截至2016年底完成绿化1.8万亩，总投资2.23亿元，栽植红枫、石榴、栾树等苗木560多万株。其中，淅川丹阳湖国家湿地公园绿化800亩，投资260万元；合一红豆杉科技生态示范园投资9000万元，栽植曼地亚红豆杉、梅花、樱花等各类苗木2500亩80多万株；仁和康源软籽石榴园投资3000多万元，高标准栽植软籽石榴3800亩。汤山、禹山和朱连山及周边区域绿化2500亩，投资750万元。渠首快速通道两侧各50m绿化，淅川段全长16km，面积1150亩，投资1600万元；中线干渠两侧各100m绿化，淅川段全长14.4km，面积4300亩，投资4500万元。内邓高速两侧各50m绿化，淅川段全长28.9km，面积2950亩，投资3200万元。2016年，渠首绿化成为南阳生态建设的精品和亮点工程。

【制定保护区规定】

依据国务院南水北调办和省南水北调办有关水源保护区规定，南阳市南水北调办进一步细化，制定南阳市干渠水源保护区规定。

（一）一级保护区内应遵守下列规定：

1. 禁止建设任何与中线干渠水工程无关的项目；

2. 禁止向环境排放废水；

3. 禁止倾倒垃圾、粪便及其他废弃物；

4. 禁止堆放、存贮固体废弃物和其他污染物；

5. 农业种植禁止使用不符合国家有关农药安全使用和环保规定、标准的高毒和高残留农药。

（二）二级保护区内应遵守下列规定：

1. 禁止向环境排放废水、废渣类污染物；

2. 禁止新建、扩建污染较重的废水排污口，设置医疗废水排污口；

3. 禁止新建、扩建污染重的化工、电镀、皮革加工、造纸、印染、生物发酵、选矿、冶炼、炼焦、炼油和规模化禽畜养殖以及其他污染重的建设项目；

4. 禁止设置生活垃圾、医疗垃圾、工业危险废物等集中转运、堆放、填埋和焚烧设施；

5. 禁止设置危险品转运和贮存设施、新建加油站及油库；

6. 禁止使用不符合国家有关农药安全使用和环保规定、标准的高毒和高残留农药；

7. 禁止将不符合《生活饮用水卫生标准》（GB5749—2006）和有关规定的水人工直接回灌补给地下水；

8. 禁止采取地下灌注方式处理废水；

9．禁止建立公共基地和掩埋动物尸体；

10．禁止利用沟浆、渗坑、渗井、裂隙、溶洞以及漫流等方式排放工业废水、医疗废水和其他有毒有害废水；

11．禁止将剧毒、持久性和放射性废物以及含有重金属废物等危险废物直接倾倒或埋入地下。已排放、倾倒和填埋的，按国家环保有关法律、法规的规定，在限期内进行治理。

（三）不得安排大气污染最大落地浓度位于干渠范围内的建设项目。

（四）穿越干渠的桥梁必须设有遗洒和泄漏收集设施，并采取措施防范交通事故带来的水质安全风险。

【干渠生态带建设】

中线干渠生态带高标准率先建成，2016年主要工作是完善提升干渠生态廊道绿化水平。干渠两侧按照100m宽的标准，对缺株断带的地方，查漏补植补造。加强林带管护，开展浇水、施肥和林木病虫害防治工作。

【保护区内新建扩建项目审核】

严格控制干渠两侧保护区内新建项目专项审核，将项目审核工作作为企业环评的前置条件，严把干渠两侧保护区项目审核关，严禁新建污染企业。2016年审核项目10个，其中否决3个污染项目入驻干渠保护区。

（王　磊）

平顶山市水质保护

【概述】

2016年，平顶山市南水北调办根据省政府《南水北调总干渠（河南段）两侧水源保护区划定方案》和省南水北调办《南水北调总干渠两侧水源保护区内建设项目专项审核工作管理办法》，落实新建企业审核审批程序，完成迷迭香健康产业研发实验基地项目审批，否决不符合政策项目4个；加强污染风险点治理，国务院南水北调办督办的3个风险点，2个已全部整改，另1个已制定整改方案，征地完成后实施。协助市环保局编制完成《平顶山市南水北调中线一期工程总干渠沿线水污染防治工作方案》；组织沿线县乡开展水质保护宣传和巡查检查。协调各县南水北调办加强中线干渠的安保工作，在重点部位全部设置警示标识、标牌，制定落实安保措施。会同市教育局开展暑期学生安全教育宣传活动，与学生家长签订《南水北调通水安全责任书》，利用报刊、电视、布告、条幅、发放彩页等多种形式，开展安保宣传工作，平顶山市中线干渠段2016年未发生溺亡事故。

（张伟伟）

周口市水质保护

【概述】

2016年，周口市南水北调办对供水水质保护加强领导，建立组织。成立周口市南水北调水质保护领导小组，分解职责任务，落实具体责任。制定规章制度，编制应急处理预案。制定水质监管、巡查、抽检、化验等一系列规章制度和应急处理预案。加大巡查力度，周口市南水北调办组织专职巡查人员，除坚持每天沿线巡查外，领导带队不定时抽查，巡查到位，出现问题及时处理，并上报省南水北调办。2016年3次抽检化验，周口市未发生水质污染事件，供水水质化验30项指标符合供水标准要求。

（梁晓冬　朱子奇）

许 昌 市 水 质 保 护

【概述】

南水北调中线工程许昌段全长 53.7km，红线宽 100~350m，渠底宽 13~26m，水深 7m，堤宽 5m，左右共设林带 12~16m，过水流量 320~310m³/s。

根据省委、省政府下发的《南水北调中线一期工程总干渠（河南段）两侧水源保护区划定方案》，干渠两侧水源保护区分为一级保护区和二级保护区。许昌市一级保护区范围自渠道管理范围边线（防护拦网）向两侧外延 200m；二级保护区范围自渠道管理范围边线（防护拦网）向左、右两侧分别外延 3000m、2500m，保护区面积 257.3km²，一级保护区 15.95km²，二级保护区 241.25km²。按照省政府《河南林业生态省建设提升工程规划（2013-2017 年）》（豫政〔2013〕42 号）中"干渠两侧各栽植100m以上树木"的绿化要求，许昌市总绿化面积 1.62 万亩，共涉及 2 个市的 12 个乡（镇、办），其中禹州市 1.278 万亩，长葛市 0.342 万亩。

【保护区项目审查】

许昌市南水北调办明确相关人员的职责与任务，对于市、县立项的建设项目，严格执行国家有关干渠两侧水源保护区的政策法规，开展干渠两侧一、二级保护区内新建、扩建项目位置确认。2016 年共对 8 家符合条件的申请单位出具位置确认函，对不符合要求的建设单位进行政策宣传，全面落实国家有关水源环境维护方针、政策。

【干渠保护区镇村环境整治】

2016 年，按照省南水北调办工作安排和部署，许昌市南水北调办继续开展南水北调干渠水质保护工作。许昌市南水北调办组织工程沿线禹州市和长葛市对各自境内南水北调水源保护区内的镇村实施环境整治工作，主要采取对村庄生活污水进行处理、垃圾分类及处理、建立环境保护机制等措施。截至 2016 年 12 月 31 日，许昌市南水北调干渠一、二级保护区内的 13 个乡镇的村庄环境整治工作全部完成。

【设立保护区标识和防护设施】

2016 年，加强南水北调中线工程干渠突发水污染事件预防工作，依据《饮用水水源保护区标志技术要求》（HJ/T433-2008）和水源保护区的具体情况，许昌市南水北调办组织禹州市和长葛市南水北调办在水源保护区边界设立界标，标识保护区范围；在穿越保护区的道路出入点及沿线，设立饮用水水源保护区道路警示牌；在一级保护区周边人类活动频繁区域设置隔离防护设施；设置水源保护区宣传牌，警示过往行人、车辆及其他活动，远离饮用水水源，防止污染。

（程晓亚）

郑 州 市 水 质 保 护

【概述】

南水北调中线工程郑州段全长 129km（其中市区长 60km），平均红线宽 130m，渠口平均宽 90.59m，水面平均宽 80.09m，渠底宽 30.39m，水深 7m，堤宽 5m，两岸防护林带宽 7m，过水流量 300m³/s。

一级保护区范围自渠道管理范围边线（防护拦网）向两侧外延 200m；二级保护区范围自渠道管理范围边线（防护拦网）向左、右两侧分别外延 3000m、2500m，保护区面积

597.17km²（一级保护区39.35km²，二级保护区557.82km²）。根据郑州市委、市政府安排南水北调干渠两岸生态带建设分工，市区段由市园林局负责建设，县市段由林业局负责建设。同时要求在城市规划区内的60km干渠两侧，高起点规划设计各200m宽的生态走廊；开展两岸生态公园每区1000m标准段建设；启动3县（市）区69km生态保护方案。

【干渠两侧保护区内环境整治】

2016年，郑州市南水北调办开展干渠两侧保护区内新建、扩建项目位置确认工作，组织开展南水北调郑州段干渠两侧一级保护区内企业、副业排查登记活动，联合畜牧部门对现存的畜禽养殖场户进行排查，并对干渠沿线的垃圾清理整治工作进行排查、督查、清理整治。

确认干渠两侧保护区内新建扩建项目位置　按照省政府豫政办〔2010〕76号文，对干渠两侧6km范围、700多km²内新建、扩建项目进行位置确认，截至2016年底，共对1000多家符合条件的申请单位出具位置确认函，对不符合要求的建设单位进行政策宣传，全面落实国家有关水源环境维护方针、政策。

排查登记水源保护区污染企业　截至2016年底，按照左右岸、内外排、地下水位及污染风险等有关要求，全面完成干渠郑州段沿线一级水源保护区内企业及污染源登记工作。干渠郑州段一级水源保护区范围内共有企业515家。

核查水源保护区内畜禽养殖户　郑州市南水北调办与市畜牧局联系，通过协商确定开展工作的方式。郑州市南水北调办和市畜牧局联合发文，组织干渠沿线有关县（市、区）南水北调办及畜牧主管部门，依据干渠两侧水源保护区内村庄名单和现有规模养殖场户档案，对规定范围内的养殖场户进行档案调阅统计，必要时进行现场调查。截至2016年底，在干渠水源保护区内，郑州市规模养殖场户共389户，其中一级保护区内68户，二级保护区内321户，水源保护区内规模养殖场户排查工作完成。

干渠两侧垃圾清理治理　经沿线各县（市、区）南水北调办调查，郑州段干渠沿线垃圾主要是房屋拆迁产生的建筑垃圾和少量的生活垃圾，大部分集中在管城、二七、中原三个区干渠沿线的郊区地段。截至2016年经过市政府督查室和市南水北调办督查，沿线大部分县（市、区）对干渠两侧的垃圾进行分类治理。对生活垃圾进行清理，对建筑垃圾采取临时措施，结合南水北调生态公园建设制定合理的方案，进行合理利用。

【南水北调生态文化公园建设】

郑州市按照国务院批复的《郑州市城市总体规划（2010—2020）》关于"南水北调中线工程郑州市区段两侧规划200m特色生态景观绿化带"要求，郑州市政府决定将南水北调中线工程郑州段两侧一级保护区建设成南水北调生态文化公园，规划建设长度61.7km（包含郑州市区段32.7km和航空港区段29km），公园按干渠两侧防护网外各200m范围规划，共计24.68km²。公园总体规划设计方案由市政府统一组织实施，拆迁建设由沿线各区负责组织完成。

建立工作机构，加强组织领导　郑州市成立市南水北调生态文化公园建设指挥部，副市长张俊峰担任指挥长，指挥部办公室设在市园林局。南水北调生态文化公园建设的组织实施按照"三统三分"要求：统一规划、分区实施；统一政策、分类奖补；统一领导、分局落实。郑州市统一规划，各区为建设主体，以属地管辖为原则由各县、市、区、管委会负责，各县、市、区、管委会成立相应建设指挥部负责辖区内征（租）土地、拆迁补偿及建设工作。统一奖补政策，按照建设标准、拆迁性质进行奖补；市南水北调生态文化公园建设指挥部统一指挥，市区段由市园林局负责组织实施，县（市）段由市林业局负责组织实施。

制定奖补方案，明确投资主体 郑州市政府制定南水北调生态文化公园绿化建设奖补方案，明确投资主体：一是工程征地拆迁费用，由各辖区政府承担，市政府按照每亩5000元进行一次性奖补；二是绿地建设资金由各辖区政府承担，市政府按照每亩10000元进行一次性奖补。

确定规划标准，组织招标设计 按照郑州市政府关于南水北调生态文化公园建设要集生态涵养、文化传承、休闲游憩于一体的要求，2012年2月，邀请国内知名规划设计团队进行南水北调生态文化公园总体方案设计。2012年9月上旬，市建设指挥部组织召开郑州市南水北调生态文化公园设计方案评审会，对三家设计单位的设计方案进行评审，并由排名第一的设计单位对三个方案进行整合完善提升。经过多次专家评审、修改、完善，2013年12月底完成南水北调生态文化公园总体设计方案，并下发沿线各区。2016年，沿线各区正按照总体设计方案组织施工图设计相关工作。

【南水北调生态带绿化建设】

郑州市南水北调县市段涉及荥阳市、新郑市，南水北调主体工程完工后，郑州市委市政府及时开展南水北调两侧绿化工作。根据市委市政府工作安排，2014年荥阳、新郑按照单侧绿化宽度200m进行南水北调生态廊道绿化建设，截至2016年底共完成59.4km，绿化面积2376万 m²。建设方式由各地方政府统一规划设计、采取招投标方式组织实施，按照"因地制宜、适地适树"的原则，采取林苗一体化或建滨河公园的形式，遵循现有地形地貌，根据现场与周边环境特色分区分段定位设计特色，保留成型的树林，形成独具地方特色的景观环境。

截至2016年底，荥阳市完成效野段全长19.5km，单侧绿化宽度200m，规划绿化面积780万 m²。新郑市完成南水北调干渠39.9km，绿化面积1596万 m²。

（刘素娟 罗志恒）

焦作市水质保护

【概述】

南水北调中线工程干渠在焦作境内全长76.41km，途经焦作市温县、博爱县、城乡一体化示范区、中站区、解放区、山阳区、马村区、修武县8个县区。沿线设置5个分水口门，年分配用水量2.69亿 m³，分别向焦作市城区、温县、武陟县、修武县和博爱县供水。根据《南水北调中线工程总干渠（焦作段）两侧水源保护划定方案》，干渠一级保护区宽度范围50~200m，二级保护区宽度范围1000~3000m。焦作市一级保护区面积16.54km²，二级保护区面积255.52km²。保护区内共涉及177个村（社区）、12万户、43万人；涉及企业138家（属污染类企业56家）。

【水源区管理】

建立水源保护工作机制 焦作市落实省政府《南水北调中线一期工程总干渠（河南段）两侧水源保护区划定方案》要求，建立水源保护工作制度，明确各单位工作职责，开展水源保护管理工作。

严控污染项目 对于在干渠两侧水源保护区内新建和扩建项目，严把各项程序；对明确禁止的建设项目，坚决予以否决。2016年共办理保护区内项目审核12家。市南水北调办对发现的水源保护区范围内违规问题，会同市直有关部门、有关县区分析成因，提出治理措施和建议。2016年共处理污染风险点9处。

编制水源区保护方案 组织技术人员对南水北调中线工程干渠（焦作段）两侧的水源保护区沿线进行勘察，在征求相关部门意见的基础上，编制完成南水北调中线工程干渠（焦作段）两侧水源保护区安全管理实施方案。

【生态带建设】

焦作市农村段干渠两侧绿化工程长64.89km，绿化任务15562.9亩。2016年按照市政府统一安排部署，配合市林业部门完成造林13127.82亩，占总面积的84.4%，基本建成干渠水质保护生态廊道。

【弃土弃渣处理】

2016年，完成南水北调施工弃土的整治工作。按照《党委政府有关部门环境保护工作职责》（焦办〔2016〕13号）中所列职责内容进行重点巡查，对南水北调中线工程在中站区90亩弃土场环保问题，建立环境监管工作台账。采取挖掘机、推土机推平垃圾，用黄土将其覆盖；用黑网罩盖黄土，播种杂草种子；场地立杆拦护，禁止出行，派专人负责看护场地等一系列措施，环境治理达标。

（董保军）

焦作市城区办水质保护

【防汛度汛】

2016年，协调焦作管理处制定南水北调城区段干渠防汛工作方案和预案，并建立健全应急抢险专业队伍，在防汛物资、机械设备、防汛演练等方面进行应对各类险情的准备。组织南水北调焦作管理处和解放、山阳两城区现场排查防汛隐患，列出清单，明确责任。建立汛期联防工作机制，实行干渠内外防汛联动。加强防汛值班，及时掌握雨情灾情，组织相关人员现场蹲点和巡查，及时发现问题，排除险情。

【干渠两侧弃土弃渣覆盖】

2016年，继续开展南水北调焦作城区段干渠两侧弃土弃渣覆盖工作，降低扬尘对城市环境和大气的污染。会同焦作市蓝天办、中线建管局河南分局郑焦片区尾工办对城区段干渠两侧弃土弃渣覆盖情况进行全面排查。下发督导督办函9次。中线建管局河南分局郑焦片区尾工办投资近百万元，组织人员对城区段干渠两侧弃土弃渣进行两次覆盖，将塔南路两侧的弃土弃渣进行清运和场地绿化。

【干渠安保】

2016年，焦作市城区办在《焦作日报》连续刊发《南水北调安全提醒》，在焦作电视台以滚动字幕告知市民注意安全；在法定节假日期间与教育部门结合，向中小学生发放宣传单65000份，并向学生家长发送校信通进行安全宣传。协调干渠焦作管理处完善安全警示标牌，组织巡回宣传车，在跨渠桥梁悬挂宣传条幅。协调干渠运管单位加强安保队伍建设，在干渠红线范围内实施24小时不间断安保巡查。会同焦作管理处对城区段干渠两侧弃土弃渣覆盖情况进行全面排查，对破损的防尘网及时修复。

（张沛沛）

新乡市水质保护

【概述】

依据《南水北调中线一期工程总干渠河南省段两侧水源保护区划定设计总报告》，新乡市一级水源保护区面积17.38km²，二级水源保护区面积271.38km²，总占地平均宽度150m。

【干渠保护区管理】

2016年，新乡市南水北调办要求各县（市、区）南水北调办对水源保护区范围内新建、改建、扩建项目的书面报告进行初步审查。其中包括：1.建设项目基本情况、位置、规模、坐标、与南水北调干渠的位置关系、生产工艺、流程、改扩建项目的原运行及污染情况、采取的防治措施等；2.相关政府部门的批复文件（含项目选址坐标及图纸）；3.省辖市级及以上水利或具有相当资质的设计部门出具的建设项目选址与南水北调干渠位置鉴定意见；4.建设项目立项报告、可研报告等。各县（市、区）南水北调办对报告的真实性和完整性负责。对国家明令禁止的项目坚决予以否决，对内容不完整的报告立即要求补充，待材料补充完整后上报新乡市南水北调办，并提出初步意见。新乡市南水北调办视项目建设情况开展现场核实工作，必要时召开专家论证会，对于由县（市、区）级立项的建设项目，3个工作日内提出审核意见，对于由省辖市、省、国家级、军队立项的建设项目和污染程度界定较困难的建设项目，3个工作日内上报省南水北调办审核，并告知项目法人。

【水保与环保】

新乡市南水北调干渠水源保护工作坚持预防为主，防患未然的原则。2016年，成立水源保护区领导小组，新乡市南水北调办主任担任组长，新乡市环保局、国土局、水利局等有关单位为成员单位，明确分工，各司其职。通过电视、报纸、网络、广播等媒介开展宣传工作，营造良好舆论氛围。沿线乡村干部加强对群众的宣传引导。新乡市南水北调办协调各成员单位有关专家，定期对沿线工矿企业进行集中排查，对虽非新建、改建、扩建项目，但有较重污染的企业，及时组织论证，并依据相关法律、法规提出处理意见，限期整改。

【生态带建设】

新乡市干渠全段适宜绿化面积19037.26亩。其中，辉县市11564.26亩，卫辉市5463亩，凤泉区2010亩。干渠绿化工作自2015年7月下旬启动，截至2016年底，新乡市全部完成干渠绿化任务。南水北调干渠两岸新植树木新芽初生，绿意萌发，一渠清水被两侧绿带护送着缓缓北流，林水相映、环境清新的生态景观初步形成。六个游园建设正在完善提升，水、电、路等配套基础设施建设也正在推进。

（吴　燕）

鹤 壁 市 水 质 保 护

【概述】

南水北调中线工程在鹤壁市境内全长29.22km，涉及淇县、淇滨区、开发区3个县（区），9个乡（镇、办事处），其中淇县23.74km、淇滨区4.4km、开发区1.08km。划定南水北调中线一期工程总干渠鹤壁段两侧一级保护区宽度50～200m、二级保护区宽度1000～3000m，水源保护区总面积88.36km²，其中一级保护区面积4.52km²，二级保护区面积83.84km²。

【水源保护宣传】

2016年，宣传水源保护区划定工作的重要性及相关法律、法规，宣传保护区管理的重大意义，营造水源区保护工作的氛围。在鹤壁电视台制作播发公告和滚动字幕持续1个月宣传南水北调安全保卫工作；向学生和沿线群众宣传《南水北调工程供用水管理条例》等法规；组织党员志愿者进社区开展南水北调政策宣讲活动，讲解南水北调工程建设的重要意义、水源保护和节约用水的重要意义；参加2016年"世界水日""中国水周"宣传活动，制作宣传展板。

【专项审核】

2016年，鹤壁市完成鹤壁段干渠两侧水

源保护区内新建、扩建项目专项审核项目2个，分别为河南大用实业有限公司肉鸡屠宰废弃物综合利用技术改造项目、鹤壁市公路管理局新增省道304濮鹤线内浚界至杨小屯段改建工程项目。

【干渠两侧生态带建设】

鹤壁市在城市总体规划、土地利用总体规划和绿地系统规划工作中，把干渠两侧林业生态带建设作为重点任务，统一规划，鹤壁市编制完成《鹤壁市林业生态带建设提升工程规划（2013—2017年）》，印发《鹤壁市南水北调中线绿化工程实施方案》，在南水北调干渠两侧各建100m宽绿化带，营造防护林带和农田林网；在城区边缘建设园林景观,成为城市重要的生态功能区。截至2016年底，南水北调干渠两侧规划总绿化面积8630亩，完成绿化8110亩，占任务的94%，南水北调生态廊道景观效果初见成效。

【污染风险点整治】

根据省南水北调办《关于开展南水北调中线工程污染风险点执法检查及总干渠两侧生态带建设情况督导检查的函》（豫调办移函〔2016〕5号）要求，2016年配合省督导组对南水北调总干渠鹤壁段的9个污染风险点进行现场督导检查，提出处理措施，同时及时将鹤壁段污染风险点检查处理结果报告省南水北调办，要求县区南水北调办协调配合当地环保部门进一步核实整治，加强干渠两侧水源保护区水污染防治工作。

（姚林海 刘贯坤）

安阳市水质保护

【概述】

安阳市南水北调干渠全长66km，穿越境内2县（汤阴县、安阳县）、4区（开发区、文峰区、龙安区、殷都区）。安阳市干渠两侧共划定水源保护区面积277.64km²，其中一级保护区面积19.93km²，二级保护区面积257.71km²。一级保护区内54个村庄，二级保护区内111个村庄。

【保护区项目审核】

安阳市南水北调办严格审核保护区范围内项目审核，2016年，先后上报省南水北调办审核项目8项，批复7项（其中同意建设6项，不同意建设1项）。同意建设的6项分别是殷都区钢铁精深加工园区项目、安阳市新普钢铁有限公司筹建蒸汽发电项目、安阳市悦昌砖厂、河南省圣杰建材制造有限公司、安阳华润燃气有限公司东梁村加气站项目、豫中能源有限公司项目。市南水北调办审核批复4项，分别是安阳宝山高新科技材料有限公司汽车高强材料加工项目、安阳市福瑞商贸有限公司物流园信息服务中心项目、安阳市鸿昕新型建材有限公司、安阳市三水科技有限公司项目。

【生态带建设】

南水北调中线安阳段生态带建设总里程66km，共涉及安阳县、汤阴县、文峰区、龙安区、殷都区、高新区等6个县（区）14个乡（镇、办事处）85个村。安阳市开展南水北调生态带建设：单侧适宜绿化宽度100m以上，近干渠内侧40m为固定性生态防护林，其中内侧20m常绿树种，另20m栽植7~10行高大乔木，外侧60m为生态经济带。市级奖补标准：按照1:1的比例，市、县（区）两级对南水北调生态建设每亩每年补助1000元，连补4年。2016年安阳市南水北调干渠两侧生态带建设任务全部完成。

【7·19特大暴雨水毁与修复】

安阳市跨南水北调总干渠桥梁7·19特大暴雨水毁情况汇总表

序号	县区	项目名称	水毁情况
1	安阳县	吉庄生产桥	西引桥北侧滑坡40m，南侧滑坡30m
2	汤阴县	驸马营移民生产桥	被暴雨冲断
3		驸马营生产桥	西引桥南北侧均滑坡6m左右
4		中州路桥	东引桥南侧水毁塌方严重
5		丁家村北生产桥	白沙河倒虹吸出水冲毁该桥，连排洪沟冲毁塌方
6		许张村生产桥	南侧引桥水毁塌方
7	龙安区	活水公路桥	桥南侧路东有水毁塌方
8		红星老爷庙桥	北侧引桥路东有水毁塌方
9		王潘流桥	西引桥南侧和东引桥北侧有水毁塌方
10		文明大道桥	东引桥路南靠近红绿灯处有水毁塌方，西侧引桥两处水毁塌方；桥西头中间隔离墩有水毁塌方

37号口门汤阴一水厂线路水毁及修复计划表

阀井编号	积水深度（cm）	漏水部位及情况说明	处理办法	排水清泥费用（元）	后期处理费用（元）	备注
VZL-01	10	井盖处进入少量积水	人工清理	500		
VZL-02	50	流量计穿线镀锌钢管处流入，进水池人手孔积水严重	水泵抽排、镀锌钢管封堵	1500	500	
VZL-03	30	上游穿墙套管处及井盖流入	水泵抽排、穿墙套管缝处理	1000	500	
VZL-04	10	井盖处进入少量积水	人工清理	500		
VZL-05	70	箱涵和阀井内积水严重，主要由铁路箱涵伸缩缝及6号阀井盖板缝进入，6号阀井未做防水	1.水泵抽排水	4500	4000	
VZL-06	70		2.伸缩缝处理、进行阀井SBS防水			需与部落村协调
VZL-07	15	井盖处流入，阀井地势较低	水泵抽排	500		
VZL-08	10	井盖处进入少量积水	人工清理	300		
VZL-09	50	井盖处流入，之前有积水	水泵抽排	1500		
VZL-10	10	井盖处进入少量积水	人工清理	300		
VZL-11	20	地势较低，积水能淹过出气帽及井盖	水泵抽水后，加高通风孔及井圈	500	1000	

续表

阀井编号	积水深度（cm）	漏水部位及情况说明	处理办法	排水清泥费用（元）	后期处理费用（元）	备注
VZL-12	15	井盖处进入少量积水	人工清理	500		
VZL-13	15	井盖处进入少量积水	人工清理	500		
VZL-14A	30	阀井与箱涵伸缩缝处渗水（14B与铁路箱涵）	水泵抽水后，伸缩缝处理	1000	1000	
VZL-14B	30	14B地势较低，积水能淹过出气帽及井盖	水泵抽水后，加高通风孔及井圈			
VZL-15	10	井盖处进入少量积水	人工清理	300		
VZL-16	10	井盖及盖板缝处渗水	人工清理，盖板渗水处处理	300	500	
VZL-17	15	井盖及下游穿墙套管处渗水	水泵抽水、穿墙套管处理	500	200	
VZL-18	30	井盖及盖板缝处渗水	水泵抽水、盖板渗水处处理	1000	500	
VZL-19	30	井盖及穿线镀锌钢管流入，直接从文昌路人手孔内灌入	水泵抽水、线管封堵	1000		
VZL-20	30	井盖及穿线镀锌钢管流入，直接从文昌路人手孔内灌入	水泵抽水、线管封堵	1000		
VZL-21	10	井盖处进入少量积水	人工清理	500		
VZL-22	15	井盖及盖板缝处渗水	人工清理、盖板缝处理	500	500	
VZL-23	10	井盖处进入少量积水	人工清理	300		
VZL-24	10	井盖处进入少量积水	人工清理	300		
VZL-25	10	井盖处进入少量积水	人工清理	300		
VZL-26	15	盖板缝及井盖渗水	人工清理、盖板缝处理	500	500	
VZL-27	50	穿线管处进入，从人手孔处流入	水泵抽水、线管封堵	1500		
VOL-01	10	井盖处进入少量积水	人工清理	300		
VOL-02	10	穿线管处进入，从人手孔处流入	人工清理、线管封堵	300		
VOL-03	10	井盖处进入少量积水	人工清理	300		
总计				22000	9200	

备注：积水严重阀井已经开始抽水工作，漏水问题经查明原因，采取相应措施进行处理及防护。

35号口门濮阳主线(安阳境内)水毁及修复计划表

序号	阀井编号	现场情况描述	费用统计
1	VB75	井内积水0.2~1m，需排水清泥，并对管件、阀件作进一步处理	费用总计：17×1000=17000元
2	VB76		
3	VB78		
4	VB79		
5	VB80		
6	VB81		
7	VB82		
8	VB83		
9	VB84		
10	VB85		
11	VB86		
12	VB86-1		
13	VB87		
14	VB88		
15	VB89		
16	VB90		
17	VB91		

（任　辉　李志伟）

邓 州 市 水 质 保 护

【概述】

2016年继续开展水源区及沿线的水质及生态环境保护工作，加大宣传力度，加强沿线及水源区工业点源和农业面源污染治理，控制生活污染源、严禁新增污染源。

【"十三五"规划编制】

2016年，会同邓州市发展改革委、环保局等部门开展水污染防治和水土保持"十三五"规划的编制工作。有6个投资近亿元的项目纳入国家丹江口库区及上游水污染和水土保持"十三五"规划。

【生态补偿资金项目建设】

2016年，继续推进国家生态补偿资金支持的项目建设。生态资金用于污水处理厂和垃圾处理厂的建设，移民建房补助、基础设施改善和沼气及太阳能等项目的建设。建立健全生态环境保护工作机制，加强生态环境保护基础工作，实施环境综合整治和生态文明建设。

【申请资金成效】

2016年邓州市南水北调办申请到南水北调相关资金合计3.77亿元，比2015年增加0.61亿元，增长19.3%。其中南水北调生态转移支付资金2.29亿元；南水北调中线干渠占补平衡资金4700万元；张村洼取土场回填处理资金8020万元；对口协作项目资金2125万元。

【协作对接】

2016年，邓州市委书记吴刚、市长罗岩涛多次带队到北京西城区和有关国家部委汇报联系，高位对接，互动交流。市发改、财政、环保、国土、工信、教体、卫生等各相关部门及时跟进，十余次到京汇报对接。3月

2日，副市长岁秀强、徐建生带领有关部门负责人到国家发展改革委、教育部、水利部、国土资源部、环保部等部委汇报工作。4月12日，副市长丁心强、徐建生率市工信委、移动公司一行到京，就申报创建"宽带中国"示范城市相关工作向国家工信部领导进行汇报，寻求指导支持。5月15日，国家卫计委体改司副司长姚建红率调研组到邓州市调研。7月21日，北京市西城区区委书记卢映川一行到邓州实地考察对口协作工作。11月27日，北京支援合作办常务副主任王银成率调研组一行到邓州市考察精准扶贫、对口支援、农产品进京等工作。

【协作项目进展】

2016年完成对口协作项目共10个，协作资金2300万元。2016年对接下达对口协作项目11个，协作资金2125万元。其中援助类项目6个，协作资金1870万元；合作类项目5个，协作资金225万元；京豫结对县区"手拉手"项目1个，协作资金20万元。2016年思源实验学校教学楼建设、中心医院诊疗设备

购置和人民医院设备购置3个项目实施完毕，杏山村引水灌溉项目开工建设，其余项目进入实施前准备工作。在项目建设上，由北京市西城区支持2000万建设资金援建的邓州市一水厂于11月中旬竣工投运，加上前期已接通配套工程水源的二水厂，标志邓州市城区供水实现丹江水全覆盖。

【产品进京展销】

邓州市南水北调办引导成立邓州南水源商贸有限公司，由南水源商贸有限公司注册"南水源"公共服务商标，整合邓州市名优特农产品集体使用，统一向北京市场销售。通过对口协作搭建平台，拓宽邓州名优特产品进京渠道。5月11日和9月14日，邓州市组织参加在北京市的展销会，现场销售额29.79万元，签订销售合同305万元，达成合作意向1090万元。截至2016年11月，通过对口协作平台，南水源商贸有限公司向北京市场销售特色企业产品品种30余个，销售额共计5672万元。

（盛一博 石帅帅）

栾川县水质保护

【概述】

河南省栾川县是洛阳市唯一的南水北调中线工程水源区，水源区位于丹江口库区上游栾川县淯河流域，包括三川、冷水、叫河3个乡镇，流域面积320.3km²，区域辖33个行政村，370个居民组，总人口10.8万人，耕地3.2万亩，森林覆盖率达82.4%。

【水源区工业点源污染治理】

栾川县继续坚持水源区工业项目从严从紧审批机制，禁止水源区新上废水排放企业，2016年没有出现任何污染企业。同时对水源区21座病险尾矿库进行加固治理，保证水源区水质长期稳定达标。

【改善农业种植结构】

2016年在水源区发展彩叶苗木、连翘、花椒、山茱萸、核桃、皂角等经济林4000亩，最大限度降低化肥和农药使用量，控制农业面源污染。

【推进生态林业和水土保持工程】

2016年水源区完成退耕还林、森林抚育91.3km²，新增林地2800亩，产生生态效益700万元，增加贮水20.4万m³。采取坡改梯、溪沟整治等措施，治理水土流失面积4.6km²。

【生态移民搬迁】

结合扶贫搬迁、危房改造、工矿区搬迁，实施水源区生态移民工程，在水源区3个乡镇建成搬迁社区4个，搬迁安置群众157户606人。

（周天贵 范毅君）

南水北调

玖 移民征迁

丹 江 口 库 区 移 民 后 扶

【南阳市移民后扶】

移民后扶工作创新 2016年，南阳市各级移民部门围绕"移民发展稳定年"工作目标，按照"扶持资金项目化、项目资产集体化、集体收益全民化"要求，以移民村"创业园"为依托，采取土地租赁、入股、合作等多种形式，加大招商引资力度，培育移民特色产业，2016年全市已发展种养加项目250个，受益移民5.8万人。启动移民乡村旅游、"移民贷"、移民企业挂牌上市等新兴经济发展试点工作，全市在四板挂牌2家，拟挂牌移民企业6家，正在培育5家。2016年，全市61个南水北调移民村集体收入达到1100万元，收入10万元以上的村39个，移民年可支配收入人均超过10000元。

移民项目建设 2016年编制全市大中型水库移民后期扶持"十三五"规划，规划项目5182个，总投资22.67亿元。2016年实施移民项目1208个，总投资8.8亿元。新批复项目557个、投资3.38亿元，移民后期扶持项目投资创历史新高。组织编制淅川县九重镇南水北调移民村产业发展试点2016年工作方案，年度投资4075万元，项目实施基本完成。推进项目建设规范化管理，重新修订全市移民项目建设管理办法，开展移民工程示范县试点工作。加强项目监测评估，完成各县区移民项目法人组建，启动项目建设信息远程监控工作。

移民精准扶持 2016年发放移民直补资金1.9亿元，受益移民31.74万人。完成2016年移民人口核定和全省移民后扶信息采录工作，共录入移民人口31.98万人、核减移民5002人。完成南召天池抽水蓄能电站481人的移民人口核定，并报水利部批复纳入后扶范围。完成精准识别贫困移民工作，共确认全市贫困移民户9010户14415人。因类施策，编

制全市贫困移民脱贫攻坚方案；把避险解困试点项目作为扶贫攻坚的支柱性工程重点实施，共申请到并实施四个批次的试点项目5.7亿元，涉及淅川、南召、卧龙三个县区，规划安置点28个，搬迁人口1.2万人，其中移民9050人、贫困移民1427人。2016年新批复下达第四批试点项目，涉及淅川县4个乡9个村9个点519户2208人，总投资1.07亿元。全年共组织移民技能培训10000多人次，南阳市移民技术培训中心培训18期1563人次。

（刘富伟）

【平顶山市移民后扶】

平顶山市共接收安置南阳市淅川县丹江口库区移民1771户7442人。通过近5年的帮扶和生产发展，2016年移民群众生活稳定、安居乐业，年收入由搬迁前的2600多元增收到10000多元，普遍达到和超过当地群众年收入水平，基本实现省委、省政府确立的"搬得出、稳得住、能发展、快致富"安置目标。

按照省政府移民办关于南水北调丹江口库区移民安置验收工作的总体要求，完成市本级和县（市）自验。2016年11月省移民安置工作验收组对平顶山市市级和4个安置县6个移民村的基础设施、公益设施、移民房屋、资金档案管理、后期帮扶等工作进行初步验收，平顶山市全部通过省级初验。

（张伟伟）

【许昌市移民后扶】

许昌市共接收安置南水北调丹江口库区淅川县移民4209户16455人，涉及三个县（市）、12个乡（镇），移民安置点13个。2016年，许昌市移民后期帮扶工作稳步推进，社会大局和谐稳定。

许昌市各县市根据13个移民村的不同情况，制订移民经济社会发展三年规划，编制强村富民规划报告，对移民安置乡（镇）承

担的帮扶任务进行分解、量化，并帮助各移民村申报发展项目，达到"一村一品"。截至2016年底，许昌市共下拨生产发展奖补资金3742万元，其中长葛市1027万元，许昌县1320万元，襄城县1395万元。各县市利用生产发展奖补资金建成一批后扶项目，初步产生效益。其中，长葛市新张营村建成织布厂1个、养鸡场1个，丹阳村建成蔬菜大棚12个，下集村建成养羊场1个、鱼塘1个；许昌县朱山村建成综合养殖基地1个、花卉种植基地300亩，姬家营村建成养鸡场1个、养牛场1个、蔬菜大棚54个、食用菌种植大棚5个，下寨村建成蔬菜大棚55个、育苗棚1个、养牛场1个、鱼塘1个；襄城县张庄村建成蔬菜大棚15个、137亩果园1个，白亭西村完成养猪场扩建项目，白亭东村建成养牛场1个，陈家湾村建成养羊场1个，黄桥村建成食用菌种植大棚11个、莲鱼共养项目1个、鱼塘1个。

根据省政府移民办关于移民安置征地超支问题的处理意见，移民征地超支问题处理后，如补助资金有结余，可用于生产发展。各县（市）将结余征地超支补助资金与生产发展奖补资金统筹整合，对符合条件的移民村编制生产发展项目。

（程晓亚）

【郑州市移民后扶】

2016年，郑州市移民安置总体验收市县自验及省初验完成。召开全市移民安置总体验收工作动员会，制定移民安置总体验收自验工作实施方案，成立郑州市移民安置总体验收工作领导小组，联合市档案局对移民安置自验工作进行巡回督导。通过督导，遗留问题大多得以解决，档案整理、移民资金清理使用、资金核销、遗留人口、财产户安置等工作基本达到验收要求。其中，新郑市观沟村10户财产户安置协议已经签订，120户财产户建房及门楼院墙补助已发放到位，批复使用预备费71.4万元；核定遗留问题人口42人（含财产户、随迁人口等），发放新增移民人口补助25.5万元；移民安置2005～2016年10月底投资计划、与有关安置县市区计划投资情况全面梳理完毕。移民安置通过省级初验，对验收中发现和提出的问题对照整改，问题处理到位，准备国家终验。

加快库区移民产业项目实施，推动"强村富民""乡村旅游""移民企业挂牌"等工作开展。批复和下达2个全省强村富民重点村项目资金600万元，促进移民村生产发展和设施升级改造；申请到省政府办移民安置征地超支补助项目5个、资金1326万元；申请到省乡村旅游试点村旅游项目资金1140万元、旅游规划资金25万元；申请到市级财政2015年度移民产业发展资金1155.6万元，县级1∶1匹配，涉及扶持项目9个；筛选论证2016年度产业项目18个，项目概算投资3688.6万元。组织有关县市到海南、陕西对乡村旅游工作进行为期1周的学习考察，同时结合省政府移民办乡村旅游指导意见，初步筛选5个移民村（组团）作为全省乡村观光旅游试点村。组织移民部门、移民企业、移民村等参加省举办的移民企业挂牌上市、移民贷、乡村旅游等业务培训。2016年全市计划挂牌移民企业4家、丹江口县市移民贷领导组织及工作方案制订出台、乡村旅游试点村旅游规划完成编制正在组织评审完善。委托中介机构对2013～2015年移民产业发展项目资金使用和项目建设情况进行审计稽查。

完成市级对全市大中型水库移民后期扶持"十三五"规划的评审论证，规划共涉及15个县（市、区）78833人（巩义市单独上报），五年规划投资7.62亿元，规划项目1017个。2016年全年发放直补资金4170.54万元。郑州市第一批、第二批避险解困试点工作2016年完成移民搬迁安置1025户3844人，拆除旧房1483户6503人。大中型水库移民后扶信息系统培训及数据录入工作完成，形成一套完整的信息库，并在新郑市建立5个移民信息数据采集站点。与扶贫部门对接，确定县级扶贫部门建档的移民106户232人。2016年完成脱贫113人,其余119人计划2017年全部脱贫。完成对2015年度大中型水库移民4批次结余资金、3批次库区基金项目及项目实施方案的造价评估和批复工作,批复项目涉及资金6431万元;批复2016年度后扶资金3704万元,其中结余资金两批次2830万元、小型水库移民后扶基金632万元、小浪底水库移民扶持项目资金242万元。完成对2015年省政府十项重点民生工程的40个后扶项目的督导检查;督促相关县(市)对稽查、审计过程中出现的问题进行整改;安排对全市2014年及以前年度91个移民后扶项目进行验收,委托第三方机构重点对项目档案资料进行审核

完善。在复旦大学举办全市移民干部能力提升培训班,对移民干部进行投融资、乡村旅游、执行能力等专题培训。

及时化解处理移民矛盾,移民整体和谐稳定。4月10日~5月20日,在全市范围内开展为期40天的移民矛盾问题排查化解月活动,共排查矛盾问题16起、化解处理14起,对新出现的信访问题及时协调处理。建立信访台账,由专人对重点信访问题专案督办。及时向上级反馈上报问题处理情况和处理结果,对重大信访案件,组织省、市、县、乡、村五级联动,共同会商解决,确保库区和移民安置区整体和谐稳定。

(刘素娟　罗志恒)

丹江口库区移民村管理

【南阳市移民村管理】

移民村社会治理　2016年继续开展移民民主法治村建设,加强和创新移民村社会治理,基层党的组织保障和管理能力得到加强。巩固提升已命名的32个移民美丽乡村,完善提高已命名的25个村,2016年新命名20个村,全市移民美丽乡村总数达到52个。跟进实施移民文明工程,2016年新命名20个市级文明移民村、200户市级文明移民户,累计达到60个村、600户。移民村成为全市新农村建设的示范村和样板村。

移民信访　以发展保稳定促和谐,树立"大信访"观念,完善信访工作机制,建立网络信访平台,及时掌控移民访情和工作动态,建立健全信息互通制度,构建协调合作的信访工作新格局。2016年共受理市级移民信访案件140件,化解率达到95%以上。确立群众利益无小事观念,集中解决移民身份、建房质量、集体财产分割等一批南水北调移民安置遗留问题。南水北调移民信访量降到搬迁以来历史最低。

(刘富伟)

【平顶山市移民村管理】

根据省市加强和创新移民村社会治理工作安排部署,平顶山市南水北调办制定方案组织实施,移民村"三会一管"开始发挥作用。2016年,移民村群众广泛参与村务决策、管理与监督,涉及群众利益的事项得以顺利决策实施。移民村"两委"的权力在阳光下运行,各种不和谐因素逐步减少,一些长期困扰移民村的矛盾纠纷得到及时化解,全市移民大局稳定,2016年未发生集体非法赴京越级上访事件。

(张伟伟)

【许昌市移民村管理】

2016年,许昌市丹江口库区13个移民村,在村两委的领导下,建立健全民主议事会、民主监事会、民事调解委员会等"三会"组织,规范管理,实施民主决策,民主管理,民主监督,不断提高移民管理水平和发展水平,全市13个移民村社会大局稳定。

在2012年试点基础上,移民村社会管理

创新工作在全市13个移民村全面铺开，"两委"主导、"三会"协调、社会组织参与的村级社会管理新格局初步形成。移民群众进入自我管理、自我发展、自我完善、自我提升的良性发展道路。所有移民村建立物业公司及各类便民服务机构，基础设施和公益设施养护、公共卫生保洁等困扰移民生活的问题得到有效解决。

（程晓亚）

干 线 征 迁

南阳市

【概述】

2016年南阳市南水北调办干线征迁工作的主要内容是推进临时用地复垦退还工作，对使用到期的临时用地，加大复垦退还力度，确保5月底前全部完成。按照上级统一要求，及时组织开展培训，归集整理有关资料，按时完成征迁安置验收工作，配合开展资金测算、工程验收等有关工作。开展矛盾纠纷排查化解工作。进行信访评估，开展舆情研判，加大矛盾纠纷排查力度，把矛盾解决在萌芽、化解在基层。对上级交办的重点信访件和疑难复杂积案，实行专案专班专办制，确保限期办结，停访息诉，不发生越级上访和群体性事件，维护和谐稳定大局。

【跨渠桥梁管养】

4月，对总干渠155座跨渠桥梁管养工作进行专项督查，对存在的问题，要求各县区和建管单位尽快整改。5月，对总干渠南阳城区段跨渠桥梁安保问题逐桥进行督查，保证工程安全运行。12月，对总干渠跨渠桥梁存在问题逐一进行排查汇总，协调交通、公路、城管等部门及有关县区逐桥进行责任认定。同时，按照省南水北调办统一要求，协调各县区桥梁接养部门及建管单位，完成总干渠村道和机耕道跨渠桥梁信息分类核实、统计上报工作，申请村道机耕道跨渠桥梁维护费用。协调南阳市公路局对直管段和委托段的省国道跨渠桥梁竣工验收资料进行检查指导，为开展跨渠桥梁竣工验收工作做准备。

【征迁遗留问题处理】

2016年，南阳市南水北调办协调建管、施工、征迁设计、监理等单位及有关县区，按照征迁机制、信访机制和联席会商"三大工作机制"，逐一解决征迁遗留问题。对总干渠征迁遗留问题，组织召开现场协调会40余次，处理征迁问题52个，下达征迁资金计划39项，重点解决工程影响处理、临时用地遗留和超期补偿问题。按机制处理配套工程征迁问题12个，下达配套工程征迁资金计划18项，加强配套工程管理处所连接路征迁、唐河县新增阀井处理、新野县排空阀井加高处理等工作。对专项遗留问题，完成总干渠御龙泉供水管道临时保通预备费审批及资金计划下达，完成总干渠移动、铁通、传输局等专项迁建资金计划下达工作。

【临时用地退还】

督促建管单位对具备条件的临时用地尽快组织返还，督促各县区加大复垦力度，及时退还耕作。组织县区南水北调办、建管、施工、征迁监理等单位及有关乡镇，现场查勘、协调解决程营弃土场超高弃土、魏谟庄弃土场无进地道路、小蔡庄取土场腐殖土不足等"老大难"问题。南阳市总干渠临时用地共5.1万亩，2016年返还临时用地3231亩、退还4631亩，还有34.5亩用地因施工单位原因尚未返还，累计返还5.09万亩，返还率99.9%，退还5.09万亩，退还率99.9%，返还率和退还率均位居全省前列，郑州市、安阳市、许昌市南水北调办到南阳市学习经验。

【资金结算】

2016年，按照省政府移民办统一部署，在总干渠沿线开展征迁安置项目资金结算工作。南阳市南水北调办在审计调查报告基础上，完成干渠市属征迁资金结算表填报汇总工作，并协调和指导县区开展表格填报和相关资料收集工作，梳理汇总各设计单元资金总需求，明确各县区征迁资金缺口。对沿线8县区征迁安置资金计划执行情况进行全面督察，研究有关政策，协调省政府移民办及征迁设计、监理单位，对未实施或新发现的征迁遗留问题纳入资金结算范围。同时，根据南阳市干渠实际耕地占用情况，多次与省政府移民办、征迁设计单位沟通协调，为南阳市总干渠耕地占用税多争取8621.96万元。

【信访稳定】

2016年开展矛盾纠纷排查化解工作，排查梳理矛盾，重点问题集中进行解决，群众合理诉求得到妥善处理。敞开信访渠道，热情接待征迁来访人员。2016年处理各种信访来件8起，其中国务院南水北调办交办信访案件2起，省南水北调办和省政府移民办交办信访案件5起，均按时结案。接待信访群众56起82人次，处理淅川县九重镇、九重村、卧龙区七里园乡信访户长期缠访案件。全年未发生越级上访和群体性上访事件。

【干渠迁建用地土地报件组卷】

2016年开展干渠迁建用地土地报件工作。督促各县区进行迁建用地手续有关资料整理汇总，完成勘测定界任务。协调市、县国土部门开展土地报件组卷工作。

【后续配套工程征迁安置】

2016年开展后续配套工程征迁安置工作。配合征迁设计单位完成内乡县新增输水管线前期实物指标调查工作。开展配套工程自动化建设镇平试点用地移交及施工环境维护工作，为实施自动化建设做准备。

【干渠临时用地图集编制】

2016年开展总干渠临时用地图集编制工作。按照省政府移民办统一安排，协调建管、设计单位及各县区南水北调办，开展临时用地图集有关资料收集汇总，完成南阳段图集编制工作。

【干渠征迁典型案例编报】

2016年开展征迁工作典型案例撰写上报工作。按照国务院南水北调办、省政协、省政府移民办要求，对征迁工作重要环节选取典型案例进行分析，总结交流征迁经验，完成干渠征迁典型案例征集、撰写和上报工作。

【干渠专业项目竣工验收】

2016年启动干渠专业项目竣工验收工作。督促指导县区加快完成新增连接路建设，加强建成连接路的验收移交工作。按照南水北调征迁安置验收实施细则和有关文件要求，督促专项单位加快征迁安置资料收集、整理、建档等工作，协调督促县区南水北调办、建管单位，配合开展竣工验收各项准备工作。

（张　帆）

平顶山市

【概述】

南水北调中线工程干渠在平顶山市境内全长116.7km，涉及叶县、鲁山、宝丰、郏县4个县19个乡（镇、办事处），工程占地6.53万亩，其中永久占地2.75万亩、临时用地3.78万亩。拆迁房屋12.9万 m²，动迁安置4387人，建设集中居民点13个；迁建电力、通信、广电等各类专项线路1121条；迁建企业13家、农副业57家。

【临时用地复垦退还】

根据中线建管局和省政府移民办的统一安排，加快临时用地的返还复垦和退还工作，督促县级征迁部门和干渠建管单位配合复垦工作。截至2016年底，3.78万亩临时用地完成复垦退还3.65万亩，占临时用地总面积的96.6%，剩余的大营料场206亩临时用地，施工单位还在使用，叶县月台、金沟和鲁山南一段2号弃渣场1155亩正在复垦。

【征迁资金计划调整】

2016年，平顶山市南水北调办在资金计划调整中，主动协调建管、设计、监理等有关单位会商后提出处理意见，使遗留问题得到快速解决。2016年10月底，平顶山市率先完成资金计划调整工作。平顶山市8个设计单元，共需征迁资金386239.48万元，比初步设计增加20575.93万元，其中直接费增加36571.7万元，间接费增加2445.41万元，税费增加1015.33万元，预备费减少19477.75万元。

【生产开发与安置】

根据省政府移民办安排，上半年平顶山市南水北调办全部下达生产开发（安置）资金，由各县根据各自实际情况，编制实施方案，2016年叶县、宝丰县招标完成，正在实施，郏县和鲁山县正在进行方案的修改。

（张伟伟）

许昌市

【概述】

南水北调中线一期工程许昌段全长54km，其中禹州市42.6km，长葛市11.4km。工程占地2.48万亩，其中永久占地1.15万亩，临时占地1.33万亩。需拆迁各类房屋9.5万m²，迁建工矿企业5家，单位5个，副业41户，各类专项管线342条。涉及生产安置人口11334万人，搬迁安置621户2946人，规划集中安置点2个，分散安置点5个。规划各类桥梁58座。

截至2016年12月31日，累计移交工程永久用地11650.4805亩，移交临时用地12303.29亩；拆迁各类房屋9.5万m²，迁建工矿企业5家，单位5个，副业41户，各类专项管线342条（处）。58座跨渠桥梁全部移交公路管理单位。截至2016年12月31日，累计返还临时用地10225.12亩，且全部退还，返还退还比例

83.11%。

【干渠安保】

成立许昌市南水北调中线工程通水工作领导小组，明确工作职责，做到任务明确、责任到人、措施到位。2016年，开展宣传教育，发布南水北调总干渠通水安全公告，会同教育、安全、宣传等部门制定安全警示宣传教育方案。利用报纸、电台、电视及网络媒体宣传。在干渠附近各村张贴标语，悬挂过街联，组织宣传车辆沿干渠及附近村庄巡回开展宣传。开展安保工作，组织安保巡逻队伍进行24小时巡视，制定通水期间突发事件应急处置预案，开展突发事件的应急处置演练。

【信访稳定】

2016年，许昌市南水北调办对征迁安置政策公开、程序公开、补偿标准公开、实物指标公开、兑付资金公开，坚持阳光操作，接受社会监督。建立征迁联席会议制度，定期召开会议。畅通群众利益诉求渠道，及时处理群众来信来访，妥善解决群众实际困难。截至2016年12月31日，全年共化解各类矛盾纠纷5件（起），征迁总体和谐文明，没有发生伤农害农和规模性群体上访事件。

（盛弘宇 王磊）

郑州市

【临时用地返还退还】

2016年全部完成32139.7亩临时用地返还工作，返还率100%，临时用地退还剩余一块未完成，退还率98%。

【专项迁建工程验收移交】

2016年，完成自来水管道、冯湾村雨污水管道左右岸连接段、刘湾村污水管道等市本级专项迁建工程验收移交工作；协调引黄入常输水管道复建工程取消缴纳50万元保证金，确保引黄入常输水管道复建工程复工并于2017年汛前完成；聘请审计单位对郑州市南水北调办组织实施的部分专项迁建项目进

行资金审核并进行整改。

【跨渠桥梁移交管养】

截至 2016 年，按照省南水北调办要求，协调有关单位核实上报南水北调工程机耕道及村道跨渠桥梁共计 98 座，为申请跨渠桥梁管养补助款项进行准备工作；根据《郑州市境内南水北调跨渠桥梁竣工验收移交工作方案》，协调配合有关部门及单位组织跨渠桥梁的竣工验收工作，按计划完成省南水北调建管局负责建设的 38 座桥梁移交工作。

【航空港区水源保护区调整】

2016 年协调完成航空港区水源保护区调整工作；起草总干渠保护区内新建、扩建项目位置确认函 187 份；协调市政府秘书处三处上报关于对郑州段水源保护区进行调整的意见，陪同省南水北调办一起调查核实干渠沿线保护范围内的违规行为。2016 年 1 月，经过多方努力，省政府批复《南水北调总干渠航空港区段水源保护区调整方案》。航空港区段水源保护区全长 36km，其中有 8465m 一级保护区调整为 50m，二级保护区调整为 250m，剩余段一级保护区为 100m，二级保护区为 1100m，共为航空港区调整出可利用土地（一级保护区）1.26 万亩，调整出二级保护区土地 17.8 万亩。

【征迁资金计划调整】

2016 年，完成干渠征迁资金计划调整工作；完成干渠征迁资金的审计、调查工作；按计划完成征迁投资下拨任务；对干渠沿线县（市、区）防汛及安保经费使用情况进行检查，对新郑、荥阳等县（市、区）强夯影响处理资金情况进行核查，对征迁账面资金进行检查核销。

【防汛度汛】

郑州市南水北调办协调干渠运管部门，向郑州市防汛办报送 2016 年干渠防汛责任人，并按照市防汛办要求报送 2016 年干渠红线外防汛隐患点；协调中原区完成水泉沟渡槽下游防汛应急工程排水通道的疏通工作；

协调省南水北调办启动启福大道洪水导流入金水河工程；协调郑州西四环跨渠公路桥南侧积水临时处理工程验收并移交交运委西四环管理中心；参加和协调南水北调干渠二七区杏园西北沟渡槽、荥阳市白松路公路桥干渠左岸两处险情的现场紧急抢险工作；督导督促航空港区疏通耿坡沟渡槽下游排水沟道，管城区疏通刘村沟、碾卢沟渡槽下游排水沟道；现场调查、解决管城区十八里河退水渠积水、围网、施工营地拆除等遗留问题；对河西台渡槽尾工现场附属物进行调查，促使尾工尽快开工。

【筹建安保警务室】

2016 年联合公安局治安支队到干渠沿线县（市、区）及干渠运管单位，对安保工作进行调研；协调郑州市公安局治安支队，对接、筹备建立隶属于治安支队的南水北调安保警务室。

【协调跨渠桥梁维护】

协调郑州市市政管理处帮助河南省南水北调建管局郑州建管处疏通大学路南水北调跨渠桥梁南头污水管道，对大学路污水溢流问题进行彻底整治；协调河南省南水北调建管局郑州段建管处对中原西路跨渠桥梁进行整修。

（刘素娟 罗志恒）

焦作市

【临时用地返还复垦】

2016 年重点解决临时用地复垦后地力不足问题。南水北调焦作段干渠临时用地共 1.52 万亩。根据工程建设进程，临时用地自 2010 年起开始陆续返还复垦，2016 年基本返还复垦完毕。返还土地虽然经施工单位进行恢复整理，但在实际耕种中出现一些问题，部分地块出现地力不足、产量下降问题。焦作市南水北调办会同有关各县（区）和相关单位，现场了解情况，多次与设计部门沟通协调，申请到专项资金 2265 万元，基本上解决临时用地复垦后地力不足问题。

【迁建用地手续办理】

2016年配合完成迁建用地手续办理组卷上报工作。南水北调迁建用地主要包括安置小区建设用地、企事业单位迁建用地。虽然这些迁建项目已经完成，但涉及961.96亩迁建用地手续一直未办理。按照省政府移民办统一安排部署，与焦作市国土部门沟通协商，确定工作方案。会同各有关县（区）查清用地情况，委托勘测公司勘边定界，督促各县区及时向县区国土部门提供资料，保证市县（区）按要求完成组卷工作。

【征迁资金计划调整】

2016年为解决总干渠征迁实际发生与实施规划之间的差异，处理设计变更、错漏登、新增项目等问题，按照上级工作安排，开展资金计划调整工作。焦作市的征迁资金计划调整工作目标是完成征迁项目，用好专项资金；处理设计变更，满足工程需要；解决征迁问题，维护群众利益。经过梳理，对已实施的项目及资金进行确认；对设计变更及新增项目进行补充增加；对征迁群众反映的问题，逐一将项目及资金列入调整计划。通过这次资金计划调整，焦作市南水北调总干渠征迁安置项目与资金有一个全面清晰的脉络，为2017年资金结算、征迁验收及解决遗留问题等工作进行准备。

【信访稳定】

2016年焦作市南水北调办会同马村区重点处理安阳城村石料厂信访件的调查工作，安排专人对相关材料进行核查、现场落实，形成处理意见，及时报省政府移民办、答复信访人，妥善处理信访积案，稳定大局。

（樊国亮）

焦作市城区办

【概述】

2016年全面启动绿化带征迁安置建设工作，理顺安置用地土地手续办理程序，推进绿化带集中征迁；筹措绿化带征迁安置资金，完善绿化带设计方案；按照工作职责，配合开展干渠防汛工作和水质保护工作；配合干渠运行管理处，开展干渠防溺水宣传警示教育活动。

【绿化带建设全面启动】

按照市委市政府工作安排，协调规划、国土、财政、房管等部门，围绕南水北调城区段绿化带和改造提升区规划设计、征迁安置、工程建设等问题，多次到解放、山阳两区调研，与两城区主要负责人、分管负责人，涉迁办事处、村以及市直有关单位负责人座谈讨论。其间，两次向市委议事会汇报，完善绿化带工作方案。根据人事变动和工作需要，提请市委市政府对南水北调中线工程焦作城区段建设指挥部进行调整，成立一室九组，实行工作责任制，推进各项工作落实。11月10日，指挥部召开第一次会议，就开展绿化带和改造提升工程征迁安置建设工作进行安排部署，标志绿化带征迁安置建设工作全面启动。坚持每周例会制度推进工作。2016年，共召开指挥部工作例会9次，研究安置小区手续办理、征迁政策、资金筹集等事项59条次，涉及具体问题100多个，合并归类45个，2016年解决问题40个。协调指挥部督导监察组，以指挥部会议及工作例会确定的工作事项为督查重点，对督查中发现的思想不重视、责任心不强、推进措施不力、工作进展缓慢等问题，按照有关规定予以问责，加快推进征迁安置工作开展。

【理顺安置用地手续办理程序】

为使在建停工的66.9万 m^2 安置房恢复建设，全面启动未建的33.7万 m^2 安置房。2016年11月8日，焦作市土地资产管理委员会研究决定南水北调安置小区土地手续办理方式，停滞三年的安置用地手续办理工作重新启动。

【绿化带集中征迁】

明确人口增长及用地指标 征迁安置人口按14‰增长率追加5年（2012～2016年），

相应增加用地指标，解决征迁村安置群众的实际需要。

调整过渡费标准和过渡期限　提高绿化带征迁居民过渡费标准，并依据安置房建设进度要求，适当延长过渡期限。

组建市直驻村工作队　从全市114家市直单位及公选副县级干部中抽调121人，由牵头单位副县级干部任队长，公选副县级干部及其他副县级干部任常务副队长，组成13个市直驻村工作队，启动入户动迁工作。

筹措绿化带征迁安置资金　2016年11月，2亿元征迁安置资金按时拨付解放、山阳两区，3亿元土地出让周转金及时拨付到位。

【完善绿化带设计方案】

按照焦作市十一次党代会精神和市委城市工作会议精神，再次对绿化带方案进行完善。2016年11月23日，绿化带设计单位向市委市政府领导作专题汇报。汇报会要求，设计单位要跳出原有的设计方案，结合改造提升区规划设计方案和"绿色生态涵养区、旅游休闲体验带、城市复合功能轴"总体定位，以南水北调工程为主线，编制新的设计方案，与原方案一并提交指挥部研究。2016年12月4日，市规划、园林、南水北调等部门负责人，到设计单位中国美院就绿化带方案设计工作进行对接。

（张沛沛）

新乡市

【资金使用管理】

截至2016年底，根据批复的实施规划报告，新乡市征迁安置补偿资金共计12.541亿元，其中辉县市5.346亿元，卫辉市1.817亿元，凤泉区0.324亿元，市本级5.054亿元。实施征迁投资共17.497亿元，其中辉县市12.134亿元，卫辉市4.237亿元、凤泉区0.856亿元、市本级0.27亿元；其中已兑付资金16.875亿元，还需兑付资金0.622亿元（尚无清单0.01354亿元）。

【临时用地返还复垦退还】

截至2016年底，新乡市移交建设用地共19095.034亩，台账内临时用地共计19077.644亩，其中退还18462.734亩，返还未退还428.62亩（辉县市279.5亩、卫辉市149.12亩），尚未返还6块186.29亩（辉县市1块39.33亩，卫辉市5块146.96亩）。台账外临时用地4块17.39亩，退还3块6.81亩，尚未返还1块10.58亩（沧河倒虹吸安全防护工程新增工程临时用地10.58亩）。

【新增建设用地及资金补偿】

截至2016年底，新乡段新增工程建设用地6块157.54亩（其中沧河新增临时用地91.62亩，十里河新增工程临时用地65.92亩），卫辉市南水北调办垫付临时用地补偿资金36.25263万元，其中按流转价格垫付13.248万元（温寺门营地40.84亩，西寺门东北公路桥17.59亩，西寺门东生产桥8.13亩，十里河营地及进场道路65.92亩），按原标准垫付23.00463元（其中沧河营地及进场道路81.04亩，沧河新增临时用地10.58亩，温寺门营地40.84亩）。

【用地手续办理】

新乡段永久用地手续于2016年11月经国务院批复，但因未办理压矿手续，省、市两级国土部门暂未转发相关批文。

【征迁遗留问题处理】

高庄乡大史村原出村道路被辉县段5标黄水河倒虹吸出口裹头占压截断。根据批复的连接路方案，出村道路从黄水河倒虹吸出口裹头处永久征地上穿行。2013年干渠运行管理部门在倒虹吸出口裹头处围挡后再次将连接路截断，大史村只能临时借用邻村赵固乡大沙窝村田间机耕道路（权属赵固乡大沙窝村）出行。由于两村存在历史恩怨，2016年5月赵固乡大沙窝村将高庄乡大史村借用出行的田间机耕道路完全损毁，导致道路不通，群众多次到政府上访。辉县市办多次协调赵固乡政府，但因两村分属不同乡镇，赵固乡大沙窝村始终未将该道路恢复，导致高庄乡大史村群众无法出行。为解决问题，经现场查看，大史村至黄马路需新修一条长1km、宽5m的连接道路，建小型桥梁一座，新乡市南水北调办上报省政府移民办待批复。

（吴 燕）

鹤壁市

【概述】

南水北调中线工程鹤壁段长度29.22km，涉及鹤壁市淇县、淇滨区、开发区3个县（区），9个乡（镇、办事处），36个行政村。设计规划工程建设用地14159亩，其中永久用地6032亩，临时用地8127亩，布置各类交叉建筑物55座。设计规划工程建设搬迁涉及5个行政村、249户840人，拆迁房屋面积5.5万m²；拆迁涉及企事业单位、副业25家，国防光缆25km，低压线路125条（处），影响各类专项管线173条（处）。鹤壁段设计规划征迁安置总投资5亿多元。截至2016年底，累计完成征迁安置投资6.82亿元（含市本级拨支数），为规划额的136%，超额完成计划投资。

2016年，根据省政府移民办统一部署和计划安排，推进征迁安置验收工作；加快临时用地返还复垦退还工作；开展南水北调干线工程征迁安置资金计划调整工作；配合开展征迁安置资金审计及调查工作；开展干线防洪影响处理工程建设有关征迁工作；完成干渠交叉桥梁的村道、机耕道核实工作；排查处理干线征迁遗留问题。

【资金使用管理】

截至2016年12月31日，累计收到南水北调中线工程鹤壁段征地拆迁资金72016.26万元，累计支付征地拆迁资金68214.41万元。

鹤壁市南水北调办及所属县区南水北调办按照省政府移民办的要求，在国家商业银行开立资金专户，独立核算征地移民资金，专户存储、专款专用，配备专职会计。对征地移民资金的拨付、日常财务收支、往来款项等重要经济事项建立审批制度，制定内部财务管理及资金管理制度。2016年4月，国务院南水北调办委托中审国际会计师事务所对鹤壁市2015年度干线征地移民资金管理和使用情况进行审计。对审计提出的3个问题立整立改，在审计期间全部整改到位。按照《河南省政府移民办公室关于转发河南省2015年度南水北调征地移民资金审计整改意见及相关要求的通知》（豫移资〔2016〕13号）要求，鹤壁市于2016年9月对2015年度南水北调征地移民资金审计整改情况进行复核，并以《关于鹤壁市2015年度南水北调征地移民资金审计整改复核情况和风险防范及资金管理措施落实情况的报告》上报省政府移民办。

【专项复建】

截至2016年12月31日，南水北调中线工程鹤壁段征迁国防光缆、低压线路全部完成迁复建，国防光缆迁复建25km、低压线路迁复建161条（处）；电力、通信、广电等专项迁复建工作全面完成，迁建各类专项管线224条（处）；修建连接道路175条（处）。

【拆迁安置】

截至2016年12月31日，南水北调中线工程鹤壁段规划搬迁的企事业单位3家、副业22家全部拆迁完成；涉及的269户搬迁居民房屋拆迁任务全部完成，涉及的2个集中居民安置点、3个分散安置点全部建成，搬迁群众全部入住。征迁安置累计完成投资6.82亿元，超额完成计划投资。

【临时用地返还复垦】

截至2016年12月31日，南水北调中线工程鹤壁段征迁返还临时用地6934.23亩，占应返还面积的98.44%；复垦退还临时用地6934.23亩，占应复垦退还面积的98.44%。

（李 艳 杨文正 刘贯坤）

安阳市

【概述】

南水北调中线干渠工程途经安阳市汤阴县、安阳县、文峰区、高新区、殷都区、龙安区2县4区，全长66km，涉及全市14个乡（镇、办事处）、85个行政村，实施规划批复工程建设用地2.76万亩，其中永久用地1.33万亩，临时用地1.43万亩。涉及电力、通信、管道等专项设施218条。需拆迁房屋88243m²，搬迁安置人口316户1411人，搬迁企业、单位、村组副业108家。截至2016年，累计移交工程建设用地2.84万亩，其中永久用地1.44万亩，临时用地1.40万亩。

【临时用地返还复垦退还】

2016年，安阳市南水北调办定期召开征迁设计、征迁监理、建设管理和县区征迁机构等相关部门参加的协调会议，对临时用地返还复垦退还工作中有问题的地块，逐块研究制定处理方案，明确责任单位、责任人和完成时限，加大监督检查力度。截至2016年11月，累计完成临时用地返还1.40万亩，完成复耕并退还耕种1.39万亩。其中2016年完成临时用地返还1660亩，完成复耕并退还耕种1651亩。

【征迁投资梳理和计划调整】

按照省政府移民办统一部署，在开展市本级征迁投资梳理和计划调整工作的同时，协调督促县区征迁机构分设计单元开展县级征迁投资梳理和计划调整工作。11月22日，省政府移民办在安阳召开会议，研究解决新发生的或原来漏登的需要纳入资金表格的有关问题，在资金表格中充实文件依据，2016年全部完成。

【永久用地手续办理】

2016年5月5日，省政府移民办与省国土资源厅联合召开总干渠用地手续办理工作会议，安排部署干渠工程永久用地手续办理工作。会后，安阳市南水北调办及时与市国土局进行对接，召开各县区征迁机构参加的专题会议进行贯彻落实。委托安阳市国土资源调查规划与测绘院对迁建用地和变更新增的工程建设用地进行勘边定界，勘边定界面积661.833亩，缴纳耕地占用税3563.8万元。用地手续组卷工作基本完成，并逐级上报国土资源部审批。

（任　辉　李志伟）

邓州市

【概述】

南水北调中线工程在邓州市境内全长37.365km，途径九龙、张村、十林、赵集四个乡镇，是南水北调中线工程的重要水源涵养地和核心水源区。

【临时用地复垦退还】

2016年，干渠临时用地复垦退还工作基本完成。邓州市干渠工程建设征用临时用地13423.46亩，涉及6个乡镇，11个行政村。为解决复垦返还遗留的碾压不实、回填不到位等问题，邓州市南水北调办会同建管单位及有关乡镇政府，讨论解决方案、制定整改措施，召开协调会议30余次，整改面积5000余亩。寺后张取土场退还签证手续办理结束，标志邓州市1.3万余亩临时用地复垦退还工作全部完成。

【资金使用管理】

2016年，按照省政府移民办要求，开展干渠征迁投资核定工作。干渠征迁投资53470.32万元，完成52426.18万元，核销率98%。加强基础管理工作，到报账单位进行现场指导20余次，纠正问题50余个，使2016年基础工作核对更加真实、准确、完善。2016年配合省政府移民办开展内部审计，对下属7个报账单位，涉及42村的账目审计把关，共审计出违纪违规问题5个，全部进行立审立改。

（盛一博　石帅帅）

拾 政府信息

南水北调中线一期工程 2015—2016年度调水结束

2016年10月31日

来源：国务院南水北调办

10月31日，南水北调中线一期工程2015—2016年度调水结束。调水年度从2015年11月1日至2016年10月31日，年调水量38.3亿m³，接近首个调水年度的两倍。水质各项指标稳定达到或优于地表水Ⅱ类指标。

2015-2016年度北京分水量11亿m³，达到一期工程设计分水量（10.5亿m³）的104.8%；天津分水量9.1亿m³，达到一期工程设计分水量（8.6亿m³）的105.8%。

自2014年12月12日中线一期工程正式通水以来，已经平稳运行689天，输水总量58.5亿m³。工程惠及北京、天津、石家庄、郑州等沿线十八座大中城市，4000多万居民喝上了南水北调水。其中，北京1100万人，天津850万人，河北500万人，河南1600万人。

中线一期工程通水两年来，北京、天津、河北、河南沿线受水省市供水水量有效提升，居民用水水质明显改善，地下水水位下降趋势得到遏制，部分城市地下水水位开始回升，城市河湖生态显著优化，社会、经济、生态效益同步显现。

供水保障有力。中线工程为受水区开辟了新的水源，改变了供水格局，提高了供水保证率。北京市城区供水中南水北调水占比超70%。据统计，共有超过2亿m³的南水北调水储存到密云水库、怀柔水库、十三陵水库和大宁调蓄水库。"存"下的南水北调水将对北京市水资源调配、水源丰枯互济、扩大南水北调水供水范围起到重要作用。天津市中心城区和滨海新区、环城四区、静海区、武

清区等城镇居民全部用上南水北调水，经济发展核心区实现了引滦、引江双水源保障。2016年汛期，南水北调工程作为稳定的水源，为河北省石家庄、保定、邯郸市等沿线大中城市提供了可靠的饮用水保证。河南省南水北调工程供水范围涵盖了南阳、漯河、平顶山、许昌、郑州等10个省辖市，共计36个县，农业有效灌溉面积115.4万亩，供水效益逐步扩大。

受水区水质明显改善。中线水源区及沿线地区采取强有力的治污环保措施，中线一期工程通水之后，水质保持稳定。特别是丹江口水库，一直保持在Ⅱ类水质。为保障"一渠清水持续北送"，南水北调中线建管局加强沿线水质保护，建立了完善的水质保护与监测网络体系。

北京市自来水集团的监测显示，使用南水北调水后，自来水硬度由原来的380mg/L降至120～130mg/L。清冽、甘甜是河北居民用上南水北调水后的普遍感受，沧州市民用上了优质的南水北调水后，告别了祖祖辈辈饮用苦咸水、高氟水的历史。河南省受水区城市不少家庭净水器具下岗，居民家庭中对水质要求较高的观赏鱼也不再使用桶装水，而直接使用自来水。

生态效益初显。北京市遵循"喝"、"存"、"补"的原则，利用南水北调水向中心城区河湖补充清水，与现有的再生水联合调度，增强了水体的稀释自净能力，改善了河湖水质。向怀柔、潮白河、海淀山前等应急水源地试验性"补"入2.5亿m³南水。各应急水源地日压减地下水开采26.5万m³，累计压采超过1亿m³，地下水下降速率减缓，补水区生态环境得到明显改善。两年来，天津市加快了滨海新区、环城四区地下水水源转换工作，共有80余户用水单位完成水源转换，吊销许可证73套，回填机井110余眼，减少地下水许可水量1010万m³。在河北，南水北调工程先后向石家庄市滹沱河、邢台市七里

河生态补水 7000 万 m³，提升了生态景观效果。在河南许昌市，向北海、石梁河、清潩河生态补水 615 万 m³。郑州市利用置换出来的黄河水，用于生态水系建设，因缺水而萎缩的湖泊、水系重现生机。鹤壁市淇河从南水北调补水 1050 万 m³，淇河湿地成为市民休闲的好去处。河南已有 15 座水厂水源，已由开采地下水置换为南水北调水，14 座城市地下水水源得到涵养，地下水位得到不同程度提升。

防汛抗旱兼顾。2016 年 7 月，为应对湖北地区第五轮强降雨，引江济汉工程管理局开启高石碑出水闸撤洪，前后两次向汉江累计撤洪 1 亿 m³，有效缓解了长湖防汛压力。"7·19"特大暴雨后，中线工程紧急向河北石家庄、邯郸市区调增南水，保证了城市的紧急需求。

人文效益显现。中线陶岔渠首成为南阳市新的旅游名片，已吸引全国各地 10 万多名游客前来参观旅游，团城湖明渠周边成为南水北调纪念园和爱国主义教育基地，已经接待参观学习的游客 60 万人。丹江口大坝加高工程、中线穿黄工程，沙河渡槽、湍河渡槽等大型建筑物，也在当地政府的积极引导下，通过升级改造，亮化美化，进一步吸引了各地游客的目光，成为旅游公司推荐的景点项目。

鄂竟平主任带队检查指导南水北调中线工程防汛抢险工作

2016 年 7 月 20 日

来源：国务院南水北调办

7 月 20 日，国务院南水北调办鄂竟平主任检查指导南水北调中线工程防汛抢险工作，河南省南水北调办公室主任刘正才、副主任杨继成同往。

鄂竟平主任先后检查指导了辉县、卫辉渠段的部分明渠、交叉建筑物、高填方、深挖方等工程项目，重点检查指导了峪河暗渠、杨庄沟左排渡槽及韭山路公路桥附近的深挖方渠段防汛抢险工作。

所到之处，鄂竟平主任仔细查看险情，认真听取情况汇报，提出指导意见，帮助协调解决物料储备、重要机械设备调用等问题，指出工作中存在的一些不足，并对南水北调工程沿线各级干部职工严阵以待、高度警惕、连续奋战的精神给予肯定和鼓励。

检查指导期间，鄂竟平主任多次强调，今年入汛以来，全国各地普降大雨，南水北调工程沿线不同程度受到影响，出现了一些险情，但由于工程沿线各级单位准备充分，适时启动应急措施，险情得到及时遏制，没有对南水北调输水运行造成重大影响。按照天气的自然规律，7 月下旬至 8 月上旬还有可能遭遇更大的降雨过程。各级单位要继续绷紧防大汛、抗大洪、抢大险这根弦，各级干部要坚守岗位，靠前指挥，决不能放松警惕，决不能麻痹大意，必须以严的要求、实的作风、真的担当扎实做好防汛抢险各项工作，尤其要继续加强对深挖方、高填方、河渠交叉建筑物、左排建筑物等薄弱环节、险工险段的巡查防守和应急处置。同时，要积极做好水毁项目的统计、核查、上报工作，尽快恢复水毁道路、堤坡等基础设施，尽可能把已经产生的灾害损失降到最低，确保今年南水北调工程安全度汛。

建管司、防汛办、监管中心、稽察大队和中线建管局负责同志参加了本次检查指导。

《河南省南水北调配套工程供用水和设施保护管理办法（草案）》经省政府常务会议审议通过

2016年9月27日

来源：省政府法制办

日前，省政府第102次常务会议审议通过了《河南省南水北调配套工程供用水和设施保护管理办法（草案）》。办法共6章38条，包括总则、水量调度、用水管理、工程设施保护、法律责任、附则等内容。《办法》重点解决以下四个方面问题：一是重点解决关于南水北调配套工程供用水和设施保护的管理责任及其分工问题。《办法》明确了省水行政主管部门、省环境保护行政主管部门、省政府其他有关部门、南水北调配套工程管理单位以及配套工程沿线区域、受水区县级以上人民政府的职责；二是重点解决关于南水北调配套工程的水量调度问题。《办法》对省南水北调工程水量分配方案、省年度用水计划、省年度水量调度计划和月水量调度方案的制定以及供水定价和受水区年度水量调度计划分配水量的转让问题进行了详细规定；三是重点解决关于南水北调配套工程受水区的水资源保护问题。《办法》对有关区域的水资源保护、水质保障、水质监测、受水区地下水限制开采制度等内容进行了明确规定；四是重点解决关于南水北调配套工程的设施保护问题。《办法》划定了配套工程的管理范围和保护范围，并对危害配套工程设施的禁止行为和配套工程管理单位的工程设施保护职责进行了明确规定。

《办法》的出台对加强我省南水北调配套工程供用水管理，充分发挥南水北调配套工程的经济效益、社会效益和生态效益，具有重要促进作用。

北京市旅游委圆满完成2016年度北京对口支援地区旅游人才系列培训工作

2016年11月29日

来源：北京市旅游委

为进一步加强北京市对口支援（帮扶、协作）地区旅游人才队伍建设，根据京援合办〔2016〕4号"关于印发2016年度北京市对口支援（帮扶、协作）地区干部人才来京培训计划的通知"要求，2016年度，市旅游委先后在京成功举办了"北京对口支援（帮扶、协作）地区旅游管理及从业人员培训""拉萨旅游行政人员培训""玉树州导游员培训""湖北省十堰市旅游企业人才培训""河南省南水北调沿线市县生态旅游与乡村旅游发展培训""河南省南水北调沿线市县智慧旅游与旅游信息化培训"和"内蒙古乌兰察布旅游执法和市场营销人员培训"等多期旅游人才培训，得到了受训单位和人员的普遍好评。

在人员规模上，2016年度共有来自新疆、西藏、青海、内蒙古、河南、湖北、河北、四川以及和田、拉萨、玉树、巴东、赤峰、乌兰察布、南阳、洛阳、三门峡、邓州、十堰、神农架、张家口、承德和什邡等8个省（区）15个地区共约500人参加了对口培训。同2015年度相比，无论是在参训地区个数，还是在参训人员数量上都有明显增加。

在组织安排上，2016年度各期培训班在市支援合作办统筹下，得到了相关处室、部分区旅游委和有关旅游企业的大力支持。市旅游委党组高度重视对口培训工作，专门召开委主任专题会，布置年度培训工作的落实，并成立了培训工作专项小组，负责指导和监督各项培训工作落实。各参训地区旅游管理部门对培训也非常重视，指定专人带队，特别是河南省旅游局专门成立了以周耀霞副局长为班长，各处室、市县旅游局负责人为骨干的培训班管理班子，保证了河南省培训班按照计划顺利实施，为今后组织培训工作提供了宝贵经验。

在教学组织上，2016年度培训工作注重了"学院与实业、理论与实践、前瞻性与针对性"的结合，在课程上新增设了现场体验教学、专题座谈讨论等形式，并在市旅游委相关处室和部分区旅游委为参训学员提供了实习锻炼岗位。在师资上，根据培训内容需要，特邀张辉、邹统钎等国内一流旅游专家、学者来培训班为学员授课，市旅游委有关业务处室负责人也结合本处室业务工作开展情况与参训学员进行了深入交流和研讨，培训质量和效果更加明显，学员给予了充分肯定。

通过培训，学员们一致认为2016年度的培训课程设置科学合理、授课师资水平高、培训组织合理周到，通过培训受益匪浅，从专家学者授课中接收到了旅游业新的管理理念，开阔了视野，更新了思想观念，提高了对当前旅游发展以及旅游管理等认识，从管理干部授课中学到了新的管理办法、新的发展思路、新的发展举措。通过培训，各地区学员之间增进了感情、建立了联系、交流了经验，提升了科学执政、依法执政及公共服务等方面的能力，对于今后开展广泛合作，进行优势互补，促进协同发展，提供了平台，提供了机会。

2017年，市旅游委将继续按照市委市政府关于"发挥首都优势，深化教育援助……为当地提供人才支持和教育培训……"等加强对口支援培训工作的重要指示，结合对口支援地区特点，在培训组织形式、教学方式等方面进行创新，开展一系列卓有成效旅游人才培训工作，促进对口支援地区旅游业更好、更快发展。

市旅游委委员邹伟南、赵广朝，市旅游委首都旅游协调与区域合作处、密云区旅游委、首旅集团、北京蓝海易通咨询有限公司等相关单位负责人出席部分培训班开闭幕仪式。

2016年河南南水北调沿线旅游管理人员培训班开班

2016年11月4日

来源：省旅游局

为贯彻落实国务院关于南水北调工作的重要指示，进一步推动我省旅游业发展，不断提升各地市县旅游业的管理和接待水平，"2016年河南省南水北调沿线旅游管理人员培训班"10月31日在北京前门建国饭店开班。河南省旅游局副局长周耀霞，北京市旅游委区域合作处处长胡虎，北京首旅集团培训中心主任张中原出席开班仪式，来自河南省各市县旅游管理部门的150余人参加培训。

此次培训由河南省旅游局和北京市旅游委共同主办，北京首旅集团培训中心具体承办，课程涉及"旅游业政策法规、生态旅游、乡村旅游、智慧旅游"等内容，采取集中授课与现场交流相结合的方式进行。

周耀霞副局长在开班仪式上指出，近年来，北京、河南两地以南水北调为纽带，合作交流更加紧密，这次旅游管理人员培训班的举办正是北京与河南在加强旅游合作上的又一重要项目，必将为两地携手发展、合作共赢发挥积极作用。她要求全体学员在接下来的培训中要"讲政治、讲纪律、讲效果"。在课堂上，讲政治就是讲学习，要把学习作为这段时间的第一任务，静心专研、开拓思维、更新观念，在学习中发现问题，解决问题；要把自己看作是培训班的一名普通学生，遵守培训班的各项纪律，服从管理，顾全大局，加强团结，相互间以诚相待，互帮互学，取长补短，努力形成相互学习探讨的良好风气；要学有所得，把所学知识与当地实际情况相结合，多作总结，找出一条适合当地旅游发展的新思路，为河南旅游的发展做出更大的贡献。

胡虎处长重点介绍了这次培训班的基本情况。他说，对口协作培训是北京市旅游委推进南水北调对口协作工作的一项重要内容，也是深化人才培养和智力援助的主要工作之一。本次培训班培训人数多、讲师水平高、内容丰富，希望通过此次培训进一步加强北京、河南两地旅游交流，共同进步，共同提高。

张中原主任在致学员的一封信中说，"吾生也有涯，而知也无涯"，希望通过此次培训，学员们不仅可以得到更多的启发，更重要的是养成终身学习的习惯，真正做到"真诚做人、执着干事、终身学习"。

许昌市旅游局局长陈志远作为学员代表发言。他倡议，全体学员要遵守学习纪律，强化自我管理，认真完成培训中分配的各项任务；要深度参与培训研讨，把此次培训作为一次向专家学习，与兄弟单位交流的机会，在交流中学习，在学习中提高，使培训更加扎实有效，将新的学习理念带回到当地旅游发展的实践中去，更加努力工作，不断提升管理水平，更好地为河南旅游腾飞积聚能量。

荥阳市林业局召开G234和南水北调生态廊道规划设计征求意见工作会

2016年12月23日

来源：省林业厅

12月22日，荥阳市林业局召开G234（郑上路至黄河大桥）和南水北调（石化路至穿黄路口）生态廊道规划设计部门意见征求工作会，市政府副市长王伟、市政协副主席靳西峰、市政府党组成员朱天柱出席会议，市发改委、林业局、环保局、市财政局、市交通局、市国土局、路网办、征收办及沿线相关乡镇等单位主抓领导参加会议。会议由市林业局局长郭明举主持。

会上，规划设计单位郑州市市政工程勘测设计研究院详细汇报了《G234和南水北调生态廊道规划设计》实施方案，并对方案起草过程进行了详细说明。与会专家、市领导对设计方案进行点评，与会同志从部门自身职能职责出发，结合我市实际和工作职能，展开了认真细致的讨论，一致通过了该设计方案并对设计方案提出了修改意见。

最后，副市长王伟在会上提出三点意见：一是生态廊道规划设计单位要根据参会单位提出的意见，在实地调研的基础上，抓紧时间进行完善修整，争取在最快时间内拿出最终方案，并上报郑州市进行审核；二是在生态廊道的设计上要进一步打造亮点，突出节约、实用功能，多栽植体现各地文化、产业特色的乡土树种，符合环境生长的树种，打造成亮点工程。三是各单位和相关乡镇要通力协作，密切配合，制定节点，明确责任，严格依照方案，做好招投标工作，抓好规划实施，确保我市生态廊道建设早见成效。

《河南省南水北调配套工程供用水和设施保护管理办法》公布实施

2016年11月22日

来源：省南水北调办

11月22日，河南省政府法制办、省水利厅、省南水北调办共同召开《河南省南水北调配套工程供用水和设施保护管理办法》（以下简称《办法》）新闻通气会，省南水北调办副主任杨继成主持会议，省政府法制办副主任司九龙介绍了《办法》出台的背景，省水利厅副厅长杨大勇对宣传贯彻落实《办法》提出了具体要求。与会领导还回答了有关媒体记者的提问。

10月11日，河南省省长陈润儿签署省政府第176号令，公布《河南省南水北调配套工程供用水和设施保护管理办法》，自2016年12月1日起施行。这是继国务院颁布《南水北调工程供用水管理条例》之后，我省又一部南水北调工程运行管理方面的政府规章，将为我省南水北调工程的安全、高效运行，提供强大的法律依据和制度保障。

我省南水北调供水配套工程总长1000多km，中线工程年分配我省水量37.69亿m³。自2014年12月15日通水以来，我省加强了配套工程运行管理，培训了人员，建立了制度，实现了规范化管理，工程整体运行平稳，没有发生质量安全事故和运行事故，发挥出巨大的效益。一是城镇生活用水有了可靠保证。至2016年10月底，我省已累计承接丹江水20.83亿m³，约占中线工程总调水量的37%，供水目标涵盖南阳、漯河、平顶山、许昌、郑州、焦作、新乡、鹤壁、濮阳、安阳等10个省辖市和邓州、滑县2个省直管县市，供水水质始终达标，受到了沿线人民群众的高度评价。二是地下水位有了明显回升。我省工程沿线城镇生活用水改用南水后，大大减少了地下水的开采，仅郑州、许昌两市关停自备井539眼，地下水回升明显，其中郑州市中深层地下水位回升2.01m，许昌市回升2.26m。三是沿线生态环境显著改善。我省在中线总干渠两侧建设了各100m宽的生态林带，美化了沿线环境，同时，中线工程先后向许昌的颍河、鹤壁的淇河、郑州的西流湖进行生态补水，大大改善了沿线的生态环境。四是南水北调助推我省农业持续丰收。我省工程沿线城镇生活使用南水后，置换出可观的其他水源，用于农业灌溉，促进了我省农业可持续发展，为我省农业十一连增奠定了坚实基础。

虽然我省南水北调工程发挥出巨大的经济社会效益和生态环境效益，但在配套工程运行管理中也遇到不少难题，陆续发现有在管道上部及保护区域建房、取土、堆土等危及管道运行安全的现象，个别地方在打井、市政工程施工时损坏供水管道。在我省南水北调供用水管理方面，还存在责任不明确、制度不完善、措施不到位等问题，急需结合配套工程特点和我省实际情况，参照《南水北调工程供用水管理条例》，出台细化的管理办法，以确保配套工程安全运行。为此，省南水北调办会同省水利厅组织专门人员，调研起草了《办法》初稿，经行业、立法专家审查咨询，征求21个省直有关部门和单位、13个省辖市、县（市）人民政府的意见，并在河南省政府法制网站上公开征求社会意见，根据反馈意见和建议，组织进行了认真梳理与研究，采纳了其中合理可行的意见和建议，形成了报省政府的送审稿。2016年9月22日经省政府第102次常务会议审议通过。

《办法》共6章38条，对我省配套工程的管理职责分工、水量调度、用水管理、工程设施保护、法律责任等方面进行了全面规范。《办法》12月1日正式施行后，必将对我省配套工程的运行管理发挥重要的保障作用。

南水北调中线工程"净水千里传递"活动启动

2016年12月14日

来源：南阳市政府

12月12日，在南水北调中线通水安全平稳运行两周年之际，由南水北调中线建管局主办、渠首分局承办的南水北调中线干线"净水千里传递"活动取水仪式在渠首举行。

8时30分，活动人员在淅川县香花镇宋岗轮渡码头登船，前往丹江口水库取水。

到达取水点后，南水北调中线建管局、渠首分局、南阳市南水北调办公室等单位领导共同从丹江口水库取得水样，现场几十名取水人员将水样注入取水器中。与此同时，中线所有管理处也在各自辖区内进行取水。

随后，轮船到达陶岔大坝上游，水质监测人员立即对所取水样进行检测。经检测，水质合格。在01号水质监测点，此次传递活动正式启动，接力队员们手握旗帜，一边高喊口号"同饮一江水，共筑中国梦"，一边将水样护送至陶岔—邓州交接处，顺利完成水样千里传递活动的第一棒。

在今后的19天里，水样将一路北上，传递1432km后到达北京市。

落实长效机制，重任在肩我们勇担当。

据了解，两年来，为全面做好南水北调工程的服务保障工作，市委、市政府和相关部门采取了一系列有效措施，制定了八项长效机制，建立了地方巡防体制，培育了沿岸两侧的绿化长廊，关停了涉污风险点，广大群众也作出了巨大贡献。

南阳市南水北调办公室副主任齐声波表示，此次千里传递活动将陶岔渠首作为核心区和"水龙头"，开启水样传递活动的第一棒，见证了通水两年来此项工程的平稳运行和明显效益。"通水以来，南阳市也是重要的受水区，4县1市以及中心城区用上了南水北调水，累计受水近5000万m³，受益人口110多万人，不仅缓解了我市的地方供水压力，也改善了供水品质，使广大市民受益。今后，我市将继续把南水北调工程当作一项使命，扛在肩上，走在路上。"

为保南水北调水
南阳连"闯"转型富民对接关

2016年9月19日

来源：南阳市政府

跋涉1432km，成功调水40亿m³，近5000万人直接喝上汉丹江水……南水北调中线通水一年半，带着一串沉甸甸的数字，我们走进渠首河南南阳。

"能不能永续北送？水质怎么样？"疑问萦绕心头，直到淅川陶岔引水闸门。闸前，青山绵绵，阔水连天；闸后，玉带千里，蜿蜒流转。

"丹江口水库上千平方公里水域，近半在南阳。为保'山青渠固水长流'，南阳治污、富民，连闯难关。"当地干部说。

一闯"转型关"。一边严守1630万亩林地"绿线"、400万亩水域湿地"蓝线"，一边关停800多家企业，取缔4万多个养鱼网箱，否决73个大中型项目，加速产业转型。在淅川县，一家年产值2.5亿元的化肥厂，所排废水化学需氧量虽然只有15mg/L，远低于国家排放标准，但依然被叫停。企业转产汽车减震器，与数十家同行一起，形成年产值1000多亿元的"减震器矩阵"。与此同时，全球第一台4000m车装钻机、全国第一台自主研发的核级电机等相继研发成功，南阳高新技术企业结出一批"金瓜"。

二闯"富民关"。常言"靠山吃山，靠水吃水"。而南阳去网箱、禁放牧，渔民"靠山吃不了山，靠水吃不了水"。靠在坡地上种粮，施肥有污染，干旱收成小，怎么办？在距离库区不足1公里的万亩金银花基地，记者见到采花瓣的农民华占新。他算了一笔账：自家10多亩坡地流转出去，年收租金近8000元；自己和老伴每天干工，每人挣七八十元，还能照顾孙女。"最关键的，种金银花不施化肥、不打农药，不污染库区！"

而今，"公司+基地+农户"特色种植遍地开花。西峡县栽种20多万亩山茱萸、11万亩猕猴桃，内乡县种下10余万亩油桃，南召县种植5万亩花卉。全市420万亩经济林，成为水质的"净化器"、群众致富的"摇钱树"。

三闯"对接关"。2013年，国务院下发文件，确立北京、南阳对口协作。北京市每年拿出2.5亿元支援河南，其中1.6亿元投向南阳。两地区县、乡村、学校一一"结亲"，定期协商、双向挂职、项目合作建立机制。然而，北京、南阳发展落差大，"北京在三层楼，南阳在一层楼，咋能握住手？"

"想嫁接好花木，还得有好桩。"重新审视南阳，"绿色"优势尽显。大宛农联合社的冷库里，名誉理事长李强指着小山似的果蔬，挨个介绍"有机"品质。联合社和首农集团、北京电商联手，把48家会员的130种农产品送进北京。

"三闯"中的南阳，"颜值"提升，实力大增：丹江口水库最新水质监测显示，109项指标均符合地表水Ⅱ类标准，其中常规项目95%以上符合Ⅰ类标准。今年以来，南阳经济发展继续保持良好态势，1~5月，规模以上工业增加值343.59亿元，增速8.0%；固定资产投资总量1009.92亿元，增速17.5%；地方公共财政预算收入75.69亿元，增速23.5%。近两年，北京、南阳共投入6.62亿元，实施72个保水项目。一幅高效生态经济示范市的"蓝图"，正一步步变成现实。

北京顺义考察团调研南阳市
南水北调区县对口协作工作

2016年9月5日

来源：南阳市政府

8月31日至9月1日，北京市顺义区委书

记王刚带领考察团，深入西峡县调研南水北调区县对口协作工作。市委副书记王智慧，市委常委、副市长杨立宪参加。

王刚一行先后到仲景宛西制药股份有限公司、张仲景大厨房公司、丁河镇简村猕猴桃示范园和香菇标准化生产基地，了解企业生产经营和生态农业发展情况。

王刚说，自2014年顺义与西峡对口协作框架协议签订以来，两地互相走访、互派挂职干部，广泛开展各种对接活动，起到了很好的交流沟通作用。下一步顺义区将在政策上支持企业到西峡投资发展，也希望西峡的香菇、猕猴桃深加工企业加强北京市场的开发合作。两地挂职干部要充分发挥好桥梁纽带作用，为两地人民的福祉和经济社会繁荣发展作出积极努力。

王智慧说，南阳与北京以水为媒，因水结缘，一库丹江水既是两地的情感之源，也是合作之源，更是发展之源。希望双方进一步加强对接，加深了解，在更深层次、更宽领域、更高水平开展务实合作，共同谱写合作共赢的新篇章。

南阳市与中国林科院举办南水北调渠首水源地生态建设联合专题活动

2016年8月3日

来源：南阳市政府

7月29日，南阳市与中国林科院共同举办南水北调渠首水源地生态建设联合专题活动。中国林科院副院长黄坚、国家林业科学数据平台主任纪平、国家林木种质资源平台主任郑勇奇、中国林科院院省合作办主任张艺华等，南阳市副市长和学民、市林业局局长赵鹏等专家及林业科技人员参加专题活动。纪平对国家林业科学数据平台"淅川县森林资源可视化管理系统"进行了演示，郑

勇奇作了"林木种质资源发掘、新品种选育与品种权保护"专题讲座。

南水北调精神教育基地项目工程开工建设

2016年5月19日

来源：南阳市政府

5月18日，南水北调精神教育基地项目工程开工建设。工程总承包单位、中国建筑西北设计研究院院长熊中元，市领导原永胜、杨韫、郑茂杰出席开工仪式并为工程培土奠基。

市委常委、组织部长杨韫在致辞中指出，南水北调精神教育基地是省委"三学院三基地"之一，以弘扬南水北调精神为主题，面向全省及中线工程受水区，开展特色党性教育。南水北调精神教育基地是我市建设的重点项目，希望承建单位精心组织施工，力争把基地建成质量好、品位高、独具特色，让社会各界满意的精品工程，早日在党员干部党性教育培训中发挥积极作用。

南阳市市长程志明调研南水北调汇水区"两场"建设

2016年5月19日

来源：南阳市政府

5月18日，市委副书记、市长程志明带领市直相关部门负责人，深入淅川、内乡、西峡三县，就南水北调汇水区乡镇"两场（厂）"建设运营情况进行调研。

程志明一行先后到淅川县九重镇、内乡县瓦亭镇和西峡县西坪镇，实地察看了污水处理厂和垃圾填埋场，详细了解污水处理厂

配套管网建设及垃圾收集、运转和填埋、焚烧处理等情况。

在随后召开的座谈会上，程志明指出，各级各相关部门要千方百计加快"两场（厂）"配套设施的完善与升级，加速推进在线监测与省级联网，确保污水与垃圾应收尽收、应处尽处。及时解决项目运营费用问题，在"两场（厂）"正式运营前，抓紧明确付费标准、支付流程和资金来源。加快部分污水处理厂的提标改造升级进度，推进垃圾收集处理由乡镇向村级延伸覆盖，启动淅川、内乡、西峡三县生活垃圾焚烧发电厂的选址、立项等前期工作。紧扣时间节点，抓紧完善"两场（厂）"建设各项前期手续，确保项目按期完工，达到验收标准。根据市政府与首创集团的战略合作协议，进一步拓展双方合作空间，为全面改善提升城乡环境、打造生态宜居宜业城市作出积极贡献。

副市长郑茂杰参加调研。

省社会科学院与南水北调精神教育基地签订合作协议

2016年5月9日

来源：南阳市政府

5月6日，省社会科学院与南水北调精神教育基地围绕南水北调精神课题研究等签订合作协议，在教学科研、课题研究等方面建立起战略合作关系。省社会科学院党委书记魏一明、市委常委、组织部长杨韫出席签约仪式。

杨韫向省社会科学院原副院长刘道兴教授颁发了特约教授聘书。魏一明指出，省社科院专家课题组一定竭尽全力，挖掘、提升南水北调精神，让南水北调精神发扬光大、光耀千秋。杨韫指出，总结提炼南水北调精神，对于推进"两学一做"学习教育，凝聚

南阳跨越发展的正能量，将产生强大的动力源泉，我市要在深刻挖掘南水北调精神的同时，高标准建设好南水北调精神教育基地，使之成为具有南阳特色的党性教育平台。

南阳市委书记穆为民出席南水北调京宛协作赴京挂职干部座谈会

2016年3月10日

来源：南阳市政府

3月8日晚，南水北调京宛协作赴京挂职干部座谈会在北京召开。南阳市委书记穆为民在看望慰问我市选派的挂职干部时强调，要珍惜机遇，展示形象，聚焦发展，充分发挥桥梁纽带作用。

穆为民在与13位赴京挂职干部座谈时指出，挂职干部肩负着加强和推动京宛协作的重要使命，一定要有机遇意识，运用京宛协作这个平台，牵好北京手，谋好南阳事，找准共赢点，在"十三五"发展大局中找机遇、抓机遇。要展示形象。挂职干部的一言一行都代表着水源地干部群众的精神风貌，要弘扬"忠诚担当、大爱报国"的移民精神，落实市委作风建设"四句话"要求，用干事检验态度和担当，用成事证明水平和能力，把落实见效作为树立形象的重要标杆。要聚焦发展，把握大局，善于聚焦，深入研究本地本系统与挂职单位的结合点，精准发力，确保在挂职期间每人至少干成一件对本地本系统有较大推进作用的实事。

南阳市委常委、组织部长杨韫，市人大常委会副主任、南水北调京宛协作在京挂职干部领队刘荣阁出席座谈会。北京市旅游委副主任曹鹏程应邀出席座谈会。座谈会前，杨韫带领市委组织部有关同志分赴北京市延庆区、北京市旅游委及北京市水务局，看望慰问挂职干部并实地调研工作开展情况。

南水北调中线将在石佛寺等地再建六座调蓄工程

2016年1月4日

来源：南阳市政府

记者日前从河南省南水北调办公室获悉，为了进一步扩大南水北调中线工程供水范围，提高受水能力，"十三五"期间南水北调河南段将建设6座调蓄工程，扩大供水范围。

据了解，按照工程规划，南水北调中线工程多年平均调水量为95亿立方米，其中年均向河南省供水约37.7亿立方米。但通水一年来，南水北调中线总调水量约22亿立方米，河南省实际受水8亿多立方米。

河南省南水北调办公室相关负责人表示，为充分发挥工程效益，"十三五"期间，河南段将在许昌、郑州、新乡、安阳等地建设沙陀湖、观音寺、薄壁、洪洲湖、石佛寺和宝莲湖等6座调蓄工程；建设调蓄池，按7天供水量确定工程规模，在总干渠及配套工程正常检修维护或发生突发事件时，保障受水城市供水安全，提升受水能力。

据了解，截至2015年底，南水北调中线水源已覆盖河南省10个省辖市，南水北调水源为各受水区压采地下水提供了条件，河南全省已有14座城镇地下水水源得到涵养，地下水位明显提升，南水北调生态效益得到凸显。

省南水北调中线防洪影响工程第二督导组到平顶山市督导检查

2016年8月30日

来源：平顶山市政府

8月24日至25日，省南水北调中线河南段防洪影响处理工程第二督导组到平顶山

市，就防洪影响处理工程建设情况进行督导检查，平顶山市副市长冯晓仙陪同。

督导组一行实地察看叶县凹照南沟工程建设现场，听取相关情况汇报，详细了解平顶山市南水北调中线防洪影响处理工程进展情况，对我市的工程建设进展情况给予了充分肯定。

督导组指出，要充分利用施工的黄金期，科学组织施工，倒排工期，加强质量、进度控制，及时解决工程建设中存在的问题，严格按照工期安排，全面推进各项建设工作，确保如期完成工程建设目标任务。

南水北调中线防洪影响处理工程平顶山段涉及平顶山市叶县、鲁山县、宝丰县、郏县等4个县的12个乡镇29个行政村，工程建设共分为5个标段，治理规划的沟道有23条，长度共16.29km。其中，新开挖沟道长度4.47km，扩挖老沟道长度10.49km，护岸4.13km，修建桥涵41座。平顶山市高度重视防洪影响处理工程建设工作，及时成立了平顶山市工程建设领导小组和建设管理处，调配力量，积极协调，全力推进整体工作。

平顶山市大力推进南水北调生态廊道建设

2016年4月12日

来源：平顶山市政府

南水北调中线工程平顶山安良镇段生态廊道建设共涉及安东村、西安良村、肖河村等10个行政村。去冬今春以来，该镇积极协调承包户，推进工程造林，如今各个村都有承包大户，生态廊道建设稳步推进。该镇今年春季要完成的生态廊道30m永久防护林建设任务共1000亩，目前已完成700余亩。

南水北调中线工程生态廊道建设是《河南林业生态省建设提升工程规划》确定的重点廊

道绿化工程。南水北调中线工程在平顶山市境内全长116.7km，途经叶县、鲁山县、宝丰县、郏县的17个乡（镇、街道）。根据相关要求，南水北调中线工程平顶山段总干渠两侧各建设100m绿化带，共规划生态廊道绿化面积31786亩，其中叶县段10500亩、鲁山县段10503亩、宝丰县段5141亩、郏县段5642亩。

平顶山市委、市政府高度重视南水北调生态廊道建设工作，要求高标准编制生态廊道建设规划，努力将南水北调中线干渠沿线建成集生态效益、经济效益和景观效益为一体的高标准生态廊道，确保南水北调水质安全。按照相关要求，我市南水北调生态廊道建设将于今年底全部完成，今春重点要完成靠近干渠的30m永久防护林的建设任务，外侧70米油用牡丹种植带的建设将在今年9月底开始。

今年2月14日，春节假期后上班第一天，平顶山市四大班子领导带领千余人在宝丰县南水北调中线生态长廊开展新春植树活动，正式拉开了南水北调中线工程平顶山段生态廊道建设造林整地的序幕。

南水北调生态廊道建设启动以来，平顶山市主要采取政府主导、市场化运作的模式，政府对生态廊道建设用地给予每亩1000元/年、连补3年的政策保障，由市、县两级财政按比例分担。各县也相继出台优惠政策，提供全方位绿化服务，强力推进土地流转工作，吸引了众多造林大户和造林企业参与。目前，平顶山市南水北调生态廊道30m永久防护林建设已完成10200亩。

周口市南水北调工程将正式通水 总长51.85公里

2016年12月8日

来源：周口市政府

12月6日，省南水北调办公室主任刘正才一行到周口市调研南水北调配套工程建设。副市长洪利民陪同调研。

周口市南水北调配套工程由10号口门经平顶山、漯河到达周口市。工程采用全管道输水方式，途径商水县、川汇区、开发区、东新区等4个县（区），总长51.85km，有3个供水目标（周口市西区水厂、东新区水厂、商水县水厂），工程概算投资8.8亿元。目前，商水县水厂和东新区水厂已试验通水，近期将正式通水。

当日上午，调研组一行先后来到商水县水厂、东新区水厂实地察看了南水北调配套工程建设情况，听取相关汇报，并提出指导意见。

在下午召开的座谈会上，洪利民介绍了周口市南水北调工作情况。他说，水是宝贵的资源，喝上洁净的丹江水是周口人民梦寐以求的事情，在省南水北调办公室的关心支持下，在市委、市政府的坚强领导下，经过几年的努力，周口人民终于吃上了丹江水，这对作为人口大市的周口来讲具有里程碑意义。接下来周口市将加快现有水厂的互联互通和全覆盖，让越来越多的群众吃上丹江水；尽快启动调蓄水池的建设，确保城市不间断供水；严格执行省委提出的关闭自备井的计划，加大依法关闭城市自备井力度；加大南水北调工程的保护，确保南水北调用水安全有序；加强水费的征缴工作；进一步扩大南水北调受益面。

通过实地察看、听取汇报等，刘正才指出，周口市是人口大市，水资源严重短缺，同时又没有大型水利工程，缺乏引水、蓄水、调水的功能。他要求周口市加快城市水厂建设，充分发挥供水效益；加强管理办法的宣传贯彻，确保依法管护工程；足额征收水资源费，保证自备水井关停；抓好配套工程验收，确保工程建设规范；依法征收供水水费，确保运行管理安全。

省政府南水北调受水区地下水压采专项督导组莅周督导检查

2016年11月16日

来源：周口市政府

11月14日下午，以省南水北调办副主任杨继成为组长的省政府南水北调受水区地下水压采专项督导组莅临周口，就南水北调受水区地下水压采工作对周口市进行督导检查。副市长洪利民陪同督导并出席汇报会。

在南水北调受水区地下水压采工作中，周口市科学编制地下水压采实施方案和落实年度压采计划，加快建设南水北调地下水置换配套工程，有序封停公共供水管网覆盖范围内自备井，抓紧办理受水区水厂建设及取水许可手续，认真落实南水北调用水计划。

当天下午，督导组一行先后来到商水县水厂、隆达小区焊封封井点、庆丰东路南水北调工程静水压实验打压点、东新区水厂、周口十二中混凝土封井点等地，实地查看封井、地下水压采等情况，并听取水厂建设、地下水压采等相关情况汇报。

在随后召开的汇报会上，检查组对周口市配套水厂建设、地下水压采、自备井封填等工作给予充分肯定，并指出，周口对南水北调受水区地下水压采工作高度重视，工作积极主动，成立了领导小组，责任明确，各项工作抓得有条不紊。就下一步工作，督导组要求周口市统一思想、提高认识，统筹协调、全力推进，明确目标、保证质量，确保如期完成地下水压采各项工作任务。

洪利民表示，周口市将以这次检查为契机，按照省督导组提出的各项要求，研究制定整改措施，加快推进南水北调受水区地下水压采工作。

周口市淮阳县、项城市纳入南水北调供水范围

2016年1月15日

来源：周口市政府

14日上午，记者从周口市南水北调建管局了解到，周口市淮阳县、项城市于近日被省南水北调办公室纳入南水北调供水范围，这预示着淮阳县、项城市居民即将喝上丹江水。

据了解，淮阳县属淮河流域沙颍河水系，由于近年来降雨量逐渐减少而持续干旱，再加上群众生活饮用水量的增加，使地下水超采严重。同时，由于骨干河道上缺乏有效的拦蓄工程，造成了水资源大量流失，加之浅层地下水及地表水存在污染严重、利用率较低等问题，更进一步加剧了水资源的短缺。与淮阳县类似，项城市水资源短缺问题也日益突出。

近日，省南水北调办公室根据一年来的工程运行、供水情况，结合工程布局，应周口市人民政府的建议，将周口市淮阳县、项城市纳入南水北调中线一期工程"十三五"专项规划供水范围，所需水量在周口市南水北调分配水量中调剂。同时，周口市沈丘县也正在申请纳入南水北调"十三五"供水目标，置换水源、改善环境，以解决该县广大群众饮水安全问题。

南水北调中线一期工程通水两周年回眸之三

2016年12月16日

来源：许昌市政府

作为许昌曾经的主要水源北汝河，如今已经回归"备用水源"。南水北调中线一期工

程通水后，许昌已经发生了可喜的变化，市区浅层地下水平均水位回升了2.6m。

许昌市水资源总量不足，人均水资源量195m³，不足全省人均水资源量的一半，占全国人均水资源量的1/10。

对于水的短缺，许昌市市民也有着深切的感受体会。在20世纪80年代中期到90年代后期，襄城县区划调整之前，许昌市境内没有北汝河这样水量较为丰沛的大型河流，引用河流地表水很困难。城市供水主要靠打井取用地下水。长期持续超采地下水，造成地下水位连年下降，漏斗区逐年扩大，一方面引发地面沉降、裂缝等环境地质问题，市区七一路与南关大街附近在20世纪90年代后期最大地面沉降达到277mm，七一路路面多次塌陷；另一方面还造成地下水污染，引发生态环境问题。

1997年襄城县划归许昌市后，市区扩建了周庄自来水厂，调引北汝河地表水作为市区主供水源，超采地下水状况有所缓解。但随着城市区域的逐步扩大，经济社会的快速发展，用水量逐年增大，地下水超采现象没有得到根本遏制。南水北调中线一期工程通水后，当前完全能够满足市区供水需求，而且还有富余。

为实现水资源可持续利用，确保市民安全用水，2015年，许昌市开始打响了一场封闭城市规划区内自备井的全民攻坚战。

这一年多来，通过全面关停自备井，许昌市累计年压减地下水开采量1359万m³，市区自来水供水量日增加2万t，达到11万t，增长18.18%，使更多市民和企事业单位用上了优质的南水北调水。

南水北调通水后，许昌市拥有了相对充足可靠的水源，使城市在进行建设时能有更多的选择余地和空间。为此，许昌市做起了水文章，精心谋划了水生态文明城市建设试点、水系连通工程、50万亩高效节水灌溉项目建设，打造了"五湖四海畔三川，两环一水润莲城"的水系格局。

同时，通过河湖分水工程建设，许昌整个水系都能享用南水北调水源，可以很好地补充、涵养地下水，集蓄河湖水，兼顾生态环境用水，满足近期和中远期许昌用水需求。

2015年9月市区河湖水系蓄水后，对地下水进行了有效补充，在压采与渗补双重作用下，目前城区浅层地下水平均水位较关井前回升2.6m。

关停自备井有效促进了南水北调水与本地地表水、地下水的优化配置和科学利用，保护和涵养了地下水源，促进了水生态环境的持续改善。

"市区清潩河宜憩宜游，城西的灞陵河滨水空间景色宜人，东城区的饮马河水景秀美，鹿鸣湖、芙蓉湖、东湖如镶嵌在城市腰带上的璀璨明珠……如今，许昌能玩的地方是越来越多了。"带着家人在鹿鸣湖畔游玩的市民韩春晓说。

如今，一渠清水，不仅为许昌市带来"水之源"，更将为许昌市带来"水之清""水之活""水之灵""水之利"。南水北调工程将为许昌市提供2.26亿m³优质饮用水源，以前的地表水源北汝河将主要用于生态和景观用水。随着许昌市三大水利项目的蓄水，也将带动城市土地的增值，使城市发展后劲得到增强，生态效益、社会效益和经济效益同步显现。

南水北调中线一期工程受水区地下水压采检查评估组莅许

2016年9月22日

来源：许昌市政府

9月21日，南水北调中线一期工程受水区地下水压采检查评估组莅临许昌市，对许昌市南水北调受水区地下水压采工作进行检查评估。副市长王文杰陪同。

根据《河南省南水北调受水区地下水压采实施方案》（城区2015—2020年），许昌市南水北调受水区地下水压采范围是许昌市区及许昌县、长葛市、禹州市、襄城县。许昌市地下水压采任务1390万m³，按取水类型分，浅层水648万m³，中深层水742万m³；按区域分，中心城区765万m³，长葛市305万m³，襄城县280万m³，禹州市40万m³。截至2016年6月底，全市关井767眼，压采地下水量1989.95万m³，提前超额完成省定压采任务。

通过听取汇报和实地检查，检查评估组一行对许昌市配套水厂建设、地下水压采、自备井封填等工作给予了肯定，并指出，许昌市委、市政府高度重视地下水压采工作，南水北调配套水厂工程稳步运行，自备井封停工作有序推进。希望许昌市对超采区实行最严格管理，制定措施，严格考核，切实保护地下水资源。

全省南水北调丹江口库区移民"强村富民"暨创新社会治理观摩会召开

2016年8月18日

来源：许昌市政府

8月16日，全省南水北调丹江口库区移民"强村富民"暨创新社会治理观摩会在许昌市召开。省水利厅副厅长、省移民办主任崔军出席会议，副市长秦春梅到会并致辞。

秦春梅在致辞时简要介绍了许昌市经济社会发展情况和移民帮扶情况。她说，2008年丹江口库区移民安置工作启动以来，市委、市政府高度重视，把移民安置工作作为"十大民生"工程之一，做了大量艰苦细致的工作，顺利完成了4197户16388人的移民安置

工作。移民搬迁入住后，许昌市坚持以人为本，统筹兼顾，加强领导，强化落实，真心对待移民，真诚为移民服务，帮助移民发展生产、增加收入、安居乐业。截至目前，先后下拨生产发展奖补资金3116万元，建成了一批后期帮扶项目，并初步产生了效益。她表示，许昌市将以此次会议为契机，及时总结经验，进一步做好"强村富民"和创新社会治理工作，确保移民后期帮扶稳步推进，确保移民生产生活和谐稳定。

崔军要求，各级各部门要继续抓好"强村富民"战略实施，确保实现移民发展目标；进一步深化社会治理创新工作，真正实现移民村决策、执行、监督等社会管理的规范化、制度化、程序化。

会议期间，与会人员还前往襄城县2个移民村进行了现场观摩。

南水北调中线一期工程干线生态带建设现场检查和观摩交流活动在许昌市举行

2016年5月30日

来源：许昌市政府

5月19日，南水北调中线一期工程干线生态带建设现场检查和观摩交流活动在许昌市举行，国务院南水北调办公室环保司副司长范治晖带队，省南水北调办公室副主任杨继成、副市长赵振宏陪同。

南水北调中线干渠许昌段全长54km。干渠生态廊道宽度，根据需要严格按照省政府要求标准，每侧栽植100m以上的树木，林带内修建8米宽的生产道路。目前，全市南水北调干渠绿化任务已完成16655亩，占总体任务的102.8%。其中，禹州市任务12780亩，完成12780亩，占任务的100%；长葛市任务3420亩，完成3875亩，占任务的113.3%。主要树种有大叶女贞、高秆红叶石楠、复叶槭、金

叶榆、玉兰等。一条贯穿南水北调总干渠的绿色屏障已基本形成，营造了一个"水净、岸绿、景美"的景观体系。南水北调生态廊道建设的日趋完善，将带动城市生态效益、社会效益和经济效益同步显现。

范治晖一行实地察看了禹州市南水北调钧台街道办事处城市阳台段、梁北镇观景平台段，听取了相关工作情况汇报，对许昌市南水北调两侧生态廊道绿化模式和成效给予了充分肯定。在现场，范治晖还详细了解了南水北调两侧生态廊道造林模式、运行机制及政策措施情况。

许昌市区南水北调工程
断水应急实战演练举行

2016 年 4 月 7 日

来源：许昌市政府

为规范许昌市南水北调工程供水运行期间突发事件应急管理，确保全市供水安全，3 月 29 日上午，市区南水北调工程断水应急实战演练在周庄水厂举行。省南水北调办公室主任刘正才，市委书记王树山，市委常委、副市长王堃出席演练活动。

南水北调工程是迄今为止世界上最大的水利工程。2014 年 12 月 12 日，南水北调中线工程总干渠通水后，许昌市配套工程相继通水，实现了配套工程与干线工程同步建设、同步通水、同步达效的建设目标。目前，许昌市区、襄城县、长葛市、禹州市等先后用上丹江水，实现了许昌市受水目标全覆盖，受益人口达到 165 万人，累计供水 7441 万 m³。

南水北调中线工程水源存在丰枯年份水量不均的问题，干线工程和配套工程线路长而且单线输水，目前沿线没有调蓄工程，在总干渠和配套工程停水检修及遇到突发事件

等情况下，工程存在断水风险。因此，加强配套工程应急保障能力建设和应对突发事件处置工作十分必要。

9 时 52 分，王树山宣布："许昌市区南水北调工程断水应急实战演练开始。"

此次演练共进行了 5 个场景的断水应急处置，即事件报告、会商决策、下达指令、水源切换、应急供水，现场模拟了南水北调配套工程 17 号分水口周庄水厂供水管道 1 号空气阀井处发生故障后，如何通过调度指挥，把南水北调的水源切换为北汝河水源。演练人员以饱满的工作热情、熟练的操作技能展示了许昌市的精神面貌和实战能力，圆满完成了演练任务，得到了省、市领导和兄弟县（市）的肯定和一致好评。实战演练，检验了应急预案的针对性、实用性和可操作性，提高了许昌市应对突发断水事件处置及供水保障水平。

刘正才在演练结束后点评时说，许昌是第一个实现城区南水北调供水全覆盖、高标准完成沿渠 54km 生态带建设的城市，也是全省第一个关闭自备井的城市，南水北调各项工作走在了全省前列，非常值得其他省辖市、直管县学习。刘正才还对此次演练过程表示肯定，认为这次实战演练目的明确、组织得力、方案具体、操作性强，各方面配合得力、协调有序、环环相扣、过程真实，是一次实实在在的练兵，达到了应急演练的目的，为各地断水应急处置提供了值得借鉴的经验。

南水北调两年郑州受水5.6亿立方米
主城区丹江水全覆盖

2016 年 12 月 12 日

来源：郑州市政府
中原西路郑州市南水北调配套工程 23 号

分水口门泵站内，机器轰鸣，5台泵机正在向柿园水厂供水，另外3台泵机则负责向常庄水库输水冲库。今天是南水北调中线一期工程正式通水两周年的日子。记者近日走进南水北调配套工程23号分水口门泵站、刘湾水厂等处，了解工程通水两年来在缓解我市用水紧张状况、改善自来水水源水质等方面发挥的积极作用。

郑州市地处内陆腹地，属于缺水型城市，人均水资源占有量不足全国平均的1/10。在南水北调中线工程通水前，郑州市主要依靠单一的黄河地表水，同时以一部分黄河滩区地下水做补充。由于黄河水源的季节性变化，上游来水量年度不均匀，供水水源安全问题成为制约城市发展的瓶颈。

南水北调中线工程从郑州东南新郑市观音寺入郑，从西北荥阳市王村穿黄河进入焦作。2014年12月12日南水北调中线工程正式通水，南水北调郑州段2014年12月15日通水，配套工程同步通水、同步达效。南水北调配套工程在郑州市境内开设7处分水口门，受水区分别为郑州市区、新郑、荥阳、中牟、航空港区和上街区，年分配水量5.4亿m³。郑州先后建成刘湾水厂等南水北调工程配套水厂，同时增加了柿园水厂、白庙水厂取用南水北调水源的工艺设施。通水以来，南水北调配套工程已向郑州供水5.6亿m³，日供水量100万m³左右，受水人口达到680万人，郑州市主城区已实现丹江水全覆盖，丹江水已成为郑州市区和沿线县（市）区的主要供水水源。郑州城市供水实现了真正意义的双水源。郑州市的城市供水水源更加安全，水量供给更加可靠。

除了水量供给的可靠，郑州自来水水源水质明显提升。据介绍，南水北调中线工程水源取自丹江口水库，调水水质始终稳定在地表水环境质量Ⅱ类标准以上。我市各水厂相继使用丹江水源后，供水水质稳定。不少市民也反映：自来水水质口感明显提升，水

更甜、更好喝了。

南水北调中线工程的通水，不仅带来了水源、水质的保障，也使我市的城市供水格局更加合理。以往郑州市依靠北部黄河水源，所建设的水厂要临近城市北部或中部，城市的南部没有水源，也没有水厂。南部片区用水矛盾凸现。南水北调配套的刘湾水厂建成后，从根本上改变了南部缺水的状况，该区域的广大用户彻底摆脱了用水困难，不仅水压大幅提升，水质也有了保障，我市的城市供水布局得到进一步改善和优化。

省政协视察团肯定郑州市南水北调工程水质保护

2016年10月18日

来源：郑州市政府

17日，省政协副主席史济春、龚立群、梁静率省政协视察团一行莅郑，视察南水北调中线沿线水质保护工作。省政协秘书长郭俊民参加视察。

省委常委、郑州市委书记马懿，市领导靳磊、杨福平、张建国、李玉辉，市政协秘书长陈松林陪同视察。

视察团一行先后来到中原西路南水北调生态廊道示范段、南水北调中原西路23号泵站、南水北调穿黄工程等地，详细了解郑州市南水北调中线沿线水质保护工作。

据介绍，南水北调中线工程全长129km，于2014年12月12日正式通水。为保证沿线水质安全，南水北调郑州段总干渠一级保护区为工程管理范围边线（防护拦网）向两侧外延各200m，二级保护区为一级保护区边线向左岸外延3000m，向右岸外延2500m，保护区面积为597.17km²。根据郑州市委、市政府工作安排，城市规划区内的60km总干渠两侧，高起点规划设计了各200m宽的生

态走廊；市区段已完成了两岸生态公园每区200m标准段建设，2017年底前将全部完成生态公园建设，为总干渠水质安全提供生态屏障。

在实地视察并听取工作情况汇报后，视察团一行对郑州市在南水北调中线沿线水质保护工作方面取得的成绩表示肯定，并就郑州下一步如何落实好国家和省市关于南水北调中线工程水质保护和生态建设的各项要求和任务，建立水质保护长效机制，确保南水北调中线输水水质安全提出意见和建议。

郑州南水北调生态文化公园
有望年底建成

2016年4月22日

来源：郑州市政府

3月30日，郑州南水北调生态文化公园高新区段实质性开工；4月16日，南水北调生态公园管城区示范段开工。近日，随着各区的积极推进，南水北调生态文化公园全线开工建设，预计今年年底，一条"林水相映，绿茎繁花"的62km长生态文化公园将惊艳亮相。

绵延61.7km跨越郑州5大区

据郑州市园林局相关负责人介绍，郑州南水北调生态文化公园规划建设长度61.7km，总面积近25km²，约相当于82个郑州人民公园，成为全郑州最靓丽的生活风景线。其中，中原区段全长14.7km，绿化建设面积588万 m²；二七区段全长7km，绿化建设面积280万 m²；管城区段全长10.9km，绿化建设面积436万 m²；高新区段全长700m，绿化建设面积28万 m²；航空港经济综合实验区段全长29km，绿化建设面积1160万 m²。全段规划设计由市里统一组织，征迁建设按照分区建设、属地管理原则，以沿线各区为主体

组织实施。

南水北调生态文化公园是集生态涵养、文化传承、休闲游憩于一体的，展现中原魅力的风景长廊，全段展示了郑州水文化、园林文化、郑州历史人文、现代科技文化、农耕文化，在景观设计上沿用"一水、两带、五段、多园"的功能性总体布局，形成"林水相映，绿茎繁花"的景观结构。其中，航空港区定位于科技文明、中原腾飞的主题；管城区着重于展现遗址、传统的缩影；中原区围绕中原"福地"做文章，展示人、商、绿、城的和谐；二七区以"朝圣"为主题，展现历史人物长河；高新技术开发区着重于宜居"家园"的展示。

另外，在居民区附近，还将发挥社区公园的作用，给市民提供健身场地；在临近街区的区域，还将开辟出树荫广场等休息空间，极大程度改观人们现有的生活方式。

港区到高新区繁花处处美景多

目前，南水北调生态文化公园建设所涉及的各区均已开工，其中，二七区示范段已完成绿化工程总工程量的80%，目前正在加紧进行绿化和广场铺装施工，预计4月底可完工。计划今年年底前，中原区、二七区、管城区完成示范段建设，高新区全部完成，航空港实验区完成7.6km示范段建设。

南水北调生态文化公园建设采用了"海绵城市"的理念，设置了大面积集水区，下雨时吸水、蓄水、渗水、净水，需要时将蓄存的水"释放"并加以利用。在确保城市排水防涝安全的前提下，最大限度地实现雨水在城市区域的积存、渗透和净化，促进雨水资源的利用和生态环境保护。

同时，公园初步设置了步行和自行车两条交通体系。届时，市民可迎着阳光呼吸，开启一段单车之程，在静谧的公园内畅享生活的活力和美好。

南水北调生态文化公园郑州市二七区示范段4月建成

2016年2月26日

来源：郑州市政府

经过一年多的筹备，郑州市民期盼已久的南水北调生态文化公园的盖头终于掀开：位于郑飞附近的南水北调生态文化公园二七区示范段已完成绿化工程总工程量的70%，目前正在加紧进行绿化和广场铺装施工，预计4月底可完工。

2月25日，春光明媚，正是绿化的大好季节，记者在位于郑平路和郑登快速通道之间的南水北调北岸看到，绿化带已造好了连绵起伏的地形，不少地段已栽上大片的各种绿化苗木，显得生机勃勃。在几处平整好的地段，几十名绿化职工正在紧张栽种。

据介绍，南水北调生态文化公园（二七区段）全长约6.72km，东起人和路办事处贾砦村，西至侯寨乡刘庄村，按照干渠两侧各200m规划计算，建设总面积268.8万 m^2，全段按照规划要求将建设为景观型、公园型生态绿地。

郑平路和郑登快速通道之间的南水北调生态文化公园是该区的示范段，全长2.8km，建设总面积56万 m^2，总投资8623万元。设计充分结合地形特点，坚持把保护一级水源地作为公园设计的首要考虑因素，紧紧围绕"生态涵养、文化传承、服务市民"三大主题，以"一水、两带、五段、多园"的功能性为总体布局，以生态为主导、文化为脉络，集休闲、游憩、健身、体验、科普为一体，突出文化景园建设，形成生态绿廊与文化长廊共生发展，努力打造成一个能够实现城市环境自我更新、市民休闲娱乐康体，服务周边产业发展的城市名片。

该示范段于2015年年初委托北京山水心源景观设计有限公司进行规划设计，10月开工建设，计划于4月底前完工。

省南水北调办领导莅焦调研

2016年12月12日

来源：焦作市政府

12月9日，河南省南水北调中线工程建设领导小组办公室主任刘正才、副主任杨继成一行莅焦，调研南水北调配套工程博爱供水线路新增工程项目建设情况和配套工程运行管理情况。副市长王建修陪同调研。

刘正才一行先后到穿越幸福河倒虹吸交叉工程、26号口门穿越总干渠施工现场等地进行实地调研。在随后召开的座谈会上，刘正才要求，要加快城市水厂建设步伐，认真贯彻落实省南水北调配套工程供用水和设施保护管理办法，按时完成博爱县供水工程建设任务，加大地下水自备井压采力度，尽快出台水费征缴办法，规范供水工程运行管理。

王建修表示，焦作市要明确责任，压实任务，加大督导力度，在保证工程质量和安全的前提下，加快博爱输水线路工程进度，确保如期完成建设任务；加快南水北调配套水厂建设，让该项工程早日造福于民。

驻豫全国政协委员莅焦视察南水北调中线沿线水质保护情况

2016年10月18日

来源：焦作市政府

10月17日，省政协副主席史济春、梁静带领部分驻豫全国政协委员莅临焦作市，就南水北调中线沿线水质保护工作开展视察。市领导徐衣显、秦海彬、王建修、周备锋、许竹英陪同视察。

视察团一行先后到南水北调穿沁工程、瓮涧河倒虹吸工程进水口、总干渠左岸大堤、闫河倒虹吸工程出水口等处进行了实地察看，听取水质保护工作的汇报。

为加强南水北调水源保护，焦作市认真落实省政府要求，建立了水源保护工作制度，明确了各单位工作职责，全力抓好水源保护管理工作，制订了水源保护区规划，对沿线工业企业和养殖企业进行搬迁关停，对沿线两侧水源保护区内新建和扩建项目严把审批，设立了水质监测点。同时，焦作市高起点规划、高标准建设干渠两侧绿色生态屏障，在干渠农村段两侧各营建100m宽的绿化带，在干渠城区段规划了绿色生态涵养区等。

在南水北调穿沁工程处，史济春听取了有关部门负责同志的汇报，询问他们水质保护工作的做法，当了解到温县辖区20km的南水北调两侧各100m共5073亩地的绿化任务已基本完成，并坚持绿化与美化、特色与效益相统一，在40m范围内培育常绿生态景观带、60m范围内发展特色经济林产业带时，史济春频频点头，对温县实现生态保护和产业发展的做法给予充分肯定，并叮嘱承包绿化带建设的企业负责人要加强后期的绿化养护，与温县政府一同保护好南水北调的水质，实现企业效益与生态保护的双重目标。

在闫河倒虹吸工程出水口，史济春听取了南水北调城区段两侧绿化带景区初步规划介绍，当了解到焦作市在南水北调工程北侧设置了三道防线用以预防山洪时，史济春要求焦作市不仅要建设好景观带，而且要把防洪设施筑牢，以防洪水进入干渠污染水质。

把南水北调焦作城区段两侧建成焦作市新地标

2016年3月28日

来源：焦作市政府

作为唯一一个南水北调中线总干渠从中心城区穿越的城市，8.82km长的南水北调焦作城区段两侧改造开发工作，给焦作市发展带来了千载难逢的机遇。大手笔、高标准、有创意的规划建设完工后，南水北调城区段两侧将成为焦作市城市转型、经济转型的新亮点和新名片，形成焦作又一个新地标。

近日，市人大常委会组织部分常委会委员、市人大代表进行集中调研，为南水北调焦作城区段两侧改造开发建言献策。

据了解，南水北调中线总干渠从焦作市城区丰收路西段始，经解放区的新庄、新店、士林、西王褚、东王褚、西于村、东于村，山阳区的小庄、定和、恩村，至山阳区墙南村止。

为了保证南水北调中线总干渠焦作城区段的水质安全，焦作市将在其两侧分别规划建设135m宽的绿化带（包含35m宽道路）。此次改造开发的范围南至人民路（西段南至丰收路）、北至焦枝铁路、西起丰收路、东至中原路，总面积达1.1万余亩。

"市委提出，把南水北调焦作城区段打造成风景秀丽的旅游观光带、人水和谐的生态景观带、内涵丰富的文化产业带、滨水娱乐的休闲商业带，形成南水北调中线工程的地理标志和焦作新地标。这与'十三五'期间焦作转型发展的思路相吻合，南水北调焦作城区段的改造开发，将成为焦作城市转型和经济转型的新契机和新亮点。"市人大常委会主任王明德明确表示，面临改造开发时间紧、任务重的复杂形势，市人大常委会愿意全力支持和配合，帮助解决存在的问题和困难。

"借助水的灵气把焦作建设得更加美好的初衷不能忘；当初争取南水北调穿城而过所付出的艰辛不能忘；对老百姓许下建设美丽家园的承诺不能忘，所以下一步的规划和拆迁任务很重，有关部门要切实增强责任感和紧迫感，加快改造开发步伐。"市人大常委会调研组成员忧心忡忡地说。

市人大常委会调研组成员建议，打造国际知名旅游城市，必须发展现代服务业，而南水北调焦作城区段改造开发，将是焦作市发展城市旅游的一个机会，也是迫切需要。打造国际知名旅游城市，需要延长旅游产业链条，城市要借助"一山一拳"吸引来的众多游客，在吃、住、游、购、娱上大做文章，进一步增强城市的吸引力，使之成为焦作市服务业发展新的经济增长点，并由此形成焦作的新地标、新名片。

"规划要高标准、有创意，将南水北调焦作城区段两侧景观打造成国际旅游名城的新卖点。在规划过程中，要集思广益，认真审视各相关项目，确保周边建筑与南水北调焦作城区段两侧改造开发的总设计理念相吻合。"调研组成员周栓成建议，改造开发要处理好绿化带建设与征迁安置的关系、城区段两侧改造开发与太极拳文化发展的关系。

"规划建设要大手笔，要具有前瞻性和可实施性，要尽早让老百姓实实在在地感受到南水北调工程的好处，让市民成为工程建设的受益者。"市人大代表程兴赠建议。

焦作市打造南水北调"绿色长廊"

2016年3月14日

来源：焦作市政府

时下，一个建设南水北调"绿色长廊"的宏大战役正在焦作市南水北调干渠沿线展开。到3月11日，南水北调农村段绿化工程已流转土地13852亩，占任务的89%；已签订承包经营面积12432亩，占任务的80%；已造林绿化7489.7亩，占任务的48%。

打造南水北调"绿色长廊"是焦作市建设美丽焦作和生态宜居城市的重大工程之一。据悉，全市南水北调农村段绿化工程全长64.89km，涉及沿线7个县区，总面积15563亩。其中，生态带6225.2亩，产业带9337.8亩，今年3月底前完成70%以上。

自去年8月焦作市南水北调农村段绿化工程实施以来，各地相继出台了优惠政策，积极进行土地流转，多措并举招商引资，强力推进绿化工程建设，加快了南水北调"绿色长廊"建设步伐。

温县南水北调干渠绿化工程涉及赵堡镇、南张羌镇、北冷乡和武德镇等4个乡镇37个行政村，全长20.6km，适宜绿化面积5618亩，占全市总任务的三分之一。温县将南水北调干渠绿化工作纳入温县"十三五"规划，与城市水系、陈家沟文化旅游园区建设相结合，与温县"水、滩、药、田、人文"等特色优势相叠加，着力打造"绿色走廊"。截至目前，该县已完成南水北调干渠两侧造林3780亩，占总任务的67.3%。

南水北调博爱段全长9.34km，涉及金城乡9个行政村，两侧应绿化面积2150.9亩。博爱县高度重视，组织沿线9个村的党支部书记、包村干部到南阳、许昌参观，先后召开6次村组干部座谈会，统一思想，统一工作方案。博爱县林业局积极给予政策扶持，统一流转合同，引入第三方测绘流转面积，有力地推进了绿化工作进程。目前，该县已签订土地流转面积1795.8亩，已签订承包经营面积1795.8亩，占应绿化面积的84%；已栽植700亩，挖坑350亩。

修武县南水北调干渠两侧绿化总长6.26km，可绿化面积1012亩。该县结合景城融合发展战略，绿化任务计划分2年实施，今年要完成绿化面积778亩,明年完成绿化面积234亩。该县结合"全域旅游景城融合"的发展思路,高标准打造绿化带,严把苗木质量关,确保种一棵、活一棵、绿一片,目前已签订土地流转合同面积1130亩,完成全部流转任务。截至目前,该县南水北调干渠共栽植女贞、法桐、椿树、核桃等苗木555亩,挖坑500亩,今年绿化任务3月中旬可全部完成。

中站区南水北调总干渠两侧绿化农村段长3.4km,可绿化总面积500亩。为调动承包大户的积极性,该区对承包大户进行扶持和补贴,绿化验收合格每亩奖补200元,连补3年;前40m景观绿化带每亩一次性补苗木费3000元,后60m经济林绿化带每亩一次性补贴500元。目前,该区一期350亩土地整地、挖坑已全部结束,栽植柳树7.5亩800余株,3月底前全部栽植完成。

焦作市南水北调农村段掀绿化热潮

2016年2月1日

来源:焦作市政府

冬日的焦作,南水北调农村段工程两侧掀起植树造林热潮。相关县区正在积极推进绿化工作,共同将南水北调农村段建成焦作的生态带、产业带、景观带和富民带。截至目前,焦作市南水北调农村段已新造林940亩。

焦作市境内南水北调农村段绿化工程全长64.89km,主要建设内容为:总干渠两侧各建设100m宽的绿化带,绿化带内侧40m建设生态景观带,外侧60m建设林业产业带。

记者昨日从市创森办获悉,截至1月21日,南水北调农村段绿化工作有了重要进展。其中,温县新造林800亩、博爱县新造林100亩、示范区新造林40亩。根据计划,3月底前,各有关县区完成本辖区造林任务的70%以上,2017年3月底前全部完成。

据悉,相关县区正在积极做南水北调农村段绿化的基础性工作。温县在南水北调两侧100m宽范围内维修机井21眼,绿化带内的观光通道已制订修建方案,园林建设的两个重要节点方案已完成。

在产业化发展方面,中站区制订下发《中站区南水北调两侧绿化实施方案》,本月底前,将完成承包经营合同签订。

实施南水北调农村段绿化工程,是兑现"一渠清水送北京"庄严承诺的生态保障,是一项重大的政治任务,对于焦作市改善生态环境、促进沿线农民增收具有重要意义。焦作市在绿化工作中突出生态保护作用和文化景观效应,体现焦作地方生态特色和文化特色。同时,焦作市加强工程市场化运作,积极引入社会资本,重点引导鼓励企业、农民合作社、造林大户参与建设经营,加快工程进展。

新乡市完成南水北调中线干渠绿化建设

2016年4月8日

来源:新乡市政府

近日,记者从新乡市林业局获悉,该市南水北调中线干渠绿化已完成。目前,干渠两岸新植树木新芽初生,绿意萌发,一渠清水被两侧绿带护送着缓缓北流,林水相映、环境清新的生态景观初步形成。

新乡市境内南水北调中线干渠总长77.7km,流经辉县市、凤泉区、卫辉市,已于2014年年底正式通水。为将干渠打造成一条绿色走廊、生态走廊,确保一渠清水北送,市委、市政府决定建设南水北调中线干渠绿化带。去年下半年,该市干渠绿化工作正式启动，市政府召开了动员会，要求按照生态优先、因地制宜、适地适树、绿化与文化景观相结合的原则，建设单侧100m宽的绿化带，其中，内侧50m栽植常绿生态林，外侧50m栽植经济林或花卉苗木。同时，启动以突出地方文化特色为主的6个生态游园建设。

新乡市委、市政府高度重视干渠绿化工作，将其列为今年重点民生工程。市委、市政府主要领导要求认真抓好此项工作，确保绿化效果，并多次到绿化现场督查工作进度。三地按照市委、市政府要求，积极行动，攻坚克难，强力推进，截至3月底，已全部完成干渠绿化任务。目前，干渠绿化所在地正在加强新栽树木管护，对成活率低的渠段及时进行补植补造，游园完善提升、水电路等配套设施建设也正在加紧推进。

新乡"南湖"暨南水北调调蓄工程6月底有望通水试水

2016年3月31日

来源：新乡市政府

近日，记者从新乡市中心城区水系连通生态建设指挥部获悉，"南湖"暨南水北调调蓄工程目前总体进展顺利，6月底有望通水试水。

"南湖"暨南水北调调蓄工程是保证新乡市城区群众饮水安全的重点民生工程，也是该市生态水系建设的重要组成部分，对于保障市区饮用水安全、改善区域水环境、提升城市形象具有十分重要的意义。

"南湖"暨南水北调调蓄工程位于新乡县七里营镇引黄路与胡韦线交叉口东南，在新乡县本源自来水厂基础上扩建。该工程分调蓄池工程和输水管线工程两个部分。其中，调蓄池

工程概算投资1.43亿元，包括桥梁、沉沙池和调蓄池。目前，桥梁已经完工，沉沙池和调蓄池已经完成工作量的三分之二，预计6月底之前要完工。输水管线工程总长约15.6km，工程估算投资1.22亿元。招投标工作正在进行，预计整个输水管线以及调蓄工程，6月底有望通水试水。

据了解，为确保工程进度，新乡县有关部门不断强化服务，加强协调配合，为项目实施创造良好环境，同时督促施工单位严格按照进度要求克服困难，根据天气变化合理安排施工，并严格保证工程质量，目前整个调蓄工程总体进展顺利。

省南水北调办公室主任刘正才莅濮调研南水北调工程建设情况

2016年12月14日

来源：濮阳市政府

12月8日，省南水北调办公室主任刘正才一行莅临濮阳市调研南水北调清丰支线工程建设情况。副市长吴新普、清丰县县委书记冯向军、县长刘兵、副县长韩富鹏陪同调研。

刘正才一行先后到濮阳市绿城路与省道S101交会处的东南侧、固城水厂等地，听取有关情况介绍，并仔细询问工期计划、冬季施工措施、移民群众的生产生活、移民新村建设等情况。刘正才对清丰县南水北调建设工作给予了充分肯定。他指出，南水北调工程是国家重大战略性工程，对缓解包括我省在内的北方地区水资源短缺，保障饮水安全，促进经济社会发展和生态环境改善，具有十分重要的意义。就做好省南水北调清丰支线工程，他强调，要在确保质量和安全的前提下加快建设进度，力争实现早建成、早使用、早见效。

据悉，南水北调清丰县供水配套工程管线起点位于濮阳市绿城路与省道S101交会处的东南侧，沿省道S101东侧南侧向北铺设，然后沿濮清快速路西侧，向北至固城水厂。工程途径濮阳市示范区、开发区、清丰县，涉及3个县区5个乡镇22个行政村。

省南水北调配套工程鹤壁向濮阳市供水线路通过通水验收

2016年8月5日

来源：鹤壁市政府

省南水北调配套工程35号分水口门线路（鹤壁向濮阳市供水线路），经过省南水北调验收委员会为期5天的听取报告、查看现场、分析研究、验收鉴定等程序，日前顺利通过通水验收。这标志着35号分水口门线路具备正式通水条件，同时也是我市南水北调配套工程由工程建设向运行管理转变的重要节点。这是7月29日记者从市南水北调办了解到的。

省南水北调配套工程35号分水口门位于淇县高村镇新乡屯村西北，总干渠右岸，主要为市城乡一体化示范区、浚县和滑县、濮阳市供水，年均分配水量约为2.4亿m³，其中，分配给我市0.7亿m³。35号分水口门输水管线总长111.15km，其中，我市境内总长46.97km，主管线铺设直径达3m，为全省最大管径。35号分水口门输水管线穿越各类主要建筑物106座，包括京广铁路、107国道以及淇河、卫河、共产主义渠等。从2015年5月8日35号分水口门开始向濮阳市供水以来，35号分水口门输水管线已安全运行14个月。

7月18日至22日，省南水北调办在我市召开省南水北调配套工程35号分水口门线路通水验收会议。省南水北调办、省南水北调建管局综合处、鹤壁市南水北调办、濮阳市南水北调办、安阳市南水北调办等29家单位的92人参加会议。由省南水北调办组织成立的通水验收委员会，通过听取参建单位工作和专家组验收等报告、查看现场、查验工程资料、认真分析研究，讨论并通过通水验收鉴定书，同意通过通水验收。

省南水北调办检查南水北调总干渠鹤壁段两侧生态带建设情况

2016年3月10日

来源：鹤壁市政府

3月10日，省南水北调办副主任贺国营带领省南水北调办、省林业厅相关同志，检查南水北调中线工程总干渠两侧生态带建设情况。

贺国营一行先后来到淇县杨庄北跨渠公路桥、黄庄南跨渠公路桥等处，对南水北调中线工程总干渠两侧生态带建设情况进行查看。每到一处，贺国营都仔细查看现场，询问林木种植和养护等情况，详细了解鹤壁段两侧水源保护区管理和生态带建设情况。

南水北调工程是世界上最大的跨流域调水工程，如今我市已有40万居民从中受益。省政府划定，南水北调中线工程总干渠鹤壁段两侧一级保护区宽度50~200m、二级保护区宽度1000~3000m，水源保护区总面积88.36km²，其中一级保护区面积4.52km²，二级保护区面积83.84km²。鹤壁市南水北调中线工程总干渠两侧绿化面积8630亩，建设内容为在总干渠两侧种植宽度100m的生态防护林带，其中靠近总干渠一侧建设40m宽生态景观林、60m宽林业产业带，主要公路与干渠交会处营造景观点。当前，我市不断加强水源保护区管理和监督工作，认真排查登记污染企业，积极推进总干渠两侧生态带建设，预计2016年底全面完成造林任务。

现场查看并听取介绍后，贺国营对我市水源保护区管理和生态带建设情况给予了充分肯定。他要求，要按照南水北调中线工程总干渠两侧水源保护区管理有关规定，做好两侧水源保护区管理工作，同时要与林业部门一起，加快总干渠两侧生态带建设进度，构筑南水北调总干渠的绿色屏障，确保南水北调中线工程输水水质安全。

安阳市南水北调生态带建设大头落地

2016年12月5日

来源：安阳市政府

"目前，作为我市'两廊'建设工程之一的南水北调生态带建设工程大头落地，秋冬季新植、补植5300亩，加上春季造林共为全市新增绿化面积1.4万亩。"11月28日，市林业局相关负责人介绍，自去年10月以来，我市以打造"清水走廊""生态走廊"为目标，坚持高位推动、规划带动，使安阳段全长66km的南水北调干渠成为促进我市生态环境建设的生态线。

汤阴县韩庄镇靠前工作，因地施策，整体推进快，标准质量高，全线推进无空缺。高新区先清理垃圾，整地后宜绿尽绿，在缺水条件下铺设3000余m专用塑料管浇灌。文峰区大力投入，实施高标准工程造林。

市、县两级拿出专项资金大力支持生态带建设。市级财政对生态带内侧40m固定绿化带每年按1000元/亩标准补助，对外侧60m生态经济带每年按500元/亩标准补助，连补4年。汤阴县、殷都区、龙安区都出台了每年每亩补贴500元，连补4年的奖补政策。除此之外，汤阴县对常绿树种每亩补助造林费

3000元、高大乔木每亩补助1500元，且相关造林均享受省级造林补贴。通过市、县两级财政扶持政策，有力地撬动了社会资金投入，共吸引10余家大户参与承包造林。其中，汤阴县、殷都区、龙安区的土地流转率也比较高。

三分造林，七分管护。我市启动市、县、乡、村四级联动管护机制，形成强大合力，切实维护南水北调生态带造林成果。市林业局大力推进营林、生物、物理等绿色防控措施，确保干渠水质和两侧生态带的安全。市、县森林公安围绕生态带建设，春季、秋季分别开展了"五月风暴"和"秋风管护"行动，全面动员、全警参战，有力地保护了生态带建设成果。实施村集体、农户自种的，逐级签订了管护责任书，加强巡逻管护，确保栽植后及时浇水、及时涂白、及时培土，有效提高新植幼树的成活率和保存率。

安阳启动南水北调生态带"五月风暴"管护行动

2016年5月9日

来源：安阳市政府

近日，记者从全市南水北调生态带"五月风暴"管护行动会议上获悉，我市利用两个月的时间开展南水北调生态带"五月风暴"管护行动，时间从5月1日至6月30日，行动区域包括我市南水北调生态带沿线所有村庄。

在两个月的时间内，南水北调生态带"五月风暴"管护行动具体实施三项活动：一是进地入户大调查，实现地块、树木和所属农户相互绑定，逐地逐树逐户摸清地情、树情、户情，实现地界清楚、树底清楚、涉及户人口情况清楚。二是进村入户大宣传，通过多途径、多渠道、全覆盖式的进村入户宣

传教育，实现生态带沿线"户户受教育、人人懂政策"。三是四级联动大管护，通过市、县、乡、村四级联动，实施科学养护、看管保护、打击处理"三到位"，实现树木活得了、保得住。

群众发现毁林线索，要及时向森林公安机关举报，并积极配合调取相关证据材料。举报的毁林线索，经森林公安机关查实，给予举报人奖励。

安阳市南水北调生态带建设成效初显

2016年4月11日

来源：安阳市政府

3月29日，我市组织各县区、乡镇和相关部门负责同志召开全市南水北调生态带建设现场会。沿南水北调生态带一路看来，树成行、林成网，新栽植的苗木随风摇曳，南水北调生态带建设成效初显。

南水北调生态带建设自去年11月16日安排布置之后，各县区经过研究布置、方案制订、项目招投标等环节和植树造林，目前已初见成效。截至3月27日，南水北调生态带建设20m常绿带，文峰区全部完成，高新区完成95%，汤阴县完成93%，安阳县完成80%；20m高大乔木带建设，高新区、文峰区、汤阴县、安阳县均完成90%以上；60m生态经济林带建设，安阳县完成88%，汤阴县完成67%。

为提高南水北调生态带对社会资金的吸引力，我市实行以奖代补政策：对生态带内侧20~40m的常绿树、高大乔木每亩每年补助1000元，外侧60m的生态经济林或花卉苗木每亩每年补助500元，连续补助4年。南水北调沿线县区也制定了相应的奖补措施，保证了造林工作的稳步推进。

省督导组莅临安阳县督导南水北调生态带建设

2016年3月17日

来源：安阳市政府

3月10日下午，省南水北调办副主任贺国营、环移处处长王家永及省林业厅造林处副处长姚国明督导我县南水北调生态带建设情况。督导组对我县南水北调生态带建设机制新、标准高、效果好给予了充分肯定，下步工作要求要切实落实好国家和省政府对南水北调生态带建设的各项任务要求，创新建设机制，管护长效机制，把生态带建设和当地生态文明建设、改善人民生活、促进产业结构调整有机结合，把生态带建设成为生态走廊、绿色走廊、景观走廊，确保一渠清水北送。

安阳市南水北调生态带建设现场会在安阳县召开

2016年3月10日

来源：安阳市政府

3月4日，全市南水北调生态带建设现场会在安阳县召开。

副市长靳东风，县委副书记、县长刘纪献，副县长唐纯家及各县区负责林业工作的副职、林业局局长等参加会议。

当天上午，靳东风一行先后到南水北调安丰段和洪河屯段实地查看，听取了相关负责人对绿化工作情况的汇报，详细了解了土地流转、招租承包、土地整理、挖穴、植树等工作进度情况。

在观摩了安丰乡和洪河屯乡的造林现场后，全体与会人员在洪河屯乡政府召开了推进会，对南水北调生态带建设工作进行了再动员、再部署。

会上，各县区负责林业工作的副职汇报了各县区南水北调生态带建设的进展情况。市林业局局长任法香对各县区南水北调生态带建设进展情况进行了总结性发言。

靳东风对我县南水北调生态带建设工作认识高、思路清、责任明、机制活、力度大、效果好给予了肯定。他指出，南水北调干渠绿化是一项重要的社会公益事业和绿色产业。实施南水北调绿化建设，对改善干渠沿线生态环境、推进我市城乡绿化美化向纵深发展、调整农村产业结构都具有十分重要的意义。

就如何做好南水北调生态带建设工作，靳东风要求，一要抓领导抓认识。南水北调生态带建设是全市绿化造林工作的"一号工程"，要明确责任，强化措施，构筑西部工业区与市区之间的生态屏障。二要抓时间抓进度。当前是植树造林的黄金时间，要抢抓时机，确保本月底南水北调生态带建设任务基本完成。三要抓标准抓质量。在建设标准质量上要做到"三不"，即标准不降、效果不减、质量不假，千方百计提高新植树木的成活率和保存率。四要抓机制抓创新。要创新造林机制，鼓励实施"大户造林、市场运作"模式，落实扶持政策，抓好后期管护，提高造林质量。五要抓协同抓支持。南水北调办要支持、协调渠水浇树。水务局针对浇树困难的地块，千方百计想办法协调支持。林业局要加强技术指导，按质量标准、形象标准，督导到位，严格把关。六要抓督导抓推进。要实施领导督导、专项督导、县区督导、媒体督导，强力推进工作开展。各县区和有关部门要认清当前的任务和形势，切实增强责任感和紧迫感，完善措施，形成合力，确保绿化工程建设取得实效。

政 府 信 息 篇 目 辑 览

南水北调中线一期工程2015~2016年度调水结束　2016年10月31日　来源：国务院南水北调办

鄂竟平主任带队检查指导南水北调中线工程防汛抢险工作　2016年7月20日　来源：国务院南水北调办

河南省人民政府令第176号河南省南水北调配套工程供用水和设施保护管理办法2016年10月11日　来源：省政府办公厅

《河南省南水北调配套工程供用水和设施保护管理办法（草案）》经省政府常务会议审议通过　2016年9月27日　来源：省政府法制办

北京市旅游委圆满完成2016年度北京对口支援地区旅游人才系列培训工作　2016年11月29日　来源：北京市旅游委

许昌市组织参加河南省南水北调沿线旅游管理人员培训班座谈会　2016年11月9日　来源：省旅游局

2016年河南南水北调沿线旅游管理人员培训班开班　2016年11月4日　来源：省旅游局

许昌市旅游局组织参加2016年河南省南水北调沿线市县旅游管理人员培训班　2016年11月1日　来源：省旅游局

荥阳市林业局召开G234和南水北调生态廊道规划设计征求意见工作会　2016年12月23日　来源：省林业厅

《河南省南水北调配套工程供用水和设施保护管理办法》公布实施　2016年11月22日　来源：省南水北调办

2016年河南省南水北调中线工程建设领

导小组办公室部门预算公开 2016年9月23日 来源：河南省南水北调办公室

南水北调中线工程"净水千里传递"活动启动 2016年12月14日 来源：南阳市政府

国务院南水北调办副主任蒋旭光莅淅调研移民工作 2016年12月9日 来源：南阳市政府

为保南水北调水 南阳连"闯"转型富民对接关 2016年9月19日 来源：南阳市政府

北京顺义考察团调研南阳市南水北调区县对口协作工作 2016年9月5日 来源：南阳市政府

南水北调中线工程通水一年多丹江水北送达50亿m³ 2016年8月26日 来源：南阳市政府

南阳市与中国林科院举办南水北调渠首水源地生态建设联合专题活动 2016年8月3日 来源：南阳市政府

淅川县移民局获"南水北调东中线一期工程先进集体"称号 2016年6月19日 来源：南阳市

南水北调精神教育基地项目工程开工建设 2016年5月19日 来源：南阳市政府

南阳市市长程志明调研南水北调汇水区"两场"建设 2016年5月19日 来源：南阳市政府

省社会科学院与南水北调精神教育基地签订合作协议 2016年5月9日 来源：南阳市政府

南阳市委书记穆为民出席南水北调京宛协作赴京挂职干部座谈会 2016年3月10日 来源：南阳市政府

南阳市委副书记王智慧出席全市南水北调工作会 2016年1月26日 来源：南阳市政府

南水北调中线将在石佛寺等地再建六座调蓄工程 2016年1月4日 来源：南阳市政府

平顶山市南水北调配套工程管理步入法治化新阶段 2016年12月8日 来源：平顶山市政府

省南水北调中线防洪影响工程第二督导组到平顶山市督导检查 2016年8月30日 来源：平顶山市政府

国家防总检查组到平顶山市检查南水北调中线工程安全度汛情况 2016年8月18日 来源：平顶山市政府

全国人大北京团代表南水北调专题调研组到平顶山市调研 2016年7月19日 来源：平顶山市政府

平顶山市大力推进南水北调生态廊道建设 2016年4月12日 来源：平顶山市政府

周口市举行南水北调工程通水暨东区水厂供水仪式 2016年12月16日 来源：周口市政府

周口市南水北调工程将正式通水 总长51.85公里 2016年12月8日 来源：周口市政府

省政府南水北调受水区地下水压采专项督导组莅周督导检查 2016年11月16日 来源：周口市政府

周口市淮阳县、项城市纳入南水北调供水范围 2016年1月15日 来源：周口市政府

南水北调中线一期工程通水两周年回眸之三 2016年12月16日 来源：许昌市政府

省南水北调办领导莅许调研 2016年12月8日 来源：许昌市政府

南水北调河南段配套工程管理进入法治化阶段 2016年12月1日 来源：许昌市政府

国务院南水北调办公室领导莅许调研 2016年12月1日 来源：许昌市政府

南水北调中线一期工程受水区地下水压采检查评估组莅许 2016年9月22日 来源：许昌市政府

全省南水北调丹江口库区移民"强村富民"暨创新社会治理观摩会召开　2016年8月18日　来源：许昌市政府

南水北调中线一期工程干线生态带建设现场检查和观摩交流活动在许昌市举行　2016年5月30日　来源：许昌市政府

许昌市区南水北调工程断水应急实战演练举行　2016年4月7日　来源：许昌市政府

国务院南水北调办副主任张野莅许调研　2016年3月18日　来源：许昌市政府

省南水北调办主任刘正才莅许调研　2016年2月29日　来源：许昌市政府

南水北调两年郑州受水5.6亿m³　主城区丹江水全覆盖　2016年12月12日　来源：郑州市政府

配合南水北调管道改迁　郑州白庙水厂下周暂用黄河水　2016年11月14日　来源：郑州市政府

省政协视察团肯定郑州市南水北调工程水质保护　2016年10月18日　来源：郑州市政府

郑州着力做好抗洪防灾准备　确保南水北调防汛安全　2016年7月20日　来源：郑州市政府

郑州南水北调生态文化公园有望年底建成　2016年4月22日　来源：郑州市政府

南水北调生态文化公园郑州市二七区示范段4月建成　2016年2月26日　来源：郑州市政府

省南水北调办领导莅焦调研　2016年12月12日　来源：焦作市政府

省检查组莅焦检查南水北调受水区地下水压采工作　2016年11月21日　来源：焦作市政府

焦作市南水北调城区段建设指挥部第一次会议召开　2016年11月11日　来源：焦作市政府

驻豫全国政协委员莅焦视察南水北调中线沿线水质保护情况　2016年10月18日　来

源：焦作市政府

国务院南水北调调研组莅焦　2016年6月6日　来源：焦作市政府

国务院南水北调办领导莅焦调研　2016年5月20日　来源：焦作市政府

把南水北调焦作城区段两侧建成焦作市新地标　2016年3月28日　来源：焦作市政府

焦作市人大常委会集中视察南水北调城区段改造开发规划情况　2016年3月22日　来源：焦作市政府

焦作市打造南水北调"绿色长廊"　2016年3月14日　来源：焦作市政府

焦作市南水北调农村段掀绿化热潮　2016年2月1日　来源：焦作市政府

新乡市召开全市南水北调防汛安保暨供水配套工程管护工作会议　2016年7月20日　来源：新乡市政府

国务院南水北调办调研组莅新调研　2016年6月2日　来源：新乡市政府

新乡市召开全市南水北调防汛安保暨供水配套工程管护工作会议　2016年4月19日　来源：新乡市政府

新乡市完成南水北调中线干渠绿化建设　2016年4月8日　来源：新乡市政府

新乡"南湖"暨南水北调调蓄工程6月底有望通水试水　2016年3月31日　来源：新乡市政府

国务院南水北调办领导莅新调研　2016年3月18日　来源：新乡市政府

新乡市领导检查指导该市南水北调总干渠两侧生态带建设情况　2016年3月10日　来源：新乡市政府

征地移民司司长袁松龄一行国务院南水北调办领导莅临新乡市调研　2016年1月28日　来源：新乡市政府

省南水北调办公室主任刘正才莅濮调研南水北调工程建设情况　2016年12月14日　来源：濮阳市政府

南水北调中线工程两年来向鹤壁市供水4500万m³ 2016年12月12日 来源：鹤壁市政府

省南水北调配套工程鹤壁向濮阳市供水线路通过通水验收 2016年8月5日 来源：鹤壁市政府

鹤壁市防汛抗旱指挥部检查南水北调中线工程鹤壁段防汛工作 2016年7月20日 来源：鹤壁市政府

2014年南水北调中线工程通水以来向鹤壁市供水3000多万立方米 2016年7月19日 来源：鹤壁市政府

省南水北调工程运行管理第11次例会在鹤壁召开 2016年4月11日 来源：鹤壁市政府

省南水北调办检查南水北调总干渠鹤壁段两侧生态带建设情况 2016年3月10日 来源：鹤壁市政府

安阳市南水北调生态带建设大头落地 2016年12月5日 来源：安阳市政府

市领导检查指导我市南水北调工程安阳段防汛工作 2016年8月1日 来源：安阳市政府

安阳启动南水北调生态带"五月风暴"管护行动 2016年5月9日 来源：安阳市政府

南水北调宣传工作会议在安阳召开 2016年4月11日 来源：安阳市政府

安阳市南水北调生态带建设成效初显 2016年4月11日 来源：安阳市政府

安阳市南水北调推进工作组莅临高新区观摩 2016年4月11日 来源：安阳市政府

安阳市委副书记、市长王新伟调研南水北调生态带建设工作 2016年4月11日 来源：安阳市政府

省督导组莅临安阳县督导南水北调生态带建设 2016年3月17日 来源：安阳市政府

安阳市南水北调生态带建设现场会在安阳县召开 2016年3月10日 来源：安阳市政府

南水北调

拾壹 传媒信息

南水进京　地下水回升近半米

记者从北京市政府新闻办日前举行的发布会上获悉：南水北调入京两年来，北京市共压采地下水约2.5亿立方米，促进了北京地下水的涵养和回升。2016年11月末，全市平原区地下水埋深平均为25.45米，同比回升0.42米，地下水储量增加2.2亿立方米。

北京市南水北调办主任孙国升介绍，按照"喝、存、补"的用水原则，进京江水有13.2亿立方米用于自来水厂供水，2.8亿立方米存入大中型水库，3.4亿立方米用于回补地下水和中心城区河湖环境。目前，南水已成为城区供水的主力水源，中心城区供水安全系数由1.0提升至1.2。

据介绍，南水进京两年来，北京共压采地下水约2.5亿立方米，提前完成国务院下达的到2020年的压采任务。2015年，北京地下水水位不再呈现继续下降趋势，与2014年基本持平，今年更比去年同期回升近半米。

（来源：《人民日报》2016年12月29日　记者　贺　勇）

南水北调　调来的不只是水

南方水多，北方水少，在中国水资源分布图上，这个不等式令人纠结。长江流域及以南地区，水资源量占全国河川径流80%以上；而黄淮海流域的水资源量只有全国的1/14。干旱！缺水！北方大地遍布对水的期盼。

调南水解北渴，跨越半个多世纪的梦想变成现实。东中线工程全面通水两年"大考"，水质全线达标，生态环境改善，受水区覆盖京津两市及河北、河南、山东、江苏等省的33个地级市，受益人口达8700万人。这一水资源优化配置的重大战略性基础工程，取得实实在在的社会、经济、生态综合效益。

50年论证，12年建设，南水北调有多难？千里江水效益几何？记者探访沿线寻找答案。

一条解渴北方的"生命线"——

南水成"主力"，水质好了，水量足了，用地下水少了

一拧水龙头，水就哗哗流出来。北方缺水，也许很多人看不见。

严峻现实不容忽视。地表水在衰减，据统计，华北地区上规模的21条河流，90%已经渐渐消失。地表没水用地下，华北平原每年超采地下水60多亿立方米。长期超采，地面沉降、河流干涸等生态危机接踵而至，发

展付出的代价沉重。

"黄淮海水资源难维持可持续发展，调水是必然选择。"水资源专家、中国工程院院士王浩说。

南水北调东中线全面通水两年，70多亿立方米长江水带来什么？

一条调水线就是一条生命线！

供水结构在变。两年来，受水区6省市利用南水置换，压采地下水2.78亿立方米。

在北京，南水占到城区日供水量近七成。北京市自来水集团新闻发言人梁丽说，目前中心城区供水安全系数由1.0提升至1.2。"多用地表水、压采地下水，"全市地下水埋深回升0.53米。

在天津，14个行政区居民都喝上南水，从单一"引滦"变双水源保障，供水保证率大大提高。南水置换地下水，天津地下水位回升17厘米，改变了农业、环境用水"靠天吃饭"的局面。

在河南，累计分水22亿立方米，36个县区1600万人受益。去年大旱，缺水的许昌盼来清水，一个周庄水厂保障市区95%的供水，用水高峰时群众不用半夜接水了。

在河北，四条配套输水干渠全部建成通水，石家庄、廊坊、保定、沧州等7个城市1140万人受益。

在山东，东线工程累计调入水量11亿立方米，两条输水干线再加上引黄济青和胶东调水，在齐鲁大地编制出"T"形大水网。未来，南水北调将成为山东最大的战略水源，大大缓解水资源短缺矛盾。

供水水质在变。"水碱少了，口感甜了！"北京丰台区星河苑小区居民王冬梅，拿出自家烧水壶现身说法。监测显示，北京自来水硬度由每升380毫克降至120~130毫克。许多地方净水器下岗。河北黑龙港地区，几百万群众彻底告别饮用苦咸水、高氟水的历史。

应急能力在变。2014年大旱，河南平顶山唯一"水缸"白龟山水库见底，盼水、找水，这座百万人的城市供水告急。关键时刻，南水北调应急调水，丹江水四百里驰援，解了平顶山市的燃眉之急。

同样大旱，苏鲁交界的南四湖湖底干裂，濒临危机。调水解渴，东线泵站开足马力，长江水飞奔八百里，让久旱的南四湖再现生机。

面对种种质疑，南水北调两年的实效是最好答案。"没想到供水效益这么好，受益人口这么多！"国务院南水北调办主任鄂竟平表示，设计之初，南水北调是作为补充水源的，而现在，南水北调成为很多城市的主力水源，"这充分说明党中央决策是科学的、正确的。"

一条攻坚克难的"调水线"——

难题交织，"中国智慧"筑起世界最大调水工程，成为流域治污典范

千里调水来之不易。南水北调从论证到建设运行，历时60多年，一系列难题交织，许多都是世界级的，没经验可循，无参照对比，必须一个一个去攻克。

——这是科学民主的决策。

仅规划论证就用了50年！原水利部南水北调规划局局长张国良回忆，从哪调水？调多少水？走什么路线？27位院士、6000人次专家，开了100多次研讨会，对50多种方案进行比选。一次次观点交锋、头脑碰撞，一次次跋山涉水、实地勘测，反复优化方案，终于将南水北调变成规划蓝图。

——这是世界级难题的考场。

世界第一大输水渡槽、第一次隧洞穿越黄河、第一次大直径PCCP管道……难题前所未有。建设者们矢志创新，为保大坝强度，混凝土浇筑5年保持一个温度；为保"咽喉"通畅，3公里长的穿黄隧洞测量误差小于50毫米；为治"工程癌症"膨胀土，在泥坑里一实验就是3年……11年建设，63项新材料、新工艺，110项国内专利，南水北调人用

"中国智慧"筑起世界最大的调水工程。许多技术创新都能应用到其他工程建设中。

——这是"天下第一难"的任务。

40多万移民搬迁，四年任务、两年完成，不只是简单的数字概念。故土难离，作别魂牵梦萦的船歌帆影，这是怎样一种离别？

移民可敬！他们"舍小家、顾大家"，离别故土。干部可敬！他们进千家门，排千家忧，让政策不打折扣，成为移民的"贴心人"。平安搬迁、顺利搬迁、和谐搬迁，"不伤、不亡、不漏一人"，一渠清水北上，饱含着他们的默默奉献。

——这是治污攻坚的战场。

南水北调，成败在水质。"会不会成污水北调？"建设之初，这样的质疑不断。

东线南四湖，入湖53条河流，过去几乎全是劣Ⅴ类水。要让鱼虾绝迹的"死湖"变清，被称为"流域治污第一难"。

"先治污后通水"，水质达标成了沿线各地"硬约束"。江苏融节水、治污、生态为一体，关停沿线化工企业800多家；山东在全国率先实施最严格地方性标准，取消行业排放"特权"。中线源头河南南阳"减污加绿"，关停污染企业，取缔养鱼网箱4万多个；陕西将水质达标纳入县区考核，实行"一票否决"；湖北实行"河长制"，瞄准重点河流一河一策。

重拳减排，铁腕治污。南水北调沿线累计关停企业3500多家，新建污水处理厂350家，新建垃圾处理设施150座。

汩汩清水是最好的见证：东线干线水质全部达到Ⅲ类，中线源头水质连续保持Ⅱ类以上。南水北调工程成为流域治污的典范。

一条生态文明的"发展线"——

节水优先，用水不能任性，绿色转型后劲更足

南水来了，用水不能任性。"先节水、后调水"，《南水北调工程供水管理条例》明确提出节水优先，在制度层面推进用水方式转变。"不能再与生态争水、与子孙抢水！"节水，正成为沿线各地行动。

北京向机制要水，水龙头越拧越紧。去年实施阶梯水价，对洗车、洗浴等高耗水行业，水价调整到每方160元。"不节水，调再多水都不够用。"北京市水务局有关负责人表示，尽管再生水已经占到总用水量的20%，今后还要进一步节水。以水定产，在地下水严重超采区退出高耗水作物。

天津精打细算水账，把水细分为5种：地表水、地下水、外调水、再生水和淡化海水，11次调整水价，实现差别定价、优水优用。天津市水务局水资源处处长闫学军说，到2015年，非常规水利用率要达到30%。

农业大省河南，南水北调水将占城市供水一半以上。"到2030年全省缺水49.7亿立方米，根本出路还是农业节水，由第一用水大户向第一节水大户转变。"河南省南水北调办主任刘正才说。

"南水"带来生态之水。补生态欠账，效益明显。北京向城市河湖补水1.74亿立方米，河湖水质明显改善，接近地表水Ⅲ类；天津生态用水变"应急"为"常态"，水环境有了保障；山东向东平湖、南四湖生态调水2亿立方米，让干渴的湖泊重现生机，保泉补源0.58亿立方米水，让泉城济南重现百泉齐涌的美丽景观。

"南水"成为转型之水。老工业基地徐州，转变用水方式，倒逼转型，162家企业开展清洁生产，产业结构由重变轻；山东调水沿线的草浆造纸企业减少65%，但产量却是原来的3.5倍；河南南阳"壮士断腕"换来发展空间，新能源、装备制造等一批新型产业崛起；"水都"丹江口市借水发展，从传统高耗能产业向旅游、生物等新型产业加快转型，实现量增到质变。"绿色发展后劲更足了、更可持续。"许多地方都有这样的感受。

南水北调不仅调来水，更诠释了生态文明理念：绿色转型、可持续发展正成为沿线

各地的自觉行动。经测算，东、中线通水后，每年将增加工农业产值近千亿元。

"南水北调不仅是供水工程，更是保障水安全的战略选择，必将为经济社会可持续健康发展提供重要基础支撑。"鄂竟平说。

（来源：《人民日报》2016年12月28日 记者 赵永平）

北京城市副中心
2017年将用上南水北调来水

记者28日从北京市南水北调办获悉，正在进行运行调试的通州水厂即将于2017年正式通水，这将大大提高通州区作为城市副中心的水资源承载能力，缓解区域供水紧张局面并改善当地居民用水水质。

通州新城是北京东部发展的重要节点，但长期以来，该地区水资源短缺，供水能力不足，无法满足开发建设和经济社会发展需要。结合国家战略实施及重点区域城市规划、人口计划和用水需求，北京优化配套工程建设计划，提前建成通州支线和通州水厂两个项目，使其成为城市副中心第一批建成的基础设施项目。

北京市南水北调办主任孙国升介绍，目前通州水厂已完成第一个阶段的建设任务，具备通水条件，目前正进行运行调试，水厂一期日供水能力为20万立方米。下一步，北京将加快城市副中心配套工程建设，确保通州居民2017年也能喝上南水北调来水。

据悉，通州水厂将全部使用"南水"，与现有水厂联合为通州新城供水，规划供水服务面积155平方公里，服务人口120万人。按照远期规划，三期工程建设完成后，水厂日供水能力将达到60万立方米。

北京市南水北调办表示，通州新城纳入南水北调供水范围后，将大幅提升通州地区用水条件，有效缓解当地用水紧张局面，为通州建设和发展提供有力保障。同时，还将

置换处于长期超采状态的当地自备井水源，有效涵养通州地区地下水。

据了解，除城市副中心外，为有效支撑北京西部地区、新机场等重点区域用水需求，河西支线、大兴支线等输水工程的前期工作也正紧张推进，以夯实非首都功能疏解的水资源基础。

（来源：新华社 2016年12月28日 记者 魏梦佳）

北京3年投入15亿元"反哺"
南水北调水源区

记者28日从北京市对口支援和经济合作工作领导小组办公室获悉，截至2016年底，北京共安排协作资金15亿元，签订合作项目510个，用于支持南水北调中线水源区河南、湖北两省16个对口县市的发展建设，以促进水源区经济社会发展。

根据北京市南水北调对口协作工作实施方案，2014年至2020年，北京将每年安排南水北调对口协作资金5亿元，用于支持水源区建设发展。北京市对口支援和经济合作工作领导小组办公室副主任梁义介绍，3年来，北京共安排协作资金15亿元，与水源区各类合作项目达510个，涉及污水垃圾处理、文化旅游、人才交流培训、科技研发合作、产业园区建设等多领域。

同时，北京与河南、湖北两地干部交流达197人次，企业对接项目288个。3年来，北京各区县还对水源区进行了资金和物资的捐助，总金额达8000万元。

梁义介绍，北京协作资金里约三分之一用于水源保护，如污水处理、河道治理等，对保水质起到促进作用，部分资金还用于支持水源地特色产业发展，另外还举行了相关产品展销会，带动水源地特色产品进入北京市场。

记者了解到，通过资金支持、资源共

享、人员培训等多种方式，北京海淀、朝阳、顺义、昌平等区与湖北丹江口市及河南淅川、西峡、栾川等县展开全方位对接，校舍改造、生态保护、教师培训、医疗卫生等一系列帮扶项目顺利进行。

南水北调是缓解我国北方地区水资源严重短缺的战略性工程，中线工程是从鄂豫交界的丹江口水库调水送往北方地区，库区为此共需动迁34万人，恢复重建和移民发展任务繁重。

（来源：新华社　2016年12月28日　记者　魏梦佳）

北京将沿六环建输水管网
除延庆外均可喝到南水

2014年12月12日，南水北调中线一期工程通水。12月27日，历经1276公里跋涉的丹江口水库来水奔涌进京。两年来，北京累计收水19.4亿立方米，北京直接受益人口超过1100万。

北京是资源性缺水的特大城市，多年平均降水量585毫米，多年平均水资源总量37.4亿立方米，属严重缺水地区。南水北调通水的两年来，"南水"不仅为北京解决了水荒，更为北京的城市环境提升、水资源保护推进等作出了突出贡献。

好水用在刀刃上　南水能喝更能看

江水进京，让北京市民有了实实在在的"获得感"。一方面，居民饮水水质有了明显改善，特别是在以南水北调来水为单一水源的郭公庄水厂供水范围内效果尤为突出，自来水硬度由以前的380毫克/升降为120~130毫克/升，居民普遍反映自来水水碱减少、口感变甜。另一方面，很多市民的用水条件也得到了改善。有充足的南水保障后，北京大规模开展了自备井置换工程，近两年已关停城区自备井200余眼，让近60万市民喝上了市政自来水。

南水北调通水两年以来，北京努力把好水用在刀刃上。按照"喝、存、补"的用水原则，将北京中心城区供水安全系数由1.0提升至1.2，地下水下降趋势得到缓解。

不仅如此，在城市景观方面，两年来，南水北调向昆明湖、晓月湖、园博湖、"六海"、北护城河等城市河湖补水，极大改善水质和提升景观效果的同时，也使得"卢沟晓月"得以重现，世界遗产颐和园美轮美奂的呈现，"北海泛舟"、"银锭观山"等给人更完美的体验。

据了解，在未来南水北调将沿六环建输水管网，联通除延庆以外全部区。届时，北京全市人民都将饮南水。

不截污不供水　休养地下水利在千秋

对于南水北调，首都市民的"获得感"也来自于水质的好转。两年来，南水北调始终坚持"不截污，不给水"的补水工作原则，倒逼引水河道水环境治理提升。

目前，北京已制定两个"三年治污行动"计划，大力改善城市水环境，计划到2020年基本实现中心城区河湖"水清、岸绿、安全、宜人"的目标。第一个治污三年行动任务已基本完成，北京污水处理率达到90%，再生水年利用量近10亿立方米。今年下半年开始，北京全面推行"河长制"，从源头治理水环境。

由于"南水"的补给，北京的地下水也获得了休养生息。江水进京两年来，北京地下水共压采约2.5亿立方米，提前完成国务院下达的到2020年的压采任务，促进了地下水的涵养和回升。

2015年底北京平原区地下水埋深与2014年末基本持平，仅下降0.09米，2016年11月平原区地下水埋深比2015年同期回升0.42米。北京还开展了向潮白河水源地的试验补水，回补范围达24平方公里，回补区域地下水位最小回升5.42米，最大回升13.98米，平均回升7.5米，效果显著。

助力疏解非首都功能 南水供给城市副中心

遵照习总书记2014年2月视察北京工作时对调整疏解非首都功能、集中力量打造城市副中心、明确人口控制目标以及深入落实京津冀协同发展的重要指示要求。

为保证城市副中心、北京新机场等重点区域供水和非首都功能疏解夯实水资源基础。南水北调通州支线、通州水厂原计划于2020年建成，结合国家战略实施以及重点区域城市规划、人口计划、用水需求，研究优化了配套工程建设计划，提前建成了两个项目，成为城市副中心第一批建成的基础设施项目。

目前通州水厂正在进行运行调试，水厂一期规模为20万立方米/天、二期40万立方米/天，远期60万立方米/天，将大大提高城市副中心的水资源承载能力，极大缓解区域供水紧张局面并改善区域居民用水水质。同时，河西支线、大兴支线等输水工程前期工作也正紧张推进，能有效支撑西部地区、北京新机场区域用水需求，并开辟连通河北、北京两地配套工程的南水进京第二条通道，促进非首都功能的疏解。

（来源：人民网 2016年12月27日 记者 赵青）

水怎么用？水质如何？还缺水吗？
官方回应南水进京焦点问题

27日是南水北调中线一期工程来水进京两周年。两年来，19.4亿立方米的南来江水滋润京城，受益人口超过1100万，工程效益显著。

两年来南水北调来水怎么用？水质如何？北京是否还缺水？27日在京举办的"江水进京两周年"新闻发布会上，北京市南水北调办主任孙国升对这些公众关心的焦点问题进行了回应。

"老百姓有了实实在在的获得感"

问：调来的水怎么用？

孙国升：自2014年12月27日江水正式进京以来，北京累计调水19.4亿立方米。为用好每一滴珍贵的南来之水，市委、市政府制定了"喝、存、补"的南水北调利用原则。

其中，在"喝"的方面，优先保障居民生活用水。两年来，北京自来水厂累计使用"南水"13.2亿立方米，在夏季供水高峰期，"南水"占城区自来水厂日供水量超过70%，供水范围基本覆盖中心城区、丰台河西地区及大兴、门头沟等新城，惠及全市人口超过1100万。中心城区城市供水安全系数由1.0提升至1.2，居民用水水质明显改善。

"存"即满足城区用水后，利用调蓄工程存水，增加首都水资源战略储备。两年来，北京累计向南水北调调蓄设施和密云、怀柔等水库存水2.8亿立方米。

在"补"的方面，利用南水北调向城市应急水源地及城区重点河湖补充清水约3.4亿立方米，使潮白河、怀柔等应急地下水源地回补区域地下水位回升明显，昆明湖等城区重点河湖水质目前接近地表水三类标准。

两年调水19.4亿立方米，可以说是南水北调工程效益全面发挥、战略作用日益凸显，对缓解水资源严重短缺、构建首都安全供水格局、水生态环境改善、城市承载力提升等都切切实实发挥了重要作用，老百姓也有了实实在在的获得感。

"稳定在地表水Ⅱ类水平"

问："南水"水质怎么样？

孙国升：在水质保护上，北京是多措并举，一是筑牢水污染防线，在工程关键部位设置水污染突发事故防治"三道防线"，确保问题水"不入京、不入城、不入厂"。

二是与上游省市建立信息共享机制，打造南水北调水质监测网络体系，通过实验室监测、自动监测、应急移动监测等多种方式跟踪监测来水水质。同时，北京市自来水集团还在全市增设了161个供水管网终端水质监测点，覆盖居民小区3500多个，安装了水质在线监测仪500台，实现了从源头到管网用户终端全过程的水质实时监测。

第三，北京还深入研究，避免江水入京后"水土不服"。两年来，先后开展了自来水管网适应性研究、密云水库水生态适应性研究等课题。

现阶段监测及研究结果表明，自来水、密云水库、潮白河水源地的水质水生态安全。两年来，南水北调来水始终达标，稳定在地表水Ⅱ类水平，保证了"从丹江口到家门口、从源头到龙头"的水质安全。同时，居民用水水质确实有所改善，特别是以南水北调来水为单一水源的郭公庄水厂供水范围内，居民普遍反映水碱减少、口感变甜。

"水资源短缺仍是首都发展的主要瓶颈"

问：北京还缺不缺水？

孙国升：江水进京后，确实有效缓解了北京水资源供需紧张局面，提高了中心城及部分新城的供水安全，局部改善了城市生态环境。但按照首都新的功能定位和战略布局以及建设国际一流和谐宜居之都的要求，南水北调工作依然任重道远。北京是资源性缺水的特大城市，从长远来看，水资源短缺仍是首都发展的主要瓶颈。

下一步，北京一方面还是要进一步强化南水北调工程管理，切实提高用水效率，加强精细化调度和管理，确保工程永续造福首都群众。同时，也要大力推进配套工程建设，尤其要加快建设服务郊区新城和乡镇的供水工程和配套水厂，推进城乡供水条件均等化。目前，通州水厂、第十水厂已基本具备供水条件，良乡、黄村两座水厂也正在紧张建设中，石景山、亦庄、门城三座水厂也即将开工。

未来，北京还将继续加强与水源区的对口协作工作，推进北京南水北调工程与区域内五大水系的连通工程，构建北京多元化外调水保障体系，并推动京津冀三地水利设施的互通和水资源高效利用。

（来源：新华社 2016年12月27日 记者 魏梦佳）

南水进京两年累计接收19.3亿立方米供水比例占六成

2014年12月27日，南水进京，北京市民喝上了优质的丹江口水库来水。两年来，北京市已累计接收南水19.3亿立方米，水质始终稳定在地表水环境质量二类以上，全市直接受益人口1100余万。

①小鱼站岗巧预警

为了确保来之不易的南水水质安全，北京市南水北调办在关键部位设置了水污染突发事故防治"三道防线"，确保问题水"不入京、不入城、不入厂"。

"在河北与北京交界地段的惠南庄泵站设置第一道防线，确保问题水不入京；大宁调蓄水库是第二道防线，设置了4道水闸，确保问题水不入城；最后一道防线就是分散在各处的水厂，严格把关确保问题水不入厂。"北京市南水北调办负责人介绍说。

在大宁调压池，工作人员要经常现场取水，并将取出的水样送往实验室检测。"这些水样要进行国标全项109个指标的检测，为了保证精度，必须现场取水。"像这样的实验室检测每周至少1次，到了夏季次数还会增多，最频繁时每天都要检测。

在离调压池不远的水质监测室里，8个玻璃管里各放着3条小鱼，格外惹人注意。"这就是大名鼎鼎的医学用鱼——青鳉鱼，因其对水质极其敏感，就被当成预警员了。"有关负责人介绍说，水质稍有污染，青鳉鱼就会焦躁地乱窜。透明玻璃管外有微型传感器跟踪拍摄，并通过三维数据传到计算机里进行分析。如果小鱼游动的路线异常，仪器就会报警，启动人工检测。为了防止小鱼对南水产生抗体，每半个月会更换一批青鳉鱼。

实际上，通过实验室检测、自动监测站、生物检测，再加上有突发事件时的应急检测，四大手段密切紧盯南水的水质。自南水进京以来，水质一直平稳保持在地表水二类，即高于饮用水标准。

②供水最高超七成

近两年来，北京市共接南水19.2亿立方米，其中13亿立方米流入自来水厂。北京市自来水集团由初期每日取用南水70万立方米，后增加到每日取用225万立方米，南水日取用量在供水高峰期甚至超过城区供水量七成以上。目前，北京市自来水集团日取用南水150多万立方米，占北京城区供水量六成。

"这样一个数据确实证明了南水北调水源已经成为了北京最主要的水源。"据北京市自来水集团新闻发言人梁丽介绍，为了保障市民用上安全南水，北京市自来水集团在全市增设了161个供水管网终端水质监测点，提高供水管网水质检测频率，覆盖居民小区3500多个，同时安装了水质在线监测仪500多台，实现了从源头到管网用户终端全过程的水质在线实时监测。

目前，北京城区及门头沟部分地区的市民均已喝上南水。此外，由于城区主供水管线还连接通州、大兴及昌平部分地区，这些区域的市民也能喝上南水。

据了解，为了充分发挥南水北调工程效益，进一步扩大供水范围，北京市配套工程建设仍在紧张进行中。通州支线、通州水厂

已基本完成调试，具备向通州新城供水条件；良乡水厂工程正在进行调试；团城湖至第九水厂输水工程（二期）、河西支线工程、亦庄调节池二期工程即将开工建设；石景山水厂、门城水厂、长辛店第二水厂（一期）、亦庄水厂工程也在开展前期工作。

③管线东延至通州

随着通州支线和通州水厂的竣工，南水首次经由东干渠的化工桥分水口引出，东流9公里抵达水厂，开始进行带水调试，每小时进水量为400立方米。经检测，通州水厂处理后的南水已通过最严格的饮用水国标检测。这意味着制水水线已经完全打通，具备供水条件。

据了解，目前，通州城区的水厂每天供水能力是8万立方米，再加上城区主管线输送给通州3.5万立方米。即便如此，水还是不够用。"通州水厂正式投入运营后，每天的供水量是20万立方米，完全能够满足城市副中心155平方公里范围内的用水需求。"建设方京通水务相关负责人说，通州水厂也将成为北京市第8个承接南水的水厂。

"以前，主要承担供水任务的第三水厂、第九水厂、第八水厂都在城北，城南和郊区缺少骨干水厂。"北京城市规划设计院有关负责人表示，"南水进京后，郭公庄水厂、通州水厂陆续建了起来，新机场水厂等也在规划中，未来北京的供水格局将更加均衡。"

在通州水厂北侧，已经为水厂的二期、三期预留了建设用地。相关负责人说，等三期完全建成后，将具备每天60万立方米的供水能力，能满足通州全境906平方公里的用水需求。

（来源：《人民日报·海外版》2016年12月27日）

天津滨海新区新增"大水缸" 调蓄长江水保供水

记者26日从天津市水务局了解到，南水北调天津市内配套工程重要节点——北塘水

库日前正式启用。该水库将为完善天津市南水北调供水体系，提高滨海新区引江供水保障能力发挥重要作用。

南水北调中线工程通水后，天津滨海新区由于缺少调蓄水库，引江水仅能通过水厂供应滨海新区部分地区，水资源没有充分利用。为解决这一问题，天津市根据规划建设北塘水库及配套工程。

据了解，北塘水库蓄水面积7.3平方公里，原为灌溉及养殖用水存储水库，为了使水库能够适应引江水调蓄的需求，建设部门在水库原有工程设施基础上新建引江入库闸、泵站，改造泄水闸等相关设施。截至目前，工程已基本完工，累计调蓄长江水1700万立方米，水质保持在地表水Ⅱ类标准，预计2017年初即可正式向滨海新区的塘沽及开发区供水。

自2014年底南水北调中线工程正式通水以来，天津市引江供水总量达12亿立方米，水质保持在地表水Ⅱ类标准及以上。目前，天津全市14个行政区、近850万市民用上了引江水。

（来源：新华社　2016年12月26日　记者　韦　慧）

淅川——
一渠清水源头来　产业转出新天地

河南省淅川县是南水北调中线工程水源涵养区。为保一渠清水，该县持续进行水源污染治理。两年来，在县委县政府的坚强领导下，全县各级各部门继续加大防控力度，库区水质各项指标稳定达标，生态环境持续改善，朝着绿色环保的方向发展。

近年来，国务院南水北调办组织的以淅川县为重点的水质保护考评中，河南连续三年名列第一，调水水质长年稳定达标，淅川县保水质护运行工作受到了各级领导和社会各界的高度肯定。

生态建设上，该县集中开展植树造林，累计完成营造林120万亩、通道绿化290公里，封山育林40万亩，全县林地面积达192万亩，森林覆盖率达到45.3%。石榴、金银花、胡桑、竹柳等生态农业20余万亩。

污染防控上，该县关闭了造纸等"八小"企业，取缔网箱养鱼42446箱，取缔畜禽养殖194家，集中整治了城区5条内河，对境内丹江、鹳河等70条中小流域进行综合整治，累计治理水土流失面积1100平方公里。

保水护水上，该县向县、乡、村和广大群众发放"一封信""一张卡"和"一本书"共40万份，将每个单月的第一个星期一确定为"淅川全民护水行动日"，成立了水上清漂、岸上护水队伍和总干渠安保队伍，对总干渠实行全天值班巡护，实行常态化巡查，印发了《淅川县保水质护运行巡查工作方案》，对巡查工作作出了具体规范。全年共组织巡查30余次，有效确保了水质安全、工程安全和供水安全。

目前，丹江水质各项指标稳定达到或优于地表水Ⅱ类指标，四省市沿线供水水量有效提升，居民用水水质明显改善，部分城市地下水位开始回升，南水北调中线调水已经显示出巨大的经济效益、社会效益。

（来源：中国网　2016年12月14日　记者　王永军　通讯员　周彦波）

CCTV NEWS:70% of tap water in Beijing transferred from southern parts of the country

Click to watch the video

China's South-to-North Water Transfer Project currently services a staggering 110 million people in the nation's northern areas. And, earlier today in a press briefing, the State Council's water diversion office said that the transferred water has been a major source of the capital's tap water supply.

Over 70 percent of Beijing's tap water is channelled from the country's southern regions.

The capital is one of 35 cities to benefit from the South-to-North Water Transfer Project, which is marking its second anniversary since being implemented.

"Previously, the cities of Beijing and Tianjin rarely had such good water. And though grade three water is already drinkable, our water is grade two, with some sections even classified at a grade one level," said E Jingping, director of State Council Water Diversion Office.

But the water doesn't come easy.

435,000 people have been relocated.

3500 polluting companies have also been shut down along routes of the project.

The established routes now run a total of 2899 kilometers, crossing hundreds of rivers, over 50 railways and 1800 roads.

Officials say the costs are justified and necessary.

"The targeted northern part holds one third of the country's population, economic volume and grain output. It's a so-called thirsty area, but its development is essential for the country. The project is a strategic choice," said E Jingping.

The official says that the multi-decade project has relieved the over-drafting of groundwater, but will ultimately be unable to quench the north's thirst. Only until better preservation practices are implemented and wiser usage are in place can this goal be achieved.

The water diversion office says they are confident about the future of this huge cross-valley and long-distance project. The country will continue to build it to be the world's largest water network, covering 15 provinces and 500 million people. They vow to ensure both the amount and quality.

（来源：中国南水北调网 2016年12月14日）

南水北调中线一期工程两年累计为河南送水22.025亿立方米

这是11月30日拍摄的南水北调中线一期工程河南淅川陶岔渠首枢纽工程。

这是12月1日拍摄的南水北调中线总干渠河南沙河渡槽。

南水北调中线总干渠从焦作城区穿城而过（12月2日摄）。

这是12月6日拍摄的南水北调中线穿黄工程。

自2014年12月12日南水北调中线一期工程全面通水以来，河南省加快水厂建设，工程供水范围日渐扩大，供水量与日俱增。截至2016年12月10日，全省累计供水22.025亿立方米，受益人口达1800万人。

（来源：新华社 2016年12月12日 记者 李博）

布会透露，截至12月12日，南水北调中线工程通水两周年已累计向北方供水60.9亿立方米，且水质均为二类水，实现了跨四大流域的水资源合理配置，惠及京津冀豫四省市4000多万居民，提高了受水地区水资源和水环境的承载能力。

据长江水利委员会新闻发言人、办公室主任戴润泉介绍，南水北调中线工程2014年12月12日正式通水，作为流域管理机构的长江水利委员会在处理防洪与蓄水、供水与发电、中下游用水及北方调水等问题方面，发挥了重要统筹协调作用。

戴润泉说，在2015-2016的调水年度，南水北调中线工程累计向北方供水38.45亿立方米，较上一调水年度有所增加，受水省市供水水量有效提升，居民用水水质明显改善，地下水环境和城市河湖生态显著优化，社会、经济、生态效益同步凸显。

然而，由于汉江上游近年来偏旱，向北供水的任务并非易事。长江委总工程师金兴平告诉记者，丹江口水库来水已连续五年偏枯。2016年的入库流量为2011年以来最低，只有218亿立方米，不足2011年的一半；并且2012年至2016年连续四年的入库水量均较历年同期均值偏少一成到四成。

"在入库水量减少的情况下，只能通过精细化的调度来完成供水目标。"金兴平说，通过充分发挥水库调度和引江济汉工程的综合效益，平衡调水与汉江中下游供水及生态用水等关系，实现区域水生态平衡和安全。

（来源：新华社 2016年12月12日 记者 黄艳）

南水北调中线工程
累计向北方供水近61亿立方米
水质均为二类

水利部长江水利委员会12日召开新闻发

远水解了近渴吗？
——解析南水北调工程热点

12月12日，历经十余年建设的南水北调工程全面通水两周年。经过两年的运行，这个地球上最壮观的水利坐标系之一，已经取得了实实在在的经济、社会和生态综合效益。

清水北上两年间，水源地因此而受到哪些影响？长途而来的"南水"划不划算？如何保障一渠清水永续利用？

8700万北方人喝上了一江清水

"现在水口感好，没有水碱了。"北京丰台区星河苑小区居民李文兰家，自从水龙头流出汉江水后，小区里打水机就再也没用过了。随着南水北调东、中线一期工程的完工通水，像李文兰家这样的变化成为一种普遍现象。

两年来，这项工程覆盖北京、天津及河北、河南、山东、江苏省的33个地级市，已经有8700万北方人喝上了清冽的"南水"。

其中，中线一期工程累计调入干渠62.5亿立方米，累计分水量59.8亿立方米，惠及北京、天津、河北、河南4省市4700万人。

东线一期工程自通水以来，也已累计调入山东水量约11亿立方米，受益人口超过4000万人，大大缓解了山东水资源短缺矛盾。

而对于李文兰等居民来说，水质的改善更令人兴奋。南水北调水补充至北京中心城区河湖，与现有的再生水联合调度，增强了水体的稀释自净能力，城市河湖水质明显改善，自来水硬度下降了约6成。

其他受水区情况也类似。河北省供水逐步切换为南水北调水源，沧州、衡水、邢台、邯郸等市黑龙港地区即将彻底告别祖祖辈辈饮用苦咸水、高氟水的历史。

天津通用水务有限公司总经理宋宝强介绍说，这两年对引江水和引滦河水进行比较后发现，引江水的各项指标优于引滦河水。

巨资调水算的是一笔"大账"

南水北上，是否增加了居民负担？经测算，居民水费支出不超过城镇居民可支配收入的2.0%，工业用水也不超用水成本与工业产值比率的1.5%，均属可承受范围。

主体工程向北京、天津供水实行的是成本水价，向河北、河南、江苏和山东供水的水价要低于成本，实行的是运行还贷水价。因此，现行东、中线工程供水价格水平，基本上体现了工程运行维护成本的高低。

"南水北调不仅是供水工程，更是保障水安全的战略选择。"国务院南水北调办公室主任鄂竟平说，"南水北调保障了包括特大城市在内的居民生活用水，保证农业生产用水，保持社会稳定和经济发展。"

东、中线一期工程通水后，由于沿线省市增加了水资源的供给，直接给城市及人口供水，并兼顾重点区域的工农业供水。经测算，每年将增加工农业产值近千亿元。

南水北调工程之水，既是促进发展之水，又是促进转型之水。为使每一滴水高效节约利用，倒逼南水北调全线企业经济结构调整和产业优化升级，为地区经济社会发展注入新的动力。

中线渠首所在的河南淅川县九重镇，就由此展开了一次"农业革命"——大力发展施用农药化肥少、效益好的金银花产业。村民陈志香家里十多亩地流转给一家医药公司，每年每亩租金600多元，为公司打工每年还能收入两三万元。金银花成为当地涵养水源、快速致富的黄金产业。

水源区、受水区和沿线生态效益实现"多赢"

有人曾担心，如此巨大体量的水被调走，对水源地的生态影响将是巨大的。实践证明，不仅当地的绿水青山没有被"调走"，这项工程还实现了沿线和受水区生态效益的"多赢"。

鄂竟平说，东、中线一期工程调水量占长江多年平均径流量（约9600亿立方米）比例约为2%，采取合理的调度措施后，对长江的生态基本没有影响。

在南水北调水质稳定达标的刚性约束下，倒逼水源区不断严格治污标准。目前全面消除了劣五类污染水体，水生态安全和保护以及绿色化、资源化利用水平大幅提高。

而在受水区，生态效益更为显著。北京等6省市压减地下水开采量2.78亿立方米。目前，北京、天津、河南许昌城区以及山东平原地区等超采区的地下水位已开始回升。

东线工程最大的调蓄水库南四湖，曾被称为"流域治污第一难"。为了保证调水水质，山东实行了比全国都严格的标准，十年治污颇见成效。目前，东线沿线水质由工程建设初期的Ⅴ类、劣Ⅴ类全部提高到Ⅲ类。中线水源区丹江口水库水质稳定在Ⅱ类，水源区植被覆盖率逐年提高，水源生态涵养能力进一步加强。

工程带动了沿线生态带建设，为我国北方地区新增了两条绿色生态景观带。"树多了，风沙小了，好些原来见不到的水鸟都来了。"河南南阳市卧龙区邢庄村民盛纪学告诉记者。

另据鄂竟平介绍，南水北调后续工程正在加快进行前期准备工作。目前东线二期工程相比中线二期和西线工程更为充分些，建成后可缓解海河流域下游地区水资源极度短缺的现状。

（来源：新华社　2016年12月12日　记者　侯雪静　董峻）

南水北调东中线全面通水两年
受水区供水保证率提高

据中国之声《全国新闻联播》报道，南水北调东、中线一期工程分别于2013年、2014年建成通水。国务院南水北调办今天通报，工程全面通水两年来，受水区供水保证率有效提高，水质明显改善。

国务院南水北调办表示，东、中线一期工程通水以后，南水北调受水区覆盖北京、天津2个直辖市，及河北、河南、山东、江苏等省的33个地级市，为受水区开辟了新的水源，改变了供水格局，提高了供水保证率。以北京为例，工程通水以来，南水北调水占

北京城区日供水量近七成，全市人均水资源量由原来的100立方米提升至150立方米。对于受水地区的老百姓，更直观的感受是水质的改善。

天津水务集团水业管理部部长韩宏大介绍，工程来水水质稳定达标，水厂出水水质也随之提高。"来的水，源水水质好一些，水厂负担轻一些，提升水质进展会很快。国家的标准要求是1.0个NTU以下，水厂控制的标准是0.2个NTU以下。"

北京市自来水集团的监测显示，使用南水北调水后自来水硬度由原来的每升380毫克降至每升120～130毫克。此外，两年来，工程生态效益显现，北京、天津等受水区6省市加快了南水北调水对当地地下水水源的置换，已压减地下水开采量2.78亿立方米。尽管如此，国务院南水北调办主任鄂竟平也坦言，要从根本上解决南水北调工程沿线城市的缺水问题，除了"开源"，更要"节流"。"超采地下水，华北地区就已经有60亿立方米以上，南水北调水全供足也只能有40亿立方米左右生态水，不足以抵消超采的量。还得要采取其他措施，比如靠节水、调整工业结构等综合性的措施，减少地下水开采量。"

（来源：央广网　2016年12月12日　记者　沈静文）

淅川县南水北调中线工程
通水两周年水质保护工作纪实

2014年12月12日，南水北调中线一期工程正式通水。两年来，累计输水61亿立方米，惠及京津冀豫沿线4200多万居民。目前，丹江口水库水质各项指标稳定达到或优于地表水Ⅱ类指标。作为南水北调中线工程核心水源区和渠首所在地的河南淅川县，如何确保一渠清水源源不断、永续北送？

千里丹江明如镜

"这一关，俺至少有600多万元打了水漂

啊！"把最后一车设备送出大门，看着一个个空荡荡的鸡舍，彭峰一个人站在曾经熟悉的养殖场，怅然若失。

2003年，南水北调中线工程正式启动，彭峰所在企业因污染水源，被强制关停，他和上千工人下岗待业。

迫于生计，彭峰自费到郑州牧专学习畜禽养殖技术，并于2005年回到淅川上集镇白石崖村，贷款创办了县里第一家颇具规模的全自动现代化养鸡场。

由于畜禽养殖影响水质，2015年秋，淅川县在国家尚未出台补偿政策的情况下，在丹江口库区两省六县（市）中率先打响了取缔畜禽养殖攻坚战。

"这等于砍断家里的'摇钱树'，我还有70多万元的贷款没偿还。"经过一番痛苦而激烈的思想斗争，彭峰在2015年底拆除了自家的鸡舍。这一切，都因为他门前这一库清水正源源不断地奔流向北。"咱不能为了自己，让大家喝脏水。"彭峰说。

像彭峰一样，淅川人民深知，对南水北调这项宏图伟业来说，自己再大的事也是小事。

在淅川县城区下游，一个占地30亩、日处理能力50吨的污泥处理中心正在运行。

"污泥变废为宝，呵护了丹江口库区环境。建设污泥处理中心的2764万元是淅川县自筹的，这对于一个至今仍是国家级的贫困县来说，可是一笔不小的开支！"污泥处理中心主任谢海江说。

"保水质，护运行，是淅川的政治责任和历史使命。治污的事，给钱，我们干；不给钱，我们也要干！"淅川县委书记卢捍卫的话掷地有声，全县人民的行动实实在在。

为了保护丹江水，淅川县组建2000人的专业护水队、取缔库区水上餐饮船及4万余箱养鱼网箱后，又投资5亿多元在库区15个乡镇建立了完善的污水及垃圾处理设施，在农村建成人工湿地12处；推进户用沼气"一池三改"，已建设3万座，每年将200万吨的人畜粪便转化为有机肥，有效控制了粪便污染，铁腕治污，还丹江清澈江水。

万顷库区绿如染

在淅川县马蹬镇，有个远近闻名的白鹭滩。此前，它叫白渡滩，是靠近丹江口水库的一个荒坡滩头，如今，由于大批白鹭在此聚集，人们便取名白鹭滩。

据悉，白鹭滩，郁郁葱葱的丛林之上，成千上万只白鹭漫天飞舞，与青山绿水、蓝天白云，构成色彩斑斓的天然画卷。

白鹭滩，是水源区生态建设最直观的反映之一。

南水北调，持续靠生态。淅川为此确立了"生态立县"战略：坚持以水质保护、绿色发展为主线，以创建国家生态文明示范区为载体，全面实施综合治理，强力推进生态建设。

然而，这项战略的实施绝非易事：关停380多家企业，直接导致数百位业主投资一夜之间付之东流；生态区位十分重要，但荒山荒地面积大，石漠化严重，生态基础脆弱；万顷良田被江水淹没，仅剩的57万亩薄岗坡地如何让67万淅川百姓致富？

"必须放大市场机制的刺激作用和财政资金的杠杆作用，推动高效生态产业快速发展，走水清民富之路。"淅川县长杨红忠表示。

按照"因地制宜、适生适种、生态高效"的原则，淅川县出台一系列优惠政策，招商引进多家龙头企业，采取"公司+基地+合作社+农户"模式，在全县发展高效生态产业，开展绿色种植。

"我的目标是，在2017年发展到1万亩软籽石榴，产值达到1.2亿元。"仁和康源公司负责人张棕顺自信地说。

像张棕顺一样，50多家企业投资生态产业，20多万亩荒山荒坡披上绿装，26万亩的软籽石榴、金银花、湖桑等染绿库区，97.2

万亩无公害农产品示范基地惠及城乡，"香花"牌小辣椒、"丹江"牌淡水鱼等一大批渠首名优农产品畅销全国。越来越多的农民参与其中，捧起"生态碗"，吃上"生态饭"，走上"致富路"，住进"花园房"。

"与此同时，我们还通过创新多元融资、合同造林、专业队造林、市场化造林等机制，加快生态建设步伐。"淅川县林业局长武建宏介绍。

生态建设的快速推进，引发了生态旅游的"同频共振"。

仓房镇刘裴村是个移民村，随着丹江旅游的升温，20多户村民办起了农家乐。

"咱这儿山青、水甜，生态环境好，游客自然多！"刘裴村村民燕占泉笑着说，农家乐，乐农家，鼓起的钱袋够咱花！

（来源：中国网　2016年12月13日　作者　王振阳　周彦波）

南水北调全面通水两年
惠及8700万人　汩汩南水解渴北方

南水北调中线穿黄工程　新华社记者李博摄

南水北调东中线全面通水两年来，工程运行平稳，水质全线达标，记者从国务院南水北调办12月12日召开的新闻通气会上获悉：汩汩长江水解渴北方，受水区覆盖北京、天津及河北、河南、山东、江苏等省的33个地级市，受益人口达8700万人。两条输

水线成为发展保障线，沿线各地供水保证率提升，治污环保提速，生态环境改善。南水北调，这一水资源优化配置的重大战略性基础工程，取得实实在在的社会、经济、生态综合效益。

保供水，南水解渴。中线一期工程累计调水62.5亿立方米，惠及4700万人，成为许多城市主力水源。在北京，南水占到城区日供水量近七成，中心城区供水安全系数由1.0提升至1.2，"多用地表水、压采地下水"，全市地下水埋深回升0.53米。在天津，14个行政区居民喝上南水，从单一"引滦"变双水源保障。在河南，累计分水22亿立方米，36个县区1600万人受益；在河北，4条配套输水干渠全部建成通水，1140万人受益。东线一期工程调入山东水量11亿立方米，年均增幅近100%，68个区县4000万人受益，大大缓解了山东水资源短缺矛盾。

保水质，环保先行。南水北调成败在水质，从调水源头到沿线各地，铁腕减污，累计关停企业3500多家，新建污水处理厂350家，新建垃圾处理设施150座。经过十多年努力，东线输水干线水质稳定达到了地表水Ⅲ类标准，中线水源区丹江口水库水质一直保持在Ⅱ类及以上。北京使用南水后，自来水硬度由每升380毫克降至120~130毫克，有些居民感叹："水变软了，水垢少了，变甜了。"河北黑龙港地区将彻底告别饮用苦咸水、高氟水的历史。

保生态，优化配置。两年来，受水区6省市加快南水对当地地下水置换，压采地下水2.78亿立方米。北京"喝存补"并举，向城市河湖补水1.74亿立方米，河湖水质明显改善，接近地表水Ⅲ类；天津将南水置换出生态用水，变应急补水为常态化补水，水环境有了保障；山东向东平湖、南四湖生态调水2亿立方米，让干渴湖泊重现生机，向保泉补源0.58亿立方米水，让泉城济南重现百泉齐涌的美丽景观。

保发展,节水优先。南水来了,先节水、后调水,用水不任性。北京量水而行,农业用水由过去每年20亿立方米,减少到7亿立方米,再生水使用量占到地表水的20.5%。天津精打细算,把水细分为5种:地表水、地下水、外调水、再生水和淡化海水,实现差别定价、优水优用,全市万元工业增加值取水量降到了7.57立方米。调水沿线转变用水方式倒逼发展转型,淘汰限制高耗水、高污染行业,培育新型产业。经测算,东、中线通水后,每年将增加工农业产值近千亿元。

保应急,抗旱减灾。在河南,2014年平顶山大旱,水源地见底,中线工程应急调水5011万立方米,为这座百万人口城市缓解了水荒。在湖北,引江济汉工程累计向长湖、东荆河补水5.3亿立方米,有效解决东荆河区域灌溉及80万人饮水水源问题。

(来源:《人民日报》2016年12月13日记者 赵永平)

一渠清水贯南北 京宛合作谱新篇

南水北调中线工程通水两周年以来,已累计向北方调水近60亿立方米,惠及北京、天津等沿线18座大中城市、4000多万居民。南阳作为南水北调中线水源地最后一道生态屏障和水源保护敏感区域,保护好丹江口水库水质,持续改善库区周边及上游地区的生态环境,意义重大。北京首都创业集团有限公司在南阳市委市政府的支持下,发挥产业优势,创新发展模式,积极参与环境治理,大力践行首都国企使命,谱写京宛合作新篇章。

保水质使命必达

作为北京市属国有企业,为进一步加强京宛对口协作,推动和实施南阳生态环境保护建设,2015年11月16日,首创集团与南阳市政府签署战略合作协议,在水环境治理、城乡垃圾固废处理、城市综合建设、环保设备制造等领域开展深度合作。为南水北调国家工程,保护当地水资源做出贡献。

2015年12月,南阳首创环境公司成立,负责淅川、西峡、内乡三县南水北调汇水区乡镇的垃圾收集、转运、处理,接收24座垃圾填埋场和5个中转站。2016年1月,南阳首创水务公司成立,负责上述三县乡镇的污水处理,接收26座污水处理厂。

为履行承诺,尽早实现垃圾填埋场和污水处理厂正常运转,首创集团"急政府之所急,想政府之所想",不谈条件,打破常规,现状接收。

两场(厂)是由三县各乡镇政府分别建设完成的,26座污水厂用了4种处理工艺,不同的厂家,不同的设备,不同的规格。运营后,设备保养、维修怎么办?而且项目点环绕分散在丹江口水库周边及上游地区的26个乡镇,很多还是在山区,"点多、线长、面广",更是挑战。望着杂乱的厂区、老化的设备,四处分散的项目点,初到南阳的首创人一筹莫展。

"如此短的时间,这么多的水厂和填埋场必须全部正常运转,我们冒着大雪赶到南阳的时候,许多人不相信我们会这么拼,首创是国企啊,责任在肩。时间再紧,任务再重,必须保质保量完成,这是使命。"首创集团总经理李松平表示。

在随后不到一个月的时间里,首创集团筹资并拨付2亿元帮助三县政府解决资金缺口问题,厂区设施修缮和设备维护得以快速展开。同时,为加强技术和管理力量,各地分公司抽调骨干奔赴南阳。南阳市也给予大力支持,市住建委专门成立项目移交办公室,三县成立"专班",从乡镇抽调专人协调督办,确保移交顺利。

破难题 攻坚克难

南阳首创将分散在26个乡镇的项目点纳入五大区域,创造性地实施区域化管理,统一设置化验、维修等技术部门，配备专业人员，实现区域内资源共享，既节省了人力，又大幅降低运营成本；通过微信群召开视频会，总结工作，提出计划，即便人员分散，遇到困难也能及时提出和解决。

创新模式破解了"点多、线长、面广"造成的管理难题，但要确保"一渠清水永续北送"，首创还要解决技术、团队等问题。

"应收尽收，应处尽处"是首创的决心，也是首创的行动。南阳首创水务公司下大力气进行技术整改。首先，针对不同水质、人口数量、污水量、设备运行能力等情况，规范工艺流程，严格各项规程，完善监测、检测手段。同时，派出人员，历时1个月，全面建成三县污水主管线。截至7月中旬，建设支线管网近40公里，进水量明显提高，实现日均处理污水4.1万吨，通过改进技术，水质全部达到国家一级A标准。

南阳首创环境公司为最大限度降低垃圾渗滤液对库区地下水源和周边环境的污染风险，严把渗滤液处理关。填埋场全部采取分区填埋、渗透膜等处理手段和管理模式，并引进先进的反渗透过滤系统，将渗滤液值降为50，比国家标准提升了1倍，达到饮用水标准。同时，搭建乡镇区域垃圾收运系统，编制《南水北调汇水区域垃圾卫生填埋运营手册》，规范每一道工序，做到收集无遗留、覆盖无裸露，填埋场周边无垃圾散落、无蚊蝇滋生、无异味扩散，实现了项目科学管理，规范运营。

接收初期，当地员工学历低、经验少，工作环境差，生活条件苦，存在"说来就来，说走就走"的消极怠工现象。打造一支素质过硬的员工队伍已是当务之急。

首创充分发挥人才资源优势，从各地分公司抽调专业管理和技术人员支援南阳项目，以身作则，用行动感染当地员工。同时，宣讲企业文化，增强责任感和使命感，并把绩效考核落实在实处，鼓励、选拔优秀员工走上管理岗位。从"要我干"到"我要干"，再到"抢着干"，激发出前所未有的精神面貌。

敢担当　政企同心

南阳市政府曾对首创有过这样的评语："首创在诸多不利条件下，敢于担当，勇于进取，规范高效开展工作，在现有条件下实现了最大程度的运营，体现了首都国企的社会责任感。"

首创集团与南阳市的合作，是地方政府与有能力、敢担当的国有企业的一次成功合作。进驻南阳以来，首创秉承国企使命，发挥自身优势，克服区域难题，为南水北调汇水区的垃圾填埋和污水处理项目正常运行付出了艰苦努力，也取得了骄人成绩。今年8月，南阳顺利通过中央环保督查组的巡检督查和环保部华北督查中心的环保验收。

"国企是需要理想和情怀的。我们不是简单地交差了事，还要开动智慧、发挥特长，真正做一些对社会有价值的事情"，首创集团董事长李爱庆说。

一年来，为不断深化两地对口协作，首创集团强化对豫产业投资，狠抓重大项目落地，坚持履行国企责任，为"水清民富"，为京宛、京豫长效合作不懈努力。

期间，南阳市委市政府给予大力支持，在行政许可、资源配置、外部配套等方面提供优良服务和优惠政策，积极协调解决重大问题，密切督促工作落实，开启了政企共赢的有利局面。

目前，首创和南阳的合作正在向更广阔的领域深入。其中，首创环境与南阳市住建委签订了三县生活垃圾焚烧发电特许经营项目，设计总规模为日处理生活垃圾1800吨，烟气排放全面执行欧盟2010标准，预计年均提供绿色电力1.8亿千瓦时，相当于节约标煤8万吨，实现年减排二氧化碳总量21万吨。

首创集团正在为打造一个生态宜居的南阳，贡献着首都国企的力量。

（来源：中国经济网　2016年12月5日）

中央电视台：南水北调中线通水两周年跟随记者多地看变化

【北京】全部使用南水的水厂共七个 城区供水南水占比达七成

再过一周，南水北调中线一期工程通水就将两周年了。

两年来，中线工程的终点之一，北京的供水格局到底发生了哪些变化？水质有哪些改善呢？

在北京市丰台区一处居民小区，赵飞燕正在家里准备烧水。她告诉记者，过去这里水质一直不好，不过这两年喝上南方来的水，变化非常大。

赵飞燕家的旁边是一座前年刚刚建成运行的郭公庄水厂，这座水厂是南水进入城区的第一个水处理厂，每天处理40万吨，可供南城一带400万人同时使用。而像这样能够全部使用南水的水厂，目前北京一共有七个。

据北京市南水北调办负责人介绍，南水北调通水两年以来，从丹江口水库引入北京的水已经达到了18.8亿立方米。来水主要用于北京城市生活和工业用水，占到北京城市核心区自来水供水的70%。两年来，居民用水水质明显改善，地下水水位下降趋势得到遏制，社会、经济、生态效益同步凸显。

据国务院南水北调办最新发布的数据显示，中线一期工程自2014年12月正式通水以来，目前已累计输水60.9亿立方米、惠及北京、天津、河北、河南沿线4200多万居民。

【河北】受水区域内关停6355眼井

南水北调中线工程途经河北37个县市区。自2014年通水以来，河北省超采区地下水位下降速率明显减缓，深层地下水超采势头得到遏制。

河北省生产生活年均用水量约200亿立方米，年缺水量约100亿立方米。由于长期大量超采地下水，形成了7个大的地下水漏斗区，导致地面沉降、地陷地裂等环境问题。今年以来，河北省共投资87亿多元建设南水北调配套工程，通过多种综合措施，减少抽取地下水22.3亿立方米，并关停了受水区域内的6355眼自备井和超采区灌溉机井。

目前，河北省已建成水厂104座，有37个县市1140万人喝上了南水北调的水。下一步，我们要打好南水北调配套设施的攻坚战，加快水源切换，科学用好南水北调水。

【河南】治污绿化确保清水北上

通水两年来，干渠周围生态环境持续改善，沿线地市纷纷调整产业结构，朝着绿色环保的方向发展。

河南省既是南水北调中线工程的水源地，同时又是受水区，为了保护一渠清水永续北送，河南省不仅在库区建设了5万多亩的生态隔离带，还在工程沿线建设了18万多亩的生态保护林带，同时积极进行产业结构调整和种植业结构的调整，关闭了1000多家污染企业。

杨继成介绍说，为保障输水水质，目前，中线总干渠两侧还建设了100米宽的生态林带，实现造林23.23万亩，既美化了沿线环境，又保护了输水水质。

（2016年12月4日）

汉中关停数百家企业
保护汉江源　确保清流入长江

陕西省汉中市汉江湿地公园的栈道上，游人们正在欣赏美景。

南水北调中线一期工程正式通水已近两年，京津冀豫4省市沿线约6000万人，直接喝上了湖北丹江口水库的水，而水库的水源大部分来自汉江和汉江的支流丹江。饮水思源，8月16日，《环境与生活》杂志记者走进汉中，探访了陕西省汉中市保护汉江水源地背后的故事。

汉家发祥地中华聚宝盆

8月17日清晨，《环境与生活》记者乘飞机从陕西省西南部的汉中市城固机场飞往西安，从空中俯瞰秦岭南麓，山川、河流、森林、农田交错，似锦如画。尤为醒目的是，多条支流汇聚而成的一条河流，犹如玲珑剔透的玉带，串联着连绵起伏的高山。它便是长江一级支流——汉江。

就在前一天，记者在汉中市环保局工作人员的带领下，在汉中市区亲身领略了汉江风采：一波碧水穿城而过，苇绿荷红，白鸥在湿地绿岛间展翅翱翔，鱼儿游动，水面上泛着一圈圈涟漪。河岸上的建筑和景观倒映在江水里，两岸绿柳含翠，花木、亭台楼阁与休闲广场相映成趣。沿着滨水栈道走向湿地中央，只见游人们或垂钓，或拍照，好不惬意。岸边还有工人正在为"一江两岸湿地保护工程"铺路、塑造景观。

汉中市环保局副调研员王科德告诉《环境与生活》，汉江两岸原来只是一片河滩地，杂草丛生。汛期来临时洪水肆虐，威胁着两岸的居民。2003年，"一江两岸湿地保护工程"开始建设，相继建成了桥闸和百年一遇设防标准的堤坝，形成了25公里沿江景观和近1000亩的辽阔汉江湿地。"初具规模的一江两岸工程，给汉中增添了一张有分量的旅游名片，对市中心城区的环境调节、水源涵养、水灾防治，以及人居环境的美化等，都起到不可替代的作用。"

汉江脉流密集，在大地流淌，时而舒缓，时而激越。王科德介绍，汉江发源于汉中市宁强县，流经陕西省的汉中、安康两市和湖北省襄樊、钟祥、汉川等市县，全长1500多公里，是长江最大的支流，正所谓"滚滚长江东逝水，汉江源头活水来"。

汉中市备用水源地褒河水库的褒谷口，316国道正悬在半山腰上，紧邻河岸，运载危险化学品的车来来往往，对水源保护造成巨大压力。

汉中北依秦岭，南临巴山，是一块由汉江和嘉陵江滋润的盆地，这里气候宜人、土地肥沃，水资源十分丰富，素有"西北小江南""秦巴明珠""汉家发祥地，中华聚宝盆"等称誉。据学者考证，公元前312年，秦惠文王首置汉中郡；公元前206年，汉王刘邦以汉中为发祥地，筑坛拜韩信为大将，明修栈道，暗渡陈仓，逐鹿中原，统一天下，自此，汉朝、汉人、汉族、汉语、汉文化等称谓就相承至今。这里养育了开拓丝绸之路的张骞，长眠着造纸术鼻祖蔡伦。三国时期，汉中是魏蜀两国兵戎相见的主战场，诸葛亮在汉中屯兵8年，六出祁山，北伐曹魏。如今，这里约2.72万平方公里的土地上，哺育着384万炎黄子孙。

保水质关停企业数百家

汉江干流自西向东流，横贯汉中盆地，是该区域内水系网络的骨架，在汉中市境内长277.8公里，约占汉江全长的18%；流域面积19692平方公里，占汉中市总土地面积的72.3%。汉中段汉江的产水量，占丹江口水库多年平均入库水量近三分之一。

"一说起南水北调中线工程，人们往往只想到丹江口水库，可水库源头——汉江的水没保护好，下游的水质能好吗？为确保'一江清水永续北送'，陕西省政府明确要求，汉江干流出省断面水质保持Ⅱ类，而能做到这一点，汉中人民功不可没。"王科德说。

汉中市环保局局长纪明，向《环境与生活》详细介绍了"汉江流域污染防治三年行动计划"的情况。2014年，汉中市启动了这项行动计划，至今已累计投入资金45亿元，通过源头预防、防控结合、生态修复等措施，有效实施了汉江流域污染防治。

据介绍，汉中市的铁、锰、钒、镍、钛等18种矿产储量居全国前列，但国家主体功能区规划将汉中绝大部分县列入生态功能区，限制了矿产资源开发和冶炼，原来基础较好的化工、制药、造纸、化肥、水泥行业的发展也受到制约。招商引资环境准入门槛抬高，许多项目不能落户汉中，排放标准的提高使企业生产成本增加，产业结构调整的压力增大。

汉中市为了加快淘汰落后产能，先后取缔和关停了国家明令禁止、严重污染环境的小造纸、小化工、小冶炼、小电镀等企业和生产线336家（条），实施污染企业"退城入园计划"。

"汉江支流濂水河边有个氮肥厂，存在几十年了，产量不小。但它把濂水河污染了，出现劣五类水，企业用过的水一排到河里就搞得河流氨氮超标，这样出境断面的水质就无法保住二类水了，去年下决心把它关了，现在水质已经达标了。"王科德说。

汉中市环保局2016年上半年工作情况报告提到，汉中市坚决杜绝废水直排汉江，对全市36家国控和省控重点污染源都安装了在线监控设施，以"零容忍"态度，对企业环境违法行为发现一次处罚一次，累犯加罚。目前，全市国、省控重点污染源废水达标排放率达95%，工业危废物处置率达到100%。

那么，企业关停，工人生活怎么办呢？"西乡县有个化工厂被关停后，转型承包另一块地种香菇，解决了近千名职工的就业问题。"汉中市环境宣教信息中心主任李奕慧告诉记者，以农业作为重要经济支柱的汉中市，近年来致力于发展绿色有机农业，解决民生问题，同时还加强化肥农药等的使用监管，严格控制农村面源污染。

8月16日，《环境与生活》杂志就汉江保护话题采访了陕西省汉中市环保局。

出境水稳定达到二类标准

在农村生活垃圾处理上，汉中市实行"农户分类、定点投放、村统收集、三级联处"的管理方式，收到较好效果。在处理农村污水方面，对居住较为集中的村庄和景点农家乐，采用管网收集、人工湿地方式集中处理；对管网无法覆盖的相对集中户采用三格式化粪池处理，对散居户则采用一体化设施处理。全市设立了3000人的农村保洁员队伍，负责垃圾收集清运和污水处理设施的管理、维护。在养殖废弃物处理上，政府扶持散养户建沼气池、中型养殖场建大型沼气工程、养殖小区建有机肥生产线，建立"种植业-养殖业-（沼气）-种植业"农业循环产业链。汉中的农村环境整治模式，还在陕西省农村环境连片整治示范工程现场推进会上得到推广。

纪局长还介绍说，汉中市在汉江流域新布设了16个县区界水质考核监测断面，初步形成了全市水质监测网络。"上游县造成下游污染，就要受处罚。"今年上半年，汉江出境水质稳定达到Ⅱ类标准，监控断面全部达到功能区划标准，城镇集中式饮用水源地水质达标率100%，湖库水质稳定达到Ⅱ类标准。取得这样的成果是很不容易的。

汉江岸边有工人在为"一江两岸湿地保护工程"铺路

危化品运输威胁水源安全

《环境与生活》记者在采访中还了解到，汉中地处甘、陕、川三省的交界处，境内的210、316和108国道，是西北、西南地区危险化学品运输的主要通道，这些国道在汉中境内多沿江而建，路段长，每天途经的危化品运输车平均达280余辆，高峰期甚至达320余辆。"近来危化品运输事故引发的环境事件呈多发态势，危化品一旦进入水体，会严重威

胁饮用水安全，监管压力很大。"王科德带着记者来到汉中市备用水源地褒河水库的褒谷口，从褒河西岸往东看，316国道正悬在半山腰上，紧邻河岸，各种罐车来来往往，行驶缓慢。

褒谷口工作人员周女士告诉记者，去年一辆满载32吨石脑油的车行驶到316国道汉中褒河水库时，不小心冲破了水泥隔离墩，从三四十米高的护坡掉进水库中，石脑油泄漏到水里。石脑油也称粗汽油，用于生产汽油、煤油、沥青等，易燃、有刺激性，会污染水体、大气和土壤。

事故发生后，汉中市环保局在现场铺设吸油毡、设立拦油索，并用机械船打捞吸油毡，每两小时对水质进行一次检测，水质最终达到了地表二类水标准。

王科德补充说，今年3月22日，一辆重型挂车由陕入川，行至108国道汉中市宁强县何家坟村处侧翻，导致约20吨柴油泄漏，沿公路、排水沟顺流而下，进入四川的潜溪河流域，汉中市紧急采取筑坝拦截、围挡吸附、人工舀油、清淤断源、严密监测手段，经过10天的连续作战，潜溪河全线持续稳定达标，将事故影响控制在了最低程度。

纪明介绍，事故的发生为水源保护敲响了警钟，今年，汉中市出台了全市危化品车辆运输安全和突发环境事件处置办法，成立了危化品运输车辆管理中队，并在道路入境

河岸上的建筑和景观倒映在汉江清澈的水中

处设立交通安检站，对运输危化品的车辆实行24小时安全检查登记，及时掌握危化品的名称、性质、数量、去向以及车主基本信息等。他们还在沿汉江的运输线敏感路段设立测速点，实行全程限速措施，并划定危化品运输车辆夜间禁行时段。

不仅督企也要督政

谈到环境管理体制，汉中市环保局的纪局长介绍，汉中将水污染防治等方面共160项重点工作，都列出了责任清单，落实到责任单位科室、责任人，明确完成时限。

汉中市与各县区和市直有关部门都签订《环境保护暨污染减排目标责任书》，层层分解目标任务。对庸政懒政、工作不力造成考核排名靠后的领导班子和干部，及时约谈，连续两年考核最后一名的，就地免职。

王科德补充说："以前环保部门就是督察企业，现在逐步调整，'变被动督察为主动督办'，不光要督察企业，还要督办当地政府，给当地政府发函，在你的辖区内污染了，当地政府负有责任，从督企转变为督政督企。以前环保考核的分值在各县政府的考核分里只占8分，现在提高到了16分。"

汉中市制定了《汉中市环境保护督察巡查方案（试行）》，针对各县区党委、政府及有关部门（包括中央、陕西省驻汉中市企业和市属国有企业），不定期开展专项督察巡查，从2016年下半年开始试点，2017年上半年正式展开。督察巡查的具体

陕西省汉中市汉江湿地公园里的绿岛

组织协调工作由汉中市环保局牵头负责。督察巡查结果移交市委组织部，作为被督察县级领导班子考核评价、领导干部任免的重要依据。

寻求良性发展路径

在保证"一江清水供京津冀豫"的前提下，汉中如何寻求良性发展的路径？纪明局长谈到，汉中市是西部大开发、南水北调中线、生态功能区保护、秦巴山区区域扶贫攻坚及丝绸之路经济带五大国家战略的承载地或关联地，汉中市抓住国家加快生态治理的政策机遇，多次主动争取环保专项资金，对民生、公益、基础设施建设等重点项目开辟了"绿色通道"。

眼下，汉中市正在构建多元化、智慧型环保感知网络系统，完善空气、水、噪声等环境监测网络和重点污染源在线监控系统，建设环境预警监测网络。同时全面实施政府环境监管网格化管理，按照"属地管理、分级负责、全面覆盖、责任到人"的原则，在全市范围内以镇（街道、工业园、管委会）为单位划分网格，建立"网格化"环境监管体系。

纪局长也坦言，新常态下的环保仍面临着许多困难和矛盾，如上级重视环保与基层环保能力不足的矛盾，存在环境质量监测仍以手工监测为主、环境执法技术手段落后，人员和执法装备、经费不足，应急处置能力仍然薄弱等问题，还有供给侧改革中环保与经济发展的矛盾如何化解等。"环保局长期以来是小马拉大车。我们的体制缺人，尤其是缺人才。"

尽管有这样那样的困难和矛盾，但汉中市环保局对自己的职责始终有清醒的认识，他们努力做到，在环境监管中既要严格执法、严控标准，还要积极为企业出主意、寻出路，为全市人民的生态福祉担负起历史赋予的责任。

（来源：中国网 2016年11月14日 作者 叶晓婷）

南水北调水源区水污染及水土保持考核结果公布　河南省连续四次位列第一

武当山遇真宫复建工程启动

11月11日，记者从南水北调中线建管局获悉，2015年度实施《丹江口库区及上游水污染防治和水土保持"十二五"规划》（以下简称《规划》）考核结果近日公布，我省考核结果再获第一。

南水北调中线水源地涉及我省及湖北、陕西。在省内共涉及淅川县、西峡县、内乡县、栾川县、卢氏县、邓州市，流域总面积7815平方公里，其中划定的饮用水水源保护区1596平方公里。

国务院南水北调办等6部门今年考核了三省2015年实施《规划》的情况。结果显示，目前丹江口水库淅川陶岔取水口、汉江干流水质稳定达到Ⅱ类标准，主要入库支流水质符合水功能区要求。

按考核办法评分后，我省的评定结果最优。在前三次考核中，我省的评定结果均位列第一。

作为南水北调中线工程核心水源地，我省在治污染、保水质方面做了很大努力。2003年以来，在水源区累计关停并转污染企业1000多家，在总干渠水源保护区否决了600多个存在污染风险的拟建项目。水源区的每个县（市）、乡镇都建设了污水处理厂和垃圾处理场。我省还开展了总干渠两岸生态带建设，总长度约631公里，面积23万亩，目前已完成九成以上。

（来源：央广网　2016年11月13日　记者　张海涛）

11月8日，湖北十堰武当山遇真宫原地垫高保护工程文物复建施工现场，工程技术人员用传统工艺修复遇真宫宫墙。

武当山遇真宫是世界文化遗产武当山古建筑群的重要组成部分。因南水北调丹江口水库需进行加高，位于水库边缘的遇真宫面临被库水淹没的危险，有关部门决定对三座宫门进行原地顶升。2013年1月16日，遇真宫整体顶升工程圆满结束。经过两年多的垫高体沉降观测、文物复建基础地质勘察与专家论证，武当山遇真宫原地垫高保护工程文物复建正式启动。

武当山遇真宫原地垫高保护工程文物复建的启动，将为加强世界文化遗产保护，打造文化惠民新亮点作出新的贡献。

（来源：人民网 2016年11月9日 记者 薛乐生）

南水北调中线工程
五省市老年书画联展在京开幕

今天上午，南水北调中线工程五省市老年书画联展在北京孔庙和国子监博物馆开幕。展出了来自京、津、冀、豫、鄂五地的书法作品70幅、绘画作品80幅。

南水北调中线工程五省市老年书画联展开幕现场

中国经济网记者了解到，此次展览是由北京市南水北调工程建设委员会办公室、北京市老年书画研究会主办，天津市老年书画家协会、河北省老年书画研究会、河南省老年书画院、湖北省老年书画家协会联合举办，展览先后于2012年在湖北、2013年在河南、2014年在河北、2015年在天津举办后，今年又相聚北京。历次展览既大力宣传了南水北调工程，又进一步促进了各地老年书画活动的交流与发展。

南水北调中线工程五省市老年书画联展展厅一角

本次展览分两个部分，一部分是书画区，展出了书画作品150余幅，其中书法作品70幅、绘画作品80幅；另一部分是南水北调工程区，陈设工程情况科普展板、施工器械模型以及工程出土文物，生动描绘出千里调水来之不易、一点一滴都要珍惜，更鲜活刻画出水源区与受水区南水同源、守望相助的民族情义。

现场展出的部分书画作品：

南水北调中线工程五省市老年书画联展作品

（来源：中国经济网 2016年10月12日 记者 李冬阳）

北京2020年节水型社会全面建成
消除全市黑臭水体

今天上午，记者从北京市水务局、环保局联合举行的新闻发布会上了解到，北京到2020年，节水型社会率先全面建成，城乡水环境明显改善，供水、排水、防洪排涝等水务基础设施更加完善，运行服务保障能力显著提高。全市用水总量不超过43亿立方米，再生水利用量达到12亿立方米；全市污水处理率达到95%以上；消除全市黑臭水体，重要水功能区水质达标率77%；万元GDP水耗和万元工业增加值水耗下降15%以上。

中心城将形成"三环水系"格局

北京市水务局副局长潘安君介绍，北京将全面落实最严格水资源管理制度，实施用水强度和用水总量双控制，2020年全市用水总量不超过43亿立方米，并强化重点行业节水，农业实现高效节水设施和机井计量设施全覆盖。并实施第二个污水治理三年行动方案，从源头上削减污水直排，坚决打赢水污染治理"歼灭战"，到2020年全市污水处理率达到95%。

另外，北京将继续加快南水北调通州支线、新机场支线、河西支线等市内配套工程建设，完善供水水源输配水工程体系，拓展供水范围，用足用好南水北调水。同时开展多元外调水研究论证。

北京还将加快水系连通及循环工程建设。构建流域相济、多线连通、多层循环、生态健康的水网体系。建设南水北调与五大水系连通工程，增加清水补充；加快完善再生水管网体系，建设河湖水质净化循环工程，增加河湖生态水量，增强水体流动性。到2020年，基本形成中心城"三环水系"格局，各区形成各具特色的区域水系连通格局。

水环境区域补偿机制

《北京市水环境区域补偿办法（试行）》于2015年1月1日开始实施，水环境区域补偿是指在北京市区与区交界处河道设置水质监测断面，当跨界断面污染物超过断面考核标准，上游区政府应缴纳跨界断面补偿金。

据潘安君介绍，如果本区发源的水流跨界断面出境时水质不达标，或者上游来水经过本区出境时水质变差，其浓度相对于该断面水质考核标准，每变差1个水质功能类别，都要按照每断面每月30万元的标准补偿下游区。当跨界断面出境污染物浓度小于或等于入境断面该种污染物浓度，但未达到该断面水质考核标准时，其浓度相对于该断面水质考核标准每变差1个水质功能类别，补偿金标准为15万元/月。

对于污水治理补偿金，上游区政府缴纳的断面考核补偿金全部分配给下游区政府，下游区政府获得的断面考核补偿金应用于本区水源地保护和水环境治理项目以及污水处理设施及配套管网、相关监测设施的建设与运行维护等工作。

据介绍，2015年度全市各区应缴纳水环境区域补偿金总额为13.6亿元。其中，共需缴纳跨界断面补偿金为9.7亿元，污水治理年度任务补偿金3.9亿元。

截至8月底，全市应缴纳水环境区域补偿金总额为8.6亿元。其中跨界断面补偿金为5.6亿元，污水治理年度任务补偿金为3.0亿元。

消除全市黑臭水体

潘安君介绍，到2020年北京消除全市黑臭水体，北京组织了专业评估检测机构全面摸查了辖区范围内505条河道水质情况，根据《城市黑臭水体整治工作指南》，城市黑臭水体分级的评价指标包括透明度、溶解氧、氧化还原电位和氨氮，并根据指标值的不同确定轻度与重度黑臭级别。以此为标准，筛查确定了我市共存有黑臭水体141条段，总长度约665公里。其中，建成区黑臭水体57条段，长度约248公里；非建成区黑臭水体84

条段，长度约417公里。

今年，北京计划完成69条段、294公里的黑臭水体治理任务，截至目前，全市共有65条段黑臭水体治理项目已经开工，其中，建成区42条段、非建成区23条段。大兴区北小龙河、老凤河已完成截污和清淤工程；房山区吴店河，昌平区东小口沟完成截污工程；通州区中坝河、凉水河，大兴区葆李沟、新凤河、大龙河，房山区东沙河，海淀区南沙河，顺义区蔡家河已完成清淤工作。

（来源：人民网　2016年9月27日　记者　陈一诺）

南阳保水"闯"三关

跋涉1432公里，成功调水40亿立方米，近5000万人直接喝上汉丹江水……南水北调中线通水一年半，带着一串沉甸甸的数字，我们走进渠首河南南阳。

"能不能永续北送？水质怎么样？"疑问萦绕心头，直到淅川陶岔引水闸门。闸前，青山绵绵，阔水连天；闸后，玉带千里，蜿蜒流转。

"丹江口水库上千平方公里水域，近半在南阳。为保'山青渠固水长流'，南阳治污、富民，连闯难关。"当地干部说。

一闯"转型关"。一边严守1630万亩林地"绿线"、400万亩水域湿地"蓝线"，一边关停800多家企业，取缔4万多个养鱼网箱，否决73个大中型项目，加速产业转型。在淅川县，一家年产值2.5亿元的化肥厂，所排废水化学需氧量虽然只有15毫克/升，远低于国家排放标准，但依然被叫停。企业转产汽车减震器，与数十家同行一起，形成年产值1000多亿元的"减震器矩阵"。与此同时，全球第一台4000米车装钻机、全国第一台自主研发的核级电机等相继研发成功，南阳高新技术企业结出一批"金瓜"。

二闯"富民关"。常言"靠山吃山，靠水吃水"。而南阳去网箱、禁放牧，渔民"靠山吃不了山，靠水吃不了水"。靠在坡地上种粮，施肥有污染，干旱收成小，怎么办？在距离库区不足1公里的万亩金银花基地，记者见到采花瓣的农民华占新。他算了一笔账：自家10多亩坡地流转出去，年收租金近8000元；自己和老伴每天干工，每人挣七八十元，还能照顾孙女。"最关键的，种金银花不施化肥，不打农药，不污染库区！"

而今，"公司+基地+农户"特色种植遍地开花。西峡县栽种20多万亩山茱萸、11万亩猕猴桃，内乡县种下10余万亩油桃，南召县种植5万亩花卉。全市420万亩经济林，成为水质的"净化器"、群众致富的"摇钱树"。

三闯"对接关"。2013年，国务院下发文件，确立北京、南阳对口协作。北京市每年拿出2.5亿元支援河南，其中1.6亿元投向南阳。两地区县、乡村、学校一一"结亲"，定期协商、双向挂职、项目合作建立机制。然而，北京、南阳发展落差大，"北京在三层楼，南阳在一层楼，咋能握住手？"

"想嫁接好花木，还得有好桩。"重新审视南阳，"绿色"优势尽显。大宛农联合社的冷库里，名誉理事长李强指着小山似的果蔬，挨个介绍"有机"品质。联合社和首农集团、北京电商联手，把48家会员的130种农产品送进北京。

"三闯"中的南阳，"颜值"提升，实力大增：丹江口水库最新水质监测显示，109项指标均符合地表水Ⅱ类标准，其中常规项目95%以上符合Ⅰ类标准。今年以来，南阳经济发展继续保持良好态势，1~5月份，规模以上工业增加值343.59亿元，增速8.0%；固定资产投资总量1009.92亿元，增速17.5%；地方公共财政预算收入75.69亿元，增速23.5%。近两年，北京、南阳共投入6.62亿元，实施72个保水项目。一幅高效生态经济示范市的"蓝图"，正一步步变成现实。

（来源：《人民日报》2016年9月17日

记者 龚金星 马跃峰）

南阳巧解三道"水难题"

"保水与富民"两翼齐飞，长久保水

南阳是丹江口水库的主要淹没区。20世纪五六十年代，南阳两次移民20万人。从2009年到2011年，库区再次迁出16.5万人，其中近10万人安置在本市。

"留下的渔民上岸，靠山吃不了山，靠水吃不了水。"淅川县九重镇是移民大镇，所辖唐王桥村被水淹没，剩下8000亩荒坡地，人均1.5亩。坡上没有井，浇不上水，一年亩产500斤小麦、800斤玉米。刨去农药钱、化肥钱、人工费，农民只能混个"肚儿圆"。

种粮效益低，施肥有污染，可不种粮，农民吃啥？矛盾摆在唐王桥村原党支部书记高敬森面前。2011年，淅川鼓励农民流转土地，规模化种植金银花、软籽石榴。村民找到高敬森，当面埋怨他："地给了人家，咱不得饿死？"

高敬森没直接回答，而是通知全村开会，给大伙儿算收入账：流转一亩地，公司每年给748元，并随麦价上涨；年轻人出门打工，每天少说挣一百块；年老的回地里干活，一天挣七八十块，还能照顾孙子、孙女。算罢账，老高先在流转协议上按了手印。全村人随之将土地流转给福森集团。

"公司流转1万亩地，年产金银花600吨，采摘用工上百人。"福森集团农林果产业管理中心主任张华强说，"不打农药，只用有机肥，保证了产品质量，保护了库区安全。"据介绍，淅川引入30多家企业发展生态农业，带动5万多名农民务工致富。

在汇水区域西峡县五里桥镇黄狮村，一条猕猴桃生态廊道，绿意浓浓。村民董书敏说，他家种了3亩猕猴桃，合作社全程进行技术指导；收获季节，定点企业上门拉货，立时结账。几年前，黄狮村还"穷得叮当响"。

村党支部书记董良玉带领全村，经过5年努力，种植猕猴桃3390亩，人均纯收入超万元。"我们'以果带游'，发展生态旅游，让农民的腰包更鼓。"董良玉说。

北京南阳两地联手协作，合力保水

南阳、北京因水结缘。2013年，两地正式对口协作。北京支持2.68亿元，用于水质保护、产业发展、民生改善。同时，引导企业、社会各界积极融入，合作共赢。

然而，两地发展差距大，难找对接点。北京药企看中南阳的草药，兴致勃勃来考察。几天下来，发现当地虽然有三四十家艾草企业，但规模小、设备差、技术低，具体项目谈不拢。难点从何破解？"想嫁接好花木，还得有好桩。"南阳重新审视、发掘自己的优势。

请来中关村企业一调研发现：南阳理工学院培养了一批软件人才，月薪比北京低得多。看中这一点，中关村企业到南阳，合作建设北京中关村e谷（南阳）软件创业基地，打造中原最大的软件与动漫产业基地，3年将实现产值2.5亿元。

最大的优势自然还是来自"保水"。内乡县关闭271家黄金、白银采矿企业，好山重现好水，还有"内乡县衙"等一批景点。

可是"守着'宝贝'不知道咋推介"，内乡县旅游局局长曹正平感叹，对口协作后，北京延庆拿出30万元，做出内乡县旅游总体规划。之后，又支援170万元，制作旅游宣传片，请专家对景点把脉问诊。专家建议，不宜孤立谈"内乡县衙"单体价值，而应挖掘"世界生物圈保护区"宝天曼旅游价值，整体创建5A级景点。此后，延庆派八达岭特区办事处工会主席梁文忠到内乡挂职副县长，帮助提升创建水平。"通过申请5A级景区，内乡县提升了景区硬件、管理经验，开阔了眼界、更新了观念。"曹正平说。

好山好水好物产。南阳116个有机农产品目前陆续进京，累计销售3.6万吨。西峡县的

香菇远近闻名。在家家宝食品公司，工人把香菇放上履带，经多道工序，一箱箱香菇脆片包装后就进了京。在北京，咬一口庆丰包子，满嘴流香。顾客可能不知道，馅里的香菇，便是来自1000公里以外的南阳。

（来源：《人民日报》2016年9月17日02版　记者：龚金星　马跃峰）

鄂豫陕水源地群众
考察南水北调中线工程

"同饮一江水——水源地豫鄂陕三省群众代表考察南水北调中线工程"活动9月6日在天津正式启动。此次活动由国务院南水北调办组织，来自水源地的河南、湖北、陕西省30名群众代表，考察南水北调中线干线天津、北京段及配套工程，与工程受水区城市天津、北京用水市民面对面交流沟通。9日，国务院南水北调办组织召开座谈会，国务院南水北调办相关司、北京、天津、河南、湖北、陕西省（市）南水北调办（局）和中线建管局负责人，与30名豫鄂陕群众代表就考察工程的感受、南水北调工程效益、水源区保护等展开座谈。

南水北调中线工程从丹江口水库调水，河南、湖北、陕西省是中线工程的水源地。为了一渠清水北送，水源三省加快水源区生态建设和环境保护，积极推进水污染防治和水土保持，为丹江口库区建立起一道"水质安全保护网"。丹江口库区34.5万移民情系北方缺水地区群众，舍小家顾大家，告别家乡，告离乡亲，与故土依依惜别，为工程建成通水做出了无私奉献。他们用滴水穿石的坚忍、上善若水的平和、波澜壮阔的大爱铸就了移民精神。

此次国务院南水北调办组织"同饮一江水"活动，旨在饮水思源，回报水源地豫鄂陕群众，近距离走近南水北调中线工程，亲身感受工程建成通水发挥的显著效益，为北

方人民带来的巨大福祉。同时，受水区与水源地群众"牵手"，共话"调水、用水、节水"，让社会各界更多的人了解南水北调国家重大战略工程，珍惜水资源，支持爱护造福当代、泽被后人的民心工程。

此次活动为期4天，豫鄂陕群众代表将考察中线干线天津工程终点——外环河出口闸、曹庄泵站配套工程、芥园水厂，以及中线干线唯一一座加压泵站——惠南庄泵站、北京市内885米的团城湖明渠、团城湖调节池工程、郭公庄水厂。代表们还走进天津、北京用水居民家中，与他们零距离交流。

截至目前，中线工程累计调水总量超50亿立方米，中线工程运行平稳，水质稳定达标，在沿线省市水资源供给、水质提升、减缓地下水下降、改善生态环境、防灾减灾等方面发挥了积极作用，社会效益、经济效益、生态效益同步显现。

工程通水以来，国务院南水北调办通过"请进来，走出去"的方式，分批次、分层次开放重点工程，计沿线群众亲眼见证南水北调工程，为南水北调与社会各界沟通打开渠道。2015年10月受水区北京、天津市民代表考察南水北调中线，搭建了水源区与受水区群众"因水结缘"的沟通平台。12月中央地方媒体记者聚焦中线工程，向社会展示了工程发挥的综合效益。

工程沿线省省市和工程管理单位还组织了多种形式的互联互通、对口协作活动。

（来源：光明网　2016年9月9日　记者陈晨）

青山金山可"双赢"

把政绩融在清水里，把丰碑刻在青山上。按照生态经济化、经济生态化的发展方向，河南南阳市走出了一条绿色发展、可持续发展的新路。

坚持绿色发展，提升南阳生态颜值！今

年1月至5月，南阳市中心城区空气质量优良天数同比增加17天，PM10、PM2.5平均浓度同比分别下降8.1%、16.1%，全市大气环境质量持续改善；丹江口库区水质持续稳定保持在Ⅱ类以上水平，全市集中式饮用水源地水质达标率均为100%……

"硬手腕"呵护碧水蓝天

"进入桐柏，就像撞入一处绿色宝库！"徜徉在淮河源头南阳桐柏县，满眼的翠绿让人心醉。

"桐柏之美，美在生态，美在绿意。我们把园林县城建设融入国家级生态县创建活动之中，让青山绿水扮靓幸福家园，努力增强广大群众的获得感、幸福感。"桐柏县委书记莫中厚告诉记者，青山碧水、生态家园，已成为桐柏老区一张诱人的绿色名片。

从点到面，从淡到浓，从量变到质变，桐柏的绿色画卷一年一个样，把淮河源头装扮得愈加亮丽。

"不出城郭而有山水之怡，身居闹市而有林泉之致"。今天的南阳淅川县城，登高俯瞰，清风拂江波、高楼立山间，俨然一幅"城在林中、路在绿中、房在园中、人在景中"的天堂画卷。

南阳市委书记穆为民说，南阳市把建设高效生态经济示范市作为全市经济社会发展的统揽，统揽就是最高的高度，就是最大的覆盖，就是最红的"红线"。

依托国家重点生态建设项目，南阳市启动实施了山区生态林体系建设、农田防护林体系改扩建、通道绿化、环城防护林及城郊森林、城镇绿化及林业产业等工程，以"伏牛山区、桐柏山区、平原区、城市、小城镇绿化美化，村屯绿化美化和生态廊道"为主的"三区、两城、一点一网络"生态建设格局初步形成。

短短几年间，南阳市林地面积高达1600万亩。"十二五"期间完成造林335.59万亩，森林覆盖率提高到35.1%，南水北调核心水源

区——丹江口库区森林覆盖率达到53%；以争创全国循环经济示范市为目标，大力发展生态环保产业，推行清洁生产，构建循环经济链，已有42家企业开展了清洁生产审计，经济质量和产业结构不断得到提高和优化。

"红线"有多红？围绕水源水质保护，南阳市先后关闭污染企业800多家，搬迁环保不达标企业38家，各项损失高达90多亿元。借此契机，南阳市把"三创一治"（创建生态示范区、生态乡镇、生态文明村，治理规模化畜禽养殖企业污染）作为营造生态环境的重要抓手，共创建国家及省级生态示范区4个，创建国家级环境优美乡镇1个、省级生态乡镇9个、省级生态文明村70个、市级生态文明村59个。

产业发展有"生态防线"

涉水项目不能要、污染项目不能要、高耗能项目不能要……西峡县的产业集聚区入驻项目有数道铁定的"生态防线"。

几年来，西峡相继取缔了16家重点污染企业和800多个"十五小"企业，先后否决高耗能、高污染项目达40多个，关停迁移水泥、造纸、化工、畜禽养殖等涉水行业企业232家。

与此同时，一大批绿色项目、环保项目扎堆西峡。瞄准新能源引进，武汉力强能源公司投资10.6亿元的锂离子电池生产、河南通宇集团投资10亿元的新能源电动车动力系统等项目相继上马；瞄准高新产品开发，众德公司投资5亿元上马车用涡轮增压器项目、洛阳神泉商贸公司投资3.6亿元上马外商工业园项目相继建成……

"生态就是资源，生态就是生产力。"随着绿色、低碳发展的持续推进，西峡县认识到：保护与发展并不矛盾，青山和金山可以"双赢"。

在南阳，西峡并不是个例

围绕发展环保工业和循环经济，南阳市对建设项目环评审批和环保实行"三同时验

收"（治污设施同时设计、同时施工、同时投入使用）、"一站式"服务，严格项目审批和环境准入，坚决杜绝新上"两高一资"项目，大力推进转方式、调结构、保增长。

近年来，西峡实施工业发展"龙腾计划"，以产业集聚区为载体，推进千亿元产业集聚集群发展，重点扶持天冠集团、石油二机等30家龙头企业，打造防爆电气装备等9条特色产业链，着力培育装备制造、汽车及零部件、玉文化等3个千亿元产业集群，初步形成了装备制造、纺织服装、冶金建材、油碱化工、电力能源、食品加工六大战略支撑产业和光电、新能源、新材料三大战略性新兴产业等一大批特色鲜明的主导产业。

2015年，南阳市13个产业集聚区完成固定资产投资1400亿元，实现主营业务收入2300亿元，对全市工业经济的贡献率超过60%，超百亿元的产业集聚区达到9个。装备制造、纺织服装、食品三大产业主营收入占南阳市的比重超过45%，光电信息、新能源、新材料等战略性新兴产业年均增长23%以上，高新技术产业年均增长18%，科技对经济增长的贡献率高达56%。

绿水青山就是金山银山

"有机茶、金银花、软籽石榴把家发""以前是愁得长皱纹，现在是笑得皱纹深"，陈相民张口就是一套顺口溜。

陈相民是南阳淅川县盛湾镇瓦房村的村民。他告诉记者："种这软籽石榴，一年就能赚个三五万元，可比以前种地强多了。"

和淅川所有百姓一样，南水北调中线工程开工建设彻底改变了陈相民几十年的生活。作为南水北调中线的水源地，淅川境内水域面积占南水北调源头库区总水面的48.3%，身处核心水源区和渠首所在地，淅川成为南水北调水质最重要的护卫者之一。

保水质就必须减污染。为了降低农业面源污染，经济发展转型的利剑指向了当地村民百十年来"靠山吃山"的传统农林模式，引导农民转向生态农业。

到目前，在南阳市，仅淅川县就吸引了65家企业投资生态产业，发展软籽石榴、茶叶、金银花、薄壳核桃等26万亩。"钱包鼓了心不慌，再不用像以前那样，一年到头守着两亩地打粮吃。"淅川县魏岗村村民张建华说。

发生在南阳市的这一系列变化，很大程度上源于国家生态文明先行示范区建设战略的实施。

按照区域化布局、规模化种植、标准化生产的要求，南阳市不断调整种植业结构，突出粮食、畜牧两大基础性产业，棉花、花生、小辣椒、烟叶、桑柞蚕、水产六大传统产业，设施蔬菜、苗木花卉、茶叶、中药材、猕猴桃、食用菌六大战略性产业，形成了具有南阳特色的农田生态系统，加快了生态农业的发展。

几年间，南阳市亩产值千元以上的高效益农田面积已有近40万公顷，天冠粮食加工、宛西中药材等9个产业集群被认定为省级农业产业化集群，20个重点农业产业化集群实现销售收入638亿元；累计认定无公害农产品基地180个、667万亩，认证无公害农产品205个、绿色食品35个、有机产品（含有机转换）328个、地理标志产品3个，家庭农场总数达到3331家。

借助南水北调这一世纪工程发展生态旅游，南阳市与沿线5省13座城市组成旅游联盟，共同承担一库清水永续北送责任的工作也已全面启动，生态旅游的新格局正在形成。

穆为民说，以绿色发展为引领，南阳将全力打赢建设高效生态经济示范市这场攻坚战，实现经济高效运行，持续健康发展；空间布局更加优化，新型城镇化体系基本形成；生态环境质量明显提升，全国生态文明城市基本建成。

（来源：《经济日报》2016年7月5日　记者　夏先清）

"走近南水北调　牵手移民子弟" 主题公益活动启动

7月1日，北京联合大学机器人学院的嘉宾在活动现场向移民应届高中毕业生介绍招生培养政策。（中国网/何珊　摄）

7月1日，北京联合大学机器人学院的老师在活动现场向应届高中毕业生介绍录取移民新生的奖励和资助政策。（中国网/何珊　摄）

7月1日，"梦想·摇篮——走近南水北调　牵手移民子弟"主题公益活动在河南省南阳市淅川县第一中学正式启动。淅川县移民应届高中毕业生和淅川第一中学高中学生近200余人，与来自千里之外的南水北调中线建管局宣传中心、北京联合大学机器人学院、保千里视像科技集团等单位，近距离走近南水北调，面对面地沟通交流，畅谈交流大学青春梦想。

河南省淅川县是南水北调中线工程水源地，是丹江口库区移民人数最多的县。为了一渠清水北送，淅川丹江口库区16.4万移民舍小家，顾大家，情系缺水地区，与故土依依惜别。

活动现场，北京联合大学机器人学院向移民应届高中毕业生解读招生培养政策，对录取的移民新生奖励和资助政策等，还回应了其他年级的高中学生关心的问题。高科技企业保千里视像科技集团介绍了与北京联合大学建立战略合作并设立1000万元人民币的"保千里德毅机器人专项成长基金"的背景与目标，与北京联合大学机器人学院共同解读了有关基金助学创业的资助办法，并现场捐资助学，奖励学习成绩优异的移民学生。

自今年三月阿尔法狗战胜棋手李世石后，"人工智能"一夜之间成了众人瞩目的焦点。因此，在活动结束后，不少学生和家长纷纷表达了报考意向，并向来自机器人学院的老师了解招生信息和今后的就业前景。

今年五月，北京联合大学成立机器人学院，成为中国第一家设立机器人学院的高等学府，学院院长由中国工程院院士、中国人工智能学会理事长李德毅担任。学院成立之时，即获得保千里视像科技集团1000万元人民币的"保千里德毅机器人专项成长基金"，基金分五年捐助，专门用于机器人学院贫困学生的助学金、品学兼优学生的奖学金以及科研能力突出的教职员工和学生科研奖励，其中用于资助贫困学生的助学金不高于总额的20%，用于奖励品学兼优的学生奖金不高于总额的30%，用于奖励科研能力突出的教职员工和学生的科研奖励不高于总额的45%。

北京联合大学机器人学院副院长马楠向媒体介绍了学院今年招收淅川移民子女考生政策。他表示，凡是今年淅川移民子女考生考入北京联合大学机器人学院的学生，第一年享受贫困生助学金5000元人民币，第二年符合国家贫困生条件可以继续享受5000元人民币助学金；淅川移民子女考生考入机器人学院的，若其高考考分超过一本分数线的，可以享受机器人学院优秀新生10000元人民币奖学金。

今后，南水北调中线建管局宣传中心、北京联合大学机器人学院以及保千里集团将不断探索多方合作，积极参与监督北京联合大学"保千里德毅机器人专项成长基金"的使用和管理，为机器人产业的快速发展提供人才支持。

（来源：中国网 2016年7月2日 记者 何 珊）

南水北调中线工程水源区
加快推进堤岸加固建设

6月19日，300多辆载重运输汽车将土方运入湖北省十堰市郧阳区汉江南岸菜园村江段，推土机和压路机紧跟推平压实施工，这是南水北调中线工程丹江口库区的堤岸加固工程建设。该工程从城东双庆桥至南菜园村，全长近2000米，为赶在汉江上游汛期到来前加固堤岸。

（来源：人民网 2016年6月19日 记者 周家山）

为父老乡亲树立一座丰碑
——评梅洁的"移民三部曲"

在梅洁七卷本"作品典藏"里，有三部为纪实文学，《山苍苍，水茫茫》《大江北去》《江水大移民》，这三部书是梅洁关于中国南水北调中线移民命运的史诗性著作。三部书的出版引出诸多文学话题，现仅就两方面试说如下：

第一方面，作品的人民性。梅洁始终坚守着"写人民"和"为人民而写"的原则，是"人民性"这三个字构成了梅洁创作的一个价值高度。

首先，她塑造了一个庞大的人民群体，这个群体极具草根性。半个多世纪里，中国南水北调中线工程两次移民83万。每一个数字后面，都是一个生命、一个命运、一个故事。正是这样一个庞大的群体，成就了世界上最大的一项水利工程；也正是这样一个庞大的群体，跨越难以言说的艰难，以半个多

世纪的岁月，让汉水北上，润泽了北方亿万人民。

其次，梅洁"人民性"的表现，还在于她直面现实，勇敢地书写了这个庞大群体的生存状态。写他们的不适应到适应，和在这两者过渡中的苦难、挣扎和奋斗。梅洁在作品中，不断把这些人物放在风口浪尖上，他们确实经历了人间最大的苦难，也作出了人间最大的贡献，苦难与贡献是与这些人融为一体的。

一个有良知的作家，是不能规避人民苦难的真实状态的。梅洁流着泪写移民以乞讨回乡的千里大返迁，写他们返迁后，衣食无着，在江边、路边、城边、码头边的茅棚里，过着长达20年的艰难生活。

当新移民政策到来时，他们又开始成车成队的第二期大搬迁。到达陌生的地方，他们看到楼房就相信未来的生活是好的，他们有了1.5亩的土地，就觉得这个土地上能够生长财富。这是一种非常坚硬的精神，梅洁是能感受她故乡人民的韧性的。

再就是，梅洁以重笔写出她的父老乡亲的大义，这就是百万移民的道德观。百万人汇成的大义，成为推动这项水利工程顺利完成的精神力量。这些终年劳碌在祖先留下的土地上的农民，他们一旦懂得了迁徙的大趋势和必需性，就慨然地说：祖国在上，我把家乡献给你！他们站在故乡的河边、山冈，几百人的哭声感天动地；他们含着眼泪，把家中的钥匙埋在父亲的坟前，叩头告别，举家离去；刚生下一个月、两个月，甚至六天的孩子都走在了迁徙的路上；而当成千上万亩橘园沉入江底时，他们哭过喊过之后，又默默地开始新的谋生；他们流着泪说：我们知道北方人渴，我们可以搬迁……

这是怎样的大善大爱？这是怎样的顾全大局？梅洁将这种升华为革命性的道德观，写得异常悲壮，使她笔下的人民，彰显出一种凛然大气。

第二方面，梅洁以自己的深情，为三部曲建立了另一个巨大的支撑。梅洁融汇在作品中的深情，是一种灵魂的出行。如同古日耳曼人能在深夜听到太阳向东运行的声音一样，梅洁怀着同样的灵性和情怀。

梅洁少小离开故乡，31年后，为寻找家园而重归故乡。她能够听到故乡"葬在水下的音乐"；她把故乡的山梁说成是蓝色的，在那儿可以看到母亲扬一扬手；她说父亲是"一匹白色的风"，能够穿越天堂和地狱，来到她身边帮助她前行；而她故乡的父老乡亲和大河，更可以敞开心灵与她对话。

我们读梅洁，她前期的故乡就是一条温暖的大河，是母亲发髻上的一朵紫色花，是她提着竹篮洗衣服的故乡。当《山苍苍，水茫茫》这部作品完成的时候，梅洁认为自己的故乡是天火焠煅而成，它充满了真实和艰难，同时它充满灵性和哲学的光芒。哲学的光芒照耀了故乡、照耀了大河，也照耀了梅洁自己。

《山苍苍，水茫茫》发表15年后，梅洁开始她第二部作品《大江北去》的写作。她先沿汉水、丹水走了100天；再去华北、中原、北京、天津走了100天。在前一个行程中，她看到故乡的父老乡亲怎样从山谷中走出来，艰难却刚强地创造着新的生活；而后一个行走，则是北方极度缺水的危机给她的震撼。汉水要来拯救这个危机。于是，她站在故乡的江边无限感慨地说："你本是天上的银汉啊，我的汉水！"这是梅洁在行走中视野扩大的感慨。

5年后，梅洁开始第三部作品《汉水大移民》的写作，在这部作品里，我们发现，梅洁用笔多有刚韧之处，她的情感也变得激越。

她在书中常使用这样的词语："万人大对接""生死鏖战""决绝一搏""骤起雄风""背水一战"等等。她把这场旷世的人民大迁徙，当作一场"没有硝烟"的战役来书写。她敏锐地发现这场战役"没有敌人"，但却必须用"精神、责任、担当甚至血肉之躯去穿越枪林弹雨。"于是，一场关于生产关系转换中与生产力之间相砥砺、相调节的大命题，出现在梅洁的笔下，使她的笔墨中生出豪迈之气。

总之，当梅洁为她的中线移民三部曲画上句号时，她为那些作出大贡献大牺牲的父老乡亲，树立了一座丰碑，也为她的创作树立了一座丰碑。这碑耸立于云天，也载录于历史。

（来源：《光明日报》2016年5月16日 作者　田珍颖）

丹水无弦万古琴

春来丹江绿如蓝（摄影）宋辉

自古以来人类逐水而居，生命赖河流而繁衍，经济因河流而繁荣。丹江就是这样一条养育了世世代代淅川人的母亲河。

　　　　　　　　　　——题记

一片云蒸霞蔚中，丹江口水库烟波迷离、茫无涯际，江面上帆影点点、飞鸟翔集，岸边沙洲垂柳依依、摇曳生姿。我的手机相册中，一直珍藏着这样一幅丹江图片，整个画面阔大而不失婉约，凝重中又透着一丝清新，那种隽永的韵味让人一下子就想到了丹江的亘古和包容。

"河身如带势弯环，一线中流两崖山"，丹江从崇山峻岭中逶迤而来，穿过岁月的沧桑，将沿线绵延五六千年的人文自然风光穿成一串珍珠，在滔滔丹江水中起起伏伏。每当有客人来访，我总喜欢带他们沿着丹江欣赏一路的风光：丹江口水库浩渺万顷、水势泱泱；丹江小三峡激浪涌雪、弯曲迂回；古刹香严寺博大深邃、韵味悠长；八仙洞石笋如林、如梦如幻……一幅幅瑰丽画卷、一座座艺术殿堂，让所有人都折服于人类的智慧和大自然的鬼斧神工。

丹江，是汉江最大的支流，曾孕育了楚地瑰丽的文化。楚地先民在这里"筚路蓝缕以启山林"，经过艰苦卓绝的创业，拉开了楚人"问鼎中原，饮马黄河"的历史序幕。楚国800年历史，有近400年定都丹阳，也就是现在的淅川。楚都南迁于郢，丹阳"龙城"也随之隐匿了踪迹，虽然历代皆有行政建置，终不复当年楚国雄霸天下的威风。而龙城故地却因丹江的冲积，成为"一脚踩出四两油"的四十五里顺阳川，哺育了范晔、范缜等历史名人，引李白、李商隐、元好问等文人墨客在此留下歌吟履痕。

1958年，因南水北调的愿景规划，许多淅川人离开了祖祖辈辈生活的丹江，开始了长达半个多世纪的迁徙。何兆胜老人一生辗转了三省四地，23岁西进风雪交加的青海，30岁南下芦苇遍地的荆门，到75岁高龄时，又跨过黄河至太行山下的辉县，一年后，在异乡安然长眠。他就像一颗种子，落到哪里就在哪里顽强生长；又像一片落叶，一生都在随风飘零。老人52年的搬迁史，正是半个多世纪以来淅川移民搬迁历史的缩影。大义凛然的淅川人民，经过艰难的抉择和心灵的考验，远离熟悉的古村野渡、渔歌帆影，带着对故园山水的无限眷恋，义无反顾踏上搬迁之路。

留下的乡亲为了给北方人民送去甘甜的丹江水，在渠首大地筑起一道道生态屏障，探索出一条水清民富的双赢之路。我目睹了环评不达标老板在工厂关停时的怅然，目睹了网箱拆除后的渔民失去了渔舟唱晚生活的惆怅，也目睹了人们在黑石山上种树苗的艰辛。丹水进京一年多来，引水干渠两岸如春雨沛然而至，一条条干渴的神经受到滋润，京津冀豫4省沿线多个大中城市已有几千万人直接受益于优质纯净的丹江水。

瑰丽的山水风光和深厚的文化底蕴，吸引了众多游客来淅川旅游观光、饮水思源。旅游业已成为淅川经济的支柱产业，古老的丹江历尽沧桑，正散发出新的活力。

（来源：《光明日报》2016年5月15日 作者 梁玉振）

丹江口水库首季来水偏少
南水北调中线工程可正常调水

4月28日，记者从汉江集团了解到，今年一季度丹江口水库来水偏少，水位偏低，但仍能满足南水北调中线工程供水要求。

2012年以来，丹江口水库连续遭遇4个枯水年。特别是2015年，汛期来水较常年同期偏少四至六成，汛期末蓄水位仅为152.44米。但经过科学调度，通水一年多来，南水北调中线工程运行平稳，保证了正常供水。

今年丹江口水库仍然未能敞开肚子"喝"水，1至3月累计入库水量约31亿立方米，较去年同期偏少一成，水库水位由年初的152.53米降至3月底的150.46米。

目前丹江口水库死水位为150米(低于此水位原则上不能再向外调水)，水位超过145米时即能实现丹江水自流到京。在来水偏少情况下，汉江集团控制下泄流量，确保优质、足额向北方供水。4月28日最新水位为150.74米，总蓄水量131亿多立方米，可使用的有效蓄水量仍有4.6亿多立方米。

虽然供水形势可能趋紧，但根据年度水量调度计划，丹江口水库能满足南水北调中线工程供水要求。另据气象部门预测分析，受厄尔尼诺现象影响，今年长江流域发生强降雨的可能性很大，丹江口水库或将迎来开怀畅饮的机会。

目前，南水北调中线工程向我省10个省辖市及邓州市供水，日均供水约330万立方米，今年预计供水10.69亿立方米。

（来源：《河南日报》2016年5月3日 记者 张海涛）

河南淅川在京推介旅游资源

4月20日，北京朝阳河南淅川"弘扬移民精神 深化京淅协作"宣传月旅游专场推介会在北京市朝阳区举行。

淅川县是南水北调中线工程渠首所在地和核心水源区，也是河南省唯一的移民迁出县，从20世纪50年代起，淅川县先后动迁40余万人。淅川是楚文化发祥地、商圣范蠡的故乡，是伏牛山世界地质公园的重要组成部分、国家级湿地保护区、省级风景名胜区，是国务院确定的南水北调中线生态旅游观光带的龙头，旅游资源十分丰富。全县有景区（点）12家，其中南水北调中线陶岔渠首景区和烟波浩渺的丹江湖风景名胜旅游区、"亚洲第一库、中国第一苑"丹江大观苑、千年古刹香严寺、峡谷精品坐禅谷、溶洞精品八仙洞、南水北调移民文化苑、古镇荆紫关等景区已成为知名景区，具有较强的市场吸引力，2015年接待游客540万人，综合收入25.6亿元。

（来源：《人民日报》2016年4月27日 记者 程 钰）

南水北调中线干线工程 首次开展突发水污染应急演练

3月24日，在国务院南水北调办的统一组织和安排下，南水北调中线建管局在中线干线河南新郑段十里铺东南公路桥模拟一起由突发交通事故引起的水污染事件，并展开应急演练，以此检验中线工程应急管理组织体系和机制运转情况，检验各应急预案的实用性及其衔接有效性，综合检验现场应急处置抢险救援实际执行能力、应急保障和对外协调能力。

作为我国水资源优化配置的重大战略性基础设施，南水北调对促进我国经济社会可持续发展具有十分重大的意义。南水北调中线工程自2014年12月12日通水以来，截至目前，已经向北方调水超过32亿立方米，惠及沿线群众4000余万人，大大缓解了我国北方地区水资源严重短缺的局面，工程沿线居民用水水质明显改善，受益城市供水安全系数提升，地下水环境和城市河湖生态显著优化，社会、经济、生态效益逐步显现。南水已经成为沿线人民群众生产生活不可分割的一部分，成为京津冀协同发展的有力支撑和坚实保证。

北京市城区供水中南水北调水占比已超过70%，1100万市民喝上了南水北调水，中心城区供水安全系数由1.0提高到1.2。天津市中心城区生活用水已全部使用南水北调水，超过800万人受益。河北省沿线大中城市供水保障率明显提升，受益人口约500万人。河南省南水北调供水范围涵盖了11个市，受益人口1600万人。

其他受水省市的南水使用量也在不断增长，南水北调已经成为不可或缺的水源，其作用越大，影响也越大，一旦发生不测，会严重影响民生甚至社会稳定。

中线工程全长1432公里，沿途设置了64座节制闸、97座分水口门，由于南水北调中线工程线路长、输水安全制约因素多，受工程问题、自然灾害、水质、水量、设计检修工况等多方面因素影响，工程断水风险始终存在，局部发生事故也可能造成下游地区乃至全线断水的风险。在众多有可能发生的突发事件中，水污染突发事件更应高度重视，如果不能应急处置安全调度，将会引发中线工程断水事故，给沿线群众造成影响，不利于社会稳定。现行条件下，提高中线工程安全应急能力，已经成为中线工程运行管理的第一要务。通过水污染演练，查找问题，总结经验教训，从而健全完善统一领导、分类管理、分级负责的应急管理组织体系；从而完善统一指挥、反应灵敏、协调有序、运转高效的应急管理机制；从而修订完善应急预案内容，全面提高突发事件应急综合管理能力。同时，促使相关人员熟悉应急程序，时刻保持高度警惕，以便在突发情况发生时熟练应对，从而保证工程的运行及水质安全。

此次演练的原则是"全流程、真动作、实检验、不断水"。全流程，包括信息报告、启动响应、先期处置、应急处置、应急结束的全过程；真动作，包括污染分离、水质监测、应急调度、污染处置、通水等实际操作动作；实检验，处置过程全记录，形成正式专项档案资料，实际检验各岗位操作能力和责任落实情况；不断水，不影响沿线正常供水。

此次演练的依据包括《南水北调中线干线工程突发事件应急管理办法》、《南水北调中线干线工程突发事件综合应急预案》、《南水北调中线干线工程突发事件应急调度预案》、《南水北调中线干线工程水污染事件应急预案》、《南水北调中线干线工程水污染事件应急处置技术手册》以及《国家突发环境事件应急预案》等。

演练模拟一辆载有5吨危险化学品硫酸的运输车因司机疲劳驾驶，通过十里铺东南公路桥时，失控撞破隔离网，跌至一级马道。交通事故造成运输车油箱破裂，柴油和车上的1罐硫酸进入渠道，部分硫酸沿边坡进入渠道，总计大约有1吨硫酸进入渠道水体，污染水质，危及水质安全以及饮水区域人民群众生命安全。

水污染事件发生后，中线建管局所属新郑管理处、河南分局相关三级运行管理机构分别启动应急预案，中线建管局成立应急指挥部，开展应急救援及处置工作。演练过程主要包括"两个阶段、两条主线、五个演练场景"。两个阶段：事件报告及先期处置阶段和现场处置阶段。两条主线：水污染应急处置、应急调度。

水污染应急处置五个演练场景：一是启动应急调度，关闭事发地点上、下游闸门，防止污染源进一步扩散；二是紧急调运应急物资、应急队伍，打捞事故车辆，开展先期处置工作；三是开展应急监测，先期布置3个监测断面，监测石油类、硫酸盐、pH值等指标；四是开展现场处置，布置2处中和点（采用30%氢氧化钠中和水体中的硫酸），2道围油栏（采用收油机、吸油毡吸附水体中的柴油）；五是经现场处置后，达到生态水水质标准，通过退水闸退水，在退水渠设置石灰石、活性炭对水体进一步处理。

应急调度：紧急关闭污染段上游沂水河控制闸、下游双泊河节制闸，阻止污染扩散，开启事故段上游沂水河退水闸；临时关闭下游李垌分水口、梅河节制闸，待检测本段水体未被污染后恢复分水；同时减小陶岔入总干渠流量，减小下游节制闸过流量、分水流量，全线节制闸进行联调，事故段水体排空后，逐步恢复下游供水，根据供水优先顺序逐步开启沿线分水口门和恢复各分水口门的分水流量。调度过程要求上下游输水流量平衡衔接，水位调整平稳有序。全线联动应急调度既要将突发事件沿渠道输送的次生灾害降到最低，同时保障退水水质无害达标，不造成二次污染，又要尽快恢复下游正常供水。

"这次应急演练目的明确，筹划比较周密；程序很规范，场景也很逼真；同时，指令协调统一，人员动作到位，技术含量较高，为南水北调中线应对突发事件应急处置积累了实战经验。"国务院南水北调办主任鄂竟平评价道。

突发水污染应急工作是一项长期的任务。鄂竟平指出，南水北调中线干线工程线路长，交叉建筑物多，全线自流，无调蓄水库，工程运行管理中面临外界诸多突发意外情况，局部发生事故，就可能造成下游地区甚至全线断水的系统性风险。这就要求各运管单位在工作中，时刻绷紧应急管理这根弦，不断强化危机意识、问题意识和责任意识，防控风险，减少损失。一是加强预案体系建设，不断细化和完善应急工作方案和流程，提高可操作性。二是加强能力建设，强化人员培训，落实岗位责任，对突发事件做到早发现、早研判、早预警、早响应，不断水或短时间断水；三是加强协调配合，按照国家应急管理的要求，加强与工程所在地地方政府和国家有关部门的协调配合，该备案的备案，该报告的报告，该联动的联动；四是加强调度管理，做到快速调度，分段调度，将突发事件沿渠输送的次生灾害降到最低，将断水风险和持续时间降到最低，将上游风险对下游的供水影响降到最低，将退水对当地的影响降到最低。五是加大重大问题研究和相关规律把握，研究越透彻，工作越到位，风险就越可控。

鄂竟平强调，各运管单位一定要高度重视突发事件的应急处置工作，及时发现问题和不足，更新和完善预案体系，提高管理能力和水平，确保工程安全、水质安全。

（来源：中国网　2016年3月24日　记者　何　珊）

河南省淅川县
保水质出实招新建一垃圾压缩站

为确保南水北调渠首水源地水质，让一江清水流向京津，南阳市淅川县投资140万元，新建一座垃圾压缩站。

由于城市居住人口不断增加，生活垃圾也相应增多，在该县老坟岗、解放街北段两座垃圾压缩站每天都超负荷运转的情况下，仍有很多生活垃圾和少部分建筑垃圾不能及时处理，直接影响水质。根据保护水质的需要，实现城市垃圾及时收集、压缩、转运、提高垃圾日处理量，淅川县委、县政府研究决定，在该县上九路与工业路交叉口新建一

座总占地面积290.41平方米的垃圾压缩站。

该垃圾压缩站建成后，主要收集、压缩县城南区居民的生活垃圾及建筑垃圾，并转运至垃圾处理场进行填埋。目前，该项目正在紧张施工中，有望在3月份竣工并交付使用。

（来源：中国网　2016年3月7日　记者　李元伟）

南水北调中线冰期正常输水
9亿立方米长江水输入北京

南水北调冬季调水会不会"半路结冰"影响调水？记者从南水北调中线建管局获悉：通过采取有效运行措施，加上今年气温偏高，到目前为止，中线总干渠还未出现明显冰情。中线工程冬季输水以来运行平稳，今冬共向北京输水1.75亿立方米。全线正式通水以来累计向北京输水超过9亿立方米。

中线建管局相关负责人介绍，从2008年南水北调京石段工程通水以来，中线工程已经历了6次冰期输水，运行状况正常。主要是通过严格控制水位的变幅，一旦冰盖形成后，确保冰盖下稳定输水。在节制闸门处设置了防冰冻设施，安装了闸门门槽加热设备，防止冰期运行时闸门冻结，保障沿线节制闸的正常运行。

据悉，今年南水北调进入冰期运行后，在北京段北拒马河节制闸前，以及各退水闸前等处设置增氧扰动设备，通过扰动水流，防止附近水体结冰。同时，根据现场实际，配备人工捞冰和破冰机械设备，以备应急使用。为满足北京用水需求，今年冰期中线工程向北京输水加大流量，入京流量约为30立方米每秒，冰期输水流量突破了历年冬季输水最大流量。

（来源：《人民日报》2016年1月8日　记者　赵永平）

瞭望：南水北调中线通水周年观察

南水北调陶岔渠首工程

中线通水一年来，工程沿线省市拥有了充足、稳定的外调水源，由过去单一水源实现了双水源保障，华北和中原地区城市供水"依赖性、单一性、脆弱性"的矛盾正逐步得到转折性改善。

南水北调工程通水后不会出现大幅度涨价的现象

自从喝上长江水之后，胡家富家中的净水机就停用了。

"水质特别好，口感还有点甜，煮出的饭明显更黏（稠），（净水机）也用不上了。"对于新水源，这位家住河南省许昌市的老人感触颇多。在2014年底南水北调中线通水前，许昌的水源主要来自于淮河的二级支流北汝河，"以前烧完水，水壶里都是水锈，都喝纯净水。"

现在，胡家富家的水是由附近周庄水厂输送过来的，水厂厂长庞军伟为本刊记者介绍，现在南水北调来水水质可以稳定地保持在二类水标准，比之前提高了一个档次。

按照调水规划，许昌每年可以分得2.26亿立方米水，等于一年送来两个大型水库。由此，北汝河可以置换出1200万立方米水，地下水超采问题亦得到有力治理。

近日，瞭望记者在南水北调中线通水一周年之际，重走中线豫、京、津等多个地区，访问居民、水利专家、地方官员，一线感受到中线工程通水一年来的受水省市经济社会生活各方面用水的巨大变化。

调水几何

开工于2003年的中线工程，跨越半个中国，它从丹江口开始，经黄淮海平原西部边缘在郑州西部穿越黄河，沿京广铁路西侧北上，最终将长江水送达缺水严重的京津冀地区，一期工程年均调水量95亿立方米。

自2014年12月通水至2015年12月，南水北调中线一期工程累计分水水量21.7亿立方米。其中，河南省分水8.47亿立方米，北京市则获得了8.22亿立方米。天津市有3.73亿立方米的水量，河北为1.25亿立方米。

中线来水大部分用于城市生活用水，过去一年，北京外调水约70%供给自来水厂，自来水厂"喝水"4.7亿立方米。目前，北京已有1100余万人喝上了南来之水。同时，也有生态方面的补水，譬如，河南利用外调水及时用于3个水库充库及郑州市西流湖、鹤壁市淇河等河流补水。

相比于规划中的年均95亿立方米的调水量，通水首年的实际引水量尚不足四分之一。北京师范大学水科学研究院院长许新宜为《瞭望》新闻周刊记者分析，调水应以水源地水资源储量为基础，95亿立方米调水量是多年平均调水量，并不是每年都要调95亿立方米。

在这位原水利部南水北调规划设计管理局副局长看来，南水北调工程不是为了调水而调水，它要解决的是受水地区供水保证率的问题，"简而言之，当北方地区发生严重干旱时，国家有能力有手段缓解这种危机。"他说。

譬如，2014年入夏中线工程尚未正式通水前，河南为了应对严重旱情，就申请通过南水北调中线总干渠从丹江口水库向平顶山市应急调水，及时缓解了吃水问题。

另外，通水首年调水量不大的一个客观原因是，不少地区配套工程还在进行中，尚不能完全达到接纳国家分配水量的能力。干渠工程之外，地方上要完成接水，还需建设输水、调蓄、水厂、智能调度管理系统等一系列配套工程。

周年之变

对于像胡家富这样的百姓而言，通水后最大的变化当然是水质。但南水北调中线工程的根本目标在于缓解海河流域的缺水难题，长期以来，由于水源紧张，京津冀豫等地不得不常年超采地下水。

以首都为例，自20世纪80年代以来，北京超采地下水量在90亿吨以上，相当于目前北京市民5年的生活用水量。长期超采造成地下水位不断下降，1980年，北京市地下水埋深为6.7米，1998年降至11.88米，18年下降了5米。从1999年开始大幅下降，到2014年降至近26米。连续15年，平均一年下降近一米。天津、河北等地亦面临相同的危机，这直接导致华北平原成为全国最为严重的地下漏斗区。

中线工程通水后，沿线地区开始对地下水进行有计划的压采。

河南已有15座大型水厂水源，从开采地下水全部置换为南水北调水，到2020年，全省受水城区地下水压采总量控制在2.7亿立方米；天津则要求到2015年底，全市深层地下水年开采量控制在2.1亿立方米以内。到2020年底，全市深层地下水年开采量控制在0.9亿立方米以内；北京的主力水厂也逐步使用江水置换密云水库水，使得密云水库水位和库存下降趋势得到遏制。

水环境质量的改善顺理成章。以天津为例，由于水资源短缺，生态用水长期得不到补给，引江通水前，身为入海口的天津，河道大多断流、河湖水域面积萎缩。过去一年来，天津全市累计向景观河道补水3.93亿立方米，创历年环境补水量之最。

"我们从2008年开始，实施了两轮六年水环境治理，正在实施的清水河道行动是第三轮治理。"采访中，天津水利部门一位负责人向《瞭望》新闻周刊记者表示，过去，虽然水环境质量有所好转，但由于环境用水长期得不到补充，水环境无法得到根本的转变，"现在，这一状况在中线通水后得到改观。主要是城市生产生活用水水源得到有效补给，替换出一部分引滦外调水和本地自产水，有效补充农业和生态环境用水。"

当然，还有供水安全的提升。多位受访者介绍，中线工程沿线不少城市都是单一水源。通水后，又拥有了一个充足、稳定的外调水源，实现了双水源保障，城市供水"依赖性、单一性、脆弱性"的矛盾将得到有效化解。

解码水价

自南水北上后，沿线城市水价上涨的消息就不绝于耳。亦有不少传闻称，调水成本过高导致受水区不愿用水。就此，国务院南水北调办相关负责人回应《瞭望》新闻周刊记者，南水北调工程投资大，调水线路长，调水成本高于受水区当地水资源的成本是必然的，但工程通水后不会出现大幅度涨价的现象。

首先，南水北调主体工程水价是按"保本、还贷、微利"原则确定，由工程供水成本、利润和税金构成。"虽然总成本高，但调水量大，单位成本并不会很高。"他说。

其次，受水区用户终端水价是由受水区多水源的综合成本（含南水北调水价）、自来水厂加工和运营成本、污水处理费、水资源费等多因素构成，南水北调水价仅是水源成本的一部分，直接影响程度较低。

再有，在制定南水北调水价时，将充分考虑受水区当前的实际情况，目前还未按水资源的稀缺程度确定水价。"据测算，受水区按最终用水价支付的用水费用，占居民消费总支出比重不会超过2%，仍然在居民可承受能力范围之内。"他说。

采访中，北京市南水北调办公室主任孙国升也表示，水价调节有助于发挥市场机制和价格杠杆在水资源配置方面的作用，是提高用水效率、促进节约用水的重要手段之一。

"适当的水价调节是引导全社会节约用水的重要手段，有利于督促各行业'拧紧水龙头'，惩罚滥用水等违规行为，抑制高耗水行业，缓解北京缺水局面。"

节水为本

通水后，目前华北水资源短缺的瓶颈还未彻底改善。以北京为例，目前，首都本地多年平均水资源和外调水总量为31亿立方米，2014年全年用水量达到37.5亿立方米，供需矛盾仍然突出。

"调水前，北京人均水资源量是100立方米，现在是150立方米左右，仍远低于国际缺水警戒线。"孙国升说。国际公认缺水警戒线为人均1000立方米。

受水量最大的河南同样不乐观，根据河南水务部门的测算，到2030年河南全省预计缺水近50亿立方米。

因此，受访专家、官员认为，下一阶段，节水工作要更有针对性，力度上需进一步加强。

最大的潜力在于农业节水，推动"第一用水大户"向"第一节水大户"转变。节水农业走在全国前列的北京，目前农业用水量仍高达7亿立方米，按照水利部门的规划，通过技术改造等一系列措施，到2020年可以将这一数字下降到5亿立方米。作为农业大省，河南、河北在这方面的潜力更大。

就节水方式而言，除传统的宣传教育等手段外，孙国升认为，下一步要更加注重利用科技和市场的办法。通过节水技术的联合创新和自主创新，依靠创新驱动用水效率的提高。

譬如，北京2014年实施的自来水管网精细化管理，在全市建立了132个独立计量区，这一技术通过对小区入口处水量、楼门前水量、居民户内水量的对比分析，可以第一时间发现可能存在的管网漏损隐患，减少水资源的流失。加之2015年新建的150个独立计量区，每年可实现节水3600万立方米。

"生活中也要大力普及各种节水器具，例如冲厕所用6升抽水马桶、关紧水龙头、将洗浴时间与费用挂钩等，节水还是要从小事做起。"许新宜说。

（来源：中国南水北调网 2016年1月6日）

媒体报道篇目摘要

水北调保水质护运行工作　[2016-12-27]

搜狐网：南水北调工程通水两年　郑州累计受水 5.6 亿立方米　[2016-12-27]

大河报：日饮十余如意湖　市民生活有点甜　南水北调通水两年我省"喝"掉 20 余亿吨丹……　[2016-12-27]

河南日报：迎接南水北调中线工程通水两周年　千里接力传递丹江水　[2016-12-27]

新华网：南水北调中线一期工程两年累计为河南送水 22.025 亿立方米　[2016-12-16]

南阳日报："五动"帮扶齐攻坚——记市南水北调办扶贫驻村工作队 [2016-12-16]

人民网：淅川县九重镇万亩金银花为南水北调渠首保驾护航　[2016-12-16]

映象网：河南省南水北调办领导莅焦　调研项目建设和管理情况　[2016-12-16]

河南日报：蓝色生命线黄金新水脉——南水北调中线工程通水两周年回眸之四　[2016-12-16]

新华网：南水北调两年郑州受水 5.6 亿立方米　主城区丹江水全覆盖　[2016-12-16]

中国经济网：南水北调中线工程通水两周年　河南淅川县推进生态建设　[2016-12-16]

民航网：新郑机场到郑州南站将开城铁　穿过南水北调渠　[2016-12-16]

央广网：河南 11 个"南水北调"受水省辖市全部通水　[2016-12-16]

周口网：周口举行南水北调东区水厂通水供水仪式　[2016-12-14]

河南日报：小村的"农业革命"——南水北调中线工程通水两周年回眸之二 [2016-12-13]

河南日报：60 亿立方米南水润北国 [2016-12-13]

人民日报：南水北调全面通水两年，惠及 8700 万人　汩汩南水　解渴北方 [2016-12-13]

新乡电视台新乡大民生节目　南水北调配套工程：供水管道上不能私搭乱建　管理进入法制化阶段　[2016-12-12]

新乡大民生网　千万别"动"南水北调配套设施　否则后果很严重　[2016-12-12]

鹤壁日报：南水北调中线工程两年来向我市供水 4500 万立方米　向淇河生态补水 1050 万立方米　[2016-12-12]

河南日报：南水北调中线工程通水两周年回眸之三：地下水水位何以逆袭 [2016-12-09]

周口晚报：我市南水北调工程将正式通水 [2016-12-8]

河南日报：周口实现通水　河南 11 个省辖市用上南水北调丹江水　[2016-12-09]

周口晚报：我市南水北调工程将正式通水　[2016-12-8]

河南日报：丹水"救"城——南水北调中线工程通水两周年回眸之一　[2016-12-05]

大河网：为确保一渠清水润民生　河南有《办法》啦　[2016-12-02]

人民网：南水北调中线工程通水两年河南 1600 万人受益　[2016-12-02]

搜狐网：南水北调中线生态效益显著 [2016-12-02]

映象网：南水北调中线通水后沿线水质明显改善　[2016-12-02]

人民网：河南将成立省市县三级南水北调专职执法队伍　[2016-12-02]

新华社：南水北调中线累计输水 60 亿立方米　[2016-11-29]

河南日报：依法管好工程　确保安全运行——《河南省南水北调配套工程供用水和设施保护……　[2016-11-29]

河南日报：严格用水管理　确保水质安全——《河南省南水北调配套工程供用水和设施保护……　[2016-11-25]

河南日报：精细管理强化协调　确保我省南水北调配套工程安全运行——《河南省南水北调配……　[2016-11-24]

焦作日报：省检查组莅焦检查南水北调受水区地下水压采工作　[2016-11-24]

河南商报：南水北调管道改迁 郑州白庙水厂改"喝"几天黄河水 [2016-11-24]

南阳晚报：北京市朝阳区与河南省淅川县结成6对帮扶校 [2016-11-24]

大河报：河南出台南水北调配套工程管理办法 擅自开口取水最高可罚5000元 [2016-11-23]

河南日报：丹江水供豫步入法治化新阶段 [2016-11-23]

农民日报：南水北调第二个调度年向北方供水37亿立方米 [2016-11-23]

河南日报：南水北调水源区水污染及水土保持考核河南连续四次第一 [2016-11-23]

大河网：《河南省南水北调配套工程供用水和设施保护管理办法》 [2016-11-10]

大河网：淅川县委书记卢捍卫：守护绿水青山 打赢脱贫攻坚战 [2016-11-10]

中新网：南水北调中线工程向北方供水37.19亿立方米 效益明显 [2016-11-10]

新华社：南水北调中线调水50亿立方米 惠及4000多万居民 [2016-11-10]

人民日报：南水北调中线年度调水结束 38亿吨水润泽北方 [2016-11-10]

河南日报：超13亿立方米丹江水润中原 [2016-11-04]

大河网：省长陈润儿视察南水北调中线穿黄工程等地 调研黄河沿岸生态建设 [2016-10-08]

河南日报：河南南水北调效益不断提升 日供丹江水近400万立方米 [2016-09-27]

人民网河南分网：南水北调探源：南阳人民情似海，一渠清水向北京 [2016-09-27]

河南日报：千里生态廊道护水脉 [2016-09-19]

河南日报：丹江水还是家乡的味道 [2016-09-12]

新华社：同饮一江水——南水北调水源地代表探访京津 [2016-09-12]

光明网：陕鄂豫3省群众代表考察南水北调中线工程 [2016-09-09]

北方网：同饮一江水 南水北调水源地豫鄂陕群众来津考察 [2016-09-08]

中国南水北调网：南水北调中线工程向四省（市）累计调水50亿立方米 4000多万居…… [2016-09-02]

中国青年报：南水北调中线工程惠及4000万居民 [2016-09-02]

经济日报：一渠清水连京豫 [2016-08-30]

河南日报：深化合作再续情深 我省重点承接八大领域产业转移 [2016-08-25]

人民日报：豫京牵手尝甜头 [2016-08-25]

中新网：南水北调供水已占北京城市用水70% 京豫合作趋密 [2016-08-25]

新华社：南水北调开启豫京合作新里程 [2016-08-25]

人民网：清水长流精神永存 河南各界研讨南水北调精神 [2016-08-25]

河南日报：南水北调开启豫京合作新里程 [2016-08-23]

河南日报：京豫南水北调工作深入合作 [2016-08-23]

河南日报：全面深化京豫战略合作座谈会在京举行 [2016-08-23]

新华网：航拍南水北调水源保护区——河南南阳 [2016-08-18]

河南日报：桃花水母重现丹江口水库 [2016-08-12]

大河网：淅川汉子为16.5万南水北调丹江库区移民立碑 [2016-08-12]

鹤壁日报：省南水北调配套工程鹤壁向濮阳市供水线路通过通水验收 [2016-07-30]

河南日报：全国人大北京团代表专题调研组在豫召开座谈会 [2016-07-11]

河南日报：谢伏瞻会见杜德印等全国人大北京团代表专题调研组 [2016-07-11]

人民网河南分网：豫北遇入汛来最强降

雨 副省长要求严防南水北调干渠 [2016-07-11]

人民日报：牵手南水北调移民子弟 [2016-07-11]

鹤壁日报：市防汛抗旱指挥部检查南水北调中线工程鹤壁段防汛工作时要求加强排查消除隐患 确保总干渠供水安全 [2016-07-9]

河南日报：珍爱生命 远离渠道 [2016-06-21]

河南日报：丹江口水库告别"口渴" [2016-06-15]

纪实文学《南水北调过垭口》出版发行 [2016-05-30]

河南日报：南水北调河南段入汛 应急抢险保障队伍严阵以待 [2016-05-27]

中国新闻网：南水北调巨幅3D画亮相民众签名保护"大水缸" [2016-05-23]

秦楚网：丹江口市与河南淅川县牵手合作水源地水质保护 [2016-05-23]

中国南水北调：水清了，景美了，人乐了！——中线河南段绿色走廊惠及民生 [2016-05-11]

中国南水北调：两侧草木绿 长渠清水流——中线工程河南段生态带建设工作纪实 [2016-05-11]

新华社：南水北调干渠沿线建成绿色生态廊道 [2016-05-11]

河南日报：千里"绿带"贯中原 [2016-05-11]

河南日报：丹江口水库首季来水偏少 南水北调中线工程可正常调水 [2016-05-03]

河南日报：丹江口水库水质持续向好 [2016-05-03]

科技日报：南水北调工程运行管理举报公告牌揭牌 [2016-04-25]

郑州日报：郑州南水北调生态文化公园有望年底建成 [2016-04-25]

河南日报：一户一策快脱贫 [2016-04-14]

河南日报：南水北调干渠绿化植树忙 [2016-04-14]

鹤壁日报：省南水北调工程运行管理第11次例会在鹤召开 [2016-04-11]

河南人民广播电台：河南首次举行南水北调工程断水应急实战演练 [2016-04-01]

河南日报：我省首次成功演练水源切换 [2016-03-31]

河南人民广播电台：南水北调河南段沿线有167条沟道存在防洪安全隐患 [2016-03-25]

河南日报：南水北调中线工程首次举行水污染应急演练 [2016-03-25]

河南日报农村版：汛期将至 南水北调工程防洪早动手 [2016-03-21]

郑州日报：郑州:南水北调中线防洪影响处理工程汛期前完工 [2016-03-21]

东方今报：105条河道将进行拉网式防汛隐患排查 [2016-03-21]

河南日报：南水北调工程全力防洪 [2016-03-21]

河南日报：1600万中原人受益丹江水 [2016-03-21]

河南日报：郑州今年压采地下水1000万立方米 [2016-03-21]

鹤壁日报：省南水北调办检查南水北调中线工程总干渠鹤壁段两侧生态带建设时指出构筑绿色屏障确保水质安全 [2016-03-11]

河南日报：夜探穿黄工程 [2016-02-29]

河南日报：我省引水11亿多立方米 [2016-02-29]

河南日报："黄金水库"释放"黄金效应" [2016-02-29]

人民网河南分网：走基层：坚守南水北调中线渠首过年 永保清水北上 [2016-02-19]

河南宝丰：千人新春植树 助力南水北调绿色长廊建设 [2016-02-16]

河南日报：通水元年话"南水" 生态民生发展一个也不能少 [2016-02-03]

南阳日报：南水北调聚精神 水清民富现嘉景 [2016-02-03]

大河网：河南政协委员潘伟斌：沿南水北调中线工程建立主题博物馆 [2016-01-25]

河南日报：淅川渠首发现国宝"中华秋沙鸭" [2016-01-25]

中国南水北调报：地下水压采改善城市环境初探 [2016-01-21]

经济日报：南水北调还调来了什么 [2016-01-20]

经济日报：探访南水北调中线通水一周年：水价在可承受范围内 [2016-01-20]

河南日报："老李"渠首护水记 [2016-01-13]

河南商报：南水北调中线工程通水一年 河南省南水北调办公室主任刘正才阐述未来规划 [2016-01-08]

东方今报：南水北调今年多供河南1亿立方米 规划新建6座调蓄工程 [2016-01-07]

河南日报："十三五"期间 我省引丹江水年均增长三成 [2016-01-07]

新华社：南水北调中线将再建6座调蓄工程 [2016-01-04]

CCTV新闻直播间：南水北调中线一期工程：2015至2016年度调水任务结束 [2016-12-30]

河南新闻联播：南水北调中线"净水千里传递"昨天抵达郑州 [2016-12-27]

CCTV新闻直播间：南水北调中线通水两周年 北京：全部使用南水的水厂共有七个 [2016-12-06]

CCTV朝闻天下：南水北调中线通水两周年 河南：治污绿化确保清水北上 [2016-12-06]

河南新闻联播：南水北调中线工程：加强实战演练 确保供水安全 [2016-04-05]

河南新闻联播：南水北调中线干线工程首次开展突发水污染应急演练 [2016-04-05]

河南新闻联播：南水北调平稳度过冰期 调水超30亿立方米 [2016-04-05]

河南新闻联播：南水北调中线将再建6座调蓄工程扩大供水范围 [2016-01-08]

河南新闻联播：南水北调中线通水一周年 [2016-01-07]

中原午报：南水北调中线通水一周年：丹江水润泽中原 [2016-01-07]

河南新闻联播：南水北调中线通水一周年 丹江水润泽中原 [2016-01-07]

河南新闻联播：南水北调中线：通水一年 1400万河南人喝上丹江水 [2016-01-07]

中原午报：通水一年 南水北调调来好水 [2016-01-07]

学术研究篇目摘要

南水北调中线水源区农业生态补偿效益问题研究——基于湖北省十堰市的数据 优先出版 罗毅民 价格理论与实践 2017-02-06 期刊

汉江上游径流变化趋势及特征分析 优先出版 严栋飞；解建仓；姜仁贵；吴昊；李杨 水资源与水工程学报 2017-01-12

期刊

丹江水供豫步入法制化新阶段——《河南省南水北调配套工程供用水和设施保护管理办法》解读 李乐乐 河南水利与南水北调 2016-12-30 期刊

暗渠灾后检测方法及其应用 郭胜利 测绘通报 2016-12-25 期刊

大掺量磨细矿粉混凝土箱涵裂缝原因分析及处理　厉辉；戴智　水利建设与管理　2016-12-23　期刊

大型渠道工程机械化混凝土衬砌机的选型原则与方法　何彦舫；陶自成　水利水电技术　2016-12-20　期刊

南水北调工程阀井自动监控系统的设计　王彦强；曹海深；王立军；常鹏；徐俊强　水利水电技术　2016-12-20　期刊

水利工程建设对社会经济与生态环境的影响浅析　王黎平；温家皓　长江工程职业技术学院学报　2016-12-20　期刊

湖北省郧县龙门堂墓地 M37 与 M56 汉墓发掘简报　刘尊志；刘毅；袁胜文；贾洪波；张国文　中原文物　2016-12-20　期刊

南水北调中线超大现浇 U 型渡槽预应力施工技术　熊建武；高秋艳　预应力技术　2016-12-15　期刊

困难地生态修复技术初探——以南水北调中线渠首水源地淅川为例　李习芳；贾晓广　河南林业科技　2016-12-15　期刊

南水北调中线焦作 2 渠段工程地质问题　乔新颖；陈艳朋；吴雪皓；陈平货　西部探矿工程　2016-12-15　期刊

调水背景下丹江口水库优化调度与效益分析　王若晨；欧阳硕　长江科学院院报　2016-12-15　期刊

模糊综合评判法在密云水库水质评价中的应用　栾芳芳　北京水务　2016-12-15　期刊

南水北调中线一期穿黄工程南岸渠道防护设计　罗涛；王灿；郝枫楠　中国水运（下半月）　2016-12-15　期刊

水土资源是城市生态建设和环境保护的重要条件　焦居仁　办公自动化　2016-12-15　期刊

河南南阳市　贯彻五大发展理念　加快水生态文明建设　王献　中国水利　2016-12-12　期刊

浅论南水北调中线干线涞涿段冰期输水措施　孔佑鹏；何延平　水利发展研究　2016-12-10　期刊

某南水北调水源水厂净水工艺设计　优先出版　赵静　工业用水与废水　2016-12-09　期刊

南水北调中线工程水源头区浮游生物群落研究　优先出版　施建伟；朱静亚；黄进；李玉英；王晨溪　河南师范大学学报（自然科学版）　2016-12-07　期刊

水利调度自动化在南水北调工程中的研究应用　李宏硕　科技展望　2016-11-30　期刊

构建现代水网　助力中原崛起——《河南省水资源综合利用规划》解读　河南水利与南水北调　2016-11-30　期刊

水利工程施工管理的现状及对策应用探讨　高龙　江西建材　2016-11-30　期刊

水利工程施工技术中存在的问题及措施研究　谢俊林　江西建材　2016-11-30　期刊

丹江口水库水质现状及水资源可持续发展策略探讨　朱艳容；吴哲；王峰　水利水电快报　2016-11-28　期刊

丹江口水库水环境评价方法探讨　赵文耀　水利水电快报　2016-11-28　期刊

丹江口水库水环境健康风险评价　钱宝；汪金成　水利水电快报　2016-11-28　期刊

基于绿色发展的南水北调中线生态经济带建设　杨朝兴　林业经济　2016-11-25　期刊

浅谈典型流域农业面源污染综合治理分析及试点防控方案　董峰　资源节约与环保　2016-11-25　期刊

线（带）状工程土石方调配应注意的问题　马文英；付明军　水利水电工程设计　2016-11-25　期刊

输水箱涵充水试验与思考　厉辉；戴

智 水利建设与管理 2016-11-23 期刊

南水北调西线一期工程调水配置及作用研究 优先出版 景来红 人民黄河 2016-11-22 期刊

水利工程渠道衬砌施工技术研究 赵瑞君 建筑技术开发 2016-11-20 期刊

南水北调中线水源区限制纳污红线技术探讨 优先出版 田伟；暴入超；张权 人民黄河 2016-11-18 期刊

丹江口库区河南辖区生态环境可持续发展评价 优先出版 刘少博；陈南祥；郝仕龙；杨柳 人民黄河 2016-11-18 期刊

卵石地层抗拔桩抗拔极限侧阻力试验研究 优先出版 魏红；刘光华；杨良权 人民黄河 2016-11-18 期刊

南水北调中线突发水污染事件的快速预测 优先出版 龙岩；徐国宾；马超；李有明 水科学进展 2016-11-17 期刊

基于遥感影像的丹江口水库水域面积动态变化与原因研究 刘海；殷杰；陈晶；陈晓玲 长江流域资源与环境 2016-11-15 期刊

南水北调中线工程水质保护工作研究 优先出版 朱锐；冯晓波；陈清 中国科技信息 2016-11-15 期刊

南水北调中线总干渠冰期运行调度措施研究 周梦；练继建；程曦；赵新 人民长江 2016-11-14 期刊

水利水电工程征地对水库移民幸福感影响研究 孙海兵；赵旭 水力发电 2016-11-12 期刊

南水北调中线干线工程防汛风险及对策研究 槐先锋；王晓蕾；陈晓璐 水利发展研究 2016-11-10 期刊

关注南水北调中线工程生态带建设 蒋忠仆 前进论坛 2016-11-05 期刊

ISS离子固化剂改性膨胀土试验研究 楼蓉蓉；刘顺昌 江西建材 2016-10-30 期刊

初始状态对膨胀土膨胀特性影响的试验研究 李晓红；李红晓；张华 河南水利与南水北调 2016-10-30 期刊

输水箱涵变形缝水密性检验 优先出版 厉辉；戴智 水利建设与管理 2016-10-27 期刊

对南水北调工程全过程跟踪审计的思考 王金超；瞿秋凤 山东水利 2016-10-25 期刊

基于AHP-熵值法的水利工程施工进度风险模糊综合评价 郭建辉；冯利军 水电能源科学 2016-10-25 期刊

PCR技术鉴定南水北调中线水源地淡水虾囊蚴并行系统进化分析 邵艳；孙彬；沈华飞；张轶静；尚荣华 湖北医药学院学报 2016-10-25 期刊

南水北调中线移民新村老年人社会支持与生命质量关系:自我效能的中介作用 宋凤宁；刘丽君 中国卫生统计 2016-10-25 期刊

长距离调水明渠冬季输水冰情分析与安全调度 优先出版 段文刚；黄国兵；杨金波；刘孟凯 南水北调与水利科技 2016-10-21 期刊

基于绕行系数的明渠输水工程生产桥优化布置决策模型 优先出版 李霞；李少鹏；顾光富；秦丽娟；任喜龙 南水北调与水利科技 2016-10-21 期刊

南水北调中线总干渠冰情预测模型参数敏感性分析及率定 优先出版 莫振宁；管光华；刘大志；黄凯 南水北调与水利科技 2016-10-21 期刊

南水北调中线工程远程视频监控技术研究 冯辛；贾克文；贾克斌 第十届全国信号和智能信息处理与应用学术会议专刊 2016-10-21 中国会议

考虑接触效应的PCCP结构分析 李腊梅；白新理；张浩 山西建筑 2016-10-20 期刊

二维水流数学模型在洪水串流区的应用 杨彦军；李会 海河水利 2016-10-20 期刊

南水北调西线一期工程调水配置及作用研究 景来红 人民黄河 2016-10-20 期刊

南水北调中线铁路框架桥设计安全储备对比 优先出版 管巧艳；袁振霞；杜晖；王耀飞 河南城建学院学报 2016-10-17 期刊

南水北调背景下十堰城市形象的塑造与传播 胡忠青；高常 郧阳师范高等专科学校学报 2016-10-15 期刊

水体简化方法对U形渡槽动力特性的影响 李涛峰；曹磊 黄河水利职业技术学院学报 2016-10-15 期刊

南水北调中线工程预制T梁施工裂缝的预防 杜丞；刘丽梅；杜相 四川水力发电 2016-10-15 期刊

"城中村"改造如何实现绿色发展——以南水北调中线工程上游水源区X具城为例 郭平 人民论坛 2016-10-15 期刊

南水北调中线商洛水源地生态安全评价 张雁；李占斌；刘建林 人民长江 2016-10-14 期刊

汉江畜禽养殖污染现状及治理对策 赵勇；朱督 江西农业 2016-10-08 期刊

南水北调中线干线工程输水运行调度管理的探讨 雷彬彬 建材与装饰 2016-10-07 期刊

南水北调中线工程安阳段弃土（渣）场防护措施设计 程焕玲；苗红昌 中国水土保持 2016-10-05 期刊

南水北调中线工程应急预案体系建设 赵鸣雁 现代经济信息 2016-10-05 期刊

南水北调西线工程潜在影响及其对策 鲍文 生态经济 2016-10-01 期刊

长江防总会商研判流域重要水库蓄水调度 记者 贾茜 人民江报 2016-10-01 报纸

基于MNDWI的丹江口水库面积提取及其动态变化监测 岳辉；刘辉 环境与可持续发展 2016-09-30 期刊

关于南水北调防汛工作的一点思考 何清举；王国锋 河南水利与南水北调 2016-09-30 期刊

穿越跨越南水北调中线干线工程型式及安全措施分析 付超云；陈勤；冯瑞军 河南水利与南水北调 2016-09-30 期刊

基于生态水文理念的流域水资源规划研究——以子牙河为例 优先出版 傅长锋；李发文；于京要 中国生态农业学报 2016-09-29 期刊

全媒体语境下南阳城市形象片的制作与传播 胡泊；唐亚男 西部广播电视 2016-09-25 期刊

基于DEM的南水北调中线水源区水系分维估算 贺晓晖；张树君；胡志博；付佩 测绘与空间地理信息 2016-09-25 期刊

南水北调中线工程水源区森林生态系统碳储量 郭占胜；李富海 福建林业科技 2016-09-25 期刊

南水北调中线工程PCCP外防腐设计及其龟裂问题分析处理 柳灵运 绿色环保建材 2016-09-25 期刊

南水北调工程大型渠道机械化衬砌施工直接成本及其控制水平研究 陶自成；何彦舫；杨广杰 水利水电技术 2016-09-20 期刊

长江科学院自主研发的伞型锚快速锚固技术应用于南水北调中线辉县段渠坡抢险加固 长江科学院院报 2016-09-15 期刊

南水北调中线工程梁式渡槽挠度监测方法 易绪恒 东北水利水电 2016-09-15 期刊

PCCP管道安装施工工艺与方法探讨 袁波；王波 治淮 2016-09-15 期刊

郑州市民公共文化服务区水系供水方案研究　刘登科　治淮　2016-09-15　期刊

安全利用南水北调江水为北京城市供水的实践与思考　胡波；曹泽明；周政　城镇供水　2016-09-15　期刊

南水北调中线穿漳工程地质灾害问题研究　赵振杰　海峡科技与产业　2016-09-15　期刊

南水北调沁河倒虹吸动床河工模型试验研究　优先出版　管巧艳；张先忠；李庆亮；杜昕鹏　人民黄河　2016-09-12　期刊

超长边坡渠道削坡开槽机桁架与刀具设计研究　马子领；张瑞珠；严大考　科技创新与应用　2016-09-08　期刊

南水北调中线陶岔～沙河南段地质灾害及防治措施　赵振杰；岳洁；王萍　科技展望　2016-08-30　期刊

梅溪河渠道倒虹吸工程导流设计　陈礼强　河南水利与南水北调　2016-08-30　期刊

水利工程建设监理质量控制与评价——以南水北调中线一期引江济汉工程为例　张新；魏东银；陈崇德　水电与新能源　2016-08-30　期刊

丹江口库区水资源保护管理的思考　蒲前超；柳七一；周延龙；孙玉君　人民长江　2016-08-28　期刊

泰国湄公河调水工程研讨与初步咨询　董耀华；姜凤海；戴明龙　水利水电快报　2016-08-28　期刊

南水北调西线工程多方案比较及优化研究　刘世庆；巨栋　决策咨询　2016-08-28　期刊

南水北调中线干线征迁稳定形势分析及对策研究　孙贝贝；黄茜；陈魁；常敬伟　水利水电工程设计　2016-08-25　期刊

内乡县桃溪镇畜禽养殖场关闭取缔情况的调研报告　李建党；张富朝；张定安；闫晓华　当代畜牧　2016-08-25　期刊

《淅川下寨遗址:东晋至明清墓葬发掘报告》简介　丰林　考古　2016-08-25　期刊

丹江口水库新增淹没区农田土壤重金属源解析　韩培培；谢俭；王剑；强小燕；艾蕾　中国环境科学　2016-08-20　期刊

引江济汉工程膨胀土层状分布特征及微观机制分析　董忠萍；黄定强；别大鹏；陈汉宝　水利水电技术　2016-08-20　期刊

预应力钢筒混凝土管（PCCP管）内拉法施工　苗振铎　安徽建筑　2016-08-20　期刊

河南淅川单岗遗址屈家岭文化遗存发掘简报　靳松安；赵江运；张建；孙凯；孙广贺　中原文物　2016-08-20　期刊

基于"6E"模式的南水北调中线生态文化旅游开发　优先出版　刘梅；魏加华；王峰　南水北调与水利科技　2016-08-19　期刊

基于FAHP的南水北调中线工程调水量风险评价　优先出版　孙少楠；张慧君　人民珠江　2016-08-17　08:29　期刊

基于GeoStudio 2004的膨胀土渠坡稳定分析——以南水北调东线徐州段为例　申阳；侯婷婷；张亮　治淮　2016-08-15　期刊

南水北调中线一期陶岔渠首枢纽工程竣工财务决算编制探析　刘建树　治淮　2016-08-15　期刊

结构性损伤膨胀土三轴加载下的裂隙形态及力学表征　程明书；汪时机；毛新；陈正汉；江胜华　岩土工程学报　2016-08-15　期刊

基于核密度估计和Copula函数的降水径流丰枯组合概率研究　鲁帆；朱奎；宋昕熠；王锋　中国水利水电科学研究院学报　2016-08-15　期刊

南水北调中线潮河段地基处理技术　黄宝德；王永平　四川水力发电　2016-08-15　期刊

南水北调禹州六标渠道排水及防渗施工研究　刘战均；王再明　水利水电施工

2016-08-15　期刊

自备井置换中存在的问题分析及措施　张艳亭　给水排水　2016-08-10　期刊

"大美南阳"的媒体形象塑造与传播效果研究　李乐；庞景雪　新闻研究导刊　2016-08-10　期刊

汉江上游水质现状及治理强化路径　刘宗显　水利发展研究　2016-08-10　期刊

南水北调中线膨胀土试验段深挖方渠坡柔性支护技术　李颖；陈诚；解林　工程抗震与加固改造　2016-08-05　期刊

双通道雷达一体机应用于渠道检测的试验　张华；闫二磊　河南水利与南水北调　2016-07-30　期刊

河南省水权试点实践与探索　郭贵明；韩幸烨；陈金木　河南水利与南水北调　2016-07-30　期刊

南水北调中线工程水源区水质现状分析　孙玉君；李丹华　人民长江　2016-07-28　期刊

淅川县几类主要经济林病虫害的发生与防治　优先出版　罗志宏；符红斐；陈明会；孙新杰；张克红　现代园艺　2016-07-28　期刊

南水北调中线工程对安康市渔业发展的限制性因素　优先出版　李国玲；何家理　水土保持通报　2016-07-28　期刊

渡槽双曲面球型减隔震支座设计及减隔震效果　丁晓唐；彭继莹；殷开娟　水电能源科学　2016-07-25　期刊

南水北调防洪影响处理工程穿越郑州城区存在问题及处理方案　杨晓涵；胡琪坤；袁月　科技视界　2016-07-25　期刊

丹南小流域综合治理措施探析　刘丹强　陕西水利　2016-07-20　期刊

引江济汉工程膨胀土处理研究与实践　黄定强；董忠萍；涂运中　水利水电技术　2016-07-20　期刊

浅谈南水北调中线工程混凝土质量缺陷处理技术　王波；袁波治淮　2016-07-15　期刊

南水北调渠道填筑质量与安全监测方法　艾明明；王珍萍；马洪亮；何香凝　东北水利水电　2016-07-15　期刊

大跨度薄壁U型渡槽造槽机施工内外模变形控制技术研究　李建恒；熊建武　四川水泥　2016-07-15　期刊

陡坡薄壁混凝土机械化衬砌施工技术研究　任冰；高秋艳　四川水泥　2016-07-15　期刊

南水北调中线煤矿采空区注浆材料配比优化设计　刘国正；朱飞；赵文强　人民长江　2016-07-14　期刊

南水北调中线水源区土地利用结构演化特征　优先出版　朱九龙　人民黄河　2016-07-13　期刊

秦岭丹江流域底栖动物生态学初步研究　优先出版　苟妮娜；边坤；靳铁治；张建禄；王开锋　西北农林科技大学学报（自然科学版）2016-07-12　期刊

谈如何缩短水工钢闸门工程量计算的时间　齐文强；李月伟；何明明　山西建筑　2016-07-10　期刊

南水北调中线工程潮河段征迁安置风险分析　李宗坤；吴赛；李定斌；张西辰　郑州大学学报（工学版）　2016-07-10　期刊

1990～2010年南阳市土地利用空间格局变化研究　优先出版　张天宁　河南科技　2016-07-05　10:54　期刊

南水北调中线湍河渡槽充水试验及运行初期变形分析　张文胜；李红霞；周学友　东华理工大学学报（自然科学版）　2016-06-30　期刊

隧道形变监测系统的开发与应用　张辛；向巍；马瑞；熊涛　东华理工大学学报（自然科学版）　2016-06-30　期刊

南水北调中线工程渠道防渗工程质量控制　何新；张晓东；牛朝锋　河南水利与南

水北调 2016-06-30 期刊

渠道衬砌混凝土抗冻蚀施工工艺研究 金游；张振宇 西北水电 2016-06-30 期刊

南水北调中线干线工程运行突发事件应急管理体系研究 陈颖 北京建筑大学 2016-06-30 硕士

基于FAHP的南水北调中线工程征迁安置风险评估 李宗坤；吴赛；葛巍；谢国庆 人民长江 2016-06-28 期刊

浅析"飞检"在南水北调工程质量监管中的应用 李合生；姜艳云；李海河 人民长江 2016-06-28 期刊

南水北调中线宝丰至郏县段移民安置方案分析 崔伟；李小舟 人民长江 2016-06-28 期刊

南水北调中线工程调度运行的自动化管理 李柳 河北水利 2016-06-28 期刊

南水北调中线工程总干渠复合土工膜施工技术综述 关琨 河北水利 2016-06-28 期刊

后调水时代南水北调中线水源区水质生态安全保障对策研究 朱静亚；朱延峰；闫荣义；王晨溪；胡兰群 南阳师范学院学报 2016-06-26 期刊

南水北调中线输水调度控制模型改进研究 曹玉升；畅建霞；陈晓楠；黄会勇 水力发电学报 2016-06-25 期刊

河南淅川熊家岭墓地M24发掘简报 杨海青；赵小光；燕飞；韩猛；郑立超 华夏考古 2016-06-25 期刊

河南淅川县马岭汉代砖室墓发掘简报 余西云；郝晓晓；赵新平 考古 2016-06-25 期刊

水平弯管镇墩稳定分析 胡连超；蒋爱辞；康迎宾 水利建设与管理 2016-06-23 期刊

南水北调中线工程白庄地裂缝成因及活动性分析 优先出版 李永新 南水北调与

水利科技 2016-06-22 10:55 期刊

高填方输水明渠水泥搅拌桩防渗墙施工技术 刘海涛；卢娇 水利水电技术 2016-06-20 期刊

跨流域调水工程联合科学调度实践与探索 徐士忠；刘学刚 海河水利 2016-06-20 期刊

水利工程建设监理合同管理及评价研究 赵培；彭军；陈崇德 长江工程职业技术学院学报 2016-06-20 期刊

脱脚河渠道倒虹吸抗浮稳定性监测分析 优先出版 易绪恒 人民珠江 2016-06-16 13:34 期刊

基于系统动力学的汉江中下游水资源供需状态预测方法 陈燕飞；邹志科；王娜；张烈涛 中国农村水利水电 2016-06-15 期刊

基于AHP法的大口径PCCP管道断丝安全风险管理 骆建军；姚宣德 土木建筑与环境工程 2016-06-15 期刊

管幕-顶涵法穿越高速公路顶进施工关键技术 杜辉 东北水利水电 2016-06-15 期刊

基于遗传程序的南水北调中线节制闸过闸流量计算模型研究 曹玉升；畅建霞；陈晓楠；黄会勇 水利学报 2016-06-15 期刊

突发污染应急调控处置启动判别技术:以南水北调中线工程为例 史斌；秦韬；姜继平；王卓民；王鹏 环境科学与技术 2016-06-15 期刊

基于SWAT模型的绿水管理生态补偿标准研究 杨国胜；黄介生；李建；尹炜 水利学报 2016-06-15 期刊

水资源税试点之谏 武永义 新理财（政府理财） 2016-06-15 期刊

壤土地区穿越高速公路浅埋暗挖施工技术研究 张茂勇；尚召云 水利水电施工 2016-06-15 期刊

汉江中下游水质变化趋势研究　彭聘；李双双；吴李文；彭光银；文威　环境科学与技术　2016-06-15　期刊

南水北调中线穿漳工程混凝土裂缝处理　韩永席；岳耕　人民长江　2016-06-14　期刊

南水北调中线工程横向生态补偿制度研究　张李啦　湖北工业大学　2016-06-06　硕士

河南省"三区四带"生态功能区现代农业模式探讨　杨艳　中外企业家　2016-06-05　期刊

水利工程建设施工监理履职检查及评价　姚开军；田淼；陈崇德　河南科技　2016-06-05　期刊

高含水率土壤渠道混凝土衬砌防冻胀技术研究　刘欢欢　黑龙江大学　2016-06-03　硕士

南水北调中线水源区堵河流域产流产沙对土地利用变化的响应　黄旭东　华中农业大学　2016-06-01　博士

基于土地利用结构的丹江口水库库湾富营养化风险评估　刘成　华中农业大学　2016-06-01　硕士

基于非饱和渗流理论的膨胀土渠坡渗流控制措施研究　刘习银　长江科学院　2016-06-01　硕士

南水北调中线工程某段安全监测的设计与研究　张超季　黑龙江八一农垦大学　2016-06-01　硕士

丹江口水库供水调度研究　马嘉悦　太原理工大学　2016-06-01　硕士

南水北调水源地邓州市生态友好型农业发展研究　杨晓霜　河南工业大学　2016-06-01　硕士

南水北调中线干线工程通信电源监控系统故障类型判断与排故措施　郭欣　科技展望　2016-05-30　期刊

南水北调中线渠道倒虹吸管身段混凝土施工设计　刘元永　河南水利与南水北调　2016-05-30　期刊

监测技术在南水北调中线渠首枢纽工程中的应用　范利从；周海波；王秀明　河南水利与南水北调　2016-05-30　期刊

多功能自动调节堰井的研究与应用　吴换营　中国水利　2016-05-30　期刊

穿黄隧洞形变检测及三维数字仿真管理系统研究　温世亿；张辛；马瑞；李合生　人民长江　2016-05-28　期刊

填方渠道沉降期问题初探　李聚兴　河北水利　2016-05-28　期刊

复杂边界条件下穿河倒虹吸行洪口门宽度方案比选　杨锋　河北水利　2016-05-28　期刊

武当山遇真宫保护工程论证实施与世界文化遗产的真实性保护　王风竹　中国文化遗产　2016-05-28　期刊

生态效率视角下南水北调中线源头生态网络构建　张利平　南阳理工学院学报　2016-05-25　期刊

湖北省生态系统服务价值及补偿标准概算　张涛；成金华　湖北农业科学　2016-05-25　期刊

南水北调中线鲁山南2段工程沘河倒虹吸基础处理方案优化　于野；赵新波；陈浩　水利水电工程设计　2016-05-25　期刊

南水北调中线鲁山南2段渠道膨胀土处理设计　贾静；马少波；岳丽丽；魏铂佳　水利水电工程设计　2016-05-25　期刊

基于"一带一路"视角的南阳旅游品牌构建研究　郭艳华　旅游纵览（下半月）　2016-05-23　期刊

南水北调工程失地农民的补偿与保障研究　赵海冰　山东财经大学　2016-05-21　硕士

浅谈南水北调渠道混凝土衬砌的施工质量控制　王前进；张丹　民营科技　2016-05-20　期刊

大气影响带对膨胀土边坡稳定的影响及对策 范晓洁；杨茜；李栋 水利水电技术 2016-05-20 期刊

南水北调穿黄隧洞环锚施工技术 陈祺；陈必振 建材与装饰 2016-05-20 期刊

调水工程输水管道建设对沿线景观格局影响的研究 优先出版 吴钢；董孟婷；唐明方；李思远；曹慧明 河南理工大学学报（自然科学版） 2016-05-18 期刊

膨胀土裂隙性对渠坡稳定性影响研究 张艳锋；王媛 中国水运（下半月） 2016-05-15 期刊

南水北调水质智能监测分析系统设计初探 徐永兵；孙水英；袁东 黑龙江水利 2016-05-10 期刊

南水北调中线一期工程膨胀土渠坡渗流系统分类及其控制措施 优先出版 张家发；崔皓东；吴庆华；李少龙；王金龙 长江科学院院报 2016-05-09 期刊

陕西省丹江流域NDVI分布及其与土地利用的关系 优先出版 张军；贾春蓉；李鹏；唐辉 中国水土保持科学 2016-05-06 期刊

建立省级联防联保 保护南水北调水源地水质 前进论坛 2016-05-05 期刊

石泉:加强生态清洁小流域建设 保护南水北调中线工程水源 刘强 中国水土保持 2016-05-05 期刊

南水北调中线工程穿沁河建筑物工程地质勘察与地质问题处理实录 优先出版 乔新颖；周亮；秦红军 资源环境与工程 2016-05-04 期刊

南水北调中线工程北京段水质分析及其预测研究 高国军 北京林业大学 2016-05-01 博士

丹江口生态城市发展路径研究 鲁洁 华中师范大学 2016-05-01 硕士

异构网络环境下视频数据编码、传输与存储技术研究 冯辛 北京工业大学 2016-05-01 硕士

丹江口库区土地利用与土壤侵蚀变化及其关系研究 章影 中国科学院研究生院（武汉植物园） 2016-05-01 硕士

基于MODIS时序数据的南水北调中线工程水源地林地物候变化研究 余明珠 中国科学院研究生院（武汉植物园） 2016-05-01 硕士

平顶山市水资源优化配置研究 郭盈盈 郑州大学 2016-05-01 硕士

淅川县农田碳汇能力与低碳农业发展研究 张建波 郑州大学 2016-05-01 硕士

南水北调中线工程污染物输移试验模拟研究 宋国栋 大连理工大学 2016-05-01 硕士

南水北调中线冰情综合分析平台研究 李芬 大连理工大学 2016-05-01 硕士

基于AHP的南水北调中线工程征迁安置风险评价模型研究 谢国庆 郑州大学 2016-05-01 硕士

开发性移民投资对库区区域经济促进作用研究 戢琨 湖北省社会科学院 2016-05-01 硕士

南水北调中线全线通水穿黄隧洞安全监测成果分析 靳玮涛；赵刚毅 西北水电 2016-04-30 期刊

南水北调中线安阳河渠道倒虹吸工程建筑设计 杜晖；管巧艳；张瑞雪 河南水利与南水北调 2016-04-30 期刊

提高陶岔渠首两岸帷幕灌浆施工工效 优先出版 闫福根；丁刚；王公彬 水利建设与管理 2016-04-28 期刊

丹江口淅川县库区水源涵养林营建技术 刘兴信 湖北林业科技 2016-04-28 期刊

工程移民随迁初中生心理健康及其影响因素研究——以南水北调中线移民为例 陈端颖；吴俊香；陈时颖 中国社会医学杂志

2016-04-26　期刊

基于联合生态工业园的南水北调中线工程水源区横向生态补偿模式　朱九龙　水电能源科学　2016-04-25　期刊

南水北调中线直管工程高填方段锥探灌浆试验技术研究　于海涛　山东交通科技　2016-04-25　期刊

湖北郧县辽瓦店子遗址发现两座南朝墓葬　曹昭；周青；王然　考古　2016-04-25　期刊

不同破损位置对膨胀土力学特性影响的三轴试验研究　张雅倩；汪时机；韩毅；程明书；江胜华　西南大学学报（自然科学版）2016-04-20　期刊

基于标准化降水指数的汉江流域干旱时空分布特征　陈燕飞；熊刚；刘伟　中国农村水利水电　2016-04-15　期刊

曹庄泵站水泵机组节能措施研究　朱士权；杨俊宝；朱家昌　中国农村水利水电　2016-04-15　期刊

调水工程对生态环境的影响及相关问题探讨　郑金龙　吉林水利　2016-04-15　期刊

南水北调中线潮河段Ⅴ标降排水方案优化设计　优先出版　李志萍；张帅；赵静；李五金；祁鹏　人民黄河　2016-04-15　期刊

南水北调中线工程永年县湿陷性黄土地基渠段有限元分析　杨松　水利与建筑工程学报　2016-04-15　期刊

基于二维码扫描的南水北调工程巡查系统　马艳军；郭芳；郭艳艳；李昆　东北水利水电　2016-04-15　期刊

采空区残余变形预测研究　张溢丰；朱华；贾聿颉；张戈　水利与建筑工程学报　2016-04-15　期刊

汉江源土壤流失状况及生态效益测评　李小燕；王志杰　长江流域资源与环境　2016-04-15　期刊

田野检查调研南水北调中线陶岔渠首枢纽工程　赵彬　治淮　2016-04-15　期刊

南水北调中线工程水库移民村社会治理绩效评价研究　张爽　中国水利水电科学研究院学报　2016-04-15　期刊

基于马尔科夫转移矩阵的南水北调中线水源区土地类型变化分析　朱九龙　水土保持通报　2016-04-15　期刊

南水北调中线工程某标段膨胀土渠道边坡病害防治措施分析　凌颂益　北京水务　2016-04-15　期刊

我国重点流域地表水中29种农药污染及其生态风险评价　徐雄；李春梅；孙静；王海亮；王东红　生态毒理学报　2016-04-15　期刊

南水北调条件下北京市供水可持续评价　优先出版　万文华；尹骏翰；赵建世；雷晓辉；廖卫红　南水北调与水利科技　2016-04-14　期刊

南水北调中线输水水质水量变化特征及城市供水应对措施建议　林明利；张全；李宗来；张桂花；张志果　给水排水　2016-04-10　期刊

南水北调中线受水城市水源切换主要风险及关键应对技术　韩珀；沙净；周全；巫京京；刘春霞　给水排水　2016-04-10　期刊

简述南水北调中线膨胀土（岩）工程问题的研究和处理　李乐　科技与企业　2016-04-06　期刊

土壤渗滤—人工湿地—生态浮床组合工艺处理农家乐生活污水　王郑　合肥工业大学　2016-04-01　硕士

河南省环丹江口水库地区土地利用变化模拟研究　孟伟　郑州大学　2016-04-01　硕士

南水北调中线调水对襄阳市水资源持续利用影响与对策　张中旺；白金明；孙小舟；杨剑；祝云龙　2016第八届全国河湖治理与水生态文明发展论坛论文集

2016-04-01 中国会议

大型水利工程建设施工档案管理与评价 徐玲；胡小梅；陈崇德 水电与新能源 2016-03-30 期刊

有关现代测绘技术用于水利干渠工程分析 陈军 珠江水运 2016-03-30 期刊

丹江鹦鹉沟小流域土壤全磷空间分布及流失特征 张铁钢；李占斌；刘晓君；李鹏；徐国策 西安理工大学学报 2016-03-30 期刊

汉江上游水资源保护问题与发展对策——以南水北调中线水源涵养区陕西安康段域为例 乔广发 农村经济与科技 2016-03-30 期刊

中线调水后汉江生态经济带水资源短缺风险评价 张中旺；常国瑞 人民长江 2016-03-28 期刊

大型水利工程建设监理资料的收集与整理 彭军；王海军；陈崇德 2016年3月建筑科技与管理学术交流会论文集 2016-03-27 中国会议

新老混凝土结合面对重力坝稳定性影响的研究 王玉杰；杨海涛；周兴波；吴超 水力发电学报 2016-03-25 期刊

南水北调中线工程焦作1段倒虹吸建筑设计 杜晖；王伟；王志华 河南水利与南水北调 2016-03-25 期刊

长距离有压输水管道阀门关闭规律研究 康迎宾；张学林；徐杨洋 河南水利与南水北调 2016-03-25 期刊

河南宝丰县廖旗营墓地东汉画像石墓 李锋；姚智辉；王芳；金海旺；周润山 考古 2016-03-25 期刊

钢管混凝土系杆拱桥施工分析与施工控制 优先出版 李杰；陈淮；冯冠杰 郑州大学学报（理学版） 2016-03-24 期刊

南水北调水质智能监测分析系统设计初探 徐永兵；孙水英；袁东 2016（第四届）中国水利信息化技术论坛论文集

2016-03-24 中国会议

河南邓州打造"中国中医药之都" 记者 张晓华 通讯员 丁自力 中国中医药报 2016-03-24 报纸

南水北调北京受水区供水调适与管理 潘莉 中国矿业大学（北京） 2016-03-23 博士

三孔小净距隧洞下穿铁路干线地表沉降控制基准研究 优先出版 付书锋 石家庄铁道大学学报（自然科学版） 2016-03-22 期刊

汉江生态经济带的发展与合作 肖金成；申兵 中国经贸导刊 2016-03-20 期刊

基于后续水源保障的引汉济渭工程建设与管理的复杂性与对策探析 李绍文 陕西水利 2016-03-20 期刊

近62年安康市暴雨发生规律研究 优先出版 李黎黎 安徽农业科学 2016-03-18 期刊

云水资源对保护南水北调水源地极为重要 本报记者 段昊书 通讯员 宋文超 中国气象报 2016-03-17 报纸

中线调水对汉江下游水资源可利用量影响研究 窦明；于璐；杨好周；鲁玉利 中国农村水利水电 2016-03-15 期刊

丹江口水库和干渠南阳段微型生物群落的周期性变化 王晨溪；朱静亚；牛其恺；黄进；杜宗明 安徽师范大学学报（自然科学版） 2016-03-15 期刊

南水北调中线郑州1段工程防渗及排水设计研究 张艳锋；侯咏梅；张婷婷 岩土工程学报 2016-03-15 期刊

施工单位质量保证体系监督检查与评价 王海军；徐玲；陈崇德 工程与建设 2016-03-15 期刊

五角枫在淅川石漠化地区造林技术 刘兴信 河南林业科技 2016-03-15 期刊

河南丹江湿地保护区旅游开发SWOT分析 张万钦 河南林业科技 2016-03-15

期刊

南水北调中线干线工程首次开展突发水污染事件应急演练　张红兵　中国应急管理　2016-03-15　期刊

南水北调中线工程农村移民就业现状研究　任君宜　劳动保障世界　2016-03-15　期刊

江汉平原水安全战略研究　李瑞清　中国水利　2016-03-12　期刊

生态水资源运营的产业体系构建——以中线渠首南阳市为例　张乃仁　南都学坛　2016-03-10　期刊

基于排列图法的南水北调中线工程质量问题分析　刘峥；聂相田；吴珊珊；郜军艳　山西建筑　2016-03-10　期刊

秦岭火地塘林区3种土地利用类型的土壤潜在水源涵养功能评价　优先出版　刘宇；郭建斌；邓秀秀；刘泽彬　北京林业大学学报　2016-03-09　期刊

南水北调中线工程膨胀土边坡处理效果及评价　优先出版　刘鸣；程永辉；童军　长江科学院院报　2016-03-08　09:27　期刊

南水北调对中原城镇生态文明建设的综合效应研究　周全德　中国名城　2016-03-05　期刊

建立水利投入稳定增长机制的可行性研究　康杰　经营管理者　2016-03-05　期刊

大宁水库汛限水位动态控制方案及风险研究　胡晓斌　清华大学　2016-03-01　硕士

汾渭平原干旱事件分析与丰枯异步性研究　优先出版　栾清华；付潇然；刘家宏；邵薇薇；白亮亮　南水北调与水利科技　2016-02-27　期刊

潮白河地下水调蓄区水岩作用过程模拟　优先出版　贾文飞；杨洋；赵阳；李娟；吕宁磬　南水北调与水利科技　2016-02-27　期刊

集中路拌法改性膨胀土工程实践　优先

出版　曹向明；马荣辉　水利规划与设计　2016-02-26　期刊

环形预应力锚索失效对高内压隧洞内衬应力的影响　王欣；曹生荣　水电能源科学　2016-02-25　期刊

南水北调中线工程拦鱼设施制安技术应用　王淼　河南水利与南水北调　2016-02-25　期刊

探地雷达在南水北调中线工程中的应用　王晶；刘康和　水利水电工程设计　2016-02-25　期刊

南水北调中线青兰渡槽平板支撑结构设计及荷载计算　董维国；郜文英　水利建设与管理　2016-02-23　期刊

无轨滑膜模具在南水北调高填方混凝土衬砌中的应用　夏财桂　福建建材　2016-02-20　期刊

河南淅川全寨子墓地东汉墓的发掘　李翼；乔保同；袁东山；刘国奇　中原文物　2016-02-20　期刊

丹江口水库（河南辖区）鱼类资源调查　伦峰；李峥；周本翔；王晨溪；李玉英　河南农业科学　2016-02-15　期刊

丹江口水库湖北库区水质分区及长期变化趋势　张煦；熊晶；程继雄；姚志鹏　中国环境监测　2016-02-15　期刊

南水北调中线工程输水渡槽的安全监测　王珍萍；马洪亮；徐岩彬；其其格　东北水利水电　2016-02-15　期刊

不同地震波作用方向的大型渡槽动力响应分析　杨杰；成婷婷；程琳；于崇祯　水资源与水工程学报　2016-02-15　期刊

河南淅川简营遗址发掘简报　马晓姣；陈代玉；何昊；张晓云；李长盈　江汉考古　2016-02-15　期刊

南水北调中线水源地丹江口库区船舶污染现状及应急对策建议　季利宾；张子祥；范永同；孙育峰；许小伟　中国水运（下半月）　2016-02-15　期刊

航空港区向市区回供水水锤模拟分析 王娜；黄海真；巫京京 给水排水 2016-02-10 期刊

丹江口库区及上游地区蔬菜产业可持续发展研究——基于南水北调中线工程水源区十堰市生态蔬菜实证 王永重 长江蔬菜 2016-02-08 期刊

丹江口库区水域面积动态变化分析——基于长时间序列 Landsat 数据 优先出版 董亚东；杨文宇；秦赫 安徽农业科学 2016-02-02 期刊

襄汉漕渠与南水北调 杨惠淑 中国水利 2016-01-30 期刊

丹江口水库水质评价及水污染特征 优先出版 朱媛媛；田进军；李红亮；江秋枫；刘琰 农业环境科学学报 2016-01-26 期刊

南水北调中线工程汉江安康段水源保护主要成本补偿标准——基于陕西省安康市10县区调查 优先出版 何家理；李国玲；刘全玉；李黎黎；陈文普 水土保持通报 2016-01-26 期刊

南水北调配套工程基础信息管理系统设计与实现 王志军；豆喜朋 河南水利与南水北调 2016-01-25 期刊

南水北调渠道混凝土衬砌工程低温施工要点 徐金龙；李秀慧；翟会朝 河南水利与南水北调 2016-01-25 期刊

沙河渡槽工程第二施工标段箱基渡槽模板施工 刘嘉 甘肃科技纵横 2016-01-25 期刊

调水工程输水管道建设对地表植被格局的影响——以南水北调河北省易县段为例 优先出版 董孟婷；唐明方；李思远；曹慧明；邓红兵 生态学报 2016-01-22 期刊

丹江口水库蓄水郧县段库底卫生清理效果分析 优先出版 王佩强；方正斌；黄超；刘佩佩 医学动物防制 2016-01-20

期刊

丹江口水库库底清理方案的探索与实践 朱春芳；钟磊；陈章 中国农村水利水电 2016-01-15 期刊

南水北调工程与中国的可持续发展 吴海峰 人民论坛·学术前沿 2016-01-15 期刊

大型线性水利工程文化旅游规划研究——以南水北调中线为例 吴永兴；吴晨；刘远书；毛锋 北京规划建设 2016-01-15 期刊

基于GIS的汉江上游文川河流域土壤侵蚀特征研究 王志杰；苏嫄；王志泰 西北林学院学报 2016-01-15 期刊

生态需水在输水工程生态影响评价中的应用 优先出版 全元；刘昕；王辰星；单鹏；董孟婷 生态学报 2016-01-15 期刊

基于InVEST模型的商洛市水土保持生态服务功能研究 优先出版 陈姗姗；刘康；李婷；袁家根 土壤学报 2016-01-13 期刊

南水北调中线工程辉县段水泥改性膨胀土工程特性的试验研究 赵凯选 科技视界 2016-01-05 期刊

南水北调中线74+010~76+210渠段湿陷性土工程地质条件及评价 刘晓琪 科技经济导刊 2016-01-05 期刊

南水北调中线干线水质安全应急调控与处置关键技术研究 优先出版 王浩；郑和震；雷晓辉；蒋云钟 四川大学学报（工程科学版） 2015-12-31 期刊

中国水资源政策对区域经济的影响效应模拟研究 陆平 北京科技大学 2015-12-30 博士

明渠突发水污染导流退水工况的模拟 优先出版 骆菲菲；曹慧哲；郑彤；李彪；王鹏 南水北调与水利科技 2015-12-15 期刊

松软地层脉动灌浆封孔浆体止浆机制初步研究 优先出版 张贵金；梁经纬；杨东

升；潘烨；彭春雷　岩土工程学报　2015-08-23　期刊

南水北调穿黄隧洞混凝土施工方案的选择　王国力　四川水力发电　期刊

南水北调渠道工程混凝土质量缺陷的处理　马栋梁　四川水力发电　期刊

南水北调渠道工程常见施工质量问题的检查、整改和预防　郑平；何静　四川水力发电　期刊

拾贰 组织机构

河南省南水北调办公室

【概述】

2016年，省南水北调办主要工作是开展制度创新，规范运行管理，扩大供水规模。组织开展"两学一做"学习教育，配合省委专项巡视，创新建立运行管理体系，完善规范"4+2"党建及配套制度，完成年度各项工作任务，实现河南省南水北调工程经济、生态和社会效益逐步扩大的工作目标。2016年有31个分水口门向52座水厂供水，累计供水22.7亿 m^3，1800多万城镇居民直接受益。

【巡视整改】

2016年2月28日~4月26日，省委第八巡视组对省南水北调办开展专项巡视。11月28~30日，省委第八督查组对省南水北调办开展巡视整改重点督查。省南水北调办把省委巡视作为重大政治责任贯彻落实，对省委第八巡视组专项巡视反馈指出的问题，省水利厅党组、省南水北调办照单全收，明确责任、制定措施，全力推进整改落实，取得良好成效，得到省委巡视组的充分肯定。

【落实"两个责任"】

省南水北调办贯彻落实全面从严治党"两个责任"，聚焦中心任务，突出主业主责。坚持党建工作和业务工作同谋划、同部署、同检查、同考核，严格党员日常监督管理，强化对权力运行的监督制约，履行党风廉政建设主体责任。牢固树立四个意识，主要负责人带头履行党建"第一责任人"职责，领导成员履行分管责任，实行"一岗双责"。定期组织开展警示教育，经常提醒、经常警示，教育引导干部职工自重、自省、自警、自励，时刻绷紧廉洁自律这根弦，严守政治纪律和政治规矩。注重细节，抓早抓小，加强监督执纪"四种形态"的运用，从细节入手，对苗头性、倾向性问题，及时预警、及时纠正。坚持"纪挺法前"的原则，强化监督检查，严肃执纪问责，营造不敢腐、不能腐、不想腐的氛围，持续推进"两个责任"落实。

【完善长效监督机制】

2016年，贯彻依法审计、督促履职尽责，加强自身建设、强化内部控制、完善长效监督制约机制，实现决策权、执行权、监督权相互制约又相互协调的权力结构。坚持按季度进行内部审计，及时发现问题解决问题。配合审计署、国务院南水北调办及省审计厅审计，严把资金关口，进一步提高南水北调工程建设资金的使用效率。2016年完成干部离任审计1次，完成省南水北调办（建管局）内部财务审计3次，完成河南省配套工程2007~2016年工程建设资金使用管理专项审计任务。

【培育干事创业干部队伍】

省南水北调办领导成员参加省水利厅党组中心组的集体学习，组织省南水北调办领导中心组的集体活动，带头学党章、讲心得、谈体会，进一步坚定理想信念，统一干部职工的思想认识。及时传达学习贯彻党的十八届六中全会精神和省第十次党代会精神，学习《关于新形势下党内政治生活的若干准则》和《中国共产党党内监督条例》，严守政治规矩和政治纪律。组织开展"两学一做"学习教育，到联系点讲党课，以普通党员身份参加所在支部组织生活，开展批评和自我批评，引领各支部落实"三会一课"制度。组织党员干部到井冈山干部学院、确山县竹沟革命纪念馆、红旗渠等红色教育基地进行党性锻炼，组织各支部成员分批到省南水北调办定点扶贫村开展对贫困户的一对一帮扶活动，丰富党建工作的内容和载体。对照"四讲四有"，查摆理想信念、遵守纪律、道德修养、践行宗旨等方面的问题，边学边改、即知即改，争做合格党员，提升党员干部工作能力。

（杜军民）

【机构编制】

南水北调工程经国务院批准于2002年12月27日正式开工。河南省依据国务院南水北调工程建设委员会有关文件精神，2003年11月成立河南省南水北调中线工程建设领导小组办公室（豫编〔2003〕31号），作为河南省南水北调中线工程建设领导小组的日常办事机构，设主任1名，副主任3名，副巡视员1名，与省水利厅一个党组，主任任省水利厅党组副书记，副主任任省水利厅党组成员。2004年10月成立河南省南水北调中线工程建设管理局（豫编〔2004〕86号），是河南省南水北调配套工程建设的项目法人。同时明确，办公室与建管局为一个机构、两块牌子。

2016年，省南水北调办（局）下设综合处、投资计划处、经济与财务处、环境与移民处、建设管理处、监督处、审计监察室7个处室和南阳、平顶山、郑州、新乡、安阳5个南水北调工程建设管理处（豫编〔2008〕13号）。根据工作需要，内设机关党委、机关纪委、机关工会。受国务院南水北调办委托代管南水北调工程河南质量监督站。批复人员编制156名，其中行政编制40名，工勤编制12名，财政全供事业编制104名。

（杜军民）

【人事管理】

2016年河南省南水北调办公室现任主要领导：

刘正才：河南省南水北调办公室主任、河南省水利厅党组副书记；

贺国营：河南省南水北调办公室副主任、河南省水利厅党组成员；

李　颖：河南省南水北调办公室副主任、河南省水利厅党组成员；

杨继成：河南省南水北调办公室副主任、河南省水利厅党组成员。

人事任免：

2016年5月，豫水组〔2016〕48号：

申来宾同志任河南省南水北调办公室总工程师，免去其河南省南水北调办公室投资计划处处长职务；

卢新广同志任河南省南水北调办公室总会计师，免去其河南省南水北调办公室经济与财务处副处长职务；

王家永同志任河南省南水北调办公室综合处处长，免去其河南省南水北调办公室环境与移民处处长职务；

雷淮平同志任河南省南水北调办公室投资计划处处长，免去其河南省南水北调办公室建设管理处处长职务；

张兆刚同志任河南省南水北调办公室经济与财务处处长，免去其河南省南水北调办公室总会计师职务；

李国胜同志任河南省南水北调办公室环境与移民处处长，免去其河南省南水北调办公室监督处处长职务；

单松波同志任河南省南水北调办公室建设管理处处长，免去其河南省南水北调办公室总工程师职务；

田自红同志任河南省南水北调办公室监督处处长，免去其河南省南水北调办公室综合处副处长职务；

郭强同志任河南省南水北调办公室监督处调研员，免去其河南省南水北调办公室监督处副处长职务。

2016年7月，豫水组〔2016〕66号：

蒋勇杰同志任河南省南水北调办公室综合处副处长，免去其河南省南水北调建管局平顶山段建管处副处长职务；

吴顶同志任河南省南水北调办公室综合处副处长(试用期一年)，免去其河南省南水北调办公室综合处副调研员职务；

李岩同志任河南省南水北调办公室综合处副调研员；

杜卫兵同志任河南省南水北调办公室投

资计划处副处长，免去其河南省南水北调建管局南阳段建管处副处长职务；

王璞同志任河南省南水北调办公室经济与财务处副处长(试用期一年)；

安琦同志任河南省南水北调办公室监督处副处长(试用期一年)，免去其河南省南水北调办公室监督处副调研员职务；

郝家凤同志任河南省南水北调建管局南阳段建管处副处长(试用期一年)；

谢道华同志任河南省南水北调建管局郑州段建管处副处长(试用期一年)；

李华光同志任河南省南水北调建管局平顶山段建管处副处长(试用期一年)。

（王笑寒）

【纪检监察】

省南水北调办贯彻落实党风廉政建设各项规定，坚持制度建设和党风廉政建设相结合，构建教育、制度、监督并重的惩治和预防腐败体系，形成风清气正的政治生态。

加强警示教育　落实中央八项规定、河南省委省政府20条意见，开展党的建设和党风廉政建设。定期组织开展警示教育，严守政治纪律和政治规矩，从反面典型案例中吸取教训，保持清醒头脑，筑牢拒腐防变的思想防线。从小处着眼，从细节入手，对苗头性、倾向性问题，及时预警、及时纠正。

畅通信访渠道　进一步建立健全信访工作机制，设立信访监察工作专栏，宣传党风廉政建设的各项法律法规，公开办事政策和程序。设立举报信箱和举报电话，畅通信访举报通道，认真对待群众来信来访，澄清事实，依法办理。2016年处理3起信访事项，全部得到群众满意答复。

严格执纪问责　制定全面从严治党主体责任清单和监督责任清单，进一步加强投资控制和资金监管，遵守各项规章制度。坚持"纪挺法前"的原则，加强监督检查，严肃执纪问责。先后7次组织开展对机关各处室、各项目建管处人员在岗情况、工作纪律情况、

廉洁自律情况、服务意识情况、工作作风情况随机抽查和暗访。依据《中国共产党巡视工作条例》《中国共产党问责条例》《全面从严治党监督检查问责机制暂行办法》及《事业单位工作人员处分暂行规定》进行责任追究。对事实清楚、问题严重、构成问责要件的，经省水利厅党组及省南水北调办集体研究决定，2016年共进行责任追究14人次，追回资金33.03万元。

（杜军民）

【精准扶贫】

2016年，省南水北调办依据《河南省南水北调办公室驻确山县肖庄村脱贫帮扶工作方案》，加强资金、项目和政策的支持和对接，引导和鼓励社会力量以多种形式参与扶贫工作，推动扶贫措施落到实处。

改善肖庄村小学教学条件　2016年，协调省内一家企业投资36万元，援建一栋教师宿舍楼；协调省设计院投资15万元，援建一间电教室。

实施美丽乡村工程　省南水北调办拿出35万元专项扶贫资金对4个村民组的人居环境进行整治；申请到项目扶贫专项资金512万元，完成硬化村内道路；申请到项目扶贫专项资金120万元，进行村内电力线路升级改造；申请到项目扶贫专项资金72万元改建村部；申请到专项扶贫资金80万元，安装村内路灯和绿化；利用扶贫专项资金10万元建设一处文化广场；申请到210万元专项扶贫资金，开展部分村民的整体搬迁。协调确山县水利局投资10万元，援建一口吃水井。

开展农田水利建设　申请到510万元扶贫项目专项资金，开展村内11处堰塘清淤整修等农田水利基础设施建设。

实施安全饮水提升工程　申请到250万元扶贫项目专项资金，完成肖庄村18个村民组2200余人的集中供水项目建设。

推动旅游项目开发　协调驻马店市艾森房地产公司投资590余万元，完成11.8km盘

山旅游道路建设；申请到300万元专项扶贫资金，建设王富贵经济发展园区；利用30万元扶贫项目资金，建设完成旅游道路绿化；申请到50万元扶贫专项资金，完成农村旅游餐饮厨房设施建设。截至2016年底，累计完成投入2840万元。按照"一对一帮扶"方式认定的全部49户（120人）贫困户已有13户（43人）实现脱贫目标。

（杜军民）

【党建工作】

2016年，省南水北调办围绕南水北调运行管理中心任务开展党建工作，加强理论学习教育、组织建设、制度和廉政建设、精神文明建设工作等方面工作。

省南水北调办结合专项巡视反馈问题的薄弱环节及河南省南水北调工程运行管理以来面临的新机遇、新挑战，对重点人、重点事、重点问题等廉政风险点，开展查漏补缺活动，分析问题产生的根源，集中研究制定基础性、长期性的"4+2"党建制度体系。2016年2月印发《关于完善反腐倡廉制度的实施细则》等15项党建制度为主要内容的制度汇编，11月印发《中共河南省水利厅党组全面从严治党主体责任清单》等24项党建制度为主要内容的制度汇编，构建相互衔接、可操作性强、较为系统的党建制度体系。

省南水北调办机关党委下设11个基层党支部，党员101名，有党务专干和精神文明建设专干各1名，各党支部书记配备齐全，均设有组织员。党组织的活动经费能够满足需要。

落实思想建党、制度管党、从严治党责任，安排部署，定期讨论、研究、指导党建工作，听取党建工作汇报。省南水北调办主要负责人带头履行党建"第一责任人"的职责，领导成员履行分管责任，实行"一岗双责"。

根据《中国共产党章程》、省委省直工委《关于同意成立中共河南省南水北调中线工程建设领导小组办公室机关纪律检查委员会的批复》意见，10月25日，召开机关党委换届选举大会暨第一届机关纪律检查委员会成立选举大会，选举产生中共河南省南水北调办公室第二届机关委员会委员7名，选举产生中共河南省南水北调办公室第一届机关纪律检查委员会委员5名。

结合贯彻落实《中国共产党党和国家机关基层组织工作条例》和《中共河南省委关于加强新形势下机关党的建设的意见》，对省委第八巡视组反馈意见指出的党建工作方面存在的问题，立行立改，在符合条件的8个党支部成立支部委员会，加强基层党组织建设。根据人员变化情况，及时更新各支部党员人数名单。

贯彻落实中共中央办公厅《关于加强新形势下发展党员和党员管理工作的意见》和《中国共产党发展党员工作细则》，加强对入党积极分子的培养和教育。按照"坚持标准、保证质量、改善结构、慎重发展"的方针和"成熟一个、发展一个"的原则，通过入党积极分子参加党内活动，了解和考察对党的认识、入党动机、思想觉悟等方面的情况，有针对性地进行培养教育。2016年发展预备党员1名，列入发展对象1名。"七一"前夕，邹根中同志被省水利厅党组授予优秀共产党员称号。

将收缴党费作为增强党员党性观念，加强作风建设的重要措施，严格履行收缴党费手续，党员缴纳党费有登记，党支部上缴党费有收据，每年进行收缴党费公示。8月中旬，根据省委省直工委《关于严肃党费收缴、使用和管理的通知》要求，开展缴纳情况核查工作，对党费缴纳标准进行重新核准，对少缴的党费进行补交。

政治理论学习结合党中央全面从严治党和"两学一做"学习教育的总体要求，制订学习计划，明确学习内容，划定学习重点，注重学习实效。组织党员干部学习《中国共产党章程》《中国共产党廉洁自律准则》《中国共产党纪律处分条例》《中国共产党问责条例》《关于新形势下党内政治生活的若干准则》和《中国共产党党内监督条例》等党规党纪，学习《习近平总书记系列重要讲话读本》（2016 年版）《习近平总书记系列重要讲话文章选编》《在庆祝中国共产党成立 95 周年大会上的讲话》《十八大党章学习读本》《党的十八届六中全会文件学习辅导百问》等书籍文章。印发《关于深入学习宣传贯彻党的十八届六中全会精神的通知》，转发省委办公厅、省委组织部《关于深入学习省十次党代会精神的通知》等文件。

（崔　堃）

【"两学一做"学习教育】

中心组学习　省南水北调办机关党委在省委省直工委和水利厅党组领导下开展"两学一做"学习教育。在学习教育中，坚持从严从实要求，推进党内学习教育从"关键少数"向广大党员拓展、从集中性教育向经常性教育延伸。省南水北调办领导多次带着问题组织中心组学习，学习党的十八大和十八届三中、四中、五中、六中全会精神，学习习近平总书记系列重要讲话精神，对照"四讲四有"标准，查找在贯彻落实全面从严治党要求和履行主体责任上的差距，迅速整改，把思想和行动统一到中央和省委的部署要求上来。

"学"为基础，深化思想认识　第一时间传达学习中央和省委重大决策部署，及时了解党的路线方针政策，把握党中央治国理政的新理念、新思想、新战略，增强贯彻落实的自觉性和主动性。邀请专家举办讲座、观看影视教育片、在省南水北调办网站上传"两学一做"学习教育有关内容及有关党建知识，开展"微型党课"演讲比赛、进行"两学一做"知识答题、撰写读书心得、组织青年党员干部职工开展"弘扬红旗渠精神　做合格党员"主题活动，增强学习的吸引力，提高学习教育的覆盖面。

"做"为关键，解决突出问题　在学习教育中，坚持改促并举、知行合一。按照上级党组织要求，开展党员组织关系排查工作、党费收缴专项检查、巡视整改等工作。对党组织战斗堡垒作用不明显、党员意识薄弱等突出问题，提出强化党员意识"六个一"的要求，即会议室和正处级以上领导办公室要摆放一面党旗；每位党员配戴一枚党徽；党员每月按时缴纳一次党费；党员每人手写一份党章；省南水北调办领导和党支部书记每年至少讲一次党课；党支部每年至少召开一次民主生活会。

丰富学习载体，营造学习氛围　印发"两学一做"学习教育简报20期，及时向上级党组织汇报学习教育工作动态；汇编印发"两学一做"学习资料10篇；开通"河南'两学一做'微信公众号手机报"；建立"两学一做"学习教育微信群；制作"两学一做"学习教育展板。

开展督导检查，落实各项任务　对各支部"两学一做"学习教育情况进行督导检查，明确督导重点内容，抽查支部学习会议记录、支部书记讲党课课件、党员学习心得体会等，掌握基层一线的真实情况，及时发现问题，提出整改意见，推动学习教育各项任务落实。

（崔　堃）

【文明单位创建】

创先争优活动　2016 年继续开展以改进工作作风、严明工作纪律、提升工作水平、美化工作环境为内容的创先争优流动红旗评比活动。

思想道德教育　邀请中国人民解放军军事科学院研究员、北京大学特聘教授陈宇做"坚持理想信念，传承长征精神"专题报告；组织干部职工观看《感动中原2015年度人物颁奖盛典》《德耀中原——第五届河南省道德模范颁奖仪式》等电视节目。举办社会主义核心价值观、诚信无穷价、消防安全、健康知识等系列文化讲堂。开展文明处室、文明职工和最美文明家庭评比活动、2016年度"我评议、我推荐身边好人"系列活动。

志愿服务活动　开展环境保护活动，组织志愿者参加省直义务植树、到南阳郑岗帮扶村清洁家园、冬季除雪铲冰等义务服务活动。春节前对退休干部进行慰问，组织干部职工开展义务献血活动。

文明宣传活动　举办新商务礼仪知识讲座，开展"低碳环保"健步走、自行车趣味赛和"抵制不文明"倡议活动。

节日主题活动　在春节、元宵节、端午节、中秋节等传统节日里，组织开展新春联谊会、猜灯谜、包粽子、除尘杂等形式多样、具有民俗特色的活动。

职工文体活动　开展"活力机关"建设和群众性健身活动，组织40名干部职工（其中厅级4名）参加省直六运会，参与广播操、射击、拔河、羽毛球、游泳、乒乓球共计7个项目的比赛。其中，广播操获团体赛二等奖，李颖获乒乓球"公仆杯"团体二等奖，杜卫兵获B组男子乒乓球单打二等奖，宁俊杰获B组女子乒乓球单打一等奖；张攀获男子50m自由泳三级"粉海豚"三等奖。河南省南水北调办获"体育道德风尚奖"。

文明单位验收　按照省级文明单位年度复查测评体系及省南水北调办2016年度文明创建工作要点，细化分工、落实责任，把每一项工作落实到位。省级文明单位考核组对省南水北调办文明建设工作进行全面检查，对巩固省级文明单位建设成果所做的工作表示肯定，同时也指出不足。省南水北调办通过年度考核验收。

（龚莉丽）

绿色环保趣味自行车赛（余培松　摄）

省辖市省直管县市南水北调管理机构

南阳市南水北调办

【机构设置】

南阳市南水北调中线工程领导小组办公室于2004年6月经市编委批准成立，与南阳市南水北调中线工程建设管理局一个机构两块牌子，为市政府直属事业单位，参照公务员管理，正处级规格，经费实行财政全额预算管理，核定人员编制32人，实有人员29人。其中：处级干部8人，科级干部15人，科级以下人员6人。

2016年南阳市南水北调办设总工程师、总会计师、综合科、计划建设科、财务审计科、征地移民科、环境保护科、监察室。

南阳市南水北调配套工程建设管理中心为南阳市南水北调办（建管局）下属单位，于2011年12月22日经市编委批复同意设立，正科级事业单位，经费实行财政全额预算管理，领导职数一正一副，核定人员编制6人，实有人员6人。其中：本科以上学历6人，中级职称3人，初级职称2人，专技岗位5人，管理岗位1人。主要职责：负责南水北调南阳市地方配套工程建设期间质量管理、资金管理、进度管理、安全管理；负责协调工程建成后的运行管理与工程维护；负责南水北调分配南阳市10.914亿立方米水量的调度协调等工作。

【人事管理】

南阳市南水北调办领导成员8人。主任靳铁拴，副主任曹祥华、皮志敏、齐声波、郑复兴，纪检组长张士立，副调研员杨青春，副处级干部赵杰三。

【党建工作】

南阳市南水北调办坚持从讲政治、讲党性、讲大局的高度，把党建作为政治责任，落实全面从严治党各项要求。

加强领导，落实责任　南阳市南水北调办党组2016年召开三次党组扩大会议专题研究，树立"抓党建是本职、不抓党建是失职、抓不好党建是不称职"的责任意识。从领导力量、人力布局和精力投入进一步向党建工作倾斜，进一步明确党建工作由党组书记负总责、亲自抓，分管领导具体抓，增补一名领导成员为党总支副书记，专职专责开展工作，领导成员履行"一岗双责"。内部增设党办，党办与综合科合署办公，配备党办主任和专干，实行专办专责推进。制订下发《2016年党建工作要点》，召开机关党建工作会议，对党建工作进行专题部署。党组书记讲3次党课，办党组定期不定期对党建工作专题进行研究，明确各个阶段党建工作重点，明确具体目标、工作要求，党建工作扎实推进。

亮评结合，转变作风　在《南阳日报》上亮晒单位主要职责、服务社会民生事项和服务承诺，公开接受社会各界监督。机关大厅制作展板，公布办事流程、办事程序，每个科室和党员干部亮身份、亮职责、亮承诺，实行首问负责制、限期办结制、服务承诺制。每季度组织机关科室内部评议，组织沿线县区、征迁群众和参建单位代表征求对领导成员和各科室的工作意见。2016年，共开展评议4次，征求各类意见建议15条。通过找问题、查不足、强整改，打通服务群众"最后一公里"工作取得实效。

严格管理，明确导向　落实《党政领导干部选拔任用工作条例》《国家公务员职务任免与职务升降暂行规定》和《党政机关竞争上岗工作暂行规定》，突出德、能、勤、绩、廉，按照公开、公正、公平的原则，严格按程序选拔任用、调整干部，实现人岗相适、人尽其才。加强干部档案管理，对机关干部人事档案进行审核整理和数字化规范制作，通过组织部门验收。加大人才培养使用力度，注重年轻干部的储备培养，优化干部队伍年龄结构。以"工作看实绩、一切重实效"为导向，加强对干部的绩效考核，把日常工作完成情况、评议情况作为年终考核的依据，激发干事创业的活力。

【"两学一做"学习教育】

南阳市南水北调办把"两学一做"学习教育作为政治生活中的一件大事，与业务工作同谋划、同部署、同推进。

周密部署，统筹安排　成立领导小组，专题负责"两学一做"学习教育的组织协调工作。召开动员大会，制定下发实施方案，围绕"学、做、促、改"四个方面，明确目标、标准和任务。在学习教育的每个关键节点，适时召开党组会议，及时组织"回头看"，推进下步工作。

用活载体，学做结合　立足于"做实规定动作、体现特色动作"，办党组制定总体学习计划，各支部制定专题学习计划开展学习教育。采取多种形式学，每月突出一个主题，编发学习资料，通过开展月中心组学习、周集体学习、支部组织学、领导成员带头点评和讲党课等多种形式，带领学习习近平总书记系列讲话，学习《中国共产党章程》《党组工作条例》等党规党纪，学习十八届六中全会、省十次党代会和市六次党代会精神等内容。丰富活动载体学，以"不忘初心，重温入党志愿"为主题，相继开展征文活动，组织召开庆祝中国共产党成立95周年大会，重温入党誓词，到方城县杜凤瑞纪念馆缅怀先烈，重温入党誓词。领导成员分别撰写2万字的笔记和心得体会，并分别在所在支部讲党课。

以学促改，注重实效 开展"亮晒评"行动，每位党员干部对照个人职责清单、标准清单，聚焦突出问题，坚持边学边查、边学边改。以严守党规党纪、争做忠诚干净担当合格党员为专题，每个领导成员对照筛查的三个方面19个问题，主动查摆认领问题。领导成员共查找问题42个，建立整改台账，明确整改措施，持续整改落实。领导成员以普通党员身份参加所在各支部的民主生活会。通过以学促查、以学促改，达到团结—批评—团结的目的，得到市委督导组的充分肯定。

【干部队伍建设】

2016年进一步加强"打铁还需自身硬"意识，按照市委"四句话"的要求，围绕"创一流业绩，树一流形象"的目标，提升干部队伍建设水平。

加强党性锤炼，增强政治定力 把政治理论学习和维护党的意识形态贯彻于"两学一做"学习教育和工作全过程。把习近平总书记系列讲话、党规党纪、十八届六中全会、省十次党代会、市六次党代会精神等，纳入中心组学习、办公室集体学习。加强意识形态工作的研究谋划，找准有效载体，激发正能量，维护意识形态主阵地。围绕巩固提升省级精神文明单位、瞄准创建全国文明单位的目标，干部职工自觉践行社会主义核心价值观，增强党性意识、爱国意识、爱岗敬业意识、爱民为民意识。结合通水两周年，围绕《南水北调工程供用水管理条例》《河南省南水北调配套工程供用水和设施保护管理办法》，协助各大新闻媒体的拍摄、采访，完成南水北调系列专题片拍摄，在《南阳日报》开辟宣传专栏、组织各县区通过电视新闻媒体、出动宣传车等多种形式，宣传南水北调这一千秋伟业，彰显党的伟大和社会主义制度的优越性。

增强规矩意识，严守党的各项纪律 领导带头严守党的政治纪律、组织纪律、工作纪律、财经纪律、廉政纪律，思想上、行动上坚决同党中央和省、市委保持高度一致，贯彻落实中央和省、市一系列决策部署，坚持有令必行、有禁必止。结合《中国共产党党组工作条例（试行）》，制订《南水北调办党组工作规则》，明确议事决策制度和程序。落实主要领导"五不直接分管"和末位发言制度，坚持集体领导民主决策、个别酝酿会议决定原则，按程序办事，按规矩办事，对重大事项一律提交主任办公会或办党组会研究。

转变工作作风，服务中心服务基层 建立重点工作台账，实行清单式管理、落实挂销号制度，做到任务、责任、进度、督查"四落实"。领导成员以身作则，现场办公推动工作，全办工作质量效能同步提升。把转变作风体现在为民服务上，参与全市"双创"工作，开展精准扶贫工作。对分包的常庄社区，从节余的办公经费中拿出2万元资金制作南水北调宣传牌，改善社区面貌，提高双创水平。对驻村帮扶的淅川县香花镇柴沟村，拿出近30万元，用于帮扶产业项目，改善基础设施，帮助群众增收致富。

【党风廉政建设】

2016年，南阳市南水北调办突出"责"、"廉"两个重点，加强党风廉政建设。

落实"两个责任"，层层传导压力 2016年继续推进党风廉政建设和反腐败工作，与业务工作同部署、同检查、同落实。落实办党组主体责任和党组书记"第一责任"，办党组每月组织召开党组扩大会或中心组学习，部署检查党风廉政建设工作。每季度听取一次办党组党风廉政工作汇报，落实纪检组的监督责任，强化执纪监督问责。组织全办党员干部学习党章、党内法规，进行《中国共产党廉洁自律准则是中国共产党全面反腐倡廉庄严承诺》专题辅导，对部分领导成员和科长分别进行廉政恳谈，实现反腐倡廉和预防职务犯罪教育工作常态化。办党组与领导成员、各科室签订廉政目标责任书和廉洁从政承诺书，对反腐倡廉工作实行半年一述廉、年终一考核。

突出标本兼治，强化惩防体系建设 加强警示教育，筑牢思想防线。通过授廉政课、组织警示教育基地实地参观、观看警示教育片等多种形式，加强权力观、人生观教育，全年共开展廉政讲座5次，实地警示教育7次，专题廉政教育19次。纪挺法前，在全体干部中开展"节日病"治理、"懒政、怠政"、"会所中的歪风"、领导干部违规收受红包礼金及亲属违规经商办企业等专项治理工作。按照《关于在南水北调系统开展经常性执纪监督问责的意见》，对镇平县、唐河县、方城县、新野县、社旗县在建管理所情况进行效能督查，推进工作开展。每月开展纪律作风抽查3次以上，2016年下发29期督查通报，对违反工作纪律的人员进行通报批评并约谈。加强征迁资金监管，定期对各县区征地安置补偿资金管理、财务资金管理、会计核算等关键环节，逐项开展效能监察，及时发现并跟踪整改问题。

【精准扶贫进展】

根据市委、市政府脱贫攻坚工作部署，南阳市南水北调办分包淅川县香花镇柴沟村脱贫工作。成立以党组书记、主任靳铁拴为组长的扶贫帮扶工作领导小组，领导成员杨青春任驻村队长，专职带队驻村督导指导，计划建设科长李家峰为第一书记，并选派2人为队员，组成扶贫驻村工作队。

驻村工作发挥"单位做后盾，队员当代表，领导负总责"作用，依靠单位后盾保障，驻村队员立足村情，忠诚履职尽责，扶贫工作取得明显成效，赢得各方认可。2016年，南阳电视台新闻联播9月15日以"市南水北调办深入柴沟送温暖"、10月25日以"淅川柴沟村因地制宜发展特色产业，助推扶贫攻坚"为主题进行2次报道，《南阳日报》、

《南阳晨报》等也先后进行报道。淅川县扶贫办以"身驻心驻精准帮扶"为主题对南阳市南水北调办驻村工作队做法专文全县转发。

截至2016年底，精神扶贫扶贫先扶志的精神引领方法，受到淅川县委宣传部的肯定，县电视台予以转播，《南阳日报》以《市南水北调扶贫驻村工作队以"五动"帮扶齐攻坚》为专题进行报道。市南水北调办单位和职工捐助款物合计10万元，产业项目、基础捐助资金25万元，用于改善村委和学校办公、教学条件，扶持驻村连接路建设和黄粉虫养殖、林下经济作物种植等项目；筹措资金7万元，安排年底慰问工作，计划向贫困户每户再捐助500元现金及食品、被褥等，合计捐助款物总额逾40万元。主动协调有关项目，村内新修建水泥道路30km，易地搬迁、到户增收、产业培育等项目落实。

【驻村"六化"保障】

南阳市南水北调办对工作队从食宿、办公、交通、后勤保障等各方面都给予支持，购置床、铺盖、厨具等日常用品，安装空调，提供驻村车辆，并配备办公电脑、打印机、网卡、办公桌椅柜等，使驻村工作实现"六化"保障：一是工作队驻村常态化，市南水北调办驻村队员自种青菜，食宿自理，吃住在村，每天坚持走访调研、撰写驻村日志，每月驻村达20天以上。二是驻地办公网络自动化，驻地配备办公电脑、打印机、无线网卡、办公桌椅柜等，实现办公自动化，文件资料编、印、传一体化，保证工作队实时开展工作。三是驻村工作制度规矩上墙公开化，对帮扶工作计划、管理制度、学习制度、工作纪律、调研制度、考勤制度、五不准等6项驻村制度，还有贫困户建档立卡工作流程图等，制成3块专板上墙，接受群众监督。四是组织精准结对帮扶长效化，对村71户贫困户300名贫困人口，逐户逐人采集信息建档立卡，对单位28位副科长以上机关干部人人识别结对帮扶，逐人建立帮扶联系卡，

做到结对精准全覆盖、因户施策讲实效，经常联系、方式多样。五是驻村帮扶措施多元化，不论工作队走访帮扶、项目帮扶、爱心帮扶、还是责任人结对帮扶，包括捐实物、捐资金、支持项目、思想引领等，坚持经常对接联系、多策并举帮扶。六是驻村工作建档立卡痕迹化，工作队每项走访活动、帮扶活动分类留存文字、图片等痕迹，并分类建档、留存记忆。2016年留存图片数百张，驻村工作队开辟"柴沟村精准扶贫工作掠影"专栏3期、展示图片130多张。市南水北调办机关也开辟"精准扶贫活动专栏"，定期更新，展示扶贫风貌。

【驻村解决"八难"】

柴沟村位于淅川县西南边陲香花镇，豫鄂两省接壤处，濒临丹江口水库，是南水北调核心水源区、省级贫困村。国土面积16.7km²（约2.5万亩），有林地14000亩，荒坡地5000亩，基本农田900亩，位置偏僻，山高路险，资源匮乏，山多地少，交通条件差，群众居住分散、生活困难。村"两委"领导成员5人，有党员14人；原有12个村民小组10个自然村，搬迁后现有8个村民小组，7个自然村，204户820人。全村建档立卡贫困户71户300人。全部实施易地搬迁安置，其中24户103人在县城集中安置，47户197人在村内集中安置。

经工作队走访调研，贫困户中，因学致贫12户52人，因病致贫34户148人，因残致贫10户39人，缺资金缺技术3户14人，缺土地7户31人，缺劳力5户16人。群众生活面临四难：行路难，吃水难，就医难，上学难；村域发展面临四难：老弱病残留守聚力难，产业发展培育难，传统思想转化难，守旧文化转型难。

【帮扶规划】

在实地调研的基础上，驻村工作队与县、乡有关部门和村"两委"班子及党员、群众代表等有关方面反复座谈、协商，并经

市南水北调办领导集体讨论，制订柴沟村脱贫攻坚精准帮扶规划，做到近期与远期相结合、精准扶贫与强基工程相结合，突出一个"实"字，项目实，实施实，接地气。近期规划。1. 贫困户易地搬迁安置规划。全部贫困户中24户103人进城集中安置，47户197人村内集中安置。2. 安全饮水规划。依托村内集中安置点，拟新打机井1眼，利用现有机井1眼，修建蓄水池2处，铺设管线20km，安装压力罐2套及其他配套设施等，解决全村吃水困难问题。3. 农村电网改造规划。更换或新增变压器16台，改造供电线路100km，列入全县贫困村2017年改造计划。4. 交通规划。2016年，在建的G241国道（丹陶路）与集中安置点之间3km连接道路，已与移民部门协调，拟纳入2017年移民扶持计划。5. 通信规划。计划在该村新建或改造通信基站1座，进村设置互联网宽带连接，加强与外界的沟通联系。6. 文化教育卫生规划。结合集中安置点建设村文化大院、争取一批体育健身设施，建设村卫生室、幼儿园等。对现有村部、村小学进行基础设施配套，完善空调、办公、通信等设备，增强村部服务功能，提升小学办学条件。远期规划。1. 旅游产业规划。依据G241国道穿村而过和紧临丹江口水库库区的有利条件，一是结合集中安置点规划建设10~20户农家乐。二是结合集中安置点发展小超市。三是结合库区码头建设发展一批水上旅游项目。四是结合生态农业发展一批观光旅游农业项目。发展大樱桃、柑橘、油桃、软籽石榴等采摘基地。2. 农业产业规划：一是薄壳核桃种植，在现有2000亩基础上，再发展1000亩，最终发展到1万亩。二是圆竹种植，对现有的竹子进行升级改造，发展圆竹林1000亩。三是种植一批适宜当地条件的板栗、竹笋、中药材等作物，以及山野菜采摘、烘干等产业和其他一些适合当地的种养殖项目。3. 工业项目规划：联合周边乡、村申请国家光伏发电项目，既保护库区

水质，又促进贫困户脱贫致富。精准脱贫规划。针对贫困户困难情况分类施策：1. 对因学致贫的12户52人，根据学生情况，由村为每户出具精准帮扶明白卡，由学生或其家长向学校或教育部门提出申请，工作队和村委会协助，争取教育扶贫补助资金和免除学费、住宿费，争取助学贷款等优惠政策，解决学生上学困难问题。2. 对因病致贫34户148人，根据各户情况，参加新型农村合作医疗，申请大病救助，必要的纳入社会保障，解决看病难、看病贵的问题。3. 对因残致贫的10户39人，申请残疾人的优惠政策，符合条件的，申请办理残疾人证，有一定劳动能力的，根据自身特点扶持相应的产业脱贫，无劳动能力的纳入社会保障。4. 对因缺资金缺技术的3户14人，结合各自特点申请小额贷款，引导发展小型产业。5. 对因缺土地的7户31人，引导外出务工，租种他人土地，发展其他产业，必要时给予资金扶持。6. 对因缺劳力的5户16人，引导打零工、发展劳动松散型产业，必要时给予社保兜底。强基工程规划。1. 抓好村"两委"班子建设，完善制度，充实人员；2. 开展党员队伍建设，开展"两学一做"等活动，提升党组织的凝聚力、向心力；3. 开展文明细胞建设，开展优秀党员、五好家庭、孝老爱亲模范、脱贫致富带头人等评选，开展义诊、送文化、科技下乡等活动，增强服务中心各项服务功能。

【"五动"帮扶】

项目驱动 一是实施易地搬迁安置项目。对71家贫困户坚持因户施策，对年龄偏低、有城市发展能力的24户103人实行进城集中安置，2016年新居已建成准备搬迁；对年龄偏高、没进城意愿的47户197人实行村内集中安置，概算投资1100万元、总建筑面积逾5000m²，2016年配套建设村卫生室及小学教学设施正在施工。二是实施人畜安全饮水项目。总投资77万元修建供水站2处，解决全村吃水难问题。三是实施易土培肥、示

范园区项目。完成修建3~6m宽水泥路6条长30km、投资逾1000万元，2016年完工畅通，解决了群众出行难问题。四是实施国道通村连接线建设。对G241国道至村内易地扶贫搬迁安置点3km的重要连接线路基进行拓宽改建，由4m拓宽至8m，建成村域旅游通道，筹资20万元施工建设，2016年贯通。五是实施其他项目。对村电网改造、光伏发电、道路绿化等建设项目，2016年完成各项前期工作。

产业带动 驻村工作队与村两委培育产业，解决群众增收难问题。一是实施到户增收项目。投资50万元引导33家农户发展传统养殖业，养殖带动脱贫一批，可实现人均增收3500元以上。二是借力企业项目。入驻公司，通过山坡地反租倒包的方式，由入驻公司安排就业带动脱贫一批，解决42户贫困户就业增收问题。三是工作队帮扶项目。工作队通过调研，筛选一批短平快项目，建设适合村情的新产业，帮扶兜底脱贫一批。2016年正在实施的市南水北调办精准帮扶产业实验示范基地，组织发展莲藕基地30亩、黄粉虫养殖房舍500m²，养殖房舍建成，正在组织养殖培训学习；发展林下经济夏枯草200亩、黑牡丹20亩，正在实验种植。四是培育发展高效林果业。发展万亩生态林果经济，2016年成型3000亩规模。五是超前谋划发展生态旅游业，促进村域第三产业发展。柴沟村已确定为国家旅游扶贫开发重点村。

强基联动 一是帮扶村两委建设。及时完善制度、充实人员，进行两委班子和工作队的教育和管理，加强党支部建设，落实"三会一课"制度，开展"两学一做"活动、每月党日活动和争做"四有"党员（心中有党、心中有民、心中有责、心中有戒）活动。10月党日活动中，由带队领导、副调研员杨青春带头作"不忘初心，爱党拥党，精准帮扶共圆中国梦"的主题党课，向14位党员每人发放一枚党徽、一本党章党规学习手

册、一本笔记本、一部收放机，提升党组织的战斗力、凝聚力和向心力。二是大力帮扶村域文化建设。开展"弘扬忠诚担当、无私奉献的南水北调精神，弘扬柴沟人文厚重、不畏困难的倔强精神，争做柴沟文明人，争做柴沟致富带头人"（"两弘扬、两争做"）活动，引领群众转变陈旧落后的思想观念，增强自强自爱、勤劳致富、创业光荣意识。培育村域新风、新貌、新气象，聚人、聚气、聚力，为脱贫攻坚提供精神保障。12月8日，由淅川县委宣传部、县扶贫指挥部、香花镇有关单位参加，举行柴沟村"两弘扬一争做"表彰大会，对8名优秀共产党员、10户文明家庭、6户孝老爱亲模范户、6户脱贫致富示范户披红戴花、乐队伴奏进行隆重表彰。三是帮扶村域文明建设。结合"四联两聚"活动，组织创建村域文明细胞，开展文明村民、五好家庭、优秀党员、孝老爱亲模范等文明细胞评选，通过开展评选活动，教育引导群众向上从善、爱村爱乡，共建美丽新山村。通过文化、文明引领和思想帮扶，引导贫困群众由伸手依赖、要款要物、让政府输血扶贫转变为主动创业、争气打拼、自我造血脱贫。四是开展清洁家园行动。工作队协调镇扶贫办为柴沟村配置垃圾箱20个、垃圾桶204个，达到每组和每处重要区域配套一个垃圾箱，每户配备一个垃圾桶，同时配备一辆垃圾车，督促每家每户全部使用，并指定专人负责垃圾收集、清运，结合文明表彰，组织村组人员对全村卫生进行及时整治清理，保证村域环境整洁、干净。

平台拉动 一是组织召开村精准扶贫推进座谈会。召开由市南水北调办主导，由市、县、镇、村、企业五方有关领导参加的柴沟村精准扶贫推进座谈会。二是组织开展爱心帮扶。针对村部办公和小学教学条件差的实际，协调单位后盾保障，捐助空调9部、桌子6张、椅子17把、柜子2组、高低沙发茶几各一套、高音喇叭及功放一套、收放机45部、饮水机1部，总价值8万余元；南阳市南水北调办全体干部职工捐款4950元，单位经费调剂捐助2万元，改善村办公和教学条件；向省南水北调办请示支持扶贫资金得到批复，计划拿出50万元帮助发展扶贫产业，先期25万元已拨付乡镇用于柴沟村连接路建设、黄粉虫养殖和林下作物种植等。三是组织全村党员召开扶贫攻坚研商会。听取党员意见和建议，并由带队领导杨青春和第一书记李家峰讲党课。四是组织召开老年代表座谈会。召集村30多位高龄老人召开扶贫献策座谈会，并向每人发放一部收放机，发挥老人余热，调动其参与脱贫攻坚的积极性。五是组织开展送医下乡、送文化下乡、送科技下乡等活动。六是借力媒体营造氛围。在互联网上申请建立市南水北调办扶贫信息平台，及时将有关工作信息、有关扶贫政策、工作动态及配发的各类图片等予以发布；借力南阳电视台、日报、晨报等进行宣传，配合市5家新闻媒体"脱贫攻坚一线行"采风团对柴沟村进行采访。

合力推动 先后与市、县扶贫、组织、水利、供电等职能部门对接，申请政策和资金支持。由市南水北调办先行牵头实施G241国道进村连接线项目建设，2016年完成路基拓宽改造。与共同帮扶单位对接。及时与淅川县水产局、南阳中光学集团对接，申请扶贫项目和资金。与村里入驻开发企业对接。引导加快发展，增强吸纳贫困户脱贫能力。1.引导河南渠首生态园有限公司加快推进建设万亩生态示范园基地，发展核桃、樱桃、有机野生葡萄、有机竹笋、枇杷、有机野花椒等产业，实施"公司+合作社+农户"的生产经营模式，吸纳贫困户42户。栽种核桃、樱桃、枇杷、石榴等果木4140亩，翠竹1100亩，风景树1500亩，育苗基地100亩，中药材600亩，油料2000亩，封山育林8000亩；2.引导河南丹江绿源林业有限公司，发展生态林基地1000亩；3.引导淅川县南水湾农业发展有限公司，种植核桃、黄金梨、甘橘、寿桃等水果及罗汉松、兰梅等花木500亩；4. 引进南阳吉春园林有限公司，种植香樟、枇杷、桂花等苗木650亩。组织外出考察。带领镇、村有关人员到方城县、确山县、桐柏县以及其他示范产业基地考察学习，发展新型种植养殖产业，加快村域发展。2016年，实施黄粉虫养殖项目完成场地平整1000m²。

（朱　震）

平顶山市南水北调办

【党建工作】

平顶山市南水北调办党组全面落实从严治党主体责任，学习贯彻党章党规党纪和习近平总书记系列重要讲话精神，树立"四个意识"，遵守党的政治纪律和政治规矩，带头做政治上的明白人。对党绝对忠诚，坚决维护党中央权威，在重大事件、关键时刻和大是大非问题面前做到政治立场坚定，认识不含混、态度不暧昧、方向不动摇、行动不急慢，旗帜鲜明地听党的话跟党走。工作中，贯彻落实党和国家各项路线方针政策及中央、省委、市委重大决策部署，全面落实中央八项规定，学习贯彻党的十八大、十八届三中、四中、五中、六中全会和省十次、市九次党代会精神，在思想上、政治上、行动上始终同党中央保持高度一致，同省委、市委保持高度一致，确保令行禁止、政令畅通。

2016年，平顶山市南水北调办加强制度建设，建立制度机制综合保障。结合"三严三实"专题教育和"两学一做"学习教育，健全完善机关党建、党风廉政建设及机关工作多项制度。按照规范化建设要求，规范发展党员、党费收缴、"三会一课"等制度。完善请销假、考勤、工作人员行为规范、出差审批报销、财务收支管理等20余项内部规章制度，并由领导成员带队，组织人员对制度落实情况进行监督检查，发现违纪问题及时约谈或根据情节严肃处理，强化用制度管人管权管事。

全面落实党组主体责任和党组书记第一责任、领导成员"一岗双责"制度，坚持与中心工作同谋划、同部署、同推进。年初召开全市移民和南水北调系统党风廉政建设会议专题部署，党组与领导成员、领导成员与分管科室负责人层层签订责任书，各县区移民和南水北调机构向党组递交党风廉政建设承诺书，实现责任全覆盖、压力逐级传导。

【干部队伍建设】

加强领导成员自身建设，议事决策坚持民主集中制，重大事项、重要工作、大额资金支出等严格按照"三重一大"程序，及时沟通、上会研究、民主讨论、集体决策，做到民主、科学、规范，减少决策失误。领导成员之间重原则、讲风格，工作上相互支持、纪律上相互监督，带领干部职工共谋发展。

贯彻党管干部原则，加强思想政治教育和正面引导，把愿干事、能干事和责任心强、综合能力强、工作实绩突出的干部调整到重要岗位，重点培养，树立正确的选人用人导向。通过"两学一做"学习教育、"五查五保"活动和懒政怠政专项整治，全面提高党员干部的党性观念、大局观念、组织纪律观念和为民宗旨意识、协作奉献精神，营造干部职工忠诚担当、履职尽责、争先创优的良好工作氛围。

【开展"两学一做"学习教育】

平顶山市南水北调办制定"两学一做"学习教育实施方案，坚持围绕中心、服务大局，把学习教育融入推进全市转型发展、全局工作大局的具体实践，融入每个党员的岗位职责和具体工作，确保"两手抓、两促进"，引导党员干部学用结合、知行合一，进一步增强"四个意识"，强化宗旨意识，勇于担当作为，保持和发展党的先进性纯洁性。

【法律法规培训】

按照全面推进依法治市要求，平顶山市

南水北调办开展南水北调工程征迁、运行管理、移民后扶、财务资金管理、信访维稳等法律法规的学习，工作人员知法懂法、依法办事、依法行政。《河南省南水北调配套工程供用水和设施保护管理办法》颁布实行后，组织全市南水北调系统干部职工进行培训，利用市属新闻媒体、印发宣传册、张贴公告、制作广告牌和警示牌、悬挂条幅和过街联、出动宣传车等多种形式，开展广泛的咨询宣传，使"办法"进村庄、到农户，达到家喻户晓的效果。

【组织业务培训】

2016年，平顶山市南水北调办组织机关干部职工、县（市、区）移民及南水北调系统干部到武汉大学、河海大学、四川大学等院校培训，举办多期培训班，对南水北调水质保护、征迁验收、工程运管、移民后扶创新管理等进行培训，拓展参训人员的业务知识面，提高创新管理能力，为履职奠定业务基础。

（张伟伟）

漯河市南水北调办

【机构设置】

2016年，核定事业编制15人，实有人数14人。

2012年9月15日，漯河市机构编制委员会以漯编〔2012〕41号文批准成立漯河市南水北调中线配套工程建设领导小组办公室，加挂漯河市南水北调配套工程建设管理局牌子，为隶属漯河市水利局领导的财政全供事业单位，机构规格为副处级。

【人事管理】

2016年，现任局长李洪汉，副局长于晓冬、张全宏，总工程师艾孝玲。

【党建工作】

2016年，漯河市南水北调办围绕南水北调中心工作，按照"抓落实、全覆盖、求实效、受欢迎"的工作要求，实施基层党建项目化管理，开展基层党组织服务中心和队伍建设工作，完善协助和监督两大机制，全面提升党建工作水平，使基层党组织和党员在南水北调各项工作中"走前头、当先行、做表率"。

开展"两学一做"学习教育 以"两学一做"学习教育推动党建工作，推动南水北调运行管理规范化建设，进一步改进工作作风，在工作实践中不断加深对学习的理解。

落实主体责任 坚持党风廉政建设和重要工作同部署、同检查、同落实，加强党风廉政建设责任制落实情况的检查考核，建立健全责任追究制度，把党风廉政建设贯穿工作全过程。学习和贯彻中央、市委关于党风廉政建设方面的政策和规定，学习《中国共产党廉洁自律准则》和《中国共产党纪律处分条例》，履行党风廉政建设岗位职责和廉政承诺。围绕"权、钱、物、人"四个重点部位，建立一系列规章制度，坚持以制度管事、管人、管权，构建廉政风险防控体系，构建防腐拒变坚固堡垒。

落实民主集中制 讲纪律、守规矩，坚持民主集中制和集体领导与个人分工负责制，重大事项集体研究决定；加强班子团结，提升凝聚力；发扬民主，领导成员之间开展批评与自我批评。

落实监督责任 组织党员干部学习中央八项规定、省委省政府20条意见和市委市政府关于改进工作作风密切联系群众的实施意见。组织全体干部职工观看系列警示教育片，开展警示教育。聚焦中心任务，突出主业主责，强化执纪监督。坚持暗访、约谈、问责、通报等方式，加大执纪问责力度。

落实八项规定精神 坚决纠正"四风"，规范干部职工的思想和行为。坚持勤俭节约，压缩会议费及"三公经费"，推进使用公务卡，提高公务支出透明度，严格现金管理，严控现金支付范围，从源头预防腐败。加强明察暗访，加大对纪律制度执行情况监督检查力度，多次对各科室工作人员在岗情况、工作纪律情况、廉洁自律情况、工作作风情况进行抽查和暗访。严格执行公务接待、公务用车、办公用房管理制度。

主动接受监督　领导干部按照规定报告个人有关事项，自觉接受组织监督、群众监督和社会监督。

【精神文明建设】

2016年，漯河市南水北调办全面贯彻党的十八大和十八届三中、四中、五中全会精神，学习贯彻习近平总书记系列重要讲话精神，围绕南水北调中心任务，培育和践行社会主义核心价值观，加强理论武装和思想道德建设，开展精神文明建设。

开展"两学一做"学习教育　全面把握党章的基本内容和各项要求，坚持用党章指导、规范精神文明建设各项工作，引导全体干部职工学习党章、遵守党章、维护党章，自觉加强党性修养。加强政治纪律和政治规矩教育，坚守党的纪律要求和纪律底线。采取集中学习、个人自学、专题研讨等多种形式，推动党员干部读原著、学原文、悟原理。

开展中国特色社会主义和中国梦学习宣传教育　开展中国特色社会主义理论体系学习和"中国梦　我的梦"主题教育实践活动，引导全体干部职工联系南水北调的难点热点问题，学习党的路线方针政策和国家法律法规，增强政治认同、理论认同、情感认同。深化革命传统和爱国主义教育，开展纪念中国共产党成立95周年、中国工农红军长征胜利80周年等主题宣传教育活动。

加强形势任务教育　组织干部职工学习省南水北调工作会议精神，全面准确宣传解读国民经济和社会发展、南水北调成就以及"十三五"规划，认清美丽中国、生态文明建设及南水北调目标任务，引导干部职工把思想和行动统一到中央的决策部署上来。

（周　璇）

周口市南水北调办

【机构设置】

2016年周口市南水北调办增加科级领导职数1名，增设生产调度运行科，增加事业编制工勤人员5名，现有事业编制15名。周口市现任主任（局长）徐克伟，副主任（副局长）谢康军、陈向阳。周口市南水北调办公室于2006年3月经周口市委机构编制委员会批准成立，正处级规格，核定事业编制10名，其中，主任1名，副主任2名，科级领导职数3名，总工程师1名，工勤人员3名，财政全额预算管理，下设综合科、财务审计科、计划环境建设与移民科。2011年11月29日，成立周口市南水北调配套工程建设管理局，建设管理局设局长1名，副局长2名，下设综合科、财务科、工程科、征地拆迁科、质量安全科五个职能科室。

【"两学一做"学习教育】

按照市委市政府的统一安排建立学习制度。营造良好学习氛围，规范学习机制，明确学习重点和内容，并及时整理学习文字、影像资料，学有记录、学有成效。

"五个一"要求　每名党员都要制定一份学习计划，每周组织一次集中学习，每月周口市南水北调办领导做一次专题辅导，每季度开办一期学习专栏，每人撰写一篇学习心得。扎扎实实系统学习，原原本本领会精神，补足"精神之钙"，加强"信仰之修"，熔铸"信念之魂"，加足"工作之油"，培养造就一支具有铁一般信仰、铁一般信念、铁一般纪律、铁一般担当的南水北调系统党员干部队伍。

围绕中心工作开展主题讨论　围绕《中共中央办公厅印发〈关于在全体党员中开展"学党章党规、学系列讲话，做合格党员"学习教育方案〉的通知》精神，结合周口市南水北调系统实际，教育党员干部加强创新意识，敢于担当、敢于负责、敢为人先、勇立潮头，做示范，强实践，推动全年工作目标任务实现。

坚持问题导向落实问题整改 开展调研和征求意见建议活动，分类分层梳理问题，查找剖析原因，查漏补缺，完善方案，强化措施，落实问题整改方案，以群众是否满意为标尺，加强立规执纪，推动党员教育制度化、常态化、长效化。

【党风廉政建设】

2016年，周口市南水北调办贯彻中央、省、市党风廉政建设和反腐败工作要求，落实党风廉政建设责任制，坚持"一岗双责"，把党风廉政建设与业务一起部署、一起落实、一起检查，统筹推进、共同提高。领导成员以身作则，严于律己，严格遵守党的组织纪律，坚持"慎独、慎微、慎言、慎行、慎友"，时常"自警、自省、自重、自励"，每周工作例会都安排廉政提醒教育，每逢重大节日开展节前教育，组织干部职工观看廉政教育片，参加周口监狱警示教育活动。对中央"八项规定"和省市实施意见坚决贯彻执行，自觉正文风、改会风、转作风、树新风，营造新风正气，抵制歪风邪气。领导干部坚持从自身做起，厉行勤俭节约，落实公务接待制度和公务用车配备使用管理规定，清理使用办公用房，加强对家属及身边人员的管理，自觉遵守党风廉政建设各项规定，按照党员领导干部应当报告的九项内容向组织如实报告个人有关情况。在工作中没有收受礼金、有价证券和支付凭证的行为，没有利用公款大吃大喝及参与高消费活动的情况，没有私自从事营利性活动，没有以权为家庭人员、亲朋好友谋私利，没有借婚丧嫁娶敛财等违规违纪行为。

【文明单位创建】

2016年，周口市南水北调办参加全市文明城市创建活动，要求施工单位夜以继日加快施工进度，并下发文明施工实施方案，及时清理路边渣土及施工垃圾，修复因施工造成的受损路面，在施工围挡上张贴文明宣传标语、图画，为争创文明城市做出应有的贡献。2016年，周口市南水北调办通过省级文明单位验收，被评为省级文明单位。

（朱子奇）

许昌市南水北调办

【机构设置】

2004年4月12日成立许昌市南水北调中线工程建设领导小组（许政文〔2004〕34号），2004年8月10日经许昌市编制委员会批准成立许昌市南水北调中线工程建设领导小组办公室（许编〔2004〕21号），正处级规格。内设4个科：综合科、计划建设科、经济与财务科、环境与移民科。核定事业编制18名，其中主任1名，副主任4名，科级领导职数6名。核定驾驶员事业编制3名。参照公务员管理（许编〔2004〕21号）。

【人事管理】

2016年，许昌市南水北调办现任主任张小保，副主任范晓鹏、李国林、李禄轩。常建华任许昌市水务局党委委员，市水务建设投资开发有限公司总经理，免去其许昌市南水北调办调研员职务，田中央任许昌市纪委驻市水务局纪委书记，免去其许昌市南水北调办总工程师职务，副调研员孙卫东、陈国智。

张永兴任市南水北调办公室综合科科长（许组干函〔2016〕12号）。

【党建与"两学一做"学习教育】

按照许昌市委市政府的工作部署，许昌市南水北调办开展党建与"两学一做"学习教育。加强思想政治建设，教育引导党员尊崇党章、遵守党规，用习近平总书记系列重要讲话精神武装头脑、指导实践、推动工作，增强政治意识、大局意识、核心意识、看齐意识，坚定理想信念，保持对党忠诚，树立清风正气，勇于担当作为，充分发挥先锋模范作用。开展"五查五促"，严肃党的组织生活，严格党员教育管理，严明党建工作责任制。

组织领导 全市"两学一做"学习教育工作会议召开后，许昌市南水北调办成立"两学一做"学习教育领导小组，加强对学习教育的组织领导。4月下旬召开"两学一做"学习教育工作会议动员部署，印发《关于在全体党员中开展"学党章党规、学系列讲话，做合格党员"学习教育的实施方案》及《许昌市南水北调办公室"两学一做"学习安排具体方案》。领导成员执行双重组织生活制度，带头参加学习教育，以普通党员身份参加党支部的组织生活，与党员一起学习讨论、一起查摆解决问题、一起接受教育、一起参加党员民主评议。

三会一课 按照市委组织部《许昌市"两学一做"学习教育工作台账》文件要求，按照把"规定动作做到位，把自选动作做精彩"的思路，结合许昌市南水北调办《"两学一做"具体方案》，按照时间节点推进"两学一做"学习教育。党支部落实"三会一课"制度，组织观看《"时代楷模"燕振昌》《村支书一生的九十四本日记》《村支书的榜样——燕振昌》，组织全体党员到燕振昌先进事迹展馆实地参观。组织手抄党章活动，组织主题党课5次，"七一"前夕组织党员重温入党誓词。

创新载体 开展学习研讨，党支部以"四讲四有"为主题开展3次学习研讨活动，每名党员都发言讨论。开展党建工作和省级文明单位创建活动，推动党建项目与"两学一做"学习教育相互融合与促进。开展在职党员到社区报到志愿为群众服务活动。开展"比学习、比工作、比作风，争创一流机关，争当模范支部，争做优秀党员"为主要内容的"三比三争"活动。在许昌市南水北调网站开辟专栏，宣传中央精神、市委部署，及时宣传机关学习教育情况和成效。

学用结合 将"两学一做"学习教育活动与促进南水北调工作结合起来，与保障安全供用水结合起来，与全年重点工作结合起来，使学习教育活动成为开拓创新、更新观念的过程，成为转变作风、求真务实的过程，推进南水北调工作发展。开展"坚持忠诚干净担当，做焦裕禄式的好干部"活动，开展"践行先锋标准，岗位建功立业"活动，教育引导党员铭记身份，立足本职岗位为党工作。为扶贫村襄城县颍阳镇洪村寺制定脱贫规划、发展特色产业、改善人居环境、解决贫困群众实际困难、加强基层组织建设，发挥宣传群众、凝聚人心、引领发展的作用。

三述三评 许昌市南水北调办采取三种方式，对"两学一做"学习教育开展情况进行督促。通过不定期检查考核，对机关科室落实"两学一做"学习教育进行督促，对学习记录本、党员活动记录卡不定期抽查，督促"两学一做"学习教育读、写、记活动开展，党支部书记填写评议。

边学边改 把解决问题贯穿学习教育全过程，通过"四对照四反思"找差距和听取群众意见查问题结合起来，引导党员找准自身存在问题，从思想上解决，以行动改正。持续纠正"四风"，把解决问题同巩固扩大党的群众路线教育实践活动成果和开展"三严三实"专题教育问题整改结合起来，继续整改不严不实问题。对群众反映较多、在一些党员身上集中存在的突出问题，集中整改并加强日常教育管理。

（程晓亚）

郑州市南水北调办

【机构设置】

郑州市南水北调办公室（移民局），参照公务员管理单位；经郑州市编制委员会批准成立，批准文号郑编〔2003〕103号，成立时间为2003年12月25日。2016年单位在编人数60人，实有人数70人；内设综合处、财务处、建设管理处、计划处、移民处、质量安全监督管理处共6个处。

【人事管理】

2016年，郑州市南水北调办公室（移民局）现任主任、局长李峰，书记刘玉钊，副主任、副局长王永强、邓银龙、吕鹏亮、张立强、胡仲泰。

招录公务员 2016年招录公务员1名。首先对参加笔试合格的报名人员进行面试资格审查，然后到面试合格人员的居住地和工作地进行实地考察，确定招录符合单位要求的财务人员1名。

档案专项审查 开展全国公务员档案专项审查的收尾工作。4月，对2015年科级及以下人员档案审查工作中存在的问题进行认定，认定意见落实后将所有采集的信息进行归纳录入，经本人签字同意后报公务员局存档。11月，按照市公务员局要求，再次对所有人员档案进行逐项审查、重点统计档案缺漏材料，为2017年健全完善人事档案做准备。

养老制度改革 2014年国家出台公务员养老制度，因种种原因郑州市2016年5月才开始启动这项工作。按照人社局社保办要求及时采集全员基本信息和工资信息，经过本人签名、层层审批，最终按时录入数据库，11月开始按新养老制度征缴。

工资调整 2016年完成两次全国性的基本工资调标和一次地方性津补贴调标工作。因养老制度改革工作推迟落实，这三次调标工作前后跨越三年时间，自2014年10月起停办三年的工资业务全部集中在2016年落实。每一次调标都要经历先预增发、再调标，最后补发。人社局每布置一项工作都要求三五日内完成，于是加班计算出表、排队接受审批成工作的常态。经过一年来不断地调整，人员工资业务终于恢复正常，工资以全新的标准落实到位。

年度考核 2016年1月，按照人社局、水务局年度考评的要求，结合日常实际工作情况，制定考核评先方案，采取一系列的方法，经过全体人员评比选优，推选出先进工作者20名、优秀党员10名、考核优秀6名。12月，经过多次申报，2016年度的考核优秀比例从10%提高到13.5%，优秀名额达到7人。

人员培训 2016年除督促在编人员参加公务员网络课程线上线下培训外，4月在郑州市南水北调办领导的带领下，组织全市南水北调系统干部职工到深圳大学参加综合素质提升培训班，为期8天的培训，收到良好的效果。

岗位及工资变更 2016年办理调出1人、军转1人、晋升工资档次58人、晋升工资级别17人、职务晋升工资调整4人、考核奖发放58人、未休假补贴31人。同时，每月按时进行退休和借调人员的工资核发工作。

2016年报送水利厅、统计局、人社局、公务员局等部门的统计季报、年报共9批次，开展社会保险金征缴、基数调整等工作。

【党建工作】

落实党建工作计划 推进基层党组织建设各项工作，签订党建和党风廉政建设目标责任书，对党建目标逐项落实，周密组织，认真落实"三会一课"制度，做到目标明确，措施到位。

创新学习方式 结合实际制订《支部中心组学习安排》《机关学习计划》，开展党小组学习、全体党员集体学习、专题学习交流讨论，外出学习、观看电影电视教育片等多种形式学习教育。每月开展机关思想理论学习"月大讲堂"活动，请知名专家教授授课，多层次学习。全年安排党小组学习21次，集体学习16次。

加强党支部建设 充分发挥支部的战斗堡垒作用和党员的先锋模范作用，在加强党员思想政治教育的同时，重视党组织后备力量的培养，对入党积极分子培养考察，严格审核条件，发展一名优秀同志加入党组织；党支部吸收一名优秀同志进行组织培养，并对工作成绩突出的党员进行表彰。完成全体党员党费核查和收缴工作，及时收齐上交党费，自觉履行党员的义务。

党员组织关系排查　严肃认真开展党员组织关系集中排查工作，在综合处配合下按上级要求完成51名在职、离退休党员的档案材料审核，完善党员档案资料，及时上报。

制定巡查整改方案　配合市委第五巡察组的巡察，按照市委第五巡察组巡察工作情况反馈，结合实际，征求有关领导和处室的意见，迅速制定整改方案，及时上报。

诗歌朗诵与知识竞赛　在"七一"前夕组织开展全市南水北调移民系统"赞盛世中国永远跟党走"诗歌朗诵比赛，并对获奖者进行表彰。按照上级党组织的安排，每人都参加省"两学一做"知识竞赛，每周及时向上级党组织报送。

全方位宣传　党建办印发工作简报12期，市水务局转发6期，通过水务系统网页、南水北调网页、微信群、qq群等宣传中央、省市文件精神和工作学习动态。

老干部工作　结合老干部们的实际，做到政治上关心好，生活上照顾好老干部。召开老干部座谈会，组织老干部参加"看郑州"主题活动，为老干部们安排活动室，受到老干部欢迎。在事关老干部权益的事情上及时向老干部沟通和汇报工作争取老干部的支持。

南水北调诗词集出版发行　开展诗词协会调研的配合和诗词集的出版发行、资料准备工作，以及领导安排的其他工作。

郑州市南水北调办党支部被评为郑州市水务系统2015-2016年度基层党建工作先进党支部。

【党风廉政建设】

党风廉政建设责任制　党支部按照党风廉政建设责任的要求，制定党风廉政工作计划，签订目标责任书，各负其责，保证党风廉政建设和反腐败工作的各项任务落到实处。

廉洁自律教育　党支部围绕党风廉政建设有关规定，组织党员干部学习《关于实行党风廉政建设责任制的规定》《中国共产党纪律处分条例(试行)》《廉政准则》《党内监督条例》等党纪政纪和法律法规；结合反面教材教育党员干部，必须自重、自省、自警、自励，牢固树立共产主义世界观、人生观、价值观。

【"两学一做"学习教育】

迅速动员部署　按照郑州市对"两学一做"学习教育的统一部署，郑州市南水北调办把"两学一做"学习教育作为2016年党建工作的首要任务，多次召开会议讨论研究，布置"两学一做"学习教育准备工作。召开全体党员"两学一做"工作动员会，贯彻中央、省市"两学一做"会议精神，成立党建办具体负责"两学一做"学习教育。

制定实施方案　制定"两学一做"学习教育实施方案，发放《中国共产党章程》《中国共产党纪律处分条例》《中国共产党廉洁自律准则》《习近平系列重要讲话》等学习材料，为每位党员发放专用学习笔记本，提出学习目标、学习措施、学习要求，贯彻习近平总书记系列重要讲话精神和各级"两学一做"会议精神。

丰富学习形式　党支部联系实际研究，明确南水北调"两学一做"学习教育的思路和措施，以党员自学、党小组学习、集中学习、中心组学习为基础，规定学习时间、学习范围、学习纪律、学习目标，定时抽查。根据学习进度和工作需要，适时安排专题集中学习讨论，撰写学习心得体会。每月确定一个主题，开展"月学习大讲堂"，邀请知名专家、学者、专业人士等，就政治理论、思想道德、文化历史、金融经济、国内外形势、南水北调专业发展前沿等进行讲解，2016年开展5期。领导成员定期给干部职工讲党课或作专题报告。根据工作需要组织人员走出去或请进来，组织到高校学习培训，组织参观英雄事迹展、党史展览、先进地区、红色教育基地等。组织全体干部职工到深圳、上海高校学习，到西柏坡革命教育基地集体宣誓，重温入党誓词，到河北、北京南水北调建管单位学习、到有关地市考察移民发展。

推动解决突出问题 开展"两学一做"学习教育，推动南水北调党建工作和中心工作解决重点难点问题。进一步严肃党的组织生活、严格党员教育管理、严明党建工作责任。重点是党的组织生活、党员教育管理、党员活动等薄弱环节，解决支部生活不严肃、不认真、不经常的问题。严格工作纪律，进一步加强机关作风转变和提高工作效率。组织集中排查全体党员以及调离和退休党员组织关系，对每名党员都纳入党组织有效管理。领导成员分头排查丹江口库区移民村发展的困难和矛盾，解决移民发展的难点问题和移民诉求；分工负责到南水北调配套工程沿线，了解防汛的风险点，工程建设的难点。

郑州市南水北调办的"两学一做"学习教育得到上级党组织的肯定，被水务局党组作为经验推荐给市委组织部学习交流。

（刘素娟 罗志恒）

焦作市南水北调办

【机构设置】

2005年5月，焦作市机构编制委员会同意成立焦作市南水北调中线工程建设领导小组办公室（焦编〔2005〕14号），县处级规格，参照公务员管理单位，内设综合科、拆迁安置科、计划建设科、财务审计科4个科室。2006年2月，焦作市南水北调中线工程建设领导小组办公室加挂"焦作市南水北调中线工程移民办公室"（焦编〔2006〕3号），2012年7月，加挂"焦作市南水北调工程建设管理局"（焦编〔2012〕14号）。

【人事管理】

2016年6月，焦作市南水北调办退休1人，截至2016年底，实际在编14人。根据焦作市机构编制委员会焦编〔2005〕14号文件，焦作市南水北调办核定全供事业编制15名。2015年6月，焦作市机构编制委员会增加焦作市南水北调办2个编制（焦编〔2015〕103号），增加后，事业编制为17名。

2016年，焦作市南水北调办现任主任（局长）段承欣，副主任（副局长）刘少民、吕德水。

【党建工作】

2016年，焦作市南水北调办党建工作以"两学一做"学习教育为重点推进作风建设，以"把权力关进制度的笼子里"为要求推进制度建设，以完善惩防体系为重点推进党风廉政建设。

把党建工作与中心工作同研究、同部署，目标同向、工作合拍、措施配套。党组召开党风廉政建设工作会议，落实党风廉政责任，梳理党风廉政建设主体责任清单，研究制定工作方案、确定廉政责任制目标分解。不定期开展党风廉政督查，指导督促各科室党风廉政建设目标任务的推进和落实，定期听取党风廉政建设和反腐败工作情况汇报，对上级工作部署和要求，及时细化措施，确保主体责任落实。

开展"学党章党规、学系列讲话，做合格党员"学习教育活动。及时制定"实施方案""学习计划"。围绕"学"、"改"、"做"，细化措施，确保效果。执行学习计划，领导成员开展党课辅导，带头参加专题研讨，撰写专用笔记。组织召开党风党纪专题民主生活会，对照习近平总书记关于全面从严治党的要求，开展批评与自我批评，醒脑除尘。焦作市南水北调办还结合市委"近学许昌，远学扬州"活动，按照市委"整体工作上台阶、重点工作争一流、特色工作树形象"的总体要求，以学促工，拉高工作标杆，巩固"两学一做"学习教育成果。

（樊国亮）

焦作市南水北调城区办

【机构设置】

2016年，焦作市南水北调城区办领导成员7名。2006年6月，焦作市政府成立南水北调中线工程焦作城区段建设领导小组办公室，领导成员6名，设综合组、项目开发组、拆迁安置组、工程协调组。2009年2月，焦作市城区办领导成员3名，设综合科、项目开发科、拆迁安置科、工程协调科。2009年6月，焦作市城区办内设科室调整为办公室、综合科、安置房建设科、征迁安置科、市政管线路桥科、财务科、土地储备科、绿化带道路建设科、企事业单位征迁科。2011年，城区办领导成员7名（含兼职），内设科室调整为综合科、财务科、征迁科、安置房建设科、市政管线科、道路桥梁工程建设科、绿化带工程建设科。2012年，城区办领导成员7名（含兼职），内设科室调整为综合科、财务科、征迁科、安置房建设科、市政管线科、工程协调科。2013年10月，城区办领导成员6名（含兼职）。2014年，城区办领导成员5名。2015年，城区办领导成员4名。

【党建工作】

2016年，焦作市南水北调城区办党支部学习贯彻党的十八大和十八届三中、四中、五中、六中全会精神和习近平总书记系列重要讲话精神，贯彻落实省、市党代会精神，加强机关党的思想、组织、作风、反腐倡廉和制度建设，进一步提高党建科学化水平。

"两学一做"学习教育　2016年，按照"明确目标任务、把握基本原则、解决突出问题、聚焦推动发展"的总体目标，组织开展"两学一做"学习教育，用党章党规规范党员言行，用系列讲话指导工作实践，用整改实效促学促做。

集中学习　落实"三会一课"制度，定期组织党员集中学习，做到"六个一"：党支部年初制订一个学习计划，每季度开展一次专题辅导，每月确定一个学习主题，每周开展一次集中学习；党员每月撰写一篇学习心得，每天进行一小时自学。2016年，共开展专题辅导10余次，举办集中学习30余次，党员撰写读书笔记约12万字。

学习载体　利用宣传栏、手机短信、微信等形式，及时推送学习内容。引导党员利用网络自主学习、互动交流，扩大学习教育的渠道和覆盖面。2016年，制作固定宣传展板6块，更新宣传栏学习内容12次，利用手机短信发送学习资料15万字。

交流研讨　党支部每季度召开全体党员会议，每次分别围绕一个专题组织讨论。2016年，共组织专题讨论三次，先后以"增强党性观念，做讲政治、有信念的合格党员""增强看齐意识，做讲规矩、有纪律的合格党员""增强道德修养，做讲道德、有品行的合格党员"为主题进行交流研讨。

党课教育　党员领导干部按照党支部的工作安排，参加专题讨论，并结合专题学习讨论的内容为党员讲党课。"七一"之前，党支部结合开展纪念建党95周年活动的要求，邀请市委党校教授作《怎样做一名合格的共产党员》的专题辅导，全体工作人员参加。

组织生活　党支部围绕"两学一做"交流研讨主题，召开以"严守党规党纪、做忠诚干净担当合格党员"为主题的民主生活会，并在会前撰写发言提纲，围绕"六个着力解决""十做十不做"合格党员标准，按照个人查、群众提、上级点等方式，采取发放意见表、设置意见箱、上门走访询问、网站公开征集等形式，面向党员和群众开门征求意见。民主生活会上，党员领导干部带头查找问题，解剖原因，提出整改措施。

党员管理　开展党员组织关系集中排查工作和党员党费收缴情况排查工作；组织党员干部持有身份证情况和出国（境）证件情况自查工作；落实党员联系服务群众制度，引导在职党员在"八小时"内外都能够亮明身份、勇于担当、发挥先锋模范作用。

担当精神 在党员领导干部中开展"坚持忠诚干净担当，做焦裕禄式的好干部"活动，党员领导干部当标杆、作表率；在普通党员中开展"践行先锋标准、岗位建功立业"活动，教育引导党员时时处处铭记身份，履职尽责，为党工作。落实党员岗位履职承诺制度，改进作风、提高服务能力。

【廉政建设】

2016年坚持立"明规矩"、破"潜规则"，以强烈的政治责任感和更加务实的精神，推进南水北调绿化带征迁安置各项工作的落实。成立党风廉政建设领导小组，完善党风廉政建设机制。党支部研究部署年度党风廉政建设和反腐败工作，明确各科室的工作目标任务，落实"一岗双责"的要求。

2016年进一步完善《廉政约谈制度》《签字背书制度》等，逐步实现"用制度管人"和"用制度管事"。进一步规范领导决策行为，提高科学决策、民主决策水平。组织党员干部签订《领导干部不违规收送红包礼金承诺书》，填写《领导干部上缴红包礼金情况报告表》等，领导干部认真报告个人有关事项，自觉接受组织监督。开展廉政风险防控机制建设，加大对重点领域、关键岗位和重要环节的风险防控。建立廉政风险预警机制，加强廉政风险点的收集、分析和研判，及时发出预警信息，做到廉情动态及时掌握、及早应对，提升防御力，完善长效机制。印发《关于进一步加强作风建设严肃工作纪律的通知》《关于印发焦作市南水北调中线工程城区段建设指挥部会议制度和工作例会制度的通知》《焦作市南水北调城区办集中学习制度》等。

（张沛沛）

新乡市南水北调办

【机构设置】

2016年，新乡市南水北调办公室（新乡市南水北调配套工程建设管理局）共有在编工作人员21人，其中县处级2人，科级以上12人，科员6人，工勤人员1人。2012年9月，《新乡市机构编制委员会关于新乡市南水北调中线工程领导小组办公室（新乡市南水北调配套工程建设管理局）清理规范意见的通知》（新编〔2012〕106号）进一步明确：市南水北调中线工程领导小组办公室（市南水北调配套工程建设管理局）机构规格相当于正处级；核定事业编制24名，其中，单位领导职数1正2副，总工程师1名（正科级），内设机构领导职数8名，工勤人员1名；经费实行财政全额拨款。

【人事管理】

2016年，新乡市南水北调办现任主任(局长)邵长征，副主任（副局长）洪全成，新乡市南水北调办（局）党组成员、总工司大勇。

2016年1月，经市委组织部批准，司大勇同志调任新乡市南水北调办公室（新乡市南水北调配套工程建设管理局）总工职务，侯建立同志任投资计划科科长职务，李鹏同志任质量安全科科长职务，李富佳同志任质量安全科副科长职务。

【党建工作】

2016年，新乡市南水北调办党支部推动全面从严治党，开展"两学一做"学习教育和作风建设整顿年活动，推进机关党的思想、组织、作风、制度和反腐倡廉建设。

组织党员干部学习党的十八届五中、六中全会的重大意义及习近平总书记一系列重要讲话精神，把思想和行动统一到中央对形势的分析判断上，深刻认识全面建设小康社会和全面从严治党的重要意义和紧迫性，自觉从思想和行动上与党中央保持一致，严守党的政治纪律和政治规矩。制订《新乡市南水北调办公室开展"两学一做"学习教育实施方案》，全体党员干部学习并抄写党章、党规、习近平总书记系列重要讲话，学习省十次党代会及市十一次党代会精神。同时学习廉洁自律准则、纪律处分条例及问责条例，坚持"四个自信"。

开展"两学一做"学习教育，采取集中学习、分组讨论、学习交流形式提高学习成效。创新方法、完善途径，推动学习型党组织建设。研究当前工程建设和运行管理中存在的突出矛盾和问题，学以致用、用以促学、学用相长。

开展向新乡先进群体学习、增强干部职工对南水北调工作的责任感、使命感。学习制度化、经常化，周二、周五集中学习，实施素质提升工程。定期组织开展南水北调业务知识学习，组织人员参加国务院南水北调办、省南水北调办、市委市政府主办的党务等各类业务培训，使干部职工在学习中掌握新知识，在实践中创造新经验。通过开展学习教育活动，全体干部职工的政治理论素质和业务素质明显提高。

【廉政建设】

遵守机关工作纪律，提高工作效率。把开展"讲党性、重品行、作表率"活动与"争做文明南水北调人"主题实践活动结合起来，创新方式方法，交流经验、评选表彰，促进作风转变。

以理想信念教育和党性党风党纪教育为重点，开展示范教育、警示教育和岗位廉政教育。探索反腐倡廉教育长效机制建设。完善和推行党风廉政建设责任书、党员承诺书和履行党风廉政建设责任制，年中、年度专题报告制度，推动廉政风险防控机制建设。制定并完善党风廉政建设、廉政风险防控体系建设、工程招标投标的监督与管理、公务接待、公务用车、出差和采购、结算等制度。对重大决策、重要干部任免、重大项目安排和重大设计变更等，明确提出"四个不准、一个服务"原则，凡是施工单位提出解决的问题，确保第一时间解决；凡是施工单位申报支付款，按程序审查，确保准确无误。

探索新形势下思想政治工作方法，坚持以人为本，把严格要求与关心爱护、心理疏导结合起来，了解党员干部的思想状况，及时发现苗头性、倾向性的问题，开展解疑释惑、平衡心理、促进健康、温暖人心的工作。

【文明单位创建】

成立创建文明单位工作领导小组　成立创建领导小组，制定年度创建计划，明确创建工作的主要内容，实行奖惩激励机制，制定完善有关规章制度和操作规范。

道德建设　开展培育和践行社会主义核心价值观活动。学习中央《关于培育和践行社会主义核心价值观的意见》，加大对道德模范和身边好人的宣传和评议力度。2016年共举办6期道德讲堂。

法治建设　组织职工学习习近平总书记关于社会主义民主法治建设系列重要论述以及对加强法治中国建设作出的重要指示；学习宪法基本原则和基本精神、国家基本政治制度、基本经济制度和公民的基本权利和义务。加强南水北调有关法规的学习和宣传，举办南水北调法规业务讲座。

诚信建设　制定开展诚信建设实施方案，组织学习中央文明委《关于推进诚信建设制度化的意见》，通过"道德讲堂"开展诚信主题教育和实践活动。

服务型单位建设　制订《新乡市南水北调办公室优质服务承诺》，服务南水北调干渠及配套工程施工单位，提供良好施工环境。

文明有礼培育活动　制订《新乡市南水北调办开展文明有礼培育活动实施方案》，制定员工文明守则和行为规范及文明有礼考核办法。设置"讲文明、树新风"公益广告。组织开展文明礼仪知识讲座，并举行文明礼仪知识竞赛。

学雷锋志愿服务活动　成立学雷锋志愿服务队，动员组织全体干部职工开展"三关爱"志愿服务活动。共有12人加入志愿者队伍，占单位人数的70%。

文明交通和文明上网活动　向职工发放"文明交通"倡议书，参加文明交通劝导活动，加强对司机的安全出行教育。开展文明上网行动，制定员工文明上网制度和规范，利用互联网传播文明，引领社会风尚。

勤俭节约和文明餐桌活动　制订《新乡市南水北调办勤俭节约活动实施方案》，开展文明餐桌行动，制定"文明餐桌行动"实施方案，向全体干部职工发放倡议书，普及餐桌文明知识，推广餐桌文明礼仪，倡导节约用餐行为，提高干部职工的文明意识。

文体活动　购买乒乓球案、羽毛球等，提供固定的活动场所；举办拔河、乒乓球、羽毛球等体育项目比赛，利用传统节日举办趣味性运动会，开展拓展训练，培养团队精神。

结对帮扶活动　与获嘉县照镜镇方台村签订精神文明建设共建协议。帮助该村理思路、谋发展、办实事，协助和帮助建设文化广场，安装体育健身器材；帮助协调河道清淤改造，绿化环境；帮助改善村室建设，加强党员活动阵地建设。

"争创文明科室、争做文明职工、和谐家庭"活动　弘扬"科学、创新、公廉、负责"的南水北调行业精神，年初制定"文明科室""文明职工""和谐家庭"争创活动实施方案，并在年底开展评比和表彰活动。2016年共有2个科室、7名职工获得相关荣誉称号。

"我们的节日"主题教育活动　春节、元宵节、清明节、端午节、中秋节、重阳节等传统节日来临之际，介绍传统节日的来历和习俗并开展纪念活动。开展道德经典诵读活动。

"文明知行五个一"活动　向职工发放倡议书，要求职工每天送一个微笑，每周行一件善事，每月读一本好书，每季陪一天父母，每年做一项公益。

"慈善一日捐"活动　开展向困难职工捐款和"慈善一日捐"活动。配合新乡市创建全国文明城市活动，参与全国和全省城市文明程度指数测评。参加新乡市扶贫办组织的全国扶贫济困一日捐活动，募捐资金2250元，用于为贫困户送温暖活动。

（吴　燕）

濮阳市南水北调办

【机构设置】

濮阳市南水北调办（濮阳市南水北调配套工程建管局），事业性质，机构规格相当于副处级，隶属于市水利局领导。2016年，编制14名，其中主任1名、副主任2名；内设机构正科级领导职数4名。人员编制结构：管理人员3名，专业技术人员10名，工勤人员（驾驶员）1名。经费为财政全额拨款。

【"两学一做"学习教育】

2016年，濮阳市南水北调办按照上级安排部署，学习贯彻习近平总书记系列重要讲话精神，学习党章和《中国共产党廉洁自律准则》《中国共产党纪律处分条例》，开展"两学一做"活动。全体干部职工思想观念进一步解放，工作作风进一步转变，服务大局意识明显增强，各项工作成效显著，保障供水安全，服务社会经济发展能力进一步提升。

（王道明　陈　晨）

鹤壁市南水北调办

【机构设置】

鹤壁市南水北调中线工程建设领导小组办公室（鹤壁市南水北调中线工程建设管理局、鹤壁市南水北调中线工程移民办公室）内设综合科、投资计划科、工程建设监督科、财务审计科4个科室。2016年，设置事业编制15名，其中主任1名，副主任2名；内设机构科级领导职数6名（正科级领导职数4名，副科级领导职数2名）。经费实行财政全额预算管理。

【人事管理】

2016年，现任鹤壁市南水北调办主任王

金朝，调研员常江林，副主任郑涛，副调研员张志峰。人事管理工作由鹤壁市水利局统一安排部署。

【党建工作和文明建设】

鹤壁市南水北调办党建工作和文明建设由市水利局党组统一安排部署和管理。2016年，落实中央、省委和市委、市水利局党组决策部署，学习贯彻落实十八大以来党在开展党风廉政建设方面文件精神和习近平总书记系列重要讲话精神，落实全面从严治党要求，开展"两学一做"学习教育，落实"一岗双责"，把党建工作和文明建设列入重要议事日程，加强党的建设，把从严治党的要求体现在南水北调改革发展全过程。增强"四个意识"，强化党风廉政建设主体责任和监督责任落实，保持清正廉洁的良好风气；严格资金管理，确保资金安全和干部廉洁；开展"两学一做"学习教育和党风党纪专题教育，开展党员志愿者进社区集中服务月活动。参加创建省级文明城市、国家卫生城市、国家园林城市的"三城联创"和文明单位创建活动；妥善处理征迁遗留问题，及时发放农民工工资，稳妥处理工程建设与管理中出现的各类矛盾和问题，加强反恐怖工作，营造优良的建设与管理环境，保持社会大局稳定。以党建工作和文明建设推动工程建设与管理各项工作进行。

组织党员干部学习党章党规和习近平总书记系列重要讲话精神，采取专题讲座、警示教育、知识竞答、学习研讨、外出参观等形式开展。加强制度建设，完善《局党组会议议事规则》《关于贯彻执行民主集中制的实施细则》，落实主体责任。开展基层党组织换届工作，成立鹤壁市南水北调办党支部，配齐配强党务干部。印发党风廉政建设主体责任和监督责任清单，逐级签订党风廉洁建设目标责任书。市水利局机关和市南水北调办通过市级文明单位验收。2016年，鹤壁市南水北调办被市委市政府表彰为2016年抗洪抢险救灾先进集体。

（姚林海　王淑芬）

安阳市南水北调办

【机构设置】

安阳市南水北调工程建设领导小组办公室（安阳市南水北调工程配套工程建设管理局），是经安阳市机构编制委员会于2004年6月批复成立，主管部门为安阳市水利局。正县级规格，全供事业编制19名，其中主任1名，副主任2名。2016年实有在职在编人员17人，退休2人。下设6个科室，分别是综合科、投资计划科、建设管理科、经济与财务科、环境与移民科、监督检查科。

【人事管理】

2016年，现任安阳市南水北调办主任郑国宏，副主任郭松昌、牛保明，副调研员马明福。

【党建工作】

2016年，安阳市南水北调办党建工作围绕全面贯彻落实十八届五中、六中全会精神，学习习近平总书记系列重要讲话，组织开展"两学一做"学习教育和"大讨论"活动，以推进作风建设，落实从严治党要求为重点，全面推进党的思想、组织、作风和制度建设。以提高支部党建整体水平为目标，增强党组织的凝聚力、创造力和战斗力，为南水北调工程建设提供强有力的思想组织保证。

思想建设　安阳市南水北调办党支部坚持中心组学习制度，年初制订《2016年度中心组学习安排意见》（安调水党〔2016〕1号），采取集中学习、专题调研、自主学习等形式，学习党的十八届五中、六中全会精神，党章党规和习近平总书记系列重要讲话、河南省第十次代表大会上的报告、安阳市第十一次党代会报告。用党的创新理论增强领导成员的政治意识、大局意识、核心意识和看齐意识。

组织建设 2016年初，结合南水北调工作实际，制定党建工作目标，把党建工作和中心工作同谋划、同部署、同考核。年初有安排、年中有行动、年终有结果。开展党支部建设，实行党员干部"一岗双责"制度，全面落实"三会一课"制度，推进党内民主，开展民主评议党员活动。

制度建设 贯彻落实执行民主集中制若干规定，按照"三重一大"决策制度要求，对南水北调工作的重大决策、项目建设和投资安排、大额资金使用、重要审批等事项集体研究，实行民主、公开、科学决策。在党务政务公开栏，对"三重一大"事项按月度定期公开。党支部下发文件18份，起草和下发关于作风纪律、公务用车、学习制度。下发《政治理论学习制度》（安调水党〔2016〕13号），每周五下午进行集中学习。按照学习计划，领导干部带头开展调研，带头给所在党小组领读学习，讲党课示范，搞好自学，撰写笔记。2016年共组织党员集中学习、培训23次。

党风廉政建设 落实"一岗双责"制度。2016年初，召开反腐倡廉建设工作部署会，对反腐倡廉建设工作进行任务分解，层层签订反腐倡廉目标责任书，落实"一岗双责"制度，研究反腐倡廉与业务工作同部署同落实，并专题研究部署廉政风险防控规范权力运行工作。

【精神文明建设】

2016年，安阳市南水北调办组织开展文明单位创建工作，提高全体人员文明素养。先后开展践行价值观、文明交通、道德建设、法治建设专题宣传教育、诚信建设专题宣传教育、优质服务、读书学习、志愿日服务、勤俭节约、帮扶农村、帮扶社区、我们的节日、举办道德讲堂和文化大讲堂、设置"讲文明树新风"公益广告、撰写优秀的征文、创评文明科室等活动。参加市水利局机关组织的演讲、运动会、汇演等，提高职工综合素质和机关的文明形象。

组织各类文明创建活动。推进文明单位创建，创新活动载体，组织参加市水利系统举办的"中国梦、劳动美、我与改革创新"主题演讲比赛，获得二等奖。组织相关人员参加彰武南海水库工程管理局、万金渠、幸福渠和节水办组织举办的"道德讲堂"活动。组织参加消防知识讲座、健康知识讲座等活动。参加水利系统"中国梦、劳动美"千场基层演出，安阳市南水北调办的舞蹈"天河"，表现南水北调工程建设者和沿线移民的牺牲与奉献精神，赢得现场观众的阵阵掌声。

（任 辉 李志伟）

邓州市南水北调办

【人事管理】

2016年，邓州市南水北调办现任主任陈志超，副主任郭正芳、司占录，纪检组长李湘改，工会主席门扬。

【党建工作】

党风廉政建设不断加强 2016年把落实党风廉政建设，强化主体责任担当，履行"一岗双责"工作列入重要议事日程，定期召开党风廉政建设专题会议进行全面安排部署。开展学习的特点有"两个结合"：集中学习与自学相结合。每周二、五下午集中全体人员参加政治学习，制订学习计划与学习内容，人人参与讲党课，2016年共开展集中学习24次。学习交流与观看警示教育相结合。深化学习内容，增强学习效果。

机关管理持续提升 执行各项管理制度。严格请假、考勤、签到等日常工作制度，规定上班期间不做与工作无关的事情；加强单位车辆管理，执行公务车辆管理及配备的制度；规定各项公务接待标准，杜绝铺张浪费。档案管理工作制度化、规范化、科学化。建立健全和完善档案管理制度，制定档案工作人员岗位职责、档案保密、档案保管、档案查阅、档案鉴定销毁等制度。控制单位公务接待、出差、用车等公用经费支出，加强项目经费管理，完善资产管理制度，厉行节约，全面推进廉政建设。2016年无违纪违法事件发生。

【精神文明建设】

2016年10月邓州市南水北调办公室搬迁至湍滨南路。对机关环境进行整治，改善办公条件，院内进行绿化、美化，加强日常清理管理，实现亮、绿、净、美，营造优美舒适的办公环境。开展"争先创优"活动，评选"文明科室""文明个人"等活动，进一步提升文明素质和文明程度，塑造良好的机关形象。2016年邓州市南水北调办被邓州市授予"市级文明单位""五一劳动奖""巾帼文明岗""平安和睦家庭创建先进示范单位"等荣誉称号。

【精准扶贫】

2016年，按照邓州市扶贫工作要求，推进精准扶贫工作，对赵集扁担张村结对帮扶。2016年，筹措帮扶资金21万元，全体干部职工与贫困户结对帮扶，将任务落实到户到人。2016年新修村内道路180m，排水沟1300m，对村部内外环境进行绿化硬化，对村基础设施进行改善，解决村民出行难问题。

（石帅帅）

栾川县南水北调办

【机构设置】

2013年6月24日，洛阳市机构编制委员会以洛编办〔2013〕166号文批准成立栾川县南水北调办公室，由栾川县发展改革委代管，机构规格为正科级，核定编制3名。设南水北调办公室兼对口协作办公室。栾川县南水北调办公室编制由县发展改革委内部自行调整，实有人数3人，均为本科以上学历，其中正科级领导1名，管理人员1名。

2016年，栾川县南水北调办现任主任任建伟。

（周天贵　范毅君）

获 得 荣 誉

集体荣誉

【省南水北调办】

省南水北调建管局建管处、南阳建管处、省南水北调办综合处档案室被人力资源社会保障部和国务院南水北调办评为南水北调东中线一期工程建成通水先进集体（人社部发〔2016〕39号）。

【南阳市南水北调办】

南阳市南水北调办被省南水北调办评为2016年度河南省南水北调工作先进单位（豫调办〔2017〕7号）。

南阳市南水北调办被省南水北调办评为南水北调配套工程管理设施和自动化系统建设先进单位（豫调办〔2017〕8号）。

南阳市南水北调办被省南水北调办评为2016年度河南省南水北调宣传工作先进单位（豫调办综〔2017〕7号）。

南阳市南水北调办被南阳市政府表彰为2016年度人大代表建议政协提案办理工作先进单位（宛政〔2017〕16号）。

南阳市南水北调办被南阳市委市政府表彰为2016年度全市科学高效发展绩效先进单位（宛文〔2017〕34号）。

南阳市南水北调办被南阳市政府表彰为2016年度政务信息工作先进单位和2016年度应急管理工作先进单位（宛政办〔2017〕26号）。

南阳市南水北调办被南阳市政协表彰为2016年度提案办理先进单位。（宛协发

〔2017〕2号）。

南阳市南水北调办被表彰为"十二五"南阳市公共机构节能工作先进单位（宛人社〔2017〕106号）。

南阳市南水北调办被南阳市爱卫会命名为卫生先进单位（宛爱卫〔2016〕6号）。

【漯河市南水北调办】

漯河市南水北调办获中共漯河市水利局党组2016年度先进单位（漯水文〔2017〕7号）。

【许昌市南水北调办】

许昌市南水北调办被人力资源社会保障部和国务院南水北调办评为南水北调东中线一期工程建成通水先进集体（人社部发〔2016〕39号）。

许昌市南水北调办被省南水北调办评为南水北调配套工程管理设施和自动化系统建设先进单位（豫调办〔2017〕8号）。

许昌市南水北调办被省南水北调办评为2016年度河南省南水北调工作先进单位（豫调办〔2017〕7号）。

许昌市南水北调办被省南水北调办评为2016年度河南省南水北调宣传工作先进单位（豫调办综〔2017〕7号）。

【郑州市南水北调办】

人社部、国务院南水北调办联合授予郑州市南水北调办"南水北调东中线一期工程建成通水先进集体"（人社部发〔2016〕39号）。

郑州市南水北调办被省南水北调办评为2016年度河南省南水北调工作先进单位（豫调办〔2017〕7号）。

郑州市南水北调办获2016年度市直部门所属机构综合工作优秀单位。（郑绩文〔2017〕2号）

【新乡市南水北调办】

新乡市南水北调办、新乡市南水北调配套工程建管局、辉县市南水北调办、获嘉县南水北调办等46个单位被评为全市南水北调

先进单位；张世杰等98人被评为全市南水北调工作先进个人（新文〔2016〕33号）。

中共新乡市委　新乡市人民政府授予新乡市南水北调办驻获嘉县照镜镇方台村工作队"2016年度驻村工作先进单位"（新文〔2017〕11号）。

省南水北调办授予新乡市南水北调办"2016年度全省南水北调宣传工作先进单位"（豫调办综〔2017〕7号）。

中共新乡市委办公室授予新乡市南水北调办"2016年度党委信息系统工作先进单位"（新办文〔2017〕11号）。

人社部、国务院南水北调办联合授予新乡市南水北调办"南水北调东中线一期工程建成通水先进集体"（人社部发〔2016〕39号）。

中共新乡市委市政府授予新乡市南水北调办"2016年度维护稳定工作先进单位"（新文〔2017〕48号）。

【濮阳市南水北调办】

濮阳市南水北调办被省南水北调办表彰为2016年度河南省南水北调工作先进单位（豫调办〔2017〕7号）。

濮阳市南水北调办被省南水北调办评为南水北调配套工程管理设施和自动化系统建设先进单位（豫调办〔2017〕8号）。

【鹤壁市南水北调办】

鹤壁市南水北调办被鹤壁市委市政府表彰为2016年抗洪抢险救灾先进集体（鹤文〔2016〕149号）。

鹤壁市南水北调办被省南水北调办表彰为2016年度河南省南水北调工作先进单位（豫调办〔2017〕7号）。

鹤壁市南水北调办被省南水北调办表彰为2016年度全省南水北调宣传工作先进单位（豫调办综〔2017〕7号）。

【安阳市南水北调办】

安阳市南水北调办被省南水北调办表彰为2016年度河南省南水北调工作先进单位

（豫调办〔2017〕7号）。

安阳市南水北调办被省南水北调办表彰为2016年度全省南水北调宣传工作先进单位（豫调办综〔2017〕7号）。

【邓州市南水北调办】

邓州市南水北调办被表彰为邓州市平安和睦家庭创建工作先进示范单位（邓平安〔2016〕1号）。

邓州市南水北调办被评为邓州市市级文明单位。

个人荣誉

【省南水北调办】

省南水北调办司大勇、赵南、秦水朝、聂素芬荣获2016年南水北调东中线一期工程建成通水先进工作者称号（人社部发〔2016〕39号）。

【南阳市南水北调办】

南阳市南水北调办张轶钦被南阳市政府表彰为2016年度人大代表建议政协提案办理工作先进个人（宛政〔2017〕16号）。

【漯河市南水北调办】

于晓冬、艾孝玲、董志刚、刘慧敏获中共漯河市水利局党组2016年度先进个人（漯水文〔2017〕7号）。

【许昌市南水北调办】

许昌市南水北调配套工程建管局负超伦被省南水北调办评为2016年度河南省南水北调宣传工作先进个人(豫调办综〔2017〕7号)。

【新乡市南水北调办】

张世杰等98人被评为全市南水北调工作先进个人（新文〔2016〕33号）。

省南水北调办授予新乡市南水北调办吴燕"2016年度全省南水北调宣传工作先进个人"称号（豫调办综〔2017〕7号）。

中共新乡市委办公室授予新乡市南水北调办郭小娟"2016年度党委信息系统工作先进个人"称号（新办文〔2017〕11号）。

中共新乡市委市政府授予新乡市南水北调办孟凡勇"2016年度维护稳定工作先进个人"称号（新文〔2017〕48号）。

【鹤壁市南水北调办】

姚林海、何晓艳分别被中共鹤壁市水利局直属单位委员会授予优秀共产党员荣誉称号、优秀党务工作者荣誉称号（鹤水直党〔2016〕10号）。

郑涛被鹤壁市政府评为2016年抗洪抢险救灾先进个人，并通报嘉奖（鹤政〔2016〕35号）。

姚林海被省南水北调办评为2016年度全省南水北调宣传工作先进个人（豫调办综〔2017〕7号）。

【安阳市南水北调办】

安阳市南水北调办郭淑蔓荣获2016年南水北调东中线一期工程建成通水先进工作者称号（人社部发〔2016〕39号）。

安阳市南水北调办李存宾荣获2016年抗洪抢险救灾工作先进个人称号（安文〔2016〕126号）。

【邓州市南水北调办】

邓州市南水北调办王勋获邓州市巾帼建功奖（邓双协〔2016〕2号）。

邓州市南水北调办尹峰阁获邓州市五一劳动奖（邓工字〔2016〕65号）。

拾叁 统计资料

河南省南水北调受水区
供水配套工程运行管理月报

运行管理月报2016年第2期 总第6期

【工程运行调度】

2016年2月1日8时，河南省陶岔渠首引水闸入总干渠流量89.98m³/s；穿黄隧洞节制闸过闸流量58.95m³/s；漳河倒虹吸节制闸过闸流量49.49m³/s。截至2016年1月31日，全省累计有31个口门及3个退水闸开闸分水。其中，27个

口门正常供水；3个口门因线路静水压试验、设备调试分水、水厂暂不具备接水条件而未供水（5、11-1、38）；1个口门供水已满足白龟山水库充库需要暂停供水（11）；淇河和贾峪河退水闸已满足生态补水、颍河退水闸已满足生产生活用水需要均已关闸。

【各市县配套工程线路供水情况】

序号	市、县	口门编号	分水口门	供水目标	运行情况	备注
1	邓州市	1	肖楼	引丹灌区	正常供水	
2	邓州市	2	望城岗	邓州二水厂	正常供水	
	南阳市			新野二水厂	正常供水	
3	南阳市	3-1	谭寨	镇平县五里岗水厂	暂停供水	新水厂已启用
				镇平县规划水厂	正常供水	
4	南阳市	5	田洼	南阳5号水厂	未供水	静水压试验分水完成，水厂建设滞后
5	南阳市	6	大寨	南阳第四水厂	正常供水	
6	南阳市	7	半坡店	唐河县水厂	正常供水	
				社旗水厂	暂停供水	地方不用水
7	漯河市	10	辛庄	舞阳水厂	正常供水	
				漯河二水厂	正常供水	
				漯河四水厂	正常供水	
8	平顶山市	11	澎河	平顶山白龟山水厂	正常供水	口门分水暂停，利用白龟山水库充库水正常供水
				平顶山九里山水厂	正常供水	
				平顶山平煤集团水厂	正常供水	
9	平顶山市	11-1	张村	鲁山县城水厂	未供水	静水压试验分水完成，水厂建设滞后
10	平顶山市	13	高庄	平顶山王铁庄水厂	正常供水	
				平顶山石龙区水厂	正常供水	
11	平顶山市	14	赵庄	郏县规划水厂	正常供水	
12	许昌市	15	宴窑	襄城县三水厂	正常供水	
13	许昌市	16	任坡	禹州市二水厂	正常供水	
				神垕镇二水厂	正常供水	
14	许昌市	17	孟坡	许昌市周庄水厂	正常供水	
				北海石梁河	正常供水	
	临颍县			临颍县一水厂	正常供水	
15	许昌市	18	洼李	长葛县规划三水厂	正常供水	
16	郑州市	19	李垌	新郑第一水厂	正常供水	
				新郑第二水厂	正常供水	
				新郑望京楼水库	暂停供水	充库结束

续表

序号	市、县	口门编号	分水口门	供水目标	运行情况	备注
17	郑州市	20	小河刘	郑州航空城一水厂	正常供水	
18	郑州市	21	刘湾	郑州市刘湾水厂	正常供水	
19	郑州市	23	中原西路	郑州柿园水厂	正常供水	
				郑州白庙水厂	正常供水	
				郑州常庄水库	暂停供水	充库结束
20	郑州市	24	前蒋寨	荥阳市四水厂	正常供水	
21	郑州市	24-1	蒋头	上街区规划水厂	正常供水	
22	焦作市	26	北石涧	武陟县城三水厂	正常供水	
23	焦作市	28	苏蔺	焦作市修武水厂	正常供水	
24	新乡市	30	郭屯	获嘉县水厂	正常供水	
25	新乡市	32	老道井	新乡高村水厂	正常供水	
				新乡新区水厂	正常供水	
				新乡孟营水厂	正常供水	
26	新乡市	33	温寺门	卫辉规划水厂	正常供水	
27	鹤壁市	34	袁庄	淇县铁西区水厂	正常供水	
28	濮阳市	35	三里屯	引黄调节池（濮阳第一水厂）	正常供水	
				濮阳第三水厂	未供水	水厂建设滞后
	鹤壁市			浚县水厂	暂停供水	地方不用水
				鹤壁第四水厂	未供水	水厂已建成，管网未配套，暂未供水
29	鹤壁市	36	刘庄	鹤壁第三水厂	正常供水	
30	安阳市	37	董庄	汤阴一水厂	正常供水	
31	安阳市	38	小营	六水厂	未供水	静水压试验
				安钢水厂	未供水	静水压试验
32	鹤壁市		淇河退水闸	淇河	暂停供水	生态补水目标已实现
33	郑州市		贾峪河退水闸	西流湖	暂停供水	生态补水本月暂停
34	禹州市		颍河退水闸	原北关橡胶坝水厂	暂停供水	供水目标已实现

【水量调度计划执行情况】

序号	市、县名称	年度用水计划（万m³）	月用水计划（万m³）	月实际供水量（万m³）	年度累计供水量（万m³）	年度计划执行情况（%）	累计供水量（万m³）
1	邓州	40752	5546.5	5184.38	14847.47	36.43	48079.49
2	南阳	2871	214	272.07	599.93	20.90	1169.07
3	平顶山	4980	193.44	128.08	379.90	7.63	6047.41
4	许昌	5236	886.78	895.25	2537.55	48.46	8239.86
5	漯河	2990	403	299.58	817.51	27.34	1576.15
6	周口	1220	13	0	0	0	0
7	郑州	31984	2804.6	2808.09	8239.24	25.76	28837.78
8	焦作	1146	95	88.78	205.95	17.97	607.60
9	新乡	6844	559.8	592.54	1824.78	26.66	4808.11
10	鹤壁	2952	175	272.84	872.65	29.56	3201.59
11	濮阳	5528	328.35	174.56	552.68	10.00	2117.22
12	安阳	450	10	15.88	27.28	6.06	27.28
13	滑县	0	0	0	0		0
	合计	106953	11229.47	10732.05	30904.94	28.90	104711.56

说明：批复的2015～2016年度水量调度计划暂不考虑生态补水。

运行管理月报2016年第3期 总第7期

【工程运行调度】

2016年3月1日8时，河南省陶岔渠首引水闸入总干渠流量84.90m³/s；穿黄隧洞节制闸过闸流量49.45m³/s；漳河倒虹吸节制闸过闸流量40.62m³/s。截至2016年2月29日，全省累计有31个口门及3个退水闸开闸分水，

其中，27个口门正常供水，3个口门因线路静水压试验、设备调试分水、水厂暂不具备接水条件而未供水（5、11-1、38），1个口门供水已满足白龟山水库充库需要暂停供水（11），淇河和贾峪河退水闸、颍河退水闸当期供水目标已实现均已关闸。

【各市县配套工程线路供水情况】

序号	市、县	口门编号	分水口门	供水目标	运行情况	备注
1	邓州市	1	肖楼	引丹灌区	正常供水	
2	邓州市	2	望城岗	邓州二水厂	正常供水	
	南阳市			新野二水厂	正常供水	
3	南阳市	3-1	谭寨	镇平县五里岗水厂	暂停供水	新水厂已启用
				镇平县规划水厂	正常供水	
4	南阳市	5	田洼	龙升工业园区水厂	未供水	静水压试验分水完成，水厂建设滞后
5	南阳市	6	大寨	南阳第四水厂	正常供水	
6	南阳市	7	半坡店	唐河县水厂	正常供水	
				社旗水厂	正常供水	
7	漯河市	10	辛庄	舞阳水厂	正常供水	
				漯河二水厂	正常供水	
				漯河四水厂	正常供水	
8	平顶山市	11	澎河	平顶山白龟山水厂	正常供水	口门分水暂停，利用白龟山水库充库水正常供水
				平顶山九里山水厂	正常供水	
				平顶山平煤集团水厂	正常供水	
9	平顶山市	11-1	张村	鲁山县城水厂	未供水	静水压试验分水完成，水厂建设滞后
10	平顶山市	13	高庄	平顶山王铁庄水厂	正常供水	
				平顶山石龙区水厂	正常供水	
11	平顶山市	14	赵庄	郏县规划水厂	正常供水	
12	许昌市	15	宴窑	襄城县三水厂	正常供水	
13	许昌市	16	任坡	禹州市二水厂	正常供水	
				神垕镇二水厂	正常供水	
14	许昌市	17	孟坡	许昌市周庄水厂	正常供水	
				北海石梁河	正常供水	
	临颍县			临颍县一水厂	正常供水	
15	许昌市	18	洼李	长葛县规划三水厂	正常供水	
16	郑州市	19	李垌	新郑第一水厂	正常供水	
				新郑第二水厂	正常供水	
				新郑望京楼水库	暂停供水	充库结束
17	郑州市	20	小河刘	郑州航空城一水厂	正常供水	
18	郑州市	21	刘湾	郑州市刘湾水厂	正常供水	
19	郑州市	23	中原西路	郑州柿园水厂	正常供水	
				郑州白庙水厂	正常供水	

续表

序号	市、县	口门编号	分水口门	供水目标	运行情况	备注
				郑州常庄水库	暂停供水	充库结束
20	郑州市	24	前蒋寨	荥阳市四水厂	正常供水	
21	郑州市	24-1	蒋头	上街区规划水厂	正常供水	
22	焦作市	26	北石涧	武陟县城三水厂	正常供水	
23	焦作市	28	苏蔺	焦作市修武水厂	正常供水	
24	新乡市	30	郭屯	获嘉县水厂	正常供水	
25	新乡市	32	老道井	新乡高村水厂	正常供水	
				新乡新区水厂	正常供水	
				新乡孟营水厂	正常供水	
26	新乡市	33	温寺门	卫辉规划水厂	正常供水	
27	鹤壁市	34	袁庄	淇县铁西区水厂	正常供水	
28	濮阳市	35	三里屯	引黄调节池（濮阳第一水厂）	正常供水	
				濮阳第三水厂	未供水	水厂建设滞后
	鹤壁市			浚县水厂	暂停供水	地方不用水
				鹤壁第四水厂	未供水	水厂已建成，无用水需求，暂未供水
29	鹤壁市	36	刘庄	鹤壁第三水厂	正常供水	
30	安阳市	37	董庄	汤阴一水厂	正常供水	
31	安阳市	38	小营	六水厂	未供水	静水压试验分水完成，水厂建设滞后
				安钢水厂	未供水	静水压试验分水完成，水厂建设滞后
32	鹤壁市		淇河退水闸	淇河	暂停供水	生态补水目标已实现
33	郑州市		贾峪河退水闸	西流湖	暂停供水	生态补水本月暂停
34	禹州市		颍河退水闸	原北关橡胶坝水厂	暂停供水	供水目标已实现

【水量调度计划执行情况】

序号	市、县名称	年度用水计划（万 m³）	月用水计划（万 m³）	月实际供水量（万 m³）	年度累计供水量（万 m³）	年度计划执行情况（%）	累计供水量（万 m³）
1	邓州	40752	3845	3965.57	18813.04	46.2	52045.06
2	南阳	2871	251.5	364.07	962.23	33.5	1531.37
3	平顶山	4980	180.96	133.85	513.75	10.3	6181.26
4	许昌	5236	746.8	911.78	3680.44	70.3	9442.25
5	漯河	2990	284.9	253.01	839.41	28.1	1538.55
6	周口	1220	0	0	0	0	0
7	郑州	31984	2395.2	2314.45	10553.69	33.0	31152.23
8	焦作	1146	83	80.34	286.29	25.0	687.94
9	新乡	6844	548.2	716.25	2541.03	37.1	5524.36
10	鹤壁	2952	172	241.7	1114.35	37.7	3443.29
11	濮阳	5528	357	199.07	751.75	13.6	2316.29
12	安阳	450	15	28.91	55.59	12.4	55.59
13	滑县	0	0	0	0	0	0
	合计	106953	8879.56	9209.00	40111.57	37.5	113918.19

说明：批复的2015～2016年度水量调度计划暂不考虑生态补水。

运行管理月报2016年第4期　总第8期

【工程运行调度】

2016年4月1日8时，河南省陶岔渠首引水闸入总干渠流量105.48m³/s；穿黄隧洞节制闸过闸流量67.01m³/s；漳河倒虹吸节制闸过闸流量47.23m³/s。截至2016年3月31日，全省累计有31个口门及3个退水闸开闸分水，

其中，27个口门正常供水，3个口门因线路静水压试验、设备调试分水、水厂暂不具备接水条件而未供水（5、11-1、38），1个口门供水已满足白龟山水库充库需要暂停供水（11），淇河和贾峪河退水闸、颍河退水闸当期供水目标已实现均已关闸。

【各市县配套工程线路供水情况】

序号	市、县	口门编号	分水口门	供水目标	运行情况	备注
1	邓州市	1	肖楼	引丹灌区	正常供水	
2	邓州市	2	望城岗	邓州二水厂	正常供水	
	南阳市			新野二水厂	正常供水	
3	南阳市	3-1	谭寨	镇平县五里岗水厂	暂停供水	新水厂已启用
				镇平县规划水厂	正常供水	
4	南阳市	5	田洼	龙升工业园区水厂	未供水	静水压试验分水完成，水厂建设滞后
5	南阳市	6	大寨	南阳第四水厂	正常供水	
6	南阳市	7	半坡店	唐河县水厂	正常供水	
				社旗水厂	正常供水	
7	漯河市	10	辛庄	舞阳水厂	正常供水	
				漯河二水厂	正常供水	
				漯河四水厂	正常供水	
8	平顶山市	11	澎河	平顶山白龟山水厂	正常供水	口门分水暂停，利用白龟山水库充库水正常供水
				平顶山九里山水厂	正常供水	
				平顶山平煤集团水厂	正常供水	
9	平顶山市	11-1	张村	鲁山县城水厂	未供水	静水压试验分水完成，水厂建设滞后
10	平顶山市	13	高庄	平顶山王铁庄水厂	正常供水	
				平顶山石龙区水厂	正常供水	
11	平顶山市	14	赵庄	郏县规划水厂	正常供水	
12	许昌市	15	宴窑	襄城县三水厂	正常供水	
13	许昌市	16	任坡	禹州市二水厂	正常供水	
				神垕镇二水厂	正常供水	
14	许昌市	17	孟坡	许昌市周庄水厂	正常供水	
				北海石梁河	正常供水	
	临颍县			临颍县一水厂	正常供水	
15	许昌市	18	洼李	长葛县规划三水厂	正常供水	
16	郑州市	19	李垌	新郑第一水厂	正常供水	
				新郑第二水厂	正常供水	
				新郑望京楼水库	暂停供水	充库结束
17	郑州市	20	小河刘	郑州航空城一水厂	正常供水	
18	郑州市	21	刘湾	郑州市刘湾水厂	正常供水	
19	郑州市	23	中原西路	郑州柿园水厂	正常供水	
				郑州白庙水厂	正常供水	
				郑州常庄水库	暂停供水	充库结束

续表

序号	市、县	口门编号	分水口门	供水目标	运行情况	备注
20	郑州市	24	前蒋寨	荥阳市四水厂	正常供水	
21	郑州市	24-1	蒋头	上街区规划水厂	正常供水	
22	焦作市	26	北石涧	武陟县城三水厂	正常供水	
23	焦作市	28	苏蔺	焦作市修武水厂	正常供水	
24	新乡市	30	郭屯	获嘉县水厂	正常供水	
25	新乡市	32	老道井	新乡高村水厂	正常供水	
				新乡新区水厂	正常供水	
				新乡孟营水厂	正常供水	
26	新乡市	33	温寺门	卫辉规划水厂	正常供水	
27	鹤壁市	34	袁庄	淇县铁西区水厂	正常供水	
28	濮阳市	35	三里屯	引黄调节池（濮阳第一水厂）	正常供水	
				濮阳第三水厂	未供水	配套管网未完工
	鹤壁市			浚县水厂	暂停供水	地方不用水
				鹤壁第四水厂	未供水	水厂已建成，无用水需求，暂未供水
29	鹤壁市	36	刘庄	鹤壁第三水厂	正常供水	
30	安阳市	37	董庄	汤阴一水厂	正常供水	
31	安阳市	38	小营	六水厂	未供水	静水压试验分水完成，水厂建设滞后
				安钢水厂	未供水	静水压试验分水完成，水厂建设滞后
32	鹤壁市		淇河退水闸	淇河	暂停供水	生态补水目标已实现
33	郑州市		贾峪河退水闸	西流湖	暂停供水	生态补水本月暂停
34	禹州市		颍河退水闸	原北关橡胶坝水厂	暂停供水	供水目标已实现

【水量调度计划执行情况】

序号	市、县名称	年度用水计划（万m³）	月用水计划（万m³）	月实际供水量（万m³）	年度累计供水量（万m³）	年度计划执行情况（%）	累计供水量（万m³）
1	邓州	40752	5545	5433.56	24524.18	60.18	57756.20
2	南阳	2871	304	409.41	1094.06	38.11	1663.20
3	平顶山	4980	193.44	148.07	661.82	13.29	6329.33
4	许昌	5236	798.12	834.73	4239.19	80.96	9941.50
5	漯河	2990	332.1	418.38	1692.67	56.61	2451.31
6	周口	1220	0	0	0	0	0
7	郑州	31984	2862.3	2798.95	13352.64	41.75	33951.18
8	焦作	1146	81	82.96	369.25	32.22	770.90
9	新乡	6844	569.8	848.66	3389.69	49.53	6373.02
10	鹤壁	2952	172	341.52	1455.87	49.32	3784.81
11	濮阳	5528	328.35	145.64	897.39	16.23	2461.93
12	安阳	450	46.5	32.06	87.65	19.48	87.65
13	滑县	0	0	0	0		0
	合计	106953	11232.61	11493.94	51764.41	48.40	125571.03

说明：批复的2015～2016年度水量调度计划暂不考虑生态补水。

运行管理月报2016年第5期 总第9期

【工程运行调度】

2016年4月1日8时，河南省陶岔渠首引水闸入总干渠流量144.93m³/s；穿黄隧洞节制闸过闸流量132.01m³/s；漳河倒虹吸节制闸过闸流量118.09m³/s。截至2016年4月30日，全省累计有31个口门及3个退水闸开闸分水，其中，27个口门正常供水，3个口门因线路静水压试验、设备调试分水、水厂暂不具备接水条件而未供水（5、11-1、38），1个口门供水已满足白龟山水库充库需要暂停供水（11），淇河和贾峪河退水闸当期供水目标已实现均已关闸、颍河退水闸开闸向许昌市城区供水。

【各市县配套工程线路供水情况】

序号	市、县	口门编号	分水口门	供水目标	运行情况	备注
1	邓州市	1	肖楼	引丹灌区	正常供水	
2	邓州市	2	望城岗	邓州二水厂	正常供水	
	南阳市			新野二水厂	正常供水	
3	南阳市	3-1	谭寨	镇平县五里岗水厂	暂停供水	新水厂已启用
				镇平县规划水厂	正常供水	
4	南阳市	5	田洼	龙升工业园区水厂	未供水	静水压试验分水完成，水厂建设滞后
5	南阳市	6	大寨	南阳第四水厂	正常供水	
6	南阳市	7	半坡店	唐河县水厂	正常供水	
				社旗水厂	正常供水	
7	漯河市	10	辛庄	舞阳水厂	正常供水	
				漯河二水厂	正常供水	
				漯河四水厂	正常供水	
8	平顶山市	11	澎河	平顶山白龟山水厂	正常供水	口门分水暂停，利用白龟山水库充库水正常供水
				平顶山九里山水厂	正常供水	
				平顶山平煤集团水厂	正常供水	
9	平顶山市	11-1	张村	鲁山县城水厂	未供水	静水压试验分水完成，水厂建设滞后
10	平顶山市	13	高庄	平顶山王铁庄水厂	正常供水	
				平顶山石龙区水厂	正常供水	
11	平顶山市	14	赵庄	郏县规划水厂	正常供水	
12	许昌市	15	宴窑	襄城县三水厂	正常供水	
13	许昌市	16	任坡	禹州市二水厂	正常供水	
				神垕镇二水厂	正常供水	
14	许昌市	17	孟坡	许昌市周庄水厂	正常供水	
				北海石梁河	正常供水	
	临颍县			临颍县一水厂	正常供水	
15	许昌市	18	洼李	长葛县规划三水厂	正常供水	
16	郑州市	19	李垌	新郑第一水厂	正常供水	
				新郑第二水厂	正常供水	
				新郑望京楼水库	暂停供水	充库结束
17	郑州市	20	小河刘	郑州航空城一水厂	正常供水	
18	郑州市	21	刘湾	郑州市刘湾水厂	正常供水	
19	郑州市	23	中原西路	郑州柿园水厂	正常供水	
				郑州白庙水厂	正常供水	
				郑州常庄水库	暂停供水	充库结束

续表

序号	市、县	口门编号	分水口门	供水目标	运行情况	备注
20	郑州市	24	前蒋寨	荥阳市四水厂	正常供水	
21	郑州市	24-1	蒋头	上街区规划水厂	正常供水	
22	焦作市	26	北石涧	武陟县城三水厂	正常供水	
23	焦作市	28	苏蔺	焦作市修武水厂	正常供水	
24	新乡市	30	郭屯	获嘉县水厂	正常供水	
25	新乡市	32	老道井	新乡高村水厂	正常供水	
				新乡新区水厂	正常供水	
				新乡孟营水厂	正常供水	
26	新乡市	33	温寺门	卫辉规划水厂	正常供水	
27	鹤壁市	34	袁庄	淇县铁西区水厂	正常供水	
28	濮阳市	35	三里屯	引黄调节池（濮阳第一水厂）	正常供水	
				濮阳第三水厂	未供水	配套管网正冲洗
	鹤壁市			浚县水厂	暂停供水	地方不用水
				鹤壁第四水厂	未供水	水厂已建成，无用水需求，暂未供水
29	鹤壁市	36	刘庄	鹤壁第三水厂	正常供水	
30	安阳市	37	董庄	汤阴一水厂	正常供水	
31	安阳市	38	小营	六水厂	未供水	静水压试验分水完成，水厂建设滞后
				安钢水厂	未供水	静水压试验分水完成，水厂建设滞后
				八水厂	未供水	静水压试验分水完成
32	鹤壁市		淇河退水闸	淇河	暂停供水	生态补水目标已实现
33	郑州市		贾峪河退水闸	西流湖	暂停供水	生态补水本月暂停
34	禹州市		颍河退水闸	原北关橡胶坝水厂	正常供水	

【水量调度计划执行情况】

序号	市、县名称	年度用水计划（万 m³）	月用水计划（万 m³）	月实际供水量（万 m³）	年度累计供水量（万 m³）	年度计划执行情况（%）	累计供水量（万 m³）
1	邓州	40752	5345	5156.89	29681.07	72.83	62913.09
2	南阳	2871	311	368.70	1462.76	50.95	2031.90
3	平顶山	4980	187.2	156.79	818.61	16.44	6486.12
4	许昌	5236	922.1	1086.20	5325.39	101.71	11027.70
5	漯河	2990	347	412.94	2105.61	70.42	2864.25
6	周口	1220	0	0	0	0	0
7	郑州	31984	2823.8	2572.42	15925.06	49.79	36523.60
8	焦作	1146	81	84.03	453.28	39.55	854.93
9	新乡	6844	574	828.31	4218.00	61.63	7201.33
10	鹤壁	2952	178	256.51	1712.38	58.01	4041.32
11	濮阳	5528	318	148.11	1045.50	18.91	2610.04
12	安阳	450	45	32.84	120.49	26.78	120.49
13	滑县	0	0	0	0	0	0
	合计	106953	11132.1	11103.74	62868.15	58.78	136674.8

说明：批复的2015～2016年度水量调度计划暂不考虑生态补水。

运行管理月报2016年第6期　总第10期

【工程运行调度】

2016年6月1日8时，河南省陶岔渠首引水闸入总干渠流量126.71m³/s；穿黄隧洞节制闸过闸流量100.8m³/s；漳河倒虹吸节制闸过闸流量91.65m³/s。截至2016年5月31日，全省累计有31个口门及3个退水闸开闸分水，其中，27个口门正常供水，3个口门因线路静水压试验、设备调试分水、水厂暂不具备接水条件而未供水（5、11-1、38），1个口门供水已满足白龟山水库充库需要暂停供水（11），淇河和贾峪河退水闸当期供水目标已实现均已关闸、颍河退水闸开闸向许昌市城区供水。

【各市县配套工程线路供水情况】

序号	市、县	口门编号	分水口门	供水目标	运行情况	备注
1	邓州市	1	肖楼	引丹灌区	暂停供水	刁河总干渠节水改造桥梁施工
2	邓州市	2	望城岗	邓州二水厂	正常供水	
	南阳市			新野二水厂	正常供水	
3	南阳市	3-1	谭寨	镇平县五里岗水厂	暂停供水	新水厂已启用
				镇平县规划水厂	正常供水	
4	南阳市	5	田洼	龙升工业园区水厂	未供水	静水压试验分水完成，水厂建设滞后
5	南阳市	6	大寨	南阳第四水厂	正常供水	
6	南阳市	7	半坡店	唐河县水厂	正常供水	
				社旗水厂	正常供水	
7	漯河市	10	辛庄	舞阳水厂	正常供水	
				漯河二水厂	正常供水	
				漯河四水厂	正常供水	
8	平顶山市	11	澎河	平顶山白龟山水厂	正常供水	口门分水暂停，利用白龟山水库充库水正常供水
				平顶山九里山水厂	正常供水	
				平顶山平煤集团水厂	正常供水	
9	平顶山市	11-1	张村	鲁山县城水厂	未供水	静水压试验分水完成，水厂建设滞后
10	平顶山市	13	高庄	平顶山王铁庄水厂	正常供水	
				平顶山石龙区水厂	正常供水	
11	平顶山市	14	赵庄	郏县规划水厂	正常供水	
12	许昌市	15	宴窑	襄城县三水厂	正常供水	
13	许昌市	16	任坡	禹州市二水厂	正常供水	
				神垕镇二水厂	正常供水	
14	许昌市	17	孟坡	许昌市周庄水厂	正常供水	
				北海石梁河	正常供水	
	临颍县			临颍县一水厂	正常供水	
15	许昌市	18	洼李	长葛县规划三水厂	正常供水	
16	郑州市	19	李垌	新郑第一水厂	正常供水	
				新郑第二水厂	正常供水	
				新郑望京楼水库	暂停供水	充库结束
17	郑州市	20	小河刘	郑州航空城一水厂	正常供水	
18	郑州市	21	刘湾	郑州市刘湾水厂	正常供水	
19	郑州市	23	中原西路	郑州柿园水厂	正常供水	
				郑州白庙水厂	正常供水	
				郑州常庄水库	暂停供水	充库结束

续表

序号	市、县	口门编号	分水口门	供水目标	运行情况	备注
20	郑州市	24	前蒋寨	荥阳市四水厂	正常供水	
21	郑州市	24-1	蒋头	上街区规划水厂	正常供水	
22	焦作市	26	北石涧	武陟县城三水厂	正常供水	
23	焦作市	28	苏蔺	焦作市修武水厂	正常供水	
24	新乡市	30	郭屯	获嘉县水厂	正常供水	
25	新乡市	32	老道井	新乡高村水厂	正常供水	
				新乡新区水厂	正常供水	
				新乡孟营水厂	正常供水	
26	新乡市	33	温寺门	卫辉规划水厂	正常供水	
27	鹤壁市	34	袁庄	淇县铁西区水厂	正常供水	
28	濮阳市	35	三里屯	引黄调节池（濮阳第一水厂）	正常供水	
				濮阳第三水厂	正常供水	
	鹤壁市			浚县水厂	暂停供水	地方不用水
				鹤壁第四水厂	未供水	水厂已建成，无用水需求，暂未供水
29	鹤壁市	36	刘庄	鹤壁第三水厂	正常供水	
30	安阳市	37	董庄	汤阴一水厂	正常供水	
31	安阳市	38	小营	六水厂	未供水	静水压试验分水完成，水厂建设滞后
				安钢水厂	未供水	静水压试验分水完成，水厂建设滞后
				八水厂	未供水	静水压试验分水完成，水厂建设滞后
32	鹤壁市		淇河退水闸	淇河	暂停供水	生态补水目标已实现
33	郑州市		贾峪河退水闸	西流湖	暂停供水	生态补水本月暂停
34	禹州市		颍河退水闸	原北关橡胶坝水厂	正常供水	

【水量调度计划执行情况】

序号	市、县名称	年度用水计划（万m³）	月用水计划（万m³）	月实际供水量（万m³）	年度累计供水量（万m³）	年度计划执行情况（％）	累计供水量（万m³）
1	邓州	40752	45	52.55	29733.62	72.96	62965.64
2	南阳	2871	318	394.21	1856.97	64.68	2426.11
3	平顶山	4980	168.64	190.20	1008.81	20.26	6676.32
4	许昌	5236	1459.1	2728.32	8053.71	153.81	13756.02
5	漯河	2990	370	441.61	2547.22	85.19	3305.86
6	周口	1220	0	0	0	0	0
7	郑州	31984	2880.6	2998.26	18923.32	59.16	39521.86
8	焦作	1146	82	97.42	550.70	48.05	952.35
9	新乡	6844	589.8	820.91	5038.91	73.63	8022.24
10	鹤壁	2952	178	302.50	2014.88	68.25	4343.82
11	濮阳	5528	328.35	405.32	1450.82	26.24	3015.36
12	安阳	450	46.56	31.25	151.74	33.72	151.74
13	滑县	0	0	0	0	0	0
	合计	106953	6466.05	8462.55	71330.7	66.69	145137.3

说明：批复的2015～2016年度水量调度计划暂不考虑生态补水。

运行管理月报2016年第7期　总第11期

【工程运行调度】

2016年7月1日8时，河南省陶岔渠首引水闸入总干渠流量129.19m³/s；穿黄隧洞节制闸过闸流量91.31m³/s；漳河倒虹吸节制闸过闸流量83.33m³/s。截至2016年6月30日，全省累计有31个口门及3个退水闸开闸分水，其中，

27个口门正常供水，3个口门因线路静水压试验、设备调试分水、水厂暂不具备接水条件而未供水（5、11-1、38），1个口门供水已满足白龟山水库充库需要暂停供水（11），颍河和贾峪河退水闸当期供水目标已实现均已关闸、淇河退水闸开闸向鹤壁市城区供水。

【各市县配套工程线路供水情况】

序号	市、县	口门编号	分水口门	供水目标	运行情况	备注
1	邓州市	1	肖楼	引丹灌区	正常供水	
2	邓州市	2	望城岗	邓州二水厂	正常供水	
	南阳市			新野二水厂	正常供水	
3	南阳市	3-1	谭寨	镇平县五里岗水厂	暂停供水	新水厂已启用
				镇平县规划水厂	正常供水	
4	南阳市	5	田洼	龙升工业园区水厂	未供水	静水压试验分水完成，水厂建设滞后
5	南阳市	6	大寨	南阳第四水厂	正常供水	
6	南阳市	7	半坡店	唐河县水厂	正常供水	
				社旗水厂	正常供水	
7	漯河市	10	辛庄	舞阳水厂	正常供水	
				漯河二水厂	正常供水	
				漯河四水厂	正常供水	
8	平顶山市	11	澎河	平顶山白龟山水厂	正常供水	口门分水暂停，利用白龟山水库充库水正常供水
				平顶山九里山水厂	正常供水	
				平顶山平煤集团水厂	正常供水	
9	平顶山市	11-1	张村	鲁山县城水厂	未供水	静水压试验分水完成，水厂建设滞后
10	平顶山市	13	高庄	平顶山王铁庄水厂	正常供水	
				平顶山石龙区水厂	正常供水	
11	平顶山市	14	赵庄	郏县规划水厂	正常供水	
12	许昌市	15	宴窑	襄城县三水厂	正常供水	
13	许昌市	16	任坡	禹州市二水厂	正常供水	
				神垕镇二水厂	正常供水	
14	许昌市	17	孟坡	许昌市周庄水厂	正常供水	
	临颍县			北海石梁河	正常供水	
				临颍县一水厂	正常供水	
15	许昌市	18	洼李	长葛县规划三水厂	正常供水	
16	郑州市	19	李垌	新郑第一水厂	正常供水	
				新郑第二水厂	正常供水	
				新郑望京楼水库	暂停供水	充库结束
17	郑州市	20	小河刘	郑州航空城一水厂	正常供水	
18	郑州市	21	刘湾	郑州市刘湾水厂	正常供水	
19	郑州市	23	中原西路	郑州柿园水厂	正常供水	
				郑州白庙水厂	正常供水	
				郑州常庄水库	暂停供水	充库结束

续表

序号	市、县	口门编号	分水口门	供水目标	运行情况	备注
20	郑州市	24	前蒋寨	荥阳市四水厂	正常供水	
21	郑州市	24-1	蒋头	上街区规划水厂	正常供水	
22	焦作市	26	北石涧	武陟县城三水厂	正常供水	
23	焦作市	28	苏蔺	焦作市修武水厂	正常供水	
24	新乡市	30	郭屯	获嘉县水厂	正常供水	
25	新乡市	32	老道井	新乡高村水厂	正常供水	
				新乡新区水厂	正常供水	
				新乡孟营水厂	正常供水	
26	新乡市	33	温寺门	卫辉规划水厂	正常供水	
27	鹤壁市	34	袁庄	淇县铁西区水厂	正常供水	
28	濮阳市	35	三里屯	引黄调节池（濮阳第一水厂）	正常供水	
				濮阳第三水厂	正常供水	
	鹤壁市			浚县水厂	暂停供水	地方不用水
				鹤壁第四水厂	未供水	水厂已建成，无用水需求，暂未供水
29	鹤壁市	36	刘庄	鹤壁第三水厂	正常供水	
30	安阳市	37	董庄	汤阴一水厂	正常供水	
31	安阳市	38	小营	六水厂	未供水	静水压试验分水完成，水厂建设滞后
				安钢水厂	未供水	静水压试验分水完成，水厂建设滞后
				八水厂	未供水	静水压试验分水完成，水厂建设滞后
32	鹤壁市		淇河退水闸	淇河	正常供水	补充生产生活用水
33	郑州市		贾峪河退水闸	西流湖	暂停供水	生态补水本月暂停
34	禹州市		颍河退水闸	原北关橡胶坝水厂	暂停供水	供水目标已实现

【水量调度计划执行情况】

序号	市、县名称	年度用水计划（万 m³）	月用水计划（万 m³）	月实际供水量（万 m³）	年度累计供水量（万 m³）	年度计划执行情况（%）	累计供水量（万 m³）
1	邓州	40752	2665	2892.42	32626.04	80.06	65858.06
2	南阳	2871	342	380.07	2237.04	77.92	2806.18
3	平顶山	4980	167.1	170.02	1178.83	23.67	6846.34
4	许昌	5236	1261.16	1089.5	9143.21	174.62	14845.52
5	漯河	2990	372	454.38	3001.6	100.39	3760.24
6	周口	1220	0	0	0	0	0
7	郑州	31984	2961	3262.39	22185.71	69.37	42784.25
8	焦作	1146	83	103.78	654.48	57.11	1056.13
9	新乡	6844	584	845.66	5884.57	85.98	8867.9
10	鹤壁	2952	180	555.62	2570.5	87.08	4899.44
11	濮阳	5528	318	511.29	1962.11	35.49	3526.65
12	安阳	450	45.06	34.75	186.49	41.44	186.49
13	滑县	0	0	0	0	0	0
	合计	106953	8978.32	10299.88	81630.58	76.32	155437.2

说明：批复的2015～2016年度水量调度计划暂不考虑生态补水。

运行管理月报2016年第8期 总第12期

【工程运行调度】

2016年8月1日8时,河南省陶岔渠首引水闸入总干渠流量148.79m³/s;穿黄隧洞节制闸过闸流量107.57m³/s;漳河倒虹吸节制闸过闸流量100.62m³/s。截至2016年7月31日,全省累计有31个口门及3个退水闸开闸分水,其中,27个口门正常供水,3个口门因线路静水压试验、设备调试分水、水厂暂不具备接水条件而未供水(5、11-1、38),1个口门供水已满足白龟山水库充库需要暂停供水(11),淇河和贾峪河退水闸当期供水目标已实现均已关闸、颍河退水闸开闸向许昌市城区供水。

【各市县配套工程线路供水情况】

序号	市、县	口门编号	分水口门	供水目标	运行情况	备注
1	邓州市	1	肖楼	引丹灌区	正常供水	
2	邓州市	2	望城岗	邓州二水厂	正常供水	
	南阳市			新野二水厂	正常供水	
3	南阳市	3-1	谭寨	镇平县五里岗水厂	暂停供水	新水厂已启用
				镇平县规划水厂	正常供水	
4	南阳市	5	田洼	龙升工业园区水厂	未供水	静水压试验分水完成,水厂建设滞后
5	南阳市	6	大寨	南阳第四水厂	正常供水	
6	南阳市	7	半坡店	唐河县水厂	正常供水	
				社旗水厂	正常供水	
7	漯河市	10	辛庄	舞阳水厂	正常供水	
				漯河二水厂	正常供水	
				漯河四水厂	正常供水	
8	平顶山市	11	澎河	平顶山白龟山水厂	正常供水	口门分水暂停,利用白龟山水库充库水正常供水
				平顶山九里山水厂	正常供水	
				平顶山平煤集团水厂	正常供水	
9	平顶山市	11-1	张村	鲁山县城水厂	未供水	静水压试验分水完成,水厂建设滞后
10	平顶山市	13	高庄	平顶山王铁庄水厂	正常供水	
				平顶山石龙区水厂	正常供水	
11	平顶山市	14	赵庄	郏县规划水厂	正常供水	
12	许昌市	15	宴窑	襄城县三水厂	正常供水	
13	许昌市	16	任坡	禹州市二水厂	正常供水	
				神垕镇二水厂	正常供水	
14	许昌市	17	孟坡	许昌市周庄水厂	正常供水	
				北海石梁河	正常供水	
	临颍县			临颍县一水厂	正常供水	
15	许昌市	18	洼李	长葛县规划三水厂	正常供水	
16	郑州市	19	李垌	新郑第一水厂	正常供水	
				新郑第二水厂	正常供水	
				新郑望京楼水库	暂停供水	充库结束
17	郑州市	20	小河刘	郑州航空城一水厂	正常供水	
18	郑州市	21	刘湾	郑州市刘湾水厂	正常供水	
19	郑州市	23	中原西路	郑州柿园水厂	正常供水	
				郑州白庙水厂	正常供水	
				郑州常庄水库	暂停供水	充库结束

续表

序号	市、县	口门编号	分水口门	供水目标	运行情况	备注
20	郑州市	24	前蒋寨	荥阳市四水厂	正常供水	
21	郑州市	24-1	蒋头	上街区规划水厂	正常供水	
22	焦作市	26	北石涧	武陟县城三水厂	正常供水	
23	焦作市	28	苏蔺	焦作市修武水厂	正常供水	
24	新乡市	30	郭屯	获嘉县水厂	正常供水	
25	新乡市	32	老道井	新乡高村水厂	正常供水	
				新乡新区水厂	正常供水	
				新乡孟营水厂	正常供水	
26	新乡市	33	温寺门	卫辉规划水厂	正常供水	
27	鹤壁市	34	袁庄	淇县铁西区水厂	正常供水	
28	濮阳市	35	三里屯	引黄调节池（濮阳第一水厂）	正常供水	
				濮阳第三水厂	正常供水	
	鹤壁市			浚县水厂	暂停供水	地方不用水
				鹤壁第四水厂	未供水	水厂已建成，无用水需求，暂未供水
29	鹤壁市	36	刘庄	鹤壁第三水厂	正常供水	
30	安阳市	37	董庄	汤阴一水厂	正常供水	
31	安阳市	38	小营	六水厂	未供水	静水压试验分水完成，水厂建设滞后
				安钢水厂	未供水	静水压试验分水完成，水厂建设滞后
				八水厂	未供水	静水压试验分水完成，水厂建设滞后
32	鹤壁市		淇河退水闸	淇河	暂停供水	供水目标已完成
33	郑州市		贾峪河退水闸	西流湖	暂停供水	生态补水本月暂停
34	禹州市		颍河退水闸	许昌城区	正常供水	许昌市城区用水

【水量调度计划执行情况】

序号	市、县名称	年度用水计划（万 m³）	月用水计划（万 m³）	月实际供水量（万 m³）	年度累计供水量（万 m³）	年度计划执行情况（%）	累计供水量（万 m³）
1	邓州	40752	5675	5623.32	38249.35	94	71481.37
2	南阳	2871	361.2	393.40	2630.45	92	3199.59
3	平顶山	4980	176	185.33	1364.16	27	7031.67
4	许昌	5236	941.62	1139.72	10983.92	210	16686.23
5	漯河	2990	370	448.11	3449.71	115	4208.35
6	周口	1220	0	0	0	0	0
7	郑州	31984	3119.2	3204.35	25390.06	79	45988.60
8	焦作	1146	105	119.08	773.56	68	1175.21
9	新乡	6844	589.8	887.74	6772.31	99	9755.64
10	鹤壁	2952	183	390.25	2960.75	100	5289.69
11	濮阳	5528	463	349.37	2311.48	42	3876.02
12	安阳	450	37.26	34.74	221.23	49	221.23
13	滑县	0	0	0	0	0	0
	合计	106953	12021.08	12775.41	95106.98	89	168913.6

说明：批复的2015～2016年度水量调度计划暂不考虑生态补水。

运行管理月报2016年第9期 总第13期

【工程运行调度】

2016年9月1日8时，河南省陶岔渠首引水闸入总干渠流量141.99m³/s；穿黄隧洞节制闸过闸流量103.9m³/s；漳河倒虹吸节制闸过闸流量91.65m³/s。截至2016年8月31日，全省累计有31个口门及3个退水闸开闸分水，其中，27个口门正常供水，3个口门因线路静水压试验、设备调试分水、水厂暂不具备接水条件而未供水（5、11-1、38），1个口门供水已满足白龟山水库充库需要暂停供水（11），淇河和贾峪河退水闸已满足生态补水、颍河退水闸已满足生产生活用水需要均已关闸。

【各市县配套工程线路供水情况】

序号	市、县	口门编号	分水口门	供水目标	运行情况	备注
1	邓州市	1	肖楼	引丹灌区	正常供水	
2	邓州市	2	望城岗	邓州二水厂	正常供水	
	南阳市			新野二水厂	正常供水	
3	南阳市	3-1	谭寨	镇平县五里岗水厂	暂停供水	新水厂已启用
				镇平县规划水厂	正常供水	
4	南阳市	5	田洼	龙升工业园区水厂	未供水	静水压试验分水完成，水厂建设滞后
5	南阳市	6	大寨	南阳第四水厂	未供水	
6	南阳市	7	半坡店	唐河县水厂	正常供水	
				社旗水厂	正常供水	
7	漯河市	10	辛庄	舞阳水厂	正常供水	
				漯河二水厂	正常供水	
				漯河四水厂	正常供水	
7	周口市	10	辛庄	商水水厂	未供水	管道已全线贯通，正在做通水前的各项准备工作
				东区水厂	未供水	
				二水厂	未供水	
8	平顶山市	11	澎河	平顶山白龟山水厂	正常供水	口门分水暂停，利用白龟山水库充库水正常供水
				平顶山九里山水厂	正常供水	
				平顶山平煤集团水厂	正常供水	
9	平顶山市	11-1	张村	鲁山县城水厂	未供水	静水压试验分水完成，水厂建设滞后
10	平顶山市	13	高庄	平顶山王铁庄水厂	正常供水	
				平顶山石龙区水厂	正常供水	
11	平顶山市	14	赵庄	郏县规划水厂	正常供水	
12	许昌市	15	宴窑	襄城县三水厂	正常供水	
13	许昌市	16	任坡	禹州市二水厂	正常供水	
				神垕镇二水厂	正常供水	
14	许昌市	17	孟坡	许昌市周庄水厂	正常供水	
				北海石梁河	正常供水	
	临颍县			临颍县一水厂	正常供水	
15	许昌市	18	洼李	长葛县规划三水厂	正常供水	
16	郑州市	19	李垌	新郑第一水厂	正常供水	
				新郑第二水厂	正常供水	
				新郑望京楼水库	暂停供水	充库结束
17	郑州市	20	小河刘	郑州航空城一水厂	正常供水	
				中牟县第三水厂	正常供水	
18	郑州市	21	刘湾	郑州市刘湾水厂	正常供水	
19	郑州市	23	中原西路	郑州柿园水厂	正常供水	
				郑州白庙水厂	正常供水	

续表

序号	市、县	口门编号	分水口门	供水目标	运行情况	备注
				郑州常庄水库	暂停供水	充库结束
20	郑州市	24	前蒋寨	荥阳市四水厂	正常供水	
21	郑州市	24-1	蒋头	上街区规划水厂	正常供水	
22	焦作市	26	北石涧	武陟县城三水厂	正常供水	
23	焦作市	28	苏蔺	焦作市修武水厂	正常供水	
24	新乡市	30	郭屯	获嘉县水厂	正常供水	
25	新乡市	32	老道井	新乡高村水厂	正常供水	
				新乡新区水厂	正常供水	
				新乡孟营水厂	正常供水	
26	新乡市	33	温寺门	卫辉规划水厂	正常供水	
27	鹤壁市	34	袁庄	淇县铁西区水厂	正常供水	
28	濮阳市	35	三里屯	引黄调节池（濮阳第一水厂）	正常供水	
				濮阳第三水厂	正常供水	
	鹤壁市			浚县水厂	暂停供水	地方不用水
				鹤壁第四水厂	未供水	水厂已建成，无用水需求，暂未供水
29	鹤壁市	36	刘庄	鹤壁第三水厂	正常供水	
30	安阳市	37	董庄	汤阴一水厂	正常供水	
31	安阳市	38	小营	六水厂	未供水	静水压试验分水完成，水厂建设滞后
				安钢水厂	未供水	静水压试验分水完成，水厂建设滞后
				八水厂	未供水	已具备通水条件
32	鹤壁市		淇河退水闸	淇河	暂停供水	供水目标已完成
33	郑州市		贾峪河退水闸	西流湖	暂停供水	生态补水本月暂停
34	禹州市		颍河退水闸	许昌城区	暂停供水	供水目标已完成

【水量调度计划执行情况】

序号	市、县名称	年度用水计划（万m³）	月用水计划（万m³）	月实际供水量（万m³）	年度累计供水量（万m³）	年度计划执行情况（%）	累计供水量（万m³）
1	邓州	40752	5675	5543.26	43792.61	107.46	77024.63
2	南阳	2871	362.4	398.22	3028.67	105.49	3597.81
3	平顶山	4980	176	184.37	1548.53	31.09	7216.04
4	许昌	5236	957.42	934.77	11918.69	227.63	17621.00
5	漯河	2990	376.2	425.15	3874.86	129.59	4633.50
6	周口	1220	0	5.00	5.00	0.41	5.00
7	郑州	31984	3639.5	3602.64	28992.70	90.65	49591.24
8	焦作	1146	120	126.86	900.42	78.57	1302.07
9	新乡	6844	531.35	897.77	7670.08	112.07	10653.41
10	鹤壁	2952	288	470.26	3431.01	116.23	5759.95
11	濮阳	5528	300	729.56	3041.04	55.01	4605.58
12	安阳	450	37.26	33.92	252.15	56.03	252.15
13	滑县	0	0	0	3.00		3.00
	合计	106953	12463.13	13351.78	108458.76	101.41	182265.38

说明：批复的2015～2016年度水量调度计划暂不考虑生态补水。

运行管理月报2016年第10期 总第14期

【工程运行调度】

2016年10月1日8时，河南省陶岔渠首引水闸入总干渠流量134.56m³/s；穿黄隧洞节制闸过闸流量102.52m³/s；漳河倒虹吸节制闸过闸流量92.73m³/s。截至2016年9月30日，全省累计有31个口门及3个退水闸开闸分水，

其中，28个口门正常供水，2个口门因线路静水压试验、设备调试分水、水厂暂不具备接水条件而未供水（5、11-1），1个口门供水已满足白龟山水库充库需要暂停供水（11），淇河和贾峪河退水闸已满足生态补水、颍河退水闸已满足生产生活用水需要均已关闸。

【各市县配套工程线路供水情况】

序号	市、县	口门编号	分水口门	供水目标	运行情况	备注
1	邓州市	1	肖楼	引丹灌区	正常供水	
2	邓州市	2	望城岗	邓州二水厂	正常供水	
	南阳市			新野二水厂	正常供水	
3	南阳市	3-1	谭寨	镇平县五里岗水厂	暂停供水	备用
				镇平县规划水厂	正常供水	
4	南阳市	5	田洼	龙升工业园区水厂	未供水	静水压试验分水完成，水厂建设滞后
5	南阳市	6	大寨	南阳第四水厂	正常供水	
6	南阳市	7	半坡店	唐河县水厂	正常供水	
				社旗水厂	正常供水	
7	漯河市	10	辛庄	舞阳水厂	正常供水	
				漯河二水厂	正常供水	
				漯河四水厂	正常供水	
7	周口市	10	辛庄	商水水厂	未供水	管道已全线贯通，正在做通水前的各项准备工作
				东区水厂	未供水	
				二水厂	未供水	
8	平顶山市	11	澎河	平顶山白龟山水厂	正常供水	口门分水暂停，利用白龟山水库充库水正常供水
				平顶山九里山水厂	正常供水	
				平顶山平煤集团水厂	正常供水	
9	平顶山市	11-1	张村	鲁山县城水厂	未供水	静水压试验分水完成，水厂建设滞后
10	平顶山市	13	高庄	平顶山王铁庄水厂	正常供水	
				平顶山石龙区水厂	正常供水	
11	平顶山市	14	赵庄	郏县规划水厂	正常供水	
12	许昌市	15	宴窑	襄城县三水厂	正常供水	
13	许昌市	16	任坡	禹州市二水厂	正常供水	
				神垕镇二水厂	正常供水	
14	许昌市	17	孟坡	许昌市周庄水厂	正常供水	
				北海石梁河	正常供水	
	临颍县			临颍县一水厂	正常供水	
15	许昌市	18	洼李	长葛县规划三水厂	正常供水	
16	郑州市	19	李垌	新郑第一水厂	正常供水	
				新郑第二水厂	正常供水	

续表

				新郑望京楼水库	暂停供水	充库结束
17	郑州市	20	小河刘	郑州航空城一水厂	正常供水	
				中牟县第三水厂	正常供水	
18	郑州市	21	刘湾	郑州市刘湾水厂	正常供水	
19	郑州市	23	中原西路	郑州柿园水厂	正常供水	
				郑州白庙水厂	正常供水	
				郑州常庄水库	暂停供水	充库结束
20	郑州市	24	前蒋寨	荥阳市四水厂	正常供水	
21	郑州市	24-1	蒋头	上街区规划水厂	正常供水	
22	焦作市	26	北石涧	武陟县城三水厂	正常供水	
23	焦作市	28	苏蔺	焦作市修武水厂	正常供水	
24	新乡市	30	郭屯	获嘉县水厂	正常供水	
25	新乡市	32	老道井	新乡高村水厂	正常供水	
				新乡新区水厂	正常供水	
				新乡孟营水厂	正常供水	
26	新乡市	33	温寺门	卫辉规划水厂	正常供水	
27	鹤壁市	34	袁庄	淇县铁西区水厂	正常供水	
28	濮阳市	35	三里屯	引黄调节池（濮阳第一水厂）	正常供水	
				濮阳第三水厂	正常供水	
	鹤壁市			浚县水厂	暂停供水	地方不用水
				鹤壁第四水厂	未供水	支线管道尚未修复完成
29	鹤壁市	36	刘庄	鹤壁第三水厂	正常供水	
30	安阳市	37	董庄	汤阴一水厂	正常供水	
31	安阳市	38	小营	六水厂	未供水	静水压试验分水完成，水厂建设滞后
				安钢水厂	未供水	
				八水厂	正常供水	
32	鹤壁市		淇河退水闸	淇河	已关闸	供水计划已完成
33	郑州市		贾峪河退水闸	西流湖	已关闸	供水计划已完成
34	禹州市		颍河退水闸	许昌城区	已关闸	供水计划已完成

【水量调度计划执行情况】

2016 年 9 月 13 日，水利部下发《关于南水北调中线一期工程 2015~2016 年度河南省供水计划调整意见的函》（水资源〔2016〕352 号），同意河南省 2015~2016 年度供水计划用水量调增至 13.11 亿 m³。

区分	序号	市、县名称	年度用水计划（万 m³）	月用水计划（万 m³）	月实际供水量（万 m³）	年度累计供水量（万 m³）	年度计划执行情况（%）	累计供水量（万 m³）
农业用水	1	引丹灌区	52682.83	5300	4916.66	48095.45	91.29	81277.47
城市用水	1	邓州	752.89	75	79.95	693.77	92.15	743.77
	2	南阳	3615.57	342	505.08	3533.75	97.74	4102.89
	3	平顶山	1893.22	176.4	211.94	1760.47	92.99	7427.98
	4	许昌	13169.84	894.6	1039.53	12958.21	98.39	18660.52
	5	漯河	4595.34	399	481.85	4356.72	94.81	5115.36

续表

区分	序号	市、县名称	年度用水计划（万m³）	月用水计划（万m³）	月实际供水量（万m³）	年度累计供水量（万m³）	年度计划执行情况（%）	累计供水量（万m³）
城市用水	6	周口	362.00	0	4.00	9.00	2.49	9.00
	7	郑州	35269.07	3595	3616.87	32609.57	92.46	53208.11
	8	焦作	1107.11	106	118.90	1019.32	92.07	1420.97
	9	新乡	8838.70	584	911.00	8581.08	97.09	11564.41
	10	鹤壁	3970.75	295	335.65	3766.66	94.86	6095.60
	11	濮阳	4470.47	960	1264.16	4305.20	96.30	5869.74
	12	安阳	361.97	54.00	102.92	355.07	98.09	355.07
	13	滑县	0	0	0	3.00		3.00
	小计		78406.93	7481.00	8671.85	73951.82	94.32	114576.42
合计			131089.76	12781.0	13588.51	122047.27	93.10	195853.89

说明：批复的2015～2016年度水量调度计划暂不考虑生态补水。

运行管理月报2016年第11期　总第15期

【工程运行调度】

2016年11月1日8时，河南省陶岔渠首引水闸入总干渠流量142.26m³/s；穿黄隧洞节制闸过闸流量103.57m³/s；漳河倒虹吸节制闸过闸流量94.61m³/s。截至2016年10月31日，全省累计有31个口门及5个退水闸开闸分水，其中，28个口门正常供水，2个口门线路因受水水厂暂不具备接水条件而未供水（5、11-1），1个口门线路因地方不用水暂停供水（11），沂水河、双洎河退水闸开闸向唐寨水库和双洎河河道补充生态及生产生活用水，淇河和贾峪河退水闸已满足生态补水、颍河退水闸已满足生产生活用水需要均已关闸。

【各市县配套工程线路供水情况】

序号	市、县	口门编号	分水口门	供水目标	运行情况	备注
1	邓州市	1	肖楼	引丹灌区	正常供水	
2	邓州市	2	望城岗	邓州二水厂	正常供水	
	南阳市			新野二水厂	正常供水	
3	南阳市	3-1	谭寨	镇平县五里岗水厂	暂停供水	备用
				镇平县规划水厂	正常供水	
4	南阳市	5	田洼	龙升工业园区水厂	未供水	静水压试验分水完成，水厂建设滞后
5	南阳市	6	大寨	南阳第四水厂	正常供水	
6	南阳市	7	半坡店	唐河县水厂	正常供水	
				社旗水厂	正常供水	
7	漯河市	10	辛庄	舞阳水厂	正常供水	
				漯河二水厂	正常供水	
				漯河四水厂	正常供水	
7	周口市	10	辛庄	商水水厂	未供水	管道已全线贯通，正在做通水前的各项准备工作
				东区水厂	未供水	
				二水厂	未供水	

续表

序号	市、县	口门编号	分水口门	供水目标	运行情况	备注
8	平顶山市	11	澎河	平顶山白龟山水厂	正常供水	地方不用水，口门分水暂停
				平顶山九里山水厂	正常供水	
				平顶山平煤集团水厂	正常供水	
9	平顶山市	11-1	张村	鲁山县城水厂	未供水	静水压试验分水完成，水厂建设滞后
10	平顶山市	13	高庄	平顶山王铁庄水厂	正常供水	
				平顶山石龙区水厂	正常供水	
11	平顶山市	14	赵庄	郏县规划水厂	正常供水	
12	许昌市	15	宴窑	襄城县三水厂	正常供水	
13	许昌市	16	任坡	禹州市二水厂	正常供水	
				神垕镇二水厂	正常供水	
14	许昌市 临颍县	17	孟坡	许昌市周庄水厂	正常供水	
				北海石梁河	正常供水	
				临颍县一水厂	正常供水	
15	许昌市	18	洼李	长葛县规划三水厂	正常供水	
16	郑州市	19	李垌	新郑第一水厂	正常供水	
				新郑第二水厂	正常供水	
				新郑望京楼水库	正常供水	
17	郑州市	20	小河刘	郑州航空城一水厂	正常供水	
				中牟县第三水厂	正常供水	
18	郑州市	21	刘湾	郑州市刘湾水厂	正常供水	
19	郑州市	23	中原西路	郑州柿园水厂	正常供水	
				郑州白庙水厂	正常供水	
				郑州常庄水库	正常供水	
20	郑州市	24	前蒋寨	荥阳市四水厂	正常供水	
21	郑州市	24-1	蒋头	上街区规划水厂	正常供水	
22	焦作市	26	北石涧	武陟县城三水厂	正常供水	
23	焦作市	28	苏蔺	焦作市修武水厂	正常供水	
24	新乡市	30	郭屯	获嘉县水厂	正常供水	
25	新乡市	32	老道井	新乡高村水厂	正常供水	
				新乡新区水厂	正常供水	
				新乡孟营水厂	正常供水	
26	新乡市	33	温寺门	卫辉规划水厂	正常供水	
27	鹤壁市	34	袁庄	淇县铁西区水厂	正常供水	
28	濮阳市 鹤壁市	35	三里屯	引黄调节池（濮阳第一水厂）	正常供水	10月10日起中断供水15天
				濮阳第三水厂	暂停供水	10月10日起中断供水
				浚县水厂	暂停供水	计划下月正常供水
				鹤壁第四水厂	未供水	支线管道修复完成
29	鹤壁市	36	刘庄	鹤壁第三水厂	正常供水	
30	安阳市	37	董庄	汤阴一水厂	正常供水	
31	安阳市	38	小营	六水厂	未供水	静水压试验分水完成，水厂建设滞后

续表

序号	市、县	口门编号	分水口门	供水目标	运行情况	备注
				安钢水厂	未供水	
				八水厂	正常供水	
32	禹州市		颍河退水闸	许昌城区	已关闸	供水计划已完成
33	郑州市		贾峪河退水闸	西流湖	已关闸	供水计划已完成
34	新郑市		沂水河退水闸	唐寨水库	正常供水	17~30日生态补水
35	新郑市		双泊河退水闸	双泊河	正常供水	17~30日生态补水
36	鹤壁市		淇河退水闸	淇河	已关闸	供水计划已完成

【水量调度计划执行情况】

区分	序号	市、县名称	年度用水计划（万m³）	月用水计划（万m³）	月实际供水量（万m³）	年度累计供水量（万m³）	年度计划执行情况（%）	累计供水量（万m³）
农业用水	1	引丹灌区	52682.83	5400	3967.55	52063.00	98.82	85245.02
城市用水	1	邓州	752.89	75	60.57	754.35	100.19	804.35
	2	南阳	3615.57	417.3	486.00	4019.74	111.18	4588.88
	3	平顶山	1893.22	191.5	178.51	1938.98	102.42	7606.49
	4	许昌	13169.84	909.4	1118.03	14076.24	106.88	19778.55
	5	漯河	4595.34	394.8	491.52	4848.24	105.50	5606.88
	6	周口	362.00	0	5.00	14.00	3.87	14.00
	7	郑州	35269.07	3590.7	4227.24	36836.81	104.45	57435.35
	8	焦作	1107.11	102	112.52	1131.84	102.23	1533.49
	9	新乡	8838.70	599.8	927.14	9508.22	107.57	12491.55
	10	鹤壁	3970.75	292	341.89	4108.55	103.47	6437.49
	11	濮阳	4470.47	310	391.71	4696.91	105.07	6261.45
	12	安阳	361.97	355.80	177.11	532.18	147.02	532.18
	13	滑县	0	0	0	3.00		3.00
		小计	78406.93	7238.30	8517.24	82469.06	105.18	123093.66
合计			131089.76	12638.30	12484.79	134532.06	102.63	208338.68

说明：批复的2015~2016年度水量调度计划暂不考虑生态补水。

运行管理月报2016年第12期 总第16期

【工程运行调度】

2016年12月1日8时，河南省陶岔渠首引水闸入总干渠流量94.33m³/s；穿黄隧洞节制闸过闸流量64.3m³/s；漳河倒虹吸节制闸过闸流量61.36m³/s。截至2016年11月30日，全省累计有31个口门及5个退水闸开闸分水，其中，28个口门正常供水，2个口门线路因受水水厂暂不具备接水条件而未供水（5、11-1），1个口门线路因地方不用水暂停供水（11），贾峪河、沂水河和淇河退水闸已满足生态补水、颍河及双泊河退水闸已满足生产生活用水需要均已关闸。

【各市县配套工程线路供水情况】

序号	市、县	口门编号	分水口门	供水目标	运行情况	备注
1	邓州市	1	肖楼	引丹灌区	正常供水	
2	邓州市	2	望城岗	邓州一水厂	正常供水	
				邓州二水厂	正常供水	
	南阳市			新野二水厂	正常供水	
3	南阳市	3-1	谭寨	镇平县五里岗水厂	暂停供水	备用
				镇平县规划水厂	正常供水	
4	南阳市	5	田洼	龙升工业园区水厂	未供水	静水压试验分水完成，水厂建设滞后
5	南阳市	6	大寨	南阳第四水厂	正常供水	
6	南阳市	7	半坡店	唐河县水厂	正常供水	
				社旗水厂	正常供水	
7	漯河市	10	辛庄	舞阳水厂	正常供水	
				漯河二水厂	正常供水	
				漯河三水厂	未供水	穿沙工程未完成
				漯河四水厂	正常供水	
				漯河五水厂	正常供水	
				漯河八水厂	未供水	新增项目，未完工
7	周口市	10	辛庄	商水水厂	正常供水	
				东区水厂	未供水	静水压试验完成
				二水厂	未供水	静水压试验完成
8	平顶山市	11	澎河	平顶山白龟山水厂	正常供水	地方不用水，口门分水暂停
				平顶山九里山水厂	正常供水	
				平顶山平煤集团水厂	正常供水	
9	平顶山市	11-1	张村	鲁山县城水厂	未供水	静水压试验分水完成，水厂建设滞后
10	平顶山市	13	高庄	平顶山王铁庄水厂	正常供水	
				平顶山石龙区水厂	正常供水	
11	平顶山市	14	赵庄	郏县规划水厂	正常供水	
12	许昌市	15	宴窑	襄城县三水厂	正常供水	11月3日起口门流量计维修中断供水2天
13	许昌市	16	任坡	禹州市二水厂	正常供水	11月10日口门设备维修中断供水2小时
				神垕镇二水厂	正常供水	
14	许昌市	17	孟坡	许昌市周庄水厂	正常供水	
				北海石梁河	正常供水	
	临颍县			临颍县一水厂	正常供水	
				临颍县二水厂	正常供水	水厂未建，利用管道向湿地生态供水
15	许昌市	18	洼李	长葛县规划三水厂	正常供水	
16	郑州市	19	李垌	新郑第一水厂	正常供水	
				新郑第二水厂	正常供水	
				新郑望京楼水库	暂停供水	充库任务已完成
17	郑州市	20	小河刘	郑州航空城一水厂	正常供水	
				中牟县第三水厂	正常供水	
18	郑州市	21	刘湾	郑州市刘湾水厂	正常供水	
19	郑州市	23	中原西路	郑州柿园水厂	正常供水	
				郑州白庙水厂	正常供水	11月17日起郑州市西三环穿越项目施工中断供水6天
				郑州常庄水库	暂停供水	

续表

序号	市、县	口门编号	分水口门	供水目标	运行情况	备注
20	郑州市	24	前蒋寨	荥阳市四水厂	正常供水	
21	郑州市	24-1	蒋头	上街区规划水厂	正常供水	
22	焦作市	26	北石涧	武陟县城三水厂	正常供水	
23	焦作市	28	苏蔺	焦作市修武水厂	正常供水	
24	新乡市	30	郭屯	获嘉县水厂	正常供水	11月28日起设备检修中断供水2天
25	新乡市	32	老道井	新乡高村水厂	正常供水	
				新乡新区水厂	正常供水	
				新乡孟营水厂	正常供水	
26	新乡市	33	温寺门	卫辉规划水厂	正常供水	
27	鹤壁市	34	袁庄	淇县铁西区水厂	正常供水	
				城北新区水厂	正常供水	水厂未启用，利用管道向赵家渠供水
28	濮阳市	35	三里屯	引黄调节池（濮阳第一水厂）	正常供水	
				濮阳第三水厂	正常供水	
	鹤壁市			浚县水厂	正常供水	
				鹤壁第四水厂	正常供水	
	滑县			滑县三水厂	正常供水	
29	鹤壁市	36	刘庄	鹤壁第三水厂	正常供水	
30	安阳市	37	董庄	汤阴一水厂	正常供水	
31	安阳市	38	小营	六水厂	未供水	静水压试验分水完成，水厂建设滞后
				安钢水厂	未供水	
				八水厂	正常供水	
32	禹州市		颍河退水闸	许昌城区	已关闸	供水计划已完成
33	郑州市		贾峪河退水闸	西流湖	已关闸	供水计划已完成
34	新郑市		沂水河退水闸	唐寨水库	已关闸	供水计划已完成
35	新郑市		双洎河退水闸	双洎河	已关闸	供水计划已完成
36	鹤壁市		淇河退水闸	淇河	已关闸	供水计划已完成

【水量调度计划执行情况】

区分	序号	市、县名称	年度用水计划（万 m³）	月用水计划（万 m³）	月实际供水量（万 m³）	年度累计供水量（万 m³）	年度计划执行情况（%）	累计供水量（万 m³）
农业用水	1	引丹灌区	41440	1500	1524.89	1524.89	3.7	86769.91
城市用水	1	邓州	1980	75	81.08	81.08	4.1	885.42
	2	南阳	6259.5	385	487.16	487.16	7.8	5076.05
	3	平顶山	2010	182	177.31	177.31	8.8	7783.80
	4	许昌	9103	949.6	705.08	705.08	7.7	20483.63
	5	漯河	6153	405.8	421.75	421.75	6.9	6028.63
	6	周口	1629.5	0	3.50	3.50	0.2	17.50
	7	郑州	48810	3641	3540.97	3540.97	7.3	60976.32
	8	焦作	1366	102	103.74	103.74	7.6	1637.23
	9	新乡	9413	590.5	869.79	869.79	9.2	13361.34
	10	鹤壁	5082	302	396.21	396.21	7.8	6833.70
	11	濮阳	6793	390	419.59	419.59	6.2	6681.04
	12	安阳	5157	354.00	194.61	194.61	3.8	726.79
	13	滑县	1003	30	21.11	21.11	2.1	24.11
	小计		104759	7406.9	7421.90	7421.9	7.1	123093.66
合计			146199.0	8906.9	8946.79	8946.79	6.1	217285.47

运行管理月报2017年第1期　总第17期

【工程运行调度】

2017年1月1日8时，河南省陶岔渠首引水闸入总干渠流量97.34m³/s；穿黄隧洞节制闸过闸流量63.82m³/s；漳河倒虹吸节制闸过闸流量58.16m³/s。截至2016年12月31日，全省累计有31个口门及6个退水闸（白河、颍河、沂水河、双洎河、贾峪河、淇河）开闸分水，其中，28个口门正常供水，2个口门线路因受水水厂暂不具备接水条件而未供水（5、11-1），1个口门线路因地方不用水暂停供水（11）。

【各市县配套工程线路供水情况】

序号	市、县	口门编号	分水口门	供水目标	运行情况	备注
1	邓州市	1	肖楼	引丹灌区	正常供水	
2	邓州市	2	望城岗	邓州一水厂	正常供水	
	邓州市			邓州二水厂	正常供水	
	南阳市			新野二水厂	正常供水	
3	南阳市	3-1	谭寨	镇平县五里岗水厂	暂停供水	备用
				镇平县规划水厂	正常供水	
4	南阳市	5	田洼	龙升工业园区水厂	未供水	静水压试验分水完成，水厂建设滞后
5	南阳市	6	大寨	南阳第四水厂	正常供水	
6	南阳市	7	半坡店	唐河县水厂	正常供水	
				社旗水厂	正常供水	
7	漯河市	10	辛庄	舞阳水厂	正常供水	
				漯河二水厂	正常供水	
				漯河三水厂	未供水	穿沙工程未完成
				漯河四水厂	正常供水	
				漯河五水厂	正常供水	
				漯河八水厂	正常供水	
7	周口市	10	辛庄	商水水厂	正常供水	
				东区水厂	正常供水	
				二水厂（西区水厂）	未供水	水厂缓建
8	平顶山市	11	澎河	平顶山白龟山水厂	正常供水	地方不用水，口门分水暂停
				平顶山九里山水厂	正常供水	
				平顶山平煤集团水厂	正常供水	
9	平顶山市	11-1	张村	鲁山县城水厂	未供水	静水压试验分水完成，水厂建设滞后
10	平顶山市	13	高庄	平顶山王铁庄水厂	正常供水	
				平顶山石龙区水厂	正常供水	
11	平顶山市	14	赵庄	郏县规划水厂	正常供水	
12	许昌市	15	宴窑	襄城县三水厂	正常供水	
13	许昌市	16	任坡	禹州市二水厂	正常供水	
				神垕镇二水厂	正常供水	
14	许昌市	17	孟坡	许昌市周庄水厂	正常供水	
				北海石梁河	正常供水	

续表

序号	市、县	口门编号	分水口门	供水目标	运行情况	备注
	临颍县			临颍县一水厂	正常供水	
				临颍县二水厂	正常供水	水厂未建，利用管道向湿地生态供水
15	许昌市	18	洼李	长葛县规划三水厂	正常供水	
16	郑州市	19	李垌	新郑第一水厂	正常供水	
				新郑第二水厂	正常供水	
				新郑望京楼水库	暂停供水	充库任务已完成
17	郑州市	20	小河刘	郑州航空城一水厂	正常供水	
				中牟县第三水厂	正常供水	
18	郑州市	21	刘湾	郑州市刘湾水厂	正常供水	
19	郑州市	23	中原西路	郑州柿园水厂	正常供水	
				郑州白庙水厂	正常供水	
				郑州常庄水库	暂停供水	
20	郑州市	24	前蒋寨	荥阳市四水厂	正常供水	
21	郑州市	24-1	蒋头	上街区规划水厂	正常供水	
22	焦作市	26	北石涧	武陟县城三水厂	正常供水	
23	焦作市	28	苏蔺	焦作市修武水厂	正常供水	
24	新乡市	30	郭屯	获嘉县水厂	正常供水	
25	新乡市	32	老道井	新乡高村水厂	正常供水	
				新乡新区水厂	正常供水	
				新乡孟营水厂	正常供水	
26	新乡市	33	温寺门	卫辉规划水厂	正常供水	
27	鹤壁市	34	袁庄	淇县铁西区水厂	正常供水	
				城北新区水厂	正常供水	水厂未启用，利用管道向赵家渠供水
28	濮阳市	35	三里屯	引黄调节池（濮阳第一水厂）	正常供水	
				濮阳第三水厂	正常供水	
	鹤壁市			浚县水厂	正常供水	
				鹤壁第四水厂	正常供水	
	滑县			滑县三水厂	正常供水	
29	鹤壁市	36	刘庄	鹤壁第三水厂	正常供水	
30	安阳市	37	董庄	汤阴一水厂	正常供水	12月26日起配合穿越工程安全鉴定工作，中断供水48小时
31	安阳市	38	小营	六水厂	未供水	静水压试验分水完成，水厂建设滞后
				安钢水厂	未供水	
				八水厂	正常供水	
32	南阳市		白河退水闸	南阳城区	正常供水	
33	禹州市		颍河退水闸	许昌城区	已关闸	
34	郑州市		贾峪河退水闸	西流湖	已关闸	
35	新郑市		沂水河退水闸	唐寨水库	已关闸	
36	新郑市		双泊河退水闸	双泊河	已关闸	
37	鹤壁市		淇河退水闸	淇河	已关闸	

【水量调度计划执行情况】

区分	序号	市、县名称	年度用水计划（万 m³）	月用水计划（万 m³）	月实际供水量（万 m³）	年度累计供水量（万 m³）	年度计划执行情况（%）	累计供水量（万 m³）
农业用水	1	引丹灌区	41440	1500	1524.22	3049.11	7.36	88294.13
城市用水	1	邓州	1980	105	98.89	179.97	9.09	984.32
	2	南阳	6259.5	380.20	779.13	1266.29	20.23	5855.17
	3	平顶山	2010	188	206.27	383.58	19.08	7990.07
	4	许昌	9103	872.5	659.41	1364.49	14.99	21143.05
	5	漯河	6153	449.6	423.59	845.34	13.74	6452.21
	6	周口	1629.5	0	34.94	38.44	2.36	52.44
	7	郑州	48810	3609.9	3545.83	7086.80	14.52	64522.15
	8	焦作	1366	97	100.53	204.27	14.95	1737.76
	9	新乡	9413	574.3	845.31	1715.10	18.22	14206.65
	10	鹤壁	5082	361	404.27	800.48	15.75	7237.97
	11	濮阳	6793	370	550.05	969.64	14.27	7231.09
	12	安阳	5157	356.50	243.54	438.15	8.50	970.33
	13	滑县	1003	20	29.73	50.84	5.07	53.84
		小计	104759	7406.9	7421.90	7421.9	14.65	123093.66
合计			146199.0	8884.00	9445.71	18392.5	12.58	226731.18

河南省南水北调办公室预决算公开说明

2015 年度部门决算公开说明

【部门基本概况】

部门机构设置与职能 河南省南水北调办公室成立于 2003 年 9 月，河南省南水北调建管局成立于 2004 年 10 月。根据省编委的批复，办公室与建管局一个机构两块牌子，经费实行全额预算管理。设置有综合处、投资计划处、经济与财务处、建设管理处、环境移民处、监督处、监察审计室、质量监督站及南阳、平顶山、郑州、新乡、安阳五个现场建管处。河南省南水北调办公室主要职责是：贯彻落实国家和河南省南水北调工程建设及运行管理的法律、法规和政策，参与研究制定河南省南水北调工程供用水政策及法规；负责河南省南水北调中线工程建设领导小组的日常工作；负责配套工程运行管理、水量调度计划；负责配套工程水费征缴、管理和使用；负责河南省南水北调工程建设与运行管理的行政监督；负责河南省南水北调中线工程建设领导小组交办的其他事项。

河南省南水北调建管局主要职责是：按照基本建设程序和批准的建设内容、规模、标准组织工程建设；参与工程的招标工作；负责工程质量、投资、工期控制；负责办理工程开工报告及质量监督手续；负责工程的安全生产；负责水质检测和保护工作；负责工程的防汛工作；负责文明工地的创建工作；配合工程的征地拆迁和施工环境协调；负责工程价款结算的复核；负责工程建设档案资料管理及统计报表的编报；参与竣工决算的编制；配合上级部门的审计和稽查工作。

人员构成情况 河南省南水北调办公室（建管局）共有编制 156 人，其中，行政编制

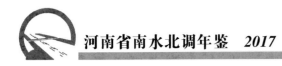
52人（含机关驾驶员12人），事业编制104 休人员5人。

人。截至2015年末，在职职工134人，离退

【2015年度部门决算表】

收入支出决算总表

公开01表

部门：河南省南水北调中线工程建设领导小组办公室　　　　金额单位：万元

收入			支出		
项目	行次	金额	项目	行次	金额
栏次		1	栏次		2
一、财政拨款收入	1	1718.81	一、一般公共服务支出	30	0
其中政府性基金预算财政拨款	2	0	二、外交支出	31	0
二、上级补助收入	3	0	三、国防支出	32	0
三、事业收入	4	0	四、公共安全支出	33	0
四、经营收入	5	0	五、教育支出	34	0
五、附属单位上缴收入	6	0	六、科学技术支出	35	0
六、其他收入	7	3.3	七、文化体育与传媒支出	36	0
	8		八、社会保障和就业支出	37	26.02
	9		九、医疗卫生与计划生育支出	38	78.7
	10		十、节能环保支出	39	0
	11		十一、城乡社区支出	40	0
	12		十二、农林水支出	41	41503.44
	13		十三、交通运输支出	42	0
	14		十四、资源勘探信息等支出	43	0
	15		十五、商业服务业等支出	44	0
	16		十六、金融支出	45	0
	17		十七、援助其他地区支出	46	0
	18		十八、国土海洋气象等支出	47	0
	19		十九、住房保障支出	48	93.79
	20		二十、粮油物资储备支出	49	0
	21		二十一、其他支出	50	0
本年收入合计	22	1722.1	本年支出合计	51	41701.95
用事业基金弥补收支差额	23	0	结余分配	52	0
年初结转和结余	24	40015.95	其中：提取职工福利基金	53	0
其中：项目支出结转和结余	25	40000	转入事业基金	54	0
	26		年末结转和结余	55	36.1
	27		其中：项目支出结转和结余	56	34.49
	28			57	
总计	29	41738.05	总计	58	41738.05

注：本表反映部门本年度的总收支和年末结转结余情况。

收入决算表

公开02表

部门：河南省南水北调中线工程建设领导小组办公室

金额单位:万元

科目编码			科目名称	本年收入合计	财政拨款收入	上级补助收入	事业收入	经营收入	附属单位上缴收入	其他收入
类	款	项	栏次	1	2	3	4	5	6	7
			合计	1722.1	1718.81	0	0	0	0	3.3
208			社会保障和就业支出	26.03	26.03	0	0	0	0	0
20805			行政事业单位离退休	26.03	26.03	0	0	0	0	0
2080501			归口管理的行政单位离退休	18.69	18.69	0	0	0	0	0
2080502			事业单位离退休	7.34	7.34	0	0	0	0	0
210			医疗卫生与计划生育支出	78.7	78.7	0	0	0	0	0
21005			医疗保障	78.7	78.7	0	0	0	0	0
2100501			行政单位医疗	42.9	42.9	0	0	0	0	0
2100502			事业单位医疗	35.8	35.8	0	0	0	0	0
213			农林水支出	1526.98	1523.68	0	0	0	0	3.3
21304			南水北调	1526.98	1523.68	0	0	0	0	3.3
2130401			行政运行	1208.28	1204.98	0	0	0	0	3.3
2130403			机关服务	83.5	83.5	0	0	0	0	0
2130406			工程稽查	37.7	37.7	0	0	0	0	0
2130408			南水北调技术推广	30	30	0	0	0	0	0
2130409			环境移民及水资源管理与保护	130	130	0	0	0	0	0
2130499			其他南水北调支出	37.5	37.5	0	0	0	0	0
221			住房保障支出	90.4	90.4	0	0	0	0	0
22102			住房改革支出	90.4	90.4	0	0	0	0	0
2210201			住房公积金	90.4	90.4	0	0	0	0	0

注：本表反映部门本年度取得的各项收入情况。

支出决算总表

公开03表

部门：河南省南水北调中线工程建设领导小组办公室　　　　　　　　金额单位：万元

科目编码			科目名称	本年支出合计	基本支出	项目支出	上缴上级支出	经营支出	对附属单位补助支出
类	款	项	栏次	1	2	3	4	5	6
			合计	41701.95	1523.74	40178.21	0	0	0
208			社会保障和就业支出	26.03	26.03	0	0	0	0
	20805		行政事业单位离退休	26.03	26.03	0	0	0	0
		2080501	归口管理的行政单位离退休	18.69	18.69	0	0	0	0
		2080502	事业单位离退休	7.34	7.34	0	0	0	0
210			医疗卫生与计划生育支出	78.7	78.7	0	0	0	0
	21005		医疗保障	78.7	78.7	0	0	0	0
		2100501	行政单位医疗	42.9	42.9	0	0	0	0
		2100502	事业单位医疗	35.8	35.8	0	0	0	0
213			农林水支出	41503.43	1325.22	40178.21	0	0	0
	21303		水利	40000	0	40000	0	0	0
		2130305	水利工程建设	40000	0	40000	0	0	0
	21304		南水北调	1503.43	1325.22	178.21	0	0	0
		2130401	行政运行	1219.22	1219.22	0	0	0	0
		2130403	机关服务	83.5	83.5	0	0	0	0
		2130406	工程稽查	37.7	0	37.7	0	0	0
		2130408	南水北调技术推广	30	0	30	0	0	0
		2130409	环境、移民及水资源管理与保护	95.51	0	95.51	0	0	0
		2130499	其他南水北调支出	37.5	22.5	15	0	0	0
221			住房保障支出	93.79	93.79	0	0	0	0
	22102		住房改革支出	93.79	93.79	0	0	0	0
		2210201	住房公积金	93.79	93.79	0	0	0	0

注：本表反映部门年度取得的各项支出情况。

财政拨款收入支出决算总表

公开04表

部门：河南省南水北调中线工程建设领导小组办公室

金额单位：万元

收入			支出				
项目	行次	金额	项目	行次	小计	一般公共预算财政拨款	政府性基金预算财政拨款
栏次		1	栏次		2	3	4
一、一般公共预算财政拨款	1	1718.81	一、一般公共服务支出	28	0	0	0
二、政府性基金预算财政拨款	2	0	二、外交支出	29	0	0	0
	3		三、国防支出	30	0	0	0
	4		四、公共安全支出	31	0	0	0
	5		五、教育支出	32	0	0	0
	6		六、科学技术支出	33	0	0	0
	7		七、文化体育与传媒支出	34	0	0	0
	8		八、社会保障和就业支出	35	26.02	26.02	0
	9		九、医疗卫生与计划生育支出	36	78.7	78.7	0
	10		十、节能环保支出	37	0	0	0
	11		十一、城乡社区支出	38	0	0	0
	12		十二、农林水支出	39	41500.14	41500.14	0
	13		十三、交通运输支出	40	0	0	0
	14		十四、资源勘探信息等支出	41	0	0	0
	15		十五、商业服务业等支出	42	0	0	0
	16		十六、金融支出	43	0	0	0
	17		十七、援助其他地区支出	44	0	0	0
	18		十八、国土海洋气象等支出	45	0	0	0
	19		十九、住房保障支出	46	93.79	93.79	0
	20		二十、粮油物资储备支出	47	0	0	0
	21		二十一、其他支出	48	0	0	0
本年收入合计	22	1718.81	本年支出合计	49	41698.65	41698.65	0
年初结转和结余	23	40015.95	年末结转和结余	50	36.1	36.1	0
一般公共预算财政拨款	24	40015.95		51			
政府性基金预算财政拨款	25	0		52			
	26			53			
总计	27	41734.75	总计	54	41734.75	41734.75	0

注：本表反映部门本年度一般公共预算财政拨款和政府性基金预算财政拨款的总收支和年末结转结余情况。

一般公共预算财政拨款支出决算表

公开05表

部门：河南省南水北调中线工程建设领导小组办公室

金额单位：万元

支出功能分类科目编码			项目		本年支出合计	基本支出	项目支出
类	款	项	科目名称				
			栏次		1	2	3
			合计		41698.65	1520.44	40178.21
208			社会保障和就业支出		26.03	26.03	0
20805			行政事业单位离退休		26.03	26.03	0
2080501			归口管理的行政单位离退休		18.69	18.69	0
2080502			事业单位离退休		7.34	7.34	0
210			医疗卫生与计划生育支出		78.7	78.7	0
21005			医疗保障		78.7	78.7	0
2100501			行政单位医疗		42.9	42.9	0
2100502			事业单位医疗		35.8	35.8	0
213			农林水支出		41500.14	1321.93	40178.21
21303			水利		40000	0	40000
2130305			水利工程建设		40000	0	40000
21304			南水北调		1500.14	1321.93	178.21
2130401			行政运行		1215.93	1215.93	0
2130403			机关服务		83.5	83.5	0
2130406			工程稽查		37.7	0	37.7
2130408			南水北调技术推广		30	0	30
2130409			环境、移民及水资源管理与保护		95.51	0	95.51
2130499			其他南水北调支出		37.5	22.5	15
221			住房保障支出		93.79	93.79	0
22102			住房改革支出		93.79	93.79	0
2210201			住房公积金		93.79	93.79	0

注：本表反映部门本年度一般公共预算财政拨款实际支出情况。

一般公共预算财政拨款支出决算表

部门：河南省南水北调中线工程建设领导小组办公室

金额单位：万元

支出功能分类科目编码			科目名称	本年支出合计	人员经费	公用经费
类	款	项	栏次	1	2	3
			合计	1520.44	1204.74	315.7
208			社会保障和就业支出	26.03	26.03	0
20805			行政事业单位离退休	26.03	26.03	0
2080501			归口管理的行政单位离退休	18.69	18.69	0
2080502			事业单位离退休	7.34	7.34	0
210			医疗卫生与计划生育支出	78.7	78.7	0
21005			医疗保障	78.7	78.7	0
2100501			行政单位医疗	42.9	42.9	0
2100502			事业单位医疗	35.8	35.8	0
213			农林水支出	1321.93	1006.22	315.7
21303			水利	0	0	0
2130305			水利工程建设	0	0	0
21304			南水北调	1321.93	1006.22	315.7
2130401			行政运行	1215.93	916.3	299.62
2130403			机关服务	83.5	67.42	16.08
2130406			工程稽查	0	0	0
2130408			南水北调技术推广	0	0	0
2130409			环境、移民及水资源管理与保护	0	0	0
2130499			其他南水北调支出	22.5	22.5	0
221			住房保障支出	93.79	93.79	0
22102			住房改革支出	93.79	93.79	0
2210201			住房公积金	93.79	93.79	0

注：本表反映部门本年度一般公共预算财政拨款基本支出明细情况。

一般公共预算财政拨款"三公"经费支出决算表

部门：河南省南水北调中线工程建设领导小组办公室　　　　　　金额单位：万元

	2015年度预算数					2015年度决算数					
合计	因公出国出经费	公务用车购置及运行费			公务接待费	合计	因公出国出经费	公务用车购置及运行费			公务接待费
		小计	公务用车购置费	公务用车运行费				小计	公务用车购置费	公务用车运行费	
1	2	3	4	5	6	7	8	9	10	11	12
88.4	13.9	67.5		67.5	7	41.86				35.27	6.59

注：2015年度预算数为"三公"经费年初预算数，决算数是包括当年一般公共预算财政拨款和以前年度结转资金安排的实际支出。

政府性基金预算财政拨款收入支出决算批复表

部门：河南省南水北调中线工程建设领导小组办公室　　　　　　金额单位：万元

科目编码	科目名称	年初结转和结余	本年收入	本年支出			年末结转和结余
				小计	基本支出	项目支出	合计
类　款　项	栏次	1	2	3	4	5	6
	合计	0					

注：本表反映部门本年度政府性基金预算财政拨款收入支出及结转和结余情况。我单位无政府性基金预算财政拨款收入支出。

【2015年度部门决算情况说明】

收入支出决算总体情况说明　2015年年初结转和结余40015.95万元，2015年收入总计1722.1万元，支出总计41701.95万元，年末结转和结余36.1万元。

收入决算情况说明　2015年收入合计1722.1万元。其中，财政拨款收入1718.81万元，占99.81%；其他收入（利息收入）3.3万元，占0.19%。

支出决算情况说明　2015年支出合计41701.95万元。其中，基本支出1523.74万元，占3.65%；项目支出40178.21万元，占96.35%。

财政拨款收入支出决算总体情况说明2015年财政拨款收入总决算1718.81万元。2014年财政拨款收入41637.54万元（含2014年度新增4亿元项目资金，系国家对河南省南水北调配套工程建设的资金支持，主要用于博爱、清丰配套工程建设），扣除4亿元项目资金后，2014年度河南省财政拨款收入1637.54万元。2015年财政拨款较上年增加81.27万元，增加4.96%。主要原因：2015年根据有关政策增加环境、移民及水资源管理与保护项目拨款。

2015年财政拨款支出总决算41698.65万元（含用以前年度项目结转资金支付河南水利投资集团有限公司配套工程资金4亿元）。扣除配套工程建设资金后财政拨款支出1698.65万元。与2014年1745.94万元相比，减少47.29万元，下降2.71%。主要原因：环境、移民及水资源管理与保护项目未全部完成。

一般公共预算财政拨款支出决算情况说明　2015年一般公共预算财政拨款支出年初预算1507.1万元，支出决算41698.65万元（含用以前年度项目结转资金支付河南水利投资集团有限公司配套工程资金4亿元），扣除4亿元项目资金后，支出决算1698.65万元，完成年初预算的112.71%。主要用于农林水支出1500.14万元，占88.31%；住房社会保障支出93.79万元，占6.25%。

农林水支出年初预算1326.5万元，支出决算1500.14万元，完成年初预算的113.09%。决算数大于预算数的主要原因：随着河南省配套工程运行管理总工作量的增加，机关服务、其他南水北调支出相应增加所致。

住房保障支出（类）住房改革支出（款）。年初预算90.4万元，支出决算为93.79万元，完成年初预算的103.75%。决算数大于预算数的主要原因是计算住房公积金的工资基数提高。

一般公共预算财政拨款基本支出决算情况说明　2015年一般公共预算财政拨款基本支出1520.44万元。其中：人员经费1204.74万元。主要包括基本工资、津贴补贴、奖金、社会保障缴费、伙食补助费、绩效工资、其他工资福利支出、离休费、退休费、退职（役）费、抚恤金、生活补助、医疗费、助学金、奖励金、住房公积金、提租补贴、购房补贴、其他对个人和家庭的补助支出。公用经费315.7万元。主要包括：办公费、印刷费、咨询费、手续费、水费、电费、邮电费、取暖费、物业管理费、差旅费、因公出国（境）费、维修（护）费、租赁费、会议费、培训费、公务接待费、专用材料费、劳务费、委托业务费、工会经费、福利费、公务用车运行维护费、其他交通费用、税金及附加费用、其他商品和服务支出、办公设备购置、专用设备购置、大型修缮、信息网络及软件购置更新、其他资本性支出。

一般公共预算财政拨款"三公"经费支出决算情况说明　2015年"三公"经费财政拨款支出预算88.4万元，支出决算41.86万元，完成预算的47.35%。2015年"三公"经费财政拨款支出决算数比2014年减少11.74万元，下降21.91%，决算数小于年初预算数、决算数比2014年减少。主要原因：省南水北调办贯彻落实中央八项规定精神，坚持厉行勤俭节约，进一步规范公务接待，强化公车用车运行管理，严格控制"三公"经费支出。具体支出情况如下：

因公出国（境）费0万元，预算13.9万元，减少主要原因2015年度未安排出国考察、调研、学习任务，此费用未支出。

公务用车购置及运行维护费35.27万元，完成预算67.5万元的52.25%，其中公务用车购置费为零，运行维护费为35.27万元。主要用于开展工作所需公务用车的燃料费、维修费、过路过桥费、保险费、安全奖励费用等支出。

决算数小于年初预算数的主要原因：省南水北调办认真贯彻落实中央八项规定精神，坚持厉行勤俭节约，进一步规范强化公车用车运行管理，严格控制公车运行支出。

2014年12月12日南水北调干线工程建成通水，配套工程基本建成，工程建设环境协调、检查督导工作任务较上年有所减少，公车出行率降低，加之2015年11月底公车改革，公务车辆减少。决算数比2014年减少1.33万元，下降3.64%，主要原因：同上。

公务接待费6.59万元，完成预算7万元的94.41%，主要用于按规定开支的各类公务接待支出。2015年共接待35批次330人。决算数小于年初预算数的主要原因：贯彻中央"八项规定"精神和厉行节约要求，从严从紧控制公务接待，国内公务接待支出相应减少。

决算数比2014年增加4.99万元，增长311.8%。主要原因：2015年10月新闻媒体90人到渠首采风，对河南南水北调工程的现状、意义、功效等进行报道，期间餐饮住宿费用共5万元。

【其他重要事项的情况说明】

机关运行经费支出情况　2015年机关运行经费支出315.7万元，比2014年299.04万元增加5.6%，增加原因是办公费用价格上涨等原因。

政府采购支出情况　2015年政府采购支出总额74.75万元。其中：政府采购货物支出11.07万元，政府采购服务支出63.68万元（授予小微企业合同金额4.75万元，占政府采购支出总额的73.25%）。

国有资产占用情况　截至2015年12月31日，省南水北调办共有车辆4辆，其中，一般公务用车4辆。

【名词解释】

财政拨款收入：是指省级财政当年拨付的资金。

事业收入：是指事业单位开展专业活动及辅助活动所取得的收入。

其他收入：是指部门取得的除"财政拨款""事业收入""事业单位经营收入"等以外的收入。

上年结转和结余：是指以前年度支出预算因客观条件变化未执行完毕、结转到本年度按有关规定继续使用的资金，既包括财政拨款结转和结余，也包括事业收入、经营收入、其他收入的结转和结余。

基本支出：是指为保障机构正常运转、完成日常工作任务所必需的开支，其内容包括人员经费和日常公用经费两部分。

项目支出：是指在基本支出之外，为完成特定的行政工作任务或事业发展目标所发生的支出。

农林水支出（类）南水北调（款）：是指用于保证省南水北调办机构正常运行、开展业务等活动的支出。

行政运行（项）：是指为保障省南水北调办行政机构正常运转、完成日常工作任务安排的支出。

机关服务（项）：是指为省南水北调办机关提供后勤保障服务的机关驾驶员的支出。

"三公"经费：是指纳入省级财政预算管理，部门使用财政拨款安排的因公出国（境）费、公务用车购置及运行费和公务接待费。其中，因公出国（境）费反映单位公务出国（境）的住宿费、旅费、伙食补助费、杂费、培训费等支出；公务用车购置及运行费反映单位公务用车购置费及租用费、燃料费、维修费、过路过桥费、保险费、安全奖励费用等支出；公务接待费反映单位按规定开支的各类公务接待（含外宾接待）支出。

机关运行经费：是指为保障行政单位（含参照公务员法管理的事业单位）运行用于购买货物和服务的各项资金，包括办公及印刷费、邮电费、差旅费、会议费、福利费、日常维修费及一般设备购置费、办公用房水电费、办公用房取暖费、办公用房物业管理费、公务用车运行维护费以及其他费用。

2016年度部门预算公开

【部门基本情况】

部门机构设置与职能 河南省南水北调办公室内设7个职能处室（其中审计监察室设在综合处）。同时，河南省南水北调办公室与河南省南水北调建管局一套机构两块牌子，下设南阳、平顶山、郑州、新乡、安阳五个区域管理机构。

河南省南水北调办公室主要职责是：贯彻落实国家和河南省南水北调工程建设及运行管理的法律、法规和政策，参与研究制定河南省南水北调工程供用水政策及法规；负责领导小组的日常工作；负责配套工程运行管理、水量调度计划；负责配套工程水费征缴、管理和使用；负责河南省南水北调工程建设与运行管理的行政监督；负责河南省南水北调中线工程建设领导小组交办的其他事项。

河南省南水北调建管局主要职责是：按照基本建设程序和批准的建设内容、规模、标准组织工程建设；参与工程的招标工作；负责工程质量、投资、工期控制；负责办理工程开工报告及质量监督手续；负责工程的安全生产；负责水质检测和保护工作；负责工程的防汛工作；负责文明工地的创建工作；配合工程的征地拆迁和施工环境协调；负责工程价款结算的复核；负责工程建设档案资料管理及统计报表的编报；参与竣工决算的编制；配合上级部门的审计和稽查工作。

人员构成 河南省南水北调办公室及归口预算管理单位人员共有编制156人。其中：行政编制52人（其中机关驾驶员12人），事业编制104人，在职职工133人，离退休人员6人。

预算年度主要工作任务是全面完成工程扫尾，加强工程验收管理，严控工程质量安全，推进后续工程项目建设；开展投资管理和资金监管工作；突出常态长效，持续开展水质保护工作；创新体制机制，开展运行管理工作；开展南水北调宣传培训工作。

【收入预算说明】

2016年收入预算1713.5万元。其中：财政拨款1713.5万元。

【支出预算说明】

2016年支出预算1713.5万元。按用途划分：工资福利支出983.7万元，占57.4%；对个人和家庭补助140.5万元，占8.2%；商品和服务支出388.6万元，占22.7%；项目支出200.7万元，占11.7%。主要项目是工程稽查专项经费、环境移民及水资源管理与保护经费、南水北调技术和推广专项经费、其他南水北调支出。

2016年行政经费预算安排1512.8万元，主要保障机关人员工资发放、机构正常运转及正常履职需要。

2016年政府采购预算安排75万元，主要采购计算机等办公设备以及水质保护课题研究、咨询服务费以及宣传支出等。

【"三公"经费预算增减变化原因说明】

2016年因公出国（境）费用13.9万元，同上年数。2016年公务接待费7万元，同上年数。2016年公务用车运行维护费67.5万元，同上年数。需要说明的是，当前省直部门公务用车改革尚在推进中，由于本部门车改后保留车辆编制数尚未确定，2016年本部门车辆运行维护费预算暂按车改前车辆编制数核定，待改革到位后省财政将根据减编情况对省南水北调办单位车辆运行维护费预算进行统一调减。2016年公务用车购置没有预算，同上年。

【部门2016年收支预算总表】

单位名称：河南省南水北调中线工程建设领导小组办公室

单位：万元

收入

项目	金额
一般公共预算 小计	1713.5
财政拨款	1713.5
纳入预算管理的行政事业性收费	
专项收入	
国有资产资源有偿使用收入	
债务收入	
其他一般公共预算收入	
中央专项转移支付	
政府性基金	
专户管理的教育收费	
其他收入	
本年收入小计	1713.5
加：部门财政性资金结转	
用事业单位基金弥补收支差额	

支出

项目	合计	用事业单位基金弥补收支差额	部门财政性资金结转（一般公共预算 小计）	本年支出小计（中央专项转移支付）	其中：财政拨款	政府性基金	专户管理的教育收费	其他收入
一、基本支出	1512.8			1512.8	1512.8	1512.8		
1.工资福利支出	983.7			983.7	983.7	983.7		
2.商品服务支出			388.6	388.6	388.6			
3.对个人和家庭的补助	140.5			140.5	140.5	140.5		
二、项目支出	200.7			200.7	200.7	200.7		
（一）一般性项目			200.7	200.7	200.7			
（二）专项资金								
1.基本建设支出								
2.事业发展专项支出								
3.经济发展支出								
4.债务项目支出								
5.其他各项支出								

【部门2016年财政拨款明细表功能分类】

单位名称：河南省南水北调中线工程建设领导小组办公室　　　　　　单位：万元

科目编码			科目名称	总计	基本支出	项目支出		
类	款	项				工资福利及对个人家庭补助支出	商品和服务支出	
**	**	**	**	1	2	3	4	
			合计	1713.5	1124.2	388.6	200.7	
			河南省南水北调中线工程领导小组	1713.5	1124.2	388.6	200.7	
			河南省南水北调中线工程领导小组机关	780.6	392.7	187.2	200.7	
208	05	01	归口管理的行政单位离退休	21.1	21.1			
210	05	01	行政单位医疗	46.4	46.4			
213	04	01	行政运行	472.6	285.4	187.2		
213	04	05	政策研究与信息管理	10			10	
213	04	06	工程稽查	15.7			15.7	
213	04	08	南水北调技术推广和培训	30			30	
213	04	09	环境、移民及水资源管理与保护	130			130	
213	04	99	其他南水北调支出	15			15	
221	02	01	住房公积金	39.8	39.8			
			河南省南水北调中线工程建设管理局	830.7	643.7	187		
208	05	02	事业单位离退休	6.2	6.2			
210	05	02	事业单位医疗	42.7	42.7			
213	04	01	行政运行	717.7	530.7	187		
221	02	01	住房公积金	64.1	64.1			
			河南省南水北调中线工程领导小组驾驶员	102.2	87.8	14.4		
210	05	01	行政单位医疗	10.8	10.8			
213	04	03	机关服务	82.1	67.7	14.4		
221	02	01	住房公积金	9.3	9.3			

【部门2016年基本支出明细表经济分类】

单位名称:河南省南水北调中线工程建设领导小组办公室　　　　　　　　单位：万元

科目编码		科目名称	总计	一般公共预算	中央专项转移支付	政府性基金	专户管理的教育收费	用事业单位基金弥补收支差额	部门财政性资金结转	其他收入
类	款			小计	财政拨款					
**	**	1	2	3	4	5	6	7	8	9
		河南省南水北调中线工程领导小组	1512.8	1512.8	1512.8					
		河南省南水北调中线工程领导小组机关	579.9	579.9	579.9					
208	05	归口管理的行政单位离退休	21.1	21.1	21.1					
210	05	行政单位医疗	46.4	46.4	46.4					
213	04	行政运行	472.6		472.6					
221	02	住房公积金	39.8		39.8					
		河南省南水北调中线工程建设管理局	830.7	830.7	830.7					
208	05	事业单位离退休	6.2	6.2	6.2					
210	05	事业单位医疗	42.7	42.7	42.7					
213	04	行政运行	717.7	717.7	717.7					
221	02	住房公积金	64.1	64.1	64.1					
		河南省南水北调中线工程领导小组驾驶员	102.2	102.2	102.2					
210	05	行政单位医疗	10.8	10.8	10.8					
213	04	机关服务	82.1	82.1	82.1					
221	02	住房公积金	9.3	9.3	9.3					

【部门2016年"三公"经费预算统计表】

单位名称:河南省南水北调中线工程建设领导小组办公室　　　　　　　　　单位：万元

项目	"三公"经费预算数
共计	88.4
1.因公出国（境）费用	13.9
2.公务接待费	7.0
3.公务用车费	
其中：（1）公务用车运行维护费	67.5
（2）公务用车购置	

注：按照党中央、国务院有关规定及部门预算管理有关规定，"三公"经费包括因公出国（境）费、公务用车购置及运行费和公务接待费。①因公出国（境）费，指单位工作人员公务出国（境）的住宿费、旅费、伙食补助费、杂费、培训费等支出。②公务用车购置及运行费，指单位公务用车购置费及租用费、燃料费、维修费、过路过桥费、保险费、安全奖励费用等支出，公务用车指用于履行公务的机动车辆，包括领导干部专车、一般公务用车和执法执勤用车。③公务接待费，指单位按规定开支的各类公务接待（含外宾接待）支出。

南水北调

拾肆 大事记

大事记

1 月

6日，全省南水北调工作会议在郑州召开，省南水北调办主任刘正才作重要讲话，强调要凝心聚力，砥砺奋进，全面推动河南省南水北调各项工作取得新成效、实现新突破。副主任贺国营、杨继成分别传达省委九届十一次全会、省委经济工作会议、省委扶贫工作会议和国务院南水北调办主任鄂竟平在听取河南省南水北调工作汇报时的讲话精神。省南水北调办副主任李颖主持会议。

是日，省南水北调办召开2016年机关党建工作会议。省水利厅党组副书记、省南水北调办主任刘正才出席会议并讲话；省水利厅党组成员、省南水北调办副主任李颖回顾总结2015年机关党建工作，安排部署2016年机关党建和精神文明建设工作。省水利厅党组成员、省南水北调办副主任贺国营，省水利厅党组成员、省南水北调办副主任杨继成出席会议。通过党员大会和办机关委员会委员选举，增补李颖同志为省南水北调办机关党委委员、办机关党委书记。

6~8日，许昌市南水北调办联合许昌市老年书画研究会、许昌博林书画院、许昌市诗词学会和许昌市爱心艺术团的艺术家，先后到襄城县、长葛市和许昌县的移民村，开展丹江口库区移民春节送温暖活动。

21日，安阳市汤阴一水厂正式并网供水，缓解汤阴县城区10余万人的吃水难问题。

21~22日，省南水北调办副主任贺国营带领环境与移民处、监督处负责人，到北京市南水北调办学习考察水质保护、对口协作、执法监督等工作。北京市南水北调办主任孙国升、副主任刘光明接见贺国营一行。

25日，南阳市召开全市南水北调工作会议。市委副书记王智慧，市委常委副市长张生起，市人大常委会副主任程建华，市政协副主席柳克珍，市委副秘书长张岩，市政府副秘书长王书延出席会议。沿线各县区党委副书记、政府（管委会）分管副县区长（副主任）、保水质护运行办公室主任、南水北调办主任，涉及南水北调工作任务的乡镇（办）党委书记，南水北调建管、运管、参建单位及市直有关单位负责人参加会议。会议表彰南水北调工作中涌现出的先进单位及个人。市委常委副市长张生起主持会议，市委副书记王智慧作重要讲话。

27日，安阳市南水北调建管局在汤阴施工01标一水厂末端阀室组织进行电气设备、阀门操作现场培训和演示。

29日，北京市支援合作办支援一处处长王志伟一行7人到邓州市对接2016年对口协作年度项目计划，调研邓州市水质保护、产业发展、公共服务、精准扶贫工作。

2 月

2日，全省南水北调宣传工作会议在郑州召开。省南水北调办副主任李颖出席会议并作重要讲话。省南水北调办机关各处室、各项目建管处、各省辖市（直管县市）南水北调办有关负责人、宣传工作（志书编写）人员参加会议。

是日，邓州市委书记吴刚、市长罗岩涛、副市长岁秀强、徐建生到北京西城区对接对口协作工作。

3日，省南水北调办召开主任办公扩大会议，传达学习2016年南水北调工作会议精神。省南水北调办主任刘正才作重要讲话，副主任贺国营、李颖、杨继成就分管工作进行安排。机关副处级以上干部、各项目建管处主要负责人参加会议。

是日，省南水北调办召开主任办公扩大会议，传达学习"两会"精神，筹划河南省"十三五"期间南水北调各项工作。省南水北调办主任刘正才作重要讲话，副主任贺国营、李颖、杨继成出席会议。机关副处级以上干部、各项目建管处主要负责人参加会议。

是日，省南水北调办召开主任办公扩大会议，传达学习九届省纪委六次全会精神，安排部署2016年党风廉政建设工作。省南水北调办主任刘正才作重要讲话，贺国营、李颖、杨继成副主任出席会议。机关副处级以上干部、各项目建管处主要负责人参加会议。

是日，省南水北调办主任刘正才一行看望慰问郑州建管处、郑州配套工程23号分水口门中原西路泵站干部职工。总会计师张兆刚，建设处、郑州建管处、郑州市南水北调办主要负责人陪同慰问。

8日，许昌市委书记王树山到市水利局看望慰问水利和南水北调干部职工。

23日，省南水北调办会同省发展改革委、环境保护厅、财政厅、住房和城乡建设厅、水利厅组成考核组，对2015年度《丹江口库区及上游水污染防治和水土保持"十二五"规划》实施情况进行考核。

是日，省南水北调办主任刘正才、副主任杨继成到许昌市16号口门任坡泵站、禹州市二水厂调研，副市长王堃、市南水北调办主任张小保、禹州市市长王志宏陪同调研。

23~24日，省南水北调办主任刘正才、副主任杨继成到南阳市调研配套工程运行管理工作。市委副书记王智慧、副市长摆向阳参加调研，市南水北调办主任靳铁拴、副主任齐声波、郑复兴陪同调研。

28日，省委第八巡视组专项巡视省南水北调办工作动员会召开。正厅级巡视专员、省委第八巡视组组长王尚胜作动员讲话，省纪委巡视员贾英豪提出具体要求；省水利厅党组书记、厅长李柳身作表态讲话，省水利

厅党组副书记、省南水北调办主任刘正才主持会议。省委第八巡视组全体成员，省南水北调办领导成员出席会议；省南水北调办机关各处室及各项目建管处副处级以上干部列席会议。

3 月

2~9日，邓州市副市长岁秀强、徐建生，党组成员王新堂带领市有关部门负责人到国家发展改革委、教育部、国家卫计委、环保部、水利部等部委汇报工作，邓州市市直部门与国家部委直接沟通交流并建立联系渠道。

9~10日，北京—河南南水北调对口协作产业技术需求洽谈工作会在栾川召开，北京市支援合作办、北京市科委、北京市科研单位、企业、河南省发展改革委及河南省水源区县市对口协作部门共30余人参加。

9~14日，省南水北调办副主任贺国营带领省林业厅组成的南水北调干线生态带建设督查组，到焦作、新乡、鹤壁、安阳和平顶山市督导干渠沿线生态带建设工作。

10日，省南水北调办副主任李颖一行11人，组成志愿服务队，参加由省绿化办、省直绿化办、省直文明办组织的义务植树活动，到登封市义务植树。

是日，新乡市委组织召开农村工作会议暨南水北调工作表彰大会。市委书记舒庆、副书记周建、市人大常委会副主任李红旗、副市长李刚、政协副主席王宁、市委常委王晓然等出席会议。各县（市、区）政府分管农村工作的副县（市、区）长、市直有关单位、各乡镇涉农办事处、市南水北调办全体人员、有关县（市、区）南水北调办（配套办）主任及南水北调配套工程参建单位等参加会议。会议由市委副书记周建主持。

11~12日，江苏省水利厅党组书记、厅长李亚平，南水北调办副主任郑在洲一行9人

到河南省考察南水北调工程建设、运行管理、水量调度、水费征收、水质保护等工作。座谈会上，省南水北调办主任刘正才、副主任杨继成介绍河南省南水北调工作情况。

16～18日，国务院南水北调办副主任张野带领建设管理司、投资计划司、中线建管局负责人到河南省检查南水北调中线工程防汛工作，副省长王铁会见张野一行。18日在郑州召开的交流会上，张野作重要讲话，省政府副秘书长胡向阳出席会议并讲话，会议听取省南水北调办、省水利厅及沿线省辖市政府关于南水北调防汛工作汇报。省南水北调办主任刘正才、副主任杨继成，省水利厅副厅长杨大勇，以及新乡、焦作、郑州、许昌、平顶山市党政负责人陪同检查。

是日，国务院南水北调办环境保护司副司长范治晖带领环保司和中线建管局有关人员，到河南省调研南水北调干线生态带建设和水源区水质保护工作。省南水北调办副主任贺国营和南阳市有关领导陪同调研。

17日，鹤壁市对2016年南水北调中线干渠重点工作责任分解到人，实行台账管理，印发《鹤壁市南水北调中线总干渠2016年重点工作台账》。

21～22日，省南水北调办副主任贺国营带领综合处、投资计划处、机关党委有关处室负责人到定点扶贫村驻马店确山县竹沟镇肖庄村进行调研。确山县政府、县扶贫办、竹沟镇政府负责人陪同调研。

23～24日，省委第八巡视组到安阳市南水北调办就专项巡视省南水北调办工作征求意见。

24日，南水北调中线干线工程首次突发水污染事件应急演练在新郑段举行。国务院南水北调办主任鄂竟平、副主任张野，河南省副省长王铁等观摩应急演练。国务院应急办、环保部有关工作人员应邀参加演练活动。张野主持召开点评会，北京市、天津市、河北省、河南省南水北调办主要负责人参加会议。

28日，省政府印发《河南省国民经济和社会发展第十三个五年规划纲要》，涉及南水北调的内容有7项：1.推进南水北调中线调蓄工程及连通工程。2.制定实施丹江口库区及上游水污染防治规划。3.加强南水北调中线水源地和干渠水源地环境保护，保障一渠清水北送。4.以保障水质安全为核心，加强南水北调中线工程环库区及干渠沿线生态综合防治和宽防护林带、高标准农田林网建设，建成中线工程渠首水源地高效经济示范区，建成集景观、经济、生态和社会效益于一体生态保护带。5.启动以丹江口水库周边为重点区域的石漠化综合治理。6.支持南水北调受水区城市通过富余水源置换，增加城市河道生态用水补给。7.支持南水北调丹江口库区移民后期发展。

29日，许昌市举行南水北调工程断水应急实战演练。现场模拟南水北调配套工程17号分水口周庄水厂供水管道1号空气阀井处发生故障后，通过调度指挥，把南水北调的水源切换为北汝河水源。许昌市委书记王树山宣布演练开始。演练共进行事件报告、会商决策、下达指令、水源切换、应急供水5个场景的断水应急处置。省南水北调办主任刘正才在演练结束时作重要讲话。省南水北调办副主任贺国营、李颖、杨继成，许昌市委常委副市长王塑出席演练活动。省南水北调办机关各处室、各省辖市南水北调办、许昌市有关部门主要负责人观摩演练。

4 月

6日，国务院南水北调办技术考核组对邓州市2015年度《丹江口库区及上游水污染防治和水土保持"十二五"规划》项目实施情况进行实地考核。

8日，国务院南水北调办在安阳市召开

2016年南水北调宣传工作会议，研究部署南水北调工程2016年宣传工作。国务院南水北调办副主任蒋旭光出席会议并讲话。国务院南水北调办综合司司长程殿龙主持会议。安阳市委书记丁巍致辞，副市长靳东风出席会议。省南水北调办副主任李颖、省政府移民办万汴京参加会议。

9～10日，省南水北调工程运行管理第十一次例会在鹤壁召开，与会人员现场观摩鹤壁市南水北调配套工程建设与管理情况。省南水北调办副主任杨继成，省南水北调办、河南分局、渠首分局主管领导，各省辖市、省直管县（市）南水北调办分管主任及有关部门负责人参加，鹤壁市副市长刘文彪、市政府副秘书长张波、市南水北调办主任王金朝陪同观摩。

12日，邓州市副市长丁心强、徐建生带领市工信委、项目办、中国移动邓州分公司负责人到京，就申报创建"宽带中国"示范城市相关工作向国家工信部领导进行汇报寻求指导支持。

13日，邓州市副市长徐建生率领邓州市科技局、项目办等部门负责人到北京市怀柔区实地考察生存岛拓展培训基地，与生存岛主要负责人进行交流，就未来合作达成初步意向。

是日，方城县委县政府召开南水北调保水质护运行工作推进会。

14日，水利部发展研究中心副主任段红东到许昌市调研南水北调中线禹州沙陀湖调蓄工程，副市长赵振宏陪同。

是日，河南省征地移民工作座谈会在许昌市举行，省政府移民办主任崔军、副主任张松林，许昌市、平顶山市、漯河市移民办主任及相关县（市）南水北调办（移民办）主任参加会议。

是日，省南水北调办副主任杨继成带领防汛督察组，对许昌市南水北调干渠工程防汛暨防洪影响处理工程建设进行督查。

19日，省南水北调办组织全体党员召开"两学一做"学习教育工作会议。传达学习习近平总书记对开展"两学一做"学习教育工作的重要指示、刘云山在"两学一做"学习教育座谈会上的讲话精神和全省"两学一做"学习教育工作会议精神，对"两学一做"学习教育工作进行安排部署。省水利厅党组副书记、省南水北调办主任刘正才出席会议并作重要讲话；省水利厅党组成员、省南水北调办副主任贺国营、李颖、杨继成出席会议。全体党员参加会议。

21日，国务院南水北调办主任鄂竟平在郑州市中原路跨南水北调桥为南水北调工程运行管理举报公告牌揭牌，副主任蒋旭光讲话。设立的举报公告牌共有1300余块，公布举报受理电话、电子邮箱和奖励措施，受理范围包括工程运行安全、工程质量、水质环境等问题。

是日，周口市编办主任刘兴旺一行调研周口市南水北调办人员编制情况。

23日，平顶山建管处党支部书记徐庆河带领建管处党员代表到省南水北调办定点帮扶村肖庄村专程对接并看望贫困户。

是日，安阳建管处党支部党员干部到省南水北调办定点帮扶村竹沟镇肖庄村帮扶户家里了解情况，征询意见，并同肖庄村党支部第一书记邹根中和书记王华沟通协商脱贫致富办法。

24日，国家发展改革委地区司和国务院南水北调办环保司委托中国中咨公司相关人员，调研邓州市对口协作2014年项目实施情况，并就京豫园区手拉手项目和京豫医院手拉手项目进行座谈。

28日，焦作市南水北调办召开"两学一做"学习教育动员会。

5 月

5日，省南水北调办与北京思泰工程咨询

有限公司在郑州举办"2016年北京思泰工程咨询有限公司河南分公司PPP论坛"。

是日，省政府移民办、中线建管局会同省国土资源厅召开干渠用地手续工作会议。

6日，省南水北调防汛工作会在郑州召开，对2016年河南省南水北调防汛工作进行安排部署。省南水北调办副主任杨继成、中线建管局副局长曹为民出席会议并讲话；省防办、中线建管局，各省辖市、直管县南水北调办事机构负责人和防汛部门负责人参加会议。

8~14日，省南水北调办副主任杨继成带领14名党员干部到井冈山干部教育学院开展党性锻炼专项培训。

10日，漯河市南水北调办党支部召开"党员活动日"暨"两学一做"学习教育动员会，贯彻落实漯河市水利局"两学一做"学习教育动员会精神和市直工委"党员活动日"实施方案，启动市南水北调办"两学一做"学习教育工作。会议由市南水北调办党支部书记于晓冬主持，市水利局党组成员、市南水北调办主任李洪汉参加会议并做学习辅导，市南水北调办全体党员参加会议。

11~12日，"邓州市名优特产推介会"在京举行，邓州名优特产、风景名胜、南水北调中线水源地等邓州特色市情宣传片在西城区广告电子屏集中播放，邓州南水源商贸有限公司分别与北京菜篮子联合会、健康网全国名优特产中心签订战略合作协议。

12日，国务院南水北调办防汛指挥部办公室正式成立。防汛指挥部办公室设主任1名，副主任2名，工作人员3名，作为国务院南水北调办防汛指挥部办事机构，设在建设管理司，具体负责南水北调工程建设期运行管理阶段防洪度汛日常管理工作。

12~13日，水利部调水局副局长尹宏伟带领调研组，对许昌市南水北调工程与水生态文明城市建设进行调研，实地查看许昌市水系建设情况，并召开座谈会，副市长赵振宏陪同调研。

15~16日，国家卫计委体改司副司长姚建红率调研组到邓州市调研，调研组一行先后考察邓州市中心医院、中医院新址、职业技术学院、构林卫生院、仲景博物馆等项目，并在市中心医院召开调研座谈会。

16日，省南水北调办领导成员中心组开展第一次集体学习。省南水北调办主任刘正才讲话，副主任杨继成介绍赴井冈山干部学院和浦东干部学院学习培训的心得体会，南阳建管处处长秦鸿飞汇报赴井冈山干部学院参加党性锻炼的学习体会，监督处处长李国胜汇报学习党章党规的心得体会。省南水北调办副主任李颖、杨继成出席，四总师和机关、项目建管处各支部负责同志参加集体学习。

是日，南阳市委市政府召开全市"五水共治"工作动员会，市南水北调办主任靳铁拴参会。

18日，省南水北调办召开《河南省水利志·南水北调篇》编纂工作座谈会，对南水北调篇编纂工作进行再安排、再部署、再培训。省南水北调办副主任李颖出席会议并讲话。

18~20日，国务院南水北调办、国家林业局组织南水北调中线工程沿线北京、天津、河北、湖北等省市南水北调、发改、林业等部门及中线建管局、水源公司等相关单位对河南省南北水调中线工程干渠生态带建设进行现场检查和观摩交流。

19~20日，国务院南水北调办副主任蒋旭光一行到河南省调研干线征迁和工程运行有关工作，现场查看焦作城区段征迁，检查闫河倒虹吸、索河渡槽、穿黄工程进口闸等工程运管现场，并在郑州召开座谈会，对阶段重点工作进行部署。

23~24日，漯河市南水北调办按照《漯河市南水北调配套工程运行管理培训方案》，邀请大盛微电自动化控制专业人员到市各管理房，对运管值守人员进行自动化操作现场培训，主要讲解控制柜各部件功能、连接操作方法，讲解远程操作和就地操作的步骤和区别。

23～25日，新乡市南水北调办组织开展32号供水管线市区段断水应急实战演练。

24日，安阳市南水北调在建工程防汛工作会议在市党政综合楼召开，副市长靳东风出席会议。市南水北调办主任郑国宏，河南分局副局长于彭涛及相关县区负责人参加会议。

25日，省委第八巡视组专项巡视省南水北调办情况反馈会召开。省委第八巡视组组长王尚胜反馈巡视意见，省委巡视办主任张战伟作重要讲话；省水利厅党组书记、厅长李柳身作表态讲话，省水利厅党组副书记、省南水北调办主任刘正才主持会议。省委第八巡视组副组长卢树祥、田兰及省委第八巡视组全体成员、省纪委驻省水利厅纪检组长郭永平、省南水北调办副主任贺国营、李颖、杨继成出席会议；省南水北调办机关、各项目建管处副处级以上干部列席会议。

25～27日，国务院南水北调办政策及技术研究中心、中线建管局、南水北调东线总公司在北京共同组织召开调水工程建设与运行管理交流会。国务院南水北调办主任鄂竟平、副主任张野，国务院南水北调建委会专家委员会主任陈厚群院士、副主任宁远，中国水利水电科学研究院王浩院士、长江委长江勘测规划设计研究院院长钮新强院士出席会议。国内主要调水工程单位、有关高校和科研设计单位及南水北调系统单位负责人和代表共约110人参加会议。

5月30日～6月1日，国务院南水北调办副主任张野一行调研河南省南水北调工程运行管理情况，并召开座谈会。国务院南水北调办设计司司长于合群、建管司副司长井书光、中线建管局副局长鞠连义参加调研。省委农村工作领导小组副组长赵顷霖出席调研

活动，省南水北调办副主任杨继成陪同调研。

31日，"奇境栾川，自然不同"2016旅游确定产品发布会在北京举办，北京市100余家旅行社负责人参加发布会。

6 月

2～3日，郑州建管处党支部全体支委到省南水北调办定点帮扶村确山县竹沟镇肖庄村对口扶贫户家中进行扶贫对接帮扶。

7～8日，焦作市南水北调办组织温县、博爱县、修武县、马村区等县区南水北调办，会同河南分局焦作管理处、温博管理处、穿黄管理处等和省南水北调建管局焦作建管处，按照市防汛会议精神，对南水北调干渠防汛情况进行再检查、再督促、再加压，确保工程安全度汛。

8日，南阳市南水北调办党组书记、主任靳铁拴一行到淅川县香花镇柴沟村调研精准扶贫工作，淅川县委书记卢捍卫参加。

12日，省委第八巡视组专项巡视省南水北调办反馈意见整改工作动员会召开。省水利厅党组书记、厅长李柳身作动员讲话，省水利厅党组副书记、省南水北调办主任刘正才主持会议，并传达《中共河南省水利厅党组关于省委第八巡视组专项巡视省南水北调办反馈意见整改落实方案》。省水利厅党组成员、省纪委驻省水利厅纪检组长郭永平，省水利厅党组成员、省南水北调办副主任贺国营、杨继成出席会议；省水利厅有关处室、省南水北调办机关、各项目建管处副处级以上干部参加会议，纪检监察机构和组织人事部门的有关人员列席会议。

14日，省南水北调办召开南水北调豫京战略合作工作座谈会。

15日，南水北调中线平顶山段完成工程实体移交，工程运行管理工作全部交由运管单位负责。

15～16日，中线建管局在北京召开南水

北调供水配套工程新增博爱输水线路泵站、穿越干渠施工方案审查会。

15日，省南水北调办组队参加由省机关事务管理局、省体育局联合主办的"节能领跑 绿色出行"省直机关趣味自行车赛获优秀组织奖。

是日，鹤壁市南水北调办开展以"向鹤壁好人和南水北调工程建设先进典型学习"为主题的道德讲堂活动。活动围绕"唱歌曲、看短片、讲故事、诵经典、谈感悟、省自身、送吉祥"环节进行。

17日，南水北调中线工程保安服务有限公司在郑州举行揭牌仪式。中线建管局总经济师戴占强讲话，省南水北调办主任刘正才参加揭牌仪式并致辞。

是日，省水利厅党组成员、省南水北调办副主任杨继成到定点扶贫村确山县竹沟镇肖庄村开展结对帮扶工作。省水利厅规划计划处、水土保持处、农村水利处、省水利设计公司，省南水北调办投资计划处、建设管理处、审计监察室，省南水北调建管局南阳建管处、平顶山建管处、郑州建管处、新乡建管处、安阳建管处负责人，省南水北调办驻肖庄村第一书记及工作队人员参加。

20日，省水利厅党组副书记、省南水北调办主任刘正才以"学习习近平总书记系列重要讲话 进一步增强三个自信"为题，为副处级以上干部和全体党员讲党课。

22日，安阳市委副书记、市委统战部部长、南水北调在建工程防汛分指挥部政委李文斌带领市水利局、农业局、林业局、粮食局、南水北调办等相关部门负责人，到南水北调工程部分风险点检查指导防汛工作。安阳市南水北调办主任郑国宏陪同检查。

27日，周口市南水北调办开展"重温入党誓词"主题活动。

28日，省水利厅党组成员、省南水北调办副主任李颖到联系点平顶山建管处检查"两学一做"学习教育实施方案和学习进度，

然后以"学习系列重要讲话，把握领会讲话精神"为题讲党课。

是日，省南水北调办综合处党支部书记王家永以"共产党员要做遵守党的纪律和规矩的模范"为题讲党课。省水利厅党组副书记、省南水北调办主任刘正才以一名普通党员的身份参加上党课活动。

是日，由省南水北调办运管办在滑县组织召开管养移交协调会，达成一致意见，并于29日开始现场查看移交，30日全部完成向滑县移交工作。7月1日，安阳供水配套工程滑县辖区内部分运行管理工作正式移交滑县南水北调办负责。

30日，省水利厅党组成员、省南水北调办副主任贺国营结合思想工作实际以"全面从严治党，立足本职工作"为题，为环境与移民处党支部、监督处党支部和联系点南阳建管处党支部讲党课。

是日，省南水北调办副主任杨继成带领投资计划处、建设管理处和新乡建管处全体党员到新乡刘庄开展党性教育活动，参观史来贺纪念馆，实地感受史来贺精神。随后，在联系点新乡建管处围绕"两学一做"学习教育专题讲党课。

是日，平顶山建管处党支部书记徐庆河以"如何树立正确的理想信念"为题对党支部全体党员讲党课。

7 月

1日，新乡市南水北调办全体20名党员集中开展主题党日活动，收听收看中共中央庆祝中国共产党成立95周年大会实况，学习省委书记谢伏瞻在全省建党95周年大会的讲话精神，重温入党誓词，诵读党章。

是日，按照漯河市水利局机关党委的安排和"党员活动日"计划，漯河市南水北调办党支部书记于晓冬以"内化于心，外化于行，把党的规矩牢牢刻在心上"为题，为支

部全体党员讲党课。市水利局党组成员、市南水北调办主任李洪汉参加并讨论。

4~10日，中央国家机关青年干部"根在基层"调研实践活动组到鹤壁管理处交流调研。活动组到鹤壁市淇滨区第三水厂、淇河参观，了解南水北调向水厂供水、淇河生态补水后的效果，并座谈交流。

5~8日，北京市人大常委会主任杜德印率全国人大北京团代表南水北调专题调研组到河南省安阳、南阳调研。省委书记谢伏瞻在郑州会见专题调研组一行。专题调研组在南阳召开座谈会，省长陈润儿出席并讲话，希望双方继续深化在生态农业、生态环保、文化旅游、公共事业等领域合作，实现水源地持续和谐发展、京豫两地共同繁荣。省人大常委会副主任刘春良、王保存，副省长王铁出席座谈会。

6日，省南水北调办副主任杨继成带队到周口市调研南水北调配套工程建设。

是日，周口市委巡察组到南水北调配套工程工地视察。

是日，鹤壁市南水北调办主任王金朝带领有关科室负责人，检查南水北调中线工程鹤壁段防汛工作。鹤壁管理处负责人李合生陪同检查。

6~7日，国务院南水北调办主任鄂竟平对南水北调中线温博、焦作以及辉县段工程输水运行及度汛情况进行飞检。

9日，省水利厅党组副书记、省南水北调办主任刘正才带领有关人员到确山县肖庄村调研定点扶贫工作。驻马店市副市长冯玉梅，市水利局、扶贫办、确山县政府主要负责人陪同调研。

9~22日，新乡市、安阳市、鹤壁市部分市县相继出现大到暴雨天气，其中，7月9日，12小时内新乡全市雨量值达442mm；7月19日，12小时内新乡全市雨量值达457.5mm，两次降雨量均突破历史同期极值，给配套工程运行安全造成重大影响。省南水

北调办立即启动防汛应急预案，要求市、县南水北调办24小时值班，对防汛风险点和配套工程全线阀井进行再排查，未发生大的险情。

18日，省南水北调办召开专题会议传达贯彻全省大气污染防治攻坚战动员会议精神，进一步规范南水北调配套工程施工管理，强化施工过程中大气污染防治工作。省南水北调办副主任贺国营出席会议并作重要讲话，环境移民处、建设处、监督处负责人，省辖市、省直管县（市）南水北调办分管环境保护工作副主任及业务科长参加会议。

是日，省南水北调办副主任杨继成在郑州主持召开河南省南水北调防汛紧急会议，传达贯彻7月18日上午省防汛抗旱指挥部防范强降雨过程紧急会商会议精神，通报南水北调防汛工作情况，安排部署防汛工作。杨继成传达省委书记谢伏瞻对7月8~9日新乡特大暴雨作出的重要批示、副省长王铁在省防汛抗旱指挥部防范强降雨过程紧急会商会议上的讲话，以及省气象局发布的18~20日河南省强降水天气报告；通报全省以及南水北调防汛工作情况、省防办第六次防汛抽查情况。

是日18:30，新乡市南水北调办召开防汛紧急会议，贯彻16:30在省南水北调办召开的防汛工作会议精神，安排部署近期防汛各项工作。

是日，安阳市南水北调中线工程防汛分指挥部办公室召开防汛分指挥成员单位及市南水北调办防汛值班各带班领导紧急会议。

是日，鹤壁市南水北调办联合鹤壁管理处，在淇滨区桂鹤社区开展南水北调政策宣讲活动。

18~19日，辉县市遇特大暴雨，境内最大点雨量467mm，同时，峪河上游山西省暴雨引发洪水，造成辉县宝泉水库泄水量急剧增加，19日19:00下泄流量达2030m³/s，水库下游6km处南水北调辉县峪河暗渠出口裹头

出现重大险情，下游护坡冲毁，洪水冲刷防护堤，堤防部分坍塌并出现管涌，严重危及南水北调干渠安全。19日19:30，省南水北调办请求省防办紧急支援抢险人员物资和机械设备，省南水北调办主任刘正才、副主任杨继成现场指挥防汛工作，新乡市市长王登喜赶赴现场指导。21:00，驻豫部队300名官兵到达现场，随后防汛设备、物资陆续到达。经过紧急抢险，险情得到初步控制。

18~22日，省南水北调办在鹤壁市组织召开河南省南水北调配套工程35号口门线路通水验收会议，省南水北调办总工申来宾主持会议，综合处、投资计划处、经济与财务处、环境与移民处、建设管理处，鹤壁市南水北调办、濮阳市南水北调办、安阳市南水北调办，质量监督单位，35号口门线路建管、勘测、设计、监理、施工，及管材、阀件、电气设备供应等共计29家单位92人参加会议。会议通过通水验收。

19日，国务院南水北调办政策及技术研究中心、中线建管局、南水北调东线总公司在北京共同组织召开国外调水工程运行管理学术报告会。会议邀请美国加州水资源管理部主任助理、北水南调工程办公室副主任马克·安德森和北水南调工程办公室运行管理部主任约翰·利海，就加州北水南调工程建设和运行管理等问题作专题报告。

21日，省南水北调办召开全省南水北调系统工程防汛抢险紧急会议，传达贯彻习近平总书记就防汛抗洪抢险救灾工作所作重要指示和省委省政府防汛抗洪抢险救灾工作紧急会议精神，通报当前南水北调工程面临的汛情、险情，以及防汛抢险工作进展情况，对下一步南水北调防汛抢险工作进行全面安排部署。省南水北调办主任刘正才要求，全省南水北调系统紧急行动起来，确保南水北调工程安全度汛。

是日，北京市西城区委书记卢映川一行到邓州市考察对口协作并进行座谈。

22日，新乡市副市长李刚到南水北调干渠峪河暗渠察看险情，并就配合进行峪河暗渠除险加固工程提出明确要求。

是日，35号口门濮阳供水配套工程（安阳境内）通水验收完成。

26日，焦作市南水北调办召开防汛专题会议。学习贯彻习近平总书记关于做好当前防汛抗洪抢险救灾工作重要讲话精神和全省防汛抗洪工作电视电话会议精神，传达焦作市委书记王小平、市长徐衣显对防汛工作的要求，就焦作市南水北调防汛工作进行再布置。

是日，安阳市委巡察组巡视安阳市南水北调办工作。

28日，省南水北调办召开领导成员中心组学习扩大会议暨"两学一做"学习交流会。省水利厅党组副书记、省南水北调办主任刘正才主持会议并作主题发言，领导成员、三总师，机关各处室、各项目建管处主要负责人参加会议。

是日，安阳市副市长、市南水北调在建工程防汛分指挥部指挥长靳东风，到殷都区、龙安区，就南水北调工程安阳段防汛工作进行再安排、再部署。市南水北调办主任郑国宏及相关单位负责人陪同检查。

29日，安阳市市长王新伟，副市长靳东风对南水北调工程安阳段全线防汛工作进行实地检查指导。市南水北调办主任郑国宏，沿线县区政府主要负责人、南水北调办主任以及安阳管理处负责人陪同检查。

是日，受省南水北调办主任刘正才委托，副主任杨继成一行到辉县市慰问参加"7·9""7·19"南水北调工程辉县段抗洪抢险的解放军指战员，新乡市南水北调办主任邵长征、辉县市副市长王炳岳等参加慰问。

8 月

1日，安阳市南水北调在建工程防汛分指

挥部办公室紧急召开分防指全体成员单位会议，迅速传达全市抗洪救灾领导干部会议精神，听取分防指各成员单位工作进展情况的汇报，分析形势，对下一阶段工作进行再安排、再部署。

是日，省南水北调办主任刘正才对新调整的9名副处级干部进行任前集体廉政谈话。

2～3日，国务院南水北调办在新乡召开贯彻落实中央领导指示批示精神防汛抗洪抢险现场工作会议，会议传达习近平总书记、李克强总理、张高丽副总理和汪洋副总理的重要讲话和指示批示精神，分析南水北调工程面临的防汛抢险形势，进一步安排部署南水北调工程防汛抢险工作。国务院南水北调办副主任张野出席会议并讲话。

3日，安阳市南水北调水政监察大队揭牌仪式在市水利局举行。省南水北调办监督处处长田自红，省水利厅水政监察总队副总队长王学顺，安阳市南水北调办主任郑国宏及市南水北调办、水政监察支队全体人员参加揭牌仪式。安阳市南水北调水政监察大队挂牌成立，标志河南省南水北调水政监察工作正式启动。

5日，安阳市委副书记、统战部部长、南水北调在建工程防汛分指挥部政委李文斌带领市南水北调办等相关部门负责人，到南水北调工程部分风险点检查指导防汛工作。

15～16日，河南省南水北调丹江口库区移民"强村富民"暨创新社会治理观摩会在许昌市召开，省政府移民办副主任万汴京，副市长秦春梅参加会议。会议现场观摩襄城县张庄村、黄桥村生产发展和创新社会管理情况。河南省涉及丹江口库区移民安置的6个省辖市、1个省直管市及27个县（市、区）移民部门有关人员参加会议。

16～18日，南水北调丹江口库区移民信息管理系统数据采集培训会在许昌市召开。

18日，焦作市南水北调办召开"两学一做"党风党纪专题民主生活会，党组中心组全体成员参会。

22日，全面深化京豫战略合作座谈会在北京举行。中共中央政治局委员、北京市委书记郭金龙，北京市委副书记、市长王安顺，北京市人大常委会主任杜德印，河南省委书记、省人大常委会主任谢伏瞻，河南省委副书记、省长陈润儿等出席座谈会，并签署两省市《全面深化京豫战略合作协议》。

23日，省南水北调办、省社会科学院共同举办南水北调精神研讨会。会议由省南水北调办副主任贺国营主持，副主任李颖出席并发言，总工程师申来宾作"弘扬南水北调精神、助推中原崛起进程"的主题报告。

25日，国务院南水北调办主任鄂竟平带队对南水北调中线工程运行管理规范化建设工作试点单位河南分局禹州管理处进行专题调研。建管司、监督司、监管中心、稽察大队、中线建管局负责人参加调研，采用飞检方式，调研没有事先通知，没有预设提纲，没有陪同。

26日，省南水北调办综合处党支部以"严守党纪党规、做忠诚干净担当合格党员"为主题召开支部委员民主生活会，支部书记王家永主持会议。

是日，新乡市南水北调办组织全体党员干部职工集中收看"清风新乡"大讲堂第二讲《中国共产党员问责条例》。

8月29日～9月6日，省南水北调办副主任贺国营带领考察组，对南水北调东线、中线工程运行管理、体制机制、行政执法、水费征缴等进行考察学习，有关处室及各项目建管处负责人参加考察。考察组先后到江苏、山东、天津、北京、河北等5省市南水北调办事机构和运行管理单位，与南水北调有关部门进行座谈交流，并实地考察学习。

9 月

6日，省南水北调办副主任杨继成一行到周口市调研年度供水计划及通水前准备工作。

6～9日，国务院南水北调办组织开展"同饮一江水"水源三省豫鄂陕群众代表考察活动。来自水源区三省的30多名群众代表到南水北调中线干线天津、北京段及配套工程实地考察，到居民家中与天津、北京用水市民面对面交流。

6～12日，省南水北调办副主任李颖带领14名党员干部到井冈山干部教育学院开展第二批党性锻炼专项培训。

11日，邓州市参加在北京市展览馆举行的"北京市对口支援地区特色产品展销会"取得成功，现场销售30万元，签订销售合同305万元，达成购销合作意向1090万元。

12～19日，栾川县组织6家特色产品企业到北京参加2016年北京市对口支援地区特色产品展销会。

13日，省南水北调办主任刘正才在郑州会见南阳师范学院院长王利亚一行，双方就进一步加强合作，推进南水北调中线水源区水安全管理工作进行探讨。省南水北调办副主任贺国营、有关处室负责人参加会见。

19～20日，省南水北调办在漯河市组织召开河南省南水北调工程运行管理第十六次例会，副主任杨继成主持会议并讲话。河南分局、渠首分局、黄河设计公司、省水利设计公司、省南水北调办总工程师、省南水北调建管局总工程师、机关各处、各项目建管处负责人，各省辖市南水北调办（建管局）、省直管县（市）南水北调办分管领导和有关人员参加会议。

19～22日，省政协主席叶冬松，副主席靳绥东、李英杰带领省政协常委视察团一行40余人到许昌、南阳视察南水北调中线工程生态带建设。省政协委员、省南水北调办主

任刘正才参加视察。

22日，省南水北调办主任刘正才到邓州市检查南水北调配套工程建设及运行管理工作，邓州市委市政府、南阳市南水北调办主要负责人先后陪同。刘正才一行实地察看邓州二支线工程和末端现场管理所建设工地，听取供水情况、水厂建设及运行管理情况汇报，询问供水水量、覆盖范围、受益人口、水质监测等情况，检查运行管理值班记录，并对配套工程管理处所设施配套建设提出指导性意见。

是日，省南水北调办主任刘正才到南阳建管处调研并召开座谈会，听取在工程变更索赔、工程量稽察、桥梁移交、档案验收和审计整改等方面工作进展汇报，指出下一步要围绕转型，主动适应南水北调中线工程建设期运行管理阶段的新形势和新要求，准确定位、工作到位。

23日，安阳市委书记李公乐开启安阳市南水北调配套工程38号线供水管道末端的按钮，南水北调工程正式向安阳市第八水厂供水。

24日，国务院南水北调办经济与财务司司长熊中才到许昌市调研资金使用情况，省政府移民办副主任李定斌、市南水北调办主任张小保陪同调研。

25日，北京市昌平区委书记侯君舒、副区长李志杰一行8人到栾川县考察南水北调中线工程水源区保护及对口协作工作，并捐赠对口协作资金300万元。考察组一行考察冷水镇幼儿园建设项目、冷水镇体育场项目、三川镇龙脖扶贫搬迁社区项目、三川镇污水处理厂项目、叫河镇农业面源污染治理项目、叫河镇水生态建设项目、老君山建设项目。栾川县委书记董炳麓、县长王明朗等陪同考察。

26～27日，河南省南水北调完工财务决算培训会在许昌市召开，国务院南水北调办总会计师陈蒙、中线建管局副部长秦颖、省

政府移民办副主任万汴京，全省有关市、县240多人参加会议。

28～29日，国务院南水北调办副主任蒋旭光带队对南水北调中线叶县、鲁山、宝丰段工程运行管理规范化建设情况进行检查。监督司、环保司、监管中心、稽察大队负责人参加检查。蒋旭光一行先后检查叶县管理处和叶县段渠道水质应急演练准备工作、沙河渡槽、鲁山管理处、宝丰管理处、玉带河倒虹吸、净肠河倒虹吸、河南分局水质中心等。

29日，南水北调中线干线河南段委托建管项目工程实体移交大会在郑州召开。中线建管局局长张忠义、省南水北调办主任刘正才出席大会并讲话。省南水北调办副主任李颖主持会议，中线建管局副局长李长春、省南水北调办副主任杨继成分别代表双方签署工程实体移交协议和干渠河南段跨渠桥梁管养费用协议。中线建管局副局长刘宪亮，中线建管局有关部门、河南分局、渠首分局及中线干线三级运管处主要负责人，省南水北调办三总师、各处室和各项目建管处主要负责人，总干渠沿线各省辖市、直管县（市）南水北调办主要负责人、省南水北调办机关副处级以上干部，共计80余人参加大会。

10 月

17日，是第三个国家扶贫日，省南水北调办会同定点扶贫村确山县竹沟镇肖庄村驻村工作队，开展扶贫宣传活动，动员机关干部职工参与扶贫济困活动，营造全社会关心扶贫、支持扶贫、参与扶贫的氛围。

17～18日，河南省政协副主席史济春、龚立群、梁静带领驻豫全国政协委员视察团，围绕"南水北调中线沿线水质保护"主题，到郑州、焦作、新乡实地了解工程运行、水质监测、生态廊道建设等情况，省政协委员、省南水北调办主任刘正才参加视察

并汇报有关工作。

25日，省南水北调办召开机关党委换届选举大会暨第一届机关纪律检查委员会选举大会，大会通过民主投票的方式选举产生中共河南省南水北调办第二届机关委员会委员7名，选举产生中共河南省南水北调办第一届机关纪律检查委员会委员5名。省水利厅党组副书记、省南水北调办主任刘正才出席会议并作重要讲话。省水利厅党组成员、省南水北调办副主任贺国营、李颖、杨继成出席大会，省南水北调办全体党员参加大会。上届机关党委委员、机关党委专职副书记刘亚琪主持大会。

26日，国务院南水北调办建管司司长李鹏程调研南水北调工程供水效益发挥情况，现场查看许昌市水系建设和周庄水厂运行情况，并召开座谈会。省南水北调办总工邹志惺、市政府副秘书长李绍英、市南水北调办主任张小保陪同调研。

是日，鹤壁市南水北调办被鹤壁市委市政府表彰为2016年抗洪抢险救灾先进集体（鹤文〔2016〕149号）。

26～27日，国务院南水北调办副主任蒋旭光带队对南水北调中线南阳段部分工程输水运行情况和规范化建设进行检查。监督司、环保司、稽察大队负责人参加。蒋旭光一行先后检查邓州管理处所辖的膨胀土高边坡风险渠段和汛期水毁修复工程、镇平管理处所辖的淇河倒虹吸、方城管理处所辖的十二里河渡槽等工程，沿途查看部分污染源排放及治理情况，并就规范化建设与管理单位进行座谈。

27日，河南省法学会南水北调政策法律研究会在郑州成立。省法学会党组成员、副会长贾世民到会祝贺，省南水北调办主任刘正才出席会议并作重要讲话，省南水北调办副主任李颖主持会议，104位理事候选人出席会议。

是日，35号口门滑县支线、37号口门线

路、38号口门安阳八水厂支线通水验收完成。

27~29日，河北省人大常委会党组副书记王增力带领河北省人大城建环资委、省环保厅、省南水北调办等部门一行21人，到河南省考察南水北调工程及水环境保护工作。省南水北调办副主任贺国营、相关地市党政领导干部陪同考察。

30日，湖北省丹江口市"武当蜜桔"推介会在北京海淀区丹江渔村举行。

11 月

1日，浚县水厂开始接入南水北调水。

3日，国务院南水北调办副主任蒋旭光带队对南水北调中线河南段部分水毁修复工程开展情况进行检查。环保司、监督司、监管中心、稽察大队负责人参加。

7日，漯河市南水北调配套工程施工6标五水厂支线最后一段管道静水压试验完成，漯河市区五水厂（位于召陵区）正式试通水。

是日，邓州市2号望岗口门线路邓州一水厂开始试运行，日供水量0.48万 m³/s。

8日，省南水北调办主任刘正才主持召开领导成员中心组学习扩大会议，集中学习十八届六中全会和省十次党代会精神。

是日，《河南省南水北调配套工程供用水和设施保护管理办法》宣传贯彻会在郑州召开。省南水北调办主任刘正才、副主任贺国营、李颖、杨继成出席会议并讲话，各省辖市（直管县市）南水北调办主要负责人、省南水北调办三总师、机关各处副处级以上干部、各项目建管处主要负责人参加会议。

9日，滑县35号三里屯口门线路滑县三水厂开始试运行，供水流量0.132m³/s。

10~11日，焦作市南水北调建管局组织有关专家和参建单位对南水北调供水配套工程温县、武陟、修武和苏蔺水厂4条输水线路、8个施工标（其中包括25号分水口门温县输水线路1个施工标、26号分水口门武陟

输水线路4个施工标和28号分水口门苏蔺输水线与28号分水口门修武输水线路3个施工标），进行单位工程和合同项目完成验收。省南水北调办、省水利质监站列席。8个单位工程均为合格，合同项目全部通过验收。

14日，鹤壁市35号三里屯口门线路鹤壁四水厂开始试运行，供水流量0.093m³/s。

15日，邓州市一水厂进行试通水，向城区供水。

16~18日，南水北调受水区落实"三先三后"原则工作会在许昌市召开，国务院南水北调办环保司司长石春先、副司长赵世新，南水北调中线、东线沿线省辖市南水北调办、环保厅分管领导参加会议。许昌市副市长王志宏、副秘书长李绍英、市南水北调办副主任李禄轩出席会议。会议代表进行交流发言，并考察许昌市水环境生态建设。

17~18日，由省政府移民办、省国土资源厅、省住房城乡规划厅、南水北调中线水源公司及相关专家组成的农村移民安置组通过许昌市相关县（市）南水北调丹江口库区移民安置专项验收。

21~26日，南水北调中线安阳段设计单元工程档案通过国务院南水北调办设计管理中心工程档案检查评定组的专项验收前检查评定。

22日，省政府法制办、省水利厅、省南水北调办共同召开《河南省南水北调配套工程供用水和设施保护管理办法》新闻通气会，省南水北调办副主任杨继成主持会议。

23日，北京市支援合作办公室常务副主任王银成一行6人到邓州市考察精准扶贫、对口支援、农产品进京工作。邓州市市长罗岩涛、市委副书记王兵、市政协主席杨振云会见，市对口协作办主任陈志超陪同考察。

24~25日，国务院南水北调办建设管理司在北京组织召开国家科技支撑计划"南水北调中东线工程运行管理关键技术及应用"项目中间成果检查会。

12 月

1日,经省长陈润儿签发,省政府发布河南省人民政府令第176号《河南省南水北调配套工程供用水和设施保护管理办法》,自2016年12月1日起施行。

6~7日,省南水北调办主任刘正才、副主任杨继成到周口、漯河检查配套工程运行管理工作,建设处、监督处以及省水利设计公司主要负责人参加调研。周口、漯河市政府负责人,市南水北调办、水利局负责人陪同。

7~9日,省南水北调办主任刘正才、副主任杨继成到鄢陵、清丰、博爱检查新增配套项目工程建设管理工作,建设处、监督处以及省水利设计公司主要负责人参加调研。许昌、濮阳、焦作市委市政府负责人,市南水北调办、水利局负责人先后陪同。

8日,省南水北调办主任刘正才、副主任杨继成调研南水北调配套工程鄢陵县工程并召开座谈会。许昌市副市长柏启传,市南水北调办主任张小保陪同调研。

9日,省南水北调办主任刘正才、副主任杨继成到焦作调研博爱配套工程建设和南水北调供水配套工程运行管理工作。市领导王建修陪同调研。

12日,在南水北调中线通水安全平稳运行两周年之际,由中线建管局主办、渠首分局承办的南水北调中线干线"净水千里传递"活动取水仪式在南水北调中线工程渠首和核心水源区南阳市淅川县举行。

是日,周口市南水北调配套工程商水县水厂正式通水。

12~15日,省南水北调办在安阳举办河南省南水北调水政监察队伍执法业务培训班,共80多名人员参加培训。

13~14日,河南省南水北调工程运行管理第十九次例会在焦作召开。省南水北调办副主任杨继成主持会议并讲话。中线建管局河南分局、渠首分局负责人,省南水北调办总工程师、省南水北调建管局总工程师,机关各处、各项目建管处负责人,各省辖市南水北调办(局)、省直管县(市)南水北调办分管领导,黄河设计公司、省水利设计公司、自动化代建单位负责人以及有关人员参加会议。

14日上午10:00,周口市市长刘继标、省南水北调办总会计师卢新广、中国水务集团总经理刘勇共同按下启动按钮,周口市南水北调配套工程正式通水。

15日,北京市南水北调办副主任蒋春芹一行到许昌市调研生态水系建设,现场查看秋湖湿地、东湖、鹿鸣湖、芙蓉湖、北海等生态水系建设,并与相关部门进行座谈,省南水北调办副主任李颖,许昌市人大常委会副主任艾祥涛、市南水北调办主任张小保陪同调研。

19日,省南水北调办召开主任办公扩大会议,专题对各支部党建工作开展情况进行评议。会议听取各支部书记就党建工作所作的述职报告,省南水北调办主任刘正才、副主任贺国营、李颖、杨继成分别对有关支部党建工作进行点评。

22日,国务院南水北调办直属机关团委、机关工会共同组织举行第三届"通水杯"拔河比赛。

是日,新乡市南水北调办召开全市南水北调办主任会议,市南水北调办主任邵长征分别与卫辉市、辉县市、获嘉县、凤泉区南水北调办(配套办),新乡县、卫滨区、牧野区水利局,红旗区、高新区农委,开发区建设局及首创水务签订2014—2015年度、2015—2016年度、2016—2017年度《新乡市南水北调供用水协议》。

27~28日,河南省南水北调配套工程自动化建设专题会在许昌市召开,省南水北调办副主任杨继成、市政府副秘书长李绍英、市南水北调办主任张小保参加会议。

29日,登封市与南阳市南水北调水权交易协议签字仪式在郑州市举行。

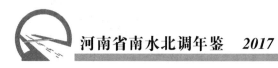

简称与全称对照表

简 称	全 称
国务院南水北调建委会	国务院南水北调工程建设委员会
国务院南水北调办 国务院南水北调办公室	国务院南水北调工程建设委员会办公室
南水北调中线建管局 中线建管局	南水北调中线干线工程建设管理局
河南省南水北调办公室 省南水北调办	河南省南水北调中线工程建设领导小组办公室
省南水北调建管局	河南省南水北调中线工程建设管理局
省政府移民办	河南省人民政府移民工作领导小组办公室
渠首分局	南水北调中线干线工程建设管理局渠首分局
河南分局	南水北调中线干线工程建设管理局河南分局
南阳市南水北调办	南阳市南水北调中线工程建设领导小组办公室
平顶山市南水北调办	平顶山市南水北调中线工程建设领导小组办公室
漯河市南水北调办	漯河市南水北调中线工程建设领导小组办公室
许昌市南水北调办	许昌市南水北调中线工程建设领导小组办公室
郑州市南水北调办	郑州市南水北调中线工程建设领导小组办公室
焦作市南水北调办	焦作市南水北调中线工程建设领导小组办公室
焦作市南水北调城区办	焦作市南水北调中线工程城区段建设领导小组办公室
新乡市南水北调办	新乡市南水北调中线工程建设领导小组办公室
濮阳市南水北调办	濮阳市南水北调中线工程建设领导小组办公室
鹤壁市南水北调办	鹤壁市南水北调中线工程建设领导小组办公室
安阳市南水北调办	安阳市南水北调中线工程建设领导小组办公室
邓州市南水北调办	邓州市南水北调中线工程建设领导小组办公室
滑县南水北调办	滑县南水北调中线工程建设领导小组办公室